Die Flugabwehrraketenverbände der Luftwaffe 1994

Hartung • Ein Dach über Europa

Beiträge zur Militärgeschichte

Begründet vom
Militärgeschichtlichen Forschungsamt

Herausgegeben vom
Zentrum für Militärgeschichte und
Sozialwissenschaften der Bundeswehr

Band 81

Ein Dach über Europa

Politische Symbolik und militärische Relevanz
der deutschen bodengebundenen Luftverteidigung
1990 bis 2014

Von
Friederike C. Hartung

DE GRUYTER
OLDENBOURG

Zugl. Universität Potsdam, Historisches Institut, Dissertation 2021
(Gutachter: apl. Prof. Dr. Dieter Krüger, Prof. Dr. Carlo Masala)

Redaktion: ZMSBw, Fachbereich Publikationen (0926-01)
Projektkoordination, Lektorat, Bildrechte: Michael Thomae
Layout, Satz: Christine Mauersberger
Grafiken: Frank Schemmerling
Cover: Carola Klinke

ISBN 978-3-11-079876-0
E-ISBN (PDF) 978-3-11-079917-0
E-ISBN (EPUB) 978-3-11-079926-2
ISSN 2192-2322

Library of Congress Control Number: 2022940099

Bibliografische Information der Deutschen Nationalbibliothek
Die Deutsche Nationalbibliothek verzeichnet diese Publikation in der Deutschen Nationalbibliografie; detaillierte bibliografische Daten sind im Internet über http://dnb.dnb.de abrufbar.

Titelbild: Ein bodengestütztes Flugabwehrraketensystem MIM-104 Patriot auf dem Luftwaffenstützpunkt Bodø, Norwegen, Februar 2005 (Bundeswehr/Freude)

Druck und Bindung: CPI books GmbH, Leck

www.degruyter.com

Inhalt

Anhang

Karten und Grafiken

Vorwort

Wie schützt sich Deutschland gegen Angriffe durch Flugzeuge, Raketen oder Drohnen? Die Bedeutung einer wirksamen Verteidigung des eigenen Luftraums ist auch militärischen Laien einleuchtend. Ein militärischer Angriff auf die Bundesrepublik, die ausschließlich von verbündeten oder befreundeten Staaten umgeben ist, wäre vor allem aus der Luft möglich. Moderne Kampfflugzeuge und Raketen großer Reichweite können auch Deutschland schnell erreichen.

Mit dem russischen Angriff auf die Ukraine, der als »Zeitenwende« wahrgenommen wird, ist hierzulande die Sorge vor einer Bedrohung aus der Luft in das öffentliche Bewusstsein zurückgekehrt. Die »Renaissance der Landes- und Bündnisverteidigung« erfolgte jedoch schon vor dem Jahr 2022. Bereits im Zuge der völkerrechtswidrigen Annexion der Krim durch Russland 2014 war sie erstmals seit dem Ende des Ost-West-Konflikts wieder in den Fokus der NATO gerückt. Auf die Kündigung des Vertrages über die Intermediate Range Nuclear Forces (INF-Vertrag) am 2. August 2019 und die Stationierung von Mittelstreckenraketen durch die Russische Föderation in der Nähe des Bündnisgebiets reagierte die Allianz mit einem umfangreichen Maßnahmenpaket, um ihre Abschreckungs- und Verteidigungsfähigkeit zu stärken. Explizit schloss dieses Paket die gemeinsame Fähigkeit zur Luftverteidigung inklusive der Abwehr ballistischer Flugkörper ein.

Für Deutschland, das in der gemeinsamen NATO-Luftverteidigung (NATO Integrated Air and Missile Defence) eine zentrale Rolle spielt, ist diese Maßnahme von großer Bedeutung. Die Verbände der Flugabwehrraketentruppe der Bundeswehr sind Teil der Integrierten NATO-Luftverteidigung und liefern einen substanziellen Beitrag zur Sicherheit des NATO-Luftraums und damit des Bündnisgebiets insgesamt. Doch neue Bedrohungen aus der Luft wie Waffensysteme mit Hyperschalltechnologie treffen hier auf eine Luftverteidigung, die seit dem Zusammenbruch des Warschauer Pakts deutlich an Schlagkraft verloren hat. Im Gegensatz zu den rund 18 600 deutschen Soldaten, die noch während des Ost-West-Konflikts im alliierten Luftverteidigungsgürtel in der (alten) Bundesrepublik eingesetzt waren, blieb der Flugabwehrraketentruppe nach der Neuausrichtung der Bundeswehr von 2012 noch ein Geschwader mit rund 2300 Dienstposten. Die sicherheitspolitischen Entwicklungen in der Ukraine und anderen postsowjetischen Staaten wie der Drohneneinsatz 2020 im Krieg um Bergkarabach führen die entstandene Fähigkeitslücke überaus deutlich vor Augen. Wie konnte es dazu kommen? Die vorliegende Arbeit zeichnet die Entwicklung der bodengebundenen Luftverteidigung der Luftwaffe im Zeitraum von 1990 bis etwa 2014 vor dem Hintergrund der globalen und bündnisbezogenen sicherheitspolitischen Entwicklungen nach und beleuchtet Struktur- und Rüstungsentscheidungen sowie Einsatzverwendungen.

Mein Dank gilt der Autorin, die mit ihrer Studie zur multiperspektivischen Beschreibung und Analyse der Geschichte der Bundeswehr sowie der NATO nach 1990 beiträgt. Ich danke darüber hinaus den Mitarbeiterinnen und Mitarbeitern des Fachbereichs Publikationen des Zentrums für Militärgeschichte und Sozialwissenschaften der Bundeswehr, die zum Gelingen des Bandes beigetragen haben. Gleichfalls sei unserem langjährigen Partner, dem de Gruyter Oldenbourg Verlag, für die wie immer professionelle Zusammenarbeit gedankt.

Dr. Sven Lange
Oberst und Kommandeur des Zentrums für
Militärgeschichte und Sozialwissenschaften der Bundeswehr

I. Einleitung

»Die Gefahr wird im Krieg Geräuschen entnommen. Wenn etwas zu sehen ist, lässt sich nichts mehr machen. Geschosse und Bomben sind nicht sichtbar, aber fühlbar. Der Mensch horcht in die Leere, was kommt.«[1]

1. Die Angst vor Angriffen ›von oben‹

Mit dem Beginn der militärischen Nutzung der dritten Dimension veränderte sich die Wahrnehmung des Krieges. Konflikte zwischen Staaten wurden nicht mehr nur zu Lande und zu Wasser, sondern nun auch in der Luft ausgetragen. Durch die Entwicklung des Flugzeuges als militärisches Angriffsmittel eröffneten sich neue Möglichkeiten der Zerstörung und neue Formen, Menschen zu töten. Waren die Ziele der Bombardierungen zu Beginn des Ersten Weltkrieges angesichts technischer Grenzen noch weitgehend dem Zufall überlassen, so änderte sich dies bis zum Zweiten Weltkrieg. Bomben richteten sich nun gezielt gegen militärische oder wirtschaftliche Ziele, aber auch gegen Städte und ihre Einwohner, wobei der Tod hunderttausender Zivilisten in Kauf genommen wurde.[2]

Im besten Fall war die Frontlinie bislang immer weit entfernt gewesen, doch nun existierte sie nicht mehr. Der Himmel war offen – für Freund und Feind. Das Gefühl, eine Gefahr nicht sehen, sondern nur hören und ahnen zu können und ihr schutzlos ausgeliefert zu sein, führt unweigerlich zu Angst.[3] Erst die technischen Errungenschaften des 20. Jahrhunderts gestatteten es, die Gefahr von oben tatsächlich zu ›sehen‹. Und allein der Gedanke, dass eine Möglichkeit bestehen könnte, sich gegen diese Bedrohungen zu wehren, erzeugte Hoffnung.

Der Einsatz von ballistischen Fernraketen begann in der Endphase des Zweiten Weltkrieges. Die deutsche A4, auch bekannt unter der Propagandabezeichnung V2 (Vergeltungswaffe Nr. 2), eröffnete als erste Großrakete das sogenannte Raketenzeitalter.[4] Zusammen mit ihrem Vorgänger, der V1, dem ersten Marschflugkörper, war die V2 die technische Verkörperung der nationalsozialistischen Hoffnung,

1 Friedrich, Der Brand, S. 495.
2 Vgl. Süß, Tod aus der Luft, S. 9 f.
3 Vgl. Friedrich, Der Brand, S. 475.
4 Bei der A4 handelte es sich um eine ballistische Boden-Boden-Rakete. Sie erreichte eine Entfernung von anfangs 320 und später 380 Kilometern. Mit einer Aufschlagsgeschwindigkeit von rund 3500 km/h erzeugte sie eine Energie, »die dem gleichzeitigen Zusammenprall von

zum Ende des Krieges das Blatt noch einmal wenden zu können. Aufgrund ihrer Überschallgeschwindigkeit gab es keinerlei Abwehr gegen die V2. Gestützt auf die Unmöglichkeit der Vorwarnung, erzielte allein die Existenz dieser Waffe eine besondere Terrorwirkung. Ihre Zielgenauigkeit war noch mangelhaft, sodass sie nur eine geringe militärische Wirkung entfaltete. Die Entwicklung und der Einsatz der V2 sowie die ihr zugrundeliegende Idee wiesen allerdings bereits den Weg in ein neues waffentechnologisches Zeitalter. Nach dem Ende des Zweiten Weltkrieges bemühten sich die Alliierten um die Sicherung deutscher Erkenntnisse aus dem Bereich der Rüstungs- und Kriegsindustrie. Unter den zahlreichen abgeworbenen deutschen Wissenschaftlern und Technikern befanden sich auch Spezialisten für Raketentechnik.[5]

Schließlich demonstrierte die Sowjetunion 1957 mit der Sputnik I, dass sie in der Lage war, eine Rakete zu entwickeln, die selbst die USA erreichen konnte. Die Folge war eine gravierende Veränderung in der Bedrohungswahrnehmung der US-Amerikaner. Ihr plötzliches Schutzbedürfnis legte den Grundstein für die Konzeption zur Abwehr von Raketen im internationalen Rahmen.[6] Eine Realisierung von Waffensystemen zur Abwehr ballistischer Raketen wurde trotz ihres stetig zunehmenden Bedrohungspotenzials erst zum Ende des Ost-West-Konflikts möglich.

2. Ein Luftverteidigungsgürtel in Mitteleuropa

Luftverteidigung ist grundsätzlich defensiv und reaktiv.[7] Der primäre Auftrag der Luftverteidigung liegt im Schutz des eigenen Territoriums. Im verbundenen Einsatz mit luft- und bodengestützten Waffen- sowie mit Führungssystemen soll ein Angriff gegnerischer Luftstreitkräfte frühestmöglich abgewehrt werden, um den anderen Teilstreitkräften die Handlungsfreiheit zu bieten, eigene Gegenoperationen durchzuführen. Der Angriff auf die offensiven Luftkriegsmittel des Gegners am Boden (Counter Air) stellt bereits den Übergang zum Luftangriff dar. Für eine effektive Luftverteidigung ist eine Kombination aus aktiven und passiven Schutzmaßnahmen erforderlich. Zu den passiven Maßnahmen zählen beispielsweise der Bau von Betonbunkern, Tarnung und Auflockerung sowie Täuschung. Die aktive Luftverteidigung zielt dagegen auf eine unmittelbare Abwehr von Luftangriffen oder

50 Lokomotiven zu je 100 t entsprach.« Boog, Strategischer Luftkrieg, S. 398; Schmucker/Schiller, Raketenbedrohung 2.0, S. 21.

5 »Von den knapp 6000 gebauten V2 kamen etwas mehr als 3170 zum Einsatz, davon 1403 gegen England, 1664 gegen Belgien [...], 73 gegen Frankreich, 19 auf Holland und 11 auf [...] [ein] Ziel in Deutschland. Von den gegen England gerichteten V2 gingen dort nur 1115 nieder, und von den 1359 auf London abgefeuerten Raketen kamen dort nur 517 an. Die anderen explodierten anderswo im Lande, 61 schlugen in die See.« Boog, Strategischer Luftkrieg, S. 402. Zum Transfer deutscher Raketentechnologie sowie entsprechender Experten nach dem Ende des Zweiten Weltkrieges vgl. Raketenrüstung und internationale Sicherheit.

6 Die politische und gesellschaftliche Reaktion der westlichen Welt und insbesondere der USA auf dieses Ereignis wird auch als Sputnik-Schock bezeichnet. Vgl. Müllner, Herausforderung Flugkörperabwehr, S. 67.

7 Vgl. zu diesem Abschnitt Hartung, Flugabwehr, S. 94–107.

die Abschwächung ihrer Wirkung. Neben einem Führungssystem mit Aufklärung- und Frühwarnungskomponenten umfasst ein Luftverteidigungssystem sowohl luftgestützte (Jagdflugzeuge) als auch bodengebundene und seegestützte Komponenten (Flugabwehr- und Flugabwehrraketensysteme) aller Teilstreitkräfte.[8]

Aufgrund der neuen Qualität einer Bedrohung aus der Luft durch überschallschnelle Strahlflugzeuge, ballistische Raketen und nukleare Sprengsätze in der ersten Hälfte des 20. Jahrhunderts war die Luftverteidigung zu einer Kernaufgabe der jungen NATO geworden.[9] In den Planungen des Amtes Blank, des Vorläufers des Bundesministeriums für Verteidigung,[10] zum Aufbau deutscher Streitkräfte seit 1950 fiel die Aufgabe, Luftverteidigungs- und Luftangriffsverbände zur taktischen Verteidigung des mittel- und westeuropäischen Raumes aufzustellen und einsatzfähig zu machen, der Luftwaffe zu. Zusammen mit Heer und Marine sowie mit Unterstützung der alliierten Luftstreitkräfte sollten mögliche Angriffe seitens der Warschauer Vertragsorganisation (WVO) erfolgreich abgewehrt werden können. Im Wesentlichen umfasste dieser Auftrag die Vorbereitung auf den taktischen Luftangriff und die taktische Luftverteidigung mithilfe von Kampfflugzeugen. Um deren Einsatz zu gewährleisten, mussten gemäß NATO-Forderung die Fliegerhorste gegen feindliche Luftangriffe geschützt werden. So fiel um die Jahreswende 1956/57 die Entscheidung, neben der Flugabwehr des Heeres eine bodengebundene Flugabwehr in der Luftwaffe aufzubauen.[11]

In den ersten zehn Jahren nach Ende des Zweiten Weltkrieges war der Bundesrepublik noch jegliche Form der Rüstungsentwicklung verboten. So konnte die neu aufgestellte Flugabwehrtruppe nur auf Waffenentwicklungen des Auslandes zurückgreifen. Die Anforderungen an die Flugabwehr hatten sich insbesondere durch die rasante Entwicklung der zu bekämpfenden fliegenden Waffensysteme erheblich gesteigert. Die USA stellten die ersten Flugabwehrwaffen zur Verfügung. Dabei handelte es sich primär um Rohrartillerie zur Bekämpfung von Flugzielen in sehr niedrigen Höhen und zum Schutz von Objekten. Die USA unterstützten auch bei der Einführung und Übernahme dieser Waffensysteme sowie bei der Ausbildung.[12]

Mit der Strategie der Massiven Vergeltung (Massive Retaliation) legte die NATO ein Verteidigungskonzept fest, um der Gefahr potenzieller nuklearer oder auch nichtnuklearer Angriffshandlungen der WVO zu begegnen. Ursprünglich war die Strategie 1954 von den USA für die eigenen Streitkräfte formuliert worden. Die NATO übernahm sie 1957 und erweiterte sie zur Schwert-Schild-Doktrin (MC 14/1). Darin bildeten die konventionellen Kräfte und taktischen Nuklearwaffen den Schild, um begrenzte oder lokale Angriffe abzuwehren und das nukleare Gegenschlagpotenzial zu schützen. Der Schild sollte einen Angreifer zu umfangreichen Vorbereitungen zwingen, die klar erkennen ließen, dass es sich um eine groß angelegte Aggression

---

8 Vgl. Engel, Die Entwicklung der NATO-Luftverteidigung, S. 77 f.; Weißbuch 1985, S. 206; Schreiber, Die Luftwaffe und ihre Doktrin, S. 93; Krüger, Die Entstehung der NATO-Luftverteidigung, S. 487.

9 Vgl. Krüger, Nationaler Egoismus, S. 334 f., 337, 356 f.

10 Vgl. dazu Krüger, Das Amt Blank.

11 Vgl. Spreckelsen/Vesper, Blazing Skies, S. 20–22.

12 Vgl. ebd., S. 20–23; Flugziel auf Kurs, S. 28 f., 66, 70 f.

handelte. In diesem Fall hätte die NATO einen konventionellen Großangriff mit dem massiven Einsatz strategischer Nuklearwaffen, dem Schwert, zurückgeschlagen. Die Luftstreitkräfte bildeten die Hauptträger des nuklearen Gegenschlags.[13]

Der Umsetzung dieser strategischen Planungen lag die Erkenntnis zugrunde, dass im eng besiedelten Europa mit seinen verhältnismäßig kleinen Nationalstaaten eine rein nationale Luftverteidigung kaum wirksam und erst recht nicht finanzierbar wäre. Den Luftstreitkräften der WVO konnte aus Sicht des Bündnisses nur eine gemeinsame und vor allem Integrierte Luftverteidigung entgegengestellt werden. Deren Aufbau entwickelte sich ab etwa 1955 zur Kernaufgabe der alliierten Luftstreitkräfte.[14] Dabei sollte ein Luftaufklärungssystem den gesamten Bereich des Bündnisgebietes vom Nordkap bis in den Südosten der Türkei abdecken und schrittweise durch Jagd- und Jagdbomberflugzeuge sowie bodengebundene Luftverteidigungssysteme ergänzt werden (MC 54/1).[15] Die Integration der Luftverteidigung bedeutete, die eigenen Luftverteidigungskräfte dem Vereinten Oberkommando der NATO in Europa (SACEUR) zu unterstellen.[16]

Die Stationierung von Flugabwehrraketensystemen der Integrierten NATO-Luftverteidigung in Form eines lückenlosen Gürtels vorrangig auf westdeutschem Boden, dem Hauptschauplatz einer möglichen bewaffneten Auseinandersetzung, bildete für das Konzept der Vorneverteidigung, der »grenznahe[n], zusammenhängende[n] Verteidigung mit dem Ziel, kein Gebiet preiszugeben und Schäden zu begrenzen«,[17] die günstigste Möglichkeit der Dislozierung.[18] In der Tiefe des Raumes standen die Flugabwehrraketenverbände mit dem weitreichenden, in den USA entwickelten Waffensystem Nike zur Abwehr von Luftfahrzeugen in mittleren und großen Höhen. Dieses konnte nuklear bestückt werden und kam gegebenenfalls auch als Trägerwaffe gegen Bodenziele infrage.[19] Um die Fähigkeitslücke der Nike im Bereich schnell und tief fliegender Luftfahrzeuge zu schließen, entschied sich die NATO Ende der 1950er Jahre zum Aufbau eines zweiten Luftverteidigungsgürtels. Dieser dem Nike-System nach Osten hin vorgelagerte neue Gürtel bestand aus dem mobilen amerikanischen Waffensystem Hawk.[20] Als 1965 der letzte Hawk-Verband der Bundeswehr in Dienst gestellt worden war, bestand der westdeut-

---

13 Vgl. Pommerin, Von der »Massive Retaliation« zur »Flexible Response«, S. 526–528; Chronik Führungsstab der Luftwaffe, S. 5; Weißbuch 1983, S. 96.

14 Vgl. Krüger, Die Entstehung der NATO-Luftverteidigung, S. 488.

15 Vgl. Engel, Die Entwicklung der NATO-Luftverteidigung, S. 82.

16 Dies widersprach dem Grundsatz nationaler Souveränität und führte innerhalb des Bündnisses zu Differenzen. Vgl. dazu detailliert Krüger, Am Abgrund?; Krüger, Die Entstehung der NATO Luftverteidigung.

17 Weißbuch 1983, S. 146.

18 Vgl. ebd., S. 98.

19 Das Waffensystem wurde zunächst mit konventionellen Gefechtsköpfen ausgerüstet, eine Umrüstung auf atomare (nukleare) Gefechtsköpfe unter bestimmten Voraussetzungen war jedoch möglich. Damit war das System Teil des atomaren Gegenschlagpotenzials und wichtig für die Eskalationsfähigkeit der NATO. Zum Widerstreit nationaler Interessen beim Aufbau einer Integrierten Luftverteidigung vgl. Krüger, Nationaler Egoismus, S. 334–337, 356 f.

20 Der Name verweist auf die ständige Zielbeleuchtung und -verfolgung während der Zielbekämpfung. Das System erhielt von der U.S. Army die Bezeichnung SAM-A-18 und den Namen Hawk, weil der Flugkörper ähnlich dem Habicht (engl. *hawk*) in der Lage war, ein feindliches Flugziel zu überhöhen und dann von der höheren Position herabzustoßen. Vgl. Spreckelsen/Vesper, Blazing Skies, S. 106.

Gefechtsräume und Stellungen der Flugabwehr in der Bundesrepublik Deutschland, Stand 25.3.1965

sche Beitrag zur Luftverteidigung der NATO aus insgesamt sechs Nike- und neun Hawk-Bataillonen.[21]

Die Politik der Abschreckung, dazu gedacht, die Fähigkeit zum Zweitschlag zu sichern, geriet Ende der 1950er Jahre zunehmend in die Kritik. Angesichts der fortschreitenden Entwicklungen der atomaren Abschreckungsfähigkeiten und der damit verbundenen Overkill-Kapazitäten setzte sich in der internationalen Politik auch bei den Supermächten die Erkenntnis durch, dass die Konfrontation künftig vor der Schwelle zum atomaren Schlagabtausch haltmachen müsse. Schließlich würden beide mittelfristig über die Fähigkeit verfügen, den anderen durch einen nuklearen Gegenschlag zu vernichten. Eine neue Strategie war notwendig, die den Entwicklungen der Zeit entsprach und ein breiteres sowie flexibleres Spektrum an Reaktionen zuließ. Dies war nicht zuletzt im Zuge der Krisen um Berlin und Kuba Anfang der 1960er Jahre deutlich geworden. Die nun einsetzende Entspannungspolitik zielte im Wesentlichen auf den Abbau der militärischen Spannungen und führte zu einer Intensivierung des Vorgehens gegen die Weiterverbreitung von Kernwaffen.[22] Nach einer kontroversen Debatte innerhalb des Bündnisses übernahm die NATO Ende der 1960er Jahre von den USA den Ansatz einer neuen Militärstrategie zur Flexiblen Reaktion (Flexible Response, MC 14/3), um auf militärische Aggressionen der WVO mithilfe eines breiten Spektrums von politischen und militärischen Mitteln reagieren zu können. Darüber hinaus konnten diese Mittel je nach sicherheitspolitischer Lage auch in einem regionalen Konflikt eskalierend oder deeskalierend eingesetzt werden. Die Luftstreitkräfte der NATO sollten sich zunächst vorrangig am konventionellen Abwehrkampf beteiligen. Luftverteidigung, Luftangriff und taktische Luftaufklärung sollten gleichzeitig ihren Beitrag zur Vorneverteidigung leisten. Dabei sollten sie abhängig von der Lage sowie der Art und des Umfangs der militärischen Auseinandersetzung reagieren und primär einen potenziellen Überraschungsangriff frühzeitig erkennen und verhindern können.[23]

Auf eine erhebliche Verstärkung des Offensivpotenzials der WVO Anfang der 1970er Jahre – und in Verbindung mit der neuen Militärstrategie der Flexible Response – reagierte die NATO mit einer Modernisierung der Integrierten Luftverteidigung einschließlich Maßnahmen zur Steigerung der Leistungsfähigkeit für die Waffensysteme Nike und Hawk. Die NATO forderte mit Nachdruck den Flugabwehrschutz von ortsfesten Anlagen wie Flugplätzen, Gefechtsständen und Nuklearwaffenlagern sowie den Eigenschutz von Flugabwehrraketenstellungen. In der Folge wurden die Einsatzverbände der Luftwaffe, so auch die Flugabwehrraketenverbände, mit Flugabwehrkanonen 20 mm Zwilling ausgestattet. Ohne technische Feuerleitung und wegen des geringen Kalibers war diese Waffe, die nur unter Sichtbedingungen eingesetzt werden konnte, aber lediglich ein Behelf im Nahbereichsschutz.[24]

---

21 Vgl. Dewitz, Flugabwehrraketentruppe im Wandel, S. 40; Krüger, Die Entstehung der NATO-Luftverteidigung, S. 530–532; Berndt, Wo die Mikrosekunde zählt, S. 10.

22 Vgl. dazu detailliert Lutsch, Westbindung, S. 95–112.

23 Vgl. Dewitz, Rückgrat der NATO-Luftverteidigung, S. 48; Pommerin, Von der »Massive Retaliation« zur »Flexible Response«, S. 541; Weißbuch 1983, S. 96; Krüger, Am Abgrund?, S. 82 f., 108; 50 Jahre Luftwaffe der Bundeswehr, S. 38.

24 Vgl. Flugziel auf Kurs, S. 18 f.; Dewitz, Waffensystem für drei Nationen, S. 50; Krause, MEADS in der Kritik, S. 10.

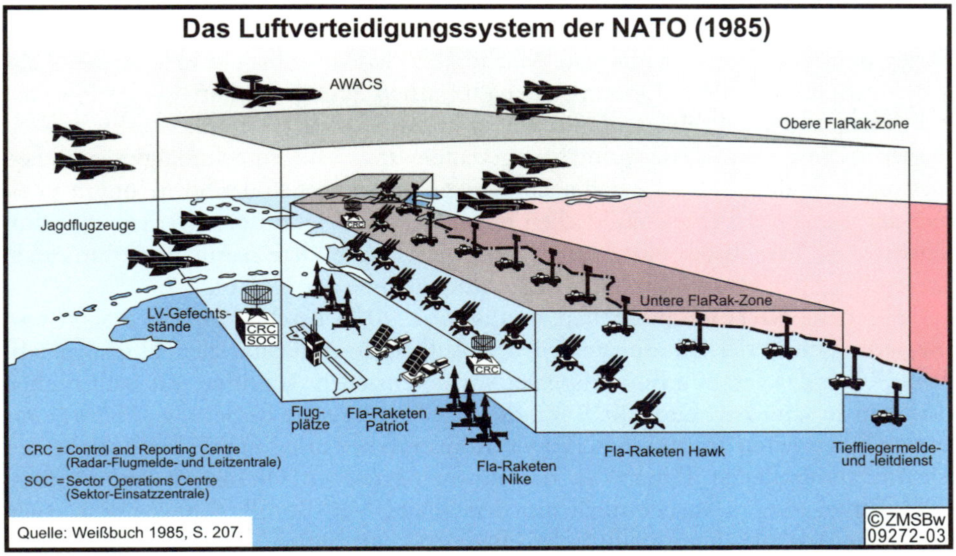

Das Konzept des Luftverteidigungsgürtels entlang der Grenze zwischen West- und Ostdeutschland hatte bis zum Ende der 1980er Jahre Bestand. Mit der Einführung des neuen Flugabwehrraketensystems Patriot als Nachfolgesystem für Nike sowie des deutsch-französischen Flugabwehrsystems Roland für den Objektschutz sollte das Gürtelkonzept durch verdichtete Einsatzzonen (Cluster) abgelöst werden. Die Stationierung von Patriot, Hawk und Roland im Verbund sollte die gegenseitige Ergänzung der Waffensysteme mit ihren Stärken und Schwächen gewährleisten. Zu einer vollständigen Umsetzung des Konzepts sollte es angesichts des Endes des Ost-West-Konflikts jedoch nicht mehr kommen.

3. Fragestellung

Mit dem Ende des Ost-West-Konflikts und der Überwindung der deutschen Teilung begann für die NATO und damit für die Bundeswehr Anfang der 1990er Jahre eine grundlegende Neuausrichtung. Die veränderte sicherheitspolitische Konstellation entzog der gewachsenen Struktur der bodengebundenen Luftverteidigung das operative Rational und erforderte ein Umdenken. Ein flächendeckender Schutz des deutschen Territoriums gegen einfliegende Kampfflugzeuge der Warschauer Vertragsorganisation schien nicht mehr vonnöten. Deutschland war umgeben von Freunden und Verbündeten.[25] Mit der Reduzierung der deutschen Streitkräfte sowie ihrer Ausrichtung auf die Aufgaben der internationalen Konfliktverhütung und Krisenbewältigung ging ein erheblicher Abbau von Personal und Material der Flugabwehrraketenverbände einher.

[25] Vgl. Rühe, Deutschlands Verantwortung.

Das Ende des Ost-West-Konflikts bedeutete jedoch keineswegs das Ende von Krieg und Gewalt.[26] Der irakische Machthaber Saddam Hussein machte die Weltöffentlichkeit mit dem Einsatz von ballistischen Raketen während des Zweiten Golfkrieges auf das Problem der Proliferation aufmerksam. Die unkontrollierte Weiterverbreitung von Massenvernichtungswaffen und Raketentechnologien war keineswegs neu, doch sollte sie sich nach dem Zusammenbruch der Sowjetunion zu einer der größten sicherheitspolitischen Herausforderungen für das westliche Bündnis entwickeln. Das Risiko eines Angriffs aus der Luft bildete damit weiterhin einen wesentlichen Schwerpunkt in der Bedrohungsanalyse der NATO.

Auf dem NATO-Gipfeltreffen in Lissabon 2010 beschlossen die Staats- und Regierungschefs der Bündnisstaaten den Aufbau einer territorialen Flugkörperabwehr,[27] um das gesamte Bündnisgebiet vor potenziellen Angriffen mit ballistischen Raketen zu schützen. Ende 2012 wandte sich die türkische Regierung aus Sorge vor einem Übergreifen des syrischen Bürgerkrieges auf die Türkei an ihre Bündnispartner, sie im verbundenen Einsatz an der türkisch-syrischen Grenze zu unterstützen. Der Türkei ging es vornehmlich um den Schutz von Bevölkerungszentren gegen mögliche Angriffe durch ballistische Flugkörper aus Syrien. Sie fragte konkret das Flugabwehrraketensystem Patriot zur Verstärkung der Integrierten Luftverteidigung der NATO an. Zu diesem Zeitpunkt verfügten innerhalb der Allianz allein die USA, Deutschland und die Niederlande über das Waffensystem Patriot mit der Fähigkeit zur Abwehr ballistischer Flugkörper.

Im deutschen sicherheitspolitischen Diskurs schien die Relevanz der bodengebundenen Luftverteidigung mit dem Ende des Ost-West-Konflikts jedoch zu schwinden: Zur Zeit der Blockkonfrontation hatten rund 18 600 Soldaten des Flugabwehrraketendienstes im Rahmen der Integrierten NATO-Luftverteidigung die westliche Allianz vor Luftangriffen durch die WVO geschützt, nach der Strukturreform von 2012 blieben diesem Dienstbereich der Luftwaffe noch rund 2300 Dienstposten. Gleichzeitig war die Anzahl der Patriot-Systeme seit Anfang der 1990er Jahre schrittweise von ursprünglich 36 auf nunmehr zwölf reduziert worden. Angesichts der zunehmenden Bedeutung der Flugkörperabwehr im internationalen sicherheitspolitischen Diskurs fragte die Bundestagsfraktion Bündnis 90/ Die Grünen die Bundesregierung im März 2012, inwiefern »die Ankündigung, die Zahl der Patriot-Raketen reduzieren zu wollen, mit der Ankündigung, sie als wichtige Komponente für das Raketenabwehrsystem [der NATO] zur Verfügung zu stellen, vereinbar«[28] sei. War hier eine im Bündnis benötigte Fähigkeit innerhalb der Bundeswehr mittlerweile etwa nicht mehr ausreichend vorhanden?

Aus diesem Dilemma von reduzierten Fähigkeiten und neuen Bedrohungen resultiert eine ganze Reihe von Fragen:

---

[26] Vgl. Wasmuht, Das Kriegsjahr 1991.

[27] Im deutschen militärischen Sprachgebrauch wird Missile Defense mit Flugkörperabwehr übersetzt. In der deutschen öffentlichen Diskussion hat sich allerdings der Begriff Raketenabwehr durchgesetzt. Beide Bezeichnungen werden in dieser Arbeit synonym verwendet. Vgl. Bitter, Die Nato und die Raketenabwehr, S. 7.

[28] Deutscher Bundestag, Drucksache 17/9044 vom 21.3.2012, Frage 17.

- Hat die bodengebundene Luftverteidigung der deutschen Luftwaffe nach dem Ende des Ost-West-Konflikts ihre Bedeutung verloren?
- Gab es eine Diskrepanz zwischen der Bedrohungswahrnehmung der NATO und ihren daraus abgeleiteten Forderungen einerseits und ihrer Umsetzung in Deutschland andererseits?
- Inwieweit konkurrierten auf nationaler Ebene bündnis-, verteidigungs- und innenpolitische Überlegungen und Forderungen?
- Wurden die Entscheidungen zu den neuen Strukturen der bodengebundenen Luftverteidigung überhaupt auf der Grundlage einer umfassenden sicherheitspolitischen Analyse oder eher aufgrund innenpolitischer Interessen getroffen?

4. Aufbau der Arbeit

In dieser Studie wird unter exemplarischer Betrachtung von Struktur- und Rüstungsentscheidungen sowie Einsatzverwendungen untersucht, ob die bodengebundene Luftverteidigung der deutschen Luftwaffe im Rahmen der globalen und bündnisbezogenen sicherheitspolitischen Entwicklung nach dem Ende des Ost-West-Konflikts ihre Bedeutung verloren oder vielleicht eine andere Aufgabe gefunden hat. Dabei wird schnell deutlich, dass die Dimensionen des sicherheitspolitischen Kontextes weitreichender sind, als die Fragestellung auf den ersten Blick vermuten lässt. Eine aus militärpolitischer Sicht wesentliche Ebene bildet hier die NATO, deren Bedrohungsanalysen und konzeptionelle Überlegungen sich maßgeblich auf die Ausrichtung der Streitkräfte der einzelnen Bündnispartner auswirken. In der Allianz vermischen sich politische und militärische Aspekte. Zwischen den Vorgaben und Zielen der NATO einerseits und der nationalen Umsetzung von Konzeptionen, Fähigkeiten und Strukturen andererseits stehen die jeweils nationalen politischen Interessen. Um die Frage nach der Relevanz der bodengebundenen Luftverteidigung beantworten zu können, müssen Strukturen, Rüstung und Einsätze sowohl in die Bündnispolitik der NATO als auch in die nationale sicherheitspolitische Debatte in Deutschland eingeordnet werden. Aufgrund der Erweiterung des Fähigkeitsportfolios der bodengebundenen Luftverteidigung um die Abwehr ballistischer Raketen zum Ende des Ost-West-Konflikts ist eine Betrachtung der internationalen Raketenabwehrdebatte unabdingbar. Diese Arbeit analysiert daher die diskursive Wahrnehmung und die Auseinandersetzung mit der Raketenabwehr auf mehreren Ebenen, beleuchtet Interdependenzen und konzentriert sich auf die Auswirkungen politischer Entscheidungen auf militärisches Handeln.[29]

Um den Leserinnen und Lesern den Zugang zum Thema zu erleichtern, ist die Studie perspektivisch ›vom Großen zum Kleinen‹ aufgebaut. Als erste Ebene und gleichzeitig als Überbau dient der Einblick in die Raketenabwehrpolitik der USA, ohne den die Dynamik der internationalen Raketenabwehrdebatte nicht zu verstehen ist (Kapitel II.1). Der Ursprung dieser primär politischen Debatte liegt im US-amerikanischen Bedürfnis, angesichts des Fortschritts in der Raketentechnologie

[29] Zur »Übersetzung von Politik in Taktik« siehe Naumann, Der blinde Spiegel, S. 80.

das eigene Territorium gegen weitreichende Flugkörper der Warschauer Vertragsorganisation zu schützen. Dieses Kapitel soll ein Gefühl für die strategische Tragweite vermitteln.

Die bündnispolitischen Aspekte bilden die zweite Ebene bei der Kontextualisierung des Untersuchungsgegenstandes. In der Absicht, die europäischen Bündnispartner in ihren Schutzschirm einzubeziehen, brachten die USA die Raketenabwehrdebatte in den 1980er Jahren nach Europa. Die US-Pläne wurden sowohl national als auch in der NATO kontrovers diskutiert. In diesem Teilkapitel (II.3) zur internationalen Raketenabwehrdebatte wird die Erweiterung der Integrierten NATO-Luftverteidigung um die Abwehr ballistischer Raketen beleuchtet. Es wird dargestellt, wie sich das Bündnis mit den amerikanischen Plänen zum Aufbau eines Raketenabwehrschirms auseinandersetzte. Des Weiteren soll herausgearbeitet werden, inwiefern die Pläne der USA und der NATO das Verhältnis zu Russland beeinflussten.

Der hohe Stellenwert des Themas sowie seine Brisanz – angesichts des Potenzials, das strategische Gleichgewicht zu Russland zu gefährden – führten dazu, dass die Debatte in Deutschland nicht nur auf politischer und militärischer Ebene, sondern auch öffentlich kontrovers geführt wurde. Dabei bildeten das individuelle Sicherheitsgefühl und die historisch bedingte deutsche Zurückhaltung gegenüber militärischen Maßnahmen wesentliche Faktoren für den Verlauf der Debatte und damit die dritte Ebene des Untersuchungsgegenstandes. In diesem Kapitel (II.4) werden die unterschiedlichen Positionen der Raketenabwehrdebatte in Deutschland sowie die Haltung der Bundesregierung zu den Planungen der USA und der NATO herausgearbeitet.

Diese nationale politische Weichenstellung bestimmte in Verbindung mit den Bedrohungsanalysen und Konzeptionen der NATO die Relevanz militärischer Fähigkeiten in Deutschland. Gleichzeitig wirkten sie sich auf die Strukturen der bodengebundenen Luftverteidigung, auf Entscheidungen zur Modernisierung oder Beschaffung entsprechender Waffensysteme sowie auf die militärische Beteiligung des Dienstbereichs an Auslandseinsätzen aus. Kapitel III konzentriert sich auf die Teilbereiche »konzeptionelle Grundlagen und Strukturen« sowie auf »Rüstung« und Kapitel IV auf »Einsätze« des Flugabwehrraketendienstes der Luftwaffe. Zusammen bilden sie die vierte und unterste Ebene des Untersuchungsgegenstandes. Dabei ist die deutsche bodengebundene Luftverteidigung in die Transformation der Bundeswehr von einer Verteidigungs- zu einer Interventionsarmee einzuordnen, die wiederum den mit dem Ende des Ost-West-Konflikts einsetzenden Prozess der Bundesrepublik Deutschland zu mehr außen- und sicherheitspolitischer Verantwortung widerspiegelt. Hier wird die quantitative und qualitative Anpassung von Strukturen und Waffensystemen des Dienstbereichs vor dem Hintergrund aktueller Bedrohungen und nationaler Konzeptionen untersucht. Bei den Einsätzen der Flugabwehrraketentruppe, sie stehen an letzter Stelle der vierten Ebene, werden schließlich die Auswirkungen der Debatten und Entscheidungen der darüber liegenden Ebenen sichtbar. Während die strategische Dimension vorrangig theoretische und normative Züge aufweist, kann die operative und taktische Dimension als Realitätsprüfung dienen.

Trotz der Absicht, die strategische, operative und taktische Ebene in den einzelnen Kapiteln im Top-down-Prinzip aufzuschlüsseln, war es nicht möglich, die Ebenen aufgrund der starken Interdependenzen vollständig voneinander zu trennen. Exemplarisch ist in dieser Hinsicht das Kapitel zum transatlantischen Rüstungsprojekt MEADS (Medium Extended Air Defense System), dessen Geschichte im Rahmen der konzeptionellen Grundlagen und Strukturen der bodengebundenen Luftverteidigung beleuchtet wird. Hierin spiegeln sich tatsächlich alle für die vorliegende Studie definierten Ebenen des Untersuchungsgegenstandes wider. Auch im Kapitel IV der Arbeit zu den Einsätzen der bodengebundenen Luftverteidigung und damit zur untersten Stufe der vierten Betrachtungsebene vermischen sich die strategischen, operativen und taktischen Aspekte.

Die Wahl des Untersuchungszeitraums orientiert sich am Leitsatz: »umgeben von Freunden und Verbündeten«.[30] Dieses Bild, das die deutsche Außen- und Sicherheitspolitik seit dem Ende des Ost-West-Konflikts geprägt hatte, geriet spätestens 2014 ins Wanken, als die ersten Meldungen zur Annexion der Krim durch Russland in der Tagespresse erschienen. Als Reaktion darauf forderte der polnische Verteidigungsminister Tomasz Siemoniak nach Beratungen mit seinem rumänischen Kollegen Mircea Duşa: »Der Westen muss zum Schluss kommen, dass die Welt sich vor ein paar Wochen bedeutend verändert hat.«[31] Und zu diesem Schluss ist die NATO in der Tat gekommen: »Wir können nicht weiter abrüsten, während der Rest der Welt aufrüstet und während manche an unseren Grenzen mit den Säbeln rasseln,«[32] konstatierte NATO-Generalsekretär Anders Fogh Rasmussen anlässlich des russischen Vorgehens in der Ukraine. Nachdem die Bündnisverteidigung nach 1989/90 an Bedeutung verloren hatte, führte die Annexion der Krim zu einer Rückbesinnung auf die kollektive Verteidigung im militärpolitischen Denken.[33]

Die Metapher des Kalten Krieges, um die erneuten Spannungen zwischen Washington und Moskau zu charakterisieren, gewann wieder an Popularität. Während Stephen F. Cohen (2018/2019) von einem »new Cold War«[34] sprach, wies Mark Kramer (2018) darauf hin, dass das Verhältnis zwischen Russland und den USA zwar angespannt, jedoch nicht mit dem Ost-West-Konflikt nach dem Zweiten Weltkrieg vergleichbar sei: »Without anywhere near the same international stature, military strenght, or ideological appeal that the Soviet Union once had, the Russian Federation is now simply a great-power rival of the United States.«[35] Dennoch bildete das Jahr 2014 aus Sicht der NATO eine militärpolitische Zäsur. Auch wenn nicht von einem neuen ›Kalten Krieg‹ gesprochen werden konnte, so ließ sich das Verhältnis doch als

---

30 Vgl. hierzu Rühe, Deutschlands Verantwortung.

31 Krim-Krise: Nato schickt deutliche Warnung an Russland, <www.zeit.de/politik/ausland/2014-03/russland-krim-ukraine-nato-warnung> (letzter Zugriff 15.9.2019).

32 Ebd.

33 Vgl. Varwick, NATO in (Un-)Ordnung, S. 11; Neitzel, Deutsche Krieger, S. 562 f.

34 Cohen, Why Cold War again?; Cohen, War with Russia?

35 Kramer, U.S.-Russian Relations and the »New Cold War« Metaphor, S. 1. Kramer vergleicht das Verhältnis zwischen den USA und Russland mit der US-amerikanischen Rivalität zu China und mit der langjährigen Feindschaft zwischen den USA und dem Iran sowie Nordkorea. Er kommt allerdings zu dem Schluss, dass keines der aktuellen Verhältnisse die Charakteristika des Kalten Krieges aufweise. Vgl. dazu auch Missile Defense Review, S. 8–22.

›Kalter Frieden‹ interpretieren. Dadurch würde zumindest metaphorisch eine Art historische Kontinuität zur Blockkonfrontation des 20. Jahrhunderts hergestellt.

Das Ende des Ost-West-Konflikts und die Annexion der Krim bilden den zeitlichen Rahmen dieses Buches – vom ›Kalten Krieg‹ zum ›Kalten Frieden‹. Damit wird der Wandel in der Bedrohungswahrnehmung, die wiederum von der Perspektive des Wahrnehmenden abhängig ist, zum bestimmenden Element der Zäsuren. Die ausschlaggebende Perspektive für die hier gewählte Zäsur ist die der NATO mit ihrer Bedrohungsanalyse hinsichtlich Russlands.[36] Dieser chronologische Rahmen lässt sich nicht konsequent für alle Themenfelder der Arbeit umsetzen. Gelegentlich ist es erforderlich, die Zeitlinien über den definierten Untersuchungszeitraum hinaus zu verfolgen. So zeigte sich im Laufe der Untersuchung, dass es für das Verständnis der Entwicklungen in den 1990er Jahren unvermeidlich ist, den Blick in die 1980er Jahre zu richten. Andere wesentliche Prozesse fanden erst 2015 ihren Abschluss. So gelten für die einzelnen Themenbereiche zum Teil individuelle Zeitlinien:

– vom US-amerikanischen Ansatz zum Aufbau einer strategischen Raketenabwehr (SDI) im Jahr 1983 zum Beschluss der NATO-Regierungschefs für den Aufbau einer territorialen Flugkörperabwehr 2010,
– vom Luftverteidigungsgürtel während des Ost-West-Konflikts zum letzten verbliebenen Geschwader des Flugabwehrraketendienstes der Luftwaffe 2012,
– von den multinationalen Planungen für ein neues bodengebundenes Luftverteidigungssystem in den 1980er Jahren zur Entscheidung für eine nationale Realisierung des Taktischen Luftverteidigungssystems (TLVS) 2015,
– vom ersten Einsatz der bodengebundenen Luftverteidigung in der Türkei 1991 bis zu ihrem zweiten und letzten Einsatz in der Türkei 2012 bis 2015.

Der gewählte Zeitraum, die Vielschichtigkeit des Themas, die chronologische und thematische Parallelität der betrachteten Ebenen sowie die Interdependenzen machten die Struktur der Arbeit zu einer besonderen Herausforderung. Eine chronologische Betrachtung und Anordnung der Ereignisse hätte aufgrund der Komplexität möglicherweise zu Defiziten in der Darstellung der einzelnen Themenfelder sowie unweigerlich zu Schwierigkeiten beim Verständnis geführt. Mit der Entscheidung, die Arbeit thematisch zu strukturieren und innerhalb der einzelnen Kapitel chronologisch vorzugehen, war allerdings eine Differenzierung des Themenkomplexes vonnöten, die wiederum durch inhaltliche Überschneidungen zwischen den Themenfeldern erschwert wurde. Für das Verständnis der jeweiligen Kapitel sind daher Redundanzen gelegentlich unvermeidlich.

36 Varwick folgerte 2017: »Die Nato definiert sich also de facto wesentlich durch ihr Verhältnis gegenüber Russland.« Varwick, NATO in (Un-)Ordnung, S. 185. Auch Herfried Münkler spricht von der »Angst vor einem großen Krieg«, die mit dem aggressiven Agieren Russlands gegen die Ukraine nach Europa zurückgekehrt sei und die »einstiegen Empfindungen des Bedrohtseins« wachrüttelte. Münkler, Kriegssplitter, S. 7. Vgl. ebenso Winkler, Geschichte des Westens, Bd 4, S. 549–578.

5. Forschungsüberblick

Diese Arbeit verfolgt einen interdisziplinären Ansatz. Aufgrund der thematischen Überschneidungen insbesondere zu politischen und technischen Bereichen werden hier neben den klassischen Akten und der historiografischen Literatur Darstellungen von Politikwissenschaftlern, Ingenieuren, Physikern, Sozialwissenschaftlern und Journalisten sowie von Vertretern aus Militär und Politik verwendet. Gegenwartsdiagnosen aus den unterschiedlichsten Bereichen werden so zu historiografischen Quellen.[37] Dies ermöglicht es, das komplexe Ineinanderwirken von politischen, militärischen, gesellschaftlichen und technologischen Entwicklungen nachzuzeichnen und Zusammenhänge zwischen der strategischen und der taktischen Ebene zu erkennen. Der Zugang zum Forschungsgegenstand erfolgt aus militärischer Perspektive.[38]

Die vorliegende Detailuntersuchung der historischen Teildisziplin Neueste Militärgeschichte stellt in erster Linie einen Baustein in der Geschichte der Bundeswehr der Bundesrepublik Deutschland dar. Die exemplarische Betrachtung der Luftverteidigung ermöglicht darüber hinaus Rückschlüsse auf die Bedeutung der Bedrohungsperzeption in der deutschen Bündnis- und Sicherheitspolitik sowie deren Einordnung in die Sicherheitsarchitektur der NATO. Dadurch kann die Studie auch einen Beitrag zur Bündnisgeschichte leisten und sie berührt den Forschungsbereich der politikwissenschaftlichen Strategic Studies. Die fließenden Grenzen zu den jeweils benachbarten Wissenschaften und Disziplinen sind charakteristisch für die hier genannten Forschungfelder. Einen wesentliche Schnittstelle bildet die Poltikgeschichte.

a) Strategic Studies

Die Zeitgeschichte wird aufgrund ihrer Nähe zur Gegenwart oftmals als »mobile Disziplin« begriffen, »deren Zuständigkeit sich fortwährend verschiebt«.[39] Dies führt unweigerlich zu Problemen bei der Abgrenzung zu anderen Disziplinen. Die erste Hälfte dieser Arbeit, in der die politische bzw. strategische Dimension des Untersuchungsgegenstandes beleuchtet wird, basiert im Wesentlichen auf politikwissenschaftlichen Studien, die den Strategic Studies zugeordnet werden können. Dieser Kernbereich anwendungsorientierter Politikwissenschaft widmet sich in einem weit ausgebildeten interdisziplinären Ansatz der Erforschung strategischer Fragen und Probleme. Als »strategisch« werden »diejenigen politischen Prozesse und Ereignisse verstanden, bei denen infolge des direkten oder indirekten Einsatzes von Macht (und das heißt häufig, aber keinesfalls ausschließlich, durch den Einsatz militärischer Gewaltmittel) wesentliche politische Weichenstellungen erfolgen«.[40] Die Interdisziplinarität ist ein besonderes Merkmal dieses Forschungsbereichs. Hier wirken Politik- und Sozialwissenschaftler, Historiker, Physiker und Gelehrte aus

---

37 Vgl. dazu auch Graf/Priemel, Zeitgeschichte, S. 508.
38 Vgl. Kriemann, Hineingerutscht?, S. 15.
39 Graf/Priemel, Zeitgeschichte, S. 479.
40 Vgl. Krause, Strategische Studien, S. 524.

vielen anderen Disziplinen sowie Vertreter aus Politik und Militär zusammen. Die Studie berührt gleich mehrere Themenfelder, die Joachim Krause für den Bereich der Strategic Studies definiert hat.[41] So ist die Raketenabwehr Bestandteil der Theorie und Praxis der Abschreckung. Sie lässt sich weder getrennt von Rüstungskontrolle und Nichtverbreitungspolitik, noch getrennt von der NATO als Bündnis oder dem Wandel des Kriegsbildes betrachten. Ein weiterer wesentlicher Bereich ist der Zusammenhang zwischen Strategie und technologischer Entwicklung sowie rüstungs- und wirtschaftspolitischen Interessen, der hier insbesondere anhand der Untersuchung des transatlantischen Rüstungsprojekts MEADS deutlich wird.

Die Raketenabwehrdebatte in den USA, in der NATO und in Deutschland ist in zahlreichen politikwissenschaftlichen Aufsätzen sowie vereinzelt auch in Dissertationen untersucht worden.[42] Diese Studien berücksichtigen allenfalls am Rande die militärische Perspektive, die jedoch grundlegend ist, um den Themenkomplex der Raketenabwehr in Gänze zu erfassen. Ein Blick in die Bundeswehr, insbesondere auf die Luftwaffe als Fähigkeits- und Bedarfsträger, erfolgt in der Regel nicht. Ihre Strukturen, konzeptionellen Grundlagen, Waffensysteme und Einsätze werden nicht betrachtet. So weist André Böing (2018) beispielsweise bereits zu Beginn seiner Dissertation über die außenpolitischen Debatten in Deutschland um die Raketenabwehrpläne der USA und der NATO von 2005 bis 2017 darauf hin, dass er die Debatte um das Waffensystem MEADS bewusst ausklammere.[43]

Neben Einzelstudien sind die Aktivitäten von Forschungseinrichtungen wie der Stiftung Wissenschaft und Politik (SWP),[44] der Hessischen Stiftung Friedens- und Konfliktforschung (HSFK),[45] des Instituts für Strategische Analysen (ISA),[46] des Instituts für Friedensforschung und Sicherheitspolitik an der Universität Hamburg (IFSH)[47] und der Deutschen Gesellschaft für Auswärtige Politik (DGAP) sowie parteinaher Stiftungen hervorzuheben. Hier existiert eine Fülle von Publikationen und Redebeiträgen zu den Raketenabwehrdebatten in den USA, Europa und Deutschland. Wie in der zeitgenössischen Debatte lassen sich auch in der Forschung Gegner und

41 Ebd., S. 540.

42 Besonders hervorzuheben sind hier die Dissertationen von André Böing (2018) zu den Sichtweisen und Positionen in der deutschen Politik in Bezug auf die Raketenabwehrpläne der USA und der NATO zwischen 2005 und 2017, von Andrew James Futter (2011) über die Evolution der US-Raketenabwehrdebatte von 1989 bis 2010 sowie von Jeremy Stocker (2004) zur britischen Haltung gegenüber den amerikanischen Raketenabwehrplänen zwischen 1945 und 2002. Vgl. Böing, Die außenpolitischen Debatten (2018); Futter, The Evolution; Stocker, Britain.

43 Vgl. Böing, Die außenpolitischen Debatten (2018), S. 38.

44 Vgl. Thränert, Die Verbreitung von Raketen; Bitter, Die Nato und die Raketenabwehr; Adomeit/Bitter, Russland und die Raketenabwehr; Thränert, Das Raketenabwehrprojekt der Nato; Dickow [u.a.], Germany and NATO Missile Defence; Kubiak, Raketenabwehr; Meier, Rüstungskontrolle; Schreer, Zwischen den Stühlen?; Schreer, Heiße Kartoffel Raketenabwehr.

45 Vgl. hierzu die Veröffentlichungen von Bernd W. Kubbig unten in Anm. 49.

46 Vgl. Mey, Strategisches Erfordernis; Mey, Das Erfordernis einer europäischen Raketenabwehr; Mey, Deutsche Sicherheitspolitik 2030; Mey, Zwei Szenarien; Holger H. Mey, Raketenabwehr als Chance für Deutschland. Zustimmung zu den US-Plänen könnte Berlins Nato-Rolle stärken. In: Focus, 5.3.2001; Grams, Das Mittlere Erweiterte Luftverteidigungssystem.

47 Vgl. Deutsche an die Fronten?

Befürworter der Raketenabwehr identifizieren.[48] Die Autoren sind überwiegend Politikwissenschaftler und Physiker. Einige beschäftigen sich bereits seit Jahrzehnten mit der Thematik Raketenabwehr, etwa der Frankfurter Friedensforscher Bernd W. Kubbig seit Ende der 1970er Jahre mit Rüstung, Proliferation und Raketenabwehr sowohl in den USA als auch in Europa und Deutschland.[49] Sitzungsprotokolle des Verteidigungsausschusses des Deutschen Bundestages sowie Akten des Führungsstabes der Luftwaffe zeigen zudem, dass auf politischer wie auf militärischer Ebene Kubbigs Kompetenz zur Raketenabwehr in Anspruch genommen wurde. Unter den zahlreichen Überblicksdarstellungen und Einzelstudien Kubbigs befindet sich auch eine gemeinsam mit Axel Nitsche herausgegebene seitenstarke Sonderausgabe der Zeitschrift »Contemporary Security Policy« von 2005. Dieser Sammelband mit dem Titel »The Domestic Politics of Missile Defence« umfasst verschiedene Länderperspektiven zum Thema Missile Defense und hat damit Seltenheitswert.[50]

Ebenfalls hervorzuheben sind die Arbeiten der Politikwissenschaftler Harald Müller und Joachim Krause zu den Themen Raketenabwehr, Proliferation, Rüstungskontrolle und Abrüstung sowie Nichtverbreitungspolitik von Massenvernichtungswaffen und Trägersystemen.[51] Am Institut für Friedensforschung und Sicherheitspolitik veröffentlichte der Physiker Götz Neuneck als Experte u.a. für Rüstungskontrolle, Abrüstung, neue Technologien, Raketenabwehr, Weltraumrüstung und Nuklearwaffen seit Ende der 1980er Jahre zahlreiche Monografien und Aufsätze zur Raketenabwehr.[52] 2015 publizierte er gemeinsam mit den Physikern Christian Alwardt und Hans Christian Gils eine umfassende Studie zur »Raketenabwehr in Europa«, in der die Autoren neben einer Darstellung der politischen Kontroverse um die Abwehr ballistischer Raketen auch deren Zuverlässigkeit sowie Effektivität wissenschaftlich-technisch hinterfragen.[53] Gleichfalls 2015 veröffentlichten die Ingenieure Robert H. Schmucker und Markus Schiller die Verschriftlichung einer Vorlesung von Schmucker zum Thema »Raketenbedrohung 2.0« an der Technischen Universität

48 Nicht selten finden sich emotionale Tendenzen in den Argumentationslinien der Forscher. So sind die Ausführungen von Chauvistré, Das atomare Dilemma, beispielsweise sehr von einer anti-amerikanischen Grundhaltung geprägt, die er mit zeitweise überspitzten Formulierungen zum Ausdruck bringt.

49 Vgl. Kubbig, SDI; Kubbig, Raketenabwehr; Die militärische Eroberung des Weltraums; Kubbig, German and American Export Control Policies; Kubbig, Aufrüstung vor Rüstungskontrolle; Kubbig, Positioning Europe; Kubbig/Dembinski/Kelle, Unilateralismus als alleinige außenpolitische Strategie?; Kubbig, Nach dem Moskauer Gipfel; Kubbig, US-Raketenabwehr; Glebocki [u.a.], Raketenabwehrpläne; Kubbig, Missile Defence; Arms Control and Missile Proliferation in the Middle East.

50 Vgl. The Domestic Politics of Missile Defence.

51 Vgl. Brauch/Thränert/Müller, Das Militärpotential des Irak; Kubbig/Müller, Nuklearexport und Aufrüstung; Krause, Rüstung und Rüstungskontrolle; Joachim Krause und Oliver Thränert, Raketenabwehr und nukleare Abrüstung gehören zusammen. Deutschland und Europa insgesamt sollten sich der Diskussion über das Raketenabwehrsystem NMD nicht verweigern. In: FAZ, 14.2.2001, S. 11; Krause, Deutschlands Sicherheit und der INF-Vertrag.

52 Vgl. Neuneck, »SDI-light«; Neuneck/Scheffran, Die neuen Raketenabwehrpläne der USA; Kubbig/Neuneck, Raketenabwehrpläne; Neuneck, Der Streit um die Raketenabwehr; Neuneck/Altmann, US-Raketenabwehr; Neuneck, Von Patrioten.

53 Vgl. Neuneck/Alwardt/Gils, Raketenabwehr in Europa.

München sowie an der Universität der Bundeswehr in München.[54] Schmucker und Schiller beleuchten das Bedrohungspotenzial ballistischer Raketen aus technischer Perspektive und weisen auf die gravierenden Differenzen zwischen der in der Öffentlichkeit dargestellten theoretischen Bedrohung und der technischen Realität hin.[55] Die beiden zuletzt genannten Werke bieten eine technische Perspektive, die für ein umfassendes Verständnis des Themenkomplexes unabdingbar ist. Wiederum fehlt hier die militärische Binnensicht.

Der Bereich Rüstung bildet eine Schnittstelle zwischen Politik, Wirtschaft, Technik und Militär. Dies ermöglicht unterschiedliche Herangehensweisen. Aus militärhistorischer Sicht bildet die Rüstungsgeschichte ein bislang wenig aufgearbeitetes Forschungsfeld.[56] Bei den Flugabwehrraketensystemen der Luftwaffe handelt es sich vorrangig um multinationale bzw. transatlantische Rüstungsprojekte. Nicht zuletzt weil die Diskussion um das neue Luftverteidigungssystem MEADS immer wieder die Raketenabwehrdebatte – international wie national – kreuzte, ist dieses transatlantische Rüstungsprojekt als Teil des sicherheitspolitischen Diskurses auch Gegenstand politikwissenschaftlicher Studien. Über die Anfänge des neuen Taktischen Luftverteidigungssystems (TLVS) in den 1980er Jahren und von MEADS Mitte der 1990er Jahre gibt es allerdings kaum deutsche Veröffentlichungen. Erst als um die Jahrtausendwende in Deutschland die Debatte um die Relevanz von TLVS/MEADS vor dem Hintergrund starker Einschränkungen des deutschen Verteidigungshaushalts entbrannte, wurden einige – überwiegend konträre – Studien zu MEADS veröffentlicht. Die Debatte spiegelte nicht nur militärpolitische, sondern auch konkurrierende rüstungs- und industriepolitische Interessen wider. Befürworter und Gegner des neuen Waffensystems kritisierten sich vorrangig gegenseitig. Zu den Befürwortern zählten Christoph Grams, der bereits 2003 eine bedeutende Einzelstudie zu MEADS und dessen Einordnung in den sicherheitspolitischen Kontext publiziert hatte,[57] Holger H. Mey[58] und Joachim Krause.[59] Zu den Gegnern bzw. Kritikern gehörten Bernd W. Kubbig,[60] der ehemalige Luftwaffengeneral Hermann Hagena[61] und

[54] Vgl. Schmucker/Schiller, Raketenbedrohung 2.0.

[55] Joachim Krause, Kommt der kleine Bruder von SDI? Die amerikanischen Pläne für ein nationales Raketenabwehrsystem. In: FAZ, 3.6.2000.

[56] Vgl. etwa den Sammelband Militärisch-Industrieller Komplex? – Wolf, Ein »planerisches Dilemma«, konzentriert sich in seiner umfangreichen historiografischen Studie, einer unveröffentlichten Masterarbeit an der Uni Potsdam 2017, auf die rüstungstechnische Transformation der Bundeswehr von einer Bündnisarmee des Ost-West-Konflikts hin zu einer Armee im Einsatz. Er beleuchtet das zunehmende Ungleichgewicht zwischen den neuen Aufgaben der deutschen Streitkräfte sowie dem damit einhergehenden gestiegenen Rüstungsbedarf einerseits und dem dafür zur Verfügung stehenden sinkenden Verteidigungsbudget andererseits.

[57] Vgl. Grams, Das Mittlere Erweiterte Luftverteidigungssystem; Grams, Das Medium Extended Air Defense System; Grams, Über welches MEADS debattiert Berlin?

[58] Vgl. Mey, Das Erfordernis einer europäischen Raketenabwehr.

[59] Vgl. Krause, Ist transatlantische Rüstungskooperation noch machbar?, S. 6; Krause, MEADS in der Kritik.

[60] Vgl. Kubbig/Kahler, Problematische Kooperation im Dreieck; Kubbig, Als Entscheidungsgrundlage für das Raketenabwehrprojekt MEADS ungeeignet; Kubbig, Raketenabwehrsystem MEADS.

[61] Vgl. Hagena/Hagena/Witzendorff, Eine Raketenabwehr für Europa?; Hagena, Zur aktuellen Kontroverse.

Sascha Lange.[62] Die zahlreichen Artikel von Militärs in Fachzeitschriften sind dagegen wenig kritisch. Ihre Autoren nahmen nicht aktiv an der öffentlichen Debatte teil. Sie folgten keinem parteipolitischen oder ethischen Konzept, sondern wandten sich vorrangig an ein Fachpublikum. Im Vordergrund standen konzeptionelle Ableitungen aus den aktuellen sicherheitspolitischen Entwicklungen sowie der aus militärischer Sicht erforderliche personelle und materielle Bedarf. Es liegt nahe, dass die militärischen Autoren die Vorgaben der politischen und militärischen Führung in aller Regel nicht infrage stellen wollten.

b) Neueste Militärgeschichte

Die Neueste Militärgeschichte versteht sich als »Schnittstelle von Geschichtswissenschaft, Politik, Öffentlichkeit und Streitkräften«.[63] Sie ist wesentlicher Bestandteil der weiter gefassten Geschichte von Sicherheit und Sicherheitspolitik.[64] Als Teildisziplin der Neuesten Zeitgeschichte setzt die Neueste Militärgeschichte mit dem Ende des Ost-West-Konflikts ein und nimmt die Streitkräfte der Bundesrepublik Deutschland als innen- und gesellschaftspolitisches Projekt in den Blick.[65] Als soziales Subsystem wird das Militär von den Werten und Normen der Gesellschaft geprägt. »Die Soldaten sind Teil der Gesellschaft, sie leben in ihr, sie kommen aus ihr, und sie kehren nach ihrem aktiven Dienst in sie zurück«.[66]

Aufgrund der Nähe zur Gegenwart weist die Forschungsdisziplin einige Besonderheiten hinsichtlich Recherche und Methodik auf. Die Diskussion um die Frage, wann man Geschichte schreibt, und die damit einhergehenden Eigenheiten

---

62 Vgl. Lange, Teilfähigkeitsverlust durch MEADS.

63 So im Untertitel des Sammelbandes Auftrag Auslandseinsatz.

64 Die Vorstellungen und das Bewusstsein bzw. die Wahrnehmung von Sicherheit spielen eine zentrale Rolle für die Relevanz der bodengebundenen Luftverteidigung – sowohl auf nationaler Ebene als auch im Bündnis. Der Untersuchungsgegenstand und der gewählte Zeitraum eignen sich, die These von Eckhart Conze über die Dynamik des Verständnisses von Sicherheit in der Geschichte zu untermauern. Sicherheit und ihre Wahrnehmung bilden demnach kein statisches Konzept, sondern sind »das Ergebnis einer Deutung von Realität«. Conze bezieht sich bei der Definition des Forschungsbereichs unter anderem auf das Modell des erweiterten Sicherheitsbegriffs des Politikwissenschaftlers Christopher Daase. Vgl. Conze, Geschichte der Sicherheit, S. 57, Zitat S. 70; Conze, Sicherheit ohne Ende, S. 59; Daase, Der erweiterte Sicherheitsbegriff (2009); Klüfers, Internationale Sicherheit. Das Thema Raketenabwehr bietet darüber hinaus die Möglichkeit, sich dem Begriff der Sicherheit aus emotionsgeschichtlicher Perspektive – über das Gefühl der Angst – zu nähern. Dies zeigt sich beispielsweise an der verbreiteten Verwendung von sicherheitsbezogenen Metaphern wie ›Schutzschirm‹ oder ›Dach‹ für den Aufbau eines flächendeckenden Schutzes gegen ballistische Flugkörper. In Deutschland entwickelte sich die tief in der kollektiven Erfahrung der Deutschen verwurzelte Angst bzw. Sorge vor der Reaktion Russlands angesichts der US-Pläne zum Aufbau einer territorialen Raketenabwehr in Europa zu einem entscheidenden Faktor für die deutsche Position in der Debatte. Und nicht zuletzt verdeutlichten die irakischen Raketenangriffe auf Israel und Saudi-Arabien während des Zweiten Golfkrieges 1991 die Terrorwirkung von ballistischen Raketen sowie die psychologische Bedeutung von Abwehrsystemen und das daran geknüpfte Gefühl von Sicherheit. Vgl. dazu Krohne, Psychologie der Angst; Motivation und Emotion; Conze, Geschichte der Sicherheit, S. 163 f.

65 Vgl. Echternkamp [u.a.], Deutsche Militärgeschichte, S. 147.

66 Neitzel, Der Westen und die Neuen Kriege, S. 74.

und Probleme des zeithistorischen Arbeitens sind nicht neu.[67] Eine wesentliche Besonderheit liegt in der Untersuchung nicht abgeschlossener Entwicklungen und Prozesse. So ist auch der Untersuchungsgegenstand dieser Arbeit kein abgeschlossener Themenkomplex. Die hier gewählte Annexion der Krim als Zäsur kann daher nur eine vorläufige sein.

Die Neueste Militärgeschichte stellt noch ein Randgebiet in der allgemeinen Geschichtsschreibung der Bundesrepublik Deutschland dar. Der im Auftrag des Militärgeschichtlichen Forschungsamtes (MGFA) von Bernhard Chiari 2012 herausgegebene Sammelband »Auftrag Auslandseinsatz« widmete sich der Geschichte der Bundeswehr und anderer europäischer bzw. NATO-Armeen. Die 38 Autorinnen und Autoren nehmen darin die Veränderung von Militärpolitik und Sicherheitskultur nach dem Ende des Ost-West-Konflikts in den Blick. Anhand konkreter Beispiele werden die inhaltliche wie methodische Bandbreite der Neuesten Militärgeschichte ausgewertet und deren Schnittstellen zu anderen Disziplinen wie den Sozial- und Politikwissenschaften aufgezeigt. Mit dem Sammelband unternahm Chiari erstmals den Versuch, diesen Teil der Neuesten Militärgeschichte in programmatischer Weise zu umreißen.[68]

Während sich bereits Politikwissenschaftler und Militärsoziologen eingehend mit der Rolle der deutschen Streitkräfte nach dem Ende des Ost-West-Konflikts auseinandergesetzt haben, befindet sich die archivgestützte Forschung erst am Anfang.[69] Eine wesentliche Herausforderung der Neuesten Militärgeschichte bildet naturgemäß der eingeschränkte Zugang zum Aktenmaterial des Bundesministeriums der Verteidigung (BMVg) aufgrund der dreißigjährigen Schutzfrist. Darüber hinaus kann mangelnde militärische Fachkenntnis zum Hindernis werden. Für eine tiefgreifende wissenschaftliche Untersuchung ist demnach ein gewisses Maß an Vorwissen über Begriffe, Organisation und Funktionsweise der Streitkräfte notwendig.[70] Für das Verständnis der bodengebundenen Luftverteidigung ist neben einem taktischen und operativen zudem ein technisches Verständnis erforderlich. Die internationale Dimension des Dienstbereichs, die mit der Integration in die NATO-Luftverteidigung, der amerikanischen Herkunft der Waffensysteme und der Ausbildung des Funktionspersonals in den USA einhergeht, führt zu einer parallelen Verwendung von englischen und deutschen Fachbegriffen einschließlich entsprechender Abkürzungen. Vorkenntnisse können da die Entwirrung des Akronym-Dschungels in den Quellen, das sich nicht nur in den militärischen Dokumenten, sondern auch in den politischen Debatten wiederfindet, durchaus erleichtern.

Grundsätzlich lässt sich feststellen: je niedriger die Betrachtungsebene der Studie, desto weniger Literatur zum Themenkomplex ist vorhanden. Die Geschichte der

---

67 Vgl. Rothfels, Zeitgeschichte als Aufgabe; Schwarz, Die neueste Zeitgeschichte.

68 Vgl. Chiari, Krieg als Reise?, S. 14, 34.

69 Vgl. Geppert, Die Bundeswehr, S. 35; Schlaffer/Sandig, Die Bundeswehr; Rink, Die Bundeswehr; Echternkamp [u.a.], Deutsche Militärgeschichte, S. 133; Neitzel, Der Westen und die Neuen Kriege, S. 76 f.; Maurer/Rink, Einsatz ohne Krieg?, S. 27; Kriemann, Hineingerutscht?; Neitzel, Deutsche Krieger.

70 Vgl. dazu auch Kriemann, Hineingerutscht?, S. 21. Sönke Neitzel kritisierte 2013 die »Nichtbeachtung der Binnensicht des Militärs«. Die Streitkräfte würden in den wissenschaftlichen Debatten vielfach als *black box* erscheinen. Neitzel, Der Westen und die Neuen Kriege, S. 72, 77.

deutschen bodengebundenen Luftverteidigung nach dem Ende des Ost-West-Konflikts ist wissenschaftlich bislang nicht aufgearbeitet worden. Historiografische Literatur ist eher in übergeordneten Themenbereichen, etwa zur Geschichte der Bundesrepublik Deutschland, der Sicherheit, der Bundeswehr oder zu den »Neuen Kriegen« zu finden. Ein direkter Bezug zur bodengebundenen Luftverteidigung sowie zur Fähigkeit der Flugkörperabwehr erfolgt nicht. Dies mag angesichts der politischen Brisanz des Themas Raketenabwehr durchaus überraschen.

Die neue Rolle der deutschen Streitkräfte nach 1989/90 wird primär in geschichtswissenschaftlichen Überblickswerken zur Geschichte der Bundesrepublik Deutschland oder in Erinnerungsberichten von Politikern dargestellt.[71] In deren Fokus steht das Verhalten der Bundesrepublik als sicherheitspolitischer Akteur sowie der Wandel in der Position der Bundesregierung nach der Wiedervereinigung zum Einsatz deutscher Streitkräfte.[72] Die Bundeswehr erscheint in den primär politik- und sozialwissenschaftlichen Studien zu den »Neuen Kriegen«[73] lediglich als außenpolitisches Instrument, ohne selbst im Fokus zu stehen.[74] Der Politikwissenschaftler Franz-Josef Meiers (2006) analysierte beispielsweise das Verhalten Deutschlands als sicherheitspolitischer Akteur nach 1989/90 anhand der Gemeinsamen Sicherheits- und Verteidigungspolitik (GSVP) der Europäischen Union, des Verhältnisses von Deutschland zur NATO, des deutschen Beitrags zu Auslandseinsätzen und der Reform der Bundeswehr.[75] Der Begriff Einsatz subsummiert nicht nur den Kampf an sich, sondern ebenso Ausbildungsaufträge, Luftraum- oder Seeüberwachung und Stabilisierungsmissionen. Trotzdem ist die Diskussion um die Bezeichnungen »Krieg« oder »Nichtkrieg« seit jeher Teil der Geschichte der Bundeswehr im Einsatz.[76] Untersuchungen zu den neuen Herausforderungen aus der Perspektive der Bundeswehr gibt es bislang nur wenige.[77]

Mit dem Zweiten Golfkrieg 1990/91 setzte im wiedervereinigten Deutschland eine kontroverse Debatte um die Frage der Legitimität von Auslandseinsätzen bzw. von Einsätzen deutscher Soldaten außerhalb des Bündnisgebietes (*out-of-area*) ein. Als die Türkei 1990 die NATO um Beistand im Golfkonflikt bat, wurde offensichtlich, dass der bisherige gesellschaftliche Konsens über das Verfassungsverständnis brüchig geworden war. Gesellschaft und Streitkräfte sahen sich erstmals mit einer neuen Einsatzform konfrontiert, mit der künftigen Bedrohungen begegnet werden sollte. Helmut Hubel bilanzierte noch 1991, dieser Ernstfall habe »schonungslos offengelegt«, dass »die politisch Verantwortlichen des Landes darauf in kaum

---

71 Vgl. Görtemaker, Geschichte der Bundesrepublik Deutschland; Schöllgen, Die Außenpolitik; Hacke, Die Außenpolitik; Haftendorn, Deutsche Außenpolitik; Conze, Die Suche nach Sicherheit; Genscher, Erinnerungen; Kohl, Berichte zur Lage 1989–1998.

72 Vgl. Wolfrum, Die geglückte Demokratie, S. 460–470.

73 Vgl. Münkler, Die neuen Kriege.

74 Vgl. Hubel, Der zweite Golfkrieg; Schöneberger, Vom Zweiten Golfkrieg; Kriemann, Hineingerutscht?; Rauch, Auslandseinsätze der Bundeswehr; Streitkräfte im Einsatz: Zur Soziologie militärischer Interventionen; Meiers, Zu neuen Ufern?; Wolfrum, Rot-Grün an der Macht.

75 Vgl. Meiers, Zu neuen Ufern?

76 Vgl. Maurer/Rink, Einsatz ohne Krieg?, S. 10. Vgl. dazu auch Rink, Was ist »Krieg«?

77 Vgl. Schlaffer, Die Bedeutung des Balkans; Münch, Die Bundeswehr in Afghanistan; Kriemann, Hineingerutscht?

einer Weise, weder psychologisch noch organisatorisch, vorbereitet« waren.[78] Der Terminus Bündnisverteidigung erhielt eine neue Bedeutung. Beistand im Rahmen des NATO-Vertrages bedeutete nicht ausschließlich Verteidigung im Sinne der Selbstverteidigung, sondern auch Bündnispartnern wie der Türkei am Rande des Bündnisgebietes beizustehen.[79] Die Zurückhaltung der Bundesregierung des jüngst wiedervereinigten Deutschlands, deutsche Soldaten in die Krisenregion zu entsenden, sowie die damit einhergehende öffentliche Debatte stieß bei den Bündnispartnern auf Unverständnis.[80] Karl Kaiser und Klaus Becher beleuchteten 1992 die nicht zuletzt im Ausland kaum beachtete ›besondere Situation‹ der deutschen Politik zur Zeit der mit der Golfkrise zeitlich zusammenfallenden Wiedervereinigung Deutschlands.[81]

Die durch die beiden Weltkriege bedingte »grundsätzliche Ablehnung des Krieges durch die Bevölkerung aufgrund der Verfassungsordnung der Bundesrepublik sowie der deutschen politischen Kultur«[82] schränkte die außenpolitische Handlungsfreiheit der deutschen Regierungen deutlich stärker ein, als es bei allen anderen westlichen Ländern der Fall war. Die Existenz und die Gestalt der Bundeswehr gehen auf den Ost-West-Konflikt zurück. Mit dem Mauerfall und dem Ende des Kalten Krieges endete der Daseinsgrund für sie. Die Wahrnehmung der jahrelangen Blockkonfrontation hatte das Denken in der und über die Bundeswehr geprägt. Die deutsche Öffentlichkeit stand dem Militär unverändert skeptisch gegenüber. Doch während der Verteidigungshaushalt im Verhältnis zum Bundeshaushalt stagnierte oder sank, wuchsen die national wie international formulierten Erwartungen an die Bundesrepublik Deutschland, mehr außen- und sicherheitspolitische Verantwortung zu übernehmen.[83]

Die Luftwaffe ist eine im besonderen Maße in die NATO integrierte Teilstreitkraft. So ist auch für das Verständnis der bodengebundenen Luftverteidigung der Bezug zur NATO unabdingbar. Wie oben skizziert, entstand die bodengebundene Luftverteidigung wie die Luftwaffe in und mit der Allianz und sie war bis zum Ende des Ost-West-Konflikts auch nur in diesem Rahmen einsatz- und handlungsfähig.[84] Als wichtiger Bezugsrahmen der Außen- und Sicherheitspolitik ihrer Mitgliedsstaaten

---

[78] Hubel, Der zweite Golfkrieg, S. 54.

[79] Vgl. Breitwieser, Von der Landesverteidigung, S. 50. Vgl. auch Inacker, Unter Ausschluß der Öffentlichkeit?; Meiers, Zu neuen Ufern? Die NATO verfügte mit der Allied Mobile Force (AMF) seit 1961 über einen multinationalen und mobilen Einsatzverband, »um im Rahmen der Abschreckung in neuralgischen Punkten und den Bündnisflanken die Solidarität und den Abwehrwillen der Allianz gegenüber dem Ostblock zu demonstrieren«. Die AMF hatte zwar während des Ost-West-Konflikts regelmäßig an den Flanken des Bündnisgebietes geübt, doch wurde ihre Rolle in der breiten Öffentlichkeit zu diesem Zeitpunkt kaum wahrgenommen. Vgl. dazu Lemke, Die deutsche Luftwaffe, S. 49.

[80] Wie sich das Verhältnis zwischen der Bundesrepublik Deutschland und der Türkei im Zuge der türkischen Bitte um militärischen Beistand während der Golfkrise entwickelte, analysierte Curd-Torsten Weick 2001. Er deutet dabei auf die von »Peinlichkeiten geprägte Diskussion über die Grenzen der deutschen Bündnisverpflichtungen gegenüber der Türkei« hin. Weick, Die schwierige Balance, S. 177.

[81] Vgl. Kaiser/Becher, Deutschland und der Irak-Konflikt, S. 5. Vgl. auch Meiers, Zu neuen Ufern?

[82] Münkler, Der neue Golfkrieg, S. 140.

[83] Vgl. Rink, Die Bundeswehr, S. 25 f.; Daase/Junk, Strategische Kultur, S. 153.

[84] Vgl. Schreiber, Die Luftwaffe und ihre Doktrin, S. 11.

bildet die NATO eine Schnittstelle zwischen Militär und Politik.[85] Ihre Geschichte vollzieht sich auf strategischer Ebene. Ähnlich wie bei der Geschichte der Bundeswehr sind die Möglichkeiten zur Erforschung von Bündnisgeschichte aufgrund des eingeschränkten Aktenzugangs innerhalb der dreißigjährigen Schutzfrist begrenzt. Dazu kommt, dass eine multinationale Militärgeschichtsschreibung eines archivalisch multinationalen als auch multiperspektivischen Ansatzes bedarf. So überrascht es nicht, dass die Geschichte der NATO nach 1989/90 bislang eher mit politikwissenschaftlichen Mitteln erfasst wurde.[86]

Mit dem Zusammenbruch der Warschauer Vertragsorganisation endete auch der Daseinsgrund für die ›alte NATO‹. Welche neuen Aufgaben sollten nun ihren Fortbestand begründen?[87] Die neuen und vielschichtigen Herausforderungen der internationalen Sicherheit, die mit dem Epochenwechsel einhergingen, verlangten eine signifikante Anpassung der Funktion des Bündnisses. Die NATO entwickelte sich in den 1990er Jahren von einem Verteidigungsbündnis zu einer politisch-militärischen Organisation, »die den internationalen Herausforderungen in wachsendem Maße politisch zu begegnen versucht, im Einzelfall aber auch zu militärischem Eingreifen entschlossen ist«.[88] Die gegenseitige Verteidigung im Falle eines Angriffs auf einen Bündnispartner nach Artikel 5 des NATO-Vertrages blieb unverändert die Kernfunktion der Allianz, doch erweiterte die NATO angesichts der neuen militärischen Risiken ihr Aufgabenspektrum. Die Erweiterung des Wirkungsradius machte das Bündnis nicht zur ›Weltpolizei‹, aber zu einem globalen Ordnungsfaktor.[89]

Die Geschichte der Luftwaffe als Teilstreitkraft der Bundeswehr ist bislang wenig erforscht. Selbst für die ersten Jahrzehnte nach ihrer Gründung existieren lediglich vereinzelt wissenschaftliche Studien.[90] Dabei scheint der Fokus eher auf dem Bereich der fliegenden Luftwaffe zu liegen, obwohl die bodengebundene Luftverteidigung den zweitstärksten Dienstbereich der Luftwaffe bildet. Im Gegensatz zur anglo-amerikanischen Forschung[91] findet die wissenschaftliche Diskussion um die Entwicklung der modernen Luftstreitkräfte eher in relativ abgelegenen Fachzeitschriften statt. Die Autoren konzentrieren sich meist auf konzeptionelle Besonderheiten und

---

85 Vgl. Varwick, Die NATO, S. 7.

86 Vgl. Echternkamp [u.a.], Deutsche Militärgeschichte, S. 136 f., 149.

87 Mit der europäischen, transatlantischen und globalen Sicherheits- und Außenpolitik vor dem Hintergrund der Entwicklung seit 1989/90 beschäftigten sich die Beiträge in dem 2002 erschienenen Sammelband Die NATO auf dem Weg ins 21. Jahrhundert. Sie thematisieren Grundsätze, Wandel, Kontinuitäten, neue Aufgaben und Erneuerung der NATO sowie das große Thema ›Europa – Russland – USA‹. Vgl. ebd. die Einleitung von Heiner Timmermann, S. 10.

88 Varwick/Woyke, Die Zukunft der NATO, S. 173.

89 Vgl. ebd.; Varwick, Die NATO, S. 165; Varwick, NATO in (Un-)Ordnung, S. 26. Vgl. auch Masala, Den Blick nach Süden?, S. 13–17; Overhaus, Die deutsche NATO-Politik; Teutmeyer, Deutschland und die neue NATO.

90 Ein nach wie vor maßgebliches Werk zur Geschichte der deutschen Luftwaffe ist die 2006 veröffentlichte Mehrverfasserschrift Lemke [u.a.], Die Luftwaffe 1950 bis 1970. Hierin untersucht Dieter Krüger die Entstehung der NATO-Luftverteidigung und die Integration der Deutschen Luftwaffe 1956 bis 1969 (S. 485–553). Der Band war bis vor Kurzem das einzige wissenschaftliche Werk zur Geschichte der deutschen Luftwaffe. Vgl. auch Lemke, Die deutsche Luftwaffe; Schreiber, Die Luftwaffe und ihre Doktrin; Ahrens, Die Transportflieger der Luftwaffe 1956 bis 1971.

91 Vgl. Warden, The Air Campaign; Air power history; Gray, Airpower; Black, Air power.

Neuerungen.[92] 2011 begründeten Heiner Möllers, Eberhard Birk und Wolfgang Schmidt die »Schriften zur Geschichte der Deutschen Luftwaffe«. In den einzelnen Bänden der Reihe wird vornehmlich die 1956 aufgestellte Luftwaffe der Bundeswehr und ihr Wandel von einer Teilstreitkraft im Ost-West-Konflikt hin zu Einsätzen an der Peripherie und außerhalb des NATO-Bündnisgebietes betrachtet.[93]

Zu den konzeptionellen Grundlagen, Strukturen, Waffensystemen und Einsätzen des Flugabwehrraketendienstes der Luftwaffe sind bislang ausschließlich Werke von Zeitzeugen vorhanden: Chroniken, Reden, Aufsätze und Vorträge, aber auch durchaus umfangreichere und detaillierte Buchveröffentlichungen, verfasst von aktiven oder ehemaligen Soldaten oder Politikern. Ihr Charakter ist meist populärwissenschaftlich, zum Teil auch mikroperspektivisch – nicht selten im Stil persönlicher Erinnerungen.[94]

2004 gaben Wilhelm von Spreckelsen und Wolf-Jochen Vesper das Buch »Blazing Skies. Die Geschichte der Flugabwehrraketentruppe der Luftwaffe« heraus. Es gilt bis heute als Standardwerk zur Geschichte der bodengebundenen Luftverteidigung und ist eines der wenigen Bücher, die sich ausschließlich mit der Geschichte eines Dienstbereichs der Luftwaffe beschäftigen. Die Autoren, ehemalige Stabsoffiziere der Flugabwehrraketentruppe, schildern die gesamte Geschichte der bodengebundenen Flugabwehr von ihren Anfängen über den Zweiten Weltkrieg, die Gründung des Flugabwehrraketendienstes der Bundeswehr, ihre Rolle im Luftverteidigungsgürtel während des Ost-West-Konflikts bis zur grundsätzlichen Neuorientierung nach der Wende und der Befähigung zum Einsatz außerhalb Deutschlands.[95] Die Darstellung ist verdienstvoll und hat einen Grundstein für die künftige Forschung gelegt.[96]

Der Zweite Golfkrieg war zwar häufig Gegenstand wissenschaftlicher Studien, doch die Entsendung deutscher Flugabwehrraketensysteme zur Verstärkung der tür-

---

92 Vgl. die Einführung der Herausgeber in dem Sammelband Luftwaffe und Luftverteidigung, S. 9–17.

93 Vgl. das Vorwort in dem Sammelband Die Luftwaffe in der Moderne, hier S. 9.

94 Hervorzuheben ist an dieser Stelle das Buch »Immer im Einsatz. 50 Jahre Luftwaffe«. Der Herausgeber, der ehemalige Inspekteur der Luftwaffe Generalleutnant a.D. Hans-Werner Jarosch, zeigt darin, dass die Luftwaffe, trotz des zwischenzeitlichen Aufwuchses nach der Wende, zwischen 1970 und 2005 rund 70 % ihres militärischen und fast 60 % ihres zivilen Personals verloren hat. Für jede Strukturänderung habe es gute Gründe gegeben, darunter neue Waffensysteme, eine veränderte Bedrohung oder eine strategische bzw. konzeptionelle Neuausrichtung. Vor allem aber seien immer wieder Rückschritte im Verteidigungshaushalt zu verzeichnen gewesen. Vgl. Immer im Einsatz, S. 173 f.

95 Vgl. Spreckelsen/Vesper, Blazing Skies.

96 Infolge der Auflösung der Heeresflugabwehrtruppe und der Übertragung dieser Aufgabe vom Heer an die Luftwaffe Ende 2012 publizierte die Gemeinschaft der Heeresflugabwehrtruppe e.V. eine Dokumentation (Flugziel auf Kurs), die in enger Zusammenarbeit mit vielen Bundeswehrdienststellen entstanden ist. Es berichten Soldaten aller Dienstgradgruppen über die Heeresflugabwehrverbände und die selbstständigen Flugabwehrbatterien, über Bewaffnung, Ausrüstung und Ausbildung, aber auch über Auslandseinsätze im Kosovo und in Afghanistan. Hans-Günter Behrendt, ehemaliger Stabsoffizier und Angehöriger der Heeresflugabwehrtruppe, befasst sich in einer Monografie (Flugabwehr in Deutschland, veröffentlicht 2021) mit den Stationierungsorten und Waffensystemen der deutschen Flugabwehr- und Luftverteidigungskräfte zwischen 1956 und 2012. Der Autor tritt als Zeitzeuge auf und veranschaulicht die räumliche Verteilung und Dichte der Truppenteile anhand von Stationierungsgrafiken. Darüber hinaus stellt Behrendt die unterschiedlichen Flugabwehr- und Flugabwehrraketensysteme von Bundeswehr und NVA mit ihren Leistungsparametern sowie anhand von Illustrationen vor.

kischen Luftverteidigung 1991 wird hier in der Regel nur am Rande erwähnt. Der Fokus liegt auf dem Beitrag der fliegenden Luftwaffe zur Allied Mobile Force und auf dem Einsatz der Marine.[97] Umso wertvoller sind Beiträge wie die von Bernd Walsch und Thorsten Ilg. Beide berichten als Zeitzeugen von ihren Erfahrungen als Soldaten des Flugabwehrraketendienstes im Einsatz. Walsch war 1991 als Staffelchef einer Hawk-Batterie und Ilg 2014 als Kommandeur des Deutschen Einsatzkontingentes Active Fence Turkey (AF TUR) eingesetzt. Zu ausgewählten Leitfragen analysieren die Autoren Gemeinsamkeiten und Unterschiede der einzigen beiden Einsätze, in denen der Flugabwehrraketendienst der Luftwaffe mit seinen Waffensystemen im Kernauftrag gefordert war.[98] Diese Gegenüberstellung ist Teil des im Zuge der 5. Militärhistorischen Tagung der Luftwaffe (2016) von Heiner Möllers und Eberhard Birk herausgegebenen Sammelbandes »Luftwaffe und Luftverteidigung«. Diese Veröffentlichung konzentriert sich schwerpunktmäßig auf die Organisations-, Mentalitäts- und Einsatzgeschichte der Flugabwehrraketentruppe sowie auf die Luftverteidigung der NATO. Betont wird hier, dass für die Transformation der Luftwaffe nach der Wiedervereinigung Deutschlands weniger die militärischen Notwendigkeiten berücksichtigt worden, als dass sie vielmehr politischen Prämissen gefolgt seien. Eine sicherheitspolitische Analyse mit Blick auf zukünftige Bedrohungen habe nicht stattgefunden.[99]

6. Quellen

Bei der Unterscheidung des Historikers zwischen Primär- und Sekundärquellen ist weder das Kriterium der Schriftlichkeit noch das des Alters ausschlaggebend. Entscheidend ist das Kriterium der zu erforschenden Zeit. Sobald das untersuchte Schriftstück der Zeit entstammt, die man erforschen will, handelt es sich um eine Quelle. Darstellungen ex post gehören zu den Sekundärquellen. Aufgrund der Nähe zur Gegenwart ist es schwierig, diese Definition auf den Untersuchungszeitraum der Neuesten Militärgeschichte anzuwenden. Die Problematik zeigt sich beispielsweise in der Studie des Politikwissenschaftlers Helmut Hubel. Sie ist 1991 erschienen und erzählt die Geschichte des im selben Jahr beendeten Golfkriegs.[100] Die Darstellung hat ihren Ursprung zwar in der untersuchten Zeitstufe, doch der Blickwinkel des Autors ist ex post: Hubel ist Zeitzeuge, doch bemüht er sich um eine objektive Analyse. Um den Charakter eines Schriftstücks klar definieren zu können, kann und muss die Perzeption eine unterstützende Rolle einnehmen: Wie möchte der Historiker den

[97] Den Einsatz der AMF 1991 während des Zweiten Golfkrieges in der Südtürkei nimmt Bernd Lemke unter die Lupe. Vor dem Hintergrund der Epochenzäsur 1990 sei dies der erste scharfe Einsatz deutscher Truppen seit 1945 gewesen. Die Entsendung der deutschen Einheiten des Flugabwehrraketendienstes zum Schutz von Flugplätzen in der Türkei findet bei Lemke allerdings kaum Beachtung. Vgl. Lemke, Die Allied Mobile Force, S. 284–297. Vgl. auch Neitzel, Deutsche Krieger; Meiers, Zu neuen Ufern?; Kaiser/Blecher, Deutschland und der Irak-Konflikt; Schöneberger, Vom Zweiten Golfkrieg.

[98] Vgl. Walsch, Die FlaRak-Waffe; Ilg, Die FlaRak-Waffe.

[99] Vgl. Möllers, Luftwaffe und Luftverteidigung, S. 48.

[100] Vgl. Hubel, Der zweite Golfkrieg.

Autor des untersuchten Schriftstücks wahrnehmen bzw. einordnen, und wie steht der Autor selbst zum beschriebenen Ereignis?

Die Tatsache, als Zeithistoriker gleichzeitig auch Zeitzeuge zu sein, hat Vor- und Nachteile. Zum einen kann die nahe Perspektive »die Aufgabe des historischen Verstehens, also des Sich-Hinein-Versetzens in die Lage der Handelnden [...], durch die Situation des Mitlebens«[101] durchaus erleichtern. Zum anderen besteht die Gefahr, parteiisch zu sein, oder »zumindest einer biografisch beeinflussten, mithin verengten Perspektive«.[102] Elementar für die historische Darstellung ist es demnach, sich immer wieder zur Objektivität zu zwingen – auch wenn es sich selbstverständlich nur um eine Annäherung an die historische Wahrheit durch den kritischen Bezug auf die verfügbaren Quellen handeln kann.[103]

Die Erforschung der unmittelbaren Vergangenheit steht vor der besonderen Herausforderung der quantitativen und qualitativen Ausweitung von verfügbaren Quellen.[104] Dem Zeithistoriker ist es gleichsam möglich, Quellen in ›Echtzeit‹ zu sammeln. Die Vielfalt ist Fluch und Segen zugleich. Denn aufgrund der im Zuge der Medialisierung und Digitalisierung gestiegenen Menge an verfügbaren Quellen nimmt die Gefahr zu, in der Masse des Stoffes unterzugehen.[105] Die Auswahl wird zur Herausforderung. Der Zeithistoriker kann sich nicht auf Bewertungs- und Erschließungsleistungen der Archive stützen, sondern »muss selbst aus der Flut auswählen«.[106] Wichtiges ist von weniger Wichtigem zu trennen, um relevante historische Erkenntnisse zu erhalten. Seine eigentliche Aufgabe besteht darin, »hinter den persönlichen Erfahrungen und den alltäglichen Informationsschnipseln die größeren Zusammenhänge sichtbar zu machen«.[107] Neben der Fülle existiert gleichzeitig ein Mangel an Quellen, denn je näher der Untersuchungsgegenstand an der Gegenwart liegt, desto weniger Quellen sind in den Archiven verfügbar. Entweder sind sie noch gar nicht dort angekommen oder aufgrund von Schutzfristen oder der Einstufung als Verschlusssachen für eine Einsicht gesperrt. Dennoch ist bereits zum jetzigen Zeitpunkt und anhand der verfügbaren Quellen deutlich mehr möglich, als lediglich »eine erste Schicht gesicherten historischen Wissens«[108] zu erarbeiten. 2010 begann das Militärgeschichtliche Forschungsamt der Bundeswehr (MGFA) mit dem Projekt »Einsatzarmee Bundeswehr«, um die Anpassung der Bundeswehr an neue Aufgaben und ihr gesellschaftlich-politisches Umfeld nach 1990 mit Mitteln der Geschichtswissenschaft zu untersuchen.[109] In der Konsequenz wurde den in amtlichem Auftrag forschenden Militärhistorikern ein besonderer Zugang zu Dokumenten der Bundeswehr eingeräumt, die noch den Schutzvorschriften unterliegen. Mit dem

[101] Rothfels, Zeitgeschichte als Aufgabe, S. 6.
[102] Graf/Priemel, Zeitgeschichte, S. 479.
[103] Vgl. Rothfels, Zeitgeschichte als Aufgabe, S. 6; Schwarz, Die neueste Zeitgeschichte, S. 6.
[104] Vgl. Graf/Priemel, Zeitgeschichte, S. 479.
[105] Vgl. auch Hickethier, Zeitgeschichte in der Mediengesellschaft; Zitat: Rothfels, Zeitgeschichte als Aufgabe, S. 6.
[106] Thießen, Zeitgeschichte als Zumutung, S. 6.
[107] Wolfrum, Rot-Grün an der Macht, S. 717 f.
[108] Broszat, Voreilige Geschichtsschreibung?, S. 245.
[109] Vgl. Chiari, Krieg als Reise?, S. 17; ZMSBw, FB III, AG Neueste Militärgeschichte, Einsatzarmee Bundeswehr: Konzeption, Potsdam, 12.10.2010, S. 2.

Ablauf der Schutzfristen und dem Zugang zu Akten weiterer amtlicher Archive wird es freilich möglich sein, eine größere Tiefenschärfe zu erreichen, folgerichtig den bis dahin erreichten Kenntnisstand zu überprüfen und womöglich zu revidieren.[110] Mit zunehmender zeitlicher Distanz zum Untersuchungsgegenstand verändert sich in aller Regel die Deutung der Ereignisse.[111] Der Vollständigkeit halber sei darauf hingewiesen, dass der bewertende Archivar in seiner Kassationsentscheidung nicht an die vorherige Nutzung der Quellen durch den Historiker gebunden ist. Im Zweifel können die von diesem als Beleg herangezogenen Unterlagen vom Archivar vernichtet werden.

Die Recherche von Originaldokumenten in den Archiven ergab ein heterogenes Bild. In manchen Archiven, wie dem NATO-Archiv (Brüssel) oder dem Politischen Archiv des Auswärtigen Amtes (Berlin), wurde die Schutzfrist zum Hindernis. Insbesondere in verteidigungspolitischen Angelegenheiten erscheint eine vorzeitige Offenlegung problematisch. Im NATO-Archiv ist bei einer Ad-hoc-Anfrage mit einer einjährigen Bearbeitungsdauer zu rechnen, da der Offenlegung jedes einzelnen Dokuments alle Mitgliedsstaaten der NATO zustimmen müssen. Angesichts der zahlreichen öffentlich zugänglichen Quellen der NATO wie Gipfelerklärungen, Strategische Konzepte, Ergebnisse der Treffen der Verteidigungsminister, Factsheets, Reden, Interviews und sonstige Pressemitteilungen stellt sich hier die Frage nach dem Aufwand-Nutzen-Verhältnis. So enthalten von der NATO herausgegebene Handbücher maßgebliche Dokumente wie Vertragstexte, Erklärungen und Reden sowie Überblicke über die wichtigsten Entwicklungen und Verhandlungen.[112] Und die vom Institut für Zeitgeschichte im Auftrag des Auswärtigen Amtes edierten Akten zur Auswärtigen Politik der Bundesrepublik Deutschland umfassen beispielsweise Aufzeichnungen, Briefe, Drahtberichte oder Protokolle von Politikern und Diplomaten.[113]

Die Abteilung Militärarchiv des Bundesarchivs (Freiburg im Breisgau) überliefert die Zeugnisse staatlicher militärischer Stellen seit dem Jahr 1867 bis in die Gegenwart. Die Akten und Unterlagen zur Luftwaffe ab 1990 sind derzeit nur lückenhaft vorhanden und kaum erschlossen. Die Dichte der Quellen nimmt ab dem Jahr 2000 signifikant ab. Es existieren geregelte Vorgaben zur Abgabe von Dokumenten der Bundeswehr.[114] Allerdings scheint ein Teil der Akten – möglicherweise aufgrund fehlender Kenntnis der Vorschriftenlage oder aber auch vor dem

---

[110] Edgar Wolfrum stellt infrage, ob in den Akten nach Ablauf der Sperrfrist »tatsächlich noch die großen Geheimnisse wie etwa vor hundert Jahren« zu finden sind. Würden »eine demokratische Öffentlichkeit sowie die neuen Medien im digitalen Zeitalter« nicht vielmehr bewirken, »dass vieles bereits vor dem Ablauf der Frist eruiert werden kann?« Wolfrum, Rot-Grün an der Macht, S. 716 f.

[111] Vgl. Thießen, Zeitgeschichte als Zumutung, S. 5 f., 12–16; Schwarz, Die neueste Zeitgeschichte, S. 5–28.

[112] Vgl. NATO-Handbuch (1995); NATO-Handbuch (2001); NATO Handbook (2006).

[113] Vgl. insbesondere die vom Institut für Zeitgeschichte im Auftrag des Auswärtigen Amts herausgegebenen Akten zur Auswärtigen Politik der Bundesrepublik Deutschland (AAPD) der Jahre 1985, 1986 und 1987, sowie: Abrüstung und Rüstungskontrolle; Deutsche Außenpolitik 1992; Deutsche Außenpolitik nach der Einheit.

[114] Durch das Gesetz über die Nutzung und Sicherung von Archivgut des Bundes (Bundesarchivgesetz, BArchG) vom 10.3.2017 und die Zentrale Dienstvorschrift der Bundeswehr A-500/3 (ZDv A-500/3) zur Behandlung und Archivierung von Unterlagen.

Hintergrund einschneidender Umstrukturierungs- oder Auflösungsmaßnahmen innerhalb der Luftwaffe – nicht an das Bundesarchiv-Militärarchiv abgegeben worden zu sein. Bei den untersuchten Beständen[115] handelt es sich um überwiegend unbearbeitete und unbewertete Vorgänge. Das bedeutet, die Akten sind zwar verfügbar, aber noch unerschlossen.[116]

Für die Erforschung von Auslandsmissionen bilden Einsatztagebücher des Einsatzführungskommandos der Bundeswehr und weitere Archivbestände im Bundesarchiv-Militärarchiv[117] eine wesentliche Quellenbasis. Für eine Betrachtung der Einsätze des Flugabwehrraketendienstes bzw. der Einsätze der Bundeswehr insgesamt war eine Kontaktaufnahme zum 2001 für die militärische Planung und Führung der Einsätze der Bundeswehr aufgestellten Einsatzführungskommando unabdingbar. Nur so konnte eine Auswertung der hier auf elektronischen Datenträgern gespeicherten Einsatztagebücher erfolgen.

Im Archiv für Christlich-Demokratische Politik (Sankt Augustin) war eine Recherche für den Untersuchungszeitraum aufgrund der Schutzfrist ausschließlich im Pressearchiv möglich. Die Presseartikel bis 1993 sind allein in Papierform verfügbar; die ab 1993 sind digital erfasst.

Im Parlamentsarchiv des Deutschen Bundestages in Berlin konnten Akten des Verteidigungsausschusses, der Schnittstelle zwischen Militär und Politik, von der 12. bis 16. Wahlperiode (also bis 2009) zur Auswertung politischer Entscheidungen auf nationaler Ebene herangezogen werden. Protokolle und Drucksachen der Ausschüsse des Deutschen Bundestages standen nicht online zur Verfügung und durften nur im Parlamentsarchiv eingesehen werden. Im einschlägigen Bestand 3119 Verteidigungsausschuss des Parlamentsarchivs konnten Sitzungsprotokolle ermittelt werden, die für das Thema von Interesse sind, wie beispielsweise die zukünftige Bedeutung der bodengebundenen Luftverteidigung, Berichte zur Gesamtkonzeption für die zukünftige Luftverteidigung, Entscheidungen zu den Waffensystemen MEADS und Patriot oder die Arbeit der durch den Verteidigungsausschuss beauftragten »Berichterstattergruppe zur Bodengebundenen Luftverteidigung«. Der Verteidigungsausschuss hat einem Antrag auf Einsichtnahme in die Protokolle der 17. und 18. Wahlperiode sowie in die Ausschussdrucksachen mit Einstufung »Verschlusssache (VS)« allerdings nicht stattgegeben.

Militärische Entscheidungsprozesse können in den Akten der ehemaligen obersten Kommandobehörde der Luftwaffe, dem Führungsstab der Luftwaffe, sowie in den bereits erwähnten Schriften des BMVg nachvollzogen werden. Die Referate 2 II b und 4 II b des Kommandos Luftwaffe verwahren eine Vielzahl elementarer Dokumente.[118] So war dort auch eine nahezu lückenlose Dokumentation relevanter

[115] BW 1 (BMVg – Leitung, zentrale Stäbe und zivile Abteilungen); BW 2 (BMVg – Generalinspekteur und Führungsstab der Streitkräfte); BL 1 (BMVg – Führungsstab der Luftwaffe); BH 18 (Formationen der Heeresflugabwehrtruppe); BL 10 (Formationen der Flugabwehrraketentruppe); BL 28 (Luftwaffenunterstützungskommando); BH 9-43 (Heerestruppenbrigade).

[116] Vgl. hierzu auch Hartung, Die deutsche Außen- und Sicherheitspolitik.

[117] BW 107 (Active Fence Turkey, AF TUR – Deutsche Einsatzkontingente).

[118] Das Kommando Luftwaffe (Kdo Lw) ist die Höhere Kommandobehörde der Luftwaffe mit dem Inspekteur der Luftwaffe an der Spitze. Unmittelbar dem BMVg unterstellt, bildet das Kdo Lw die zentrale Führung der Luftwaffe. Das Referat 2 II b ist für Grundsatzangelegenheiten in puncto

Entscheidungsprozesse zu finden. Nicht an das Bundesarchiv abgegebene Dokumente waren ab den 1990er Jahren vorhanden – vereinzelt auch aus früheren Jahren. Die digitale Dokumentation beginnt erst 2012. Diese Akten sind für Forscher ohne Sicherheitsüberprüfung nicht zugänglich. Für eine inhaltliche Auswertung mussten Freigabe und Herabstufung der Akten über das BMVg beantragt werden.

Eine Anfrage beim Fachinformationszentrum der Bundeswehr (FIZBw), der zentralen militärischen Spezialbibliothek für verteidigungsrelevante Informationen, zum Thema der Studie erwies sich als sehr zielführend. Das bereitgestellte Material entstammt Fachjournalen ebenso wie der Tagespresse und dem Internet; die Textsorten, denen all diese langen oder kurzen Artikel zuzuordnen sind, sind entsprechend divers: Interviews und Zeitzeugenberichte, Zeitungsartikel im Stil der Tagesmeldung und wissenschaftlich fundierte Texte. Die Grenzen sind oftmals fließend. Die Relevanz vieler Artikel wird meist unterschätzt, handelt es sich bei den Autoren doch häufig um die zuständigen Referenten in den Kommandobehörden und Ministerien. Die Darstellungen reichen von Risikoanalysen und konzeptionellen Folgerungen über strukturelle Maßnahmen bis hin zur Modernisierung bzw. Neubeschaffung von Waffensystemen. Die Inhalte basieren überwiegend auf internen Dokumenten und entsprechen diesen zum Teil sogar im Wortlaut. Die Referenten sind die Experten auf dem behandelten Gebiet, wodurch der Wert der Artikel für die Forschung steigt.

Eine ergänzende Quelle zur Entwicklung der Luftwaffe als Organisation sind Chroniken, die zu einem Gesamtbild gebündelt werden müssen. Hier sind vorrangig die Chroniken des Flugabwehrraketengeschwaders 1 aus dem Jahr 2009 anlässlich seines 50-jährigen Bestehens, die Chronik des Taktischen Aus- und Weiterbildungszentrums der Luftwaffe in El Paso, die zuletzt 2015 aktualisiert wurde, sowie die Chronik des Führungsstabes der Lufwaffe, die 2013 im Zuge seiner Auflösung verfasst wurde, zu nennen.[119]

Die Rolle des Internets ist nicht zu unterschätzen. Zahlreiche Dokumente der US-amerikanischen Politik sind via Internet veröffentlicht worden und frei zugänglich. Die Reden der Präsidenten sowie offizielle Statements des Weißen Hauses oder Studien der Central Intelligence Agency (CIA) sind online verfügbar. Dasselbe gilt für zahlreiche andere offizielle Dokumente wie Strategiepapiere, Resolutionen, Verträge, Gesetze, Abkommen, Anhörungen, Studien, usw. Parlamentsvorgänge des Deutschen Bundestages sind als Drucksachen (Anträge, Anfragen, Berichte) oder als Plenarprotokolle im Dokumentations- und Informationssystem für Parlamentsmaterialien (DIP) des Bundestages und Bundesrates im Internet abrufbar. Des Weiteren ist eine Vielzahl an Dokumenten des BMVg, wie die Verteidigungspolitischen Richtlinien, Konzeptionen der Bundeswehr, Weißbücher oder Schriften zur Neuausrichtung und Transformation der Bundeswehr, öffentlich zugänglich.

An der Dichte von Presseerklärungen, Zeitungs- und Zeitschriftenartikeln sowie Hörfunk- und Fernsehbeiträgen, in denen sich das breite Spektrum der unterschied-

Führung und Einsatz der bodengebundenen Luftwaffe zuständig. Das Referat 4 II b ist zuständig für die Betriebsverantwortung des bodengebundenen Querschnitts- und allgemeinen Materials der Luftwaffe.

119 Vgl. »Missile Away« – Auftrag ausgeführt; Chronik der Verbände und Dienststellen der Flugabwehr- und Flugabwehrraketentruppe der Luftwaffe; Chronik Führungsstab der Luftwaffe.

lichen Meinungen widerspiegelt, lässt sich nachvollziehen, in welchen Jahren die Raketenabwehrdebatte im öffentlichen Diskurs an Relevanz gewann oder verlor. So wurde während der Amtszeit von George W. Bush die europäische Haltung zu den amerikanischen Plänen, über Europa einen Raketenabwehrschirm aufzubauen, in der Presse sehr intensiv und nahezu täglich thematisiert. Ebenso im Fokus standen immer wieder die Spannungen zwischen den USA und Russland sowie mögliche Konsequenzen für den europäischen Frieden. Auch die innenpolitische Diskussion einschließlich der innerparteilichen Diskrepanzen hinsichtlich eines deutschen Beitrags zur europäischen Raketenabwehr lässt sich anhand von Pressemitteilungen nachzeichnen.

Manchen Historikern gilt der Zeitzeuge als »natürlicher Feind«, »weil er alles selbst erlebt hat und es daher besser weiß«.[120] Erinnerung dekonstruiert das Erlebte und rekonstruiert es als gegenwärtiges emotionales Konstrukt. In den Erinnerungen der Zeitzeugen spiegeln sich folglich die persönliche und subjektive Wahrnehmung sowie Erwartungen an die Zukunft wider. Gleichwohl sind Zeitzeugen »eine Quelle zur Funktion der Geschichte für unsere Gegenwart und Zukunft«.[121] Die Befragung von Zeitzeugen kann ein Mittel zur Rekonstruktion von Lücken in der schriftlichen Überlieferung sowie zur Verifizierung ungesicherter Informationen sein. Sie kann darüber hinaus zum Verständnis von Zusammenhängen beitragen. Für Soldaten im aktiven Dienst gilt es zu bedenken, dass sie in ihren Aussagen gegebenenfalls besondere Zurückhaltung wahren, um ›nach oben nicht negativ aufzufallen‹. Bei der Auswahl des Interviewpartners läuft der Historiker zudem stets Gefahr, nur ausgewählte Sichtweisen in die Forschungsergebnisse einfließen zu lassen sowie durch die Art der Fragen seine eigene Quelle zu kreieren.[122]

Die zum Teil begrenzte systematische Überlieferung von Quellen aus der Geschichte der Bundeswehr nach 1990, der aufgrund der Sperrfristen bisher noch begrenzte Zugang, die Fülle der elektronischen Überlieferungen, neue mediale Möglichkeiten sowie das Vorhandensein von Zeitzeugen wirkten sich zwangsläufig auf die methodische Konzeption der Arbeit aus. Die zunehmende Parallelität von Quellen im digitalen und im Papierformat schaffen neue Hindernisse, aber auch Möglichkeiten in Bezug auf Fülle, Verfügbarkeit sowie Auswerte- und Analyseoptionen. Für die Forschung im Bereich der Neuesten Militärgeschichte bietet sich eine Vielfalt an Quellen, die kaum handhabbar zu sein scheint. Am Anfang stehen dabei meist widersprüchliche Beobachtungen sowie das Gefühl der Unübersichtlichkeit. Die Herausforderung besteht darin, den Untersuchungsgegenstand entsprechend einzugrenzen und Zusammenhänge zu erkennen. Die Leitfragen, Untersuchungsebenen und unterschiedlichen Quellenarten müssen so kombiniert werden, dass am Ende aus den einzelnen Splittern ein Mosaik der historischen Wirklichkeit entsteht.

---

120 Thießen, Zeitgeschichte als Zumutung, S. 17.
121 Ebd., S. 6, 16–23.
122 Vgl. Andresen/Apel/Heinsohn, Es gilt das gesprochene Wort, S. 9.

II. Raketenabwehr – Ein politischer Diskurs

»Wouldn't it be better to save lives than to avenge them?«[1]

1. USA – Sehnsucht nach Unverwundbarkeit

Die Dynamik der internationalen Raketenabwehrdebatte ist nicht ohne die weltpolitische Rolle der USA als Supermacht zu verstehen. Die Idee, einen Raketenabwehrschild für sich selbst und zugleich für die Verbündeten aufzubauen, hat ihren Ursprung in den Vereinigten Staaten. Seit den 1940er Jahren ist die Debatte Teil der amerikanischen Sicherheitspolitik. Kern der ursprünglichen Vision war das Streben nach Unverwundbarkeit. Denn mit dem technologischen Fortschritt, weitreichende Raketen mit nuklearen Sprengköpfen zu kombinieren, war es möglich geworden, nahezu jeden Punkt der Erde zu zerstören – auch Städte der USA.[2] Ab den 1960er Jahren wurde der Aufbau einer nationalen Raketenabwehr mit der Bedrohung durch die Sowjetunion begründet. Das Programm war Teil des Konzepts zur nuklearen Abschreckung. Aber auch nach dem Zusammenbruch der UdSSR blieb die Debatte fest in den Köpfen der militärpolitischen Entscheidungsträger der Vereinigten Staaten verankert. Mit dem Konzept der *rogue states* (Schurkenstaaten) zeichneten die USA ein neues Feindbild, um die Umsetzung des Raketenabwehrprogramms weiterhin zu begründen. Über Jahrzehnte forderte und förderte die Regierung die amerikanische Forschung und Entwicklung dieses besonderen Rüstungsbereichs.[3]

a) Der ABM-Vertrag

Die erste große inneramerikanische Raketenabwehrdebatte begann 1967/68, in den letzten beiden Jahren der demokratischen Administration unter Präsident Lyndon B. Johnson. Auf eine vermeintliche Bedrohung durch China reagierte die US-Regierung mit einem Plan zur Aufstellung von Raketenabwehrsystemen in der unmittelbaren Nähe von Städten der USA, um deren Bevölkerungen zu schützen. Dieses mit nuklear bestückten Abfangraketen ausgestattete System zur flächendeckenden Verteidigung

---

1 Reagan, SDI Speech vom 23.3.1983.

2 Zu den Begriffen und technischen Grundlagen sowie der Kategorisierung von ballistischen Flugkörpern und Waffensystemen zu deren Abwehr siehe Kap. II.2.

3 Vgl. Futter, The Evolution, S. 6; Neuneck/Alwardt/Gils, Raketenabwehr in Europa, S. 5; Chauvistré, Das atomare Dilemma, S. 8, 43, 13, 54.

sollte die wenigen chinesischen Interkontinentalraketen abfangen können. Das sogenannte Sentinel-Programm führte 1968 und 1969 zu massiven Protesten in den USA. Die geplanten Systeme symbolisierten für die Protestierenden keinen Schutz, vielmehr fühlten sie sich im Falle eines Krieges durch deren Stationierung bedroht. Sowohl die Öffentlichkeit als auch der Kongress übten auf die nachfolgende Regierung unter Richard Nixon Druck aus, die Raketenabwehrpläne zu überdenken. Mit einer Neubewertung der Bedrohungslage, in der neben die chinesische Bedrohung nun wieder die sowjetische rückte, welche auch versehentlich ausgelöste Raketenangriffe umfasste, wurde die Fortsetzung der Raketenabwehrpolitik begründet.[4] Die republikanische Regierung unter Nixon löste das ›Raketenproblem‹ mit der UdSSR allerdings auf politischem Weg. Die bilateralen Rüstungskontrollverhandlungen resultierten im Anti-Ballistic Missile Treaty von 1972. Wissenschaftler und unabhängige Organisationen hatten belegen können, wie gefährlich, kostenintensiv und destabilisierend sich die Bestrebungen der USA und der Sowjetunion auswirkten, eine strategische Raketenabwehr zu entwickeln. Der Vertrag war Teil des SALT-1-Pakets (Strategic Arms Limitation Talks) zur Begrenzung strategischer Rüstung und beschränkte die maximale Anzahl von Raketenabwehrsystemen beider Länder. Eine landesweite Stationierung von Abwehrsystemen oder der hierfür erforderlichen Radarsysteme war untersagt. Erlaubt war nur eine feste bodengestützte Stellung mit bis zu 100 Abfangraketen und Startanlagen, um entweder eine Stadt oder eine Basis für Interkontinentalraketen zu schützen.[5] So sollte der Kreislauf unterbrochen werden, indem auf eine defensive Rüstung wie den Raketenabwehrsystemen wiederum eine offensive Rüstung mit atomar bestückten Raketen folgte. Der ABM-Vertrag entwickelte sich zur Grundlage aller folgenden Rüstungskontrollabkommen zwischen den USA und der Sowjetunion.[6]

b) Ronald Reagan: SDI oder das »Star Wars«-Projekt

Mit einer Fernsehansprache über die Rüstungspolitik der USA am 23. März 1983 leitete US-Präsident Ronald Reagan eine neue Ära in der Geschichte der Raketenabwehr ein. Die von ihm initiierte Strategic Defense Initiative (SDI) zielte auf den Aufbau eines Schildes, der die Amerikaner vor Nuklearraketen schützen sollte – wie ein Dach die Familie vor Regen. Reagan wünschte sich, dass die Menschen in der Gewissheit leben konnten, »that their security did not rest upon the threat of instant U.S. retaliation to deter a Soviet attack, that we could intercept and destroy strategic ballistic missiles before they reached our own soil or that of our allies«.[7] Mit seiner Vision eines mehrschichtigen Raketenabwehrsystems, das vorrangig auf weltraumge-

---

4 Mit Safeguard erhielt das Raketenabwehrprogramm unter Nixon auch einen neuen Namen. Vgl. Croft, The Impact of Strategic Defences, S. 8.

5 Vgl. Kubbig, Rüstungskontrolle und Abrüstung, S. 220.

6 Vgl. Glebocki [u.a.], Raketenabwehrpläne, S. 361, 363; Neuneck/Alwardt/Gils, Raketenabwehr in Europa, S. 22; Chauvistré, Das atomare Dilemma, S. 12; Kaplan, The Bomb, S. 132–134; Edward Luttwalk, Raketen-Trugschluss. Die amerikanische Sehnsucht nach einseitiger Sicherheit wird nicht erfüllt werden. In: FAZ, 10.7.2000.

7 Kaplan, The Bomb, S. 153; Reagan, SDI Speech vom 23.3.1983.

stützten Komponenten aufbaute, war Reagan in technologischer Hinsicht seiner Zeit weit voraus. Das nach dem George-Lucas-Film als »Star Wars« bezeichnete Projekt konnte mit dem damaligen technischen Entwicklungsstand wissenschaftlich nicht umgesetzt werden. Dennoch führte es zu erneuten Spannungen mit der UdSSR.[8]

Der Wunsch, einen Raketenabwehrschirm zu installieren, sowie die Diskussionen um dessen technische und finanzielle Umsetzbarkeit spalteten die innenpolitische Meinung der USA über Jahrzehnte. Der Dissens entzündete sich an zwei Aspekten. Einer davon war die Rolle der Raketenabwehr als Teil der nuklearen Abschreckung. Die Gegner des Aufbaus befürchteten eine Destabilisierung des internationalen nuklearen Gleichgewichts. Sie favorisierten eine Politik der Zurückhaltung und akzeptierten die Gefahr, verwundbar zu sein. Die Befürworter glaubten, die Raketenabwehr müsse integraler Bestandteil des US-Sicherheitskonzepts sein. Eine Verwundbarkeit in Kauf zu nehmen, sei moralisch falsch und strategisch gefährlich. Zum anderen gründete die Uneinigkeit in der Beantwortung der Frage, welche der Anforderungen technisch überhaupt umsetzbar waren. Die Optimisten waren überzeugt, jede Art der Stationierung ungeachtet ihrer technischen Wirksamkeit sei erstrebenswert, bei der Umsetzung mangele es lediglich an politischem Engagement. Die Pessimisten glaubten weder daran, dass die Anforderungen technisch überhaupt umsetzbar seien, noch sei die Entwicklung den Aufwand wert. Weitere Meinungsverschiedenheiten bildeten sich zwischen denen, die glaubten, eine Raketenabwehr müsse zu 100 Prozent effektiv sein, und denen, die jede verfügbare Fähigkeit eingesetzt sehen wollten.[9]

Die differierenden außenpolitischen Sichtweisen der Entscheidungsträger in der Regierung wirkten sich ebenfalls auf das SDI-Programm aus. Die Raketenabwehr wurde zu einem zentralen Streitpunkt im US-Kongress. Die Republikaner sowie eine kleine Gruppe Konservativer bildeten die Fürsprecher der Raketenabwehr. Sie unterstützten die finanzielle Förderung des Programms und bemühten sich, den Stellenwert der Raketenabwehr auszubauen. Sie wünschten sich eine flächendeckende strategische Raketenabwehr – über die Grenzen des ABM-Vertrags hinaus. Die Demokraten und Vertreter der Rüstungskontrolle standen dem Programm skeptisch gegenüber. Sie zweifelten an der technischen Umsetzbarkeit, der Erwünschtheit und daran, ob der Aufbau einer nationalen Raketenabwehr klug sei. Sie lehnten allerdings eine Förderung der Entwicklung innerhalb der Grenzen des ABM-Vertrags nicht grundsätzlich ab. Ihre größte Aufmerksamkeit galt dem Erhalt dieses zentralen Elements im Rüstungskontrollregime.[10]

Die Haltung der amerikanischen Öffentlichkeit zum Thema Raketenabwehr ließ sich nicht eindeutig ermitteln. Ein Grund hierfür könnte die mangelhafte Information der Bevölkerung gewesen sein. Doch eines war unumstritten: SDI war ein Projekt, das dem Präsidenten sehr am Herzen lag. Der Mangel an technologi-

8 Vgl. Neuneck/Alwardt/Gils, Raketenabwehr in Europa, S. 22; Chauvistré, Das atomare Dilemma, S. 64; Kaplan, The Bomb, S. 154; Edward Luttwalk, Raketen-Trugschluss. Die amerikanische Sehnsucht nach einseitiger Sicherheit wird nicht erfüllt werden. In: FAZ, 10.7.2000.

9 Vgl. Futter, The Evolution, S. 7; Kaplan, The Bomb, S. 154 f.; Henry Kissinger, Abschreckung ist kein Konzept für Krisenfälle. In: Welt am Sonntag, 13.2.2000.

10 Vgl. Glebocki [u.a.], Raketenabwehrpläne, S. 368 f.; Futter, The Evolution, S. 8 f., 244.

scher Kenntnis führte möglicherweise dazu, dass die Bevölkerung der politischen Führung des Landes vertraute.[11]

c) George H.W. Bush: *Rogue states* und GPALS

Mit dem Abzug der sowjetischen Truppen aus Osteuropa und dem Zerfall der Sowjetunion Anfang der 1990er Jahre verschwand das Feindbild, das die amerikanische Militärpräsenz in Europa über Jahrzehnte legitimiert hatte. Kritische Friedensforscher vermuteten bereits vor dem Ende der Blockkonfrontation, dass die Möglichkeit eines militärischen Angriffs seitens der Sowjetunion wohl nicht die treibende Kraft hinter den Rüstungsanstrengungen der USA und ihrer Verbündeten gewesen sei. »Offenbar unterlag die ständige Aufrüstung einer Eigendynamik, die mit externen Bedrohungen nur wenig zu tun hatte.«[12] Bereits in den späten 1980er Jahren zeichnete sich die Entwicklung eines neuen Feindbildes ab. Die Regierung der Vereinigten Staaten erklärte zunehmend einzelne Staaten des Nahen und Mittleren Ostens zu ›unberechenbaren‹ Feinden. Die neue Bezeichnung *rogue states* (Schurkenstaaten) eröffnete einen gewissen Spielraum für Interpretationen. Obwohl es nie eine klare Definition gegeben hat, entwickelte die Begriffswahl eine enorme Dynamik im militärpolitischen Diskurs in den USA und fand schnell Eingang in die offiziellen Dokumente der Regierung. Den alten Feind, die Sowjetunion, hatte man als ebenbürtigen, rational denkenden Verhandlungspartner akzeptiert. Ein ›Schurke‹ war unberechenbar, unfreundlich, fremd und bedrohlich. Mit einem Schurken ließ sich nicht verhandeln. Das Feindbild war derart unbestimmt, dass eine flexible Anpassung an kurzfristig erforderliche Interessendefinitionen durch die Regierung und das Militär möglich blieb. Vermeintliche Schurken waren beispielsweise der Irak, Iran, Nordkorea, Libyen oder Syrien.[13]

Ende 1989 initiierte Reagans Nachfolger im Amt, George H.W. Bush, eine Überarbeitung des SDI-Programms. Das neue Konzept von 1991 hatte zwar eine neue Bezeichnung erhalten – Global Protection Against Limited Strikes (GPALS) – profitierte aber von den Geldern der SDI-Forschung. Die Wiederbelebung der Raketenabwehrdebatte war eine der Konsequenzen der neuen technischen Möglichkeiten und der veränderten sicherheitspolitischen Lage nach dem Ende des Ost-West-Konflikts. Experten befürchteten, dass die Instabilität der Sowjetunion zu versehentlichen oder unautorisierten Raketenstarts führen könnte. Darüber hinaus entwickelte sich die weltweite Proliferation taktisch ballistischer Raketen zu einer sicherheitspolitischen Herausforderung. Dies war ein Ergebnis der beiden Golfkriege. Gegen die irakischen Raketenangriffe im Jahr 1988 hatte der Iran über keinerlei Abwehrmöglichkeiten verfügt. Die Einschläge der Scud-Raketen, so die NATO-Bezeichnung für ballistische Kurzstreckenraketen sowjetischen Ursprungs, in Teheran forderten zahlreiche Todesopfer und verursachten enorme Schäden in der Stadt. Rund 25 Prozent der Bevölkerung mussten über Nacht die Stadt verlassen.

[11] Vgl. Glebocki [u.a.], Raketenabwehrpläne, S. 370.
[12] Chauvistré, Das atomare Dilemma, S. 27.
[13] Vgl. ebd., S. 27–34; Kubbig, SDI; Petra Pinzler, Kollektiver Wahn. Raketen 2: Warum die Amerikaner von militärischer Unverwundbarkeit träumen. In: Die Zeit, 11.5.2000.

1991, im Zweiten Golfkrieg, setzte der Irak erneut Scud-Raketen gegen seine Feinde ein, dieses Mal gegen Saudi-Arabien und Israel. Daraufhin stationierten die USA Raketenabwehrsysteme des Typs Patriot in Israel und Saudi-Arabien, um die Angriffe abzuwehren. Der Einschlag einer Scud-Rakete in eine militärische Liegenschaft in Dhahran tötete 28 amerikanische Soldaten. Eine weitere verfehlte nur knapp die USS Tarawa, das Flaggschiff der United States Navy, vor der Küste von al-Jubail. Der Schutzbedarf amerikanischer Truppen im Einsatz wurde evident.[14]

Die Proliferationsgefahr wurde nun instrumentalisiert, um die Einbußen der Abrüstungsmaßnahmen nach dem Ende des Ost-West-Konflikts mit der Aufrüstung im Raketenabwehrsektor zu relativieren. Das neue Konzept umfasste drei Teilbereiche: eine landesweite NMD-Komponente (National Missile Defense), den Bereich der TMD (Theater Missile Defense) zum Schutz der US-Truppen auf dem Gefechtsfeld vor Kurz- und Mittelstreckenraketen und eine globale weltraumgestützte BMD-Komponente (Ballistic Missile Defense). In erster Linie sollte GPALS das US-Territorium und die US-Truppen weltweit schützen, in zweiter Linie aber auch die Verbündeten.[15]

In einem Zwischenbericht an den Kongress zur Handhabung des Konflikts am Persischen Golf vom Juli 1991 erklärte das US-Verteidigungsministerium, der Golfkrieg sei »the most important test of American arms in 25 years«.[16] Der vermeintliche Erfolg des Einsatzes amerikanischer Raketenabwehrsysteme des Typs Patriot bei der Abwehr irakischer Scud-Raketen war eine der wirkungsintensivsten Werbekampagnen nicht nur für die Herstellerfirma Raytheon, sondern für die gesamte Militärindustrie. Die Manipulation der Berichterstattung durch die amerikanischen Streitkräfte trug dazu bei, dass sich das Waffensystem Patriot zu einem Mythos entwickelte. Es wurde zur ›Wunderwaffe‹ und zum Symbol der Hoffnung gegen die irakischen Raketen erhoben.[17] Noch vor dem Ende des Krieges nutzte der amerikanische Präsident die Aufmerksamkeit, um höhere Ausgaben für das neue Raketenabwehrprogramm zu legitimieren. Doch insbesondere das Patriot-Programm war eigentlich außerhalb der SDI-Bürokratie verwaltet und finanziert worden. Denn ursprünglich sollte es lediglich Flugzeuge abfangen. Diverse Anpassungen befähigten das System schließlich zur Abwehr taktisch ballistischer Raketen. Der Golfkrieg führte nicht zu einer neuen innenpolitischen Debatte über SDI. Er bewirkte auch keinen Aufschwung des Programms. Doch der Konflikt beförderte die neue Gewichtung der Raketenabwehrprogramme nach dem Ende des Ost-West-Konflikts. Dem Bereich der TMD kam nun ein weitaus größerer Stellenwert zu als zuvor.[18]

---

14 Vgl. Ranger, Implications of Missile Defence for Europe, S. 43; Stocker, Britain, S. 179, 185; Kubbig/Müller, Nuklearexport und Aufrüstung, S. 13, 37 f.; Gates, European Perspectives, S. 308.

15 Vgl. Neuneck/Alwardt/Gils, Raketenabwehr in Europa, S. 22, 100; Kubbig, Aufrüstung vor Rüstungskontrolle.

16 Vgl. Conduct of the Persian Gulf Conflict, S. I–1.

17 Zum Patriot-Mythos vgl. auch Kap. IV.1.a.

18 Vgl. Chauvistré, Das atomare Dilemma, S. 75; Walker, Die USA, S. 70–75; Kubbig, SDI.

d) Bill Clinton: Vom Skeptiker zum Totengräber

Mit dem Amtsantritt des Demokraten Bill Clinton zogen auch viele ehemalige SDI-Kritiker in die Regierungsämter ein. Im Mai 1993 wurde SDI offiziell beendet. Im Sommer desselben Jahres führte das Department of Defense eine Neubewertung der Sicherheitslage durch. Ein Ergebnis des Berichts war, dass es keine akute Bedrohung des US-Territoriums durch ballistische Raketen gebe. Ein unautorisierter oder versehentlicher Raketenangriff durch Russland oder China sei unwahrscheinlich. Zudem wurden die Fähigkeiten von Ländern der Dritten Welt, ballistische Raketen zu erwerben oder zu entwickeln, angezweifelt.[19] Damit verlor die NMD-Komponente seine Priorität in der Raketenabwehrplanung. Mit der Technology Readiness Strategy blieb allerdings für den Fall einer Änderung der sicherheitspolitischen Lage die Option einer erneuten Schwerpunktverlagerung offen. Im Fokus stand nun die taktische BMD-Komponente. Die sogenannte Counterproliferation Initiative sollte die US-Streitkräfte befähigen, sich auf dem Gefechtsfeld gegen Kurz- und Mittelstreckenraketen zu verteidigen.[20] Clinton benannte die 1983 von Reagan gegründete Strategic Defense Initiative Organization (SDIO) in Ballistic Missile Defense Organization (BMDO) um.[21]

Clinton und der russische Präsident Boris El'cin stimmten darin überein, das ABM-Abkommen als Eckstein strategischer Stabilität weiterhin anzuerkennen und aufrechtzuerhalten. Konflikte gab es allerdings im Bereich der regionalen Raketenabwehr. Der ABM-Vertrag verbot zwar Systeme zur Abwehr strategischer Waffen, doch fehlte eine Definition, was unter ›strategisch‹ zu verstehen war. Diese Grauzone veranlasste die Regierungen der USA und Russlands dazu, ab November 1993 in Genf über die Abgrenzung zwischen taktischer und strategischer Abwehr zu verhandeln. Gemeinsam sollten Kriterien erarbeitet werden, um zwischen vertraglich erlaubten und verbotenen Fähigkeiten der Technologien eindeutig unterscheiden zu können, ohne die zentralen Waffensysteme zu beeinträchtigen. Die Verhandlungspartner einigten sich, dass solche TMD-Systeme vertragskompatibel seien, deren Abfangkörper nicht schneller als drei Kilometer pro Sekunde flogen und die gegen Ziele mit einer Geschwindigkeit von bis zu fünf Kilometern pro Sekunde sowie einer Reichweite von bis zu 3500 Kilometern eingesetzt werden konnten.[22] Die langen Verhandlungen zur Anpassung des ABM-Abkommens mit Russland fanden am 26. September 1997 ein vorläufiges Ende. Beide Vertragspartner akzeptierten Zusätze, die eine Stationierung von zentralen regionalen Abwehrsystemen erlaubten, deren technische Realisierbarkeit zu diesem Zeitpunkt ohnehin nur seitens der USA möglich war.[23]

---

19 Vgl. Global Security, National Missile Defense, <www.globalsecurity.org/space/systems/nmd.htm> (letzter Zugriff 22.1.2022).

20 Vgl. hierzu Kap. II.3.c.

21 Vgl. Stocker, Britain, S. 216; Chauvistré, Das atomare Dilemma, S. 77; Neuneck/Alwardt/Gils, Raketenabwehr in Europa, S. 22, 100 f.

22 Vgl. Glebocki [u.a.], Raketenabwehrpläne, S. 375.

23 Vgl. Kubbig, Rüstungskontrolle und Abrüstung, S. 220.

Mit einer innenpolitischen Machtverschiebung zugunsten der Republikaner bei den Halbzeitwahlen (*midterm elections*) 1994 veränderte sich auch die Raketenabwehrdebatte. Mit einer klaren Mehrheit im Repräsentantenhaus und im Senat strebten sie danach, die amerikanische militärische Stärke wiederzuerlangen und auf multilaterale Engagements der Vereinten Nationen zu verzichten. Die Umsetzung einer flächendeckenden Raketenabwehr sollte zum elementaren Bestandteil sicherheitspolitischer Vorstellungen werden und die uneingeschränkte Handlungsfreiheit der USA gewährleisten. Dieser Vision liegt die Überzeugung zugrunde, durch die bestehende territoriale Verwundbarkeit gegenüber Angriffen mit ballistischen Raketen in Krisensituationen erpressbar zu sein. Die Verwundbarkeit hindere die Vereinigten Staaten daran, ihre nationalen Interessen durch internationales Eingreifen zu verteidigen.[24] Die nukleare Abschreckungsstrategie sei unzureichend, denn bei den vermeintlichen Schurkenstaaten handele es sich um irrationale Akteure, die für die Logik der Abschreckung unzugänglich seien.[25] In den Bemühungen dieser Staaten, Massenvernichtungswaffen zu erlangen, sahen die Republikaner eine unmittelbare Bedrohung für die USA und ihre Interessen. Die Proliferation solcher Waffen sowie ihrer Trägersysteme lasse sich nicht durch Verträge und Abkommen verhindern. Die Republikaner setzten auf eine unilaterale militärtechnologische Strategie, um gegen die Proliferation vorzugehen. Im Fokus der republikanischen Raketenabwehrpolitik stand die Ablehnung des ABM-Vertrags, der die landesweite Stationierung von Abwehrsystemen verbot und nicht den aktuellen Interessen der USA entspreche. Eine bilaterale Anpassung des Abkommens mit Russland sei erforderlich, und im Falle russischen Widerstands müsse der Vertrag einseitig gekündigt werden.[26]

Clinton reagierte auf den Druck der Republikaner. Mit der 1996 veröffentlichten Ballistic Missile Defense Review machte das Verteidigungsministerium hinsichtlich der NMD einen Sprung von einem reinen Forschungsprogramm hin zur Entwicklung eines Stationierungskonzepts. Auf eine dreijährige Entwicklungs- und Planungsphase sollte, abhängig von der Bedrohungslage, eine dreijährige Beschaffungs- und Stationierungsperiode folgen. Mit diesem »3+3«-Konzept wurde erstmals auch eine konkrete Stationierung territorialer Raketenabwehrsysteme in Betracht gezogen.[27]

1997 setzte die konservative Kongressmehrheit eine Kommission aus Kongressabgeordneten beider Parteien unter Führung des späteren Verteidigungsministers Donald Rumsfeld ein, die die Möglichkeit eines Raketenangriffs auf die Vereinigten Staaten einschätzen sollte. Der Kommission zufolge existierte nicht nur grundsätzlich eine wachsende Gefahr, sondern sowohl Nordkorea als auch der Iran seien in der Lage, wenn sie sich dazu entscheiden würden, innerhalb von nur fünf Jahren Raketen zu bauen, die das Territorium der USA erreichen könnten. Selbst der Irak

---

24 Vgl. Weldon, Why We Must Act at Once, S. 63–69.

25 Vgl. Petra Pinzler, Kollektiver Wahn. Raketen 2: Warum die Amerikaner von militärischer Unverwundbarkeit träumen. In: Die Zeit, 11.5.2000.

26 Vgl. Glebocki [u.a.], Raketenabwehrpläne, S. 375–377.

27 Vgl. ebd., S. 377.

könne dies innerhalb von zehn Jahren schaffen.[28] Die Studie kritisierte die Analysen der US-Geheimdienste, die im Rahmen ihrer National Intelligence Estimate (NIE) von 1995 eine Vorwarnzeit von 15 Jahren angegeben hatten.[29] Als besorgniserregend wurden die scheinbar abnehmenden Fähigkeiten der US-Geheimdienste empfunden, solche Raketenprogramme zu erkennen. Nachdem der Bericht der Rumsfeld-Kommission 1998 vorgelegt worden war, testete Nordkorea am 31. August 1998 die Taepdong-1-Rakete, eine dreistufige Rakete, um einen Satelliten in den Weltraum zu befördern.[30] Für die Befürworter der Raketenabwehr war das der endgültige Beweis, dass weitreichende Raketen amerikanisches Territorium bedrohten.[31]

Im Gegensatz zur Raketenabwehrdebatte in den 1980er Jahren herrschte im US-Kongress nun weitestgehend Einigkeit über die grundsätzliche Notwendigkeit einer flächendeckenden Raketenabwehr.[32] Nach dem Rumsfeld-Bericht sowie dem nordkoreanischen Raketentest galt die Bedrohung als real und die US-Regierung veranlasste eine deutliche Erhöhung der Verteidigungsausgaben. Die technische Umsetzbarkeit sollte sich allerdings zur Achillesferse des Programms entwickeln.[33] Die Clinton-Administration reagierte auf eben diese Herausforderung mit einer Anpassung der Zeitlinien vom »3+3«-Konzept zum »3+5«-Konzept. Bis 2005 sollte die erforderliche Technologie verfügbar sein. Im März 1999 brachten die Republikaner eine Gesetzesvorlage (National Missile Defense Act) ein, um einen unmittelbaren Stationierungsbeschluss zu erreichen. Der Entwurf wurde mit deutlicher Mehrheit angenommen. Am 27. Juli 1999 unterzeichnete der Präsident die Gesetzesvorlage.[34]

Eine Umsetzung des Stationierungsbeschlusses schien im Wahljahr 2000 zunehmend unwahrscheinlich. Zum einen schlug die Mehrzahl der bisher durchgeführten

---

28 Vgl. Report of the Commission to Assess the Ballistic Missile Threat to the United States. Pursuant to Public Law 201, 104th Congress, 15.7.1998, <www.fas.org/irp/threat/bm-threat.htm> (letzter Zugriff 19.1.2022).

29 Vgl. Henry Kissinger, Abschreckung ist kein Konzept für Krisenfälle. In: Welt am Sonntag, 13.2.2000.

30 Einen Flugkörper unbeschadet in den Weltraum zu befördern, ist durchaus eine technologische Herausforderung, doch die größere Schwierigkeit besteht darin, das Re-entry Vehicle auch wieder unbeschadet in die Erdatmosphäre eintreten zu lassen. Vgl. hierzu auch Kap. II.2.a.

31 Vgl. Executive Summary of the Report of the Commission to Assess the Ballistic Missile Threat to the United States, 15.7.1998, <https://fas.org/irp/threat/bm-threat.htm> (letzter Zugriff 28.1.2022), S. 43–115; Chauvistré, Das atomare Dilemma, S. 79; Kubbig/Neuneck, Raketenabwehrpläne, S. 255; Neuneck, »SDI-light«; Manfred Rowold, Star Wars light. USA planen neue Version einer Raketenabwehr – Ängste in Moskau. In: Die Welt, 28.1.1999; Petra Pinzler, Kollektiver Wahn. Raketen 2: Warum die Amerikaner von militärischer Unverwundbarkeit träumen. In: Die Zeit, 11.5.2000.

32 Vgl. Petra Pinzler, Kollektiver Wahn. Raketen 2: Warum die Amerikaner von militärischer Unverwundbarkeit träumen. In: Die Zeit, 11.5.2000.

33 Vgl. Wissenschaftler kritisieren »untauglichen« Raketenschild. In: FAZ, 13.4.2000; »Diese Technologie ist ein Irrweg«. Der Ballistiker Theodore A. Postol hält Washingtons Missile Defense für Täuschung. In: Die Welt, 10.6.2000; Edward Luttwalk, Raketen-Trugschluss. Die amerikanische Sehnsucht nach einseitiger Sicherheit wird nicht erfüllt werden. In: FAZ, 10.7.2000.

34 Vgl. National Missile Defense Act of 1999, <www.congress.gov/106/crpt/srpt4/CRPT-106srpt4.pdf> (letzter Zugriff 27.1.2022); Glebocki [u.a.], Raketenabwehrpläne, S. 380; Kubbig, Rüstungskontrolle und Abrüstung, S. 219; Neuneck/Scheffran, Die neuen Raketenabwehrpläne der USA, S. 60; Chauvistré, Das atomare Dilemma, S. 79; US-Senat gibt Raketenabwehr in Auftrag. In: Die Welt, 19.3.1999.

Tests zur Abwehr einer feindlichen, atomar bestückten Rakete fehl.[35] Zum anderen war nicht mehr ausreichend Zeit, um mit Russland über eine Anpassung des ABM-Vertrags zu verhandeln. So entschied Clinton, den Stationierungsbeschluss seinem Nachfolger zu überlassen. Er knüpfte die Realisierung des Konzepts zur flächendeckenden Raketenabwehr an vier Kriterien: die Bedrohungslage, die operative Wirksamkeit, die Abwägung der Kosten gegenüber anderen Rüstungsprojekten sowie die Folgen für die internationale Stabilität.[36]

Auch wenn der Fokus während der zweiten Amtszeit von Clinton auf dem Ausbau einer landesweiten Raketenabwehrarchitektur lag, wurde weiterhin am Konzept der TMD gearbeitet.[37] Bestehende Systeme wie Patriot sollten verbessert, bereits angestoßene Projekte wie das Medium Extended Air Defense System (MEADS) und die Theater High Altitude Area Defense (THAAD) weiterverfolgt werden.[38]

Auf dem Gipfeltreffen am 4. Juni 2000 in Moskau unterzeichneten Bill Clinton und Vladimir Putin das Joint Statement of Principles on Strategic Stability. Darin stimmten sie überein, dass die internationale Gemeinschaft der wachsenden Bedrohung durch die Proliferation von Massenvernichtungswaffen, einschließlich der Raketentechnologien, begegnen müsse. Hierzu müssten auch die Verhandlungen über bestehende Rüstungskontrollverträge intensiviert werden. Weiterhin vereinbarten sie die Gründung einer gemeinsamen Einrichtung, um Early-Warning-Daten über Raketenstarts auszutauschen. Die Kooperation bei den Maßnahmen gegen die Raketenbedrohung solle grundsätzlich ausgebaut werden.[39]

e) George W. Bush: Das Ende des ABM-Vertrags

Bereits im Wahlkampf hatte George W. Bush seinen Standpunkt in der Raketenabwehrdebatte deutlich gemacht: »Our mutual security need no longer depend on a nuclear balance of terror [...] The Clinton-Gore administration has ... remained locked in a cold-war mentality. It is time to leave the Cold War behind and defend against the new threats of the twenty-first century.«[40]

---

35 Vgl. Oliver Thränert, Die Angst der Amerikaner vor den »Schurken«. In: FR, 17.5.2000.

36 Vgl. Glebocki [u.a.], Raketenabwehrpläne, S. 380 f.; Kubbig, Rüstungskontrolle und Abrüstung, S. 219; Uwe Schmitt, Rückzug zur rechten Zeit. Clintons Entschluss über die US-Raketenabwehr wird Wahlkampfthema. In: Die Welt, 4.9.2000; Klaus-Dieter Frankenberger, Flexibel und gewappnet. In den Vereinigten Staaten wird weiterhin über ein Raketenabwehrsystem diskutiert. In: FAZ, 19.9.2000.

37 Im Bereich der regionalen Raketenabwehr arbeiteten die USA zu dieser Zeit verstärkt mit Verbündeten wie Japan, Südkorea und Taiwan zusammen. Die Volksrepublik China empfand die US-Pläne zur regionalen Raketenabwehr in Ostasien jedoch als »Einmischung in Chinas innere Angelegenheiten«, sodass es zunehmend zu Spannungen zwischen den beiden Nuklearmächten kam. Vgl. Georg Blume, Chinas Angst. Raketen 1: Die Volksrepublik fühlt sich von Amerikas Plänen bedroht. In: Die Zeit, 11.5.2000; Oliver Thränert, Die Angst der Amerikaner vor den »Schurken«. In: FR, 17.5.2000.

38 Neuneck/Scheffran, Die neuen Raketenabwehrpläne der USA, S. 60.

39 Vgl. Bill Clinton, Remarks by the President on National Missile Defense, 1.9.2000, <www.armscontrol.org/act/2001-03/remarks-president-bill-clinton-national-missile-defense> (letzter Zugriff 20.1.2022).

40 George W. Bush, Speech on Future Nuclear Arms Policy. National Press Club, Washington, DC, 23.5.2000. In: The George W. Bush Foreign Policy Reader, S. 32.

Nach seinem Amtsantritt hatte die Realisierung des Raketenabwehrschirms absolute rüstungstechnologische und militärpolitische Priorität. Unterstützt wurde Bush insbesondere von seinem Verteidigungsminister Rumsfeld. Die USA müssten schnellstmöglich eine effektive flächendeckende Raketenabwehrarchitektur installieren, die nicht nur alle US-Bundesstaaten, sondern auch Freunde, Verbündete und Streitkräfte im Einsatz schützen sollte. Damit strich Bush das Wort »National« aus dem NMD-Programm.[41]

Gegenüber Russland war die Position der Bush-Regierung eindeutig. Bereits im Mai 2001 hatte Bush in einer Rede an der National Defense University erklärt, dass der 30 Jahre alte ABM-Vertrag hinfällig sei. Im Vertrag würden aktuelle und zukünftige Bedrohungen nicht berücksichtigt. Kein Vertrag dürfe eine Reaktion auf aktuelle Bedrohungen verhindern oder die Entwicklung neuer Technologien verbieten, die benötigt würden, um sich selbst zu schützen. Dies sei ebenso wenig im Interesse der Freunde und Verbündeten der USA wie im Sinne des Weltfriedens. »Missile defence is a defensive system that threatens no one.«[42] Ein Raketenabwehrsystem würde schließlich nur zum Einsatz kommen, wenn eine ballistische Rakete bereits abgefeuert worden sei.[43]

Mit den Terroranschlägen vom 11. September 2001 in New York und Washington verlor das strategische Gleichgewicht mit Russland zunächst an Relevanz. Bush erklärte noch deutlicher als zuvor, dass nun alle erdenklichen Schutzmaßnahmen zu ergreifen seien, um die USA vor terroristischen Angriffen mit Massenvernichtungswaffen zu schützen.[44] Die Regierung nutzte die Gunst der Stunde der im Kampf gegen den Terrorismus geeinten Nation, die Debatte um das Raketenabwehrprogramm und den ABM-Vertrag für sich zu entscheiden. Sie war überzeugt: Wenn die Terroristen vom 11. September im Besitz von Massenvernichtungswaffen gewesen wären, hätten sie diese eingesetzt. Dass die geplante Raketenabwehrarchitektur für die Abwehr eines solchen Angriffs nicht ausgelegt war, blieb unausgesprochen.[45]

Putin reagierte schnell auf die Katastrophe von 9/11. Er bot den USA umfassende Hilfe und Unterstützung an und machte Russland zu einem wichtigen Partner in der Allianz, die sich gegen den internationalen Terrorismus formierte. Die russische Regierung zeigte sich gelassen und verständnisvoll gegenüber den amerikanischen Bestrebungen, den ABM-Vertrag zu überwinden. Nun sprach auch der russische Verteidigungsminister Sergej Ivanov vom ABM-Abkommen als »Relikt des Kalten

[41] Vgl. Glebocki [u.a.], Raketenabwehrpläne, S. 381.

[42] George W. Bush, Remarks by the President to Students and Faculty at National Defense University, 1.5.2001, <https://georgewbush-whitehouse.archives.gov/news/releases/2001/05/20010501-10.html> (letzter Zugriff 20.1.2022).

[43] Vgl. Stocker, Britain, S. 228, 232.

[44] Vgl. Agüera, Die Zukunft der NATO liegt in Europas Händen, S. 108.

[45] Vgl. Glebocki [u.a.], Raketenabwehrpläne, S. 386; Die Raketenabwehr wird nicht geopfert. Die Demokraten geben im Streit über den ABM-Vertrag nach. In: FAZ, 20.9.2001; Uwe Schmitt, Washington kündigt ABM-Vertrag. Bush, Rumsfeld und Rice kündigen weitere Raketenabwehrtests an. In: Die Welt, 13.12.2001; Washington vor der Kündigung des ABM-Vertrags. In: FAZ, 13.12.2001.

Krieges«.[46] Am 13. Dezember 2001 kündigte die Bush-Regierung an, einseitig vom ABM-Vertrag zurückzutreten. Sie leitete so eine neue Ära in der Geschichte der US-Raketenabwehrpolitik ein.[47]

Basierend auf dem Stationierungsbeschluss von 1999, entwarf Bush ein globales mehrschichtiges und integriertes System zur Abwehr von Raketenangriffen. Primär richtete sich dieses System gegen ›Schurkenstaaten‹ wie Nordkorea, Iran oder Irak. Eine zentrale Rolle in diesem System erhielt der mehrschichtige Schutzschild (Layered Defensive Shield). Verschiedene Abwehrsysteme sollten ballistische Raketen unterschiedlicher Reichweiten in ihren verschiedenen Flugphasen bekämpfen. Dazu war die Kombination von NMD- und TMD-Komponenten vorgesehen. So entfernte sich das Pentagon von der terminologischen Unterscheidung zwischen TMD und NMD. Die unterschiedlichen Waffensysteme sollten vielmehr zu einer integrierten Flugkörperabwehr zusammengefasst werden.[48] Zum Schutz vor der zunehmenden Bedrohung durch das Raketenprogramm Nordkoreas stationierten die USA 2004 in Alaska und Kalifornien bereits Sensoren und Abfangflugkörper des Typs GBI (Ground Based Interceptor) – trotz der bis dahin eher mangelhaften Testergebnisse des Systems. Zum Teil wurden hier zunächst Prototypen verwendet. Die Effektivität der stationierten Systeme wurde erst später verbessert.[49] Die Anzahl der Abfangflugkörper war begrenzt, um das strategische Gleichgewicht nicht zu gefährden. Ein Netzwerk aus Einheiten des Kommando-, Kontroll- und Gefechtsmanagements (Command and Control, Battlemanagement, Communications, kurz: C2BMC) sollte die Kommunikation zwischen Raketenabwehrsystemen mit Frühwarn- und Bahnverfolgungssensoren ermöglichen und so den Austausch verteidigungskritischer Informationen gewährleisten. Damit sollten strategische, operative und taktische Kommandoebenen eine Raketenbedrohung überwachen können, darüber hinaus einen Angriff erfassen, analysieren und rechtzeitig die Bekämpfung unter Berücksichtigung der bestmöglichen Kombination aus Sensoren und Abwehrsystemen einleiten.[50]

Bush forcierte während seiner zwei Amtszeiten die Idee des globalen strategischen Systems zur Raketenabwehr sowie weitere Programme dieses Sektors mit ca.

46 Vgl. Russland nennt den ABM-Vertrag erstmals veraltet. In: Der Tagesspiegel, 3.11.2011, <www.tagesspiegel.de/politik/russland-nennt-den-abm-vertrag-erstmals-veratet/268130.html> (letzter Zugriff 20.1.2022).

47 Vgl. George W. Bush, Remarks on National Missile Defense, The Rose Garden, 13.12.2001, <https://2001-2009.state.gov/t/ac/rls/rm/2001/6847.htm> (letzter Zugriff 20.1.2022); Glebocki [u.a.], Raketenabwehrpläne, S. 387 f.; Washington vor der Kündigung des ABM-Vertrags. In: FAZ, 13.12.2001; Uwe Schmitt, Washington kündigt ABM-Vertrag. Bush, Rumsfeld und Rice kündigen weitere Raketenabwehrtests an. In: Die Welt, 13.12.2001.

48 Vgl. Böing, Die außenpolitische Debatte (2002), S. 18 f.

49 Vgl. Thränert, Das Raketenabwehrprojekt der Nato, S. 7; Thomas Kröter, Schirm mit großen Löchern. US-Physiker fällen ein vernichtendes Urteil über Bushs ambitionierte Pläne für eine neuartige Raketenabwehr. In: FR, 23.7.2003; »Raketenabwehr von Sommer an einsatzbereit«. In: FAZ, 29.4.2004.

50 Vgl. George W. Bush, Missile Defense Now. In: Washington Times, 25.5.2000; Neuneck/Alwardt/Gils, Raketenabwehr in Europa, S. 103 f.; Müllner, Herausforderung Flugkörperabwehr, S. 68; Kubbig, America, S. 423; Karl-Heinz Allgaier, Verteidigung gegen Gefechtsköpfe und Täuschkörper. An den technischen Anforderungen wird die geplante amerikanische Raketenabwehr nicht scheitern. In: FAZ, 14.5.2001.

10 Milliarden US-Dollar jährlich. China und Russland missbilligten die Pläne der USA.[51] Auch in Europa wurde 2007 die von der Bush-Administration vorgeschlagene europäische Komponente des Raketenabwehrsystems, die European Midcourse Defense (EMD), kontrovers diskutiert. Die Grundlage dieser Debatten war rein politisch; die technische Realisierbarkeit wurde dabei in den Hintergrund gedrängt. So stellt sich am Ende die Frage, ob der ehemalige US-Senator Sam Nunn Recht hatte, dass die nationale Raketenabwehr in den Vereinigten Staaten eher eine Theologie und weniger eine Technologie sei.[52]

f) Barack Obama: European Phased Adaptive Approach[53]

Gleich zu Beginn seiner Amtszeit 2009 ließ Barack Obama den Sachstand der US-Raketenabwehr in einem ausführlichen Bericht erfassen. Mit dem »Ballistic Missile Defense Review Report« veröffentlichte das Verteidigungsministerium im Februar 2010 die Ergebnisse ihrer einjährigen Arbeit.[54] Drei Aspekte standen im Vordergrund der Raketenabwehrpolitik von Obama. Zum einen wollte er den jahrelangen Streit innerhalb der NATO über diese Thematik beenden und das Bündnis als Ganzes in das Projekt mit einbeziehen – mit dem Ziel, ganz Europa zu schützen. Zweitens beabsichtigte Obama, mehr Transparenz gegenüber Moskau zu schaffen, um die russischen Bedenken auszuräumen, das Projekt würde die strategische Abschreckungsfähigkeit Russlands gefährden. Drittens sollten nur noch geprüfte Technologien im Programm verwendet werden, um den Vorwurf der Kritiker hinsichtlich der mangelhaften technischen Zuverlässigkeit der Systeme zu entkräften. Im Großen und Ganzen teilte Obama die Bedrohungseinschätzung seines Vorgängers. Bei aller Kontinuität in der Raketenabwehrpolitik von Bush junior zu Obama lässt sich aber eine graduelle Änderung feststellen: Obama gelang es wesentlich besser, die Pläne zur Raketenabwehr als sinnvolle Elemente der internationalen Sicherheit darzustellen.[55]

Vor dem Hintergrund einer neuen Bedrohungsanalyse und einer entsprechenden Neubewertung der bestehenden Struktur verfügbarer Abwehrsysteme hatte US-Verteidigungsminister Robert Gates im April 2009 verkündet: »In the area of missile defense, we will restructure the program to focus on the rogue state and the-

---

51 Vgl. beispielsweise Georg Blume, Kalter Krieg im Fernen Osten? In: Die Zeit, 15.2.2001.

52 Vgl. Neuneck/Alwardt/Gils, Raketenabwehr in Europa, S. 23. Zu den Zweifeln der American Physical Society, der wichtigsten Berufsorganisation von Physikern in den USA, an der technischen Machbarkeit des angestrebten Raketenabwehrsystems vgl. auch Thomas Kröter, Schirm mit großen Löchern. US-Physiker fällen ein vernichtendes Urteil über Bushs ambitionierte Pläne für eine neuartige Raketenabwehr. In: FR, 23.7.2003; Gero von Randow, Die All-Machtfantasie. In: Die Zeit, 3.5.2001.

53 Aufgrund der zunehmenden Verflechtung von Obamas Raketenabwehrpolitik mit der NATO wird der EPAA in Kap. II.3 eingehender beleuchtet.

54 Vgl. Ballistic Missile Defense Review Report, S. iii f.

55 Vgl. Thränert, Das Raketenabwehrprojekt der Nato, S. 8 f.; The White House, Office of the Press Secretary, Fact Sheet on U.S. Missile Defense Policy. A Phased, Adaptive Approach for Missile Defense in Europe, <https://obamawhitehouse.archives.gov/the-press-office/fact-sheet-us-missile-defense-policy-a-phased-adaptive-approach-missile-defense-eur> (letzter Zugriff 20.1.2022).

ater missile threat.«[56] Nachrichtendienste waren zu der Einschätzung gelangt, dass der Iran schneller als zunächst angenommen in der Lage sein würde, ballistische Raketen kurzer und mittlerer Reichweite zu entwickeln. Dagegen würde er jedoch viel länger zum Bau von Langstreckenraketen brauchen, mit denen der Iran das US-Territorium erreichen könnte. Darüber hinaus waren wesentliche Fortschritte bei den technologischen Möglichkeiten zur Abwehr erzielt worden.[57] Auf dieser Grundlage sollte das Phasenkonzept zur Raketenabwehr überarbeitet werden. Die geplanten Abwehrsysteme sollten vor ihrer Stationierung auf ihre operative Wirksamkeit getestet werden. Die finanzielle Unterstützung neuer Projekte musste auf lange Sicht erfolgen. Die Fähigkeiten zur Raketenabwehr sollten darüber hinaus flexibel an Veränderungen der Bedrohungslage angepasst werden können. Die USA kündigten an, bei den Bestrebungen für eine internationale Raketenabwehr die Position des Vorreiters einzunehmen.[58]

Die Obama-Administration beabsichtigte, die Pläne zum Schutz der USA in ihrer Dimension zu begrenzen, und verwarf die Absicht der Vorgängerregierung, eine Radarstation in der Tschechischen Republik sowie zehn Waffensysteme des Typs GBI in Polen zu stationieren. Am 17. September 2009 stellte die US-Regierung ihr vierstufiges Phasenkonzept für eine europäische Raketenabwehrkomponente unter der Bezeichnung European Phased Adaptive Approach (EPAA) vor. Dieses Konzept wurde 2010 zum Ausgangspunkt für die Konzeption der NATO zur territorialen Flugkörperabwehr.[59]

g) Die Raketenabwehr im Spiegel innenpolitischer Machtkämpfe

Die Entwicklung der Raketenabwehr in den Vereinigten Staaten von Amerika lässt sich von ihrem Beginn an bis heute als ein durchlaufendes Programm charakterisieren, das sich in seiner politischen Legitimation, den Nuancen der Debatte, den technischen Möglichkeiten und seinen Akronymen veränderte.[60] Die Debatte war im Wesentlichen politischer Natur und diente regelmäßig als Werkzeug in parteipolitischen Machtkämpfen. Der Wunsch, einen Raketenabwehrschirm zu installieren, sowie die Diskussionen um dessen technische und finanzielle Umsetzbarkeit spalteten die innenpolitische Meinung der USA über Jahrzehnte.[61]

Die unbeständige Entwicklung von Ideen und Strategien zur Raketenabwehr in der Sicherheitspolitik der Vereinigten Staaten lässt sich nicht nur anhand der Meinungsverschiedenheiten zwischen Republikanern und Demokraten nachvollziehen, sondern wurde auch immer wieder bedingt durch den jeweils amtierenden

56 Robert Gates, DoD New Briefing With Secretary Gates From The Pentagon, <https://archive.defense.gov/transcripts/transcript.aspx?transcriptid=4268> (letzter Zugriff 23.8.2019).

57 Beispielsweise bei den Abfangflugkörpern des Typs SM-3 (Standard Missile 3) sowie bei Sensoren, die Bush in seiner Planung noch nicht berücksichtigt hatte.

58 Vgl. Neuneck/Alwardt/Gils, Raketenabwehr in Europa, S. 105 f.; Thränert, Das Raketenabwehrprojekt der Nato, S. 9.

59 Vgl. Missile Defense. The First Seventy Years, 8.8.2013, S. 17.

60 Vgl. Chauvistré, Das atomare Dilemma, S. 69.

61 Vgl. Futter, The Evolution, S. 7; Henry Kissinger, Abschreckung ist kein Konzept für Krisenfälle. In: Welt am Sonntag, 13.2.2000.

Präsidenten in Wechselwirkung mit der jeweils regierenden Partei. Nachdem die Raketenabwehrdebatte zwischen 1983 und 1989 noch von politischen Kämpfen um das SDI-Programm geprägt war, verlor die National Missile Defense in den 1990er Jahren zunächst an Bedeutung. Bush senior war pragmatisch und sah SDI als wirksames Instrument – sowohl innen- als auch außenpolitisch. Doch für ihn hatte die Raketenabwehr grundsätzlich keine hohe Priorität. So gerieten die Pläne zur Raketenabwehr zwischen 1989 und 1993 ins Stocken. Clinton war bei seinem Amtsantritt wenig interessiert an dem Thema NMD. Für ihn war der ABM-Vertrag ein Meilenstein amerikanisch-russischer Beziehungen und internationaler Stabilität. Doch seine Einstellung zu dem Vertrag war ambivalent. Er bemühte sich zwar um die Herstellung eines Gleichgewichts zwischen NMD, TMD, ABM-Vertrag sowie nationalen und internationalen Bedürfnissen, doch mit der Entscheidung zum Aufbau einer landesweiten Raketenabwehr während seiner zweiten Amtszeit drohte er »zum Totengräber von Geist und Buchstaben des Raketenabwehr-Vertrages von 1972 zu werden«.[62] Ausgerechnet der Demokrat Clinton sollte fortführen, was der Republikaner Reagan begonnen hatte. Clintons Nachfolger George W. Bush machte bereits zu Beginn seiner Amtszeit deutlich, dass er den Aufbau einer globalgestützten Raketenabwehr forcieren würde – und das ungeachtet der Meinung internationaler Partner. Während seiner Amtszeit wurde BMD zu einem zentralen und weitestgehend akzeptierten Bestandteil der US-Sicherheitspolitik. Die erforderliche strategische und technologische Begründung hatte sich mit dem formulierten ›Aufstieg‹ der ›Schurkenstaaten‹ und deren vermeintlichen Bemühungen ergeben, Massenvernichtungswaffen zu erwerben. Der scheinbare innenpolitische Konsens bei der Umsetzung der Raketenabwehrpläne führte allerdings außenpolitisch vermehrt zu Konflikten. Der einseitige Ausstieg der USA aus dem ABM-Vertrag im Jahr 2002 erhöhte nicht nur die Gefahr, dass die generelle Bereitschaft zur weiteren Reduzierung von Kernwaffen sank, sondern auch, dass Russland von weiteren Abrüstungsverträgen zurücktrat. Im asiatischen Raum hatten die US-Pläne Ende der 1990er Jahre ebenfalls große Beunruhigung ausgelöst und zu Konflikten mit China geführt.[63] Als Obama 2009 das Amt des Präsidenten übernahm, stand die Relevanz von BMD nicht mehr zur Diskussion. Die früheren Zyklen größeren und geringeren Engagements zwischen republikanischen und demokratischen Präsidenten schienen überwunden. Obama knüpfte in vielerlei Hinsicht an seinen Vorgänger an und nahm lediglich Richtungsänderungen bezüglich der konkreten Bedrohungseinschätzung, der geplanten Systeme, der Einbindung der NATO sowie der Möglichkeiten der Kooperation mit Russland vor. Er verfolgte das Ziel einer ›normalisierten‹ Raketenabwehrpolitik.[64]

Der Grundgedanke der Raketenabwehrdebatte lässt sich aus dem vorangestellten Zitat von Ronald Reagan von 1983 herauslesen. Eine Bedrohung galt als gegeben, so-

---

[62] Kubbig, Rüstungskontrolle und Abrüstung, S. 219.

[63] Vgl. Neuneck, »SDI-light«; Georg Blume, Chinas Angst. Raketen 1: Die Volksrepublik fühlt sich von Amerikas Plänen bedroht. In: Die Zeit, 11.5.2000; Georg Blume, Kalter Krieg im Fernen Osten? In: Die Zeit, 15.2.2001.

[64] Vgl. Futter, The Evolution, S. 8 f., 243 f.; Neuneck/Scheffran, Die neuen Raketenabwehrpläne der USA, S. 68; Thränert, Das Raketenabwehrprojekt der Nato, S. 7; Neuneck, »SDI-light«.

bald ein vermeintlicher Schurkenstaat über die Fähigkeiten zum Bau und zum Einsatz von Langstreckenraketen verfügte oder in Zukunft möglicherweise verfügen könnte. Bereits ohne das Vorhandensein der Intention eines Akteurs, die Fähigkeiten gegen das US-Territorium auch einzusetzen, sollte ein umfassender Raketenabwehrschirm installiert sein. Denn es sei schließlich besser, Leben zu schützen, als im Falle eines Angriffs etwaige Opfer zu rächen. Das Ziel war Unverwundbarkeit.[65]

2. Exkurs: Begriffe und technische Grundlagen der Raketenabwehr

Ballistische Raketen und Marschflugkörper (Cruise Missiles) waren und sind für viele Nationen und nichtstaatliche Akteure aufgrund ihrer niedrigen Anschaffungs- und Betriebskosten, aufgrund ihres Potenzials, Abwehrsysteme zu durchdringen, sowie als Symbol nationaler Macht attraktive Offensivwaffen. Die deutsche V2 war die erste ballistische Rakete. Nach dem Zweiten Weltkrieg entwickelten die USA und die Sowjetunion mithilfe deutscher Wissenschaftler ihre eigenen Versionen mit immer größeren Reichweiten. Ende der 1950er Jahre testeten beide Nationen die ersten Interkontinentalraketen: Atlas (USA) und Sapwood (UdSSR). Die Raketentechnologie spielte eine immer größere Rolle in der Strategie der Abschreckung. In den folgenden Jahrzehnten entwickelten und verbesserten beide Großmächte ihre Technologien.[66] Neben den technischen Anforderungen wurden auch die Bedrohungsszenarien komplexer. Die wesentliche Funktion von ballistischen Raketen und das Prinzip ihrer Abwehr sind jedoch weitestgehend gleichgeblieben.

a) Ballistische Raketen

Vereinfacht gesagt ist eine ballistische Rakete ein Flugkörper, dessen Flugbahn eine ballistische Kurve darstellt. Das bedeutet, ihr Flug wird nach dem Brennschluss des Raketenmotors im Wesentlichen nur noch durch die Gravitation und den Luftwiderstand beeinflusst. Im Gegensatz zu Marschflugkörpern, die während ihrer gesamten Flugphase angetrieben und gelenkt werden, werden ballistische Raketen lediglich in ihrer Startphase angetrieben. Wie Flugzeuge und Marschflugkörper können ballistische Raketen Nutzlasten über eine große Distanz ins Ziel befördern. Die Nutzlast ist modifizierbar und steht in direkter Relation zur Reichweite. Es gilt: Je höher die Nutzlast, desto geringer die Reichweite. Eine ballistische Rakete besteht aus vier verschiedenen Komponenten, die unterschiedliche Aufgaben erfüllen. Das Antriebssystem übernimmt den Transport und dimensioniert die Leistung und die Größe des Flugkörpers. Hierbei wird im Wesentlichen zwischen zwei Typen unterschieden: Flüssigkeits- und Feststoffraketen. Das Lenk- und Steuersystem bringt den Flugkörper vom Abschusspunkt bis zum Brennschluss auf die vorge-

65 Vgl. dazu auch Petra Pinzler, Kollektiver Wahn. Raketen 2: Warum die Amerikaner von militärischer Unverwundbarkeit träumen. In: Die Zeit, 11.5.2000.

66 Vgl. Neuneck/Alwardt/Gils, Raketenabwehr in Europa, S. 34.

sehene Flugbahn. Die Struktur der Rakete (Treibstofftanks, Kraftübertragung, Verbindungen, usw.) stellt ihre Integrität gegenüber den äußeren und inneren mechanischen und thermischen Belastungen bei der Vorbereitung und während des Fluges sicher. Der Gefechtskopf bildet die letzte Komponente der Rakete. Er entfaltet die Waffenwirkung im Ziel und stellt ein vom Flugkörper weitgehend unabhängiges System dar, das mit seiner eigenen Masse allerdings direkt die Raketengröße beeinflusst.[67] Ballistische Flugkörper können mit einem oder mehreren konventionellen, hochexplosiven Gefechtsköpfen ausgestattet werden, aber auch als Träger für nukleare, biologische oder chemische Kampfmittel dienen. Je nach Reichweite verfügt eine ballistische Rakete zwischen einer und vier Antriebsstufen. Auf deren Spitze befindet sich ein gehärteter Wiedereintrittskörper (Re-entry Vehicle), der die eigentliche Nutzlast trägt.[68] Je größer die Reichweite der Rakete sein soll, desto mehr Antriebsstufen benötigt sie, aber desto größer sind auch die technischen Anforderungen.[69]

Das militärische Potenzial einer ballistischen Rakete lässt sich vorrangig über folgende Faktoren bestimmen: Nutzlast, Reichweite, Treffergenauigkeit und Zuverlässigkeit. Die Art des Gefechtskopfes bestimmt die erforderliche Nutzlastkapazität der ballistischen Rakete. Beispielsweise wiegt ein Nuklearsprengkopf der ersten Generation rund 1000 Kilogramm. Moderne Konstruktionen wiegen mitunter sogar weniger als 500 Kilogramm.[70]

Ballistische Raketen werden anhand ihrer Reichweite kategorisiert. Sie ist der eigentliche Leistungsparameter. Die Größe des Flugkörpers steigt mit zunehmender Reichweite exponentiell an. Diese kann zwischen einigen hundert und mehreren tausend Kilometern variieren, je nach Raketenmotor und Anzahl der Antriebsstufen. Abhängig von der Reichweite der Rakete ist auch die Dauer ihrer Flugzeit. Und je größer die Reichweite ist, desto höher muss die Brennschlussgeschwindigkeit sein. Damit ist die Geschwindigkeit gemeint, welche die Rakete am Ende ihrer Beschleunigungsphase erreicht.[71]

Allgemein wird zwischen Kurz-, Mittel- und Langstreckenraketen unterschieden. Kurzstreckenraketen (Short-range Ballistic Missiles, SRBM) verfügen über eine Reichweite von unter 1000 Kilometern und bleiben in ihrer Flugbahn innerhalb der Erdatmosphäre. Sie können von festen oder beweglichen Vorrichtungen wie Fahrzeugen, Schiffen oder Flugzeugen gestartet werden. Technologisch weitaus anspruchsvoller ist die Entwicklung von Raketen mit einer Reichweite von mehr als 1000 Kilometern. Sie benötigen leistungsstärkere Raketenmotoren, größere Treibstofftanks und/oder mehrere Antriebsstufen. Die Flugbahn dieser Raketen verläuft mit zunehmender Reichweite in größeren Höhen als bei Kurzstreckenraketen,

67 Vgl. Schmucker/Schiller, Raketenbedrohung 2.0, S. 69–89.

68 Nur diejenigen ballistischen Flugkörper, die die Erdatmosphäre in ihrer Flugbahn verlassen, verfügen über ein Re-entry Vehicle.

69 In der Regel benötigen Mittelstreckenwaffen zwei und Interkontinentalraketen drei Antriebsstufen. Vgl. Neuneck/Alwardt/Gils, Raketenabwehr in Europa, S. 25 f., 291; Gates, European Perspectives, S. 311; Schmucker/Schiller, Raketenbedrohung 2.0, S. 91.

70 Vgl. Neuneck/Alwardt/Gils, Raketenabwehr in Europa, S. 27.

71 Vgl. Ballistic and Cruise Missile Threat, S. 8 f.; Neuneck/Alwardt/Gils, Raketenabwehr in Europa, S. 28; Schmucker/Schiller, Raketenbedrohung 2.0, S. 58.

zu einem großen Teil auch außerhalb der Erdatmosphäre. In der Kategorie der Mittelstreckenraketen wird zwischen zwei Reichweiten unterschieden: den Medium-range Ballistic Missiles (MRBM) mit einer Reichweite von 1000 bis 3000 Kilometern und den Intermediate-range Ballistic Missiles (IRBM), die 3000 bis 5500 Kilometer bewältigen. Wie die Kurzstreckenraketen können auch die Raketen mittlerer Reichweite sowohl von stationären wie von mobilen Vorrichtungen aus gestartet werden. Alle landgestützten Raketen mit einer Reichweite von mehr als 5500 Kilometern gelten gemäß SALT-II-Vertrag, dem amerikanisch-sowjetischen Abkommen von 1979 zur Begrenzung strategischer Offensivwaffen, als Interkontinentalraketen (Intercontinental Ballistic Missiles, ICBM). Neben land-, see- und luftgestützten Startmöglichkeiten können ballistische Raketen auch von einem Unterseeboot aus verschossen werden. Die sogenannten Submarine-launched Ballistic Missiles (SLBM) haben eine Reichweite zwischen 300 und 12 000 Kilometern.[72]

Die Flugbahn von ballistischen Raketen wird grundsätzlich in drei Phasen eingeteilt, wie im Folgenden am Beispiel einer ICBM dargestellt wird: die Beschleunigungsphase (Boost Phase), die Freiflugphase (Mid-course Phase) und die Wiedereintrittsphase in die Erdatmosphäre (Terminal Phase). In der ersten Phase werden die Triebwerke gezündet und die Rakete startet vertikal. Mithilfe von Antriebsstrahl und Steuerdüsen richtet sich die Rakete auf ihre Flugrichtung aus. Dann wird sie bis zum Brennschluss der Triebwerke auf der ausgerichteten Flugbahn weiter beschleunigt. Zu diesem Zeitpunkt werden die jeweiligen Antriebsstufen und kurze Zeit später auch die obere Schutzummantelung abgeworfen. Übrig bleibt der Wiedereintrittskörper, der die Flugbahn allein fortsetzt. Abhängig von der Höhe, welche die Rakete erreicht, fallen die ausgebrannten Stufen auf die Erdoberfläche zurück oder sie verglühen in der Atmosphäre. Die Boost Phase, in der die Rakete angetrieben und gelenkt wird, umfasst rund fünf bis zehn Prozent der Maximalreichweite und dauert in der Regel zwischen einer und fünf Minuten. Der Wiedereintrittskörper folgt dann einer ballistischen Flugbahn, die vorrangig durch die Gravitationskraft bestimmt wird. In der Freiflugphase steigt der Wiedereintrittskörper weiter auf (Ascent Phase) und erreicht den höchsten Punkt seiner Flugbahn außerhalb der Erdatmosphäre (Apogäum). Mit zunehmender Erdanziehung wird das Reentry Vehicle wieder in Richtung Erdboden beschleunigt. Die Freiflugphase einer Interkontinentalrakete dauert zwischen 20 und 25 Minuten und nimmt den größten Teil der Flugzeit ein. Bei Wiedereintritt in die Atmosphäre, also in einer Höhe von etwa 100 Kilometern, beginnt die Terminal Phase.[73] In dieser Phase wird der

---

72 Vgl. Treaty between the United States of America and the Union of Soviet Socialist Republics on the Limitation of Strategic Offensive Arms, together with agreed Statements and Common Understandings regarding the Treaty (SALT II) vom 18.6.1979, <https://2009-2017.state.gov/t/isn/5195.htm> (letzter Zugriff 20.1.2022), Art. II; Böing, Die außenpolitischen Debatten (2018), S. 75. Für eine detaillierte Übersicht über die derzeit in der Welt existierenden ballistischen Raketen und Marschflugkörper einschließlich ihrer offiziellen Bezeichnung, Herstellerland, Entwicklungsjahr und Reichweite vgl. Ballistic and Cruise Missile Threat.

73 Die Definitionen, in welcher Höhe der Weltraum beginnt, variieren. Überwiegend dient die Kármán-Linie mit einer Höhe von 100 Kilometern als theoretische Abgrenzung der Erdatmosphäre zum Weltraum. Für das US-Militär beginnt der Weltraum allerdings bereits bei 80 Kilometern. Vgl. Bitter, Die Nato und die Raketenabwehr, S. 13.

Gefechtskopf aufgrund der Reibung mit den atmosphärischen Luftschichten wieder ausgebremst. Zwischen Wiedereintritt und dem Einschlag des Projektils im Ziel vergehen rund 60 Sekunden.[74]

Für die operationelle Verwendung einer ballistischen Rakete im Konfliktfall sind neben der eigentlichen Waffe (Gefechtskopf) und ihrem Transportgerät (Rakete) noch weitere Elemente erforderlich: die Abschussvorrichtung (stationär oder mobil), Unterstützungs- und Hilfseinrichtungen (Transport- und Hebefahrzeuge, Betankung, Feuerleitung, Kommunikation, usw.) und die Bedienungsmannschaft.[75]

Raketenwaffen werden vorrangig gegen Ziele eingesetzt, die von hohem wirtschaftlichem, militärischem, emotionalem oder nationalem Wert sind. Die technische Kategorisierung unterscheidet zwischen einem Punkt- und einem Flächenziel. Die Ausdehnung der Waffenwirkung in der Fläche ist bei einem Einsatz von konventionellen Raketen gegen Punkt- oder Einzelziele verhältnismäßig klein. Folglich gelten hohe Anforderungen an die Genauigkeit des Transportmittels. Bei einem Einsatz von Massenvernichtungswaffen ist die Zielausdehnung der Waffe dagegen sehr hoch. Hierbei spricht man von Flächenzielen. Im Fokus stehen ›weiche‹ Ziele wie großräumige Personen- und Infrastrukturschädigungen. Die Anforderungen an die Genauigkeit des Trägersystems sind deutlich geringer als bei Punktzielen. Für eine vollständige Zielabdeckung braucht es daher eine größere Waffenleistung.[76]

Aufgrund von Parametertoleranzen, unvermeidbaren Fehlern der Komponenten des Flugkörpers oder der Bedienungsmannschaft sowie äußeren Einflüssen treten immer Abweichungen in Längs- und Querrichtung vom Zielpunkt auf. Die Treffergenauigkeit einer ballistischen Rakete wird als Circular Error Probable (CEP)[77] definiert und hat sich seit der V2-Rakete deutlich verbessert. Die V2 hatte bei einer Reichweite von maximal 370 Kilometern eine Treffergenauigkeit von rund 15 Kilometern. Bei einem großen Ziel wie London und angesichts der kurzen Reichweite war dies aus Sicht des Angreifers hinnehmbar. Doch hochgerechnet auf eine Interkontinentalrakete mit einer Reichweite von 10 000 Kilometern, würde sich ein CEP von 400 Kilometern ergeben.[78] Eine SRBM der ersten Generation, wie beispielsweise eine russische Scud-Rakete, verfügte über eine Treffergenauigkeit von mehreren Kilometern. Die 2006 in das russische Heer eingeführte Kurzstreckenrakete des Typs Iskander hat gemäß Angaben des Herstellers einen CEP von 30 Metern. Auch die Treffergenauigkeit von modernen Interkontinentalraketen wird zwischen wenigen hundert und 100 Metern geschätzt. Eine genaue Bestimmung des CEP sowie auch der grundsätzlichen Zuverlässigkeit von Systemen kann nur durch eine

---

74 Vgl. Neuneck/Alwardt/Gils, Raketenabwehr in Europa, S. 29–33; Lübbert/Behme/Faltin, Raketenabwehr, S. 7–9.

75 Vgl. Schmucker/Schiller, Raketenbedrohung 2.0, S. 62 f.

76 Vgl. ebd., S. 118 f.

77 Der CEP wird in Metern angegeben und beschreibt einen Radius, in dem bei kreisförmiger Normalverteilung um den Zielpunkt herum 50 % aller Treffer liegen. Vgl. Neuneck/Alwardt/Gils, Raketenabwehr in Europa, S. 32.

78 Vgl. Canavan, Missile Defense for the 21st century, S. 3.

Vielzahl von Flugtests erfolgen. Wie realistisch die Angaben der Hersteller sind, lässt sich nicht überprüfen und würde nur im scharfen Einsatz deutlich.[79]

b) Das Prinzip der Raketenabwehr

Im Sinne der technologischen Rüstungsdynamik zieht die Entwicklung einer Offensivwaffe stets die Entwicklung einer Defensivwaffe nach sich und umgekehrt.[80] Mit einer ballistischen Rakete kann eine Nutzlast innerhalb von Minuten über eine große Entfernung transportiert und an einem gewünschten Punkt, wie einem bevölkerungsreichen Zentrum, zur Explosion gebracht werden. Die Raketenabwehr wiederum umfasst alle aktiven und passiven Maßnahmen, um eine ballistische Rakete zu erfassen, zu identifizieren, zu verfolgen und zu bekämpfen. Dies kann sowohl auf strategischer als auch auf taktischer Ebene und prinzipiell in jeder Flugphase des Zielobjekts erfolgen. Es gilt zu verhindern, dass der Gefechtskopf seinen geplanten Zielpunkt erreicht. Um ein erfolgreiches Abfangen zu ermöglichen, werden die Daten der Rakete mittels verschiedener Sensoren erfasst. Sie registrieren den Start, verfolgen die Flugbahn, erkennen und erfassen die Rakete als Zielobjekt und lenken die Abfangrakete. Die Abfangraketen der ersten Raketenabwehrsysteme sollten anfliegende Gefechtsköpfe in ihrer Terminal Phase mittels einer nuklearen Explosion zerstören.[81] Eine solche Abwehr hatte Nachteile. Eine nukleare Explosion innerhalb der Erdatmosphäre und möglicherweise auch in der Nähe des eigenen Territoriums hätte die eigene Bevölkerung und Infrastruktur bedroht. Eine Detonation außerhalb der Erdatmosphäre wiederum hinterließ Strahlungsgürtel, die zur Gefahr für die eigenen Satelliten im Weltraum hätten werden können.[82]

Eine weitere Möglichkeit, den anfliegenden Gefechtskopf einer ballistischen Rakete zu zerstören, bietet die Abfangrakete mit einem Splittergefechtskopf, wie sie zum Teil bei dem Abwehrsystem Patriot verwendet wird. Die Sprengladung der Abfangrakete muss möglichst nahe an den Gefechtskopf der anfliegenden Rakete herangebracht werden, um die Chance zu erhöhen, den feindlichen Gefechtskopf mit mindestens einem Splitter der detonierenden Abfangrakete zu treffen. Die Aufprallgeschwindigkeit und die damit verbundene kinetische Energie (Bewegungsenergie) sind so groß, dass eine Zerstörung des anfliegenden Gefechtskopfes wahrscheinlich ist. Der Abstand zwischen den beiden Gefechtsköpfen darf in dem Moment der Explosion der Sprengladung der Abfangrakete jedoch nicht mehr als etwa zehn Meter betragen, um die beabsichtigte Wirkung zu erzeugen.[83]

---

79 Vgl. Ballistic and Cruise Missile Threat, S. 6; Schmucker/Schiller, Raketenbedrohung 2.0, S. 110–112; Neuneck/Alwardt/Gils, Raketenabwehr in Europa, S. 32; Gates, European Perspectives, S. 311.

80 Vgl. Mey, Deutsche Sicherheitspolitik 2030, S. 79.

81 Vgl. dazu Kap. II.1.

82 Vgl. Canavan, Missile Defense in Modern War; Neuneck/Alwardt/Gils, Raketenabwehr in Europa, S. 110 f.; Gates, European Perspectives, S. 318, 339; Canavan, Missile Defense for the 21st century, S. 19; Lübbert/Behme/Faltin, Raketenabwehr, S. 15.

83 Vgl. Gates, European Perspectives, S. 315; Neuneck/Alwardt/Gils, Raketenabwehr in Europa, S. 111.

Der Großteil moderner Raketenabwehrsysteme funktioniert nach dem Hit-to-kill-Prinzip. Hierbei wird der anfliegende Gefechtskopf durch den Zusammenstoß mit dem Abfangflugkörper zerstört (Kinetic Warhead oder auch Kill Vehicle). Das Kill Vehicle verfügt über keinen Sprengstoff; die Zerstörung des Zielobjekts erfolgt allein über die beim Zusammenstoß übertragene kinetische Energie. Dafür ist der Gefechtskopf mit einem eigenen Radar- oder Infrarotsystem sowie einem Computer zur Zielerkennung ausgestattet. So kann er zwischen dem Sprengkopf einer anfliegenden Rakete und möglichen Täuschkörpern unterscheiden. Das System unterstützt darüber hinaus bei der Steuerung der Flugbahn und stellt eine Datenverbindung zur Kontrolleinheit am Boden her. Die Abfangrakete dient dazu, das Kill Vehicle zu beschleunigen und in die Nähe des Zielobjekts zu transportieren. Der Kurs der Abfangrakete wird entweder zuvor einprogrammiert oder von der Kontrolleinheit am Boden gesteuert. In der letzten Beschleunigungsstufe trennt sich der kinetische Gefechtskopf von der Trägerrakete und führt sich selbst mithilfe von internen Antriebssystemen zum Zielobjekt. Zum Zeitpunkt des Zusammenstoßes bewegen sich sowohl das Kill Vehicle als auch das Zielobjekt mit einer sehr hohen Geschwindigkeit. Alle Komponenten des Abfangprozesses müssen präzise und fehlerfrei zusammenwirken, um den anfliegenden Gefechtskopf erfolgreich abzufangen. Es überrascht also nicht, dass das Prinzip der Raketenabwehr oft mit der Herausforderung verglichen wird, eine Gewehrkugel mit einer Gewehrkugel zu treffen.[84]

Das Abfangen einer ballistischen Rakete ist, wie bereits erwähnt, theoretisch in jeder ihrer Flugphasen möglich. Doch die technischen Herausforderungen sind jeweils andere. Die größte Herausforderung für eine erfolgreiche Raketenabwehr liegt in der Geschwindigkeit des anfliegenden Flugkörpers. Die Boost Phase einer Rakete, die über eine Reichweite von 500 Kilometern verfügt, dauert beispielsweise nur 36 Sekunden. Der Flugkörper erreicht eine Endgeschwindigkeit von zwei Kilometern pro Sekunde und fliegt insgesamt rund sechs Minuten. Raketen mit einer größeren Reichweite haben zwar eine längere Boost Phase und eine längere Gesamtflugzeit, doch erreichen sie eine deutlich höhere Endgeschwindigkeit. Eine ballistische Rakete mit einer Reichweite von 2200 Kilometern hat eine Startphase von 85 Sekunden, fliegt rund 12 Minuten und erreicht eine Geschwindigkeit von fast vier Kilometern pro Sekunde. Eine Rakete mit einer Reichweite von 3500 Kilometern kann mit bis zu fünf Kilometern pro Sekunde fliegen. Es wird deutlich, welch hohe zeitliche und räumliche Anforderungen für das erfolgreiche Abfangen eines derart schnellen Flugkörpers gelten. Das Abfangen selbst kann innerhalb oder außerhalb der Erdatmosphäre erfolgen. Dies ist abhängig von der Art des Abwehrsystems und von der Reichweite der angreifenden Rakete. Während ihrer Startphase erzeugt die ballistische Rakete aufgrund der Raketentriebwerke eine deutliche Hitzesignatur, weswegen sie sich über Sensoren als großes Zielobjekt erfassen lässt. Die Startphase ist sehr kurz. Demensprechend müssen die Abfangraketen zum einen in der Nähe des

[84] Vgl. Neuneck/Alwardt/Gils, Raketenabwehr in Europa, S. 111 f.; Gates, European Perspectives, S. 306; Schmucker/Schiller, Raketenbedrohung 2.0, S. 377 f.; Lübbert/Behme/Faltin, Raketenabwehr, S. 15.

Angreifers stationiert und zum anderen unmittelbar nach Erfassen des Starts der angreifenden Rakete gezündet werden. Freilich ist es sinnvoll, die Rakete zu einem möglichst frühen Zeitpunkt abzufangen. Die Bekämpfung würde im Luftraum des Angreifers stattfinden, sodass dieser selbst die Konsequenzen herabfallender Trümmerteile oder der Ausbreitung von Kampfstoffen zu tragen hätte. Darüber hinaus würden weitere Abfangversuche verbleiben, falls der erste fehlschlägt.[85] Das erfolgreiche Abfangen in der Startphase ist technologisch sehr anspruchsvoll, doch aufgrund der präventiv erforderlichen Stationierung von Abfangraketen in der Nähe des potenziellen Angreifers ist das vorrangig ein politisches Problem.[86] In der Midcourse Phase steht wesentlich mehr Zeit zur Verfügung. Dafür ist das Zielobjekt nun kleiner und schneller und es kann von Täuschkörpern begleitet werden, die dem Sprengkopf in Größe und Bauweise ähneln. Für eine erfolgreiche Abwehr muss das System den Gefechtskopf von den Täuschkörpern unterscheiden können, was eine weitere technische Herausforderung darstellt.[87] Die Abfangrakete wird erst nach dem Brennschluss der Triebwerke des Zielobjekts gestartet, da jetzt die Flugbahn der angreifenden Rakete feststeht. Das Zeitfenster für einen Abfangprozess ist in der Terminal Phase am kleinsten. Hier steht maximal eine Minute zur Verfügung. Folglich müssen die Abwehrsysteme in unmittelbarer Nähe des potenziellen Zielorts stationiert werden. Falls es den Abwehrsystemen gelingt, die angreifende Rakete in dieser Phase abzufangen, fallen die Trümmerteile der Zerstörung mit großer Wahrscheinlichkeit auf das Territorium des Verteidigers. Noch problematischer wird es, wenn der angreifende Gefechtskopf mit Massenvernichtungswaffen bestückt ist. Mit der Hit-to-kill-Technologie sollen das Zielobjekt nachhaltig zerstört und gleichzeitig die Massenvernichtungswaffen unschädlich gemacht werden. Mögliche Kollateralschäden sollen auf diese Weise minimiert werden, so zumindest die Theorie.[88]

Grundsätzlich werden Raketenabwehrsysteme gemäß ihrer Abfangschicht geordnet, in der sie wirken. Die unterschiedlichen physikalischen Gegebenheiten einer Abwehr innerhalb und außerhalb der Erdatmosphäre erfordern wiederum unterschiedliche Technologien. Die NATO unterscheidet zwischen einer oberen und einer unteren Abfangschicht und teilt die Systeme zur Flugkörperabwehr somit in zwei Klassen. Waffensysteme, die einen Flugkörper in einer Höhe von über 35 Kilometern bekämpfen, werden der oberen Abfangschicht zugeordnet; die Systeme, die darunter wirken, also in der Endphase des Flugkörpers, der unteren Abfangschicht.[89] Zwischen

[85] Vgl. Bitter, Die Nato und die Raketenabwehr, S. 14; Lübbert/Behme/Faltin, Raketenabwehr, S. 15 f.

[86] Vgl. Gero von Randow, Die All-Machtfantasie. In: Die Zeit, 3.5.2001; Karl-Heinz Allgaier, Verteidigung gegen Gefechtsköpfe und Täuschkörper. An den technischen Anforderungen wird die geplante amerikanische Raketenabwehr nicht scheitern. In: FAZ, 14.5.2001.

[87] Vgl. Nikolas Busse, Ehrgeizige Raketenabwehr. Der amerikanische Präsident Bush läßt Ronald Reagans SDI wieder aufleben. In: FAZ, 22.8.2001; Karl-Heinz Allgaier, Verteidigung gegen Gefechtsköpfe und Täuschkörper. An den technischen Anforderungen wird die geplante amerikanische Raketenabwehr nicht scheitern. In: FAZ, 14.5.2001; Gero von Randow, Die All-Machtfantasie. In: Die Zeit, 3.5.2001.

[88] Vgl. Nickel, Flugkörperabwehr, S. 345; Neuneck/Alwardt/Gils, Raketenabwehr in Europa, S. 113; Gates, European Perspectives, S. 313, 317; Canavan, Missile Defense in Modern War.

[89] Vgl. Baacke, Raketenabwehr, S. 53; Bitter, Die Nato und die Raketenabwehr, S. 15.

2001 und 2012 arbeiteten die USA an der Entwicklung eines Waffensystems, dem sogenannten Airborne Laser (ABL), zur Bekämpfung von ballistischen Raketen in ihrer Startphase. Die technische Realisierung dieser luftgestützten Laserkanone wurde allerdings Anfang 2012 – nach offiziellen Angaben aus Kostengründen – wieder beendet. Derzeit ist eine Bekämpfung von ballistischen Flugkörpern in ihrer Startphase technisch noch nicht möglich. Für die Bekämpfung von ICBMs in der Mid-course Phase verfügen die USA über den Ground Based Interceptor als Teil des Ground-Based Midcourse Defense System (GMD) und das Aegis Ballistic Missile Defense System an Bord von Kreuzern und Zerstörern der Marine. Mit dem 2008 in die US-Armee eingeführten Theater High Altitude Area Defense System (gegen SRBM und MRBM sowie begrenzt gegen IRBM und ICBM) sollen ballistische Raketen in der oberen Abfangschicht, also in großer Höhe und weit entfernt von ihrem Ziel, abgewehrt werden. Patriot (gegen Flugzeuge, Marschflugkörper und SRBM) und MEADS (gegen Flugzeuge, Marschflugkörper und SRBM) dagegen sollen in der unteren Abfangschicht wirken. THAAD, Patriot und MEADS sind technisch darauf ausgelegt, die anfliegende Rakete in ihrer Terminal Phase zu bekämpfen. Je nach Bedrohungslage und um die Wahrscheinlichkeit einer erfolgreichen Bekämpfung zu erhöhen, kann die Raketenabwehr in Form eines mehrschichtigen Schildes erfolgen. Hierfür werden Systeme der unterschiedlichen Abfangphasen so stationiert, dass sie sich ergänzen können.[90]

Die erste Voraussetzung, um eine ballistische Rakete erfolgreich abzuwehren, ist ihre Erfassung. Hierfür müssen mithilfe von Sensoren diejenigen Bereiche kontinuierlich überwacht werden, die für einen feindlichen Raketenstart infrage kommen. Aufgrund der starken Hitzesignatur der Abgasflamme kann die Startphase einer Rakete über die Infrarotsensoren von Satelliten eindeutig erfasst werden, sobald der Flugkörper oberhalb der Wolkendecke ist. Dagegen erschwert die Erdkrümmung eine Erfassung des Starts über bodengestützte Radaranlagen. Denn je nachdem, wie weit die Rakete entfernt ist, kann sie für einen bestimmten Zeitraum unter dem Radarhorizont bleiben. Während der Mid-course Phase sind die Satelliten nicht mehr in der Lage, die Flugbahn zu verfolgen. Das Zielobjekt strahlt nun im Langewellenbereich des Infrarotspektrums und ist somit für die weltraumbasierten Radargeräte von den Emissionen der Erde kaum zu unterscheiden. Die Flugbahn der Rakete ist jedoch so hoch, dass sie auch über große Distanzen von bodengestützten Radaranlagen erfasst, verfolgt und vorausberechnet werden kann.[91]

Die grundlegenden Aufgaben eines Radars sind: suchen, verfolgen und identifizieren. Es sucht dabei aktiv mithilfe von elektromagnetischen Wellen. Mit einer Sendeantenne wird ein gebündelter Strahl von kurzen Pulsen erzeugt. Wenn der Strahl auf ein Objekt trifft, wird ein Teil der Energie zurück in Richtung Sender reflektiert. Eine Empfangsantenne, die meist identisch mit der Sendeantenne ist, fängt die reflektierten Pulse wieder auf und registriert sie elektronisch. Die Stärke

---

90 Vgl. Nickel, Flugkörperabwehr, S. 330; Neuneck/Alwardt/Gils, Raketenabwehr in Europa, S. 121; Gates, European Perspectives, S. 313, 316, 347. Vgl. dazu auch Kap. II.1.e.

91 Vgl. Neuneck/Alwardt/Gils, Raketenabwehr in Europa, S. 115 f.; Canavan, Missile Defense in Modern War; Gates, European Perspectives, S. 314; Schmucker/Schiller, Raketenbedrohung 2.0, S. 373 f.; Lübbert/Behme/Faltin, Raketenabwehr, S. 16 f.

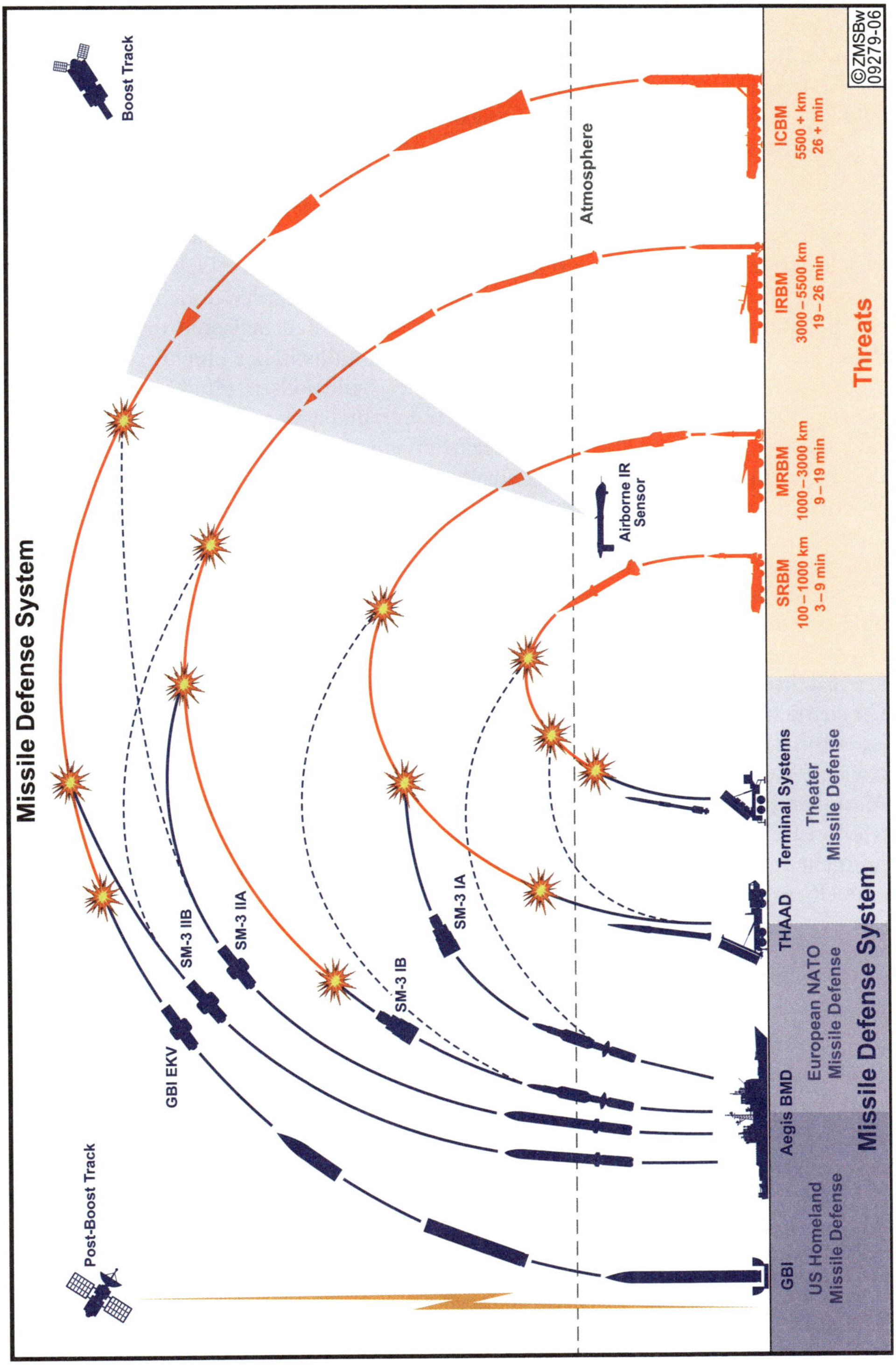
Missile Defense System
Boost Track
Post-Boost Track
Atmosphere
Airborne IR Sensor
GBI EKV
SM-3 IIB
SM-3 IIA
SM-3 IB
SM-3 IA
GBI
US Homeland Missile Defense
Aegis BMD
European NATO Missile Defense
THAAD
Terminal Systems
Theater Missile Defense
Missile Defense System
SRBM
100 – 1000 km
3 – 9 min
MRBM
1000 – 3000 km
9 – 19 min
IRBM
3000 – 5500 km
19 – 26 min
ICBM
5500 + km
26 + min
Threats
©ZMSBw
09279-06

der Energiereflexion am Objekt wird als Radarrückstrahlquerschnitt (Radar Cross Section, RCS) bezeichnet. Die RCS ist abhängig von der Größe des Zielobjekts, dessen Material, Form und Ausrichtung im Flug sowie der Wellenlänge des Radarstrahls. Die RCS gibt an, wie sichtbar ein Objekt für das Radargerät ist.[92]

Aufgrund der unterschiedlichen Dauer und Eigenschaften der Flugphasen von ballistischen Flugkörpern bedarf es für die erfolgreiche Bekämpfung einer Vielzahl von Sensoren und Effektoren (Kampfmittel). Diese müssen wiederum in einem System zusammengefasst werden, um einen zeitnahen Datenaustausch und gleichzeitig eine Bekämpfung in jeder Phase zu gewährleisten. Damit bilden Kommandozentralen, in denen alle Informationen gebündelt werden und über den Einsatz des Raketenabwehrsystems entschieden wird, neben den Sensoren und Effektoren die dritte Komponente eines Systems zur Abwehr ballistischer Flugkörper.[93]

Aus einer erfolgreichen Bekämpfung eines ballistischen Flugkörpers resultiert unweigerlich die Frage nach den Folgen herabfallender Trümmerteile (Debris) oder eines sogenannten Nuklearen Elektromagnetischen Impulses (NEMP). Wird der Flugkörper in großer Höhe abgefangen, verglühen die Trümmerteile beim Wiedereintritt in die Erdatmosphäre. Bei einer Bekämpfung innerhalb der Erdatmosphäre fallen die Trümmerteile auf die Erdoberfläche. Der Punkt ihres Auftreffens ist kaum vorauszuberechnen, da die Teile bis zu ihrem Aufschlag auf der Erdoberfläche über eine große horizontale Beschleunigung verfügen. Auch die Frage, ob ein atomarer Gefechtskopf im Zuge der kinetischen Energie detoniert, sobald er von einem Abfangflugkörper getroffen wird, ist nicht eindeutig zu beantworten. Die Effektivität der Abwehr von ballistischen Flugkörpern ist lediglich potenziell. Da sie nicht in einem Großversuch unter realistischen Bedingungen nachzuweisen ist, kann sie nur abgeschätzt werden. Um die Erfolgschancen zu erhöhen, müssen eine Reihe von Anforderungen erfüllt werden. Dazu zählen die durchgehende Alarmbereitschaft, die ständige Einsatzbereitschaft des Verteidigungssystems, ein friktionsfreies Zusammenspiel der verschiedenen Systemkomponenten mit einem weitgehend automatisierten Ablauf, die Fähigkeit zur Mehrfachbekämpfung sowie eine Unempfindlichkeit gegenüber Störungen.[94]

c) Strategie und Taktik – NMD und TMD

In der transatlantischen Raketenabwehrdebatte kam es immer wieder zu begrifflichen Unstimmigkeiten. National Missile Defense und Theater Missile Defense sind Bezeichnungen, deren Bedeutungen mit der Perspektive des Betrachters variieren können. Während des Ost-West-Konflikts wurde auch bei ballistischen Raketen zwischen strategischen und taktischen Waffen unterschieden. Die Begriffe gehören zu den drei Ebenen der Kriegführung: Strategie, Operation und Taktik. Nach Carl von

92 Vgl. Gates, European Perspectives, S. 312–314, 351; Neuneck/Alwardt/Gils, Raketenabwehr in Europa, S. 116 f.; Canavan, Missile Defense for the 21st century, S. 7.

93 Vgl. Bitter, Die Nato und die Raketenabwehr, S. 14.

94 Vgl. Schmucker/Schiller, Raketenbedrohung 2.0, S. 370, 378, 380; Bitter, Die Nato und die Raketenabwehr, S. 15.

Clausewitz ist die Strategie, von altgriechisch στρατηγία,[95] »die Lehre vom Gebrauch der Gefechte zum Zweck des Krieges«.[96] Von dieser Definition abgeleitet, lautet der heutige Konsens unter Experten: »Strategie ist [der] Einsatz jeglicher verfügbaren Mittel, vor allem des Mittels der Streitkräfte, zu politischen Zwecken, mit dem Ziel, dem Gegner die eigene Politik und den eigenen Willen aufzuzwingen bzw. seinem Willen zu widerstehen.«[97] Taktik dagegen, von altgriechisch τακτικά,[98] ist nach Clausewitz »die Lehre vom Gebrauch der Streitkräfte im Gefecht«.[99] Sie befasst sich demnach mit dem Einsatz von Kräften und Mitteln eines Verbandes in Vorbereitung auf ein Gefecht sowie im Gefecht. Der Begriff Operation ist grundsätzlich zwischen Taktik und Strategie zu verorten, doch sowohl die Definition als auch eine klare Abgrenzung dieses Begriffs zu den anderen beiden Ebenen der Kriegführung gestaltet sich als schwierig und lässt sich meist nur anhand von Beispielen bestimmen. Grob formuliert ist eine Operation »immer eine Teilhandlung im Rahmen eines größeren Ganzen«.[100] Dabei sind die Grenzen dieser Handlungen zur taktischen oder strategischen Ebene unbestimmt. Darüber hinaus bestehen Interdependenzen zwischen Strategie, Operation und Taktik. So kann ein militärisches Vorgehen taktischer Art auch einen strategischen Effekt erzeugen.[101]

In einem Vortrag zum Thema »A.T.B.M. – Mythos oder Notwendigkeit. Zu lösende Frage oder einfache Diskussion. Einzelproblem oder Teil eines Ganzen« im Rahmen der 39. deutsch-französischen Generalstabsbesprechung 1985 ging Colonel Alain Baer auf die Begriffsproblematik ein. Michail Gorbačev hatte bei einem Besuch in Paris den Begriff strategisch aus Sicht der Sowjetunion folgendermaßen definiert: »Jede Waffe, die auf sowjetisches Territorium gerichtet ist, ist strategisch.«[102] Demzufolge war alles, was nicht strategisch war, taktisch, und eine Tactical Ballistic Missile (TBM) damit ein Flugkörper, der nicht auf das Territorium des Gegners zielte. In der Abschreckungsdialektik ist unter dem Begriff Gegner die jeweils andere Atommacht zu verstehen. Eine weitere Möglichkeit der Definition ergab sich anhand der SALT-Verträge. Demnach galten Intercontinental Ballistic Missiles mit einer Reichweite von mehr als 5500 Kilometern und Submarine-launched Ballistic Missiles als strategische Flugkörper. Auch hier mussten wieder diejenigen ballistischen Flugkörper als taktisch definiert werden, die gemäß SALT keine strategischen waren. Damit unterschied sich eine TBM von den strategischen Flugkörpern vorrangig durch ihre geringere Reichweite, die wiederum eine geringere maximale Höhe und eine geringere Geschwindigkeit in der finalen Flugphase mit sich brachte. Colonel Baer machte auf die Divergenz der bestehenden Definitionen aufmerksam, denn im

95 »Kriegskunst«. Vgl. Griechisch-deutsches Schul- und Handwörterbuch, S. 740.
96 Clausewitz, Vom Kriege, S. 107.
97 Heuser, Den Krieg denken, S. 18.
98 Die »Kunst, ein Heer in Schlachtordnung zu stellen«. Griechisch-deutsches Schul- und Handwörterbuch, S. 779.
99 Clausewitz, Vom Kriege, S. 107.
100 Groß, Mythos und Wirklichkeit, S. 16.
101 Vgl. Gray, Airpower, S. 37–39; Gates, European Perspectives, S. 305; Groß, Mythos und Wirklichkeit, S. 7–17. Zur Geschichte des strategischen Denkens vgl. Heuser, Den Krieg denken.
102 BArch, BW 1/234247, BMVg, FüS III 6 zur Erweiterung der Luftverteidigungsfähigkeit im Rahmen der deutsch-französischen sicherheitspolitischen Zusammenarbeit, 30.1.1986.

Sprachgebrauch der NATO-Gremien hatten TBMs eine maximale Reichweite von 1800 Kilometern. Für Frankreich galten alle atomaren ballistischen Gefechtsköpfe, die das französische Territorium erreichen konnten, als strategisch, selbst wenn die technischen Merkmale des Trägerflugkörpers die einer TBM waren.[103]

Die amerikanischen Konzepte zur nationalen Raketenabwehr zielten auf den Schutz des Territoriums der USA vor einem Angriff mit weitreichenden Raketen bzw. Interkontinentalraketen. Alle potenziellen Feinde der USA – seien es die UdSSR oder später der Iran, Irak oder Nordkorea – waren weit vom eigenen Territorium entfernt. So bildeten während des Ost-West-Konflikts diejenigen Flugkörper eine strategische Bedrohung für die USA, die technisch in der Lage waren, das US-Territorium zu erreichen. Das passende Abwehrkonzept war die National Missile Defense. Die sowjetischen Kurz- und Mittelstreckenraketen dagegen bildeten für die USA eine taktische Bedrohung, weil sie die eigenen auf dem europäischen Gefechtsfeld stationierten Truppen bedrohten. Hier war das erforderliche Abwehrkonzept die Theater Missile Defense. Wie am Beispiel Frankreich dargestellt, bedrohten dieselben Raketen die europäischen Verbündeten in strategischer Hinsicht. Die eigentliche Reichweite der Raketen war hierfür irrelevant.[104]

Wie die genannten Beispiele zeigen, war nicht allein die Reichweite, sondern vielmehr die Perspektive des bedrohten Landes sowie die Intention des drohenden Akteurs ausschlaggebend für die Kategorisierung ballistischer Raketen. Mit der Vielzahl der Akteure und deren individuellen Bedrohungsperzeptionen variierten auch die Begriffsbestimmungen von strategisch und taktisch und damit zwangsläufig die Frage nach dem passenden Abwehrkonzept – NMD oder TMD. Dass die Divergenz der bestehenden Definitionen die Raketenabwehrdebatte nachhaltig beeinflusste, wird anhand des folgenden Kapitels deutlich.

3. NATO – Der Weg zur gemeinsamen Flugkörperabwehr

»Es war eine Illusion zu meinen, mit dem Ende der symmetrischen Kriege sei auch das Zeitalter der Kriege zu Ende gegangen.«[105]

Raketenabwehr war lange Zeit eine Exklusivangelegenheit der Supermächte. Ronald Reagan brachte mit SDI die Debatte um eine strategische Raketenabwehr nach Europa. Bedingt durch die direkte Bedrohung waren die europäischen NATO-Staaten in den 1980er Jahren vielmehr an der Entwicklung von Fähigkeiten zur Abwehr von Kurz- und Mittelstreckenraketen interessiert. Mit dem Ende des Ost-West-Konflikts ließ dieses Interesse rasch nach. Fortan gaben die USA in der in-

103 Vgl. ebd.

104 Vgl. Chauvistré, Das atomare Dilemma, S. 12; Lothar Rühl, Ein Relikt der Rüstungskontrolle. Der ABM-Vertrag ist von der geopolitischen und der technischen Entwicklung überholt worden. In: FAZ, 3.5.2000.

105 Münkler, Die neuen Kriege, S. 240.

ternationalen Raketenabwehrdebatte den Takt an; anders als in den 1980er Jahren *reagierten* die europäischen Partner nur mehr auf US-Initiativen.

a) Eine europäische Verteidigungsinitiative?

SDI wurde in Westeuropa auf den unterschiedlichsten Ebenen: Politik, Strategie, Technologie und Rüstungskontrolle, kontrovers diskutiert – in den einzelnen Ländern selbst und zwischen den NATO-Staaten, aber ebenso zwischen den USA und der Sowjetunion.[106] Am 26. März 1985 hatte US-Verteidigungsminister Caspar Weinberger die Alliierten eingeladen, sich am SDI-Programm zu beteiligen. Ihre Reaktionen variierten von offizieller Akzeptanz (Deutschland, Großbritannien oder Italien) bis hin zur Zurückweisung (Frankreich oder Dänemark). Insbesondere die technologische Komponente beschäftigte die Bündnispartner. Die meisten waren überzeugt, dass dieses neue Forschungsprogramm die bereits bestehende technologische Kluft zwischen den USA und Europa noch vergrößern werde. Das betraf nicht nur den militärischen Bereich, sondern auch die Wirtschaft insgesamt, auf die sich das Forschungsprogramm voraussichtlich auswirken würde.[107]

Einer der häufigsten Einwände der europäischen Bündnispartner gegen das SDI-Projekt war, dass es die gegebene Bedrohung durch sowjetische ballistische Flugkörper kurzer und mittlerer Reichweite nicht genügend berücksichtigte. Diese Bedrohung zeichnete sich bereits 1979 ab. Infolgedessen untersuchte das Bündnis ab 1980 Möglichkeiten zur Erweiterten Luftverteidigung (Extended Air Defence).[108] Die NATO verfügte zu diesem Zeitpunkt nur über Fähigkeiten zur Abwehr feindlicher Flugzeuge. Mit der Studie »Counterair 90« von 1982 wollte die NATO prüfen, wie das Portfolio der Luftverteidigung um die Fähigkeit zur Abwehr taktischer Raketen zu erweitern war.[109] Das Programm sollte gewährleisten, sich den dynamisch verändernden Bedrohungen durch die WVO in den folgenden 20 Jahren anzupassen. Die Planungen umfassten die Modernisierung der Luftverteidigung durch die Einführung der Systeme Patriot und Roland (für den Objektschutz). Bei Angriffen seitens der WVO sollten offensive Schläge (Offensive Counter Air, OCA) gegen Flugplätze und Luftangriffsstreitkräfte am Boden sowie gegen Luftverteidigungseinrichtungen des Gegners erfolgen. Darüber hinaus befasste sich das Programm mit Angriffen gegen Startgeräte von Kurzstreckenraketen und der aktiven Verteidigung gegen TBM. Die Überlegungen dazu beruhten einerseits auf amerikanischen Vorstudien aus den Jahren 1980 und 1981, andererseits wurden hier Analysen einer sowjetischen Verteidigung gegen OCA-Schläge mit ballistischen Raketen einbezogen.[110]

---

[106] Vgl. Brauch, From SDI to EDI, S. 436.

[107] Vgl. Fergusson, Ballistic Missile Defence, S. 4, 19 f.

[108] Vgl. Scheffran, Raketenabwehr contra Proliferation.

[109] Als Counterair wird der Kampf gegen feindliche Luftstreitkräfte am Boden und in der Luft bezeichnet.

[110] Vgl. Enders, Raketenabwehr, S. 12 f.; BArch, BW 1/234247, BMVg, FüS III 6 zur Erweiterung der Luftverteidigungsfähigkeit im Rahmen der deutsch-französischen sicherheitspolitischen Zusammenarbeit, 30.1.1986; Brauch, From SDI to EDI.

Im Zuge von Reagans SDI-Ansprache beauftragte der Militärausschuss der NATO 1983 seine Advisory Group for Aerospace Research and Development (AGARD) mit der »Aerospace Application Study 20« (AAS-20). Sie konzentrierte sich auf den Einsatz von konventionellen Abfangflugkörpern und sollte die militärtechnischen Möglichkeiten zur Abwehr sowjetischer TBM untersuchen. Der Militärausschuss legte der Studie eine Bedrohungsanalyse zugrunde, der zufolge bis zum Jahr 2000 rund 40 Prozent der TBM der WVO bei deutlich verbesserter Zielgenauigkeit konventionelle Sprengköpfe tragen würden.[111]

Neben den Studien der NATO wurden im Rahmen von SDI Konzepte zur TMD verfolgt und Architekturstudien zur Verteidigung Mitteleuropas an internationale Firmenkonsortien vergeben.[112] Mitte der 1980er Jahre trug der damalige Verteidigungsminister der Bundesrepublik Deutschland Manfred Wörner durch vielfältige persönliche Initiativen in Form von Pressemitteilungen und Vorträgen das Problem der veränderten Luftbedrohung der NATO-Staaten durch die WVO an die Öffentlichkeit. Im Januar 1986 gab er seinem Ministerium den Auftrag, die deutsche Position zur Abwehr ballistischer Flugkörper im Rahmen der Integrierten NATO-Luftverteidigung in Europa zu erarbeiten.[113] In zwei 1986 veröffentlichten Berichten zur sowjetischen Raketenmacht sprach er sich für einen westeuropäischen Schutzschirm im Rahmen des Bündnisses aus.[114] Der Aufwuchs der nuklearen Mittelstreckenraketen des Typs SS-20 in der Sowjetunion bestimmte die sicherheitspolitische Diskussion in den 1970er und 1980er Jahren. Die bisherigen Verträge zur Limitierung strategischer Waffen, das SALT-I-Abkommen von 1972 und die Rüstungskontrollverhandlungen für einen SALT-II-Vertrag hatten sich vorrangig auf das nuklear-strategische Waffenpotenzial konzentriert.[115] Die taktischen Nuklearwaffen in Europa (Theater Nuclear Forces, TNF) waren nicht einbezogen worden, »sodass sich gerade in den 1970er Jahren die nuklearstrategischen Anstrengungen beider Seiten auf diese sogenannte ›Grauzone‹ konzentrierten«.[116] Mit einer Reichweite von 4400 bis 5000 Kilometern bedrohte die SS-20 ganz Europa. Sie war mit drei unabhängig voneinander lenkbaren Gefechtsköpfen ausgestattet und verfügte über eine Treffergenauigkeit von unter 300 Metern. Mit ihren bereits 1983 einsatzbereiten 351 SS-20-Raketen konnte die UdSSR 1053 nukleare Gefechtsköpfe von jeweils 150 Kilotonnen gegen 1053 Ziele einsetzen. Diesem Potenzial hatte die NATO nichts Vergleichbares entgegenzusetzen, so die Aussage des Bundesministers

111 Vgl. Enders, Raketenabwehr, S. 13 f.; BArch, BW 1/234247, BMVg, FüS III 6 zur Erweiterung der Luftverteidigungsfähigkeit im Rahmen der deutsch-französischen sicherheitspolitischen Zusammenarbeit, 30.1.1986; Brauch, From SDI to EDI, S. 477.

112 Vgl. Scheffran, Raketenabwehr contra Proliferation.

113 Vgl. BArch, BW 1/234247, Büro Staatssekretär Dr. Rühl zur Flugkörperabwehr im Rahmen einer erweiterten Aufgabenstellung der integrierten NATO-Luftverteidigung in Europa, 7.2.1986; Brauch, From SDI to EDI, S. 477.

114 Vgl. Manfred Wörner, Europa braucht Raketenabwehr. In: Die Zeit, 28.2.1986; Wörner, A Missile Defense for NATO Europe.

115 Vgl. Bange, SS-20 und Pershing II, S. 72; Weißbuch 1983, S. 74; Lutsch, Westbindung, S. 766.

116 Bange, SS-20 und Pershing II, S. 72. Auch Bundeskanzler Helmut Schmidt hatte am 28.10.1977 öffentlich das Ungleichgewicht zwischen konventionellen und taktisch-nuklearen Potenzialen kritisiert. Vgl. Krüger, Am Abgrund?, S. 151.

der Verteidigung im Weißbuch von 1983. Die Stationierung von 108 Pershing II und 464 bodengestützten Cruise Missiles in Europa gemäß NATO-Doppelbeschluss von 1979 sollte die Abschreckung der NATO wiederherstellen.[117] Ende 1985 verfügte die WVO über 1050 Trägersysteme SS-20 bis SS-23 (300 bis 500 Kilometer) mit etwa 1660 Gefechtsköpfen gegenüber 308 Trägersystemen Pershing Ia und II sowie landgestützten Marschflugkörpern der NATO.[118]

Während der Fokus der öffentlichen Meinung auf dem sowjetischen Potenzial an Mittelstreckenraketen lag, wurden die Entwicklungen bei ballistischen Raketen kürzerer Reichweite wenig beachtet. Für die NATO waren diese Systeme jedoch ebenso bedrohlich. Die sowjetische Überlegenheit in diesem Bereich war unverkennbar: 760 sowjetischen Systemen Frog (70 Kilometer) und SS-21 (120 Kilometer) standen 96 Kurzstreckenraketen Lance und Honest John gegenüber. Das BMVg nannte eine regionale sowjetische Überlegenheit von 4,5 zu 1. Mit der avisierten Einführung von Cruise Missiles in die Streitkräfte der WVO war zu erwarten, dass sich dieses Ungleichgewicht – selbst bei Stationierung aller geplanten Systeme gemäß NATO-Doppelbeschluss – weiter zugunsten der Sowjetunion verschob. Daneben fiel der qualitative Zugewinn der Sowjetunion durch den Generationswechsel der Raketen hin zu den modernen SS-21 bis SS-23 zusätzlich in die Waagschale. Im September 1984 hatte die Sowjetunion mit der Stationierung von rund 100 atomaren Kurzstreckenraketen des Typs SS-22 in der DDR und der ČSSR begonnen. Die Reichweite der SS-22 lag bei 950 Kilometern. Sie war mit atomaren Gefechtsköpfen bestückt, konnte aber auch chemische oder konventionelle Sprengköpfe tragen. Die neuen Raketen sollten die alten in der Sowjetunion aufgestellten SS-12 (Scaleboard) ersetzen. Bereits die alte Generation sowjetischer Flugkörper konnte wahlweise mit konventionellen oder chemischen Gefechtsköpfen ausgerüstet werden, doch wuchs mit der gesteigerten Treffergenauigkeit der neuen Raketen erstmals auch eine realistische Angriffsoption bei der Bestückung mit konventionellen Gefechtsköpfen.[119]

Der Generalstabschef der sowjetischen Streitkräfte, Marschall Nikolaj Ogarkov, wies bereits im Mai 1984 darauf hin, dass die raschen Veränderungen in der Entwicklung konventioneller Vernichtungsmittel es ermöglichten, »das Vernichtungspotenzial konventioneller Waffen stark [...] zu erhöhen und sie sozusagen in ihrer Effektivität den Massenvernichtungswaffen anzunähern«.[120] Damit erreichte die Sowjetunion eine qualitativ neue Fähigkeit zum konventionellen Feuerschlag.[121]

»Die einzig politisch und strategisch akzeptable Lösung dieses Problems liegt in dem Versuch der Nato-Staaten, das sowjetische Flugkörperpotenzial durch aktive

117 Vgl. Weißbuch 1983, S. 74–78. Vgl. dazu auch Krüger, Am Abgrund?, S. 153.

118 Die langen Entwicklungszeiten dieser neuen Technologien erschweren aus heutiger Sicht eine Aussage darüber, inwiefern die Stationierung der neuen Waffen jeweils als ›Antwort‹ oder ›Nachrüstung‹ zu interpretieren ist. Vgl. Bange, SS-20 und Pershing II, S. 71–75.

119 Die Angaben von Anzahl, Typenbezeichnung und Reichweiten variieren mit den Autoren. Die hier genannten stammen aus einem Positionspapier des BMVg. Vgl. BArch, BW 1/234247, Weisung Bundesminister der Verteidigung zur Flugkörperabwehr im Rahmen einer erweiterten integrierten NATO-Luftverteidigung in Europa, 1986.

120 Zit. nach Manfred Wörner, Europa braucht Raketenabwehr. In: Die Zeit, 28.2.1986.

121 Vgl. Wörner, A Missile Defense for NATO Europe, S. 15 f.

Verteidigung zu neutralisieren,«[122] so Wörner. Europa benötige einen Schutz gegen ballistische und nichtballistische unbemannte Trägersysteme. Bislang gebe es keine Waffensysteme, die technisch in der Lage seien, einen sowjetischen Angriff mit ballistischen Kurz- und Mittelstreckenraketen oder Marschflugkörpern abzuwehren. Die UdSSR besitze 1986 das einzige funktionsfähige ABM-System der Welt, das sie bereits seit Jahren in allen Komponenten – den Radaranlagen, Startgeräten und Abfangraketen – kontinuierlich modernisiert habe.[123]

Der erforderliche Schutz für Europa sollte durch eine Erweiterung des Aufgabenspektrums der Integrierten NATO-Luftverteidigung erreicht werden. Dabei stehe zunächst die Verteidigung gegen konventionelle Flugkörper im Vordergrund, um zu verhindern, dass die Sowjetunion die Einschränkung der nuklearen Einsatzoptionen der NATO mit konventionellen Einsatzoptionen ausnutzte. Es war jedoch nicht möglich, die Qualität des Gefechtskopfes eines anfliegenden Flugkörpers zu identifizieren, das heißt zu erkennen, ob es sich um einen konventionellen, chemischen oder nuklearen Gefechtskopf handelte. Der Aufbau einer Abwehr in NATO-Europa konnte folglich nicht auf konventionelle Flugkörper beschränkt werden.[124]

Das Projekt zur europäischen Flugkörperabwehr sei unabhängig von SDI, so Wörner. Er betonte, dass es auch dann realisiert werden müsse, wenn es kein SDI gebe.[125] Diese Perspektive sei von zentraler Bedeutung für die Auslegung des ABM-Vertrages, in dem die USA und die Sowjetunion 1972 vereinbart hatten, ihre Systeme zur Abwehr strategischer ballistischer Flugkörper zu begrenzen. Aus Sicht Wörners verkannte die »vielfach pseudowissenschaftliche Diskussion zu dieser Frage«[126] eben jenes begriffliche Detail. In seinem interkontinentalstrategischen Ansatz beziehe sich der Vertrag auf die Verteidigung des Territoriums der beiden Vertragspartner USA und Sowjetunion.[127] Für die europäischen Staaten konnte der Aufbau eines Abwehrschirms gegen nichtstrategische Kurz- und Mittelstreckenraketen sowie Marschflugkörper demzufolge kein Vertragsverstoß sein.[128]

---

122 Manfred Wörner, Europa braucht Raketenabwehr. In: Die Zeit, 28.2.1986.

123 Vgl. ebd.; Wörner, A Missile Defense for NATO Europe, S. 13–16; BArch, BW 1/234247, Weisung Bundesminister der Verteidigung zur Flugkörperabwehr im Rahmen einer erweiterten integrierten NATO-Luftverteidigung in Europa, 1986; Ballistic Missile Defense Technologies, S. 9.

124 Vgl. Manfred Wörner, Europa braucht Raketenabwehr. In: Die Zeit, 28.2.1986; BArch, BW 1/234247, Büro Staatssekretär Dr. Rühl zur Flugkörperabwehr im Rahmen einer erweiterten Aufgabenstellung der integrierten NATO-Luftverteidigung in Europa, 7.2.1986; Wörner, A Missile Defense for NATO Europe, S. 18 f.

125 Auch Bundeskanzler Kohl sprach sich für eine europäische Komponente aus, da SDI nicht die Mittel- und Kurzstreckensysteme berücksichtigen würde, die jedoch gerade für die europäischen NATO-Staaten von Relevanz seien. Vgl. Gespräch des Bundeskanzlers Kohl mit Staatspräsident Mitterrand in Baden-Baden vom 16.1.1986 (geheim). In: AAPD 1986, Bd 1, S. 52 f.

126 Manfred Wörner, Europa braucht Raketenabwehr. In: Die Zeit, 28.2.1986.

127 Vgl. Treaty Between the United States of America and the Union of Soviet Socialist Republics on the Limitation of Anti-Ballistic Missile Systems, 26.5.1972, <https://2009-2017.state.gov/t/avc/trty/101888.htm> (letzter Zugriff 20.1.2022).

128 Colonel Alain Baer vermutete, dass genau darin der Grund lag, warum die US-Amerikaner von den Europäern die Entwicklung eines ATBM-Systems erwarteten – weil sie so nicht gegen den ABM-Vertrag verstoßen würden. Vgl. BArch, BW 1/234247, BMVg, FüS III 6 zur Erweiterung der Luftverteidigungsfähigkeit im Rahmen der deutsch-französischen sicherheitspolitischen Zusammenarbeit, 30.1.1986; Manfred Wörner, Europa braucht Raketenabwehr. In: Die Zeit, 28.2.1986.

Die Flugkörperabwehr sollte in einer Vielzahl kleiner Schritte aufgebaut werden, indem bereits bestehende bodengestützte Luftverteidigungssysteme genutzt oder erweitert wurden. Bislang hatten sie ausschließlich der Bedrohung durch bemannte fliegende Waffensysteme entgegenzuwirken. Es ginge folglich nicht um den Aufbau von grundsätzlich neuen Fähigkeiten, sondern um »das organische Aufwachsen einer erweiterten Luftverteidigung auf der Basis multifunktionaler Waffensysteme«,[129] so Wörner. Es sei erforderlich, bereits existierende Waffensysteme der neuen Bedrohungslage anzupassen. Das Ende der 1980er Jahre modernste, doch auf die Bekämpfung von Flugzeugen optimierte Luftverteidigungssystem Patriot konnte mit einer technischen Kampfwertanpassung (KWA) zur Abwehr von TBM befähigt werden. In einem ersten Schritt war das System bereits mit einer begrenzten Selbstschutzfähigkeit gegen TBM ausgerüstet worden. Für das multilateral konzipierte Nachfolgesystem von Hawk sollte die Fähigkeit zur Bekämpfung von Flugkörpern aller Art in die taktische Forderung aufgenommen werden.[130]

Träger der Integrierten Luftverteidigung in Europa war die NATO und in diesem organisatorischen Rahmen sollte auch die Luftverteidigung erweitert werden (Extended Air Defence). Die USA hatten einen maßgeblichen Anteil an der Integrierten Luftverteidigung und waren, aufgrund der starken Präsenz eigener Streitkräfte in Europa, an einem Schutz gegen die zusätzliche Bedrohung durch konventionelle Flugkörper interessiert.[131]

Der Aufbau eines gemeinsamen europäischen Luftverteidigungssystems einschließlich der Fähigkeiten zur Beobachtung und Erfassung konnte freilich zum Aufbau des Abwehrschildes beitragen, den auch SDI anstrebte. Die europäischen NATO-Staaten brauchten jedoch »keine eigenständige weltraumgestützte, auf umfassenden Bevölkerungsschutz gegen nukleare Angriffsmittel optimierte europäische Verteidigungsinitiative«.[132] Sie waren sich einig, dass nicht von einer »Erstreckung von SDI auf Europa und auch nicht von einer europäischen Verteidigungsinitiative gesprochen werden sollte. Besser sei es, den Begriff einer erweiterten Luftverteidigung zu benutzen.«[133] Die Erweiterung der bodengebundenen Luftverteidigung um die Fähigkeit zur Flugkörperabwehr war vonnöten, um militärische Schlüsselziele gegen konventionelle Luftangriffe der WVO verteidigen zu können und ein Unterlaufen der NATO-Strategie zu verhindern.[134] Das auf hochentwickelten klassischen, aber nicht exotischen Technologien basierende bodengestützte System konnte als konzep-

[129] Manfred Wörner, Europa braucht Raketenabwehr. In: Die Zeit, 28.2.1986.

[130] Vgl. ebd.; Wörner, A Missile Defense for NATO Europe, S. 17 f.

[131] Vgl. Manfred Wörner, Europa braucht Raketenabwehr. In: Die Zeit, 28.2.1986; Aufzeichnung des Ministerialdirektors Edler von Braunmühl zu »Überlegungen zu einer erweiterten Luftverteidigung für Europa (ATM/ATBM), hier: Bewertung der Überlegungen des BMVg und Schlußfolgerungen« vom 20.12.1985 (geheim). In: AAPD 1985, Bd 2, S. 1858–1866.

[132] Manfred Wörner, Europa braucht Raketenabwehr. In: Die Zeit, 28.2.1986.

[133] Drahterlaß des Vortragenden Legationsrats I. Klasse von Studnitz für Missionschefs zur Unterrichtung über »Vierer-Konsultationen der Politischen Direktoren in London am 3.3.1986« vom 6.3.1986 (geheim). In: AAPD 1986, Bd 1, S. 356.

[134] Vgl. Altmann, SDI für Westeuropa?, S. 484 f.; Manfred Wörner, Europa braucht Raketenabwehr. In: Die Zeit, 28.2.1986.

tionell unabhängig von SDI betrachtet werden. Hieraus ergab sich die Notwendigkeit einer einheitlichen Industriepolitik.[135]

Der Supreme Allied Commander Europe (SACEUR), Bernard Rogers, teilte Wörners Bedenken zur neuen Bedrohung durch sowjetische TBM. Sowohl Rogers als auch Wörner stießen verschiedene Studien innerhalb der NATO an. Neben der bereits erwähnten und Anfang 1986 vorgelegten AGARD-Studie gab es im selben Jahr noch drei weitere Studien zu diesem Themenkomplex: eine Analyse der Bedrohung durch sowjetische TBM, eine Studie zur Identifizierung von Gegenmaßnahmen sowie eine Einsatzanalyse der bestehenden Systemarchitektur und ihrer Effektivität.[136]

1988 waren einige der oben beschriebenen Schritte zum Aufbau einer Abwehr taktisch ballistischer Flugkörper umgesetzt bzw. begonnen worden. Mit der Vernichtung von Flugkörpern durch die im Abkommen zu den Intermediate Range Nuclear Forces (INF) von 1987 besiegelte ›doppelte Null-Lösung‹ fiel ein Teil der Waffensysteme aus dem Bedrohungspotenzial der WVO heraus. Der Vertrag forderte die beiderseitige Abrüstung von landgestützten Mittelstreckenraketen mit einer Reichweite von 1000 bis 5500 Kilometern und von Kurzstreckenraketen mit einer Reichweite von 500 bis 1000 Kilometern. Nicht Bestandteil des Abkommens waren der Reichweitenbereich unter 500 Kilometer sowie luft- und seegestützte Raketen und Marschflugkörper.[137] Mit der Weiterentwicklung der vorhandenen ballistischen Flugkörper taktischer Reichweite zwischen 50 und 500 Kilometer insbesondere in Hinblick auf die Treffergenauigkeit war zu rechnen. Sowohl die Abwehr dieser Flugkörper als auch eine wirkungsvolle Bekämpfung mobiler Trägersysteme war 1988 mit den vorhandenen Flugabwehrsystemen bzw. durch offensive Mittel immer noch nur begrenzt möglich. Mit der geplanten Kampfwertsteigerung des Patriot Anti Tactical Ballistic Missile Capability Programme (PAC-1 und PAC-2) konnte zunächst nur eine eingeschränkte Selbstschutzfähigkeit des Waffensystems gegen taktisch ballistische Flugkörper der Klassen SS-21 und Scud-B erreicht werden.[138] Das Taktische Luftverteidigungssystem (TLVS) sollte als Surface to Air Missile System (SAM) und Nachfolger von Hawk mit der Fähigkeit zum Selbstschutz gegen taktische Flugkörper konzipiert und in Kooperation mit Bündnispartnern entwickelt werden.[139]

---

[135] Vgl. BArch, BW 1/234247, Weisung Bundesminister der Verteidigung zur Flugkörperabwehr im Rahmen einer erweiterten integrierten NATO-Luftverteidigung in Europa, 1986; BArch, BW 1/234247, BMVg, FüS III 6 zur Erweiterung der Luftverteidigungsfähigkeit im Rahmen der deutsch-französischen sicherheitspolitischen Zusammenarbeit, 30.1.1986; Gespräch der Bundesminister Genscher und Wörner mit dem französischen Außenminister Dumas und Verteidigungsminister Quilès in Paris vom 27.2.1986 (geheim). In: AAPD 1986, Bd 1, S. 318–325.

[136] Vgl. Brauch, From SDI to EDI, S. 478 f.

[137] Vgl. Geiger, Der NATO-Doppelbeschluss, S. 68.

[138] Mit dieser Selbstschutzfähigkeit konnte das Waffensystem Patriot lediglich diejenigen TBM abwehren, die innerhalb eines kleinen Abfangbereichs um die eigene Stellung herum auf die Position des Patriot-Systems zuflogen. So konnte weder ein Flächenschutz noch ein geschlossenes Abwehrsystem erreicht werden. Vgl. Spreckelsen/Vesper, Blazing Skies, S. 240.

[139] Vgl. BArch, BW 1/281090, BMVg, FüS III 6 zur Erweiterten Luftverteidigung/Flugkörperabwehr, 24.8.1988. Zu TLVS und zur Kampfwertsteigerung der Patriot-Systeme vgl. Kap. III.

b) Das Ende des Ost-West-Konflikts und die neue Rolle der NATO

Mit der Überwindung des Ost-West-Konflikts sah sich die NATO mit der Frage nach ihrer künftigen Rolle in einer fundamental veränderten Weltordnung konfrontiert.[140] Die Gefahr eines groß angelegten Angriffs an den europäischen NATO-Fronten schien nicht mehr gegeben. Die Euphorie und die Hoffnungen auf ein nunmehr dauerhaft friedliches Europa, die mit dem Fall des Eisernen Vorhangs einhergegangen waren, fanden jedoch 1991 ein vorzeitiges Ende. Es war das Jahr der »Rückkehr zur bitteren Normalität«:[141] »Die eindimensionale Bedrohung als zentrales Ordnungsprinzip westlicher Sicherheits- und Verteidigungspolitik ist durch die Vielfalt und Multidirektionalität von Risiken und Unsicherheiten ersetzt worden.«[142] Die Anzahl der bewaffneten Auseinandersetzungen weltweit und insbesondere in den sogenannten Entwicklungsländern stieg.[143] Neue Bedrohungen entstanden durch die unkontrollierte Weiterverbreitung von Massenvernichtungswaffen und ballistischen Trägersystemen, durch innerstaatliche Konflikte, die überwiegend aus ethnischen und religiösen Spannungen resultierten, sowie durch organisierte Kriminalität und den internationalen Terrorismus nichtstaatlicher Akteure. Bedrohungen dieser Art konnten sich zu einer Krise oder einem bewaffneten Konflikt entwickeln und die Sicherheit und Stabilität Europas und damit auch des Bündnisses gefährden. Die sicherheitspolitischen Herausforderungen wurden komplexer und die Risiken weniger berechenbar. Die einzelnen Staaten waren immer weniger in der Lage, all das alleine zu bewältigen. Der Zweite Golfkrieg und der kriegerische Zerfall Jugoslawiens machten deutlich, dass Instabilitäten an den Rändern des euro-atlantischen Raums zu Konflikten führen konnten, die mit Vertreibung, Flucht und Migration bis ins Zentrum hineinwirkten.[144]

Die Unübersichtlichkeit der Risiken und die erhöhte Wahrscheinlichkeit von Konflikten machten deutlich, dass nicht die Existenzfrage der NATO zur Debatte stand, sondern deren Strategie.[145] Sicherheit war ein Gut, das auch zukünftig nur gemeinsam zu erreichen war. Dafür musste die Projektion von Stabilität an die Stelle der Abschreckung treten. Kooperation, Konfliktverhütung und Krisenbewältigung in einem geografisch erweiterten sicherheitspolitischen Umfeld rückten in den Fokus westlicher Sicherheitsvorsorge.[146]

---

140 Vgl. The Alliance's New Strategic Concept, 7./8.11.1991, <nato.int>, No. 7 f.; Lemke, The development of Alliance strategy, S. 22; Krüger, Das unverzichtbare Bündnis, S. 20 f.; Meier-Walser, Zur Einführung, S. 5 f.

141 Vgl. Steinweg/Graf/Bächler, »Es gibt keinen Ersatz für kreative Konfliktlösung«, S. 11; Parlamentsarchiv, Deutscher Bundestag, Bestand 3119, Ausschuss für Verteidigung, 12. WP, Protokoll Nr. 18 vom 9.10.1991, S. 23.

142 Meiers, Zu neuen Ufern?, S. 51.

143 Vgl. Forstenreichner, Die Allianz zu Beginn des 21. Jahrhunderts, S. 23.

144 Vgl. Münkler, Die neuen Kriege, S. 239 f.; Grams, Das Mittlere Erweiterte Luftverteidigungssystem, S. 12.

145 Vgl. Varwick/Woyke, Die Zukunft der NATO, S. 14 f.

146 Vgl. Meiers, Zu neuen Ufern?, S. 51; Rühe, Deutschlands Verantwortung, S. 9 f., 42; Deutsche Außenpolitik nach der Einheit, S. 110; Grams, Das Mittlere Erweiterte Luftverteidigungssystem, S. 13 f.; Forstenreichner, Die Allianz zu Beginn des 21. Jahrhunderts, S. 23.

Die politisch-strategische Neuausrichtung begann mit den NATO-Gipfeln in London im Juli 1990 und in Rom 1991. Mit dem Strategischen Konzept von 1991 passten die Mitgliedsstaaten die Ausrichtung des Bündnisses an die neuen sicherheitspolitischen Herausforderungen an. Die kollektive Verteidigung und die transatlantische Bindung wurden zur Kernfunktion der Allianz. Die neue Schwerpunktaufgabe lautete: Krisenbewältigung. Die Bündnispartner betonten die politische Rolle der NATO neben der kontinuierlichen militärischen Verfasstheit und führten den Begriff der Erweiterten Sicherheit ein. Die kollektive Sicherheit sollte durch Dialog und Kooperationen über den Bündnisrahmen hinaus gestärkt werden.[147]

Das Prinzip der Vorneverteidigung rückte in den Hintergrund und die Präsenz im ehemals vorderen, an der deutsch-deutschen Grenze gelegenen Bereich wurde reduziert. Mit der Anpassung der Strategie der Flexible Response verminderte die NATO die nuklearen Waffenpotenziale. Das neue strategische Umfeld und die neuen Risiken erforderten, den Auftrag und das Dispositiv der Streitkräfte der Mitgliedsstaaten zu ändern. Der ›große Krieg‹ in Europa war zwar unwahrscheinlich geworden, konnte jedoch nicht gänzlich ausgeschlossen werden. Es galt, die Streitkräfte so zu strukturieren, dass die Fähigkeit zur Vorneverteidigung verstärkt werden konnte, falls es vonnöten war. »Diese Fähigkeit zum Streitkräfteaufwuchs durch Verstärkung, Mobilmachung von Reserven oder durch den Aufbau zusätzlicher Streitkräfte muss im Verhältnis zu möglichen Bedrohungen der Sicherheit des Bündnisses stehen.«[148] Das neue Strategische Konzept von 1991 sah eine Unterteilung der Streitkräfte in Hauptverteidigungskräfte und flexible Krisenreaktionskräfte vor. Erstere hatten die Aufgabe, das Bündnisgebiet zu verteidigen, was nach wie vor die Kernaufgabe der Allianz war. Ihr Umfang und der Bereitschaftsgrad sollten insoweit verringert werden, dass die Verteidigungsfähigkeit auch bei einem unwahrscheinlich gewordenen großen Konflikt noch gegeben war. Die Krisenreaktionskräfte, zusammengesetzt aus allen Waffengattungen, sollten auf ein breites Spektrum von unvorhersehbaren potenziellen Risiken reagieren können.[149] In der Folge wurden die Streitkräfte verkleinert und gleichzeitig qualitativ auf die neuen Aufgaben an der Peripherie des Bündnisgebietes ausgerichtet.[150]

Die NATO veränderte sich in den 1990er Jahren grundsätzlich in vier Bereichen:

– Sie erweiterte das Bündnis nach Mittel- und Osteuropa und gestaltete das Verhältnis zu Russland neu.[151]
– Die Allianz erfuhr eine Europäisierung.

---

147 Beispielsweise NATO-Kooperationsrat, NATO-Russland-Akte, NATO-Ukraine-Charta. Vgl. Grams, Das Mittlere Erweiterte Luftverteidigungssystem, S. 17; Schöneberger, Vom Zweiten Golfkrieg, S. 79. Zum Begriff der Erweiterten Sicherheit vgl. Conze, Geschichte der Sicherheit; Varwick, NATO in (Un-)Ordnung; Daase, Der erweiterte Sicherheitsbegriff (2009).

148 Deutsche Außenpolitik nach der Einheit, S. 118.

149 Vgl. Schöneberger, Vom Zweiten Golfkrieg, S. 81; auch The Alliance's New Strategic Concept, 7./8.11.1991, <nato.int>.

150 Vgl. Schöneberger, Vom Zweiten Golfkrieg, S. 90.

151 Im Vorfeld des NATO-Gipfels in Madrid 1997 unterzeichneten das Bündnis und Russland die Grundakte über gegenseitige Beziehungen, Zusammenarbeit und Sicherheit. Sie gründeten damit den NATO-Russland-Rat als Konsultationsgremium zwischen den beiden Akteuren. Vgl. Clement/Jöris, 50 Jahre Bundeswehr, S. 43.

- Sie wollte künftig als Mandatnehmer der Vereinten Nationen (VN) und der Organisation für Sicherheit und Zusammenarbeit in Europa (OSZE) auftreten.
- Und sie würde notfalls auch ohne VN-Mandat intervenieren.[152]

Die militärische Konfrontation, die Europa über Jahrzehnte geprägt hatte, wurde abgelöst durch ein System der gemeinsamen Sicherheitsvorsorge und Verteidigung sowie durch politische Beratung und wirtschaftliche Integration. Vor diesem Hintergrund hatte sich eine ›strategische Atempause‹ ergeben – eine Pause, die nicht für selbstverständlich gehalten werden durfte.[153]

Im April 1999 beschloss die NATO abermals ein neues Strategisches Konzept. Eine Erkenntnis war, dass »die Realität der Theorie der Praxis der Konzeption oft vorauseilt«.[154] Zu den bestehenden Aufgaben des Bündnisses – Gewährleistung von Sicherheit, Sicherstellung von Konsultationen, Abschreckung und Verteidigung – gesellte sich die Krisenbewältigung und die Partnerschaft mit anderen Staaten des euro-atlantischen Raums.[155] Das 1996 verabschiedete Konzept der Combined Joint Task Force über den Einsatz von Schnell- und Soforteingreifkräften im Rahmen der Krisenbewältigung wurde in das Strategische Konzept übernommen. Mit den inneren Reformen beabsichtigte die NATO eine Flexibilisierung der Einsatzkräfte.[156]

Die Terroranschläge vom 11. September 2001 beschleunigten die Transformation des Bündnisses. Der Bündniszweck Terrorismusbekämpfung, den bereits das Konzept von 1999 vorsah, rückte in den Vordergrund.[157] Auf dem NATO-Gipfel in Prag am 21. und 22. November 2002 beschloss das Bündnis Verbesserungen in den folgenden vier Bereichen: Verteidigung gegen Massenvernichtungswaffen, Kommunikation und Aufklärung, Interoperabilität und Kampfkraft sowie zügige Verlegbarkeit von Streitkräften und deren Durchhaltefähigkeit. Neu war zudem die Aufstellung der NATO Response Force (NRF), die, schnell verlegbar, an Kampfeinsätzen jenseits der Bündnisgrenzen teilnehmen können sollte. Übergeordnetes Ziel war die Verbesserung der militärischen Leistungsfähigkeit der NATO.[158] Die Beschlüsse machten die Unterscheidung in *out-of-area* und *in-area* zwar obsolet, doch blieb jeder Einsatz eine Einzelfallentscheidung, die einstimmig durch den NATO-Rat getroffen werden musste. Mit dem Strategischen Konzept von 1999 bestätigte die NATO ihre Rolle für die Sicherheit im euro-atlantischen Raum. Während zunächst der Fokus auf Stabilität und Sicherheit lag, verschob sich der Aufgabenschwerpunkt nach dem 11. September 2001 auf Krisenabwehr und Terrorismusbekämpfung. Das dokumentiert die Häufung der Einsätze außerhalb des Bündnisgebietes.[159]

---

152 Vgl. Varwick/Woyke, Die Zukunft der NATO, S. 61.

153 Vgl. NATO in the 21st Century, 2.10.1998, <nato-pa.int>, No. 36; The Alliance's Strategic Concept, 24.4.1999, <nato.int>, No. 12–19.

154 Wittmann, Gewandeltes Selbstverständnis, S. 103.

155 Vgl. The Alliance's Strategic Concept, 24.4.1999, <nato.int>, No. 10.

156 Vgl. Grams, Das Mittlere Erweiterte Luftverteidigungssystem, S. 18; The Alliance's Strategic Concept, 24.4.1999, <nato.int>, No. 13.

157 Vgl. hierzu Die Zukunft der NATO.

158 Vgl. Prague Summit Declaration, 21.11.2002, <nato.int>.

159 Vgl. Grams, Das Mittlere Erweiterte Luftverteidigungssystem, S. 19 f.

c) Exkurs: Proliferation

Eine maßgebliche Gefährdung der Sicherheit des Bündnisses ergab sich angesichts der militärischen Aufrüstung sowie der Proliferation von Waffen in Entwicklungs- und Schwellenländern, bei deren Einsatz und aufgrund deren Reichweite auch das Hoheitsgebiet einiger Bündnispartner betroffen sein konnte.[160] Dieses Risiko für die internationale Stabilität war keine Folge des beendeten Ost-West-Konflikts, gewann aber mit dem Zerfall der UdSSR an Bedeutung.[161] Neben den USA und der Sowjetunion sowie den anderen Großmächten des Zweiten Weltkrieges hatten sich bereits seit den 1950er Jahren auch andere Länder für Massenvernichtungswaffen und entsprechende Trägersysteme interessiert.[162] Mit dem Schwinden des Einflusses der Großmächte nach dem Ende des Ost-West-Konflikts und der zunehmenden Konzentration auf wirtschaftliche Aspekte wurde die Lage komplexer. Aus den beiden Antagonisten, die sich gegenseitig mit Raketen in Schach hielten, wurde ein weites und unübersichtliches Feld zahlreicher Akteure.[163]

Die unkontrollierte Weiterverbreitung von Massenvernichtungswaffen sowie der Technologien für die Träger derartiger Waffen wird als Proliferation bezeichnet. Unter dem Begriff Massenvernichtungswaffe (MVW) ist die Gesamtheit aller atomaren, biologischen und chemischen Kampfmittel zu verstehen. Während die Wirkung von atomaren Waffen auf einer nuklearen Spalt- und Fusionsreaktion beruht (Strahlung, Hitze, Druck), enthalten biologische Waffen lebende Organismen wie Bakterien oder Viren bzw. deren toxische Produkte, die infektiöse Krankheiten verursachen sollen. Durch chemische Waffen und den Kontakt mit unbelebten Schadstoffen können menschliche Körperfunktionen gelähmt oder zerstört werden. Bei allen drei Waffentypen lässt sich mit einem relativ geringen Materialvolumen ein großer Schaden erzeugen. Die Produktion und Entwicklung von chemischen und biologischen Waffen sind im Vergleich zu atomaren Waffen deutlich einfacher und kostengünstiger. Dementsprechend gelten sie insbesondere für Schwellen- und Entwicklungsländer als ›attraktiv‹. Das gleiche gilt für die Beschaffung, den Betrieb und Einsatz von ballistischen Raketen kurzer Reichweite. Flugkörpersysteme verfügen aufgrund ihrer Fähigkeit zur ABC-Bewaffnung, ihrer Reichweite und ihres Flugprofils über ein besonders hohes Bedrohungspotenzial.[164] Die Startgeräte sind hoch beweglich, was die Überlebensfähigkeit im Verfügungs- und Einsatzraum erhöht. Der Bedarf an Infrastruktur ist gering und Defizite in der Treffsicherheit

160 Vgl. Deutsche Außenpolitik nach der Einheit, S. 111.

161 Vgl. Rühe, Deutschlands Verantwortung, S. 35; Deutsche Außenpolitik nach der Einheit, S. 7; Karl Kaiser, Alte Bedrohungen sind gewichen, neue entstanden. Die atlantischen Sicherheitsbeziehungen nach dem Ende des Kalten Krieges und dem Zerfall der Sowjetunion. In: FAZ, 13.2.1992; Proliferation von Massenvernichtungsmitteln und Trägerraketen, S. 7.

162 Dazu zählen beispielsweise Ägypten, Argentinien, Brasilien, Indonesien, Indien, Iran, Irak, Israel, Nordkorea und Südafrika. Nur einige von ihnen waren bei ihren Bemühungen jedoch auch erfolgreich. Vgl. Schmucker/Schiller, Raketenbedrohung 2.0, S. 20.

163 Vgl. ebd.

164 Vgl. Proliferation von Massenvernichtungsmitteln und Trägerraketen, S. 2 f.; Hanning, Proliferation, S. 435; Häckel, Proliferation von Massenvernichtungswaffen, S. 212; Grams, Das Mittlere Erweiterte Luftverteidigungssystem, S. 12.

können durch den Einsatz weiträumig wirkender Gefechtsköpfe kompensiert werden. Mit diesen Parametern wuchs auch die Bedrohung durch den internationalen Terrorismus. Der Faktor der geografischen Entfernung verlor insbesondere angesichts weitreichender ballistischer Flugkörper an Bedeutung.[165]

Es wird zwischen horizontaler und vertikaler Proliferation unterschieden. Erstere umfasst die Verbreitung von ballistischen Flugkörpern in geografischer Hinsicht. Die vertikale Proliferation dagegen bezieht sich auf den technologischen Fortschritt und beinhaltet beispielsweise die Steigerung von Reichweiten.[166] Ein wesentliches Merkmal der Proliferation besteht darin, dass sie sich überwiegend indirekt vollzieht. Selten werden vollständige Waffen gehandelt. Beabsichtigen Staaten, atomar, biologisch oder chemisch aufzurüsten, müssen sie entsprechende Forschungs-, Entwicklungs- und Produktionsstätten aufbauen. Hierfür werden handelsübliche Maschinen, Messgeräte und Materialien benötigt, die sowohl zivil als auch militärisch verwendbar sind. Die Problematik, diese Dual-Use-Güter voneinander abzugrenzen bzw. ihren Zweck zu bestimmen, erschwert die Identifizierung von proliferationsrelevanten Lieferungen.[167]

Seit dem Freundschaftsvertrag von 1972 hatten die sowjetischen Sicherheitskräfte enge Beziehungen zum Irak unterhalten. Die Sowjetunion verkaufte Waffen im Wert von hohen zweistelligen Milliardenbeträgen an Bagdad, die der Irak wiederum mit seinen Ölverkäufen finanzierte. Die sowjetische Rakete des Typs Scud-B »zieht sich wie ein roter Faden durch die Proliferations- und Bedrohungsgeschichte«.[168] Mithilfe von Experten und Materialien aus dem Westen gelang es dem Irak in den 1980er Jahren, die Reichweiten dieser Flugkörper von etwa 300 auf rund 650 Kilometer zu steigern. Damit war der Irak im Frühjahr 1988, der finalen Phase des Ersten Golfkrieges, in der Lage, Teheran und andere iranische Städte zu erreichen. Während des Zweiten Golfkrieges Anfang 1991 setzte der Irak diese modifizierten Flugkörper gegen Israel und Saudi-Arabien ein.[169] Neben dem Irak bemühten sich insbesondere auch Syrien, Libyen und der Iran um ABC-Waffen und Trägersysteme.[170]

Nach dem Zusammenbruch der Sowjetunion befürchtete das westliche Bündnis, dass russische Nuklearwaffen aufgrund der militärischen und politischen Instabilität in Russland in die Hände von radikalen Regimen oder Terroristen fallen könnten. Darüber hinaus stand zu befürchten, dass russische Wissenschaftler und Ingenieure, die über Expertise in nuklearen, biologischen oder chemischen Waffentechnologien verfügten, ihr Wissen und ihre Fähigkeiten auch an dem Westen feindlich gesinnte staatliche oder nichtstaatliche Akteure verkauften.[171]

Mit dem 1987 begründeten Missile Technology Control Regime (MTCR) hatten sich zunächst die sieben führenden Industriestaaten (G7) freiwilligen Export-

165 Vgl. Grams, Das Mittlere Erweiterte Luftverteidigungssystem, S. 12 f.
166 Vgl. Enders/Bahnemann, Konsequenzen aus dem Golf-Konflikt, S. 155.
167 Vgl. Hanning, Proliferation, S. 436; Schmucker/Schiller, Raketenbedrohung 2.0, S. 53; Proliferation von Massenvernichtungsmitteln und Trägerraketen, S. 3f.
168 Schmucker/Schiller, Raketenbedrohung 2.0, S. 23.
169 Vgl. dazu Kap. IV.1.
170 Vgl. Hubel, Das Ende des Kalten Kriegs im Orient, S. 173, 181. Zur Entwicklung, Geschichte und Proliferation der Scud-B vgl. Schmucker/Schiller, Raketenbedrohung 2.0, S. 283–298.
171 Vgl. NATO in the 21st Century, 2.10.1998, <nato-pa.int>, No. 40.

beschränkungen unterworfen, um den Handel mit ballistischen Raketen und anderen unbemannten Flugobjekten mit einer Nutzlast von über 0,5 Tonnen und einer Reichweite über 300 Kilometer zu verbieten oder einzuschränken. Dies betraf nicht nur den Kauf von vollständigen Systemen, sondern auch die Unterstützung bei der Entwicklung und Herstellung eigener Waffen(systeme). Einbezogen wurden diejenigen Schlüsseltechnologien, die für den Bau dieser Waffensysteme erforderlich waren. Im Jahr 2015 gehörten dem MCTR 35 Staaten an. Bei dieser Vereinbarung handelt es sich allerdings nicht um einen international bindenden Vertrag im Rahmen der Nuklearabrüstungs- und Rüstungsbeschränkungsverträge, sondern um eine freiwillige Vereinbarung. Dementsprechend verfügt das Regime über keinerlei Möglichkeiten zur Verfolgung und Überwachung von Verstößen. Die Raumfahrt ist nicht Teil dieser Vereinbarung, die dadurch umgangen werden kann.[172] Die Nichtverbreitungspolitik zielt auf eine Begrenzung der Anzahl von Staaten, die über Massenvernichtungswaffen verfügen. Insbesondere nichtstaatliche Akteure sollen ferngehalten werden.[173]

Am 31. Januar 1992 erklärten die Staats- und Regierungschefs der Mitglieder des UN-Sicherheitsrats, die Proliferation von Massenvernichtungswaffen würde den Weltfrieden und die internationale Sicherheit bedrohen.[174] 1996 verabschiedeten 40 Staaten das Wassenaar-Abkommen (The Wassenaar Arrangement on Export Controls for Conventional Arms and Dual-Use Goods and Technologies), das unter anderem die Überwachung von Technologien zum Bau von Trägersystemen vorsah. Die Vertragspartner verpflichteten sich, den anderen gegenüber sowohl durchgeführte als auch verweigerte Rüstungsexporte anzuzeigen sowie bestimmte Technologien nicht an Drittstaaten zu liefern.[175]

In den 1990er Jahren wurden die Grenzen und die Brüchigkeit des Nichtverbreitungsregimes immer sichtbarer. Die nötige Universalität der Abkommen konnte nicht erreicht werden. Der Zusammenbruch der Sowjetunion und der damit einhergehende Verlust der zentralen staatlichen Kontrolle über ein riesiges Waffenarsenal förderten den bereits vorhandenen nichtkonventionellen Rüstungsprozess im Orient nachhaltig. 1998 machten Indien und Pakistan ihren Anspruch geltend, als Atommächte anerkannt zu werden. Die Aufdeckung von geheim gehaltenen Kernwaffenprogrammen im Irak und in Nordkorea verdeutlichten die begrenzte Wirksamkeit der nationalen Exportkontrollen und stellten die Zuverlässigkeit der internationalen Sicherungskontrollen infrage.[176]

Im November 2002 wurde in Den Haag der Hague Code of Conduct against the Proliferation of Ballistic Missiles (HCOC) verabschiedet. In Ergänzung zum

---

172 Vgl. Neuneck/Alwardt/Gils, Raketenabwehr in Europa, S. 88; Schmucker/Schiller, Raketenbedrohung 2.0, S. 51 f.

173 Vgl. Häckel, Proliferation von Massenvernichtungswaffen, S. 217; Proliferation von Massenvernichtungsmitteln und Trägerraketen, S. 12.

174 Vgl. Häckel, Proliferation von Massenvernichtungswaffen, S. 219; Erklärung der Staats- und Regierungschefs der Mitglieder des UN-Sicherheitsrats vom 31. Januar 1992. In: Europa-Archiv, 47 (1992), 9, D 368.

175 Vgl. Neuneck/Alwardt/Gils, Raketenabwehr in Europa, S. 91.

176 Vgl. Hubel, Das Ende des Kalten Kriegs im Orient, S. 254; Häckel, Proliferation von Massenvernichtungswaffen, S. 219.

Missile Technology Control Regime sollte dieses multinationale Abkommen die rüstungskontrollpolitische Erfassung von Raketenpotenzialen gewährleisten. Die Anzahl der Teilnehmerstaaten stieg zwischen 2002 und 2015 von 96 auf 137. Derzeit ist das HCOC das einzige Instrument, um die Verbreitung von ballistischen Raketen gezielt zu verifizieren. Das Abkommen kann jedoch den Besitz militärischer Raketentechnologien weder verbieten noch beschränken. Vorrangig bildet das HCOC einen Rahmen für vertrauensbildende Maßnahmen, in dem die Mitglieder beispielsweise Raketenstarts ankündigen und über nationale Raketenprogramme berichten. Jeder Teilnehmerstaat hat sich darüber hinaus verpflichtet, die Weitergabe von militärischer Trägertechnologie einzuschränken.[177]

2003 begründeten die USA die Proliferation Security Initiative (PSI), einen informellen und exklusiven Zusammenschluss von mittlerweile 21 aktiven Teilnehmerstaaten. Die Richtlinien der PSI ermöglichen es, Flugzeug- und Schiffsladungen in staatseigenem Gebiet abzufangen und zu kontrollieren. Darüber hinaus soll der Austausch von Informationen und die Kooperation zwischen den Staaten verbessert werden. Bis heute haben sich mehr als 100 Staaten zu den Zielen des Konzepts von PSI bekannt.[178]

Auf eine Rede von US-Präsident Clinton vor der UNO-Generalversammlung am 27. September 1993 zum Proliferationsproblem geht die Gründung der Defensive Counterproliferation Initiative (DCI) zurück. Die bisherigen Verhinderungsmaßnahmen galten anlässlich des Zerfalls der Sowjetunion und der internationalen Technologiediffusion als unzureichend. Die Prävention sollte um eine neue Aufgabe ergänzt werden: den Schutz. Die Prävention umfasste die politischen Non-Proliferationsmaßnahmen wie Abraten (*dissuasion*), Zugangsbeschränkungen (*denial*), Rüstungskontrolle (*arms control*) und internationalen Druck (*international pressure*). Der Bereich des Schutzes unterlag der Verantwortung des Verteidigungsministeriums und bestand vorrangig in militärischen Maßnahmen zur Counter-Proliferation wie Abhaltung (*defusing*), Abschreckung (*deterrence*), Angriff (*offense*) und Abwehr (*defense*). Beide Ansätze sind Teil einer Einheit und sollen sich gegenseitig ergänzen. Der Fokus der DCI lag auf der Schaffung militärischer Fähigkeiten.[179] Seit Anfang der 1990er Jahre hatten sich mehrere NATO-Gremien mit der Bedrohung durch Proliferation beschäftigt. Die Überlegungen mündeten in einer allgemeinen Counter Proliferation Strategy mit politischen und militärischen Maßnahmen. Die politische Dimension bestand in der Analyse von potenziellen Risiken der Proliferation sowie regulären Konsultationen bei Weiterverbreitung von Massenvernichtungswaffen. Die militärische Dimension zielte auf eine detaillierte Untersuchung von existierenden und potenziellen Bedrohungen, die sich im Zuge der Proliferation für das Bündnisgebiet ergaben. Am Ende standen Planungen für den Aufbau entsprechender defensiver Fähigkeiten der NATO. Die Allianz verstand Counter Proliferation

177 Vgl. Neuneck/Alwardt/Gils, Raketenabwehr in Europa, S. 91; Davis, NATO and missile defence, S. 59.

178 Vgl. Schörnig, Rüstung, Rüstungskontrolle und internationale Politik, S. 970; Neuneck/Alwardt/Gils, Raketenabwehr in Europa, S. 92. Vgl. dazu auch <www.psi-online.info/> (letzter Zugriff 20.1.2022).

179 Vgl. Scheffran, Raketenabwehr contra Proliferation.

folglich nicht nur als Angelegenheit politischer Natur, sondern auch als eine, die eine defensive militärische Reaktion erforderte.[180]

Am 9. Dezember 2003 verabschiedete die Europäische Union eine Strategie gegen die Weiterverbreitung von Massenvernichtungswaffen. Sie umfasste politische und diplomatische Maßnahmen zur Prävention wie multilaterale Verträge, Exportkontrollen, politischen Dialog und diplomatischen Druck sowie die Überwachung durch die zuständigen internationalen Organisationen. In einem weiteren Schritt sollte die Strategie dem Bündnis auch Zwangsmaßahmen zugestehen, beispielsweise das Abfangen von Schiffslieferungen, oder auch den Einsatz von Gewalt im Rahmen des Völkerrechts und des Artikels VII der VN-Charta.[181]

Trotz der etablierten Kontrollregime blieb die Proliferation von Raketentechnologie schwer zu kontrollieren. Die Diskrepanz zwischen der Verfügbarkeit dieser Systeme und den Vereinbarungen zur Nicht-Weiterverbreitung bestand nach wie vor. Für die Produktion, den Besitz und den Einsatz von biologischen[182] oder chemischen[183] Waffen gelten zwar Verbotsabkommen. Doch wie im Fall der Herstellung und des Besitzes nuklearer Waffen, die durch den Nichtverbreitungsvertrag geregelt sind, sind nicht alle Risikoländer Mitglieder der Kontrollregime und nicht alle Mitglieder halten sich an die Vorgaben.[184] Zudem werde häufig das Problem des ›Doppelstandards‹ übersehen:

> »Entsprechend der Freund-Feind-Unterscheidung gibt es verschiedene Maßstäbe für Eigen- und Fremdaktivitäten [...] Die verschiedenen Bündnissysteme, die bekannten Gegnerschaften und die Freund-Feind-Schemata, die gewisse Unterstützungsmaßnahmen geradezu erzwingen, um gleichsam ›unschuldig‹ und ›kostenfrei‹ jeweilige Ziele verfolgen zu können, stehen den Bemühungen um Rüstungsbeschränkungen, Abrüstung und Waffenverzicht im Wege.«[185]

---

180 Vgl. Fergusson, Ballistic Missile Defence, S. 67 f.; Davis, NATO and missile defence, S. 59; Martin, The NATO Missile Defence Study, S. 83; Lara, Anti-Ballistic Missile Defence, S. 44 f.

181 Vgl. Neuneck/Alwardt/Gils, Raketenabwehr in Europa, S. 87; »Ein sicheres Europa in einer besseren Welt – Europäische Sicherheitsstrategie«, Brüssel, den 12. Dezember 2003. In: Clement/Jöris, 50 Jahre Bundeswehr, S. 254–265.

182 Das »Übereinkommen über das Verbot der Entwicklung, Herstellung und Lagerung bakteriologischer (biologischer) Waffen und Toxinwaffen sowie über die Vernichtung solcher Waffen« (BWÜ) verbietet seit 1975 die Entwicklung, Herstellung, Lagerung, sowie den Kauf und Verkauf relevanter Materialien einschließlich der Transportsysteme. Allerdings verfügt das BWÜ über kein Verifikationsregime, das die Einhaltung des Vertrages überwacht. Vgl. Schmucker/Schiller, Raketenbedrohung 2.0, S. 52; Proliferation von Massenvernichtungsmitteln und Trägerraketen, S. 12.

183 Das »Übereinkommen über das Verbot der Entwicklung, Herstellung, Lagerung und des Einsatzes chemischer Waffen und über die Vernichtung solcher Waffen« (CWÜ) von 1997 gleicht konzeptionell dem BWÜ, verfügt jedoch über einen Verifikationsmechanismus, der die Überprüfung der Vernichtung nationaler Bestände sowie die Kontrolle nationaler chemischer Industrien beinhaltet. Vgl. Schörnig, Rüstung, Rüstungskontrolle und internationale Politik, S. 972.

184 Im Februar 2001 kam es zu einem Streit zwischen den USA und Russland, als der damalige Verteidigungsminister Donald Rumsfeld den Russen vorwarf, durch den Verkauf von Raketentechnologien an den Iran, Nordkorea und Indien die Proliferation aktiv zu fördern. Russland sei folglich »Teil des Problems«. Russland wies diese Vorwürfe zurück. Vgl. Rumsfeld nennt Russland »Teil des Problems«. US-Verteidigungsminister wirft Moskau Verbreitung von Raketentechnologie vor – Kreml ist empört. In: Die Welt, 16.2.2001.

185 Schmucker/Schiller, Raketenbedrohung 2.0, S. 55.

Für Trägersysteme wie ballistische Raketen existiert kein völkerrechtlicher Verbotstatbestand und das bislang geschaffene internationale Spektrum an Gegenmaßnahmen ist nur begrenzt wirksam. Projekte zum Aufbau von Raketenpotenzialen unterliegen meist strenger Geheimhaltung. Geheimdienste haben Schwierigkeiten, belastbare Informationen zusammenzutragen.[186] Die vorhandenen Erkenntnisse sind überwiegend unvollständig. Erschwerend kommt hinzu, dass die Entwicklung der Raketenproliferation nicht linear erfolgt. Faktoren wie Technologieerwerb, Kooperationen, politischer Druck und Sanktionen können Raketenprogramme beschleunigen oder verzögern. Dies erschwert die Einschätzung der künftigen Entwicklung.[187]

d) NATO-Luftverteidigung nach der Wende

Nach der Wiedervereinigung Deutschlands befand sich der NATO-Luftverteidigungsgürtel nicht nur in einer geografisch wirkungslosen Position, sondern ihm fehlte auch die *raison d'être*. Auch wenn die Sowjetunion noch über militärische Angriffsmittel verfügte, so war sie zumindest offiziell kein Gegner mehr. Die Aufrechterhaltung des Luftverteidigungsgürtels hätte ein falsches politisches Signal dargestellt, seine Auflösung war angesichts der neuen sicherheitspolitischen Lage die einzige logische Konsequenz.[188] Mit der allgemeinen Entspannungseuphorie, den Hoffnungen, die mit dem INF-Vertrag einhergingen, und dem Ende der Präsidentschaft Reagans verlor die internationale Raketenabwehrdebatte insbesondere in Europa an Bedeutung. Dies änderte sich mit den Raketenangriffen von Saddam Hussein auf Israel und Saudi-Arabien während des Zweiten Golfkrieges. Sie verdeutlichten das Problem der Proliferation von ballistischen Raketen.[189]

Das ›Drama‹ um die »Patriot versus Scud Battles« 1991 zog neben den unmittelbar betroffenen USA auch das Interesse der anderen NATO-Staaten auf sich.[190] In ihrer Erklärung zum NATO-Gipfel in Rom am 7. und 8. November 1991 identifizierten die Staats- und Regierungschefs die Proliferation von Massenvernichtungswaffen und ihrer Trägersysteme als Bedrohung für die internationale Sicherheit.[191] Auf diese Bedrohung reagierte das Bündnis in seinem Strategischen Konzept von 1991. Wie der zweite Golfkonflikt verdeutlicht hatte, waren Stabilität und Frieden an der südlichen Peripherie Europas elementar für die Sicherheit der NATO. »This is all the more so because of the build-up of military power and the proliferation of weapons technologies in the area, including weapons of mass destruction and ballistic missiles capable of reaching the territory of some member states of the Alliance.«[192] Vor diesem Hintergrund waren sich die Mitgliedsstaaten einig, dass diese Bedrohung

186 Vgl. Proliferation von Massenvernichtungsmitteln und Trägerraketen, S. 2, 13 f.
187 Vgl. Neuneck/Alwardt/Gils, Raketenabwehr in Europa, S. 87, 92; Brückner, European Viewpoints, S. 58.
188 Vgl. Leeuwen, Air Defence Reviewed, S. 36.
189 Vgl. Enders/Bahnemann, Konsequenzen aus dem Golf-Konflikt, S. 154, 158.
190 Vgl. hierzu Kap. IV.1.a.
191 Vgl. Rome Declaration, 8.11.1991, <nato.int>, No. 18.
192 The Alliance's New Strategic Concept, 7./8.11.1991, <nato.int>, No. 11.

besonderer Beachtung bedurfte. Als eine der möglichen Gegenmaßnahmen sah das Bündnis die Raketenabwehr.[193]

Das Strategische Konzept legte für die Streitkräfte der NATO fest, im Rahmen von Konfliktverhütung und Krisenbewältigung auch außerhalb des Bündnisgebiets flexibel zu operieren. Das machte es erforderlich, diese Truppen vor Angriffen mit taktisch ballistischen Raketen zu schützen.[194] Das Bündnis war sich einig, dass das in den 1980er Jahren angestoßene Konzept der Erweiterten Luftverteidigung als gemeinsame Aufgabe weiterverfolgt werden musste, wobei sich die US-Strategie der Counter-Proliferation zunehmend als Katalysator erwies.[195] Das NATO Air Defence Committee (NADC) als oberstes in Luftverteidigungsfragen beratendes und koordinierendes Organ des NATO-Rats definierte die Erweiterte Luftverteidigung als »Erweiterung der existierenden Luftverteidigung und all ihrer Elemente, um der gesamten, im Flug befindlichen Luftbedrohung zu begegnen, was taktische Raketen, Marschflugkörper oder irgendein anderes feindliches Mittel einschließt, die eigene Ziele in und aus dem Luftraum bedroht«.[196] Auf der Grundlage einer umfassenden Bedrohungsanalyse entwickelte das Komitee ein Rahmenprogramm zum Schutz der Allianz und seiner Truppen, das der NATO-Rat im August 1993 billigte. Das Programm zielte auf die Etablierung einer integrierten, multinationalen Struktur für Führung, Aufklärung und Frühwarnung von TBM-Bedrohungen sowie auf passive Gegenmaßnahmen und Einsätze gegen Luftkriegsmittel am Boden.[197]

Anfang der 1990er Jahre gab es zahlreiche Aktivitäten der NATO zur Erweiterten Luftverteidigung. Die NATO Defense Research Group (DRG) untersuchte Anforderungen und Architekturen für ein gemeinsames Air Command and Control System (ACCS). Dabei wurden mögliche Einsatzszenarien in der Türkei, im Mittelmeerraum, im Norden Norwegens und in Mitteleuropa sowie Angriffe von Terroristen berücksichtigt. Mit der Studie »Extended Air Defense for Europe« (EAD-2000) sollten entsprechende Konzepte und Schlüsseltechnologien identifiziert, bewertet und schlussendlich ein Forschungs- und Entwicklungsplan erarbeitet werden. Mit der AGARD AAS-38-Studie »NATO BMD in the Post-Cold War Area« sollten die Bedrohung des transatlantischen Bündnisses durch ballistische Raketen identifiziert und zu verteidigende Einrichtungen kategorisiert werden. Darüber hinaus sollten Anforderungen, Architekturen und die Leistungsfähigkeit für eine Verteidigung des Bündnisgebietes sowie für Abwehrmöglichkeiten in Krisengebieten geprüft werden. Trotz der veränderten Bedrohungslage unterschieden sich diese ›neuen‹ NATO-Studien in Bezug auf die technischen Lösungsansätze und vorgeschlagenen Technologien nicht wesentlich von den Studien der 1980er Jahre.[198]

---

193 Vgl. ebd., No. 49; Stocker, Britain, S. 185, 208; ACDP, 5/51/6, NATO Verteidigungskonzepte (07/90): Das Parlament, Dokumentation Neues-Strategie-Konzept der NATO vom 10.7.1992, Nr. 50; The Domestic Politics of Missile Defence.

194 Vgl. Martin, Towards an Alliance Framework, S. 32.

195 Vgl. Scheffran, Raketenabwehr contra Proliferation.

196 Hoyer-Boot, Erweiterte Luftverteidigung, S. 506.

197 Vgl. ebd., S. 508; Martin, Towards an Alliance Framework, S. 32; Kreienbaum, Missile defence feasibility study, S. 51.

198 Vgl. Scheffran, Raketenabwehr contra Proliferation. Neben dem NADC beschäftigten sich weitere NATO-Gremien und Subkomitees mit der Abwehr ballistischer Raketen: Conference of National

Auf dem NATO-Gipfel in Brüssel am 10. und 11. Januar 1994 konfrontierte US-Verteidigungsminister Leslie Aspin die Staats- und Regierungschefs mit der Counterproliferation Initiative. Das Bündnis bestätigte die Bedrohung, die sich durch die Proliferation von Massenvernichtungswaffen und ballistischen Flugkörpern ergab, und entschied, die politischen und militärischen Maßnahmen zur Verteidigung des Bündnisses zu intensivieren. Die Bündnisstaaten übernahmen die Idee eines mehrschichtigen Verteidigungssystems, um ballistische Raketen unterschiedlicher Reichweite – ob konventionell oder als Trägersystem für ABC-Waffen – in unterschiedlichen Höhen abfangen zu können. Sie teilten zudem die Auffassung der USA, dass eine Kombination aus land- und seegestützten Komponenten von Vorteil sei.[199]

Die Diskussion um Proliferation und Raketenabwehr in der Westeuropäischen Union (WEU) stützte sich auf die gleichen Bedrohungsanalysen wie in der NATO. Dabei standen jedoch die Industrie- und Rüstungsinteressen der Mitgliedsstaaten der WEU stärker im Vordergrund.[200] Während des Zweiten Golfkrieges identifizierte sie eine Bedrohung durch ballistische Raketen an der südlichen Flanke Europas und hinterfragte, inwiefern die Fähigkeit zur Raketenabwehr in Europa erforderlich sei. Die WEU formulierte drei Folgerungen: Erstens existiere eine Bedrohung durch ballistische Raketen aus Entwicklungsländern. Zweitens sei es schwieriger als zuvor angenommen, solche Raketen auf dem gegnerischen Territorium zu finden und zu zerstören bevor sie zum Einsatz kämen. Drittens sei eine wirksame aktive Raketenabwehr im Konflikt möglich. Auf dieser Grundlage verfasste Christian Lenzer, Mitglied des Deutschen Bundestages, 1992 für das Aerospace Committee of the Assembly of WEU einen Bericht zur Bedrohung Europas durch ballistische Flugkörper und zu entsprechenden Verteidigungsmaßnahmen. Lenzer schlug eine öffentliche Diskussion über sich gegenseitig ergänzende politische Präventiv- und militärische Verteidigungsmaßnahmen gegen das Proliferationsproblem vor. Der Bericht enthielt zudem eine ausführliche Beschreibung europäischer Anstrengungen im Bereich der taktischen Raketenabwehr sowie die Empfehlung, anlässlich des US-Programms GPALS eine gemeinsame europäische Position zu entwickeln. Die USA seien bislang die einzige Nation, die ein Programm zur Forschung und Entwicklung von Systemen zur Abwehr von ballistischen Flugkörpern verfolge, obwohl deren Territorium weniger durch solche offensiven Systeme bedroht würde als die europäischen Staaten.[201]

Armaments Directors (CNAD), Nuclear Planning Group (NPG), Extended Air Defence/Theatre Missile Defence Ad Hoc Working Group, National Industrial Advisory Group (NIAG), Advisory Group for Aerospace Research and Development (AGARD), Supreme Headquarters Allied Powers Europe (SHAPE), NATO Consultation Command and Control Agency (NC3A), Defence Group on Proliferation (DGP). Vgl. Stocker, Britain, S. 208; Fergusson, Ballistic Missile Defence, S. 67 f.

199 Vgl. Martin, Towards an Alliance Framework, S. 33, 35; The Brussels Summit Declaration, 11.1.1994, <nato.int>, No. 17.

200 Vgl. Scheffran, Raketenabwehr contra Proliferation.

201 Vgl. Technological and Aerospace Committee of the Assembly of Western European Union. Weaponry after the Gulf War-new equipment requirements for restructures armed forces, Dok. 1272, 14.5.1991, S. 18, <http://aei.pitt.edu/53851/1/B0979.pdf> (letzter Zugriff 20.1.2022); Lara, Anti-Ballistic Missile Defence, S. 38; Scheffran, Raketenabwehr contra Proliferation.

Die Mitglieder der WEU waren sich in der Analyse der Probleme einig, konnten sich allerdings nicht auf eine einheitliche Meinung zur zukünftigen Rolle der WEU bei der Entwicklung eines Abwehrsystems einigen. Im Rahmen eines Symposiums zur Raketenabwehr in Europa im April 1993 in Rom diskutierte die WEU TMD-Optionen für Europa mit dem Fokus auf Systemarchitekturen und Kosten. Die Teilnehmer des Symposiums waren sich grundsätzlich einig über die Notwendigkeit eines Systems zur Abwehr taktisch ballistischer Flugkörper. Es ging hier vorrangig um das Wie und Wann der Realisierung und nicht mehr um das Ob.[202] Im November 1998 beschloss der Rat der WEU, das Projekt nicht weiter zu verfolgen, um Dopplungen mit den Planungen der NATO zu vermeiden. Immerhin hatten die Beratungen der WEU dafür gesorgt, dass Raketenabwehr ein europäisches Anliegen wurde.[203]

Grundsätzlich waren die konzeptionellen Vorstellungen zur Erweiterten Luftverteidigung zunächst noch von der Nachrangigkeit geprägt, die der Abwehr von ballistischen Flugkörpern innerhalb des Gesamtspektrums der Luftbedrohung zugemessen wurde. Die neuen Luftverteidigungskonzeptionen nach dem Ende des Ost-West-Konflikts werteten die Rolle der luftgestützten Luftverteidigung gegenüber der bodengebundenen in Bezug auf den Raumschutz auf. Der Einsatz von bodengebundenen Luftverteidigungssystemen war nur noch regional und im Rahmen einer lageabhängigen Priorisierung zum konzentrierten Schutz wichtiger Objekte wie Bevölkerungs- und Industriezentren vorgesehen. Dies begrenzte gleichzeitig die Fähigkeit zur Abwehr von ballistischen Flugkörpern mit modernen Waffensystemen wie Patriot. Ohne eine Modifizierung bestehender bzw. die Neuentwicklung moderner Luftverteidigungssysteme sowie entsprechender Konzeptionen und Strukturen war ein operativ wirksamer Schutz im erweiterten Aufgabenspektrum der Luftverteidigung nicht zu leisten.[204]

Die US-Initiative GPALS dagegen stellte die Bedeutung ballistischer Flugkörper in den Vordergrund. Der Ansatz umfasste neben der territorialen Flugkörperabwehr für die USA den Schutz für im Ausland stationierte amerikanische Truppen und damit auch des Territoriums verbündeter Staaten. Im Gegensatz zu SDI war GPALS in strategischer Hinsicht auf die Abwehr begrenzter Raketenangriffe ausgerichtet. Die Gefahr eines massiven sowjetischen Angriffs mit strategischen Nuklearwaffen war nicht mehr gegeben. Damit rückte der Aufbau einer territorialen Flugkörperabwehr zunächst in den Hintergrund. Aufgrund der fortschreitenden Proliferation von Massenvernichtungswaffen und ihrer Trägersysteme im taktischen Wirkungsbereich sollte GPALS vorrangig den Schutz der Truppen im Auslandseinsatz ermöglichen.[205] Trotz der Differenzen zwischen GPALS und dem Konzept der Erweiterten

---

202 Vgl. Lara, Anti-Ballistic Missile Defence, S. 40–42.

203 Vgl. Stocker, Britain, S. 209.

204 Vgl. Hoyer-Boot, Erweiterte Luftverteidigung, S. 510; Engel, Die Entwicklung der NATO-Luftverteidigung, S. 97, 99; Smith, Britain: Balancing »instinctive atlanticism«, S. 465; Everts, The Netherlands: Procurement without Debate, S. 566.

205 Zu GPALS siehe auch Kap. II.1.c; vgl. BArch, BW 1/575294, BMVg, FüS III 5 zu Defense and Space Talks (DST), 19.2.1992.

Luftverteidigung bot der Bereich der Theater Missile Defense Berührungspunkte, auf denen eine Kooperation zwischen den Partnern gründen konnte.[206]

1998 stieß die NATO eine Machbarkeitsstudie an, um technische und finanzielle Aspekte sowie Beschaffungsbedingungen für ein gemeinsames Raketenabwehrprogramm der Allianz zu prüfen. Im selben Jahr empfahl die parlamentarische Versammlung der NATO: »The Alliance should give urgent attention to missile defence, in particular to protect their forces when they are engaged in military operations.«[207] Im Strategischen Konzept von 1999 definierte die NATO einen Angriff mit Massenvernichtungswaffen und entsprechenden Trägersystemen als wahrscheinliches Bedrohungsszenario für das Bündnisgebiet, dessen Bewohner und die Streitkräfte der Mitgliedsstaaten. »The Alliance's defence posture against the risks and potential threats of the proliferation of NBC weapons and their means of delivery must continue to be improved, including through work on missile defences.«[208]

Mit der trinationalen Headquarters Extended Air Defence Task Force (HQ EADTF) entstand Ende 1999 in Burbach eine europäische Plattform für die integrierte NATO-Luftverteidigung.[209] Im März 2001 billigte der NATO-Rat das Dokument »The Adaption of NATINAD(S) – The Way ahead to NATINEAD(S)«. Mit der Erweiterung des Begriffs um das Wort »Extended« machte die NATO deutlich, dass sich die Luftverteidigung des Bündnisses weiterentwickelt hatte und die Allianz sich an künftige Herausforderungen anpasse.[210]

Die Debatte in der NATO und in Europa kreiste in den 1990er Jahren vorrangig um die Bedrohung durch taktisch ballistische Raketen und den Aufbau von Fähigkeiten zu deren Abwehr. Eine potenzielle Bedrohung Europas durch weitreichende Raketen stand für die Europäer vorerst ebenso wenig zur Diskussion wie die darauf abgestimmte territoriale Flugkörperabwehr.[211] Dies änderte sich, als US-Präsident Clinton auf einer Pressekonferenz im Anschluss an den Sondergipfel der europäischen Staats- und Regierungschefs im Frühjahr 2000 die Bereitschaft der USA erklärte, den geplanten Raketenabwehrschirm mit ihren Verbündeten und mit ›zivilisierten Staaten‹ zu teilen. Damit brachte Clinton den US-Wahlkampf nach Europa. Sein Angebot war eine Reaktion auf die Pläne seines republikanischen Konkurrenten George W. Bush, der zuvor seine Absicht verkündet hatte, die Abwehrarchitektur so anzulegen bzw. zu erweitern, dass auch die Verbündeten geschützt würden. Nach Reagan und Bush senior bot nun auch Clinton seinen Bündnispartnern an, sie nicht nur unter US-amerikanischen Schutz zu stellen, sondern mit ihnen auch die amerikanische Technologie zu teilen.[212]

206 Vgl. Hoyer-Boot, Erweiterte Luftverteidigung, S. 511.

207 NATO in the 21st Century, 2.10.1998, <nato-pa.int>, No. 148.

208 The Alliance's Strategic Concept, 24.4.1999, <nato.int>, No. 56; vgl. Stocker, Britain, S. 209 f.

209 Die USA und Deutschland verhandelten zunächst bilateral über eine engere Kooperation bei der bodengebundenen Luftverteidigung. Bereits vor der Aufstellung des HQ am 3.12.1999 in Burbach erweiterten die Niederländer das gemeinsame Stabselement. Vgl. Spreckelsen/Vesper, Blazing Skies, S. 52.

210 Vgl. ebd.

211 Vgl. Nikolas Busse, Ganz anders als Amerika. Europa zeigt trotz möglicher Bedrohungen kein Interesse an einer Raketenabwehr. In: FAZ, 28.2.2000.

212 Vgl. Kubbig, Nach dem Moskauer Gipfel, S. 24.

Die Diskussion in den USA um den Aufbau einer NMD sowie die Überlegungen, das europäische Bündnisgebiet mit einzubeziehen, entfachte nicht nur die Debatte zwischen Moskau und Washington über nuklearstrategische Fragen von Neuem, sondern auch die Kontroverse zwischen den USA und ihren europäischen Verbündeten. Dabei stand der ABM-Vertrag von 1972 im Fokus, auf dessen Einhaltung sowohl Russland als auch die Mehrheit der europäischen NATO-Mitglieder drängten.[213] Demnach sollte die ABM-Technologie auf dem Stand von 1972 ›eingefroren‹ bleiben, um die strategische Stabilität nicht zu gefährden. Europa fürchtete einen neuen Rüstungswettlauf.[214]

Die USA beabsichtigten mit ihren Plänen zur NMD in erster Linie, das eigene Territorium gegen eine mögliche Raketenbedrohung aus Nordkorea, dem Iran oder Irak zu schützen. Dementsprechend ließen sie keinen Zweifel daran, dass sie das Projekt auch ohne die NATO-Partner realisieren würden.[215] Die Einführung von strategischen Abwehrsystemen erforderte jedoch eine Einigung in der Kontroverse mit Russland hinsichtlich des ABM-Vertrags. Damit berührten die Pläne der USA zur Raketenabwehr neben dem direkten Angebot auch indirekt die europäischen Interessen. Eine Einigung war elementar für die strategische Stabilität in Europa, die Fortführung der Abrüstungspolitik und die Eindämmung der Proliferation.[216]

In rüstungstechnologischer Hinsicht weckte das Angebot der USA bei den europäischen Partnern so manche Erinnerungen. Mitte der 1980er Jahre war im Zuge von Reagans Bitte um eine europäische Beteiligung am SDI-Programm eine hitzige Debatte entflammt. Die europäischen Bündnispartner hatten gehofft, an der fortgeschrittenen Technologie der USA teilhaben und sie damit auch national und über den militärischen Bereich hinaus nutzen zu können. Tatsächlich hatten die USA im Rahmen der SDI-Beteiligung den Zugang zu neuestem technologischem Wissen jedoch verweigert; der Wert der Aufträge für europäische Firmen war begrenzt geblieben.[217] Doch die »damals grassierende Angst, Europa könnte bei einer Verweigerung technologisch in die Zweitklassigkeit absinken«,[218] bestand nach wie vor. Der ehemalige NATO-Generalsekretär George Robertson sagte 2001 in einem Interview mit der Süddeutschen Zeitung: »Es gibt einen Widerspruch zwischen dem Ehrgeiz der Europäer und ihrer militärischen Schwäche: Europa ist nicht stark genug, alleine zu

---

213 Zahlreiche Zeitungsartikel und Pressemitteilungen aus den Jahren 2000 und 2001 spiegeln die Multiperspektivität und Kontroversität dieser Debatte wider.

214 Vgl. Die Furcht, dass mit George Bush ein neuer Rüstungswettlauf beginnt. Eine Gruppe von deutschen Friedensforschern warnt vor den Raketenabwehrplänen der USA und fordert ein europäisches politisches Gegenkonzept. In: FR, 20.1.2001; Russland warnt USA vor neuem Wettrüsten. Streit um amerikanisches Raketenabwehrsystem NMD. In: Die Welt, 5.2.2001; Lothar Rühl, Ein Relikt der Rüstungskontrolle. Der ABM-Vertrag ist von der geopolitischen und der technischen Entwicklung überholt worden. In: FAZ, 3.5.2000.

215 Vgl. hierzu den Auftritt des US-Verteidigungsministers Donald Rumsfeld bei der Münchener Konferenz für Sicherheitspolitik 2001: Nicolas Richter, USA beharren auf Bau der Raketenabwehr. In: SZ, 5.2.2001.

216 Vgl. DLF, Fernseh-/Hörfunkspiegel Inland I, Karsten D. Voigt, Auswärtiges Amt, zu den Raktenabwehrplänen der USA, 25.5.2000.

217 Vgl. DLF, Fernseh-/Hörfunkspiegel Inland II, Karsten D. Voigt, Auswärtiges Amt, zur Zukunft des ABM-Vertrages vor dem Hintergrund der Raketenabwehrpläne der USA, 3.5.2001.

218 Kubbig/Müller, Nuklearexport und Aufrüstung, S. 66.

handeln, es ist zu abhängig von amerikanischer Technologie.«[219] Der technologische Vorsprung der USA war durch Europa auf absehbare Zeit nicht aufzuholen. Eine Ablehnung des Angebots der Amerikaner bedeutete für Europa, den Anschluss an die amerikanische Spitzentechnologie zu verpassen.[220]

Innerhalb des Bündnisses gab es Differenzen hinsichtlich der Notwendigkeit einer territorialen Flugkörperabwehr. Von einer Einigung war man weit entfernt. Wie bei einem »Besuch beim Zahnarzt«, so Henry Kissinger, schienen die Europäer das Gespräch mit der Bush-Administration über deren NMD-Planungen zu fürchten.[221] Die britische Regierung betonte, dass die Bündnispartner für sich selbst entscheiden müssten, ob sie ein System zur Raketenabwehr wollten und ob sie auch bereit waren, dafür finanziell aufzukommen. Es gebe kein Sicherheitsvorkommnis katastrophalen Ausmaßes, das die europäischen Entscheidungsträger zum Handeln zwinge. »Most Europeans still feel safer today than at any time in fifty years.«[222] Auch wenn sich das Atlantische Bündnis darüber einig war, dass eine Bedrohung durch die Verbreitung von weitreichenden Raketen gegeben war, so war vorerst nicht zu erwarten, dass sich die einzelnen Länder in dieser Angelegenheit zügig über die praktischen Konsequenzen einigten.[223]

2001 vergab die Allianz gleichzeitig zwei Machbarkeitsstudien an zwei Konsortien, um die Optionen für ein Raketenabwehrsystem zum Schutz Europas zu untersuchen. Dabei sollte auch der Schutz von Streitkräften im Einsatz geprüft werden.[224] Die Überlegungen basierten auf den Erfahrungen aus dem Zweiten Golfkrieg und mündeten in die Active Layered Theatre Ballistic Missile Defence (ALTBMD), dessen Umsetzung der Nordatlantikrat im März 2005 beschloss. ALTBMD war Teil des breiten Ansatzes der NATO zum Ausbau und zur Stärkung der Erweiterten Integrierten Luftverteidigung. Ziel des Programms war der Schutz von Truppen im Einsatz gegen einen Angriff mit ballistischen Flugkörpern mit einer maximalen Reichweite von 3000 Kilometern mit aktiven Gegenmaßnahmen in der oberen und unteren Abfangschicht. Dabei ging es nicht um die Konzeption neuer Waffensysteme,

219 Stefan Kornelius und Christoph Schwennicke, SZ-Interview mit dem Nato-Generalsekretär: »Die Raketenabwehr wird kommen«. George Robertson sieht das atlantische Bündnis vor intensiven Verhandlungen über das NMD-Projekt und die europäische Verteidigung. In: SZ, 5.2.2001.

220 Vgl. Kubbig/Müller, Nuklearexport und Aufrüstung, S. 66; Fergusson, Ballistic Missile Defence, S. 4; Kubbig, Nach dem Moskauer Gipfel, S. 24 f.; Michael Wolffsohn, Land und Sicherheit. Israels Libanon-Rückzug beweist: Gegen »Schurkenstaaten« braucht man Raketenabwehr. In: Die Welt, 26.5.2000; Engel, Die Entwicklung der NATO-Luftverteidigung, S. 100; Gray, European Perspectives on US Ballistic Missile Defense, S. 302; Kempin/Mawdsley, France: Missile defence à la francaise, S. 517.

221 Vgl. Constanze Stelzenmüller, Besuch vom Zahnarzt. Europa muss sich zur US-Raketenabwehr besseres einfallen lassen als matten Widerstand. In: Die Zeit, 8.2.2001.

222 Sokolsky, European Missile Defense, S. 51.

223 Das Projekt NMD erhielt während dieser Debatte in den Jahren 2000 und 2001 durch die Europäer neue Bezeichnungen wie beispielsweise AMD (Alliance Missile Defense) oder GMD (Global Missile Defense). Vgl. Stefan Kornelius und Christoph Schwennicke, SZ-Interview mit dem Nato-Generalsekretär: »Die Raketenabwehr wird kommen«. In: SZ, 5.2.2001; Stocker, Britain, S. 210; Everts, The Netherlands: Procurement without Debate, S. 566. Zur unterschiedlichen Wahrnehmung von Bedrohungen vgl. Kap. II.3.g.

224 Vgl. Kreienbaum, Missile defence feasibility study, S. 50; NATO debates BMD ahead of April Bucharest Summit.

sondern um die Vernetzung von bereits existierenden und zukünftigen nationalen Abwehrsystemen der an einem Einsatz beteiligten Staaten.[225]

Kein Abwehrsystem ist bislang technisch in der Lage, das gesamte Spektrum der Bedrohung durch ballistische Raketen optimal abzudecken. Die Reichweite von Sensoren und Effektoren ist begrenzt. Mit der Vernetzung verschiedener Systeme können Schwächen ausgeglichen werden. Die NATO-Mitgliedsstaaten sollten nationale Abwehrsysteme und Sensoren in das Programm integrieren, um mithilfe eines Führungsverbundes ein gemeinsames Lagebild und zeitgerechte Zielinformationen bereitzustellen. Das für eine Vernetzung notwendige Battlefield Management and Command, Control, Communications and Intelligence System (BMC3I) sollte im Bündnisrahmen gemeinsam finanziert werden. Die europäischen Bündnispartner stellten land- und seegestützte Sensoren sowie Luftverteidigungssysteme für das Programm zur Verfügung. Neben der Abwehr von ballistischen Raketen waren Systeme wie Patriot, SAMP-T (Surface/Sol Air Moyenne Portée Terrestre) und MEADS ebenso relevante Komponenten für die Bekämpfung von Flugzeugen, Drohnen, Hubschraubern und Marschflugkörpern.[226] Die europäischen NATO-Staaten verfügten jedoch ausschließlich über Abwehrsysteme, die Flugkörper mit einer Reichweite von maximal 1000 Kilometern in der unteren Abfangschicht abwehren konnten. Eine Bekämpfung von Flugkörpern in der oberen Abfangschicht und mit einer Reichweite von bis zu 3000 Kilometern vermochten nur die USA sicherzustellen. Mit THAAD (Theater High Altitude Area Defense) entwickelten die USA ein bodengestütztes Raketenabwehrsystem zur Bekämpfung von Flugkörpern in der oberen Abfangschicht am Übergang von der Mid-course Phase zur Terminal Phase. Zur seegestützten Verteidigung gegen ballistische Flugkörper mit einer Reichweite von bis zu 3000 Kilometern setzten die USA Schiffe des Typs Aegis ein, die als Plattform für weitreichende Sensoren dienten und von denen Abfangraketen des Typs SM-3 (Standard Missile 3) gestartet werden konnten. Nach anfänglicher Zurückhaltung, waren die USA bereit, diese Systeme in das NATO-Programm zu integrieren. Nur mithilfe der US-Komponenten war es der NATO möglich, einen effizienten Systemverbund zu bilden. Mit den Reichweiten der amerikanischen Satelliten DSP (Defense Support Program), SBIRS (Space-based Infrared System) und STSS (Space Tracking and Surveillance System) sowie der Aegis-Schiffe konnten ballistische Flugkörper in der oberen Abfangschicht erfasst und verfolgt werden.[227]

Beim NATO-Gipfel in Prag 2002 beschlossen die Staats- und Regierungschefs, dass die Machbarkeitsstudien, die sie ein Jahr zuvor in Auftrag gegeben hatten, neben dem Schutz von Streitkräften im Einsatz auch den Schutz von »Alliance territory, forces and population centres against full range of missile threats«[228] abdecken sollten.[229]

[225] Vgl. Böing, Die außenpolitischen Debatten (2018), S. 100 f.; Bitter, Die Nato und die Raketenabwehr, S. 18; Davis, NATO and missile defence, S. 57; Frühling/Sinjen, Raketenabwehr, S. 6.

[226] Vgl. Kreienbaum, Missile defence feasibility study, S. 51.

[227] Vgl. Bitter, Die Nato und die Raketenabwehr, S. 18 f.; Sinjen, Raketenabwehr für die NATO, S. 181.

[228] Prague Summit Declaration, 21.11.2002, <nato.int>, No. 4.

[229] Die Studie wurde im Mai 2006 abgeschlossen und den NATO-Verteidigungsministern vorgelegt. Vgl. Frühling/Sinjen, Raketenabwehr, S. 6.

Das Bündnis unterstrich nicht nur die steigende Bedrohung durch die Proliferation von Raketentechnologien für die Einsatzkräfte im Ausland, sondern auch für das Bündnisgebiet selbst und seine Bevölkerung. Ein wesentliches Ergebnis der Studie war, dass der Schutz des NATO-Territoriums technisch grundsätzlich möglich und mit verhältnismäßig geringem Aufwand finanzierbar war. Empfohlen wurde eine Abwehr-Architektur, in der die ALTBMD-Fähigkeiten mit nationalen Fähigkeiten zur Bekämpfung von ballistischen Raketen in der Mid-course Phase kombiniert werden sollten. Letztere galt es, an einer Vielzahl von Orten in Europa zu stationieren.[230] Die US-Regierung führte bereits seit 2002 Gespräche mit europäischen NATO-Partnern wie beispielsweise Polen zum Aufbau einer European Interceptor Site.[231]

Beim Gipfeltreffen in Riga 2006 konnten sich die NATO-Partner jedoch nicht auf konkrete Optionen zum Aufbau einer gemeinsamen Flugkörperabwehr verständigen. Der Politologe Benjamin Schreer sprach 2008 von einer europäischen Verzögerungstaktik. Wie bereits dargestellt, war sich das Bündnis seit Jahren einig, dass die Proliferation von Massenvernichtungswaffen und ihrer Trägersysteme eine der Hauptbedrohungen für das Bündnisgebiet darstellte. Gleichwohl konnten sich die Mitgliedsstaaten nicht zum Aufbau einer gemeinsamen territorialen Flugkörperabwehr entschließen. Die Bündnispartner fühlten sich nicht in gleichem Maße durch ballistische Raketen bedroht, oder sie sahen im Aufbau einer Raketenabwehrarchitektur nicht den geeigneten Ansatz, um der Bedrohung durch ballistische Flugkörper zu begegnen. »Zu radikal sei die Bedrohungsanalyse der US-Strategen, sagen viele, zu unpolitisch die Antwort, zu gefährlich für das fragile Verhältnis zu Russland und für die strategische Balance zwischen den einstigen Gegnern aus dem Kalten Krieg.«[232] Auch technologische und finanzielle Gründe wurden vorgebracht. Die Flugkörperabwehr stand zwar auf der Prioritätenliste der europäischen NATO-Mitgliedsstaaten, doch gab es scheinbar dringlichere Anliegen. Eine Erhöhung des Verteidigungsetats war für viele europäische Staaten entweder nicht möglich oder nicht erwünscht.[233] Zudem könnten die damaligen Präsidentschaftswahlen in den USA eine Rolle dabei gespielt haben, keinen ›voreiligen‹ Entschluss zu treffen. Bei einem Sieg der Demokraten war mit einer Wende in der amerikanischen Raketenabwehrpolitik zu rechnen.[234] Die Allianz gab zunächst weiterführende Untersuchungen zu den Bereichen Systemarchitektur, Führungsverfahren, Finanzierung und zu den Folgen herabfallender Trümmerteile

230 Vgl. Kreienbaum, Missile defence feasibility study.

231 Vgl. Neuneck/Alwardt/Gils, Raketenabwehr in Europa, S. 222.

232 Stefan Kornelius und Christoph Schwennicke, Große Probleme mit kleinem Krieg der Sterne. Mini-SDI ist zum Zankapfel in der Nato geworden. Berlin muss sich bald zum umstrittenen Rüstungsprojekt äußern. In: SZ, 19.4.2000.

233 Vgl. Neuneck/Alwardt/Gils, Raketenabwehr in Europa, S. 223; Stocker, Britain, S. 210; Böing, Die außenpolitischen Debatten (2018), S. 100 f.; Missile Defence Fact Sheet, 19.4.2007, <nato.int>; Davis, NATO and missile defence, S. 59.

234 Republikanische Präsidenten engagierten sich in der Regel mehr für das Thema Missile Defense. Viele europäische Beobachter erwarteten dementsprechend anlässlich des Wechsels von Bush zu Obama 2009 auch eine wahrnehmbare Veränderung in der amerikanischen Raketenabwehrpolitik. Vgl. Schreer, Heiße Kartoffel Raketenabwehr, S. 44, 47; Thränert, Das Raketenabwehrprojekt der Nato, S. 7.

oder einer Nuklearexplosion in Auftrag. Die technische Realisierbarkeit einer territorialen Flugkörperabwehr rückte gegenüber politischen und militärischen Aspekten in den Hintergrund der Debatte.[235]

Geografisch befand sich Europa bereits seit Jahrzehnten in Reichweite ballistischer Flugkörper. 2007 waren weltweit etwa 35 Länder im Besitz von ballistischen Raketen. Nach Angaben des US-Congressional Budget Office von 2004 verfügten 13 davon über Flugkörper mit einer Reichweite von über 500 Kilometern. Lediglich die USA, Großbritannien, Russland und China besaßen Interkontinentalraketen mit einer Reichweite von über 10 000 Kilometern.[236] Das Geflecht aus Partnerschaften und Abschreckung zwischen den Atommächten reduzierte die Bereitschaft, solche Waffen tatsächlich einzusetzen. In Abschätzung der eigenen Bedrohung gerieten aus europäischer Perspektive Pakistan und Iran in den Fokus. Der Iran verfügte allerdings weder über Nuklearwaffen, noch war er im Besitz von Trägersystemen, die bis Zentraleuropa reichten. Mit seinen Mittelstreckenraketen Shahab-3 (ca. 1300 Kilometer Reichweite) und Shahab-3A (ca. 1500 Kilometer Reichweite) konnte der Iran den NATO-Partner Türkei, das EU-Mitglied Zypern oder Israel erreichen, und er arbeitete bereits an einer Erhöhung der Reichweite. Im Zuge des vom VN-Sicherheitsrat Anfang 2007 verhängten Waffenembargos wurde der Iran jedoch gebremst.[237] Damit wurde die potenzielle Bedrohung lediglich verschoben und nicht behoben. Der Iran würde weiterhin daran arbeiten, in den Besitz von Nuklearwaffen und weitreichenden Trägersystemen zu gelangen. In Verbindung mit iranischen Hegemonialansprüchen in der Region konnte daraus eine Bedrohung auch für Europa erwachsen und eine Intervention der NATO erforderlich machen. General Henry A. Obering III, Direktor der amerikanischen Missile Defense Agency (MDA) von Juli 2004 bis November 2008, vermutete in einem Interview im Oktober 2008, dass nach geheimdienstlichen Erkenntnissen sowohl der Iran als auch Nordkorea innerhalb der folgenden zwei Jahre über weitreichende ballistische Raketen verfügen könnten, mit denen beispielsweise die USA zu erreichen seien.[238]

Die Rüstungsanstrengungen Nordkoreas wurden von den europäischen NATO-Staaten, anders als von den USA oder Japan, nicht als Bedrohung wahrgenommen. Bereits seit den 1990er Jahren versuchte sich Nordkorea an der Entwicklung von mehrstufigen Raketen. Die nordkoreanische Langstreckenrakete des Typs Taepdong-2, die sich 2007 noch im Entwicklungsstadium befand, wurde auf eine Reichweite von 6000 bis 9000 Kilometer geschätzt. Die Entfernung zwischen Deutschland und Nordkorea beträgt rund 8000 Kilometer. Nordkorea trat zudem wiederholt als Exporteur von Raketentechnologien in Erscheinung.[239]

235 Vgl. Bitter, Die Nato und die Raketenabwehr, S. 16; Schreer, Heiße Kartoffel Raketenabwehr, S. 44; Böing, Die außenpolitischen Debatten (2018), S. 101.

236 Vgl. Lübbert/Behme/Faltin, Raketenabwehr, S. 11.

237 Resolution 1747 des UN-Sicherheitsrats vom 24.3.2007, <un.org>.

238 Vgl. Bitter, Die Nato und die Raketenabwehr, S. 7 f.; Rance, US Missile Defence, S. 61; Frühling/Sinjen, NATO missile defence, S. 58; Schmucker/Schiller, Raketenbedrohung 2.0, S. 309 f.

239 Vgl. Bitter, Die Nato und die Raketenabwehr, S. 8; Sinjen, Raketenabwehr für die NATO, S. 175 f.; Schmucker/Schiller, Raketenbedrohung 2.0, S. 339–341; Proliferation von Massenvernichtungsmitteln und Trägerraketen, S. 9.

Pakistan ist seit 1998 Atommacht und betrachtet nukleare Waffen als »unverzichtbares Fundament der nationalen Sicherheit und als Kernelement der staatlichen Identität«.[240] 2007 testete Pakistan erfolgreich eine Mittelstreckenrakete des Typs Shaheen-2 über eine Entfernung von 2000 Kilometern. Der moderne Flugkörper verfügte über einen Feststoffantrieb; seine Reichweite wurde auf 2000 bis 2500 Kilometer geschätzt. Mit rund 5000 Kilometern Entfernung befand sich Deutschland zwar außerhalb dieser Reichweite, doch lag der Osten des Bündnispartners Türkei mit einer Entfernung von rund 2500 Kilometern durchaus im Radius der Shaheen-2. Diese Fähigkeiten konnte Pakistan nur mit intensiver Unterstützung Chinas erreichen.[241] Beide Staaten betrachteten Indien als Bedrohung für die eigene Sicherheit. Die Annäherungsversuche zwischen der indischen und der US-Regierung im Zuge des bilateralen Nuklearabkommens von 2006 förderten die pakistanische Sorge.[242]

Neben den nichtstaatlichen Akteuren des internationalen Terrorismus betrachteten die USA den Iran und Nordkorea als Hauptbedrohung für ihre nationale und internationale Sicherheit. Sie konzentrierten sich auf die Rüstungsanstrengungen Irans, Pakistans und Nordkoreas, um das Konzept der Raketenabwehr zu legitimieren. Bei einer positiven innenpolitischen Entwicklung dieser Staaten konnte diese Begründung obsolet werden. Doch andererseits würden die Proliferation und der Besitz von Massenvernichtungswaffen sowie weitreichender Trägersysteme ohne eine glaubhafte Abschreckung für viele staatliche und nichtstaatliche Akteure unverändert attraktiv bleiben.[243] Der Aufbau eines wirkungsvollen Schutzes gegen ballistische Flugkörper konnte die Bedeutung nuklearer Waffen als Statussymbol und als Instrument der Macht mindern und »die Effektivität der Abschreckung gegenüber einem potenziellen Aggressor wieder auf das Niveau zurückführen, das vor dem Erwerb von Raketen und Atomwaffen [...] bestanden hat«.[244] In der transatlantischen Strategiedebatte war insbesondere auf europäischer Seite die Diskussion über die Anpassung des Abschreckungskonzepts der NATO sowie die diesbezügliche Rolle der strategischen Raketenabwehr ausgeblieben. Dabei konnte deren Aufbau durchaus zur Bewahrung der außenpolitischen Handlungsfreiheit des Westens in regionalen Krisen beitragen. Eine mögliche Drohung von Staaten wie beispielsweise dem Iran würde dann an Bedeutung verlieren.[245]

US-Verteidigungsminister William S. Cohen verdeutlichte in seiner Rede vor dem US-Kongress am 26. Juli 2000, dass ein Raketenabwehrschirm, der alle 50 amerikanischen Bundesstaaten schützen können sollte, ohne die Unterstützung

240 Bitter, Die Nato und die Raketenabwehr, S. 8.

241 Vgl. auch Proliferation von Massenvernichtungsmitteln und Trägerraketen, S. 8.

242 Vgl. Bitter, Die Nato und die Raketenabwehr, S. 8; Schmucker/Schiller, Raketenbedrohung 2.0, S. 25.

243 Vgl. Bitter, Die Nato und die Raketenabwehr, S. 9.

244 Thränert, Die Verbreitung von Raketen, S. 29. Vgl. auch Bitter, Die Nato und die Raketenabwehr, S. 9 f.

245 Vgl. Schreer, Heiße Kartoffel Raketenabwehr, S. 45; Sinjen, Raketenabwehr für die NATO, S. 178. Schreer betont, dass der Zusammenhang zwischen der Bewahrung westlicher Handlungsfreiheit und der Abwehr ballistischer Raketen im akademischen strategischen Diskurs in Europa vernachlässigt wurde. Vgl. auch Mey, Das Erfordernis einer europäischen Raketenabwehr.

von Verbündeten nicht zu realisieren sei. Ohne vorgeschobene Radarstationen seien anfliegende Raketen nicht zu erfassen und damit die Abfangwaffen wertlos.[246] Die Überlegungen der USA zur Raketenabwehr waren global angelegt; Kooperationsabkommen wurden mit einzelnen Ländern wie Australien, Japan, Israel, Großbritannien oder Dänemark geschlossen. Im August 2006 veröffentlichte die Bush-Regierung ihr Konzept zur European Midcourse Defense (EMD). Trotz mangelhafter Testergebnisse war bereits 2004 mit der Stationierung erster Elemente des Ground Based Interceptor-Programms (GBI) in Kalifornien (Vandenberg) und Alaska (Fort Greely) gegen einen möglichen nordkoreanischen Angriff mit Langstreckenraketen begonnen worden. Für die Abwehr weitreichender Raketen aus dem Nahen und Mittleren Osten planten die USA eine vorgeschobene Third Site in Europa. Die europäischen Bündnispartner nahmen die Planungen von Bush junior unterschiedlich auf. Alliierte wie Deutschland kritisierten die Raketenabwehrpolitik der Vereinigten Staaten mit dem Verweis auf mangelhafte Konsultationen im Bündnis, den Fokus auf den Schutz des US-amerikanischen Festlandes, die unzureichende Berücksichtigung russischer Interessen sowie die Missachtung der Rüstungskontrolle nach der Kündigung des ABM-Vertrags. Andere Bündnispartner wie Dänemark oder Großbritannien stellten den USA ihr Territorium für die Stationierung von modernen Radarsystemen zur Verfügung und unterstützten die Vormachtstellung der USA im Bündnis.[247] Auch neue NATO-Partner wie Tschechien oder Polen standen den Plänen zum Aufbau einer US-Raketenabwehrarchitektur in Europa grundsätzlich positiv gegenüber.[248] Mit letzteren hatten die USA bereits Verhandlungen hinsichtlich der Einbindung ihrer Territorien in die Planung begonnen. Mit der Stationierung von zehn zweistufigen Abfangraketen des Typs GBI in Polen sollte ein Raketenangriff aus dem Nahen und Mittleren Osten auf Nordamerika möglichst früh abgewehrt werden können. Mit der festen Installation eines X-Band-Radars in der Tschechischen Republik sollten die Flugkörper erkannt und verfolgt sowie die in Polen stationierten Abfangraketen in ihr Ziel geführt werden.[249] Die Vision eines umfassenden Schutzschildes wurde damit zunehmend Realität. Die USA hatten ihr nationales Programm mit großem Aufwand vorangetrieben und erhebliche technologische Fortschritte erzielt. Mit ihrem Angebot, einen wesentlichen Teil Europas in ihren Abwehrschirm zu integrieren, erhöhten sie nicht nur die Legitimation ihrer Politik, sondern auch den Druck auf die NATO, sich an der

246 Vgl. Gegen Festlegung bei Raketenabwehr. Cohen: Wirkungsvolles System nur mithilfe der Verbündeten. In: FAZ, 27.7.2000. Auch General a.D. Klaus Naumann äußerte in einem Interview mit der Zeitschrift Focus im Februar 2001, dass das Thema Raketenabwehr von keiner Nation mehr allein gelöst werden könnte – auch nicht von den USA. Vgl. Focus Interview, Wir brauchen Schutz vor Raketen. General a.D. Klaus Naumann befürwortet US-Pläne für ein Abwehrsystem und hat Zweifel, ob eine EU-Eingreiftruppe Erfolg haben wird. In: Focus, 12.2.2001.

247 Vgl. Smith, Britain: Balancing »instinctive atlanticism«, S. 465 f.; Kassianova, Russia: In search of strategy, S. 666.

248 Vgl. Domisiewicz/Kamiński, Poland: Waiting for Washington; Khol, Czech Republic: Prague's pragmatism.

249 Vgl. Thränert, Das Raketenabwehrprojekt der Nato, S. 7 f.; Zadra, NATO, Russia and Missile Defence (2010), S. 12.

Architektur zu beteiligen. Es war offensichtlich, dass die Bush-Administration nicht auf die NATO warten, sondern die Realisierung ihrer Pläne auch ohne das Bündnis vorantreiben würde. Washington informierte seine Verbündeten lediglich über bilaterale Verhandlungen mit europäischen Partnern wie Polen oder Tschechien oder über Gespräche mit Russland. Die Stationierung von Abfangraketen in Polen konnte den Schutz von rund 75 Prozent des europäischen Territoriums gewährleisten. Der Südosten Europas sowie die Türkei lagen außerhalb des geplanten Schutzschirms. Im Sinne des Prinzips der unteilbaren und gleichen Sicherheit für alle Bündnispartner war es nun an der NATO, diese Lücke schließen.[250]

Die Frage der technischen Realisierbarkeit einer Flugkörperabwehr für das gesamte Bündnisgebiet war seit dem NATO-Gipfel in Riga in den Hintergrund gerückt. Detaillierte Untersuchungen zur Systemarchitektur, zum Führungsverfahren und der Finanzierung waren angestoßen worden. Trotz bestehender Divergenzen einigte sich das Bündnis auf dem NATO-Gipfel in Bukarest im April 2008, die Flugkörperabwehr als Teil einer umfassenden Reaktion auf die zunehmende Weiterverbreitung von Raketentechnologien zu betrachten.[251] Die USA leisteten mit ihren nationalen Komponenten einen wesentlichen Beitrag. Die NATO begrüßte deren Stationierungspläne für Systemkomponenten in Europa. Auf Basis dieser Pläne sollte ein gemeinsames Raketenabwehrkonzept entwickelt werden, um im Sinne der Unteilbarkeit der Sicherheit der Allianz den Schutz des gesamten Bündnisgebiets zu ermöglichen. Dazu waren die Bündnispartner angehalten, die Interoperabilität dieser Komponenten mit anderen Abwehrsystemen sowie die Integration in die NATO-Abwehrarchitektur zu prüfen.[252]

Trotz dieser Einigungen verfolgten die USA weiterhin ihre bilateralen Vereinbarungen mit Polen und Tschechien, was wiederum die Kontroverse innerhalb des Bündnisses förderte. Für die neuen NATO-Partner in Osteuropa stellte die Stationierung von amerikanischen Militäreinrichtungen auf osteuropäischem Territorium eine zusätzliche Rückversicherung gegenüber Russland dar.[253] Westeuropäische NATO-Partner befürchteten dagegen, dass gerade das zu Spannungen mit Russland führen werde. Ein weiterer Diskussionspunkt im Bündnis betraf die Technologie an sich. Die GBI-Abfangraketen waren in ihrer zweistufigen Konfiguration, wie sie in Polen stationiert werden sollten, noch nicht getestet worden. Unabhängig von der Frage der technischen Funktionstüchtigkeit umfassten die Pläne der USA nur den Schutz eines Teils von Europa. Die Wahl des Begriffs »Third Site« machte deutlich, dass es den USA vorrangig um den Schutz des eigenen Territoriums ging und erst in zweiter Linie um den der europäischen Bündnispartner. Dass die

250 Vgl. Neuneck/Alwardt/Gils, Raketenabwehr in Europa, S. 223; Bitter, Die Nato und die Raketenabwehr, S. 5, 10, 16 f.; Sinjen, Raketenabwehr für die NATO, S. 180; Frühling/Sinjen, NATO missile defence, S. 59; Kubiak, Raketenabwehr, S. 17.

251 Vgl. Missile Defence Fact Sheet, 19.4.2007, <nato.int>; Stocker, Britain, S. 210; Böing, Die außenpolitischen Debatten (2018), S. 100 f.; Neuneck/Alwardt/Gils, Raketenabwehr in Europa, S. 223.

252 Vgl. Bucharest Summit Declaration, 3.4.2008, <nato.int>, No. 37; Böing, Die außenpolitischen Debatten (2018), S. 101 f.

253 Vgl. Domisiewicz/Kamiński, Poland: Waiting for Washington, 2005.

USA nicht planten, die Systeme nach ihrer Stationierung der politischen Kontrolle des NATO-Rats zu unterstellen, verstärkte diesen Eindruck.[254]

Nach seiner Wahl zum US-Präsidenten konzentrierte sich Barack Obama im Rahmen seiner Raketenabwehrpolitik auf drei Aspekte. Zum einen beabsichtigte er, den Streit innerhalb der NATO zu beenden und die Allianz als Ganzes in die Pläne zur Flugkörperabwehr mit dem Ziel einzubeziehen, künftig ganz Europa zu schützen. Darüber hinaus wollte er die Bedenken Russlands ausräumen, der Aufbau einer Raketenabwehrarchitektur in Europa würde das strategische Abschreckungspotenzial Russlands gefährden. Und schließlich sollten nur noch geprüfte Technologien in den Planungen berücksichtigt werden, um so auch den Kritikern das Argument der unzureichenden Zuverlässigkeit zu nehmen.[255]

Auf dem Gipfel in Straßburg-Kehl 2009 hielten die Staats- und Regierungschefs fest, dass jede der nach dem Gipfeltreffen in Bukarest entwickelten Handlungsoptionen für eine umfassende Verteidigungsarchitektur ihre Stärken und Defizite aufweise, und veranlassten weiterführende Untersuchungen. Alle Optionen enthielten in ihrem Kern noch die Stationierungspläne der Bush-Administration. Die Staats- und Regierungschefs beauftragten nun den Nordatlantikrat »to identify and undertake the policy, military and technical work related to a possible expanded role of the Active Layered Theatre Ballistic Missile Defence (ALTBMD)«,[256] die über den Schutz von NATO-Kräften im Einsatz hinaus auch den Schutz des gesamten Bündnisgebietes und seiner Bevölkerungen einbezog.[257]

Der von der Obama-Administration überarbeitete Ansatz zur europäischen Flugkörperabwehr (European Phased Adaptive Approach, EPAA) fand in der NATO großen Zuspruch. Nach ihrem informellen Treffen in Bratislava im Oktober 2009 überlegten die Verteidigungsminister der NATO, ob sich durch den EPAA der USA für die untersuchten Handlungsoptionen neue Möglichkeiten auftaten. Im Dezember 2009 begrüßten die NATO-Außenminister den überarbeiteten Ansatz als Bestärkung der zentralen Rolle der NATO beim Aufbau der europäischen Flugkörperabwehr. Die Erweiterung von ALTBMD wurde hier bereits als Meilenstein auf dem Weg zur territorialen Flugkörperabwehr bezeichnet. Im Sommer 2010 brachten die Verteidigungsminister der NATO die beiden Konzepte zur Flugkörperabwehr ALTBMD und EPAA zusammen. Auf der Grundlage konkreter Optionen zur gemeinsamen Raketenabwehr sollte beim Gipfel 2010 eine Entscheidung getroffen werden. Hierfür galt es, vorrangig die aktuelle Bedrohungsentwicklung sowie Risiken bei der Realisierung von Abwehrmöglichkeiten zu berücksichtigen.[258]

---

254 Vgl. Options for Deploying Missile Defenses in Europe, February 2009, <www.cbo.gov/sites/default/files/111th-congress-2009-2010/reports/02-27-missiledefense.pdf> (letzter Zugriff 27.1.2022), S. IX; Thränert, Das Raketenabwehrprojekt der Nato, S. 8.

255 Vgl. Thränert, Das Raketenabwehrprojekt der Nato, S. 8; Meulman, Challenges for NATO missile defence, S. 22 f.

256 Strasbourg/Kehl Summit Declaration, 4.4.2009, <nato.int>, No. 53.

257 Vgl. ebd., No. 50–54.

258 Vgl. Zadra, NATO, Russia and Missile Defence (2010), S. 12 f.

e) Meilenstein der NATO-Flugkörperabwehr: Lissabon 2010

Auf dem NATO-Gipfel in Lissabon 2010 erklärten die Staats- und Regierungschefs die Fähigkeit zur territorialen Flugkörperabwehr offiziell zum Kernelement der kollektiven Verteidigung und zur gemeinsamen Aufgabe aller Mitgliedsstaaten: »Therefore, we [...] will develop the capability to defend our populations and territories against ballistic missile attack as a core element of our collective defence, which contributes to the indivisible security of the Alliance.«[259]

Auch wenn dieses Thema bereits seit Jahren im Bündnisrahmen kontrovers diskutiert wurde, gilt der NATO-Gipfel in Lissabon als Meilenstein in der Geschichte der Raketenabwehrdebatte: »After years of talk about how to meet this objective, we now have a clear plan to protect all of our allies in Europe as well as the United States,«[260] so Präsident Obama in einer Pressekonferenz im Anschluss an das Gipfeltreffen in Lissabon. Vor dem Hintergrund der steigenden Proliferation von Raketentechnologie im angrenzenden Südosten des Bündnisgebiets beschlossen die NATO-Staaten, das bereits im Aufbau befindliche gemeinsame ALTBMD-Programm zur territorialen Flugkörperabwehr zu erweitern und mit dem EPAA der USA zu verknüpfen.[261] Der Übergang zwischen taktischer und strategischer Raketenabwehr wurde damit fließend. Ziel war es, die Bevölkerungen, die Territorien und die Streitkräfte aller europäischen NATO-Staaten vollständig abzudecken und vor den zunehmenden Bedrohungen durch ballistische Raketen zu schützen.[262]

Das Bündnis passte sich mit dem Beschluss von Lissabon nicht nur an die sicherheitspolitischen Entwicklungen an, sondern änderte auch die Erfordernisse der Abschreckung. Die klassische Abschreckung reichte nicht mehr aus, das Konzept der wechselseitigen Vernichtung hatte sich überlebt.[263] Die konventionellen und nuklearen Offensivpotenziale mussten durch defensive Optionen erweitert werden, um auch künftig im Rahmen der Sicherheitsvorsorge handlungsfähig zu bleiben. Mit der Einigung zur kollektiven Flugkörperabwehr stärkte die Allianz den Zusammenhalt nach innen und demonstrierte Geschlossenheit nach außen.[264] Das NATO Air Defence Committee wurde in Air and Missile Defence Committee (AMDC) umbenannt, und NATINADS um den Begriff Missile erweitert: NATO Integrated Air and Missile Defence System (NATINAMDS). Die bis dahin vorrangig getrennt betrachteten Konzepte TMD und NMD wurden aufgelöst und als Ballistic Missile Defense (BMD) zusammengefasst. Das gemeinsame Projekt zum Schutz des gesamten Bündnisgebietes sollte unter Berücksichtigung des Prinzips der Unteilbarkeit der Sicherheit der Bündnispartner umgesetzt werden. Gleiche Teilung von Lasten und

259 Active Engagement – Modern Defence. Strategic Concept, 19.11.2010, <nato.int>, No. 19.

260 The White House, Office of the Press Secretary, Press Conference of the President after NATO Summit, 20.11.2010, <https://obamawhitehouse.archives.gov/the-press-office/2010/11/20/press-conference-president-after-nato-summit> (letzter Zugriff 20.1.2022).

261 Vgl. Thränert, Das Raketenabwehrprojekt der Nato, S. 16.

262 Vgl. Chicago Summit Declaration, 20.5.2012, <nato.int>, No. 58.

263 Vgl. Stefan Kornelius und Christoph Schwennicke, SZ-Interview mit dem Nato-Generalsekretär: »Die Raketenabwehr wird kommen«. In: SZ, 5.2.2001.

264 Vgl. Thränert, Das Raketenabwehrprojekt der Nato, S. 5.

Risiken waren damit feste Bestandteile der NATO-Raketenabwehr.[265] Ein Angriff mit ballistischen Flugkörpern auf einen NATO-Partner würde faktisch den Bündnisfall gemäß Artikel 5 des NATO-Vertrags auslösen. Die Reaktionszeit bei einem solchen Angriff wäre jedoch stark begrenzt.[266] Die Einberufung des Nordatlantikrats oder die Übernahme der Verantwortung durch einzelne Nationen wäre zeitlich nicht möglich. Demzufolge mussten die Entscheidungsabläufe optimiert werden. Hierzu sollte das gemeinsame Führungs- und Informationssystem ACCS im Bündnisrahmen finanziert und um den Bereich BMD ergänzt werden. Auf freiwilliger Basis und auf der Grundlage ihrer eigenen Bedrohungsanalyse sollten die NATO-Staaten dieses System durch Führungselemente, Sensoren (Radare, Satelliten) und Effektoren erweitern.[267] Einen ersten Beitrag boten die USA mit der Umsetzung ihres Konzepts EPAA an. In den folgenden Jahren wurde dieser zum Kernelement der NATO-Raketenabwehr.[268]

Die europäischen Mitgliedsstaaten verfügten im Rahmen ihres ALTBMD-Programms lediglich über Waffensysteme zur Zielpunktverteidigung, also zur Verteidigung strategisch wichtiger Objekte und begrenzter Räume, etwa militärischer Einrichtungen, Häfen und Flughäfen. Der Schwerpunkt lag bislang beim Aufbau der Fähigkeit zur Abwehr von taktisch ballistischen Raketen, Marschflugkörpern, Drohnen und anderen Luftfahrzeugen. Teils nutzten die Europäer aus den USA importierte Systeme (beispielsweise Patriot[269]), teils wurde die europäische Rüstungsindustrie mit einbezogen (zum Beispiel SAMP-T[270]). Territorien oder Bevölkerungen ließen sich mit diesen Systemen jedoch nicht verteidigen. Seit 2002 machten die USA konkrete Vorschläge für eine amerikanische Raketenabwehr in Europa. Sowohl das Konzept der Bush-Administration als auch das der Obama-Regierung zielten auf die Abwehr ballistischer Raketen mit großer Reichweite.[271]

Als die Obama-Administration 2009 die Streichung des EMD-Programms bekannt gab, löste dies in Polen und Tschechien Irritation und Frustration aus. Im polnischen Fernsehen äußerte etwa der ehemalige Präsident Lech Wałęsa: »Es ist nicht so, dass wir das Schild brauchen, aber es geht darum, wie wir behandelt werden.«[272] Für die tschechische und die polnische Regierung hatte die Stationierung von Systemkomponenten symbolischen Wert. Es war ein Schritt der Integration in die NATO. Darüber hinaus hatten beide Länder großes Interesse an einer Kooperation mit den Vereinigten Staaten. Die Präsenz von US-Truppen und -Einrichtungen war eine Garantie für die Unterstützung durch die USA im Ernstfall. »Je größer die geografische Nähe eines Nato-Partners zu Russland [...], desto kritischer ist sein

265 Vgl. Active Engagement – Modern Defence. Strategic Concept, 19.11.2010, <nato.int>.
266 Vgl. hierzu Kap. II.2.b.
267 Vgl. Chicago Summit Declaration, 20.5.2010, <nato.int>, No. 60.
268 Vgl. Müllner, Herausforderung Flugkörperabwehr, S. 68, 70; Sievers, Flugabwehr, S. 89 f.; Wurstner, Die Entstehung des Air and Missile Defence Committee, S. 155.
269 Nutzerstaaten von Patriot sind u.a. Deutschland, Niederlande, Spanien, Polen, Griechenland und Rumänien.
270 Nutzerstaaten von SAMP-T sind Frankreich und Italien.
271 Vgl. Neuneck/Alwardt/Gils, Raketenabwehr in Europa, S. 167.
272 Zit. nach ebd., S. 227.

Blick auf die russische Außenpolitik und die innenpolitischen Entwicklungen.«[273] Eine konfrontative Haltung oder ein Kräftemessen mit Russland, wie es die verhältnismäßig jungen NATO-Mitglieder an den Tag legten, war nicht im Interesse des Bündnisses. So hatten die bilateralen Verhandlungen von Polen und Tschechien mit den USA innerhalb der Allianz für Kritik gesorgt.[274]

Insbesondere weil die USA das Bündnis nun gänzlich mit in die Planungen einbezogen, einer politischen Kontrolle durch den NATO-Rat über den Einsatz der amerikanischen EPAA-Anteile zustimmten und auch Russland Möglichkeiten der Kooperation mit der NATO im Bereich der Raketenabwehr eröffnet wurden, überzeugte Obama in Europa letztendlich auch Partner wie Deutschland und Frankreich, die zuvor den Plänen von Bush mit Skepsis begegnet waren.[275] Trotz der Betonung Europas lag die strategisch-politische Priorität der USA nach wie vor bei der Verteidigung des eigenen Territoriums. Die USA sahen sich allerdings gegen einen möglichen Angriff seitens Nordkoreas oder des Iran mit weitreichenden Raketen durch die bereits vorhandene Raketenabwehrarchitektur ausreichend geschützt. In zweiter Linie sollten die US-Streitkräfte im Ausland und in Einsatzgebieten sowie die Verbündeten und Partner geschützt werden. Die vorhandenen Systeme zur Abwehr von ballistischen Flugkörpern und ihre beschlossene technologische Weiterentwicklung waren nach Ansicht der USA zwar qualitativ geeignet, jedoch reiche ihre Quantität nicht aus, um die wachsende Anzahl gegnerischer Raketen zu neutralisieren. Darüber hinaus sollten die Fähigkeiten der Partnernationen durch den Kauf von Raketenabwehrsystemen verbessert werden. Die Gestaltung des EPAA in vier Phasen ermöglichte eine schrittweise und flexible Umsetzung des Aufwuchses, um auf entstehende Bedrohungen schnell reagieren zu können. Diese Flexibilität konnte allerdings auch greifen, um den Aufbau bei langsamer Bedrohungsentwicklung zu strecken. Der Ansatz basierte vorrangig auf see- und später landgestützten Abfangflugkörpern des Typs SM-3 unterschiedlicher Generationen sowie auf Frühwarn- und Feuerleitradaranlagen.[276]

Phase 1 des EPAA umfasste die Stationierung von bereits verfügbaren Raketenabwehrsystemen zum Schutz von Teilen Südeuropas gegen SRBM und MRBM bis zum Jahr 2011. Bei diesen Systemen handelte es sich zum einen um raketenabwehrbefähigte Aegis-Schiffe, Abfangraketen SM-3 (Block IA) sowie ein vorgeschobenes Radarsystem. Die US-Marine nutzte Schiffe der Aegis-Klasse bereits seit den 1970er Jahren. Ursprünglich waren sie entwickelt worden, um größere Schiffe und insbesondere Flugzeugträger vor feindlichen Flugzeugen und Marschflugkörpern zu schützen. Die USS Monterey, ein Lenkwaffenkreuzer, wird seit März 2011 im Mittelmeer eingesetzt und ist mit einem Aegis-Radarsystem sowie Abfangraketen SM-3 (Block IA) ausgestattet. Diese haben eine Reichweite von rund 600 Kilometern und verfügen über einen kinetischen Hit-to-kill-Gefechtskopf. Ein Aegis-Schiff kann bis zu

273 Bitter, Die Nato und die Raketenabwehr, S. 12.

274 Vgl. Neuneck/Alwardt/Gils, Raketenabwehr in Europa, S. 226 f.; Bitter, Die Nato und die Raketenabwehr, S. 12.

275 Vgl. Thränert, Das Raketenabwehrprojekt der Nato, S. 10.

276 Vgl. Ballistic Missile Defense Review Report; Müllner, Herausforderung Flugkörperabwehr, S. 70; Thränert, Das Raketenabwehrprojekt der Nato, S. 9.

100 SM-3-Abfangraketen tragen und ballistische Flugkörper mit einer Reichweite von bis zu 1000 Kilometern entdecken, verfolgen und zerstören.[277]

Mit Phase 2 des EPAA sollten bis 2015 die Fähigkeiten mit der Stationierung von weiterentwickelten Abfangraketen (SM-3 Block IB) sowie zusätzlichen Sensoren zur Erfassung von SRBM und MRBM verbessert werden. Für Rumänien geplante SM-3-Abfangraketen würden es dem gesamten Abwehrsystem ermöglichen, den Schutz auf weitere NATO-Mitglieder auszuweiten. Phase 3 beinhaltete eine weitere land-basierte SM-3-Komponente in Polen sowie weiterentwickelte SM-3-Abfangflugkörper (Block IIA). Die Umsetzung von Phase 3 bis 2018 sollte die Abwehr von MRBM und IRBM gewährleisten und den Schutzschirm auf alle europäische NATO-Mitglieder ausdehnen. Mit Phase 4 strebten die USA ursprünglich an, bis 2020 die Fähigkeit zur Abwehr von potenziellen ICBM gegen die USA aus dem Mittleren Osten umzusetzen. Bis zu diesem Zeitpunkt sollte auch die Weiterentwicklung der SM-3 abgeschlossen sein und in der Version Block IIB für die Stationierung zur Verfügung stehen.[278] Am 15. März 2013 gaben die USA bekannt, das Programm SM-3 IIB aufzugeben und die Phase 4 des EPAA nicht zu realisieren. Der Wegfall der Flugkörper SM-3 IIB sollte durch eine Stationierung weiterer GBI in den USA kompensiert werden.[279]

2010 konnte die Interoperabilität zwischen dem ALTBMD der NATO und dem US-Führungssystem für Flugkörperabwehr mit Sitz in Ramstein nachgewiesen werden. Nach einer erfolgreichen Verknüpfung von Sensoren, Datenübertragungs- und Planungsmitteln stellte die NATO Anfang des Jahres 2011 eine vorläufige operative Fähigkeit von ALTBMD fest. Im Folgenden sollten ALTBMD und EPAA unter einem Kommando und mit einem gemeinsamen Warnsystem zusammengefasst werden. Als Vorbild für die geplante Kommandostruktur diente die bereits vorhandene Integrierte NATO-Luftverteidigung, die dem SACEUR unterstand.[280]

Auf dem NATO-Gipfel in Chicago 2012 erklärten die Staats- und Regierungschefs, das Bündnis habe eine vorläufige Befähigung zur Abwehr ballistischer Flugkörper (Interim Capability) erreicht.[281] Das Command and Control System (C^2) im NATO Headquarters Allied Air Command war in Ramstein installiert worden und in Betrieb. Darüber hinaus standen die Aegis-Schiffe der USA und das Forward-based early-warning BMD Radar (FBX-Radar) in Kürecik (Türkei) nun unter der operativen Kontrolle der NATO.[282]

Im September 2015 stationierten die USA vier Aegis-Schiffe im südspanischen Rota. Auf dem NATO-Gipfel in Warschau 2016 verkündeten die Staats- und Regierungschefs, dass die NATO BMD Initial Operational Capability erreicht wor-

277 Vgl. Ballistic Missile Defense Review Report, S. 24; Thränert, Das Raketenabwehrprojekt der Nato, S. 9 f.; Zadra, NATO, Russia and Missile Defence (2010), S. 12.

278 Vgl. Ballistic Missile Defense Review Report, S. 24; Vgl. Zadra, NATO, Russia and Missile Defence (2010), S. 12.

279 Vgl. U.S. Department of Defense, Missile Defense Announcement as Delivered by Secretary of Defense Chuck Hagel, The Pentagon, Friday, March 15, 2013, <https://archive.defense.gov/Speeches/Speech.aspx?SpeechID=1759> (letzter Zugriff 24.5.2020).

280 Vgl. Thränert, Das Raketenabwehrprojekt der Nato, S. 16 f.

281 Vgl. Chicago Summit Declaration, 20.5.2012, <nato.int>, No. 59 f.

282 Vgl. Neuneck/Alwardt/Gils, Raketenabwehr in Europa, S. 177.

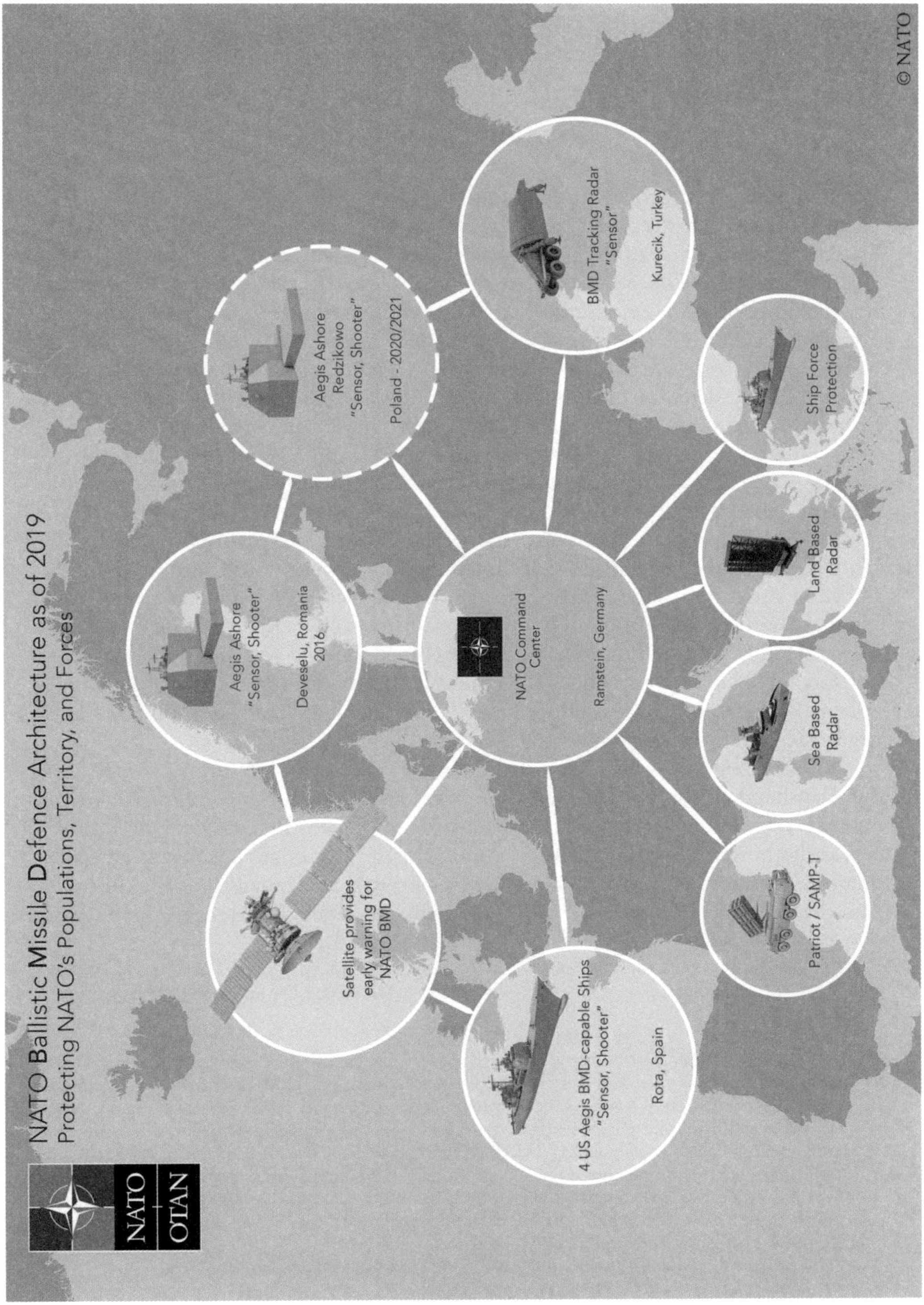
NATO OTAN
NATO Ballistic Missile Defence Architecture as of 2019
Protecting NATO's Populations, Territory, and Forces
Satellite provides early warning for NATO BMD
Aegis Ashore "Sensor, Shooter" Deveselu, Romania 2016
Aegis Ashore Redzikowo "Sensor, Shooter" Poland - 2020/2021
BMD Tracking Radar "Sensor" Kurecik, Turkey
NATO Command Center Ramstein, Germany
4 US Aegis BMD-capable Ships "Sensor, Shooter" Rota, Spain
Patriot / SAMP-T
Sea Based Radar
Land Based Radar
Ship Force Protection

© NATO

den sei. Zeitgleich übernahm die NATO die Befehls- und Kommandogewalt für die Raketenabwehranlage Aegis Ashore, eine landbasierte Variante des Aegis-Systems in Deveselu (Rumänien).[283]

f) Russland: Partner anstatt Gegner?

Die Beziehungen zwischen Russland und den USA sowie den europäischen NATO-Staaten im Bereich der Raketenabwehr waren ambivalent. Der Wechsel zwischen Spannung und Entspannung bestimmte den Fortschritt oder Rückschritt der Zusammenarbeit. Die in Russland dominierende Perspektive zur territorialen Raketenabwehr wurde bestimmt durch das Bemühen um die Aufrechterhaltung des globalen strategischen Gleichgewichts sowie die nukleare Balance mit den USA. Die bilateralen Verträge zur Rüstungsbeschränkung zwischen den USA und Russland bildeten für Moskau »an anchor of self-perception that positioned the country as one of the two superpowers«.[284] Mit der Beendigung der Verträge wie dem ABM-Vertrag 2002 fürchteten die Russen, diese Position zu verlieren.[285] Vor diesem Hintergrund war die Raketenabwehrdebatte aus russischer Perspektive seit SDI von Kontinuität geprägt. Von außen betrachtet war die russische Rhetorik höchst ambivalent. Die zunächst zurückhaltende Akzeptanz der amerikanischen Raketenabwehrpläne um die Jahrtausendwende verwandelte sich zunehmend in Abwehr und Konfrontation. Die Führung Russlands schien unentschlossen, inwiefern sie die Pläne zur territorialen Flugkörperabwehr in Europa als Bedrohung stilisieren oder als Chance bewerten sollte. Letztendlich wurden die russischen Gegenmaßnahmen wie die Modernisierung der eigenen Nuklearwaffen oder die Stationierung offensiver Potenziale in unmittelbarer Nähe zum NATO-Bündnisgebiet von einer aggressiven Rhetorik Moskaus gegen die NATO-Raketenabwehr begleitet.[286]

Beide Seiten hatten sich im Laufe der Debatte nicht nur immer wieder um Schadensbegrenzung und Deeskalation des Konflikts bemüht, sondern auch dem anderen die Hand für eine Zusammenarbeit geboten.[287] Bereits 1991 hatte Bush senior die Sowjetunion im Rahmen seiner Abrüstungsinitiative gebeten, einer begrenzten Stationierung von strategischen Defensivsystemen zuzustimmen. Gorbačev war gewillt, die Vorschläge der USA zu nicht-nuklearen Raketenabwehrsystemen

283 Vgl. Warsaw Summit Communiqué, 9.7.2016, <nato.int>, No. 57; Chicago Summit Declaration, 20.5.2012, <nato.int>, No. 57; Sievers, Flugabwehr, S. 90; Böing, Die außenpolitischen Debatten (2018), S. 8.

284 Kassianova, Russia: In search of strategy, S. 663 f.

285 Der Generalinspekteur der Bundeswehr, General Harald Kujat (2000–2003), sagte in einem Redebeitrag am 7.2.2001 vor dem Verteidigungsausschuss, dass der ABM-Vertrag über seine abrüstungspolitische Bedeutung mehr eine politische Bedeutung habe. Es sei der erste Vertrag gewesen, der den Russen die Gleichwertigkeit mit den USA auf strategischer Ebene in schriftlicher Form bestätigt habe. Die Kündigung des ABM-Vertrages bedeute demensprechend weniger, dass ein Abrüstungssystem zusammenbreche. Vielmehr würde die Kündigung deutlich machen, dass Russland nicht auf gleicher Ebene mit den USA gesehen werde, und damit die tatsächliche Realität festschreiben. Vgl. Parlamentsarchiv, Deutscher Bundestag, Bestand 3119, Ausschuss für Verteidigung, 14. WP, Protokoll Nr. 65 vom 7.2.2001, S. 47.

286 Vgl. Kassianova, Russia: In search of strategy, S. 681; Kubiak, Raketenabwehr, S. 8.

287 Vgl. Bitter, Die Nato und die Raketenabwehr, S. 11.

zu diskutieren. Am 29. Januar 1992 erklärte El'cin schließlich, Russland sei bereit, gemeinsam ein globales Frühwarn- und Raketenabwehrsystem (Global Protection System, GPS) gegen begrenzte Raketenangriffe zu entwickeln, aufzubauen und zu betreiben. Zur Förderung der Zusammenarbeit vereinbarten Bush und El'cin die Einrichtung einer Arbeitsgruppe. Im September 1992 schlugen die USA nach anfänglicher Skepsis ein gemeinsames Global Protection Center zum Austausch von Informationen zur Proliferation, zu Starts von Weltraumraketen und Abwehrtaktiken sowie zur gegenseitigen Unterstützung bei der Entwicklung und Beschaffung von Raketenabwehrsystemen vor. Im Oktober 1992 unterzeichneten zehn Mitglieder der Gemeinschaft unabhängiger Staaten (GUS) das Abkommen von Bischkek, mit dem sie sich selbst verpflichteten, die Bestimmungen des ABM-Vertrages zu erfüllen. Die bilaterale Zusammenarbeit wurde unter Clinton zwar fortgesetzt, jedoch mit geringerer Priorität.[288]

Im Jahr 2000 bot Putin der NATO den Aufbau einer gemeinsamen Flugkörperabwehr zur Bekämpfung von ballistischen Raketen mit einer Reichweite von bis zu 3500 Kilometern an. Damit ergab sich auf den ersten Blick ein Ausweg aus dem Dilemma um den ABM-Vertrag. Die russische Position blieb aber in wesentlichen Punkten unklar. Im folgenden Jahr legte Moskau der NATO ein Konzept mit der Bezeichnung »Phases of European Missile Defence« vor – eine russische, mit dem ABM-Vertrag im Einklang stehende Alternative zum NMD-Programm der USA. In drei Stufen, die reaktiv aufeinander aufbauten, sollte möglichen Bedrohungen für Europa durch Risikostaaten begegnet werden. Im ersten Schritt wurden zunächst das Ausmaß der Proliferation von Raketenwaffen und potenzielle gegen europäische Staaten gerichtete Bedrohungen identifiziert. Im zweiten Schritt sollte ein Konzept für ein gesamteuropäisches nichtstrategisches Raketenabwehrsystem (Euro-ATBM) erarbeitet werden.[289] Im dritten und letzten Schritt folgte die Festlegung des möglichen Ablaufs, der Maßstäbe und der Zeiten für die Dislozierung von Truppenteilen. Dieses Angebot entsprach nicht den Sicherheitsinteressen der USA, da das russische Programm sich auf die Abwehr von Kurz- und Mittelstreckenraketen bis 3500 Kilometer konzentrierte und keine Bekämpfung von weitreichenden Raketen vorsah. Auch NATO-Generalsekretär Robertson reagierte zurückhaltend. Er fürchtete, Russland wolle womöglich einen Keil zwischen Europa und die USA treiben. Eine Erkenntnis der atlantischen Allianz aus dieser Debatte war die vermeintliche Anerkennung der Proliferation von Massenvernichtungswaffen und ihren Trägersystemen durch Russland als Bedrohung für die internationale Sicherheit – selbst wenn es bei der Interpretation dieser Bedrohung deutliche Differenzen gab.[290]

288 Vgl. BArch, BW 1/575294, BMVg, FüS III 5 zu Defense and Space Talks (DST), 19.2.1992; Scheffran, Raketenabwehr contra Proliferation.

289 Im Gegensatz zum amerikanischen NMD-Konzept sollte diese in sich paradox erscheinende Begriffswahl offensichtlich die russische Intention zur Aufrechterhaltung der strategischen und regionalen Stabilität in Europa widerspiegeln.

290 Vgl. Kassianova, Russia: In search of strategy, S. 667 f.; Lothar Rühl, Rückfall in altes Denken oder Einleiten eines großen Schwenks. Putins Gegenvorschlag zur amerikanischen Raketenabwehr. In: FAZ, 10.7.2000; Russland schlägt der Nato europäische Raketenabwehr vor. Nato-Generalsekretär Robertson trifft auf einen Kreml-Chef, der sich weiterhin gegen die Osterweiterung stemmt – Irritationen um angebliche Bush-Botschaft. In: Die Welt, 21.2.2001; Hoop Scheffer, NATO united

Diese von Spannungen geprägte Debatte zwischen Russland und den USA über die Realisierung der amerikanischen Planungen zur NMD vor dem Hintergrund des ABM-Vertrags dauerte bis zum 11. September 2001. Im Zuge der Anschläge und den damit einhergehenden russischen Solidaritätsbekundungen gestalteten sich die Beziehungen zwischen Washington und Moskau »so gut wie nicht einmal zu Zeiten Gorbtschows oder Jelzins«.[291] Putin rückte zunehmend von seiner bisherigen Charakterisierung des ABM-Vertrags als Eckstein der internationalen strategischen Stabilität ab und äußerte sich zuversichtlich, dass eine Übereinkunft erreicht werden könnte. Als Bush im Dezember 2001 verkündete, die USA würden sich vom ABM-Vertrag zurückziehen, bezeichnete Putin dies zwar als Fehler, doch er betonte, dass dies keine Bedrohung für die nationale Sicherheit der Russischen Föderation darstelle. Als die amerikanischen Stationierungspläne für Europa 2004 jedoch Form annahmen, rückte Moskau von dieser Position ab und stufte das Raketenabwehrsystem der USA mit seinen Übersee-Stationierungen als Bedrohung der russischen Sicherheit ein.[292]

In einem Interview mit der polnischen Zeitung Gazeta Wyborczka am 6. Dezember 2005 sagte der russische Armeegeneral Jurij Baluevskij angesichts der amerikanischen Pläne, Raketenabwehrkomponenten in Polen zu stationieren: »Go ahead and build that shield. You have to think, though, what will fall on your heads afterwards.«[293]

Im Sommer 2007 schlug Putin erneut vor, mit der NATO eine gemeinsame Raketenabwehrarchitektur zu errichten. Dafür bot er die Nutzung eines russischen Radargeräts in Gabala (Aserbaidschan) sowie eines weiteren im Aufbau befindlichen Radarsystems im Süden Russlands an, rund 700 Kilometer nordwestlich des Iran. Beide Radarsysteme sollten bis 2020 dem NATO-Russland-Rat unterstellt und ein gemeinsames Frühwarnzentrum in Moskau und Brüssel errichtet werden. Aus russischer Sicht wurde die Stationierung der US-Systemkomponenten in Europa damit überflüssig.[294] Es ging hierbei allerdings lediglich um die Frühwarnung und Früherkennung von Raketenstarts. Die russischen Systeme verfügten weder über

on missile defence approach, S. 11; »Sofern die Zustimmung der amerikanischen Seite dazu vorliegt«. Der Vorschlag des russischen Verteidigungsministers Sergejew für die Entwicklung eines gesamteuropäischen Systems zur Abwehr nichtstrategischer ballistischer Raketen. In: FAZ, 24.2.2001.

291 Aussage aus dem Kreml. Vgl. Bush und Putin sehen Fortschritte bei Raketenabwehr. In: Die Welt, 22.10.2001.

292 2004 schlossen die USA einen bilateralen Vertrag mit Dänemark und führten weitere Verhandlungen mit Großbritannien. Vgl. Kassianova, Russia: In search of strategy, S. 666; Bush verschiebt drei für Herbst geplante Tests zum Raketenabwehrsystem. Rumsfeld: Wir wollen den ABM-Vertrag nicht verletzen. Verringerung der Raketenarsenale Gipfelthema. In: FAZ, 27.10.2001; London beteiligt sich am Raketenabwehrsystem Amerikas. Frühwarnanlage Fylingdales soll umgerüstet werden/Proteste. In: FAZ, 16.1.2003; Vershbow, Present at the Transformation, S. 439.

293 Global Security Newswire, Russian General Warns Poland Against Participation in U.S. Missile Defense Program, 6.12.2005, <www.nti.org/gsn/article/russian-general-warns-poland-against-participation-in-us-missile-defense-program/> (letzter Zugriff 20.1.2022).

294 Vgl. Vladimir Putin, President of Russia, and George W. Bush, President of the USA, Press Statement Following the Meeting with American President George W. Bush, Heiligendamm, 7.6.2007, <http://en.kremlin.ru/events/president/transcripts/40372> (letzter Zugriff 20.1.2022); Vladimir Putin, President of Russia, Joint Press Conference with President of the United States George Bush, 2.7.2007, <http://en.kremlin.ru/events/president/transcripts/24393> (letzter Zugriff 20.1.2022).

die Fähigkeit zum Battle Management, noch konnten anfliegende Flugkörper bekämpft werden. Aus amerikanischer Sicht waren die Vorschläge Moskaus demzufolge keineswegs geeignet, die für Polen und die Tschechische Republik geplanten Abfangsysteme zu kompensieren.[295]

Die Bush-Administration zeigte sich durchaus interessiert an einer in Aussicht gestellten Datennutzung russischer Radargeräte, doch weigerte sie sich, im Gegenzug Putins Bedingung zu erfüllen, die Stationierungspläne für Osteuropa aufzugeben. Moskau kündigte im Falle einer Stationierung asymmetrische Gegenmaßnahmen an.[296] Viele Kritiker der Raketenabwehr in Europa fühlten sich bestätigt. Womöglich hatte die russische Regierung diese Reaktion sogar provoziert, um die Modernisierung der russischen Streitkräfte und seiner strategischen Nuklearwaffen zu rechtfertigen, die bereits vor der Jahrtausendwende eingeleitet worden war. Zwischen 2001 und 2007 hatte sich der russische Verteidigungshaushalt vervierfacht. Es war zu erwarten, dass Russland langfristig wieder im Besitz einer ausreichenden Anzahl an Trägermitteln und Gefechtsköpfen sein würde, um die USA zu bedrohen.[297]

Inwieweit die Abfangraketen, die in Polen stationiert werden sollten, die russische Fähigkeit zur Abschreckung tatsächlich einschränkten, ist fraglich. Von den theoretischen Flugbahnen russischer Raketenangriffe auf die USA führten nur wenige über Europa und das russische Militär verfügte über hochentwickelte Raketentechnologien wie Mehrfachsprengköpfe, Täuschkörper und einen neuen, manövrierfähigen Gefechtskopf. Einem russischen Angriff mit hunderten Atomraketen könnte das US-System nicht standhalten. Anfang 2007 verkündete der russische General Nikolai Solovzov, Kommandeur der Strategischen Raketentruppen, dass das Abwehrsystem der USA nicht in der Lage sei, russische Interkontinentalraketen abzufangen. Spielte Moskau die Frage der US-Raketenabwehr aus politischen Gründen hoch?[298] Im Verlauf der Debatte kamen immer wieder die geostrategischen Vorbehalte Russlands zum Ausdruck.[299] Nicht der Aufbau des Raketenabwehrsystems an sich war das Problem, sondern die Stationierung von militärischen Systemkomponenten der USA oder der NATO in unmittelbarer Nachbarschaft, also in den früheren Mitgliedsstaaten der WVO und in den Republiken der ehemaligen Sowjetunion. Die Vorbehalte waren nicht unbegründet, bedenkt man, dass die NATO Russland 1997 zugesichert hatte, im Zuge der Osterweiterung der NATO keine Truppen

295 Vgl. Bitter, Die Nato und die Raketenabwehr, S. 11; Neuneck/Alwardt/Gils, Raketenabwehr in Europa, S. 224; Weitz, Illusive Visions, S. 108 f.; Kubiak, Raketenabwehr, S. 15.

296 Vgl. Vladimir Putin, President of Russia, Transcript of Press Conference with the Russian and Foreign Media, 1.2.2007, <http://en.kremlin.ru/events/president/transcripts/24026> (letzter Zugriff 20.1.2022).

297 Vgl. Bitter, Die Nato und die Raketenabwehr, S. 11.

298 Vgl. ebd.; Schreer, Heiße Kartoffel Raketenabwehr, S. 47 f.; Thomas Avenarius, Gelassene Generäle. Russlands Fähigkeit zu Vergeltungsschlägen bleibt erhalten. In: SZ, 31.5.2001; Gennadi Gerassimow, Moskau bietet Washington Dialog zur Raketenabwehr an. Aus russischer Sicht sind die amerikanischen NMD-Pläne zwar wenig erfolgversprechend, aber trotzdem eine Belastung der internationalen Kräftebalance. In: Handelsblatt, 16.3.2001; Hoop Scheffer, NATO united on missile defence, S. 13.

299 Dies wurde bereits am russischen Vorschlag für ein Alternativprogramm zu NMD deutlich. Vgl. Kubiak, Raketenabwehr, S. 15.

und Waffen strategischer Bedeutung in der Nähe der Grenze zu Russland dauerhaft aufzustellen.[300]

Die Diskussionen zwischen Russland und der NATO über die TMD gingen im Gegensatz zur territorialen Flugkörperabwehr über den politischen Dialog hinaus. Der NATO-Russland-Rat hatte im Juni 2002 eine Ad Hoc Working Group for Theatre Missile Defence eingesetzt. Im Rahmen von fünf Unterarbeitsgruppen untersuchten Experten aus dem NATO-Stab und einzelnen Mitgliedsstaaten gemeinsame Terminologien (EAD/TMD Terminology), experimentelle Konzepte (Joint Experimental Concept) sowie gemeinsame Konzepte zu Operationen (Joint Experimental Concept of Operations), Systemen und Fähigkeiten (MD Systems and System Capabilities), Ausbildung und Übungen (EAD/TMD Training and Exercises).[301] In multilateralen Übungen betrieben die NATO und Russland einen gemeinsamen Gefechtsstand, um einer simulierten Bedrohung von außen zu begegnen. Der Betrieb von Waffensystemen blieb dabei allerdings außen vor. Die gravierenden Unterschiede in der Technologie und der militärischen Philosophie erschwerten eine elektronische Vernetzung der Partner sowie eine Zusammenarbeit im Bereich der operativen Verfahrensabläufe. Alexander Bitter folgerte 2007, dass ein wesentliches Motiv für Russland, an den gemeinsamen Übungen teilzunehmen, darin zu bestehen schien, sich Zugang zur westlichen Technik zu verschaffen. Insbesondere die russischen Waffengeschäfte mit Syrien, Iran oder Sudan begründeten die Zurückhaltung der NATO-Partner. Die Zusammenarbeit war letztendlich mehr von politischer Symbolik gekennzeichnet, als dass sie auf militärischer Ebene brauchbare Ergebnisse hervorbrachte.[302]

Für die meisten NATO-Mitglieder war von zentraler Bedeutung, dass der Aufbau einer gemeinsamen Raketenabwehr nicht zu einem nachhaltigen Konflikt mit Russland führte. Seit 2007, als die amerikanischen Raketenabwehrpläne für Europa mit der avisierten Third Site zunehmend konkret wurden, enthielten die offiziellen Erklärungen der NATO im Zuge von Gipfeltreffen oder ministeriellen Treffen immer einen Absatz oder zumindest einige Sätze, in denen die NATO versicherte, Russland in Bezug auf den Themenkomplex Raketenabwehr im NATO-Russland-Rat zu konsultieren.[303] Auf dem Gipfel in Bukarest 2008 ermutigten die Bündnispartner die Russische Föderation »to take advantage of United States' missile defence cooperation proposals«; sie erklärten sich bereit, »to explore the potential for linking United States, NATO and Russian missile defence systems at an appropriate time«.[304] Es war nicht im Sinne der Allianz, die Konfrontation mit Russland zu provozieren, um eine Option zur Schadensbegrenzung im Falle einer Konflikteskalation im Nahen und Mittleren Osten zu gewinnen. Darüber hinaus war nicht zu erwarten, dass der

300 Vgl. Adomeit/Bitter, Russland und die Raketenabwehr, S. 6.

301 Vgl. BArch, BW 1/515332, BMVg, Rü IV 5, Konferenzunterlagen für die 73. Konferenz der Nationalen Rüstungsdirektion der NATO (CNAD) vom 6.–7.11.2003 im NATO-HQ, Brüssel, zum Thema Missile Defence und CMD, 7.10.2003, S. 3 f.; Weitz, Illusive Visions, S. 102.

302 Vgl. Bitter, Die Nato und die Raketenabwehr, S. 11 f.; Thränert, Das Raketenabwehrprojekt der Nato, S. 25; Zadra, NATO, Russia and Missile Defence (2010), S. 14; Deutscher Bundestag, Drucksache 16/4710 vom 19.3.2007.

303 Vgl. Zadra, NATO, Russia and Missile Defence (2010), S. 13 f.

304 Bucharest Summit Declaration, 3.4.2008, <nato.int>, No. 54.

weitere Abbau von Nuklearwaffen ohne eine Einigung mit Moskau hinsichtlich der Raketenabwehr möglich sein würde. Folglich war die Zusammenarbeit mit Russland im Bereich der Raketenabwehr eine Voraussetzung für den Konsens der Allianz in Lissabon 2010. NATO-Generalsekretär Rasmussen präsentierte in seiner Rede vor dem Brüssel-Forum des German Marshall Fund of the United States im Frühjahr 2010 seine persönliche Vision hinsichtlich einer solchen Zusammenarbeit: »We need a missile defence system that includes not just all countries of NATO, but Russia too. One security roof, that we build together, that we support together, and that we operate together. One security roof that protects us all.«[305]

Am Ende des NATO-Gipfels in Lissabon betonte Obama, dass man Russland als Partner und nicht als Gegner sehe.[306] »We will actively seek cooperation on missile defence with Russia and other Euro-Atlantic partners«[307] – so hatten es die Staats- und Regierungschefs der NATO-Staaten im neuen Strategischen Konzept des Bündnisses von 2010 vereinbart. Rasmussen erklärte: »Today, we launch a fundamentally new phase in relations between NATO nations and Russia. Today, we help not only bury the ghosts of the past that have haunted us for too long. We exorcise them.«[308]

Der russische Präsident Dmitrij Medvedev stellte anlässlich des NATO-Russland-Rats in Lissabon im November 2010 die Bedingungen Russlands für eine Zusammenarbeit vor:

> »These Conditions are equality, transparency, technological involvement and responsibility for particular tasks [...] Either we are fully involved, exchanging information and taking responsibility for particular areas, or we do not take part at all. But if we do not take part at all, it is understandable that we would have to take defensive measures accordingly.«[309]

Russland forderte, als gleichwertiger Partner in die Pläne der NATO zur Flugkörperabwehr einbezogen zu werden. Wie zuvor beschrieben, hatte Russland dem Atlantischen Bündnis einen alternativen Vorschlag zu einem europäischen Flugkörperabwehrsystem unterbreitet. Medvedev bat darum, das russische Konzept, das auf einer Aufteilung des Schutzgebiets in Zonen basierte, erneut zu prüfen. Darüber hinaus forderte Russland von der NATO eine rechtlich verbindliche Garantie, dass sich ihre Raketenabwehrarchitektur nicht gegen Russland richte. Falls das Bündnis diese Forderungen nicht erfülle, drohte Russland eine eigene Raketenabwehr aufzubauen, den neuen Strategic Arms Reduction Treaty (START) zu kündigen oder ballistische Flugkörper an der NATO-Ostgrenze zu stationieren.[310]

---

305 Die Wortwahl erinnert in der Tat stark an die SDI-Ansprache von Ronald Reagan 1983. Building a Euro-Atlantic Security Architecture. Speech by NATO Secretary General Anders Fogh Rasmussen, 27.3.2010, <nato.int>.

306 Vgl. The White House, Office of the Press Secretary, Press Conference of the President after NATO Summit, 20.11.2010, <https://obamawhitehouse.archives.gov/the-press-office/2010/11/20/press-conference-president-after-nato-summit> (letzter Zugriff 20.1.2022).

307 Active Engagement – Modern Defence. Strategic Concept, 19.11.2010, <nato.int>, No. 19.

308 Closing press conference by NATO Secretary General Anders Fogh Rasmussen at the Summit meetings of Heads of State and Government, Lisbon, Portugal, 20.11.2010, <nato.int>.

309 Richardson, NATO plans Europe-wide missile-defence system, S. 6.

310 Vgl. Thränert, Das Raketenabwehrprojekt der Nato, S. 25 f.; Richardson, NATO plans Europe-wide missile-defence, S. 6; Vershbow, Present at the Transformation, S. 442.

Die NATO-Mitglieder waren sich einig, dass das Bündnisgebiet und seine Bevölkerungen ausschließlich durch das Bündnis verteidigt werden dürfe. Demzufolge war weder die Aufteilung des Bündnisgebietes in Zonen realisierbar, noch konnten Russland Veto-Rechte zugesprochen werden. Dies betonten insbesondere die USA. Die neuen NATO-Mitglieder standen einer Zusammenarbeit mit Russland ohnehin reserviert gegenüber. Ihr Vertrauensverhältnis zu Moskau war historisch bedingt noch immer nicht wiederhergestellt.[311] Sowohl die Obama-Administration als auch der NATO-Generalsekretär lehnten die russische Forderung nach der rechtlichen Garantie mit der Begründung ab, dass die Mehrheit im US-Kongress einem solchen Abkommen nicht zustimmen werde. In Washington und Brüssel wurde dafür eine politisch verbindliche, jedoch rechtlich nicht wirksame Erklärung in Betracht gezogen, in der das Bündnis noch einmal unterstreichen hätte können, dass sich das Raketenabwehrprojekt nicht gegen russische Interessen richte.[312]

Auch wenn sich Intention und Rahmenbedingungen der NATO-Raketenabwehr seit dem Ende des Ost-West-Konflikts grundlegend verändert hatten, so wurde sie aus russischer Perspektive als Kontinuität wahrgenommen. Für Russland entwerteten die Pläne zum Aufbau eines Raketenabwehrschirms über Europa das eigene Drohpotenzial und sie gefährdeten das strategische Gleichgewicht. Die Mehrheit der strategischen Elite in Russland war nicht überzeugt, dass die USA den Raketenabwehrschirm in Europa ausschließlich aufgrund einer möglichen Bedrohung durch den Iran aufbauen wollten. Dafür galt die Kluft zwischen den Plänen der USA und dem tatsächlichen Raketenpotenzial des Iran als zu groß. Die russische Regierung unterstellte den USA und der NATO, sie würden sich mit ihrem Aufbau einer Raketenabwehr befähigen, einen atomaren Erstschlag auszuführen und einen russischen Vergeltungsschlag abzuwehren. Folglich müsse Moskau Aufrüstungsschritte einleiten, wenn die russischen Bedenken nicht berücksichtigt würden.[313] Vor dem NATO-Gipfel in Chicago im Frühjahr 2012 drohte der russische Generalstabschef Nikolaj Makarov mit Präventivschlägen gegen Stellungen der europäischen Raketenabwehr durch ballistische Iskander-Raketen, die in Kaliningrad oder Südrussland stationiert werden könnten. Russische Politiker und Militärs warnten den Westen vor einer Verschlechterung des Verhältnisses zwischen Russland und dem Westen, falls Russland nicht gleichberechtigt in die Pläne der NATO zur europäischen Raketenabwehr eingebunden würde.[314] Moskau kreierte gegenüber der Weltöffentlichkeit ein Bedrohungsszenario, in dem Russland von den USA bedroht wurde und geradezu gezwungen sei, Gegenmaßnahmen einzuleiten. Bereits in den 1990er Jahren verfolgte die russische Regierung anlässlich der amerikanischen Pläne zum Aufbau einer NMD diese Argumentationslinie. Auch hier hatte Moskau mit

311 Vgl. Thränert, Das Raketenabwehrprojekt der Nato, S. 22.

312 Vgl. ebd., S. 26.

313 Vgl. Sergey V. Lavrov, Speech at the 47th Munich Security Conference, München 6.2.2011, <www.securityconference.de/Lavrov-Sergey.573.0.html?&L=1> (letzter Zugriff 1.3.2019).

314 Vgl. Michael Ludwig, Zorn über Raketenabwehr: Russland droht Europa mit Präventivschlägen. In: FAZ.NET, 3.5.2012 <www.faz.net/aktuell/politik/ausland/zorn-ueber-raketenabwehr-russland-droht-europa-mit-praeventivschlaegen-11738902.html> (letzter Zugriff 20.1.2022).

militärischen Gegenmaßnahmen gedroht, um die russische Fähigkeit zum atomaren Zweitschlag aufrechtzuerhalten.[315]

Russland stützte sich in seiner Abschreckungsstrategie vorrangig auf nukleare Offensivpotenziale. Die Augenhöhe, auf der sich Russland hier mit den USA zu befinden schien, drohte zu schwinden, sobald das eigene Offensivpotenzial durch das Defensivpotenzial des Westens entwertet wurde. Sowohl in technischer als auch in finanzieller Hinsicht war Russland nicht in der Lage, bei der Raketenabwehr mit den USA mitzuhalten. Es bangte um seinen Status als gleichrangige Atommacht.[316]

In den Verhandlungen über das Abkommen zur Verringerung der strategischen Nuklearwaffen (New START) vom 8. April 2010 bemühte sich Russland zunächst um ein Verbot strategischer Verteidigungssysteme. Da dies für die USA nicht verhandelbar war, einigten sie sich, das Thema Raketenabwehr im Abkommen aufzunehmen. In der Präambel wiesen die Vertragspartner auf die bestehende Beziehung zwischen strategischen Offensivwaffen und strategischer Defensive hin. Letztere gewinne zunehmend an Bedeutung, wenn die strategischen Offensivwaffen reduziert würden. Die zum Zeitpunkt des Abkommens vorhandenen strategischen Defensivwaffen würden jedoch die strategische Stabilität nicht untergraben.[317]

Die Entwicklung dieser Debatte zeigt, warum die Beziehungen zwischen der NATO und Russland hinsichtlich der Raketenwehr nicht isoliert von der Entwicklung des Verhältnisses zwischen den USA und Russland in Bezug auf Rüstungskontrolle, Abrüstung und Non-Proliferation betrachtet werden können. Letztendlich gab eben diese bilaterale Beziehung zwischen den USA und Russland den Takt dafür vor, wieviel im NATO-Russland-Rat durch Dialog und Kooperation zu erreichen war, und nicht umgekehrt.[318]

Ein wesentliches Problem zwischen den USA bzw. der NATO einerseits und Russland andererseits bestand darin, dass sie einander nicht vertrauten.[319] Darüber hinaus vertraten beide Seiten in der Frage der Raketenabwehr unterschiedliche Standpunkte, die eine Einigung erschwerten. Die USA betrachteten den Aufbau einer effektiven Raketenabwehr als strategisch erforderlich, um die eigene militärische Handlungsfreiheit aufrechtzuerhalten. Sie verfügten über die finanziellen und technischen Möglichkeiten, um das Projekt der territorialen Flugkörperabwehr zu realisieren. Für Russland dagegen hatte die Bedrohung durch Proliferation ballistischer Flugkörper keine Priorität. Eine Zusammenarbeit wurde zudem durch eine

315 Vgl. Kubbig, Nach dem Moskauer Gipfel, S. 2.

316 Die russischen Systeme zur Abwehr von ballistischen Flugkörpern S-300 und S-400 waren vergleichbar mit den Waffensystemen Patriot (S-300) und THAAD (S-400). Vgl. Thränert, Das Raketenabwehrprojekt der Nato, S. 22 f.

317 »Recognizing the existence of the interrelationship between strategic offensive arms and strategic defensive arms, that this interrelationship will become more important as strategic nuclear arms are reduced, and that current strategic defensive arms do not undermine the viability and effectiveness of the strategic offensive arms of the Parties.« Treaty between the United States of America and the Russian Federation on Measures for the further Reduction and Limitation of Strategic Offensive Arms vom 8.4.2010, <www.atomwaffena-z.info/fileadmin/user_upload/pdf/wortlaut_start2010.pdf> (letzter Zugriff 20.1.2022).

318 Vgl. Zadra, NATO, Russia and Missile Defence (2010), S. 14.

319 Vgl. Zadra, NATO, Russia and Missile Defence (2014), S. 55 f.

Reihe von praktischen Problemen erschwert. Dazu gehörten die eingeschränkte Interoperabilität zwischen russischen und amerikanischen Systemen, abweichende technische Standards und Kommando- und Kontrollverfahren sowie unterschiedliche Operationsdoktrinen. Keine von beiden Seiten wollte zudem bestehende Schwächen in der Abwehr von Angriffswaffen preisgeben. Bei den Systemen zur Raketenabwehr handelte es sich um Hochwerttechnologie. Infolgedessen zögerten die USA, ihr Wissen mit Russland zu teilen.[320]

»Nicht die Ukrainekrise, sondern die starre Haltung Russlands und die Unflexibilität der USA weit vor Beginn der Ukrainekrise waren dafür verantwortlich, dass auf dem Feld gemeinsamer Raketenabwehr keine Lösung gefunden werden konnte.«[321] So lautet eine These aus dem Jahr 2015. Roberto Zadra, zwischen 2009 und 2014 der Leiter der NATO-Russland-Arbeitsgruppe zur Raketenabwehr, berichtete 2013, dass es bis dato keinen Fortschritt bei den Diskussionen über eine Zusammenarbeit gegeben habe. Entsprechende Dokumente würden immer wieder überarbeitet, es mangele jedoch am politischen Willen, den Prozess erfolgreich abzuschließen.[322] Ein wesentlicher Grund dafür seien die unterschiedlichen Auffassungen in der NATO über die Vorteile und die Notwendigkeit der Zusammenarbeit mit Russland bei der Raketenabwehr. Sie spiegelten wider, wie die einzelnen Mitglieder Russland wahrnahmen – mehr als Partner oder aber als Bedrohung.[323] 2013 sagte Obama den NATO-Gipfel in Moskau ab. Als Gründe wurden unter anderem der mangelnde Fortschritt bei der Raketenabwehr und das dem Whistleblower Edward Snowden in Russland gewährte Asyl angegeben. Im selben Jahr verkündete Moskau, die Zusammenarbeit zu unterbrechen. Die russischen Einwände hinsichtlich der Entwicklung des EPAA würden nicht ausreichend berücksichtigt. Russland setzte die Gespräche zur Raketenabwehr im NATO-Russland-Rat aus. Die Unterbrechung der Zusammenarbeit bezog sich auch auf die Kooperation im Bereich der taktischen Flugkörperabwehr sowie die nach wie vor ausstehende gemeinsame Bedrohungsanalyse. Schlussendlich scheiterten sowohl die USA als auch die NATO an dem Vorhaben, mit Russland eine Kooperation hinsichtlich der taktischen und territorialen Flugkörperabwehr zu vereinbaren. Die verhältnismäßig weiter fortgeschrittenen Gespräche über die taktische Raketenabwehr fielen dabei den politischen Differenzen über die territoriale Raketenabwehr zum Opfer. Als Reaktion auf die Annexion der Krim brach die NATO ihrerseits alle Verbindungen zu Russland auf der Arbeitsebene ab.[324]

---

320 Vgl. Thränert, Das Raketenabwehrprojekt der Nato, S. 24 f.

321 Neuneck/Alwardt/Gils, Raketenabwehr in Europa, S. 237.

322 Vgl. RUSI 2016 BMD Conference, Roberto Zadra, Head Integrated Air and Missile Defence Section, NATO, 12.4.2016, <https://rusi.org/sites/default/files/2016_04_rusi_roberto_zadra_nato.pdf> (letzter Zugriff 29.3.2020).

323 Vgl. Kubiak, Raketenabwehr, S. 18 f.

324 Vgl. Neuneck/Alwardt/Gils, Raketenabwehr in Europa, S. 237; Fedorov, European Viewpoints, S. 45–48; Kubiak, Raketenabwehr, S. 5 f., 20; Statement by NATO Foreign Ministers, 1.4.2014, <nato.int>, No. 1, 6.

g) Divergierende Bedrohungsperzeptionen

Für Europa und die USA gab es in Bezug auf einen Angriff mit ballistischen Raketen drei relevante Bedrohungsszenarien. Dem ersten lag ein unautorisierter bzw. versehentlicher Start einer oder mehrerer Raketen zugrunde. Das Szenario des irrtümlich ausgelösten Raketenstarts wurde insbesondere während des Ost-West-Konflikts von beiden Seiten sehr ernst genommen. Zwischenfälle belegen, dass diese Gefahr durchaus real war.[325] Eine ballistische Rakete lässt sich im Anflug auf ihr Ziel nicht mehr stoppen, solange sie nicht über die Funktion der Selbstzerstörung oder eine direkte Datenverbindung zur Kommandozentrale verfügt. Unabhängig von dem Schaden, die der Einschlag einer nuklear bestückten Rakete anrichten würde, könnte ein derartiger Vorfall je nach Zielland schnell zu einer Eskalation der Gewalt führen: von einer politischen Krise über einen bewaffneten Konflikt bis hin zu einem atomaren Schlagabtausch.[326]

Anfang der 1990er Jahre wuchs die Furcht vor einem unautorisierten russischen Raketenangriff. Der Zerfall der Sowjetunion hatte zu schlechten Zuständen in der Kommando- und Befehlsstruktur sowie der Moral innerhalb der Streitkräfte geführt. Nicht überraschend war demensprechend die Besorgnis, dass staatliche und nichtstaatliche Akteure ohne fundierte Kommando- und Kontrollstrukturen in den Besitz ballistischer Raketen und Massenvernichtungswaffen kamen und so das Risiko einer von den Regierungen nicht beabsichtigten nuklearen Eskalation verschärfen konnten.[327]

Im zweiten Bedrohungsszenario erfolgte ein gezielter Angriff durch einen anderen Staat mit Lang-, Mittel- oder Kurzstreckenraketen oder anderen Trägersystemen. Ein überraschender Angriff durch einen nichtstaatlichen Akteur oder terroristische Gruppierungen bildete das dritte Szenario. Es galt als unwahrscheinlich, dass ein nichtstaatlicher Akteur ohne die Hilfe eines staatlichen Akteurs in den Besitz von Langstreckenraketen kam, diese mit Massenvernichtungswaffen bestückte und erfolgreich startete. Ein Einsatz von ballistischen Raketen mit sehr kurzer Reichweite war dagegen durchaus möglich.[328]

Ballistische Raketen – unabhängig von ihrer Reichweite – haben die Bedeutung von geografischen Räumen und Entfernungen als Sicherheitsfaktor erheblich relativiert.[329] Dabei sind sie weniger für den militärischen Einsatz bestimmt, als dass sie ein politisches Mittel darstellen. Allein ihre Existenz kann zu Einfluss und zur Durchsetzung von Machtansprüchen verhelfen sowie den Gegner von offensiven militärischen Maßnahmen abhalten. Dieses politische Gewicht führt dazu, dass scheinbare oder tatsächliche Bestrebungen, sich in den Besitz dieser Waffen zu brin-

325 Vgl. Phillips, 20 Mishaps.

326 Vgl. Neuneck/Alwardt/Gils, Raketenabwehr in Europa, S. 53.

327 Vgl. ebd., S. 53 f.; Karl Kaiser, Alte Bedrohungen sind gewichen, neue entstanden. Die atlantischen Sicherheitsbeziehungen nach dem Ende des Kalten Krieges und dem Zerfall der Sowjetunion. In: FAZ, 13.2.1992.

328 Vgl. Neuneck/Alwardt/Gils, Raketenabwehr in Europa, S. 56.

329 Vgl. Michael Wolffsohn, Land und Sicherheit. Israels Libanon-Rückzug beweist: Gegen »Schurkenstaaten« braucht man Raketenabwehr. In: Die Welt, 26.5.2000.

gen, im Vordergrund stehen.[330] In Krisenregionen verkörpern ballistische Raketen eine besondere asymmetrische Bedrohung. Aufgrund der nur begrenzt verfügbaren Mittel wurden und werden sie vorrangig zu punktuellen Schädigungen eingesetzt. Durch den bewussten Einsatz gegen zivile Ziele entwickelte sich die ballistische Rakete bereits im Zweiten Weltkrieg zu einer Waffe zwischen Krieg und Terror, bei der weniger der Raumgewinn, sondern die Verunsicherung und die Verbreitung von Angst im Vordergrund stand.[331] In ihrer Funktion als Trägersystem für Massenvernichtungswaffen entwickelt die ballistische Rakete ihr eigentliches Bedrohungspotenzial. »Unkonventionelle Machtmittel können konventionelle Disparitäten – zumindest in der politischen Einschätzung – gewissermaßen kompensieren.«[332] Das militärische Offensivpotenzial ist folglich abhängig von der Effektivität der Waffe (Gefechtskopf) und seinem operationell nutzbaren Transportmittel (Rakete). In einer Bedrohungsanalyse muss eben jene Trennung zwischen Trägersystem und Waffe berücksichtigt werden. Die Realisierung der Waffe ist bei konventionellen Ladungen einfacher, schneller, kostengünstiger und risikoärmer als die des Trägersystems. Je größer die Reichweite des Trägersystems sein soll, desto komplexer wird die Aufgabe und desto mehr Schwierigkeiten können bei der Umsetzung entstehen. Die Realisierung einer effektiven Nuklearwaffe ist ohne die Unterstützung kompetenter Partner kaum möglich. Verschiedene Länder in Krisenregionen, die im Besitz von nuklearen, chemischen oder biologischen Waffen sind, zeigen jedoch, dass eine solche Unterstützung von außen durchaus möglich ist.[333]

Im Gegensatz zur Herstellung von Waffen, die weitestgehend ›unsichtbar‹ erfolgen kann, lässt sich die Realisierung der deutlich größeren Transportmittel kaum verbergen. Die Entwicklung von ballistischen Raketen einschließlich ihrer Abschussvorrichtungen ist hochkomplex und die damit verbundenen Transporte, Tests und Übungen der Truppe – insbesondere bei Flugkörpern größerer Reichweite – können extern erfasst werden. Der Aufwand für die Herstellung steigt unter Berücksichtigung von Raum, Zeit und Mitteln mit zunehmender Leistung und Reichweite des Flugkörpers exponentiell an. Dadurch ergeben sich unterschiedliche Zeitspannen zwischen dem Beginn des Programms und der Realisierung von Waffe und Trägersystem. ›Überraschungen‹ sollten nicht möglich sein, es sei denn über die Proliferation. Aber selbst dann ist zunächst eine Phase des Trainings erforderlich, um die Waffe effektiv einsetzen zu können. Die bloße Existenz von Waffen bildet noch keine Bedrohung. Erst die Einschätzung der Lage mit Risikobewertung kann zu einem solchen Schluss führen. Das »Zusammenspiel von militärischer Fähigkeit und Absicht dimensioniert die wahre Bedrohungslage«. Die militärische Fähigkeit, unterteilt in Waffe und Transportmittel, ist als konkreter physischer Faktor mehr als nur ein Potenzial. Der Wille allein ist nicht gleichzusetzen mit der realen Absicht. Die militärische Fähigkeit ist ohne die entsprechende Intention bedeutungslos, ebenso wie die Intention ohne die militärische Fähigkeit keine Bedrohung darstellt.

---

330 Vgl. Schmucker/Schiller, Raketenbedrohung 2.0, S. 55 f.; Mey, Das Erfordernis einer europäischen Raketenabwehr, S. 285–287.

331 Vgl. Schmucker/Schiller, Raketenbedrohung 2.0, S. 34.

332 Mey, Das Erfordernis einer europäischen Raketenabwehr, S. 295.

333 Beispielsweise Pakistan. Vgl. Schmucker/Schiller, Raketenbedrohung 2.0, S. 38, 144.

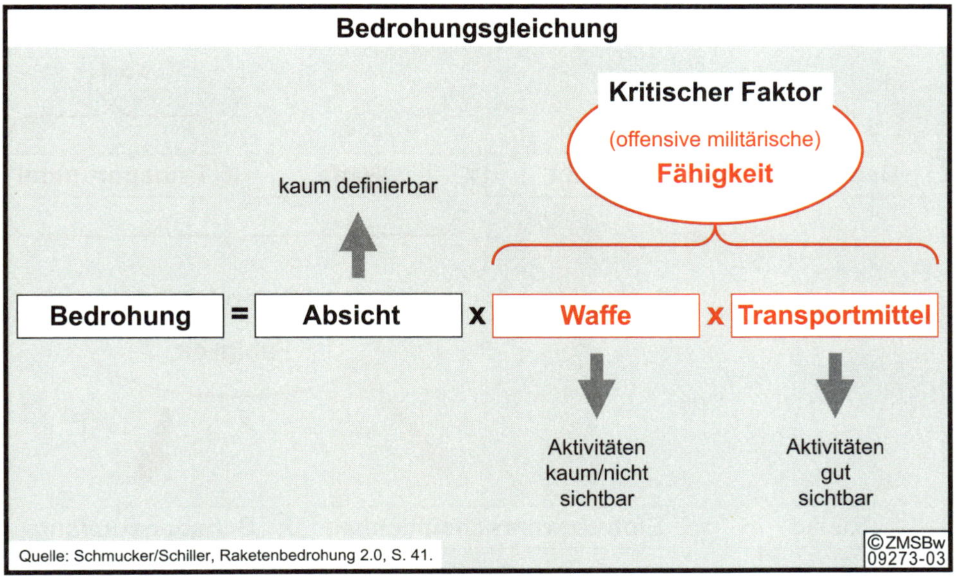

Quelle: Schmucker/Schiller, Raketenbedrohung 2.0, S. 41.

Die Fähigkeit bildet damit den dimensionierenden Faktor für die Bestimmung der Bedrohung.[334]

Unter dem Titel »Politics before Hardware« veröffentlichte Peer Oppers 2002 einen Beitrag zum amerikanischen NMD-Projekt aus niederländischer Perspektive. Dabei machte er auf den wesentlichen Unterschied in der Definition von Bedrohungen zwischen den USA und Europa aufmerksam: »The US threat perception, which is based primarily on the capabilities of risk countries, sometimes differs from Europe's, where we generally look more at intentions as well as capabilities.«[335] Aus europäischer Perspektive durfte die Fähigkeit zum Bau von Raketen nicht mit der Absicht zum Einsatz gegen andere gleichgesetzt werden. Die US-Regierung nahm bereits die Fähigkeit als Einschränkung ihrer nationalen Handlungsfreiheit wahr und formulierte in diesem Sinne ihre Bedrohungsanalysen. Die Entwicklung ballistischer Raketen war zwar ein langfristig angelegtes Projekt, doch die Absicht eines Akteurs konnte sich vergleichbar schnell ändern. Gemäß US-amerikanischer Argumentation mussten Verteidigungskonzepte zur Abwehr ballistischer Flugkörper bereits bestehen, bevor ein Bedrohungsszenario eindeutig sichtbar wurde. Ein Staat, in dem hohe Militärausgaben üblich und politisch gewollt waren, konnte sich diese strategischen Überlegungen leisten.[336]

Für die europäischen Verbündeten bedeutete die Fähigkeit allein noch keine akute Bedrohung für das eigene Territorium, selbst wenn ein ›Trend‹ bereits spürbar war. Eine Bedrohung war aus europäischer Perspektive »ein zunächst unbestimmbares Produkt aus den Fähigkeiten Waffen anzuwenden und den Absichten, dies auch

334 Vgl. ebd., S. 39 f., Zitat S. 40.
335 Oppers, European Viewpoints, S. 53.
336 Vgl. Neuneck/Alwardt/Gils, Raketenabwehr in Europa, S. 44; Oppers, European Viewpoints, S. 53–55; Davis, NATO and missile defence, S. 55.

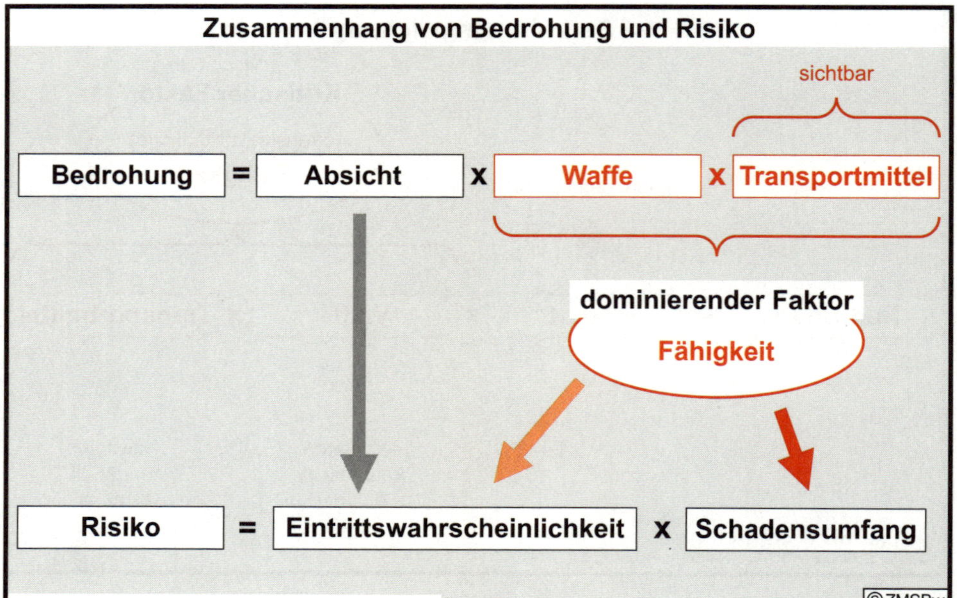

Quelle: Schmucker/Schiller, Raketenbedrohung 2.0, S. 41.

im Realfall zu tun«.[337] Um die Fähigkeit für einen Waffeneinsatz zu erwerben, mussten Waffen und Zerstörungspotenziale importiert, hergestellt oder getestet werden. Auf der Ebene von NATO und EU wurde hier von einem Risiko gesprochen, dem Produkt aus Eintrittswahrscheinlichkeit und Schadensumfang.[338] Die tatsächliche Absicht eines potenziellen Aggressors lässt sich zum einen nicht zweifelsfrei belegen, zum anderen ist sie dynamisch und kann sich auf der Zeitachse ändern.[339] Damit wird die Fähigkeit zum dominierenden Faktor in der Bedrohungs- und Risikoanalyse.[340]

Die divergierenden Perspektiven von USA und Europa auf NMD sind auf die Unterschiede in ihrer Geschichte, Kultur und den geopolitischen Kontext zurückzuführen. Die Europäer waren es gewöhnt, ihren Kontinent mit potenziell feindlich gesinnten Armeen zu teilen. Der Umstand, verwundbar zu sein, war nicht neu. Über Jahrhunderte formten Kriege das Bewusstsein Europas, und der neue Frieden des Kontinents, dem man kaum zu trauen wagte, wurde zum höchsten Gut. Die Europäer waren historisch bedingt in höherem Maße bereit, eine strategische Verwundbarkeit in Kauf zu nehmen.[341] Für die USA war dies vollkommen inakzeptabel. Sie hatten weder Erfahrungen darin, ihren Kontinent mit potenziellen Feinden zu teilen noch eine Allianz mit gleich starken Nationen zu bilden. In der politischen

337 Neuneck/Alwardt/Gils, Raketenabwehr in Europa, S. 44.
338 Vgl. hierzu auch Parlamentsarchiv, Deutscher Bundestag, Bestand 3119, Ausschuss für Verteidigung, 13. WP, Protokoll Nr. 36 vom 12.6.1996, S. 35.
339 Vgl. dazu auch Jervis, Perceiving and Coping with Threat, S. 13, 27.
340 Vgl. Neuneck/Alwardt/Gils, Raketenabwehr in Europa, S. 44; Schmucker/Schiller, Raketenbedrohung 2.0, S. 40 f.; Davis, NATO and missile defence, S. 55.
341 Vgl. Kubiak, Raketenabwehr, S. 17.

und strategischen Kultur Europas war es von Zeit zu Zeit jedoch erforderlich, seine eigenen Wünsche und Forderungen denen seiner Verbündeten unterzuordnen. Für die Europäer war diese Praxis nicht neu, für die USA als Supermacht allerdings schon. Wesentlicher Teil der strategischen Kultur Europas war die Beständigkeit der politisch-strategischen Komplexität aufgrund der Parallelität von wesentlichen Akteuren und ihrer individuellen Bedürfnisse. Die Sicherheit in Europa war abhängig von einer »multi-skeined tapestry of political arrangements, attitudes, and capabilities«.[342] Die politische Intention hatte im Verhältnis zu Fähigkeiten deutlich mehr Gewicht. Die Europäer fokussierten sich in der Konsequenz mehr auf die vermeintliche Absicht eines Gegners als auf seine möglichen Fähigkeiten.[343]

Die Bündnispartner waren sich bereits seit Anfang der 1990er Jahre einig, dass die Proliferation eine wachsende Gefahr darstellte.[344] Die europäischen Staaten sahen hierin jedoch noch keine existentielle Bedrohung. Sie bemühten sich, zunächst politische Lösungen zu finden. Die Antwort auf eine Bedrohung musste ein größeres Spektrum berücksichtigen – eines, das von multinationalen Maßnahmen zur Waffenkontrolle bis zu friedlichen Konfliktlösungen und Systemen zur Verteidigung reichte. Die europäischen Staaten befürchteten, dass unilaterale Schritte der USA wiederum zu unerwünschten Gegenmaßnahmen führen und damit die Stabilität in Europa gefährden könnten. Aus Sicht der europäischen Verbündeten gab es für den Aufbau einer strategischen Raketenabwehr, insbesondere zur Abwehr von Langstreckenraketen, und den damit verbundenen finanziellen Aufwand keine hinreichende Begründung. Auch hinsichtlich der zeitlichen Dimension gab es Differenzen zwischen den USA und Europa, also wann Bedrohungen in der Zukunft zur Realität werden könnten.[345] Die Bedrohung für das NATO-Territorium und für Staaten in regionalen Konflikten durch TBM galt dagegen als existent. Während die USA unter George W. Bush den Aufbau eines mehrschichtigen Schutzschildes gegen einen Angriff auf die USA und ihre Verbündeten mit weitreichenden Raketen forcierten, konzentrierten sich die europäischen Bündnispartner vorrangig auf den Schutz von Truppen im Einsatz gegen Kurzstreckenraketen und Marschflugkörper. Die Notwendigkeit hierfür war während des Golfkonflikts 1991 deutlich geworden.[346]

342 Gray, European Perspectives on US Ballistic Missile Defense, S. 283.

343 Vgl. ebd., S. 283; Gert Krell, Dem Ost-West-Konflikt folgt Fundamentalkrise. Der Friedensforscher Gert Krell über die Sicherheitsproblematik des Weltsystems. In: FR, 3.9.1990; Michael Rühle, Wege von Krieg und Frieden. Auch das neue Raketenabwehrprojekt ist ein Kind der strategischen Kultur Amerikas. In: FAZ, 28.3.2001. Vgl. auch Conze, Geschichte der Sicherheit, S. 123–126, und Daase, Der erweiterte Sicherheitsbegriff (2009), S. 147–149. Über die Schwierigkeiten, die Absichten anderer Staaten zu interpretieren, schrieb Robert Jervis 1985: »To interpret what others are doing, judge how others are perceiving them, and predict how others will interpret their behavior, states have to understand the beliefs and images that others hold, which may be very different from those held by the state.« Jervis, Perceiving and Coping with Threat, S. 33.

344 Im Dezember 2003 übernahm die EU die offizielle Position der NATO bezüglich der wachsenden Gefahr durch die Proliferation. Vor dem Hintergrund der European Security Strategy erklärten die europäischen Staats- und Regierungschefs: »The spread of missile technology adds a further element of instability and could put Europe at increasing risk.« Bell, Addressing NATO's missile defence challenges, S. 81.

345 Vgl. Brückner, European Viewpoints, S. 59.

346 Vgl. Oppers, European Viewpoints, S. 53–55; Brückner, European Viewpoints, S. 62; Davis, NATO and missile defence, S. 55 f.

Eine einheitliche Bedrohungseinschätzung innerhalb der NATO wurde dadurch erschwert, dass sich einige Bündnispartner dagegen wehrten, Länder, die aufgrund ihres Raketenpotenzials eine Bedrohung darstellten, offiziell und konkret zu benennen. Ankara wollte verhindern, dass die offizielle Benennung des Iran als Bedrohung für die Allianz den diplomatischen Handlungsspielraum der Türkei sowie ihren Einfluss auf Teheran einengte. Andere NATO-Mitglieder wollten einen Streit mit Russland bereits bei der Bedrohungseinschätzung vermeiden, da auch Russland in der konkreten Benennung von Ländern sehr zurückhaltend war. Wieder andere fürchteten, dass die Legitimation für eine gemeinsame Raketenabwehr bei einer zu starken Konzentration des Bedrohungsbildes beispielsweise auf den Iran untergraben werden könnte, wenn sich das iranische Bedrohungspotenzial auf diplomatischem Weg oder durch innenpolitischen Wandel relativieren sollte.[347] NATO-Generalsekretär Rasmussen sprach im Vorfeld des Gipfels in Lissabon 2010 von »etwa 30 Staaten«, die entweder bereits über ballistische Flugkörper verfügten oder solche entwickelten und damit nicht nur konventionelle, sondern auch chemische und künftig sogar atomare Sprengköpfe verschießen könnten. Europäische Städte seien bereits in Reichweite und die Bedrohung für Territorium, Bevölkerung und Streitkräfte wachse stetig.[348]

Die USA hatten sich dagegen nie gescheut, konkrete Länder in ihren offiziellen Dokumenten als Bedrohung zu identifizieren, um ihr Raketenabwehrprogramm zu legitimieren. Im »Ballistic Missile Defense Review Report« von 2010 nannte die Obama-Administration vor allem die Raketenprogramme Irans, Syriens und Nordkoreas als potenzielle Bedrohungen. Dabei stand der Iran besonders im Fokus, da er eine Bedrohung durch ballistische Flugkörper in Verbindung mit Massenvernichtungswaffen am schnellsten realisieren könne.[349]

Die USA beleuchteten auch die strategischen Konsequenzen, die sich aus der Proliferation von Massenvernichtungswaffen und ihren Trägersystemen ergaben. Das Raketenpotenzial in Verbindung mit nuklearen oder chemischen Waffenprogrammen führte zu einer Einschränkung des amerikanischen Handlungsspielraums. Mit den Fähigkeiten der Flugkörperabwehr sahen sich die Vereinigten Staaten in der Lage, Teile dieses Spielraumes zurückzugewinnen sowie Erpressung vorzubeugen. Diese strategischen Zusammenhänge wurden im europäischen Diskurs zur Raketenabwehr kaum thematisiert. Verteidigungsminister Rumsfeld erklärte bei der 37. Münchener Konferenz für Sicherheitspolitik: »History has taught us that weakness is provocative.«[350]

Viele der europäischen Partner wie Deutschland, Frankreich, Großbritannien oder die Niederlande teilten die amerikanische Wahrnehmung einer strategischen

[347] Vgl. Thränert, Das Raketenabwehrprojekt der Nato, S. 12 f.

[348] Vgl. Anders Fogh Rasmussen, NATO Needs a Missile Defense. In: New York Times, 12.10.2010, <www.nytimes.com/2010/10/13/opinion/13iht-edrasmussen.html> (letzter Zugriff 20.1.2022).

[349] Vgl. Ballistic Missile Defense Review Report; Thränert, Das Raketenabwehrprojekt der Nato, S. 13.

[350] Nicolas Richter, USA beharren auf Bau der Raketenabwehr, SZ, 5.2.2001. Vgl. Thränert, Das Raketenabwehrprojekt der Nato, S. 12–14; Ballistic Missile Defense Review Report, S. 12.

Raketenbedrohung durch vermeintliche Schurkenstaaten nicht.[351] Sie fürchteten allerdings, dass die Realisierung des amerikanischen NMD-Projekts ihre Beziehung zu Russland beeinträchtigen und ein ›vergiftetes‹ Klima zwischen Russland und den USA die Stabilität in Europa gefährden werde. Letztlich akzeptierten sie beide Haltungen: Sie glaubten der US-Administration, dass die Umsetzung ihrer Pläne keineswegs das nukleare Offensivpotenzial Russlands entwerten würde, gaben Russland aber gleichzeitig Recht, dass die erste Generation des Abwehrsystems die Erweiterung der Leistungsfähigkeit barg.[352]

h) Von Bedrohungen zu Risiken

Konträre Auffassungen kennzeichnen die Veröffentlichungen zum Themenkomplex dieses Kapitels. Sie spiegeln die unterschiedlichen Perspektiven und Bedrohungsperzeptionen wider. Dabei dominiert die US-amerikanische Sicht. Mit ihren Planungen und Konzepten, ›im Alleingang unverwundbar‹ zu werden, legten die USA den Grundstein für die Ballistic Missile Defence und prägten die Debatte über Jahrzehnte.

Colin S. Gray beschrieb 2002 die Haltung der Europäer wie folgt: »Europeans have been an interested audience for the succession of debates over missile defense that Americans have conducted among themselves for forty years.«[353] Diese Aussage ist mit Ausnahme der 1980er Jahre grundsätzlich zutreffend. Damals nahm die Bedrohung Westeuropas durch sowjetische Kurz- und Mittelstreckenraketen signifikant zu. Die Abwehr ballistischer Flugkörper war nun keine Exklusivangelegenheit der Supermächte mehr. Für die europäischen NATO-Staaten veränderte sich zwangsläufig der Ansatz von *top-down* (Anwendung von SDI-Technologien zur Verteidigung Westeuropas) zu *bottom-up* (Erweiterung der Integrierten Luftverteidigung der NATO).[354]

In der Raketenabwehrdebatte gab es nicht nur Differenzen zwischen den USA und den europäischen NATO-Staaten, sondern auch zwischen den europäischen Bündnispartnern selbst sowie unterschiedliche Strömungen innerhalb der einzelnen Staaten. Der jeweilige Ansatz folgte der spezifischen Bedrohungswahrnehmung. Demnach überrascht es nicht, dass die Abwehr von TBM in der amerikanischen Literatur bis zum Zweiten Golfkrieg eine eher untergeordnete Rolle einnahm. Dieser galt bislang als Geburtsstunde von TMD. Tatsächlich veranlasste bereits der Ost-West-Konflikt die europäischen NATO-Staaten, die Fähigkeitslücke zur Abwehr ballistischer Flugkörper kurzer und mittlerer Reichweite zu schließen.[355]

351 Vgl. Kempin/Mawdsley, France: Missile defence à la francaise; Smith, Britain: Balancing »instinctive atlanticism«; Everts, The Netherlands: Procurement without Debate. Zu Deutschland vgl. Kap. II.4.

352 Vgl. Gray, European Perspectives on US Ballistic Missile Defense, S. 295, 301.

353 Ebd., S. 294.

354 Diese Entwicklung erinnert an die These Dieter Krügers von 2019, dass die Europäer »immer dann die eigene politische und militärische Zusammenarbeit forcieren [wollten], wenn die NATO Schwäche zeigte, weil die Interessen der Führungsmacht von denen der Europäer weg zu driften schienen«. Krüger, Das unverzichtbare Bündnis, S. 20.

355 Zur Position, dass die Erweiterung der Luftverteidigung um die Abwehr von TBM erst Anfang der 1990er Jahre auf die Agenda des westlichen Bündnisses kam, vgl. Spreckelsen/Vesper, Blazing Skies,

Dies war die logische Konsequenz aus der Existenz des überlegenen sowjetischen Raketenpotenzials. Interessant ist, dass dieses Bedrohungspotenzial zum einen weder in der Öffentlichkeit wahrgenommen wurde, noch dass dieser Umstand in der Literatur groß berücksichtigt wird. Selbst Soldaten, die in den 1980er Jahren im NATO-Luftverteidigungsgürtel ihren Dienst taten, war anscheinend nicht hinreichend präsent, dass in der DDR taktische ballistische Flugkörper der Sowjetunion stationiert waren, gegen die das westliche Bündnis über keinerlei Abwehrmaßnahmen verfügte. Eine Erklärung mag sein, dass sich der Soldat grundsätzlich mehr auf das konzentriert, was er zu leisten imstande ist, als auf das, was ihm nicht möglich ist zu leisten. Er fokussiert sich auf das Machbare, um Fähigkeitslücken auszublenden. Freilich hätte das Wissen über das Kräfteverhältnis zugunsten des Gegners auch negative Auswirkungen auf die Motivation der Soldaten gehabt.[356]

Dieter Krüger machte 2006 darauf aufmerksam, dass die Abwehr ballistischer Flugkörper in der NATO-Luftverteidigung während des Ost-West-Konflikts lange Zeit ein ›Stiefkind‹ war. Dass eineBedrohung existierte, war bekannt, doch spielte sie aufgrund des technologischen Rückstands bei der Entwicklung von Abwehrsystemen eine untergeordnete Rolle. Die »gegenseitige Androhung der Zerstörung war eben nur die zweitbeste Lösung«.[357] NATO-Studien zeigten, dass der Gegner bereits in den 1960er Jahren technisch in der Lage war, mit einem relativ geringen Aufwand in Form atomar bestückter ballistischer Flugkörper die gesamte westliche Luftverteidigung auszuschalten, solange diese nicht durch geeignete Abwehrmaßnahmen geschützt würde.[358] Der technologische Rückstand geeigneter aktiver Abwehrmöglichkeiten zwang das Bündnis zur Konzentration auf passive Maßnahmen. Mit Betonbunkern und Programmen zur aufgelockerten Dislozierung der eigenen Kräfte sollte »die Wirkung der damals noch nicht sehr treffgenauen ballistischen Flugkörper so weit herab[gesetzt werden], dass der Gegner sich wieder zum Einsatz bemannter Bomber veranlasst sah«.[359]

Im Zuge einer neuen Bedrohungsanalyse in den 1980er Jahren und angesichts neuer technologischer Möglichkeiten setzte sich Wörner maßgeblich für ein europäisches Konzept zur Abwehr von ballistischen Raketen ein. Er trug das Defizit des westlichen Bündnisses in die Öffentlichkeit und initiierte sowohl westdeutsche als auch multinationale Konzepte zur Erweiterung der Integrierten Luftverteidigung. Europa entwickelte sich damit vom Zaungast zum Gestalter. Die Erweiterte Luftverteidigung war das Ergebnis der europäischen Überlegungen zu SDI. Ziel des Konzepts war die Abwehr konventionell bestückter Kurzstreckenraketen der Warschauer Vertragsorganisation mit bodengestützten Waffensystemen. Die Entwick-

S. 52; Sievers, Flugabwehr, S. 87; Fergusson, Ballistic Missile Defence, S. 8; Grams, Das Mittlere Erweiterte Luftverteidigungssystem, S. 22.

356 Gespräche mit ehemaligen Offizieren des Flugabwehrraketendienstes, die in den 1980er Jahren im Luftverteidigungsgürtel in der Funktion von Batteriechefs für Hawk eingesetzt waren, am 11.10.2019.

357 DLR, Fernseh-/Hörfunkspiegel Inland I, Klaus Arnold, Stiftung Wissenschaft und Politik in Ebenhausen, zur Diskussion über Raketenabwehr-Pläne der USA, 3.5.2000.

358 Vgl. dazu auch Finke, Hüter des Luftraumes?, S. 300.

359 Vgl. Krüger, Die Entstehung der NATO Luftverteidigung, S. 496, 546, 549, 556, Zitat S. 546.

lung dieser Fähigkeiten galt als notwendig – unabhängig von der amerikanischen SDI-Debatte.[360]

Aus mitteleuropäischer Perspektive kann der Zweite Golfkrieg also nicht als Ursprung von TMD bewertet werden. TMD erhielt hier in Verbindung mit der Neubewertung der Proliferationsgefahr lediglich eine neue Relevanz und seine neue Bezeichnung. Eine moderne Bewaffnung war kein Privileg westlicher Staaten mehr. Die Proliferation von Massenvernichtungswaffen, einschließlich ballistischer Raketen als Trägersysteme, war keine Folge des Endes des Ost-West-Konflikts, doch hat sich die Lage mit dem Zusammenbruch der Sowjetunion durchaus verkompliziert. Die Proliferation entwickelte sich zu einer der schwerwiegendsten sicherheitspolitischen Herausforderungen nach 1989/90. Die Mitgliedsstaaten der NATO bestätigten diese Bedrohung einhellig in jeder ihrer Gipfelerklärungen seit 1991. Die Staaten waren sich darüber hinaus einig, dass eine Antwort auf diese Bedrohung nur multidimensional, unter dem gemeinsamen Schirm der Diplomatie und mithilfe militärischer Mittel erfolgen konnte.[361]

Mit dem Wandel der NATO-Streitkräfte von Verteidigungs- zu Interventionsarmeen in den 1990er Jahren herrschte im Bündnis weitestgehend Konsens über die Notwendigkeit des Schutzes von Truppen im Einsatz gegen Angriffe mit ballistischen Flugkörpern kürzerer Reichweite. Ganz anders entwickelte sich die Debatte um eine territoriale Flugkörperabwehr, die, von den USA forciert, um die Jahrtausendwende einen Höhepunkt erreichte. Ein Spannungsfeld aus divergierenden nationalen Interessen und wirtschaftlichen Zwängen sowie dem fehlenden Druck einer akuten Bedrohung bildete den Nährboden für unterschiedliche Wahrnehmungen und Anforderungen, die eine gemeinsame Verteidigungspolitik der Allianz behinderten. Differenzen zwischen den Mitgliedsstaaten gab es vorrangig bei der zeitlichen Dimension. Während die USA davon überzeugt waren, dass sich für Europa und die USA eine Bedrohung eher früher als später einstellen werde, gingen viele europäische NATO-Staaten vom Gegenteil aus.

Beide Seiten, die USA wie auch die Europäer, waren letztendlich abhängig voneinander, wollten sie ihre Bevölkerungen vor einem Angriff mit ballistischen Raketen schützen. Die USA waren hier nicht unbedingt auf die Zusammenarbeit mit der NATO als Organisation angewiesen, jedoch auf die Bereitschaft einiger europäischer Staaten, die Stationierung amerikanischer Systeme auf ihrem Territorium zuzulassen. Die europäischen Staaten ihrerseits wollten zum einen nicht den Anschluss an die amerikanische Technologie verlieren und zum anderen war vorläufig ohnehin jedes System zur Verteidigung des europäischen Kontinents von den Daten der amerikanischen globalen Raketenabwehrarchitektur abhängig. Um sowohl ihrem transatlantischen Verbündeten als auch möglichen Gegnern zu zeigen, dass NATO-Europa willens und fähig war, die Last der eigenen Verteidigung selbst zu tragen, mussten sich die Europäer zum Schutz des gesamten Bündnisgebietes an einem Raketenabwehrsystem beteiligen.

360 Vgl. Altmann, SDI für Westeuropa, S. 484 f.

361 Vgl. Fergusson, Ballistic Missile Defence, S. 27, 67.

Mit der Entscheidung von Lissabon zum Aufbau einer territorialen Flugkörperabwehr fand die Debatte darüber, inwiefern Raketenabwehr sinnvoll ist, in Europa offiziell ein Ende. Das Bündnis schloss sich den amerikanischen Bestrebungen an, die politische und militärische Handlungsfähigkeit auch bei zunehmender Anzahl von Raketen- und Atomwaffenbesitzern in der Welt aufrechtzuerhalten. Das 2005 offiziell in der NATO zur Umsetzung beschlossene ALTBMD-Programm wurde in Verbindung mit dem US-Programm EPAA zum Grundgerüst für den Aufbau der gemeinsamen territorialen Flugkörperabwehr. Das mehrschichtige Prinzip der angestrebten Architektur, nach dem verschiedene Abwehrsysteme in unterschiedlichen Abfangschichten gegen ballistische Flugkörper aller Reichweiten wirken können sollten, führte zu fließenden Übergängen zwischen der strategischen und taktischen Ebene – im Angriff wie in der Abwehr. Die Überlegungen zur taktischen Flugkörperabwehr wurden damit zu inhärenten und essenziellen Elementen des Gesamtkonzepts zur territorialen Flugkörperabwehr.

Der maßgebliche Faktor, der Europa letztendlich zwang, sich mit dem Thema Raketenabwehr zu beschäftigen, war die Rolle Russlands. Das Streben der USA nach Unverwundbarkeit führte um die Jahrtausendwende zu einer internationalen Debatte um die Gültigkeit des ABM-Vertrages. Spannungen mit dem Kreml ergaben sich zum einen aus den amerikanischen Plänen zur Entwicklung von Raketenabwehrsystemen für einen flächendeckenden Schutz, die das russische Offensivpotenzial zu konterkarieren drohten, und zum anderen aus dem Angebot an die europäischen Bündnispartner, sich an der umfassenden Abwehrarchitektur zu beteiligen. Unabhängig davon, ob die technische Umsetzung dieser Pläne zur territorialen Flugkörperabwehr – zunächst als Alleingang der USA und schließlich als gemeinsames Bündnisprojekt – das strategische Offensivpotenzial Russlands tatsächlich zu reduzieren in der Lage war, nahm Moskau die Planungen als Provokation wahr. Aus russischer Sicht waren die amerikanischen NMD-Pläne zwar wenig erfolgversprechend, belasteten aber die internationale Kräftebalance. Europäische Bündnispartner wie Deutschland und Frankreich, aber auch Spanien und Italien fürchteten eine Destabilisierung des Friedens in Europa.

Die Bemühungen der USA und der NATO um eine Zusammenarbeit mit Russland beim Aufbau einer territorialen Flugkörperabwehr gingen nicht über den politischen Dialog hinaus. Zu unterschiedlich waren die Interessen und die Vorstellungen. Obwohl Russland deutlich machte, dass es mit einer Stationierung von Systemkomponenten der USA oder der NATO in unmittelbarer Nachbarschaft nicht einverstanden war, hielten die USA an ihren Plänen fest. Aus deren Perspektive umfasste eine Kooperation mit Russland Maßnahmen zur Vertrauensbildung und Transparenz. Ein gemeinsames Raketenabwehrsystem war zu keiner Zeit eine Option. Die USA waren für die Realisierung ihrer Pläne nicht auf russische Technologien angewiesen. Der Kreml fürchtete, durch den Aufbau der Raketenabwehrarchitektur seine nukleare Zweitschlagfähigkeit und damit seine Position ›auf Augenhöhe‹ zu verlieren. Nachdem Russland dabei scheiterte, Washington von seinen Stationierungsplanungen für Mittel- und Osteuropa abzubringen, forderte Moskau eine rechtsverbindliche Garantie, dass das System der NATO zur Raketenabwehr nicht gegen Russland gerichtet sei. Die USA waren jedoch weder bereit, ihre Fähigkeiten einzuschränken, noch dem russischen Wunsch nach einer rechtsverbindlichen Garantie nachzukommen. In der Konsequenz sah sich Russland in seinen Befürchtungen bestärkt.

Doch inwieweit war Russland tatsächlich an einem gemeinsamen Raketenabwehrsystem interessiert? Zum einen war die russische Bedrohungsanalyse nicht deckungsgleich mit der US-amerikanischen. Russland hielt einen iranischen Angriff mit weitreichenden Raketen aufgrund fehlender technischer Voraussetzungen für unwahrscheinlich. Zum anderen verfügte es kaum über relevante Fähigkeiten zur territorialen Flugkörperabwehr, die es für ein gemeinsames System hätte anbieten können. Und nicht zuletzt schienen die Vorschläge Russlands zur Kooperation mehr darauf ausgerichtet zu sein, die NATO zu schwächen.[362] Zadra schlussfolgerte, dass es Russland im Kern nie um das Thema Raketenabwehr gegangen sei: »The real russian concerns had more to do with Moscow's assessment of American global ambitions and strategic superiority.«[363]

Der öffentlich geführte Diskurs über die Bedrohung durch weitreichende ballistische Raketen und die Möglichkeiten zur Abwehr, ob auf nationaler oder internationaler Ebene, war in erster Linie politischer Natur. Die technische Realisierbarkeit spielte trotz ihrer elementaren Bedeutung eine untergeordnete Rolle. Die Vernachlässigung der Technik bildete zwangsläufig einen Angriffspunkt für Kritiker. So wurde darauf hingewiesen, »dass sich Politik stets nur innerhalb der Möglichkeiten abspielen kann, die von der vorhandenen Technik zur Verfügung gestellt werden«.[364] Für die Entwicklung eines Waffensystems ist es zwar wichtig, die Theorie zu beherrschen, doch viel entscheidender ist die praktische Umsetzbarkeit. Unbestritten sind auf dem Gebiet der Raketentechnologie in den letzten Jahrzehnten Fortschritte erzielt worden, die zumindest eine Verteidigung gegen quantitativ und qualitativ begrenzte Angriffspotenziale ermöglichen. Aber nach wie vor gilt: eine einzige nukleare Rakete, die das Raketenabwehrsystem überwindet, vernichtet ihr Ziel vollständig. Eine Architektur zur territorialen Flugkörperabwehr müsste folglich vollkommenen und zuverlässigen Schutz bieten, um effektiv zu sein. Technisch ist das nicht realisierbar. Begriffe wie Raketenabwehrschirm oder Raketenschutzschild sind Produkte eines vornehmlich politisch motivierten und an Utopie grenzenden Optimismus. Der Ansatz der Allianz zur territorialen Flugkörperabwehr kann lediglich eine Option zur Schadensbegrenzung darstellen.[365]

Der Wert einer gemeinsamen Architektur zur territorialen Flugkörperabwehr liegt vorrangig in der Symbolik. Neben der Schadensbegrenzung lassen sich vor diesem Hintergrund weitere Argumente zusammenfassen, die für das Konzept der Raketenabwehr unabhängig von der Reichweite der Flugkörper sprechen. Die Fähigkeit zur Abwehr kann das Potenzial gegnerischer Staaten verringern, andere

362 Vgl. Kubiak, Raketenabwehr, S. 21; Bernd W. Kubbig, Moskaus klare Signale darf der Westen nicht ignorieren. Der russische Vorschlag für ein gesamteuropäisches Raketenabwehrsystem. In: FR, 30.3.2001.

363 Zadra, NATO, Russia and Missile Defence (2014), S. 54.

364 Vgl. Schmucker/Schiller, Raketenbedrohung 2.0, S. 15.

365 Vgl. hierzu beispielsweise Deutscher Bundestag, Drucksache 18/8904 vom 5.7.2016, Antwort auf Frage 41; Thränert, Das Raketenabwehrprojekt der Nato, S. 11.

Länder politisch zu erpressen. Darüber hinaus kann sie zur Stabilität in Krisen beitragen, da die NATO die gegnerischen nuklearen Offensivpotenziale nicht unmittelbar zu Beginn einer Krise zerstören müsste. Raketenabwehr fördert und erweitert das Prinzip der Abschreckung, da das Vorhandensein von Abwehrsystemen die Unsicherheit des Gegners über den möglichen Erfolg eines von ihm geplanten Angriffs erhöht. Falls die Abschreckung versagen sollte, kann die Raketenabwehr als Rückversicherung dienen und zur Schadensbegrenzung beitragen. Damit wird gleichzeitig das Dilemma um die Glaubwürdigkeit des klassischen nuklearen Abschreckungsprinzips überwunden. Der Einsatz von defensiven Maßnahmen wird im Gegensatz zu offensiven Vergeltungskapazitäten schließlich nicht infrage gestellt. Ein Ergebnis dieser Vorteile der Raketenabwehr ist militärische Handlungsfähigkeit, die sich die NATO damit auch gegenüber atomar bewaffneten Staaten bewahrt.[366]

4. Die Raketenabwehrdebatte in Deutschland

»Sicherheit darf nicht um den Preis neuen Misstrauens oder gar neuer Unsicherheit erkauft werden.«[367]

Die internationale Raketenabwehrdebatte forderte auch von der Bundesregierung immer wieder, sich zu positionieren und über eine mögliche deutsche Beteiligung zu entscheiden. Im Gegensatz zur bereits dargestellten europäischen Initiative unter Führung von Verteidigungsminister Wörner in den 1980er Jahren entstanden die Debatten in Deutschland wie auch in anderen europäischen NATO-Staaten grundsätzlich reaktiv auf Planungen und Anfragen der USA.

Um die deutsche Raketenabwehrpolitik zu verstehen, ist es erforderlich, zunächst die Debatte um eine Beteiligung der Bundesrepublik an der Strategic Defense Initiative der USAzu betrachten. Da GPALS in Deutschland keine große Rolle spielte, erhielten die politischen Diskussionen zur territorialen Raketenabwehr hierzulande erst mit dem Amtsantritt von George W. Bush und dem Ende des Anti-Ballistic Missile Treaty 2001/02 wieder Aufwind. Als die USA 2007/08 begannen, ihre europäischen Bündnispartner gezielt bilateral zu konsultieren, sich an den US-Raketenabwehrplänen zu beteiligen, stieg auch der Druck auf die Bundesregierung, sich zu positionieren. Die Fortsetzung dieser politischen Debatte folgte nur kurze Zeit später mit den Planungen Obamas zum European Phased Adaptive Approach sowie anlässlich des NATO-Gipfels in Lissabon 2010.

---

366 Vgl. Thränert, Das Raketenabwehrprojekt der Nato, S. 11; Missile Defense Review, S. 26–30; Joachim Krause und Oliver Thränert, Raketenabwehr und nukleare Abrüstung gehören zusammen. Deutschland und Europa insgesamt sollten sich der Diskussion über das Raketenabwehrsystem NMD nicht verweigern. In: FAZ, 14.2.2001, S. 11; Mey, Das Erfordernis einer europäischen Raketenabwehr, S. 288–299.

367 Zitat von Frank-Walter Steinmeier 2007. Bundesminister des Auswärtigen, Dr. Frank-Walter Steinmeier, warnt in der »Frankfurter Allgemeinen Sonntagszeitung« vor neuem Wettrüsten, 18.3.2007. In: Stichworte zur Sicherheitspolitik, März/April 2007.

a) Die Debatte um eine deutsche Beteiligung an SDI 1983–1986

Die Meinungen deutscher Politiker in Bezug auf SDI waren sehr unterschiedlich. Es gab sowohl innerhalb der Regierungskoalition aus CDU/CSU und FDP als auch zwischen der Regierungskoalition und der Opposition aus SPD und Grünen gegensätzliche Auffassungen. Die SPD war dem SDI-Projekt zunächst gewogen, da Reagan mit seiner Vision auf eine Überwindung der Abschreckung und auf die Abschaffung der Nuklearwaffen zu zielen schien. Es war nachvollziehbar, dass man sich wünschte, gegnerische Raketen, die in Richtung des eigenen Landes flogen, auch abwehren zu können, anstatt mit einem vernichtenden Vergeltungsschlag zu reagieren. Als deutlich wurde, dass SDI nicht zu einem Strategiewechsel führen würde, sondern lediglich ein Forschungsprogramm darstellte, um letzten Endes die nuklearen Offensivpotenziale des Gegners durch nicht-nukleare Defensivwaffen zu neutralisieren, lehnte auch die SPD das Vorhaben ab. Eben diese Mischung aus Offensiv- und Defensivwaffen sollte durch den ABM-Vertrag im Sinne des strategischen Gleichgewichts vermieden werden. Die Opposition sah in der Aufrüstung mit Defensivwaffen ohne eine gleichzeitige Abrüstung der nuklearen Offensivpotenziale eine Gefahr für die strategische Stabilität, die Entspannungspolitik und die Sicherheitsinteressen der Europäer.[368]

Die schwarz-gelbe Bundesregierung stand SDI zwar skeptisch gegenüber, vermied jedoch eine klare Stellungnahme. Vor dem Hintergrund der Debatte um die Intermediate Range Nuclear Forces befürchtete die Regierungskoalition die Bildung von Zonen unterschiedlicher Sicherheit. Eine mögliche Gefährdung der Einheit des Bündnisgebietes gelte es ebenso zu vermeiden wie die Beeinträchtigung von Rüstungskontrollbemühungen oder eine Destabilisierung des strategischen Gleichgewichts. In den Augen der Bundesregierung verfügte das SDI-Projekt über das Potenzial, diese drei besorgniserregenden Aspekte zu verstärken. Das Bundesministerium für Forschung und Technologie zweifelte an der technischen Realisierbarkeit einer territorialen Flugkörperabwehr. Es stellte die Bereitschaft der USA infrage, Bündnispartner in ihre Forschungen mit einzubeziehen bzw. an ihren Forschungsergebnissen teilhaben zu lassen. Die Bundesregierung befand sich in einem »Dilemma zwischen der politischen Loyalität zur Führungsmacht USA und den spezifischen ost- und sicherheitspolitischen Interessen Bonns«.[369] Sowohl Verteidigungsminister Wörner als auch Außenminister Hans-Dietrich Genscher forderten die USA auf, die deutschen Bedenken zu berücksichtigen und mit der Sowjetunion über das Forschungsprogramm zu verhandeln.[370]

Als schließlich US-Verteidigungsminister Weinberger den europäischen Verbündeten im Zuge der internationalen Wehrkundetagung in München im Februar 1985 offiziell anbot, sich an den SDI-Forschungen zu beteiligen, sah sich die deutsche Bundesregierung zu einer eindeutigen Positionierung gezwungen. Am 18. April 1985 erklärte Bundeskanzler Helmut Kohl: »Das amerikanische Forschungsprogramm ist [...] gerechtfertigt, politisch notwendig und liegt im Sicherheitsinteresse des Westens

[368] Zur Position der Opposition zu SDI vgl. Deutscher Bundestag, Plenarprotokoll, Stenographischer Bericht, 10. WP, 132. Sitzung, 18.4.1985, S. 9720 f.

[369] Staack, Handelsstaat Deutschland, S. 77.

[370] Vgl. ebd., S. 79 f.

insgesamt.«[371] SDI biete für die NATO sowohl eine Chance als auch ein Risiko. Kohl formulierte mehrere Kriterien, die vor einer Umsetzung des Programms bedacht werden sollten: Die Sicherheit Europas dürfe nicht von der Sicherheit der USA abgekoppelt werden; die Entstehung von Zonen unterschiedlicher Sicherheit im NATO-Bündnisgebiet sei unbedingt zu vermeiden. Kohl warnte zudem davor, dass es in einer Phase des Übergangs von der reinen Abschreckungsstrategie zu einer neuen Form strategischer Stabilität, die sich auf defensive Systeme stützte, zu einer Beeinträchtigung des strategischen Gleichgewichts kommen könne. Solange es keine überzeugende Alternative zur bestehenden NATO-Strategie der Flexible Response gebe, müsse diese gültig bleiben. Von zentraler Bedeutung für die Bundesregierung sei die rüstungskontrollpolitische Funktion von SDI. Das Ziel müsse bleiben, die nuklearen Offensivwaffenpotenziale auf beiden Seiten zu reduzieren. Die Bundesregierung setzte sich darüber hinaus nachdrücklich für die Entwicklung einer gemeinsamen Haltung der europäischen Verbündeten zu SDI ein. Durch ein geschlossenes und solidarisches Auftreten der Allianz könne der Sowjetunion von Beginn an die Möglichkeit genommen werden, das US-Forschungsprogramm zu benutzen, um das Bündnis zu spalten und in der westlichen Öffentlichkeit Misstrauen zu provozieren.[372] Doch die USA müssten bereit sein, nach Abschluss der Forschungen und vor Beginn einer möglichen Entwicklungsphase mit der Sowjetunion zu verhandeln. Darüber hinaus wies Kohl auf den im Rahmen des Forschungsprogramms zu erwartenden »technologischen Innovationsschub« in den Vereinigten Staaten hin und betonte das wirtschaftlich-technologische Interesse der Bundesrepublik an den Forschungsergebnissen: »Wir müssen dafür Sorge tragen, dass die Bundesrepublik Deutschland und Westeuropa technologisch nicht abgehängt und damit zweitklassig werden.«[373] Für eine deutsche Teilnahme an dem Programm forderte Kohl eine faire Partnerschaft. Das Programm müsse ein in sich abgeschlossenes Forschungsgebiet beinhalten, den Einfluss auf das Gesamtprojekt erlauben, einen freien Austausch von Erkenntnissen ermöglichen und dürfe sich nicht als technologische Einbahnstraße erweisen.[374]

Am 18. Dezember 1985 beschloss das Kabinett, mit den USA über eine Verbesserung der Rahmenbedingungen für den Austausch wissenschaftlicher Forschungsergebnisse und technologischer Erkenntnisse zu verhandeln, um die privatrechtliche Position deutscher Forschungsinstitute zu stärken, die sich am SDI-Programm beteiligen wollten. Vorrangig ging es um die Bereiche Geheimschutz, Technologietransfer, Eigentums-, Nutzungs- und Verwertungsrechte, Preisbildung und -prüfung sowie

---

371 Deutscher Bundestag, Plenarprotokoll, Stenographischer Bericht, 10. WP, 132. Sitzung, 18.4.1985, S. 9717.

372 Vgl. Bundeskanzler Kohl an Präsident Reagan vom 29. März 1985 (VS-vertraulich). In: AAPD 1985, Bd 1, S. 448–450.

373 Deutscher Bundestag, Plenarprotokoll, Stenographischer Bericht, 10. WP, 132. Sitzung, 18.4.1985, S. 9718.

374 Vgl. ebd., S. 9715–9720; Staack, Handelsstaat Deutschland, S. 81 f., 87; Bundeskanzler Kohl an Präsident Reagan vom 29. März 1985 (VS-vertraulich) sowie Aufzeichnung des Ministerialdirigenten Schauer zur 37. NPG-Ministertagung am 26./27. März in Luxemburg vom 28. März 1985 (geheim). In: AAPD 1985, Bd 1, S. 432–440 bzw. S. 448–450.

Auftragsvergabe.[375] In den am 11. Januar 1986 aufgenommenen Verhandlungen machten die USA jedoch deutlich, dass es sich bei dem SDI-Projekt um eine nationale Angelegenheit handeln würde. Sie wollten den Verbündeten dementsprechend keinerlei Möglichkeiten einer Mitgestaltung einräumen. Die USA lehnten die Aufnahme einer von deutscher Seite geforderten Berlin-Klausel[376] für ein bilaterales Abkommen mit der Begründung ab, dass die Erwähnung Berlins in einem verteidigungsrelevanten Abkommen weder rechtlich notwendig noch politisch opportun sei. Nach US-Auffassung musste die Implementierung auch auf deutscher Seite in der Verantwortung des Bundesministeriums für Verteidigung liegen.[377] Am 27. März 1986 unterzeichneten Weinberger und der Bundesminister für Wirtschaft Martin Bangemann ein Memorandum of Understanding, um die Beteiligung bundesdeutscher Unternehmen an der SDI-Forschung zu regeln, sowie ein Joint Understanding Principle über den bilateralen Technologietransfer. Ersteres beinhaltete die Absichtserklärungen, während letzteres lediglich die geltende Rechtslage und -praxis zum Technologietransfer zusammenfasste. »Beide Seiten hatten es vermieden, irgendwelche konkreten Verpflichtungen einzugehen.«[378]

Der Handlungsspielraum der Bundesrepublik in der SDI-Frage war von Beginn an stark begrenzt. Ebenso wie später die National Missile Defense war das militärische Forschungsprogramm SDI ein unilaterales Projekt, mit dem die Verbündeten in einer Kernfrage der Bündnispolitik vor vollendete Tatsachen gestellt wurden. Eine Umstellung von der Strategie der atomaren Abschreckung hin zu einer defensiven Bewaffnung hätte den Zusammenhalt der NATO grundsätzlich infrage gestellt. Die westeuropäischen Bündnisstaaten sahen in dem Vorhaben eine Bedrohung für die strategische Stabilität und befürchteten einen neuen Rüstungswettlauf. Ohne eine Kündigung des ABM-Vertrags war der Aufbau einer territorialen Flugkörperabwehr nicht möglich. SDI stellte nicht nur das gesamte Konzept der Rüstungskontrolle infrage, sondern belastete noch zusätzlich das bereits angespannte Verhältnis zwischen Ost und West. Die Sowjetunion nahm das US-Forschungsprogramm als Bedrohung wahr und warnte die Bündnispartner der USA davor, das Projekt zu befürworten. Die sowjetische Staats- und Parteiführung zeigte sich insbesondere verärgert, dass die Bundesrepublik das Forschungsprogramm nicht nur politisch unterstützte, sondern darüber hinaus zu den wenigen westlichen Staaten zählte, die mit den Vereinigten

375 Vgl. Beschluss der Bundesregierung vom 18.12.1985 über Technologietransfer und über eine Beteiligung an der SDI-Forschung. Vgl. Ministerialdirektor Jelonek an Bundesminister Genscher, z.Z. Tunis, zu »Deutsch-amerikanischen Verhandlungen über die Verbesserung des allgemeinen wechselseitigen Technologietransfers (TT) und über die Rahmenbedingungen privatwirtschaftlicher Beteiligung an der SDI-Forschung« vom 14.2.1986. In: AAPD 1986, Bd 1, S. 238–243.

376 Die sogenannte Berlin-Klausel sollte die Zuständigkeit deutscher Ressorts für die Durchführung von SDI regeln: »The Government of the Federal Republic of Germany will establish a coordinating agency, involving all competent German authorities for implementation of this Memorandum of Understanding.« Diese Durchführungsstelle sollte im oder beim Bundesministerium für Wirtschaft eingerichtet werden. Vgl. Anm. 16 zu Drahtbericht des Ministerialdirektors Schomerus, Bundesministerium für Wirtschaft, z.Z. Washington, zu »Deutsch-amerikanischen Verhandlungen über technologische Zusammenarbeit« vom 15.3.1986. In: AAPD 1986, Bd 1, S. 405 f.

377 Vgl. ebd.; Bundeskanzler Kohl an Präsident Reagan vom 10.3.1986 (geheim). In: AAPD 1986, Bd 1, S. 367–369.

378 Staack, Handelsstaat Deutschland, S. 93.

Staaten ein besonderes Abkommen zu SDI abgeschlossen hatten.[379] Sowohl in der öffentlichen Meinung der Bundesrepublik Deutschland als auch von der rot-grünen Opposition und bei Teilen der Regierungskoalition wurde das Vorhaben »eher als ein Stolperstein für eine vorsichtige Wiederannäherung denn als ernsthafte sicherheitspolitische Alternative«[380] aufgefasst. Die deutsche Industrie dagegen witterte in den amerikanischen Forschungsbemühungen um SDI einen technologischen Modernisierungsschub, der sich auch auf die zivile Wirtschaft auswirken würde. Bei einer Nichtbeteiligung würden für Westeuropa zwangsläufig gravierende Wettbewerbsnachteile entstehen und womöglich der technologische Anschluss an die USA verloren gehen. Bei einer Beteiligung deutscher bzw. europäischer Firmen an SDI müsse jedoch sichergestellt werden, dass die Zusammenarbeit nicht in einer technologischen Einbahnstraße münde, sondern die Ergebnisse auch wieder in die europäische Wirtschaft zurückflössen.[381]

Die Debatte macht deutlich, dass die USA von ihren Verbündeten zwar deren politische Unterstützung und möglichweise auch technologische Beiträge für SDI forderten, jedoch eine Mitgestaltung weitgehend ausschlossen.[382] Sie konsultierten ihre Bündnispartner lediglich im bilateralen Rahmen und zeigten große Vorbehalte gegenüber einer SDI-Diskussion innerhalb der NATO.[383] Die Furcht vor einer Spaltung der Allianz in Bezug auf SDI war also nicht unbegründet. Eine einheitliche Position der europäischen Bündnispartner zu SDI, um die, wie oben erwähnt, insbesondere die Bundesregierung bemüht war, gab es nicht. Während auch Großbritannien ein bilaterales Abkommen mit den USA abgeschlossen hatte, lehnte Frankreich die US-Pläne ab und initiierte den Aufbau einer Europäischen Forschungskoordinationsagentur (EUREKA) als alternatives ziviles Technologieprogramm.[384]

Das Ende des Ost-West-Konflikts und die Wiedervereinigung Deutschlands verdrängten die Raketenabwehrdebatte zunächst aus dem deutschen militärpolitischen Diskurs. Der Fokus lag nun auf der Reduzierung der Streitkräfte bei gleichzeitiger Auflösung bzw. Eingliederung der Nationalen Volksarmee (NVA) und dem Abzug sowjetischer Truppen aus Deutschland. Vor dem Hintergrund des sicher-

---

[379] Vgl. Botschafter Kastl, Moskau, an das Auswärtige Amt zum »Schreiben des Bundeskanzlers vom 30.8.1985 an GS Gorbatschow 21-301 30 S 25-DE 2-26/85 geheim« vom 12.9.1985 (geheim). In: AAPD 1985, Bd 2, S. 1262–1265; Staack, Handelsstaat Deutschland, S. 96 f.; Bundeskanzler Kohl an Präsident Reagan vom 3.2.1986 (VS-vertraulich). In: AAPD 1986, Bd 1, S. 367–369.

[380] Staack, Handelsstaat Deutschland, S. 78.

[381] Vgl. ebd., S. 77–79.

[382] Vgl. ebd., S. 92–94. Chauvistré mutmaßte 2001, dass die USA eine aktive Beteiligung westdeutscher Verbündeter an diesem militärischen Forschungsprogramm zum Anlass genommen hätten, deren Bündnistreue zu messen. Vgl. Chauvistré, Das atomare Dilemma, S. 68.

[383] Vgl. Drahterlaß des Vortragenden Legationsrats I. Klasse von Studnitz für Missionschefs zur Unterrichtung über »Vierer-Konsultationen der Politischen Direktoren in London am 3.3.1986« vom 6.3.1986 (geheim). In: AAPD 1986, Bd 1, S. 355 f.

[384] In einem Gespräch mit Bundeskanzler Kohl am 16.1.1986 in Baden verglich Frankreichs Staatspräsident François Mitterrand das französische Problem mit SDI mit dem Problem, das Frankreich gegenüber dem integrierten Oberkommando der NATO habe. Frankreich beteilige sich deswegen nicht an SDI, weil ihm keine Mitsprache beim Einsatz von SDI eingeräumt würde. Die Teilnahme an der industriellen Entwicklung sei zwar möglich, doch gebe es hier keine Garantie für einen beidseitigen Technologietransfer. Zusammenfassend sagte Mitterand: »Ohne eine Beteiligung an der strategischen Entscheidung mache Frankreich bei SDI nicht mit.« AAPD 1986, Bd 1, S. 52.

heitspolitischen Wandels und der Erweiterung der Aufgaben der NATO wurden in den 1990er Jahren die Strukturen der Bundeswehr zunehmend auf Einsätze außerhalb des Bündnisgebietes ausgerichtet.[385] Die politische Debatte um das Thema Raketenabwehr lebte in Deutschland erst Anfang des neuen Jahrtausends wieder auf. Obwohl sich das sicherheitspolitische Umfeld inzwischen deutlich verändert hatte, schienen sich die Argumentationsmuster der SDI-Debatte zu wiederholen.

b) Die Debatte um National Missile Defense 2001–2002

Die Debatte um die Beteiligung der europäischen Bündnispartner an einer global angelegten Raketenabwehr, die mit der Jahrtausendwende und dem Übergang der US-Administrationen von Clinton zu Bush einsetzte, wurde in Deutschland kontrovers geführt. Höhepunkte der Diskussion bildeten die Frage um die Gültigkeit und den Wert des ABM-Vertrags sowie die Konsequenzen der Terroranschläge auf die USA vom 11. September 2001.

Wie bereits in der Debatte um SDI ging es nunmehr im Wesentlichen um die deutsche Position zu den amerikanischen Raketenabwehrplänen und um eine mögliche deutsche Beteiligung. Grundsätzlich lassen sich in der politischen Debatte drei verschiedene Gruppen identifizieren: die Befürworter, die Kritiker bzw. Skeptiker und die Gegner der Raketenabwehr. Die Linien zwischen den Lagern sind fließend; sie verlaufen weder entlang der Parteigrenzen, noch lassen sich die Gruppen eindeutig voneinander abgrenzen. Die Debatte bestimmten maßgeblich Vertreter aus der Politik; Experten waren kaum eingebunden.[386] Zu den Schwerpunkten zählten Fragen nach der Bedrohungsanalyse, die den Raketenabwehrplänen der USA zugrunde lag, und nach möglichen Auswirkungen auf die strategische Stabilität sowie auf Abrüstungs-, Rüstungskontroll- und Nichtverbreitungsprozesse. Die Sorge um eine Entstehung von Zonen unterschiedlicher Sicherheit innerhalb des Bündnisgebietes mündete in der Diskussion um potenziell negative Auswirkungen der Raketenabwehrpolitik der USA auf den Zusammenhalt der NATO. Damit einher ging die Frage nach einer Beteiligung Deutschlands und anderer NATO-Staaten an der strategischen Raketenabwehr sowie um die Entwicklung einer gemeinsamen Position der europäischen Bündnispartner. Darüber hinaus wurden wirtschaftliche Aspekte wie die Finanzierbarkeit eines solchen Raketenabwehrsystems und eine mögliche Teilhabe an den technologischen Entwicklungen thematisiert. Die technische Realisierbarkeit der amerikanischen Pläne war zwar von zentraler Bedeutung, nahm in der deutschen politischen Debatte jedoch eine untergeordnete Rolle ein.[387]

Die Befürworter der Raketenabwehrpläne der USA teilten angesichts neuer, durch die weltweite Proliferation von Massenvernichtungswaffen entstehenden Bedrohungsszenarien die Einschätzung, dass es entsprechender Maßnahmen zur Verteidigung bedurfte. Sie hielten die Bedrohungseinschätzung der USA für zutreffend und argumentierten, dass es innerhalb der nächsten Jahre auch zu einer Bedrohung

385 Vgl. dazu Kap. III.1.
386 Vgl. Kubbig/Nitsche, Germany, S. 520.
387 Vgl. Böing, Die außenpolitische Debatte (2002), S. 32–82.

des deutschen bzw. mitteleuropäischen Territoriums durch ballistische Raketen aus Risikostaaten oder im Besitz terroristischer Gruppierungen kommen könnte. Demzufolge benötigten die europäischen Länder nach Ansicht der Befürworter eine Raketenabwehr. In diesem Zusammenhang betonten sie, dass unberechenbare Staaten oder Terroristen zu irrationalem Handeln neigten, was die Wirksamkeit der Strategie der Abschreckung einschränke. Die Raketenabwehr ermögliche eine neue Sicherheitsstrategie und verringere die Gefahr der Erpressbarkeit durch Terrorangriffe.[388] Folglich überrascht es nicht, dass Befürworter wie Volker Rühe sich mit den Terroranschlägen vom 11. September 2001 in ihrer Argumentation bestärkt sahen. Neben einer Raketenabwehr müssten insbesondere auch die präventiven Maßnahmen gegen die Proliferation von Massenvernichtungswaffen und Trägersystemen gestärkt sowie alle diplomatischen und wirtschaftlichen Möglichkeiten ausgeschöpft werden. Einen weiteren wichtigen Punkt sahen die Befürworter im Zusammenhalt der NATO. Um der Bildung von Zonen unterschiedlicher Sicherheit vorzubeugen, sollten sich die europäischen NATO-Staaten an dem Raketenabwehrschirm beteiligen. In den Leitsätzen für eine aktive Außen- und Sicherheitspolitik der CDU hieß es: »Europa sollte das Angebot des amerikanischen Präsidenten Bush zur Schaffung eines über nationale Raketenabwehr (NMD) hinausgehenden umfassenden Abwehrsystems aktiv aufgreifen und sich mit eigenen Initiativen für eine europäische Schutzkomponente in den Entscheidungsprozess einbringen. Aus NMD muss AMD (Allied Missile Defense) werden.«[389] Die Befürworter kritisierten die prinzipielle Verweigerungshaltung der rot-grünen Bundesregierung. Dadurch habe man bereits eine wichtige Chance vertan, auf den Meinungsbildungsprozess in den USA Einfluss zu nehmen. Eine deutsche Beteiligung sei finanziell machbar und eine Teilhabe an der technologischen Entwicklung erstrebenswert. Deutschland dürfe den technologischen Anschluss an die USA nicht verlieren.[390]

Die Gegner der Raketenabwehr kritisierten die Bedrohungsanalyse, die den amerikanischen Raketenabwehrplänen zugrunde lag. Sie anerkannten zwar die grundsätzliche Gefahr der unkontrollierten Weitergabe von Massenvernichtungswaffen und Trägersystemen, doch hielten sie das von den Befürwortern vertretene Szenario für wenig realistisch. Es bestehe keine reale Bedrohung durch Angriffe mit ballistischen Raketen aus vermeintlichen Risikostaaten. NMD sei in den USA vorrangig

[388] Vgl. Parlamentsarchiv, Deutscher Bundestag, Bestand 3119, Ausschuss für Verteidigung, 14. WP, Protokoll Nr. 49 vom 7.6.2000, S. 33 f.

[389] Leitsätze für eine aktive Außen- und Sicherheitspolitik. Beschluss des 14. [CDU-]Parteitages in Dresden, Berlin 2001, <www.kas.de/c/document_library/get_file?uuid=1cf3af4d-123c-0629-9a09-6a1b1e9f573d&groupId=252038> (letzter Zugriff 19.1.2022), S. 25 f.

[390] Vgl. Böing, Die außenpolitische Debatte (2002), S. 83–85; Rühe fordert europäisch-amerikanische Raketenabwehr. Der stellvertretende CDU-Vorsitzende legt »Leitsätze für eine aktive Außen- und Sicherheitspolitik« vor. In: FAZ, 12.1.2001; Leitsätze für eine aktive Außen- und Sicherheitspolitik. Beschluss des 14. [CDU-]Parteitages in Dresden, Berlin 2001, <www.kas.de/c/document_library/get_file?uuid=1cf3af4d-123c-0629-9a09-6a1b1e9f573d&groupId=252038> (letzter Zugriff 19.1.2022), S. 3, 25 f.; Deutscher Bundestag, Drucksache 14/3378 vom 16.5.2000; Parlamentsarchiv, Deutscher Bundestag, Bestand 3119, Ausschuss für Verteidigung, 14. WP, Protokoll Nr. 53 vom 28.6.2000, S. 46 f.

ein »Wahlkampfthema, das sich um den Begriff Sicherheit rankte«.[391] Dabei würden sich sowohl das Sicherheitsbedürfnis als auch das Sicherheitsverständnis der US-Amerikaner von dem der Europäer unterscheiden. Die USA beabsichtigten mit dem Aufbau der Raketenabwehr, die eigene Handlungs- und Interventionsfähigkeit zu wahren, um amerikanische oder westliche Interessen durchzusetzen. Die ursprünglich defensiv ausgerichteten Raketenabwehrsysteme würden dann zu offensiven Zwecken eingesetzt werden. Die Pläne der USA zum Aufbau einer strategischen Raketenabwehr seien folglich als Aufrüstungsprogramm zu interpretieren. Für die Gegner war die militärische Antwort auf das Proliferationsproblem die falsche. Vielmehr müssten die diplomatischen und wirtschaftlichen Ansätze gestärkt werden. Sie befürchteten negative Auswirkungen auf die Abrüstungs- und Rüstungskontrollprozesse und plädierten für den Erhalt des ABM-Vertrags als Eckstein der strategischen Stabilität. Der Aufbau einer strategischen Raketenabwehr würde Russland und China zur nuklearen Aufrüstung verleiten und somit eine regionale Rüstungsspirale im asiatischen Raum auslösen.[392] Eine deutsche Beteiligung an der Raketenabwehr lehnten die Gegner entschieden ab. Sie zweifelten an der technologischen Realisierbarkeit der US-Pläne und erwarteten auch keinerlei zivilen Nutzen der Forschungen zur Raketenabwehr.[393]

Zur letzten Gruppe in der deutschen politischen Raketenabwehrdebatte, den Kritikern bzw. Skeptikern, gehörten unter anderem Bundeskanzler Gerhard Schröder, Außenminister Joschka Fischer und Verteidigungsminister Rudolf Scharping. Diese Gruppe wollte sich in ihrer Position zu den Raketenabwehrplänen der USA nicht festlegen. Für sie fehlte es noch an wesentlichen Details zur Bedrohungslage, technischen Realisierbarkeit und Finanzierbarkeit, um eine Entscheidung im Sinne einer Zustimmung oder Ablehnung zu treffen. Die Kritiker stimmten der Analyse der US-Amerikaner dahingehend zu, dass eine Bedrohung durch ballistische Raketen aus Risikostaaten möglich sei. Sie wiesen jedoch darauf hin, dass die Regierungen in den USA und in Deutschland zu unterschiedlichen Bewertungen hinsichtlich der Wahrnehmung dieser Bedrohung und der Einschätzung des Risikos kommen würden.[394] Wie die Gegner äußerten auch die Skeptiker Zweifel, ob der Aufbau einer strategischen Raketenabwehr die richtige Antwort auf die Bedrohung sei; sie sprachen sich für eine Stärkung des politisch diplomatischen Ansatzes aus, um der Proliferationsgefahr zu begegnen. Eine zunehmende Militarisierung der

---

391 Parlamentsarchiv, Deutscher Bundestag, Bestand 3119, Ausschuss für Verteidigung, 14. WP, Protokoll Nr. 53 vom 28.6.2000, S. 47.

392 Nach einer Emnid-Umfrage gingen 64 % der Deutschen davon aus, dass das neue Abwehrsystem zu einem Rüstungswettlauf führen würde. 28 % sahen in dem Vorhaben keine Gefahr für die internationale Sicherheit. Vgl. Zahl des Tages. In: Die Welt, 7.2.2001.

393 Vgl. Böing, Die außenpolitische Debatte (2002), S. 86–88; Parlamentsarchiv, Deutscher Bundestag, Bestand 3119, Ausschuss für Verteidigung, 14. WP, Protokoll Nr. 49 vom 7.6.2000, S. 35 f., und Protokoll Nr. 53 vom 28.6.2000, S. 47, 49 f.

394 Die Bedrohungsanalyse der USA deckte sich mit den Einschätzungen des BND, denen zufolge sich Staaten wie Iran, Irak und Nordkorea darum bemühten, in den Besitz von weitreichenden ballistischen Raketen sowie biologischen, chemischen und auch nuklearen Gefechtsköpfen zu gelangen. Vgl. Michael J. Inacker, Streit um Raketenabwehr belastet Verhältnis zu USA. In: Die Welt, 19.4.2000; Proliferation von Massenvernichtungsmitteln und Trägerraketen.

Non-Proliferationspolitik der USA war nicht im Sinne der deutschen Regierung. Schröder und Scharping lehnten Maßnahmen zur Verteidigung nicht grundsätzlich ab. Allerdings müsse die Balance zwischen Verteidigungsvorbereitungen und Rüstungskontrollmaßnahmen erhalten bleiben.[395] Die Regierung sorgte sich zudem um die Entstehung unterschiedlicher Zonen der Sicherheit im Bündnis und sah dadurch den Zusammenhalt der NATO gefährdetet.[396] Darüber hinaus bildete die Gefahr einer Destabilisierung des strategischen Gleichgewichts einen wesentlichen Kritikpunkt der Skeptiker. Sie befürchteten eine nukleare Aufrüstung Russlands und Chinas als Reaktion auf den Aufbau des US-Raketenabwehrsystems sowie daraus folgende regionale Rüstungswettläufe.[397]

In einer Kleinen Anfrage vom Mai 2000 forderte die FDP die Bundesregierung auf, zu den US-Plänen einer nationalen Raketenabwehr Stellung zu nehmen. In ihrer Antwort betonte die Bundesregierung, dass sie die potenziellen Auswirkungen des geplanten Aufbaus eines begrenzten nationalen Raketenabwehrsystems sehr ernst nehme. Eine strategische Raketenabwehr zum Schutz des gesamten Staatsgebietes der USA sei nicht mit dem ABM-Vertrag in seiner bestehenden Form vereinbar. Dieses Vorhaben sowie die Gespräche zwischen den USA und Russland zur Modifikation des ABM-Vertrags und zur Fortsetzung des START-Prozesses seien von großer Bedeutung für die weitere nukleare Abrüstung, den Erhalt und die Stärkung des weltweiten Nichtverbreitungsregimes sowie für den Zusammenhalt und die Handlungsfähigkeit der NATO. Dies habe die Bundesregierung gegenüber den USA bereits frühzeitig deutlich gemacht. Auf Drängen der Bundesregierung sei im Bündnis ein intensiver Konsultationsprozess eingeleitet worden. Dieser würde nicht nur genutzt, um den Informationsfluss sicherzustellen und sich im Rahmen des Bündnisses intensiv inhaltlich mit allen Aspekten dieses Themas zu befassen, sondern insbesondere auch, um die Interessen der europäischen Bündnispartner für die Entscheidung des US-Präsidenten über das weitere Vorgehen durchzusetzen.[398]

Die rot-grüne Bundesregierung betrachtete den ABM-Vertrag als Eckpfeiler strategischer Stabilität und transatlantischer Sicherheit. Er war in seiner Substanz

---

395 Vgl. Parlamentsarchiv, Deutscher Bundestag, Bestand 3119, Ausschuss für Verteidigung, 14. WP, Protokoll Nr. 49 vom 7.6.2000, S. 32.

396 In einem Interview mit der Zeitung »Der Spiegel« wies Außenminister Fischer in Bezug auf die divergierenden Interessen zwischen den USA und seinen europäischen Bündnispartnern darauf hin, dass es grundsätzlich schwieriger und wesentlich komplexer sei, ein Bündnis ohne Außendruck, ohne eine gemeinsame Gefahr, die es abzuwehren galt, aufrechtzuerhalten. Vgl. Spiegel Gespräch: »Sünde wider die Zukunft«. Bundesaußenminister Joschka Fischer über die Raketenabwehrpläne der USA, die EU-Erweiterung und eine europäische Verfassung. In: Der Spiegel, 15.5.2000.

397 Vgl. Böing, Die außenpolitische Debatte (2002), S. 89–91; Deutschland mahnt Amerika. In: FAZ, 27.5.2000; Gerold Büchner, »NMD sieht wenig realistisch aus«. Bundesverteidigungsminister Rudolf Scharping zweifelt am US-Projekt einer Raketenabwehr. In: Berliner Zeitung, 25.1.2001; Parlamentsarchiv, Deutscher Bundestag, Bestand 3119, Ausschuss für Verteidigung, 14. WP, Protokoll Nr. 49 vom 7.6.2000, S. 31–38; Parlamentsarchiv, Deutscher Bundestag, Bestand 3119, Ausschuss für Verteidigung, 16. WP, Protokoll Nr. 77 vom 9.4.2008, S. 49.

398 Nach Einschätzungen des Londoner Internationalen Instituts für Strategische Studien (IISS) konnte die Debatte um die NMD-Pläne der USA zu einer ernsthaften Belastung der NATO führen. Javier Solana, der EU-Koordinator für Außen- und Sicherheitspolitik, hatte zuvor in Washington erklärt, dass in Europa das Gefühl aufkommen würde, die USA wollten sich mit ihren NMD-Plänen von Europa abkoppeln. Vgl. Deutscher Bundestag, Drucksache 14/3572 vom 8.6.2000.

unabdingbar für die Fortsetzung der nuklearen Abrüstung im Rahmen des START-Prozesses. Die Zukunft der nuklearen Nichtverbreitungsverträge sei eng mit dem Erhalt des ABM-Vertrages verknüpft. Um negative Auswirkungen auf Abrüstung, Rüstungskontrolle und Nichtverbreitung zu vermeiden, müsse eine Beeinträchtigung des Verhältnisses zu Russland unbedingt vermieden werden. Das gelte auch für potenzielle Auswirkungen auf das Verhältnis zu China und für die südostasiatische Region.[399]

Die bisherigen Vereinbarungen musste aus Sicht der Bundesregierung Vorrang vor einer eiligen Stationierungsentscheidung haben. Hierbei galt es, auch künftig das Gleichgewicht zwischen Rüstungskontrolle, Abrüstung und Maßnahmen zur Verteidigung aufrechtzuerhalten. Eine mögliche Entscheidung zur Realisierung der NMD-Pläne müsse mit einem deutlichen Abrüstungs- und Nichtverbreitungssignal abgefedert werden.[400] Darüber hinaus strebte die Bundesregierung eine enge Abstimmung mit den europäischen Partnern, insbesondere mit Frankreich und Großbritannien, an, um die europäischen Anliegen im Rahmen der Entscheidung über NMD einzubringen.[401]

Aus der gesamten Debatte lässt sich keine eindeutige Position der Bundesregierung im Sinne einer Zustimmung oder Ablehnung der US-amerikanischen NMD-Pläne herauskristallisieren. Die Berichterstattung der Presse schwankte zwischen zwei Auffassungen: dass die Regierung sich zum einen in ihrer Position nicht festgelegt und sie zum anderen im Laufe der Debatte einen Kurswechsel vollzogen habe.[402] In einem Interview mit dem Nachrichtensender N24 im Februar 2001 hatte Schröder eine Änderung der Regierungslinie verkündet. Es habe sich die Erkenntnis durchgesetzt, dass sich eine ablehnende Haltung Deutschlands zum NMD-Projekt nicht durchhalten lasse. Es gehe inzwischen nicht mehr um die Frage, ob dieses Projekt realisiert werden könne, sondern mehr um die Formulierung der Bedingungen. Schröder betonte das wirtschaftliche Interesse Deutschlands an dem Projekt und warf ein, dass sich durch die Forschungs- und Entwicklungsarbeiten der Amerikaner die Technologielücke zwischen Europa und den USA vergrößern könnte. Die bislang gemachten Erfahrungen bei deutsch-amerikanischen Rüstungskooperationen würden jedoch Anlass zur Sorge geben. Die USA hätten sich bislang nur bedingt bereit gezeigt, bei strategischen Schlüsseltechnologien offen und fair mit ihren Partnern zusammenzuarbeiten. Deutsche Techniker würden zu häufig mit *black boxes* konfrontiert.[403] In diesem Zusammenhang warnte der Friedensforscher und Experte für amerikanische Außen-, Sicherheits- und Rüstungspolitik Bernd Kubbig

---

[399] Vgl. ebd.

[400] Dazu gehörte, den START-Prozess mit dem Ziel fortzusetzen, geringere Obergrenzen zu vereinbaren und russische taktische Nuklearsysteme in START III einzubinden. Vgl. Parlamentsarchiv, Deutscher Bundestag, Bestand 3119, Ausschuss für Verteidigung, 14. WP, Protokoll Nr. 53 vom 28.6.2000, S. 45.

[401] Vgl. ebd., S. 45 f.

[402] Vgl. Böing, Die außenpolitischen Debatten (2018), S. 147 f.

[403] Als *black boxes* werden abgeschlossene Komponentenbauteile bezeichnet, an deren Entwicklung ausschließlich die USA beteiligt sind. Der Partner muss sie für das Gesamtprojekt letztendlich kaufen, erhält jedoch keinen Zugang zu bestimmten, von den USA als geheim klassifizierten Daten. Vgl. Michael J. Inacker, Den Sternen ein Stück näher. In: Die Welt, 1.3.2001.

die Bundesregierung, ihre Position auf falschen Erwartungen zu gründen, wie dem Glauben, dass eine frühe Beteiligung an dem Raketenabwehrprogramm der USA Deutschland Einfluss auf die Entscheidung verschaffe. Mit einer solchen Strategie ignoriere sie »die Tatsache des amerikanischen technologischen Protektionismus als spezifische Variante des US-Unilateralismus«.[404] Jene Rahmenbedingungen, welche die deutschen Erwartungen auf eine partnerschaftlich faire und finanziell gewinnbringende Teilhabe am Forschungsprogramm SDI als Illusion entlarvt hätten, würden überwiegend unverändert gelten.[405] Kubbig nannte darüber hinaus zwei aktuelle Projekte aus dem Bereich der Erweiterten Luftverteidigung, an denen sich zeigen würde, dass der Primat des Protektionismus die US-Politik bestimme. Zum einen sei das trilaterale Projekt MEADS keinesfalls ein Vorhaben unter Gleichen; es entpuppe sich im Sinne einer fairen Partnerschaft bislang eher als »transatlantisches Trauerspiel«. Zum anderen sei Deutschland bei der Kampfwertsteigerung des Patriot-Systems durch den Kauf verbesserter Abfangflugkörper des Typs PAC-3 darauf angewiesen, die *black boxes* der Amerikaner zu akzeptieren.[406]

Sowohl der Bundeskanzler als auch der Außen- und der Verteidigungsminister schienen zu den Raketenabwehrplänen der USA eine »Minimalposition« eingenommen zu haben, »die sie im Zeitablauf mit zunehmender Kompromissbereitschaft den Realitäten der Raketenabwehrpolitik Washingtons annäherten«.[407] Diese Haltung der rot-grünen Bundesregierung spiegelte sich in mehr oder weniger prägnant formulierten Mahnungen und Warnungen sowie den Bemühungen um Rüstungskontrolle und Abrüstung wider.[408] Letztendlich sprach sich die Regierung weder gegen die Raketenabwehrpläne der USA noch gegen eine deutsche Beteiligung aus.[409]

Die fehlende Festlegung ermöglichte der Bundesregierung einen Ausweg aus dem Dilemma aus innenpolitischen Divergenzen, Loyalität gegenüber dem wichtigsten Bündnispartner USA und Sorge um erneute Spannungen mit Russland.[410] Für Deutschland war es aufgrund seiner geostrategischen Lage und seiner Funktion als zentraleuropäische Mittelmacht der NATO stets von großer Bedeutung, dass die NMD-Politik nicht zu Spannungen mit Russland führte. »Den Deutschen graust es vor einem gereizten Bären im Hinterhof,«[411] hieß es in einem Artikel der »Zeit« vom 1. Februar 2001. Damit war die russische Position gegenüber dem Westen,

[404] Kubbig, US-Raketenabwehr, S. 556.

[405] Darunter insbesondere die allgemein verschärfte Geheimhaltungspolitik für wissenschaftlich-technische Daten, starke Einschränkungen für die Forschung im Rahmen von nicht-geheimen Aufträgen des Pentagon, die Verschärfung der Exportgesetzgebung und -praxis für militärisch relevante Hochtechnologien sowie keine Gleichstellung ausländischer Unternehmen mit amerikanischen. Vgl. ebd., S. 557.

[406] Vgl. ebd., S. 558. Zum multilateralen Rüstungsprojekt MEADS siehe Kap. III.3.

[407] Böing, Die außenpolitische Debatte (2002), S. 91.

[408] Vgl. beispielsweise Deutschland mahnt Amerika. In: FAZ, 27.5.2000.

[409] Vgl. Böing, Die außenpolitische Debatte (2002), S. 94 f.; Böing, Die außenpolitischen Debatten (2018), S. 140.

[410] Vgl. Michael J. Inacker, Streit um Raketenabwehr belastet Verhältnis zu USA. In: Die Welt, 19.4.2000; ARD-Tagesschau, Fernseh-/Hörfunkspiegel Inland I: Joschka Fischer, Bundesminister des Auswärtigen, zzt. Moskau, zur Diskussion über das geplante US-Raketenabwehrsystem, 13.2.2001.

[411] Josef Joffe, Raketen und Reflexe. Amerikas Pläne zur Raketenabwehr müssen das Bündnis nicht spalten. In: Die Zeit, 1.2.2001.

wie sie Russland selbst definierte, und auch die Entwicklung der russischen Politik relevant für Deutschlands sicherheitspolitische Überlegungen einschließlich der militärischen Vorsorge.[412] Vor diesem Hintergrund erscheint es nicht abwegig, dass die Bundesregierung eine eindeutige Positionierung möglicherweise bewusst vermied, »um eine unliebsame, konfliktträchtige Entscheidung aus taktischen Erwägungen auf die lange Bank zu schieben«.[413]. Die Bundesregierung begründete ihre abwartende Haltung immer wieder damit, dass die Planungen der USA noch nicht definiert seien. Für eine Positionierung fehlten wesentliche Details zur Bedrohungsanalyse sowie zur technischen Realisierbarkeit der Pläne. Eine frühzeitige Festlegung im Sinne einer eindeutigen Zustimmung oder Ablehnung von NMD wurde als voreilig und weder möglich noch notwendig empfunden, solange das Vorhaben nach wie vor unkonkret sei und der Bundesregierung keine präzisen Angebote vorlägen, sich an einem gemeinsamen Raketenabwehrprojekt zu beteiligen. Erst dann lasse sich eine europäische Position entwickeln.[414]

Seitens der CDU kritisierten Angela Merkel und Volker Rühe, dass die Bundesregierung hinsichtlich der Raketenabwehrpläne der USA nicht in einem ›Niemandsland‹ zwischen Moskau und Washington operieren dürfe. Deutschland müsse sich in seiner Sicherheitsphilosophie festlegen und es vermeiden, den Vermittler zwischen Russland und den USA zu spielen. Die Vorbehalte anderer Länder dürften nicht zum Anlass genommen werden, sich vor einer Entscheidung zu drücken. Vielmehr müsse Deutschland eine Vorreiterrolle in Europa einnehmen und zum engsten Partner der USA beim Aufbau des Raketenabwehrsystems werden.[415] Auch Außenminister Fischer hatte betont, dass es Russland nicht gelingen werde, einen Keil in die NATO zu treiben. Die USA und Frankreich seien Deutschlands wichtigste Bündnispartner. Der Abstand zum Partner Russland sei wesentlich größer. Doch beides – der Zusammenhalt der NATO einerseits und das Rüstungskontrollregime der Vereinigten Staaten und Russlands andererseits – sei von großer Bedeutung und müsse in der Praxis zwischen den verschiedenen Akteuren ausbalanciert werden.[416]

Die Lage der Bundesregierung sowie die zentralen Argumente der Debatte erinnerten an die deutsche Debatte um SDI in den 1980er Jahren. Die Politikwissenschaftler Joachim Krause und Oliver Thränert kritisierten in der Frankfurter Allgemeinen Zeitung vom 14. Februar 2001 eben jene Parallelität. Die Welt habe

---

412 Vgl. Mey, Deutsche Sicherheitspolitik 2030, S. 91 f.; Böing, Die außenpolitischen Debatten (2018), S. 159.

413 Böing, Die außenpolitische Debatte (2002), S. 97.

414 Vgl. Kubbig, US-Raketenabwehr, S. 556.

415 Vgl. DPA-Meldung, US-Raketenprogramm: Unterschiedlicher Ansatz Regierung – Opposition, bdt0534 3 pl 402 dpa 2695, 15.2.2001; Union für Beteiligung an Raketenabwehr. Rühe: Deutschland soll Vorreiterrolle einnehmen. In: FAZ, 15.3.2001. Auch der Politologe Holger Mey sah das Projekt der Raketenabwehr als Chance für Deutschland, eine maßgebliche und gestalterische Rolle im Bündnis zu übernehmen und die »Partnership in Leadership« zwischen Deutschland und den USA zu stärken. Vgl. Holger H. Mey, Raketenabwehr als Chance für Deutschland. Zustimmung zu den US-Plänen könnte Berlins Nato-Rolle stärken. In: Focus, 5.3.2001.

416 Vgl. ARD-Tagesschau, Fernseh-/Hörfunkspiegel Inland I: Joschka Fischer, Bundesminister des Auswärtigen, zzt. Moskau, zur Diskussion über das geplante US-Raketenabwehrsystem, 13.2.2001; Deutscher Bundestag, Plenarprotokoll, Stenographischer Bericht, 14. WP, 158. Sitzung, 15.3.2001, S. 15374.

sich seit SDI bedeutend verändert, doch die Diskussion in Deutschland werde meist von Denkblockaden aus dem Ost-West-Konflikt bestimmt. Russland sei finanziell nicht in der Lage, einen Rüstungswettlauf mit den USA zu tragen. Auch das Argument, die Raketenabwehrpläne der Vereinigten Staaten würden China zur Aufrüstung zwingen, verkenne, dass China sein Potenzial an ballistischen Raketen bereits seit zehn Jahren vergrößere. Für Deutschland sei die Doktrin der gegenseitig gesicherten Zerstörungsfähigkeit nach wie vor ein wesentliches Element der strategischen Stabilität. Eine kluge Raketenabwehrpolitik könne jedoch ein Schritt in Richtung Abbau von amerikanischen und russischen Kernwaffenarsenalen sein und damit die nukleare Nichtverbreitungspolitik fördern. Raketenabwehr und nukleare Abrüstung seien folglich zwei Seiten derselben Medaille. Deutschland solle nicht den ABM-Vertrag verteidigen, sondern vielmehr die Rolle des »Anwalt[s] eines geordneten Übergangs« übernehmen und die Neuordnung des Verhältnisses zwischen Offensiv- und Defensivwaffen mit Nachdruck unterstützen.[417]

Wie bereits bei SDI handelte es sich auch bei NMD um ein rein nationales Programm der USA, auf das die Bündnispartner in keiner Weise einzuwirken vermochten. Deutschland stellte das Recht der USA, sich gegen Risiken zu schützen, die aus der Proliferation von weitreichenden Raketen erwachsen konnten, nicht infrage. Die Bundesregierung erwartete allerdings, dass die USA die möglichen Konsequenzen einer Entscheidung für die Realisierung ihrer NMD-Pläne bedachten, insbesondere dann, wenn die Gefahr bestand, dass daraus Belastungen für das Bündnis oder die transatlantischen Beziehungen erwuchsen. Es bedurfte der Zustimmung und Mitarbeit der Bündnispartner beispielsweise bei einer Stationierung von Radarsystemen. Deutschland war allein schon deshalb betroffen, weil mit NMD auch die auf deutschem Boden stationierten US-Truppen geschützt werden sollten. Die Bundesregierung plädierte für die Fortsetzung der Konsultationen in der NATO.[418]

Während über NMD diskutiert wurde, blieb TMD überwiegend von der Kritik ausgespart. Die Bedrohung von deutschen Soldaten in Einsatzgebieten außerhalb des NATO-Territoriums durch Kurz- und Mittelstreckenraketen galt als real. Und hier lag auch die Priorität des Außen- und des Verteidigungsministeriums. Die technologische Machbarkeit entsprechender Abwehrsysteme stand außer Zweifel. Das BMVg legte dem Verteidigungsausschuss des Deutschen Bundestages im Januar 2001 einen Bericht zur künftigen Luftverteidigung vor. Zum einen zeigte dieser die unzureichenden Fähigkeiten der Bundeswehr zur Abwehr von ballistischen Raketen bis 1000 Kilometer auf, und zum anderen verwies das BMVg hier aufgrund nicht vorhandener Fähigkeiten zur Abwehr von Zielen der Reichweitenklasse 1000 bis

417 Vgl. Joachim Krause und Oliver Thränert, Raketenabwehr und nukleare Abrüstung gehören zusammen. Deutschland und Europa insgesamt sollten sich der Diskussion über das Raketenabwehrsystem NMD nicht verweigern. In: FAZ, 14.2.2001, S. 11.

418 Bundeskanzler Schröder betonte das Mitspracherecht Europas an dem geplanten Raketenabwehrsystem der USA. Vgl. DPA-Meldung, Schröder äußert sich zurückhaltend zu US-Raketenabwehrplänen, bdt0248 3 pl 279 dpa 0205, 13.6.2001; Kubbig, US-Raketenabwehr, S. 555; Parlamentsarchiv, Deutscher Bundestag, Bestand 3119, Ausschuss für Verteidigung, 14. WP, Protokoll Nr. 49 vom 7.6.2000, S. 31.

3000 Kilometer auf eine möglicherweise anstehende Entscheidung zur deutschen Beteiligung an einem darauf abgestimmten NATO-Programm.[419]

In einer Rede vor dem Verteidigungsausschuss am 7. Februar 2001 hob der Generalinspekteur der Bundeswehr, General Harald Kujat, hervor, dass die verfügbaren Systeme Patriot, Hawk und Roland die geforderten Fähigkeiten nur zum Teil erfüllten. Angesichts der zunehmenden Risiken durch taktisch aerodynamische und taktisch ballistische Flugkörper bis 1000 Kilometer lag der Fokus zunächst auf der Kampfwertanpassung der Patriot-Systeme. Auf lange Sicht »sei es erforderlich, den [...] FlaRak-Verbund durch ein bodengebundenes Luftverteidigungssystem der neuen Generation bei gleichzeitiger Verringerung der gesamten Stückzahlen aufzulösen«.[420] Voraussichtlich 2004 oder 2005 würde eine Entscheidung über Art und Umfang einer deutschen Beteiligung an einem bündnisgemeinsamen Programm zur Abwehr von ballistischen Flugkörpern bis 1000 Kilometer anstehen.[421]

Die Kampfwertanpassung der deutschen Patriot-Systeme bestand aus zwei Teilvorhaben: aus der bedrohungsorientierten Anpassung und Modifizierung der Großgeräte an sich sowie aus der Beschaffung von Abfangflugkörpern des Typs PAC-3. Bei der Umsetzung der bilateralen Verträge zwischen deutschen und amerikanischen Rüstungsfirmen, die 1997/98 abgeschlossen worden waren, kam es aufgrund der restriktiven Freigabe sensibler Informationen und nichterteilter Exportgenehmigungen seitens der USA zu Verzögerungen. Um die Differenzen auszuräumen und das Programm wieder auf eine solide Basis zu stellen, wurde eine bilaterale Vereinbarung getroffen, die am 25. September 2000 in Kraft trat. Die Realisierung der Kampfwertanpassung war nicht nur in zeitlicher, sondern auch in finanzieller Hinsicht ins Wanken geraten. Die Kosten für 13 Radar-, 13 Feuerleit- und 13 Startgeräte betrugen mittlerweile 1,1 Milliarden Mark.[422] Auch für den neuen Lenkflugkörper PAC-3 gab es Klärungsbedarf. Es lagen bislang keine verbindlichen Stückpreise vor und die Angaben schwankten zwischen 1,9 und 3,3 Millionen US-Dollar pro Flugkörper.[423]

Im Rahmen der anstehenden Strukturreform der Bundeswehr sollten die sechs Flugabwehrraketengeschwader der Luftwaffe auf vier reduziert werden. Durch die Auflösung eines Jagdgeschwaders würde die Luftverteidigung zusätzlich geschwächt werden. Daher fragte Karl Lamers am 7. Februar 2001 im Verteidigungsausschuss, »wie es dann im Bereich der Luftverteidigung insgesamt sinnvoll weitergehen solle

---

419 Vgl. Parlamentsarchiv, Deutscher Bundestag, Bestand 3119, Ausschuss für Verteidigung, 14. WP, A-Drs. 14/646, Bericht des Bundesministeriums der Verteidigung zur zukünftigen Luftverteidigung, insbesondere zu MEADS, Patriot und Meteor, Anlage zum Protokoll Nr. 65 vom 7.2.2001; Chauvistré, Das atomare Dilemma, S. 131.

420 Parlamentsarchiv, Deutscher Bundestag, Bestand 3119, Ausschuss für Verteidigung, 14. WP, Protokoll Nr. 65 vom 7.2.2001, S. 32.

421 Vgl. ebd., S. 31 f. Vgl. dazu auch BArch, BW 1/515332, BMVg, Rü IV 5, Konferenzunterlagen für die 73. Konferenz der Nationalen Rüstungsdirektion der NATO (CNAD) vom 6.–7.11.2003 im NATO-HQ, Brüssel, zum Thema Missile Defence und CMD, 7.10.2003.

422 Vgl. dazu Kap. III.2.d.

423 Vgl. Parlamentsarchiv, Deutscher Bundestag, Bestand 3119, Ausschuss für Verteidigung, 14. WP, Protokoll Nr. 65 vom 7.2.2001, S. 32 f.

und könne«.[424] Nur ein kleiner Teil der bodengebundenen Luftverteidigung werde mit PAC-3 ausgerüstet. Darüber hinaus werde mit MEADS ein neues bodengebundenes Luftverteidigungssystem – möglicherweise mit dem gleichen Lenkflugkörper – eingeführt. Folglich sei eine »durchdachte und abgestimmte Konzeption« erforderlich, so Lamers. Eine solche könne er bislang nicht erkennen. General Kujat erwiderte, dass die Grundlage für die Entscheidung zur Reduzierung der bodengebundenen Luftverteidigung das Fähigkeitsprofil sei, das sich aus den Aufgaben der Bundeswehr und der operativen Umsetzung ergebe.[425]

Nach dem Ende des ABM-Vertrags im Juni 2002 bot Bush den Verbündeten an, sich an den Raketenabwehrplänen zu beteiligen. Offiziell reagierte die Bundesregierung nicht auf dieses Angebot; sie zeigte sich vielmehr weiterhin skeptisch gegenüber dem Aufbau einer flächendeckenden Flugkörperabwehr. Mit der Entscheidung, an der Entwicklung des trilateralen Rüstungsprojekts MEADS zu partizipieren, wurde Deutschland allerdings automatisch Teil des Raketenabwehrprogramms der USA.[426]

c) Deutschland »zwischen den Stühlen«[427] 2007–2008

Die deutsche Öffentlichkeit fürchtete keinen Angriff durch ballistische Raketen. Die Entwicklung und Stationierung von Abwehrsystemen in Europa hatte für die Mehrheit der Bevölkerung keine Priorität. Grundsätzlich waren es vorrangig Risiken nicht-militärischer Art wie der Klimawandel, die im Fokus der deutschen Bedrohungswahrnehmung standen. Bedrohungen durch Kriege und Konflikte in der Welt, Terrorismus oder die Proliferation von Massenvernichtungswaffen spielten dagegen keine wesentliche Rolle. Das hatte das Sozialwissenschaftliche Institut der Bundeswehr 2007 in einer Bevölkerungsbefragung erhoben. Dort hieß es auch: »Die Sicherheits- und Verteidigungspolitik tritt oft erst dann in den Vordergrund des Interesses, wenn internationale Ereignisse von besonders großer Tragweite, wie z.B. die Anschläge des 11. September 2001, die Medienberichterstattung beherrschen.«[428] Seit den 1990er Jahren sank das Unsicherheitsgefühl der Deutschen stetig.[429]

Auf politischer Ebene hatte man zumindest in Teilen erkannt, dass die Entwicklung ballistischer Flugkörper in Risikostaaten wie dem Iran oder Syrien auf lange Sicht zur Bedrohung der eigenen Sicherheit werden und zu Einschränkungen der westlichen Handlungsfreiheit führen konnte. Wie bereits im Weißbuch zur Sicherheit der Bundesrepublik Deutschland von 1994 wurde auch im Weißbuch von 2006 die Proliferation von Massenvernichtungswaffen und ihrer Trägersysteme

---

424 Ebd., S. 38.

425 Vgl. ebd., S. 38, 40.

426 Vgl. Kubbig/Nitsche, Germany, S. 521.

427 Generalinspekteur Kujat warnte in einem Redebeitrag am 7.2.2001 beim Verteidigungsausschuss davor, dass Deutschland aufpassen müsse, in der Debatte um NMD letztendlich nicht »zwischen den Stühlen«, also zwischen den USA und Russland, zu sitzen. Vgl. Parlamentsarchiv, Deutscher Bundestag, Bestand 3119, Ausschuss für Verteidigung, 14. WP, Protokoll Nr. 65 vom 7.2.2001, S. 46. Vgl. auch Schreer, Zwischen den Stühlen?

428 Sicherheits- und verteidigungspolitisches Meinungsklima in der Bundesrepublik Deutschland, S. 15.

429 Vgl. ebd., S. 11, 24, 27, 31; Deutsche Verteidigungspolitik, S. 11.

als zunehmende Bedrohung für Deutschland identifiziert.[430] Darüber hinaus beteiligte sich Deutschland nun bereits seit Jahren an dem trilateralen Rüstungsprojekt zur Entwicklung des bodengebundenen Luftverteidigungssystems MEADS, das Deutschland als weiteren Beitrag zum ALTBMD-System der NATO einzubringen beabsichtigte.[431]

Die Rede von Putin auf der Münchener Sicherheitskonferenz im Februar 2007, in der er auf die bilateralen Verhandlungen der USA mit Polen und Tschechien über eine Stationierung von Systemkomponenten zur Raketenabwehr auf europäischem Territorium reagierte, eröffnete in Deutschland eine neue Debatte um die Raketenabwehrpläne des Bündnispartners. Rainer Arnold (SPD) bewertete die Diskussion in einer Sitzung des Verteidigungsausschusses am 21. März 2007 als eine »deutsche Debatte mit einer überzogenen, künstlichen Aufgeregtheit. Alles, was derzeit diskutiert werde, sei seit Jahren bekannt.«[432] Dies lässt sich bei näherer Betrachtung der zentralen Diskussionspunkte bestätigen. Unverändert drehte sich die Diskussion um die folgenden Punkte: die Bedrohungsanalyse, die den Plänen zugrunde lag; den Zusammenhang zwischen Raketenabwehr und nuklearer Abschreckung; die Raketenabwehr als Werkzeug zur Wahrung der außen- und sicherheitspolitischen Handlungsfähigkeit; die Frage nach der richtigen Antwort auf das Problem der Proliferation; die Einordnung der Raketenabwehr in die Politik der Rüstungskontrolle, Abrüstung und Nichtverbreitungsregime; die Raketenabwehr als Gefahr für die Kohäsion der NATO; Russland als Partner oder Adressat der Raketenabwehr; die Gefahr eines neuen Wettrüstens; die Finanzierbarkeit, technische Realisierbarkeit und Wirksamkeit der Raketenabwehrpläne sowie um mögliche Kollateralschäden durch herabfallende Trümmerteile von abgefangenen Raketen.[433]

Die Kritiker der Raketenabwehr in Deutschland argumentierten nach wie vor, dass keine Risiken oder Bedrohungen vorhanden seien, die den Aufbau einer territorialen Flugkörperabwehr rechtfertigen würden. Im Februar 2007 erklärte Außenminister Frank-Walter Steinmeier, dass die iranischen Raketen für Europa aufgrund ihrer kurzen Reichweite keine Gefahr darstellen würden.[434] Diesem Argument konnte zwar grundsätzlich nicht widersprochen werden, doch war andererseits auch nicht auszuschließen, dass im Nahen und Mittleren Osten militärische Konflikte ausbrachen, in die die NATO trotz diplomatischer Bemühungen verwickelt würde.[435] Deutschland war stets bemüht, einen Konflikt so lange wie möglich auf diplomatischem Wege zu lösen. Dementsprechend war die Frage, inwieweit eine Raketenabwehr die geeignete Antwort auf das Problem der Proliferation war, unverändert ein wesent-

---

430 Vgl. Weißbuch 2006, Ziff. 1.1, S. 20.

431 Vgl. Schreer, Zwischen den Stühlen?, S. 2; Deutscher Bundestag, Drucksache 16/4710 vom 19.3.2007, Frage 23.

432 Parlamentsarchiv, Deutscher Bundestag, Bestand 3119, Ausschuss für Verteidigung, 16. WP, Protokoll Nr. 39 vom 21.3.2007, S. 49.

433 Vgl. Böing, Die außenpolitischen Debatten (2018), S. 171 f., 178–234.

434 Vgl. Bundesminister des Auswärtigen, Dr. Frank-Walter Steinmeier, im Interview mit dem »Handelsblatt« zu Fragen der Sicherheitspolitik – »Tür für Verhandlungen bleibt offen«, 19.2.2007. In: Stichworte zur Sicherheitspolitik, Januar/Februar 2007.

435 Zu den unterschiedlichen Positionen in der deutschen politischen Debatte über die Bedrohungsanalyse der USA vgl. Böing, Die außenpolitischen Debatten (2018), S. 178–184.

licher Streitpunkt in der deutschen Debatte. Auf die Frage der Linksfraktion, ob die internationalen »Vereinbarungen zur Abrüstung von Atomwaffen und Raketen eine sinnvolle Alternative zum Aufbau eines Raketenabwehrschirms« darstellten, antwortete die Bundesregierung, »dass sich im Falle einer vollständigen und weltweiten Abrüstung von Atomwaffen und von atomwaffenfähigen Raketen die Frage eines Aufbaus eines Raketenabwehrsystems nicht in dieser Weise stellen würde«.[436] Der Einsatz militärischer Mittel war zwar generell nicht geeignet, die Ursachen von Risiken und Konflikten zu beheben, doch konnte dies quasi als Katalysator die Voraussetzungen schaffen, in denen Außenpolitik und Diplomatie erst zum Tragen kamen.[437] Seit Jahrzehnten nahm Deutschland den Schutz durch die nukleare Abschreckung der USA in Anspruch. Die Strategie der Abschreckung hatte sich bei Konflikten zwischen staatlichen Akteuren bewährt, doch bestanden Zweifel daran, ob sie auch bei nichtstaatlichen Akteuren funktionierte.[438]

Auch innerhalb der Regierungskoalition aus CDU/CSU und SPD gab es unterschiedliche Auffassungen. Während die Union dem Vorhaben positiv gegenüberstand, sorgte sich die SPD um eine Verschlechterung der Beziehungen zwischen Europa und Russland und warnte vor einem neuen Rüstungswettlauf. Auf der Ebene der Ministerialbürokratie wurde diese Bruchlinie ebenfalls sichtbar: »Während das SPD-geführte Auswärtige Amt weiterhin die Beziehungen zu Russland zum Maßstab der Raketenabwehrfrage macht, ist das CDU-geführte Verteidigungsministerium dem Projekt gegenüber aufgeschlossen, zumal die Entwicklung einen deutlichen Fähigkeitszuwachs der Bundeswehr bedeuten könnte.« Das Kanzleramt unter Merkel betrachtete eine deutsche Beteiligung vorrangig unter dem Gesichtspunkt der Bündnisverpflichtung und technologischen Kooperation.[439]

Das Gewicht der russischen Kritik an den Raketenabwehrplänen für Europa zeigte sich beispielsweise an den Diskussionen, die in Deutschland im Zuge der Ankündigungen und Drohungen Russlands im Falle einer Realisierung der amerikanischen Raketenabwehrpläne entbrannten. Im Wesentlichen waren dies die Rede Putins auf der Münchener Sicherheitskonferenz im Februar 2007, in der er russische Gegenmaßnahmen ankündigte, die Drohung des russischen Generalstabschefs Jurij Baluevskij im Februar 2007, dass Russland den INF-Vertrag kündigen werde, die Drohung Putins im April 2007, aus dem Vertrag über Konventionelle Streitkräfte in Europa (KSE) auszusteigen sowie die Ankündigung von Putins Nachfolger Medvedev im November 2008, Kurzstreckenraketen des Typs Iskander und Störsender in Kaliningrad zu stationieren.[440] Die Kritiker der Raketenabwehr fühlten sich damit

436 Deutscher Bundestag, Drucksache 16/4710 vom 19.3.2007, Frage 16.

437 Vgl. Presse- und Informationsamt der Bundesregierung, Rede des Bundesministers der Verteidigung, Dr. Franz Josef Jung, bei der Hessischen Landesvertretung am 10. April 2007 in Brüssel zum Thema »Die europäische Sicherheits- und Verteidigungspolitik – Aktuelle Herausforderungen und Entwicklungen«. In: Stichworte zur Sicherheitspolitik, März/April 2007; Verteidigungspolitische Richtlinien (1992), Nr. 40.

438 Vgl. Bitter, Die Nato und die Raketenabwehr, S. 9.

439 Vgl. Schreer, Zwischen den Stühlen?, S. 2, Zitat ebd.

440 Vgl. hierzu Kap. II.3.f. Vgl. auch Böing, Die außenpolitischen Debatten (2018), S. 200–205; Bundesminister des Auswärtigen, Dr. Frank-Walter Steinmeier, im Interview mit dem »ZDF-heute-journal« zu den Reaktionen Russlands in der Frage der Raketenabwehr, 26.4.2007. In: Stichworte

in ihrer Sorge bestätigt. Der Politikwissenschaftler Michael Rühle charakterisierte deren Stimmen 2007 als »Russland-Apologetik« und wies darauf hin, dass sich die deutsche Debatte in ihren Argumentationsmustern auf dem Stand der 1980er Jahre bewege. Die Umstände der Auseinandersetzung um das SDI-Programm seien jedoch ganz andere gewesen.[441] Auch Außenminister Steinmeier betonte, dass der Streit um ein Raketenabwehrsystem in Europa manchen wie eine Reminiszenz an den Ost-West-Konflikt erscheine und sie die Rückkehr »der Blockkonfrontation und des Raketenzählens« befürchteten.[442] Steinmeier warnte allerdings auch vor einer Spaltung Europas und der NATO sowie vor einem Russland, das in »alte Reflexe« verfalle. Dies wäre ein hoher Preis. Ziele der deutschen Außenpolitik seien die Einheit Europas, die transatlantische Partnerschaft und die strategische Partnerschaft mit Russland. Er appellierte an Russland, die Gesprächsangebote aus Europa und den USA anzunehmen. So könne aus dem Streit um die Raketenabwehrpläne auch eine Chance erwachsen.[443]

Letztendlich sollte die deutsche Raketenabwehrpolitik aber nicht durch die russischen Bedenken entschieden werden. Der Aufbau eines Raketenabwehrschirms für Europa »unter Inkaufnahme einer ernsthaften Konfrontation mit Russland«[444] lag nicht im Interesse Deutschlands. Aus Sicht der Bundesregierung waren für die Entscheidung die Entwicklungen im Bündnis ausschlaggebend. Eine einheitliche Haltung Europas sollte trotz russischer Vorbehalte gewahrt werden.[445]

Ebenso wie andere europäische NATO-Staaten hatte die Bundesregierung lange versucht, »das Problem auszusitzen und ein klares Bekenntnis für oder gegen eine Stationierung zu vermeiden«.[446] Als die USA begannen, bilateral mit Partnern wie Polen und Tschechien über eine Stationierung ihrer Systemkomponenten zu verhandeln, stieg der Handlungsdruck innerhalb der NATO auch auf Deutschland. Eine Realisierung würde zwangsläufig Auswirkungen auf die deutsche Sicherheit haben. Die Diskussion im Rahmen der NATO war dabei die beste Möglichkeit für die

---

zur Sicherheitspolitik, März/April 2007; Bundesminister des Auswärtigen, Dr. Frank-Walter Steinmeier, im Interview mit »Bild« zur angedrohten Kündigung des KSE-Vertrags durch Russland, 30.4.2007. In: ebd.

441 Vgl. Rühle, Raketen, Russland, Rücksichtnahmen.

442 Steinmeier sagte in diesem Zusammenhang weiter: »Der Streit um die geplante Stationierung der amerikanischen Raketenabwehr in Polen und der Tschechischen Republik zeigt, wie alte Reflexe aus der Zeit des Kalten Krieges bis in die heutige Zeit fortwirken. In Moskau haben viele das Gefühl, dass die Vereinigten Staaten ihre Überlegenheit über die Maßen auskosten. In Washington trauen viele dem russischen Bären auch 18 Jahre nach dem Fall der Mauer nicht über den Weg. Und in Polen bleibt das Trauma der Teilungen des Landes durch Deutsche und Russen bis heute politisch wirkungs- und handlungsmächtig.« Bundesminister des Auswärtigen, Dr. Frank-Walter Steinmeier, warnt in der »Frankfurter Allgemeinen Sonntagszeitung« vor neuem Wettrüsten, 18.3.2007. In: Stichworte zur Sicherheitspolitik, März/April 2007

443 Vgl. Bundesminister des Auswärtigen, Dr. Frank-Walter Steinmeier, zum Thema »Haltung der Bundesregierung zur Raketenstationierung in den Ländern Osteuropas« in der Aktuellen Stunde des Deutschen Bundestages, 21.3.2007. In: Stichworte zur Sicherheitspolitik, März/April 2007, Zitat ebd.

444 Bitter, Die Nato und die Raketenabwehr, S. 12.

445 Vgl. Schreer, Zwischen den Stühlen?, S. 3 f.; Parlamentsarchiv, Deutscher Bundestag, Bestand 3119, Ausschuss für Verteidigung, 16. WP, Protokoll Nr. 76 vom 12.3.2008, S. 30.

446 Schreer, Zwischen den Stühlen?, S. 1.

deutsche Politik, die eigenen strategischen Interessen zu artikulieren. Insbesondere Deutschland drohte bei der Debatte, »zwischen die Fronten zu geraten«.[447] Mehr als in jedem anderen Land Europas schien hier die Kritik Russlands an den Stationierungsplänen auf fruchtbaren Boden zu fallen. Man befürchtete einen Rüstungswettlauf und eine Destabilisierung des strategischen Gleichgewichts. Andererseits wollte Deutschland seinen wichtigsten Bündnispartner nicht verärgern und den Anschluss an die technologischen Entwicklungen der USA nicht verlieren.[448]

2008 forderte das Europäische Parlament die Europäische Union und die NATO nachdrücklich auf, »einen strategischen Dialog über die Weltraumpolitik und die Raketenabwehr aufzunehmen [...], insbesondere zur Komplementarität und Interoperabilität von [...] Frühwarnsystemen für ballistische Flugkörper sowie über den Schutz europäischer Streitkräfte durch einen Raketenabwehrschirm (›theatre missile defence system‹)«.[449] Auf dem NATO-Gipfel in Bukarest im April 2008 war man, so Verteidigungsminister Franz Josef Jung, dem deutschen Vorhaben, sich bei der Diskussion um die Raketenabwehrpläne um die Einbeziehung aller betroffenen Akteure zu bemühen, ein Stück näher gekommen. Der Beitrag der USA zum gemeinsamen Raketenabwehrsystem ermögliche ein »großzügiges Kooperationsangebot« gegenüber Russland. Wenn es gelingen sollte, sich mit Russland zu einigen, sei die befürchtete Spaltung der NATO sehr unwahrscheinlich. In Bezug auf die russische Kritik an den Raketenabwehrplänen im NATO-Russland-Rat habe die Bundesregierung »angesichts der neuen globalen Bedrohungslage energisch auf die Notwendigkeit der NATO als Verteidigungsallianz hingewiesen«.[450] Trotz des russischen Widerstands stimmte Deutschland in Bukarest der gemeinsamen Erklärung letztendlich zu, dass die USA mit ihren Plänen zur Stationierung von Raketenabwehrkomponenten in Osteuropa »einen substanziellen Beitrag zum Schutz der Bündnispartner vor ballistischen Flugkörpern großer Reichweite« leisteten und diese Pläne Teil der NATO-Raketenabwehr werden sollten.[451] Die Grünen-Fraktion kritisierte diese Zustimmung als »transatlantische Verbeugung« der Regierung um Angela Merkel und prophezeite Rüstungsausgaben in Milliardenhöhe sowie den Beginn neuer Aufrüstungsprozesse.[452] Auch die FDP folgerte, dass von der einst kritischen Einstellung der Bundesregierung zu den Raketenabwehrplänen der USA im Ergebnis kaum noch etwas übrig geblieben sei.[453]

---

447 Ebd.
448 Vgl. Adomeit/Bitter, Russland und die Raketenabwehr; Schreer, Zwischen den Stühlen?, S. 1, 4.
449 Bundesrat, Unterrichtung durch das Europäische Parlament, Entschließung des Europäischen Parlaments vom 10.7.2008 zu Weltraum und Sicherheit, Drucksache 596/08 vom 7.8.2008, S. 10.
450 Parlamentsarchiv, Deutscher Bundestag, Bestand 3119, Ausschuss für Verteidigung, 16. WP, Protokoll Nr. 77 vom 9.4.2008, S. 37.
451 Bucharest Summit Declaration, 3.4.2008, <nato.int>.
452 Zit. nach Böing, Die außenpolitischen Debatten (2018), S. 222.
453 Vgl. Parlamentsarchiv, Deutscher Bundestag, Bestand 3119, Ausschuss für Verteidigung, 16. WP, Protokoll Nr. 77 vom 9.4.2008, S. 43.

d) Der deutsche Beitrag zur NATO-Raketenabwehr 2009–2012

Mit dem Amtsantritt von US-Präsident Obama und seiner Ankündigung des European Phased Adaptive Approach begann eine weitere Phase der Auseinandersetzungen über die deutsche Raketenabwehrpolitik. Die Beschlüsse der NATO-Gipfel im November 2010 in Lissabon und im Mai 2012 in Chicago sowie die Entscheidung des Bündnisses im Februar 2012, die Kommandozentrale für die NATO-Raketenabwehr in Ramstein einzurichten, bildeten die Höhepunkte der Debatte in Deutschland. Die Streitpunkte waren allerdings überwiegend dieselben wie in den vorangegangenen Debatten.[454]

Die Zustimmung Deutschlands zum Aufbau der NATO-Flugkörperabwehr war an folgende Bedingungen geknüpft:

- Die USA stellten mit dem EPAA die Fähigkeiten für den Bereich der oberen Abfangschicht bereit.
- Die Beiträge weiterer Nationen waren freiwillig und mit dem Ziel, die Robustheit des Gesamtsystems insbesondere in der unteren Abfangschicht zu erhöhen, verknüpft.
- Die Integration des amerikanischen EPAA in die gemeinschaftlich finanzierte NATO-Führungsstruktur konnte eine politische Kontrolle durch die Alliierten gewährleisten.
- Mit der Erweiterung des ALTBMD-Programms blieb der Kostenrahmen überschaubar.
- Durch die Einbindung Russlands und das Engagement mit Drittstaaten konnte ein Zuwachs von Sicherheit in Europa durch Kooperation und Transparenz entstehen.

Insbesondere die offizielle Ankündigung, bei der territorialen Flugkörperabwehr mit Russland zusammenzuarbeiten, war ausschlaggebend für das deutsche Einverständnis zum Aufbau einer NATO-Raketenabwehr. Auf der 45. Münchener Sicherheitskonferenz im Februar 2009 erklärte Steinmeier: »Wenn es sich um gemeinsame Bedrohungen handelt, dann müssen auch gemeinsame Antworten möglich sein.«[455] Die Bundesregierung stimmte dem Projekt unter Vorbehalt zu. Sicherheit dürfe »nicht um den Preis neuen Misstrauens oder gar neuer Unsicherheit erkauft werden«.[456] Sie machte sich im Bündnis für eine Einbindung Russlands stark und nahm selbst die Position eines Vermittlers ein.[457] Die deutsche Regierung befürwortete eine mögliche Verschränkung der Raketenabwehrsysteme der NATO und Russlands und warb für den NATO-Russland-Rat als Gesprächsforum. Eine

---

454 Zum detaillierten Verlauf der Debatte und den unterschiedlichen Positionen vgl. Böing, Die außenpolitischen Debatten (2018), S. 321–427.

455 Rede von Außenminister Frank-Walter Steinmeier bei der 45. Münchener Sicherheitskonferenz, <www.auswaertiges-amt.de/de/newsroom/090206-bm-sicherheitskonferenz/218116> (letzter Zugriff 26.1.2022).

456 Bundesminister des Auswärtigen, Dr. Frank-Walter Steinmeier, warnt in der »Frankfurter Allgemeinen Sonntagszeitung« vor neuem Wettrüsten, 18.3.2007. In: Stichworte zur Sicherheitspolitik, März/April 2007.

457 Vgl. BMVg, FüL III 6, Az PO 613, HGI »Aktueller Sachstand Missile Defence aus Sicht der Luftwaffe«, Anl. 1 zu KuMi an StvInspL vom 11.1.2012 zur Vorbereitung eines Gesprächs mit Herrn MdB Beck zu »Missile Defence«, S. 3.

NATO-Russland-Kooperation im Bereich der Raketenabwehr schien eine geeignete Maßnahme zu sein, um Vertrauen und Transparenz für weitere Schritte der Integration zu schaffen.[458]

Deutschland verhielt sich in der Frage der nationalen Beiträge zur territorialen Flugkörperabwehr der NATO zunächst zurückhaltend. Zum einen hatten die USA mit ihrem EPAA einen ersten Beitrag für das gemeinsame Projekt angekündigt, und zum anderen sollten die Untersuchungen zum Bedarf für eine Raketenabwehrarchitektur der NATO gemäß des Missile Defence Action Plan erst Ende 2012 abgeschlossen sein.[459] Damit war mit einer Definition weiterer nationaler Beträge erst 2013 zu rechnen. Der Führungsstab der Streitkräfte schlug Verteidigungsminister Thomas de Maizière im Januar 2012 vor, die nationalen Fähigkeiten des ALTBMD-Programms auch als deutschen Beitrag für die territoriale Flugkörperabwehr des Bündnisses anzubieten, insbesondere, um möglichen Erwartungshaltungen frühzeitig zu begegnen. Dieser Empfehlung folgte de Maizière. Während des NATO-Verteidigungsministertreffens Anfang Februar 2012 benannte er gegenüber den Bündnispartnern und der Presse die grundsätzliche Verfügbarkeit von deutschen Patriot-Verbänden für die territoriale Flugkörperabwehr der Allianz. Es handelte sich folglich nicht um einen neuen Beitrag, vielmehr bekräftigte der Bundesminister eine bereits vorhandene bündnissolidarische Verpflichtung. Der Einsatz von Patriot-Systemen im internationalen Verbund außerhalb der eigenen Staatsgrenzen entsprach den Einsatzgrundsätzen der Luftwaffe. Das Angebot von de Maizière hatte gegenüber der NATO keine operationellen Auswirkungen. Es war rein militär- und bündnispolitischer Natur, konnte jedoch die Ansprüche der Luftwaffe für Haushaltsmittel im Zusammenhang mit Übungen, Materialerhaltung oder der Modernisierung des Waffensystems Patriot untermauern.[460]

Neben der deutschen Zusage von Patriot-Systemen beschloss das Bündnis im Februar 2012, am deutschen Standort Ramstein eine Kommandozentrale einzurichten. Mit dem NATO Integrated Air Defence System (NATINADS) besaß das Bündnis bereits ein voll funktionsfähiges Führungssystem für Luftverteidigungsoperationen. Es hatte zunächst aus zwei taktisch-operativen Luftstreitkräftekommandos, dem Headquarters Allied Air Command (HQ AC) in Ramstein und dem HQ AC in

458 Vgl. Deutscher Bundestag, Drucksache 17/9044 vom 21.3.2012; Kubiak, Raketenabwehr, S. 18; Böing, Die außenpolitischen Debatten (2018), S. 427; Parlamentsarchiv, Deutscher Bundestag, Bestand 3119, Ausschuss für Verteidigung, 16. WP, Protokoll Nr. 76 vom 12.3.2008, S. 37.

459 Der BMD Missile Defense Action Plan wurde auf dem Treffen der NATO-Verteidigungsminister am 8./9.6.2011 gebilligt und diente dazu, die weiteren Schritte zur Implementierung der auf dem NATO-Gipfel in Lissabon beschlossenen zukünftigen BMD-Architektur zu konkretisieren. Bei der Erstellung des BMD Action Plan waren 14 Revisionen notwendig, um letztendlich ein Papier mit überschaubarem Umfang und Inhalt zu erhalten. Der Führungsstab der Luftwaffe interpretierte diesen Vorgang als eindeutigen »Indikator, dass bereits kurz nach der im vergangenen Jahr getroffenen Grundsatzentscheidung nationale Partikularinteressen den Gesamtprozess nachhaltig zu beeinflussen« begannen. BMVg, FüL III 6, Az PO 613, VzI an InspL vom 4.7.2011, Auswertung NATO Ballistic Missile Defence (BMD) Action Plan, S. 2 f. Vgl. darüber hinaus NATO Review Magazine, NATO Review topical page about: Missile defence, <nato.int>.

460 Vgl. BMVg, FüL III 6, Az PO 613, VzI an ChdSt FüL vom 6.2.2012 zum Ergebnis VM-Treffen/ Auswirkungen Meldung Patriot für BMD; Deutsche Patriot-Raketen für Nato-Schutzschild. De Maizière: Projekt nicht gegen Russland gerichtet. In: FAZ, 3.2.2012.

Izmir bestanden. Letzteres wurde im Rahmen der neuen NATO-Kommandostruktur aufgelöst, sodass nur noch das in Ramstein verblieb. Die NATO-Raketenabwehr wurde daraufhin in das bestehende NATO-Luftverteidigungssystem integriert. Im Gegensatz zu der Einrichtung eines neuen Hauptquartiers entschied man sich für die Erweiterung des bereits bestehenden integrierten Hauptquartiers in Ramstein, um die Verantwortung für die Luftverteidigung ›aus einer Hand‹ sicherzustellen, Dopplungen von Strukturen zu vermeiden und eine schnellstmögliche Einsatzbereitschaft zu gewährleisten. Damit wurde die Raketenabwehrfähigkeit der NATO von nun an von deutschem Boden aus geführt.[461]

Über die finanzielle Beteiligung am Aufbau eines gemeinsamen Führungs- und Kontrollsystems hinaus war Deutschland über drei weitere Elemente unmittelbar in die territoriale Flugkörperabwehr der NATO eingebunden. Neben der Funktion als Gastland für die Kommandozentrale in Ramstein und der Bereitstellung von Waffensystemen zur Abwehr ballistischer Kurzstreckenraketen, unterstützte Deutschland die NATO-Führungsorganisation mit Personalabstellungen für das NATO-Hauptquartier, SHAPE und das HQ AC Ramstein sowie durch Leistungen der Extended Air Defence Task Force (EADTF) in Ramstein.[462] Auf lange Sicht sollte ein neues bodengebundenes Luftverteidigungssystem die Patriot-Systeme ablösen. Darüber hinaus wurde eine Erweiterung der seebasierten Fähigkeiten – im Speziellen der deutschen Fregatten F-124 – um die Abwehr ballistischer Raketen in der oberen Abfangschicht in Betracht gezogen.[463]

Trotz der Zustimmung Deutschlands zum Aufbau einer territorialen Flugkörperabwehr im Rahmen der NATO wurde die ihr zugrunde liegende Bedrohungsanalyse vor dem Hintergrund der deutschen Bedrohungsperzeption weiterhin diskutiert.[464] Der Führungsstab der Luftwaffe resümierte 2012:

> »Ein gezielter Einsatz von BM gegen das eigene Staatsgebiet ist aus taktischer Sicht auf der Zeitachse bis 2020 aufgrund der Verfügbarkeit von Flugkörpern in potenziellen Krisenregionen möglich, aus operativer Sicht nachvollziehbar aber mangels glaubwürdiger Motivation und erzielbarer Effekte strategisch vorerst in höchstem Maße unwahrscheinlich.«[465]

Das Raketenabwehrsystem der NATO richtete sich letztendlich gegen eine potenzielle Bedrohung, die sich aus der Entwicklung und Proliferation von ballistischen Flugkörpern insbesondere durch Staaten im Mittleren Osten hätte ergeben können.[466] Und die Bedrohungsanalyse bezog sich auf die technischen Fähigkeiten und

---

461 Vgl. Deutscher Bundestag, Drucksache 17/9044 vom 21.3.2012.

462 2014 ging aus der EADTF das deutsch-niederländische Competence Centre for Surface-based Air and Missile Defence (CC SBAMD) hervor, ein von der NATO unabhängiges Kompetenzzentrum für Ballistic Missile Defence, dessen Expertise allerdings regelmäßig durch die NATO in Anspruch genommen wird.

463 Vgl. Dickow [u.a.], Germany and NATO Missile Defence, S. 3.

464 Vgl. Deutscher Bundestag, Drucksache 18/8904 vom 5.7.2016, Frage 36.

465 BMVg, FüL III 6, Az PO 613, HGI »Aktueller Sachstand Missile Defence aus Sicht der Luftwaffe«, Anl. 1 zu KuMi an StvInspL vom 11.1.2012 zur Vorbereitung eines Gesprächs mit Herrn MdB Beck zu »Missile Defence«, S. 3.

466 Hans-Peter Bartels (SPD) sagte während einer Sitzung des Verteidigungsausschusses am 20.4.2005, dass es nicht mehr wie während des Kalten Krieges um »eine Art ›ausrechenbaren Raketenzaun‹

nicht auf die Absichten eines möglichen Angreifers. Deutlich höher einzuschätzen war dagegen die Wahrscheinlichkeit, dass Deutschland mittelbar betroffen sein könnte. Technologisch war der Iran in der Lage, mit Kurz- und Mittelstreckenraketen die Südostflanke des NATO-Territoriums zu erreichen. Doch erst mit einem weiteren Fortschritt in seinem Raketenprogramm würde es ihm auf lange Sicht gelingen, die Reichweite bis Mitteleuropa zu erhöhen.[467] Damit hatten sich die USA mit ihrer Bedrohungsperzeption gegenüber der ihrer europäischen Bündnispartner durchgesetzt.[468] Dies traf allerdings nicht für den Schutz deutscher Truppen im Einsatz vor Angriffen mit taktisch ballistischen Raketen zu. Diese Art der Bedrohung galt unverändert als real. Darauf wies 2012 auch der Inspekteur der Luftwaffe Generalleutnant Karl Müllner hin:

> »Aufgrund der […] dargestellten Potenziale möglicher Risikostaaten ist eine akute Bedrohung des deutschen Staatsgebiets durch ballistische Flugkörper auch mittelfristig eher weniger wahrscheinlich. Im Zentrum deutscher Überlegungen zur Flugkörperabwehr muss daher neben dem hohen Gut der Bündnissolidarität weiterhin der Schutz von Truppen im Einsatz stehen.«[469]

Das in Uedem stationierte Combined Air Operations Centre (CAOC) konzentrierte sich auf den Schutz von Truppen und Einrichtungen im Einsatz vor Angriffen mit ballistischen Raketen bis zu einer Entfernung von 3000 Kilometern. Das entsprach dem ALTBMD-Programm. Deutschland beteiligte sich daran nicht nur mit einem Beitrag zum gemeinsamen Führungsverbund, indem es für Interoperabilitätsuntersuchungen den nationalen Simulationsverbund für bodengebundene Luftverteidigung bereitstellte, sondern es hatte, wie bereits erwähnt, auch Systemkomponenten angeboten. Dazu zählten neben den Flugabwehrraketensystemen Patriot und dem Surface-to-Air Missile Operation Centre (SAMOC) zur Führung der Flugabwehrraketenverbände der Luftwaffe auch das geplante System MEADS. Mit diesem Beitrag war die deutsche Luftwaffe einer der Hauptträger der Erweiterten Luftverteidigung in Europa.[470]

Zusammenfassend hatte Deutschland mit Patriot und dessen Befähigung, im Rahmen einer Punktzielverteidigung gegen ballistische Kurzstreckenraketen zu wirken, sowohl für das ALTBMD-Programm einen möglichen Beitrag angezeigt, als auch angekündigt, das System als Beitrag zur territorialen Flugkörperabwehr der NATO einzubringen. Im Rahmen der territorialen Raketenabwehrarchitektur war Patriot im Bereich der Systeme kleinerer Reichweite einzuordnen. Ein Einsatz war nach der Bedrohungsanalyse operationell vorrangig in der Peripherie des Bündnisgebietes sinnvoll. Am 30. Mai 2012 fragte die NATO auf der Ebene des Strategischen Kommandos für Operationen (Allied Command Operations) die Bereitschaft

gegen eine Bedrohung«, die man genau kenne, gehen würde, sondern um Bedrohungen, die in 15 Jahren vorhanden sein könnten. Der Einsatz der Bundeswehr sei nun wahrscheinlicher als während des Ost-West-Konflikts. Bartels wies darauf hin, dass es hier um Risiken gehe, die in einem künftigen Einsatz nicht auszuschließen seien. Aus diesem Grund müsse man den Soldaten einen entsprechenden Schutz mitgeben. Parlamentsarchiv, Deutscher Bundestag, Bestand 3119, Ausschuss für Verteidigung, 15. WP, Protokoll Nr. 58 vom 20.4.2005, S. 20.

467 Vgl. Deutscher Bundestag, Drucksache 17/9044 vom 21.3.2012.

468 Zur unterschiedlichen Wahrnehmung von Bedrohungen vgl. Kap. II.3.g.

469 Müllner, Herausforderung Flugkörperabwehr, S. 70.

470 Vgl. Weymann, Entsteht für Europa eine neue Bedrohungssituation?, S. 61.

der Nationen zu spezifischen Beiträgen zur NATO-Raketenabwehr ab. Deutschland meldete ein Einsatzkontingent Patriot mit zwei bis drei Feuereinheiten als möglichen Beitrag zum Schutz eines US-Radargerätes in der Türkei mit einer Bereitschaft zur Verlegung in das Einsatzgebiet von 30 Tagen. Eine Einplanung der Systeme im Rahmen der territorialen Raketenabwehr auf deutschem Territorium war aufgrund der geringen Reichweite der Systeme nicht zweckmäßig.[471]

Betrachtet man diese Zugeständnisse vor dem Hintergrund der Strukturreform der Bundeswehr im Jahr 2012, überrascht es nicht, dass die Bundesregierung in einer Kleinen Anfrage vom 2. März 2012 gefragt wurde, inwiefern die Ankündigung, die Zahl der Patriot-Systeme zu reduzieren, mit der Ankündigung, sie als wichtige Komponente für die Raketenabwehrprogramme der NATO zur Verfügung zu stellen, vereinbar sei. Die Bundesregierung antwortete darauf wie folgt:

> »Auch nach der Reduzierung der Patriot-Systeme von 29 auf 14 (zwölf für den operationellen Einsatz und zwei für die Ausbildung) behält Deutschland in Europa die meisten Patriot-Systeme. Damit stellen die deutschen Patriot-Systeme auch mit der reduzierten Stückzahl einen relevanten Beitrag für den niedrigen Höhenbereich (›Lower Layer‹) in der Punktverteidigung dar. Alle verbleibenden Patriot-Systeme bestehen zudem im Gegensatz zu den aufgegebenen Config. 2+-Systemen aus der leistungsfähigeren Konfiguration 3 (Config. 3) und sind damit in der Lage, den aktuellen Flugkörper der jüngsten Generation zum Einsatz zu bringen.«[472]

e) Gefangen in Denkmustern der Vergangenheit

Die Debatten zur flächendeckenden Raketenabwehr, unabhängig davon, ob sie in den USA, in der NATO oder in Deutschland geführt wurden, waren ausschließlich theoriegeleitet und basierten auf potenziellen Bedrohungsszenarien. Generalinspekteur Kujat sprach 2001 im Verteidigungsausschuss von einer »politischen Konzeption‹«, an deren technischer Realisierbarkeit zu zweifeln sei.[473] Die Struktur und die Kernpunkte der Debatte um SDI sowie die damit einhergehende Konfrontation der europäischen Verbündeten mit den Auswirkungen in den Bereichen Außen-, Sicherheits-, Wirtschafts- und Rüstungspolitik bildeten das Argumentationsmuster der Befürworter, Skeptiker und Gegner für die nachfolgenden Debatten. Die deutsche Politik zum Thema Raketenabwehr und die Diskussionen darüber waren ausschließlich reaktiver Natur und konnten sich nur schwer lösen von einer »selbstgewählten Verkürzung [...] auf russische Kritik und/oder amerikanischen Druck als handlungsleitendes Motiv für oder gegen eine Beteiligung an Raketenabwehr«.[474] Deutschland positionierte sich selbst in einem Spannungsverhältnis zwischen Loyalität gegenüber

---

471 Vgl. Deutscher Bundestag, Drucksache 17/9044 vom 21.3.2012; Russland nennt den ABM-Vertrag erstmals veraltet. In: Der Tagesspiegel, 3.11.2011, <www.tagesspiegel.de/politik/russland-nennt-den-abm-vertrag-erstmals-veratet/268130.html> (letzter Zugriff 20.1.2022); Deutscher Bundestag, Drucksache 17/11956 vom 20.12.2012, Frage 16.

472 Deutscher Bundestag, Drucksache 17/9044 vom 21.3.2012, Frage 17.

473 Parlamentsarchiv, Deutscher Bundestag, Bestand 3119, Ausschuss für Verteidigung, 14. WP, Protokoll Nr. 65 vom 7.2.2001, S. 43.

474 Schreer, Zwischen den Stühlen?, S. 5.

den USA und der Sorge um eine Verschlechterung der Beziehungen zu Russland. Die »Frage nach dem Umgang mit russischen Sorgen und Einwänden« prägte die deutsche Raketenwehrdebatte.[475] Im Fokus stand dabei die Furcht vor negativen Auswirkungen auf den Abrüstungsprozess und einem neuen Wettrüsten. Um eine Destabilisierung des strategischen Gleichgewichts zu vermeiden, schienen sich die Kritiker geradezu an alte Denkmuster und Abrüstungsverträge zu klammern. Aus ihrer Sicht war es um jeden Preis zu vermeiden, erneut zum ›Schlachtfeld‹ einer militärischen Auseinandersetzung zwischen Ost und West zu werden. Deutschland übernahm zwangsläufig die Rolle eines Vermittlers zwischen den USA bzw. der NATO und Russland und vermied es, eine klare Position zu beziehen. Darüber hinaus stellte es wiederholt infrage, ob präventive Verteidigungsmaßnahmen gegen eine potenzielle Bedrohung die richtige Antwort auf das Problem der Proliferation seien. Deutschland plädierte für eine Stärkung der diplomatischen Ansätze und sträubte sich dagegen, über den politischen Dialog hinaus auch militärische Maßnahmen zu ergreifen. Die Bundesrepublik bemühte sich zwar, den internationalen Anforderungen, eine führende Rolle in Europa zu übernehmen, gerecht zu werden. Doch standen diese Bemühungen im Missverhältnis zur grundsätzlichen, historisch bedingten Abneigung, auch in militärischer Hinsicht Verantwortung zu tragen.

Die Bundesregierung setzte sich immer wieder für Konsultationen der US-Raketenabwehrpläne im Bündnis und für eine gemeinsame Position der europäischen NATO-Staaten ein. Im Vordergrund stand dabei die Sorge vor der Entstehung unterschiedlicher Sicherheitszonen und die damit einhergehende Frage nach der Existenzberechtigung der NATO. Die USA waren zunächst bestrebt, ihre Waffensystemkomponenten auf europäischem Territorium im Rahmen bilateraler Absprachen zu stationieren. Im Zuge dessen drängte Deutschland wiederholt auf eine Verlagerung der Debatten in die NATO. Erst als die USA ihre Pläne zum Aufbau einer territorialen Flugkörperabwehr in die NATO integrierten und sich offiziell zur Zusammenarbeit mit Russland bereit erklärten, stimmte die Bundesregierung dem Projekt auf dem NATO-Gipfel in Lissabon nach jahrelanger Zurückhaltung und trotz des russischen Widerstands zu. Es gilt in der Tat zu hinterfragen, warum die USA sich darum bemüht hatten, ihre Bündnispartner zunächst bilateral zu konsultieren. Die offensichtlichen Vorbehalte der USA gegenüber einer strukturierten Diskussion ihrer Raketenabwehrpläne innerhalb der NATO waren bereits am 3. März 1986 in London Thema in einem Gespräch zwischen den Politischen Direktoren gewesen. In diesem Fall kamen die Gesprächspartner zu dem Schluss, dass die USA womöglich Schwierigkeiten für die Umsetzung von SDI befürchteten, falls eine in der NATO erarbeitete Bedrohungsanalyse wesentlich von jener der Vereinigten Staaten abwich.[476] Die USA waren auf die Unterstützung der europäischen Bündnispartner bei der Realisierung ihrer Raketenabwehrpläne angewiesen.

---

475 Vgl. Böing, Die außenpolitischen Debatten (2018), S. 19, 503.

476 Vgl. Drahterlaß des Vortragenden Legationsrats I. Klasse von Studnitz für Missionschefs zur Unterrichtung über »Vierer-Konsultationen der Politischen Direktoren in London am 3.3.1986« vom 6.3.1986 (geheim). In: AAPD 1986, Bd 1, S. 355 f.

Dies hatte im Juli 2000 auch US-Verteidigungsminister Cohen betont.[477] Wenn es eine geschlossene Position der europäischen Bündnispartner gegeben hätte, die derjenigen der USA entgegengestand: Wäre eine Realisierung von SDI bzw. NMD oder BMD dann überhaupt möglich gewesen? Damit stellt sich zwangsläufig die Frage, ob die USA ebenso versucht hatten, die Uneinigkeit der europäischen NATO-Staaten hinsichtlich einer territorialen Flugkörperabwehr auszunutzen wie Russland.

Der Ansatz zur territorialen Raketenabwehr befand sich in einem »Spannungsfeld, in dem die wahrscheinlichste Bedrohungsentwicklung Zweifel an den zu leistenden Anstrengungen« aufkommen ließ, aber »die gefährlichste Entwicklung unbedingtes Handeln«[478] erforderte. Deutschland und andere europäische NATO-Partner taten sich schwer, Risiken, die auf technischen Potenzialen und nicht auf Absichten basierten, zum Anlass zu nehmen, präventiv militärische Verteidigungsmaßnahmen zu ergreifen. Nach jahrelanger Debatte stimmten die Alliierten auf dem NATO-Gipfel in Lissabon 2010 dem Aufbau einer territorialen Flugkörperabwehr für das gesamte Bündnisgebiet zu. Eine wesentliche Rolle spielte dabei der Druck, den die USA als Vorreiter der Raketenabwehr und wichtigster Bündnispartner durch bilaterale Konsultationen der europäischen NATO-Staaten zur Realisierung ihrer Raketenabwehrpläne auf europäischem Territorium auf die Allianz ausübten. Im Umgang mit diesem Druck und den damit verbundenen Debatten spiegelt sich die Suche Europas und insbesondere auch Deutschlands nach sicherheitspolitischer Identität wider. Die Sorge vor der Entstehung unterschiedlicher Zonen von Sicherheit sowie vor einer Spaltung der NATO führten die Bündnispartner letztendlich trotz russischer Einwände zu einer Einigung.

Die Aufwertung des deutschen Beitrags zur NATO-Raketenabwehr und damit auch der eigenen Rolle im Bündnis erscheint angesichts der gleichzeitigen Reduktion der nationalen Fähigkeiten im Rahmen der Strukturreformen der Bundeswehr zunächst fragwürdig. Die Reduzierung betraf allerdings vorrangig die Fähigkeit zur klassischen Luftverteidigung. Die Waffensysteme Hawk und Roland wurden Ende 2005 außer Dienst gestellt und die Patriot-Systeme alter Konfiguration reduziert. Mit der Modernisierung der verbliebenen bodengebundenen Luftverteidigungssysteme und den Planungen für das Waffensystem TLVS/MEADS bemühte sich Deutschland um eine Anpassung der Qualität bei gleichzeitiger Reduktion der Quantität. Auf den ersten Blick entspricht dies der Bedrohungsentwicklung. Auf den zweiten Blick fällt auf, wie wenig stringent sich die Realisierung gestaltete.

[477] Vgl. Gegen Festlegung bei Raketenabwehr. Cohen: Wirkungsvolles System nur mithilfe der Verbündeten. In: FAZ, 27.7.2000.

[478] Manderfeld, Flugkörperabwehr, S. 52.

III. Konzeptionelle Grundlagen und Strukturen der bodengebundenen Luftverteidigung in Deutschland

»Nur wer Fähigkeiten für eine gemeinsame Aufgabenwahrnehmung anbietet, kann im Bündnis mitgestalten.«[1]

Bis zur Wiedervereinigung waren Organisation, Ausrüstung, militärische Strategie und das Selbstverständnis der Bundeswehr auf einen Einsatz zur Landesverteidigung im Bündnis ausgerichtet. Aufgrund der Erfahrungen der beiden Weltkriege lehnten große Teile der deutschen Bevölkerung den Einsatz militärischer Macht außerhalb der Staatsgrenzen ab. Die Existenz der Bundeswehr war allein mit der unmittelbaren und existentiellen Bedrohung der Bundesrepublik durch die Warschauer Vertragsorganisation legitimiert worden.[2]

Nach dem Mauerfall, der Wiedervereinigung Deutschlands und der Auflösung sowohl der WVO als auch der Sowjetunion erhielt die Diskussion um die Verwendung deutscher Streitkräfte eine neue Dynamik.[3] Einfliegende Kampfflugzeuge aus den Nachbarländern waren nun nicht mehr zu befürchten. Deutschland war umgeben von Freunden und Verbündeten.[4] Die Mehrheit der deutschen Bevölkerung verstand unter der im Zuge der Abrüstungsvereinbarungen einsetzenden Friedensdividende nicht nur die Reduzierung der Streitkräfte und die Entlastung des Staatshaushaltes durch die Senkung von Rüstungs- und Verteidigungsausgaben, »sondern auch eine neue, militärlose Friedenspolitik – wie auch immer diese aussehen würde«.[5]

Als die Türkei die NATO 1990 während des Zweiten Golfkrieges um Unterstützung zur Verteidigung gegen einen potenziellen Angriff irakischer Truppen bat, bekam der Terminus »Verteidigung im Bündnis« eine neue Bedeutung. »Der bisherige gesellschaftliche Konsens über das Verfassungsverständnis [war] obsolet geworden.«[6] Beistand im Sinne des NATO-Vertrags hieß auch, sich am Rande Europas und des Bündnisgebietes militärisch zu engagieren, ohne dass das eigene Territorium unmittelbar bedroht war. Die deutschen Streitkräfte entwickelten sich zunehmend zu einem Gestaltungselement deutscher Außen- und Sicherheitspolitik.[7]

---

1 Verteidigungspolitische Richtlinien (2011), S. 10.
2 Vgl. Spreckelsen/Vesper, Blazing Skies, S. 262.
3 Vgl. Breitwieser, Von der Landesverteidigung, S. 49.
4 Vgl. Volker Rühe – in der Mitte Europas, S. 42–48; Weißbuch 1994, S. 24.
5 Volker Rühe – in der Mitte Europas, S. 27.
6 Breitwieser, Von der Landesverteidigung, S. 50.
7 Vgl. ebd.; Wibel, Systeme für die künftige Luftverteidigung, S. 99. Vgl. dazu auch Kap. IV.1.

1. Der Transformationsprozess der Bundeswehr

Das Strategische Konzept der NATO von 1991 stellte die weltweite Konfliktverhütung und Krisenbewältigung als politischen und militärischen Auftrag der Allianz in den Vordergrund.[8] Der Transformationsprozess der NATO zu einem weltweit agierenden Militärbündnis bedurfte auch einer grundlegenden Umstrukturierung der Bundeswehr von einer Verteidigungs- und Abschreckungs- zu einer Interventionsarmee. Mit dem Zwei-plus-Vier-Vertrag verpflichtete sich das vereinte Deutschland, seine Streitkräfte bis zum 31. Dezember 1994 auf eine Gesamtstärke von 370 000 Soldaten zu reduzieren und den Abzug der sowjetischen Streitkräfte zu begleiten.[9] Die Reduzierung der Truppenstärke der deutschen Streitkräfte erfolgte bei gleichzeitiger Auflösung bzw. Eingliederung der Nationalen Volksarmee (NVA) und dem Aufbau der Bundeswehr in den neuen Bundesländern. Diese Umstrukturierung war Teil des Abrüstungsprozesses, den die europäischen Staaten, die USA und Kanada mit dem Vertrag über Konventionelle Streitkräfte in Europa (KSE) vom 19. November 1990 begonnen hatten. Die Bundeswehr erlebte die größte Zäsur in ihrer Geschichte. Struktur, Umfang, Ausrüstung und Ausbildung waren bislang auf die operativen Erfordernisse einer statisch-linearen Verteidigung in der Mitte Europas ausgelegt. Die Bundeswehr bestand vorrangig aus präsenten Kräften zur Landesverteidigung im Bündnis und verfügte über großes Aufwuchspotenzial.[10]

Mit dem Ende des Ost-West-Konflikts war die existentielle Bedrohung für Deutschland überwunden. Dafür wuchsen die Wahrscheinlichkeit weniger bedrohlicher Konflikte im erweiterten geografischen Umfeld und gleichzeitig die mittelbaren gegenüber den unmittelbaren Risiken. Die Risikovorsorge war demnach als erweiterte Schutzfunktion zu verstehen.[11] Gemäß den Verteidigungspolitischen Richtlinien (VPR) vom 26. November 1992 bedeutete für Deutschland Verteidigung »immer Verteidigung im Bündnis im Sinne einer erweiterten Landesverteidigung«.[12] Damit waren die Grenzen zwischen Landes- und Bündnisverteidigung fließend geworden. Ein Teil der deutschen Streitkräfte musste künftig zum Einsatz außerhalb Deutschlands befähigt sein. Angelehnt an die Kategorisierung der Streitkräfte durch die NATO – Reaction Forces, Main Defence Forces und Augmentation Forces – wurde die Bundeswehr in die Kategorien Militärische Grundorganisation (MGO), Hauptverteidigungskräfte (HVK) und Krisenreaktionskräfte (KRK) eingeteilt. Die Militärische Grundorganisation sollte die personelle und materielle Aufwuchs- und Einsatzfähigkeit der Streitkräfte einschließlich territorialer Unterstützungsfunktionen sicherstellen. Präsenz und Einsatzbereitschaft der Hauptverteidigungskräfte wurden zurückgenommen und mobilmachungsabhängig. Sie sollten nach einer angemesse-

8 Vgl. The Alliance's New Strategic Concept, 7./8.11.1991, <nato.int>, No. 31–33.

9 Vgl. Vertrag über die abschließende Regelung in Bezug auf Deutschland (»Zwei-plus-Vier-Vertrag«) vom 12.9.1990, <www.documentarchiv.de/brd/2p4.html>, (letzter Zugriff 27.2.2022), Art. 3 und Art. 4.

10 Vgl. Schöneberger, Vom Zweiten Golfkrieg, S. 91, 283; Schlaffer, Die Bedeutung des Balkans, S. 347–364; Meiers, Zu neuen Ufern?, S. 54, 318 f.

11 Vgl. Verteidigungspolitische Richtlinien (1992), Nr. 18, 25.

12 Ebd., Nr. 38.

nen Vorwarnzeit und im Rahmen der bündnisgemeinsamen Verteidigung einen Angriff auf Mitteleuropa abwehren können. Die Krisenreaktionskräfte waren präsente, schnell einsetzbare und verlegefähige Kräfte mit hoher Professionalität für Einsätze im Rahmen der Krisenbewältigung und von Hilfsmaßnahmen bei Katastrophen und Notlagen.[13] Während in den Verteidigungspolitischen Richtlinien die Fähigkeit zur Territorialverteidigung zwar weiterhin eine elementare Funktion der Streitkräfte blieb, sollte der Fokus künftig auf dem politischen und militärischen Krisen- und Konfliktmanagement im erweiterten geografischen Umfeld liegen.[14] Das Bundesverfassungsgericht schuf mit seinem Urteil vom 12. Juli 1994 die verfassungsrechtliche Grundlage für die Beteiligung der Bundeswehr an Einsätzen außerhalb des NATO-Bündnisgebietes. Im Weißbuch von 1994 blieb die Landes- und Bündnisverteidigung jedoch die Hauptaufgabe der Bundeswehr. Ihr wurde – ebenfalls als Hauptaufgabe – die Krisenreaktionsfähigkeit beigeordnet. Die Sicherung der Aufwuchsfähigkeit für den bedrohlichsten doch gleichzeitig unwahrscheinlichsten Fall eines Angriffs gegen Deutschland und seine Verbündeten stand nach wie vor im Mittelpunkt der Bundeswehrplanung und rechtfertigte das Festhalten an der Wehrpflichtarmee.[15]

Vor dem Hintergrund der Wiedervereinigung und dem Aufbau der neuen Bundesländer sanken die dem Sicherheits- und Verteidigungsapparat zugewiesenen finanziellen Mittel in Relation zum Bundeshaushalt zunehmend. Dem entgegen stand die Ausrichtung der Bundeswehr auf ihre neuen Aufgaben.[16] Im Rahmen einer Presseerklärung zur Vorstellung des Weißbuchs 1994 betonte Verteidigungsminister Rühe, dass die Bundeswehr unterfinanziert sei. Auftrag und Mittel würden nicht in Einklang stehen.[17] Mit dem Strukturanpassungsbeschluss vom 12. Juli 1994 wurde die Truppenstärke der deutschen Streitkräfte aus fiskalischen Gründen nochmals auf 340 000 reduziert, auch um Spielraum für die Anpassung der Ausrüstung der Soldaten für die neuen Aufgaben zu schaffen. Davon sollten 53 600 Soldaten den Krisenreaktionskräften angehören.[18] Die Bundeswehr konnte bei Bedarf auf 370 000 Soldaten im Frieden aufwachsen und verfügte über einen Verteidigungsumfang von 650 000 bis 700 000 Soldaten.[19]

Mit den stetig wachsenden Anforderungen an die Bundeswehr bei bündnisgemeinsamen Friedenseinsätzen in den 1990er Jahren wurden auch die Prämissen der letzten Strukturanpassung der deutschen Streitkräfte infrage gestellt. Nach seinem Amtsantritt veranlasste Verteidigungsminister Scharping eine Bestandsaufnahme der Lage der Bundeswehr, deren Ergebnisse im Mai 1999 veröffentlicht wurden.[20] Dabei

13 Vgl. ebd., Nr. 45; BArch, BL 1/61583, BMVg, InspL, FüL III 2, Az 31-01-01, Konzept für Führung und Einsatz der FlaRak-Verbände der Luftwaffe vom 18.1.1994, S. 21.
14 Vgl. Verteidigungspolitische Richtlinien (1992), Nr. 25.
15 Vgl. Weißbuch 1994, S. 88 f.
16 Vgl. Daase/Junk, Strategische Kultur, S. 153.
17 Vgl. Volker Rühe – in der Mitte Europas, S. 111.
18 Die KRK setzten sich aus 37 000 Heeres-, 12 300 Luftwaffen- und 4300 Marinesoldaten zusammen.
19 Vgl. Clement/Jöris, 50 Jahre Bundeswehr, S. 129; Rauch, Auslandseinsätze der Bundeswehr, S. 78.
20 Vgl. Bestandsaufnahme. Die Bundeswehr an der Schwelle zum 21. Jahrhundert. Die Ergebnisse der Bestandsaufnahme stellte Scharping auch im Rahmen einer Grundsatzrede an der Führungsakademie der Bundeswehr in Hamburg am 8.9.1999 vor.

zeigte sich, dass Umfang, Struktur und Ausrüstung der Streitkräfte trotz jahrelanger Umgliederung noch überwiegend auf die Abwehr einer großangelegten Aggression in Mitteleuropa, also auf die operativen Erfordernisse des Bedrohungsszenarios im Ost-West-Konflikt, ausgerichtet waren. Für eine grundlegende Neuausrichtung seien in den 1990er Jahren die Mittel nicht bereitgestellt worden, sodass Auftrag einerseits und Umfang, Ausrüstung sowie Mittel andererseits aus dem Gleichgewicht geraten seien. Die Bundeswehr sei seit Jahren unterfinanziert. Sie könne weder ihre bisherigen Aufgaben erfüllen noch die künftig erforderlichen Fähigkeiten entwickeln.[21] Das deutsche Engagement auf dem Balkan habe zum einen deutlich gemacht, was künftig von der Bundeswehr erwartet würde. Zum anderen habe es aber auch die Schwächen und Defizite zum Vorschein gebracht. Den deutschen Streitkräften fehle es an elementaren Fähigkeiten, »um einen wirkungsvollen und international angemessenen Beitrag zur kollektiven Verteidigung im Bündnis und zu Einsätzen im Rahmen der Krisenbewältigung und der Konfliktverhütung zu leisten«.[22] Scharping stellte die Landes- und Bündnisverteidigung und damit auch die Aufwuchsfähigkeit und die Wehrpflicht nicht infrage. Er hielt ebenso keine grundsätzliche Neuausrichtung der Streitkräfte für notwendig, doch Umfang, Zusammensetzung und Ausrüstung seien an die veränderten Rahmenbedingungen anzupassen. Dies bedeute insbesondere eine Verbesserung der Fähigkeiten in Schlüsselbereichen wie Mobilität, Interoperabilität, Führung und Aufklärung.[23]

Am 3. Mai 1999 berief er die Kommission »Gemeinsame Sicherheit und Zukunft der Bundeswehr« unter Leitung des ehemaligen Bundespräsidenten Richard von Weizsäcker ein, um Empfehlungen zur Neugestaltung der Bundeswehr auszuarbeiten. Des Weiteren beauftragte der Verteidigungsminister den Generalinspekteur der Bundeswehr General Hans-Peter von Kirchbach, »eine konzeptionelle Bestimmung der künftigen Aufgabenpriorisierung vorzunehmen und daraus mögliche Konsequenzen zur strukturellen Weiterentwicklung der Streitkräfte abzuleiten«.[24] Beide Berichte wurden am 23. Mai 2000 veröffentlicht. Darüber hinaus wies Scharping den Leiter des Planungsstabes im BMVg Generalleutnant Harald Kujat an, einen dritten Bericht zu verfassen, der schließlich zur Grundlage seines im Juni 2000 veröffentlichten Berichts wurde.[25] Die Weizsäcker-Kommission empfahl, Struktur und Umfang der Streitkräfte auf die Kriseneinsätze auszurichten.[26] Das Stationierungskonzept sollte erstens nach militärischen Erfordernissen und zweitens nach

[21] Zur größer werdenden ›Schere‹ zwischen Auftrag und Mitteln vgl. auch Neitzel, Deutsche Krieger, S. 594 f.

[22] Rudolf Scharping, Grundlinien deutscher Sicherheitspolitik, Rede an der Führungsakademie der Bundeswehr am 8.9.1999 in Hamburg, Bulletin der Bundesregierung Nr. 56 vom 23.9.1999, <www.bundesregierung.de/resource/blob/975954/772862/9326d2cc64a715fa62c67873712d01c2/56-99-scharping-data.pdf?download=1> (letzter Zugriff 26.1.2022).

[23] Vgl. ebd.; Meiers, Zu neuen Ufern?, S. 348 f.

[24] Rudolf Scharping, Grundlinien deutscher Sicherheitspolitik, Rede an der Führungsakademie der Bundeswehr am 8.9.1999 in Hamburg, Bulletin der Bundesregierung Nr. 56 vom 23.9.1999, <www.bundesregierung.de/resource/blob/975954/772862/9326d2cc64a715fa62c67873712d01c2/56-99-scharping-data.pdf?download=1> (letzter Zugriff 26.1.2022).

[25] Vgl. ebd.; Meiers, Zu neuen Ufern?, S. 334; Chronik Führungsstab der Luftwaffe, S. 157.

[26] Vgl. Gemeinsame Sicherheit und Zukunft der Bundeswehr, S. 48.

Wirtschaftlichkeit erarbeitet werden. Das Konzept der Bundesregierung zur Reform der Bundeswehr, das sogenannte Eckpfeiler-Papier von Scharping, hielt jedoch an der Landes- und Bündnisverteidigung als Hauptaufgabe der Bundeswehr fest. Der für eine Präsenz in der Fläche erforderliche Umfang der Streitkräfte war nur über die Wehrpflicht zu erreichen. Die Reform der Bundeswehr ist auch vor dem Hintergrund der Bundestagswahl im Jahr 2002 zu betrachten. Eine Abkehr von der Wehrpflicht und eine daraus folgende drastische Reduzierung der Personalstärke hätte eine Diskussion um Standortschließungen und den Verlust von Arbeitsplätzen nach sich gezogen. Dies war aus wahltaktischen Gründen zu vermeiden. Die notwendige Reform wurde dementsprechend vorrangig durch innenpolitische Interessen anstatt durch außen- und sicherheitspolitische Erfordernisse bestimmt. Erst in den Verteidigungspolitischen Richtlinien vom 21. Mai 2003 sollte die Landesverteidigung im Bündnisrahmen gegenüber der Fähigkeit der Streitkräfte zur Krisenbewältigung an Bedeutung verlieren.[27]

Mit den Anschlägen vom 11. September 2001 auf die USA und der Beteiligung deutscher Streitkräfte an der Operation Enduring Freedom sowie der International Security Assistance Force (ISAF) zur Stabilisierung Afghanistans stiegen die Einsatzanforderungen an die Bundeswehr erneut. Gleichzeitig verdeutlichten sie die größer werdende »Lücke zwischen den Verpflichtungen Deutschlands, der EU und den Vereinten Nationen sowie den dafür bereitgehaltenen Strukturen und Fähigkeiten«.[28] Mit den Verteidigungspolitischen Richtlinien vom 21. Mai 2003 reagierte Verteidigungsminister Peter Struck auf die Entwicklungen der internationalen Sicherheitslage und schuf das Fundament für die Transformation der Bundeswehr. Auftrag, Aufgaben und Mittel der Bundeswehr würden nach wie vor nicht im Einklang stehen.[29]

> »Die herkömmliche Landesverteidigung im Bündnisrahmen gegen konventionelle Angriffe als die bisher strukturbestimmende Aufgabe der Bundeswehr entspricht nicht mehr den sicherheitspolitischen Erfordernissen. Die nur für diesen Zweck bereitgehaltenen Fähigkeiten und Kapazitäten [...] werden deshalb nicht länger benötigt.«[30]

Mit der Weisung des Verteidigungsministers für die Neuausrichtung der Bundeswehr und der neuen Konzeption der Bundeswehr vom August 2004 zog Struck die Konsequenzen aus der veränderten sicherheitspolitischen Lage für die deutschen Streitkräfte. Bis 2010 sollte die Truppenstärke auf 252 500 Soldatinnen und Soldaten reduziert werden. Die Reform sah weiterhin eine Differenzierung der Streitkräfte in drei Kräftekategorien vor: Eingreifkräfte, Stabilisierungskräfte und Unterstützungskräfte.[31] Die Eingreifkräfte sollten insbesondere in hoch intensiven multinationalen, streitkräftegemeinsamen, vernetzten Operationen bestehen und friedenserzwingende Maßnahmen gegen einen vorrangig militärisch organisierten Gegner überlegen durchsetzen können. Mit insgesamt 35 000 Soldatinnen und Soldaten würden sie zudem das Kräftedispositiv für verpflichtende Beiträge bilden, die Deutschland ge-

27 Vgl. Schöneberger, Vom Zweiten Golfkrieg, S. 93, 100 f.
28 Meiers, Zu neuen Ufern?, S. 349.
29 Vgl. Verteidigungspolitische Richtlinien (2003), S. 7.
30 Vgl. ebd., S. 12.
31 Vgl. Konzeption der Bundeswehr (2004), Ziff. 1, S. 5 f.

genüber NATO, EU und VN eingegangen war. Die Stabilisierungskräfte sollten im Rahmen von multinationalen, streitkräftegemeinsamen militärischen Operationen von niedriger bis mittlerer Intensität und längerer Dauer friedenserhaltende Maßnahmen in allen Dimensionen durchsetzen. Zur Bewältigung dieser Aufgaben waren 70 000 Soldatinnen und Soldaten vorgesehen. Die Unterstützungskräfte hatten für die Sicherung des Grundbetriebs der Bundeswehr im Sinne einer militärischen Grundorganisation und zur Unterstützung der Eingreif- und Stabilisierungskräfte im Einsatz zu sorgen. Diese Aufgaben sollten die Unterstützungskräfte mit einem Personalumfang von 147 500 Soldatinnen und Soldaten wahrnehmen.[32] Das Stationierungskonzept sah eine regionale Konzentration von Großverbänden vor, um die gemeinsame Gestaltung von Ausbildungen und Übungen zu erleichtern und Kosten zu sparen. Strukturpolitische Überlegungen, also inwiefern der Rückzug der Bundeswehr aus der Fläche wirtschaftliche Folgen für die Städte und Gemeinden haben würde, spielten auch aufgrund der Haushaltslage keine Rolle mehr. So sah die Neuausrichtung der Bundeswehr die Schließung zahlreicher Standorte in Deutschland vor. Struck wurde deswegen vorgeworfen, den Heimatschutz zugunsten einer einseitigen Ausrichtung der Streitkräfte auf Auslandseinsätze zu vernachlässigen.[33]

Seit 1989/90 waren immer wieder fundamentale Anpassungen der Bundeswehrstrukturen vorgenommen worden, ohne dass die jeweils letzte vollständig umgesetzt worden war. Dies verdeutlicht, dass die Bundeswehr nur durch einen andauernden Transformationsprozess befähigt werden konnte, auf die sich stetig ändernden sicherheitspolitischen Rahmenbedingungen angemessen zu reagieren. Mit der Konzeption der Bundeswehr von 2004 wurde eben dieser fähigkeitsorientierte Ansatz definiert, nämlich als »Gestaltung dieses fortlaufenden, vorausschauenden Anpassungsprozesses, um die Einsatzfähigkeit der Bundeswehr zu erhöhen und auf Dauer zu erhalten«.[34]

In einem Vortrag an der Humboldt-Universität Berlin am 25. April 2005 wies der Generalinspekteur der Bundeswehr, General Wolfgang Schneiderhahn, auf die damals noch immer bestehenden Schwierigkeiten der Bundeswehr hin, Einsätze zur Konfliktverhütung und Krisenbewältigung mit der bestehenden Struktur durchhaltefähig zu bewältigen. Die Strukturen seien noch immer zu stark auf die Erfordernisse der Landes- und Bündnisverteidigung ausgerichtet. Gleichzeitig erschwerte der sinkende Haushaltsrahmen die Finanzierung zentraler militärischer Beschaffungsmaßnahmen und damit die Modernisierung der Streitkräfte, die zur Wahrnehmung des erweiterten Aufgabenspektrums zwingend erforderlich war.[35]

Nachdem die Transformation angesichts unzureichender Finanzmittel jahrelang stagniert hatte, setzte Verteidigungsminister Karl-Theodor Freiherr zu Guttenberg am 12. April 2010 eine sechsköpfige Strukturkommission ein. Unter der Leitung von Frank-Jürgen Weise, dem Vorstandsvorsitzenden der Bundesagentur für Arbeit, erarbeitete sie Empfehlungen für eine grundlegende Erneuerung der Bundeswehr.

32 Vgl. ebd., S. 25, 27–30; Weißbuch 2006, S. 93, 108–111; Jertz, Die Luftwaffe im 21. Jahrhundert, S. 49.
33 Vgl. Clement/Jöris, 50 Jahre Bundeswehr, S. 136.
34 Konzeption der Bundeswehr (2004), Ziff. 3, S. 10. Vgl. auch Immer im Einsatz, S. 167.
35 Vgl. Meiers, Zu neuen Ufern?, S. 347, 349.

Der im Oktober desselben Jahres veröffentlichte Bericht knüpfte teilweise an das Ergebnis der Weizsäcker-Kommission aus dem Jahr 2000 an: »Die Bundeswehr [...] ist [...] nicht im Gleichgewicht. Sie ist zu groß, falsch zusammengesetzt und zunehmend unmodern. In ihrer heutigen Struktur hat die Bundeswehr keine Zukunft.«[36] Die Strukturkommission empfahl eine konsequente Ausrichtung der Streitkräfte an den Zielvorgaben des Einsatzes.[37]

Am 18. Mai 2011 stellte Verteidigungsminister Thomas de Maizière mit den Eckpunkten zur Neuausrichtung der Bundeswehr seine Überlegungen zu den Streitkräften der Zukunft und zur Umsetzung der Neuausrichtung vor. Sie zielten auf grundlegende strukturelle und organisatorische Veränderungen der Bundeswehr und reichten mit ihrer angestrebten Modernisierung weit über die Reformen der Jahre davor hinaus. Mit den Verteidigungspolitischen Richtlinien von Mai 2011 bekräftigte de Maizière den Ansatz der Strukturkommission: Die Aufgaben der internationalen Konfliktverhütung und Krisenbewältigung sollten die Grundzüge der neuen Struktur der Bundeswehr bestimmen. Dass die Landes- und Bündnisverteidigung nun endgültig in den Hintergrund rückte, kam insbesondere in der Aussetzung der Einberufung von Grundwehrdienstleistenden zum Ausdruck. Der verpflichtende Wehrdienst war über Jahrzehnte »Garant hoher Streitkräftestärken, gesicherter Aufwuchsfähigkeit, guter Nachwuchsgewinnung und diente der Verankerung der Bundeswehr in die Gesellschaft«.[38] Die Aussetzung der Wehrpflicht wirkte sich maßgeblich auf die Struktur und den Umfang der deutschen Streitkräfte aus. Auf Basis seiner Eckpunkte, der Verteidigungspolitischen Richtlinien und des Berichts der Strukturkommission der Bundeswehr leitete de Maizière 2011 die Neuausrichtung ein, um die sicherheitspolitisch abgeleiteten Aufgaben und Fähigkeiten der Bundeswehr mit einer entsprechenden Struktur und einer nachhaltigen Finanzierung in Einklang zu bringen. Mit dem verfügbaren Material könne die Bundeswehr weder in der Anzahl noch in der Ausführung den aktuellen und zukünftigen Risiken und Herausforderungen begegnen. Die zeitaufwändigen Verfahren bei der Beschaffung von Material sowie die zeitlichen Verzögerungen bei dessen Zulauf würden wiederum den Fähigkeitszuwachs behindern. Die jahrelange strukturelle Unterfinanzierung der Streitkräfte und die rückläufige demografische Entwicklung in Deutschland machten es der Bundeswehr schwer, ihre Aufgaben zu erfüllen. Mit einem breit angelegten Fähigkeitsspektrum sollten die erforderlichen Fähigkeiten für den Einsatz modular bereitgestellt werden. Der Umfang der Streitkräfte sollte künftig aus bis zu 185 000 Soldatinnen und Soldaten einschließlich Reservedienstleistenden bestehen.[39]

2. Die bodengebundene Luftverteidigung der Luftwaffe

Als die Aufstellung der Flugabwehrraketenverbände der Luftwaffe 1972 abgeschlossen war, stellten bereits im Frieden sechs Nike- und neun Hawk-Verbände mit

36 Gemeinsame Sicherheit und Zukunft der Bundeswehr, S. 13.
37 Vgl. Vom Einsatz her denken, S. 27.
38 Verteidigungspolitische Richtlinien (2011), S. 16 f., Zitat S. 17.
39 Vgl. Die Neuausrichtung der Bundeswehr (2013), S. 11 f., 16.

rund 18 600 Soldaten die von der NATO geforderte Präsenz und Bereitschaft in der Integrierten Luftverteidigung sicher.[40] Bei einer Gesamtstärke der westdeutschen Streitkräfte von insgesamt rund 492 800 Soldaten im Jahr 1972 betrug der Anteil des Dienstbereichs FlaRak etwa 4,1 Prozent. Nachdem die Flugabwehrraketenverbände mit dem Ende des Ost-West-Konflikts um fast die Hälfte reduziert worden waren, veränderte sich der Personalbestand in den 1990er Jahren nur peripher. Im Jahr 2000 umfassten die Flugabwehrraketenverbände rund 10 970 Soldaten. Bei einer Gesamtstärke der deutschen Streitkräfte im selben Jahr von 318 700 betrug der Anteil der FlaRak etwa 3,4 Prozent. Bei einem Streitkräfteumfang von 184 000 Soldatinnen und Soldaten 2013 lag der Anteil der FlaRak mit rund 2300 Dienstposten nur noch bei etwa 1,3 Prozent.[41] Vor dem Hintergrund des Wandels der sicherheitspolitischen Lage und des Bedrohungsspektrums der bodengebundenen Luftverteidigung wurde der Personalkörper der Flugabwehrraketenverbände zwischen 1972 und 2013 um rund 16 300 Soldatinnen und Soldaten verringert (das entspricht minus 2,8 Prozentpunkten); zeitgleich erweiterte sich das Aufgabenspektrum. Der Personalumfang der Kräfte der bodengebundenen Luftverteidigung ist jeweils im Verhältnis zur Gesamtstärke der Streitkräfte zu betrachten. Dabei drängt sich die Frage auf, ob die erheblichen Reduzierungen des Personalumfangs sowie der Rückgang am Anteil zur Gesamtstärke der Streitkräfte auf eine schwindende Relevanz der Fähigkeiten der bodengebundenen Luftverteidigung in Deutschland nach 1989/90 zurückzuführen sind.

Der Einsatz der Flugabwehrraketenkräfte war über Jahrzehnte durch fest zugewiesene Einsatzräume oder Einsatzstellungen und einen 24-Stunden-Schichtbetrieb geprägt. Dieser material- und personalintensive Ansatz sollte der NATO ermöglichen, in ihrer Gesamtheit auf einen überraschenden Luftangriff der WVO zu reagieren. Im Zuge der Wiedervereinigung Deutschlands und des Wandels der Bedrohungsperzeption änderten sich auch die Anforderungen für die Integrierte Luftverteidigung. Deutschland nahm nun seine hoheitlichen Rechte im Frieden in nationaler Verantwortung wahr. Die Unversehrtheit des deutschen Luftraumes eigenverantwortlich sicherzustellen, war Ausdruck der wiedergewonnenen Souveränität.[42] Eine groß angelegte Aggression auf Zentraleuropa war unwahrscheinlich geworden, und wenn, war mit einer signifikanten Warnzeit von einem Jahr zu rechnen. Nach dem Abzug der auf deutschem Territorium stationierten ausländischen Truppenteile wurde die Integrierte Luftverteidigung am 2. Februar 1995 auf ganz Deutschland ausgedehnt.[43]

---

40 Vgl. Spreckelsen/Vesper, Blazing Skies, S. 146 f.

41 Vgl. Personalbestand der Bundeswehr von 1959 bis 2019, <https://de.statista.com/statistik/daten/studie/495515/umfrage/personalbestand-der-bundeswehr/> (letzter Zugriff 27.1.2022).

42 »Bis zur Wiedervereinigung war es stets einem alliierten NATO-Kommandeur (englischer oder amerikanischer im SOC) vorbehalten, darüber zu entscheiden, ob ein im Rahmen eines Air Policing-Einsatzes über der alten Bundesrepublik Deutschland eingesetztes Jagdflugzeug der ILV Warnschüsse abgeben und scharfe Waffen einsetzen durfte.« Engel, Die Entwicklung der NATO-Luftverteidigung, S. 108, Anm. 84. Vgl. auch Winkelmann, Die Luftwaffe von Morgen, S. 5.

43 Vgl. Engel, Die Entwicklung der NATO-Luftverteidigung, S. 93 f.; Wibel, Systeme für die künftige Luftverteidigung, S. 102; Habersetzer/Schmidt, Kampf im Cluster, S. 602.

a) Risikoanalyse

Eine klar definierte und unmittelbare Bedrohung existierte nicht mehr, und das Kräftedispositiv war, trotz eines erweiterten Aufgabengebiets, erheblich reduziert worden. Jetzt musste der Einsatz der verbliebenen Luftverteidigungskräfte für ein nicht mehr eindeutig vorherbestimmbares Risikospektrum flexibel gestaltet und modifiziert werden. Eine Diversifikation der potenziellen Bedrohungselemente war unverkennbar. Neben den klassischen Luftbedrohungen, etwa bemannten Luftfahrzeugen, gewannen unbemannte Luftfahrzeuge (Drohnen) sowie aerodynamische (Luft-Boden-Flugkörper, Radarsuchende Flugkörper und Marschflugkörper) und ballistische Flugkörper mit Reichweiten von unter 3000 Kilometern an Bedeutung.[44] Durch die stetige Verbesserung von Waffenwirkung und Zielpräzision sowie die zunehmende Proliferation nach dem Zusammenbruch der Sowjetunion hatte insbesondere die potenzielle Bedrohung durch ballistische Raketen eine neue Relevanz erhalten. Aufgrund fehlender Mittel und unzureichender technischer Möglichkeiten konnte dieser Bedrohungsform während des Kalten Krieges nicht wirksam begegnet werden. Nach dessen Ende bildeten ballistische Flugkörper für das deutsche Territorium keine unmittelbare Bedrohung mehr. Auf lange Sicht ließ sich jedoch ein Risiko aufgrund der Entwicklung und zunehmenden Proliferation von ballistischen Flugkörpern mit größeren Reichweiten auch für das deutsche Territorium nicht ausschließen. Dies galt ebenso für die Streitkräfte, die im Krisen- oder Konfliktfall zum Schutz des NATO-Territoriums an dessen Grenzen eingesetzt werden konnten. Eine Bedrohung durch taktische, aerodynamische und ballistische Flugkörper war hier bereits gegeben.[45]

Das komplexe Bedrohungsspektrum und die Leistungsmerkmale moderner Luftangriffskräfte stellten die Luftverteidigungskräfte vor grundlegende operative Herausforderungen. Die Geschwindigkeiten moderner Luftkriegsmittel reichten vom niedrigen Unterschallbereich unbemannter Luftfahrzeuge bis zu Annäherungsgeschwindigkeiten taktisch ballistischer Flugkörper im mehrfachen Schallbereich. Dazu kamen Eigenschaften wie signifikant verringerte Radarrückstrahlflächen, Fähigkeiten zum extremen Tiefflug, variable Anflugprofile in allen Höhenbereichen, Präzision in Navigation und Waffeneinsatz sowie immer größere Agilität und Manövrierfähigkeit. Darüber hinaus bestand das Risiko, dass ballistische Flugkörper und Drohnen mit Massenvernichtungswaffen bestückt werden konnten. Insbesondere mussten die Schwierigkeiten bei der Erfassung, Identifizierung und Diskriminierung von Zielen bewältigt werden.[46]

44 Vgl. BArch, BL 1/61583, BMVg, InspL, FüL III 2, Az 31-01-01, Konzept für Führung und Einsatz der FlaRak-Verbände der Luftwaffe vom 18.1.1994, S. 8; Schubert, Mit dem Angreifer Schritt halten, S. 29.

45 Vgl. Engel, Die Entwicklung der NATO-Luftverteidigung, S. 94 f.; Wibel, Systeme für die künftige Luftverteidigung, S. 102; Hoyer-Boot, In der Defensive, S. 516, 522; Bernsmann, Luftschutz vom Feinsten, S. 177; Sievers, Flugabwehr, S. 88. Vgl. zu diesem Absatz auch Kap. II.3. und Kap. IV.1.

46 Vgl. BArch, BL 1/61583, BMVg, InspL, FüL III 2, Az 31-01-01, Konzept für Führung und Einsatz der FlaRak-Verbände der Luftwaffe vom 18.1.1994, S. 8, 11; Köpke/Dronia, Die Luftverteidigung im Wandel, S. 18; Ebersbach/Naskrent, Schutz vor den Risiken von morgen, S. 162; Kohlhaus, Das neue Bild der Luftverteidigung, S. 9.

b) Konzeptionelle Folgerungen

In seinem Kern blieb der Luftverteidigungsauftrag auch unter den neuen sicherheitspolitischen Rahmenbedingungen gültig. Im Frieden war weiterhin die Unversehrtheit des eigenen Luftraumes zu gewährleisten. In Krise und Krieg mussten die Luftverteidigungskräfte Territorium, Bevölkerung sowie eigene zivile und militärische Potenziale gegen das gesamte Spektrum von Luftstreitkräften eines Aggressors schützen und zum Erringen und Halten einer günstigen Luftlage beitragen. Die neuen konzeptionellen Vorgaben für die Luftverteidigung und insbesondere die Forderung zum Einsatz von Krisenreaktionskräften in einem erweiterten Einsatzgebiet verlangten eine flexible Anpassung der Kräfte und Mittel der Luftverteidigung an unterschiedliche Einsatzoptionen. Die Planungen waren nun an einem nicht eindeutig vorherbestimmbaren Risikospektrum auszurichten. Flexibilität, Mobilität, Kompatibilität und Interoperabilität bildeten dabei die wesentlichen Parameter.[47]

In den Verteidigungspolitischen Richtlinien von 1992 wurde die Proliferation als wesentliches Problem beschrieben und das Verteidigungsministerium forderte die Fähigkeit, gegen mögliche Bedrohungen an der Südflanke der NATO einen Beitrag leisten zu können.[48] Die bis dahin vorhandenen Fähigkeiten der Erweiterten Luftverteidigung galten als unzureichend. Der zweite Golfkrieg hatte gezeigt, dass die Patriot-Systeme Schwächen bei der Bekämpfung von ballistischen Raketen aufwiesen. Eine Verbesserung der Abwehrfähigkeit der Patriot-Systeme wurde als zwingend notwendig erachtet.[49]

Ob für die Landes- und Bündnisverteidigung oder im Krisenreaktionseinsatz: Die Luftverteidigungskräfte mussten in der Lage sein, dem gesamten Bedrohungsspektrum wirkungsvoll zu begegnen – vom bemannten und mit Abstandswaffen ausgerüsteten Luftfahrzeug über Drohnen und Marschflugkörper bis hin zu aerodynamischen und ballistischen Flugkörpern mit oder ohne Massenvernichtungswaffen.[50] Hierfür war eine Mischung luftgestützter und bodengebundener Waffensysteme unter einem leistungsstarken Luftraumüberwachungs- und Führungssystem vonnöten. Nur so konnten sich die Waffensysteme in ihren jeweiligen Stärken ergänzen und ihre Schwächen ausgleichen. Dies galt zum einen für das Verhältnis zwischen fliegenden und bodengebundenen Systemen, zum anderen aber auch für den Bereich der bodengebundenen Luftverteidigung.[51] Durch seine Geschwindigkeit

[47] Vgl. BArch, BL 1/61583, BMVg, InspL, FüL III 2, Az 31-01-01, Konzept für Führung und Einsatz der FlaRak-Verbände der Luftwaffe vom 18.1.1994, S. 9, 26; Engel, Die Entwicklung der NATO-Luftverteidigung, S. 94, 99; Wibel, Systeme für die künftige Luftverteidigung, S. 103; Hoyer-Boot, In der Defensive, S. 516–519; Schubert, Mit dem Angreifer Schritt halten, S. 28.

[48] Vgl. Verteidigungspolitische Richtlinien (1992); Weißbuch 1994, S. 34–36, 105.

[49] Vgl. Parlamentsarchiv, Deutscher Bundestag, Bestand 3119, Ausschuss für Verteidigung, 13. WP, Protokoll Nr. 5 vom 8.2.1995, S. 51. Zum Einsatz der Patriot-Systeme im Zweiten Golfkrieg vgl. Kap. IV.1.a.

[50] Vgl. Köpke/Droina, Die Luftverteidigung im Wandel, S. 18.

[51] Vgl. BArch, BL 1/61583, BMVg, InspL, FüL III 2, Az 31-01-01, Konzept für Führung und Einsatz der FlaRak-Verbände der Luftwaffe vom 18.1.1994, S. 9; Bernsmann, Luftschutz vom Feinsten, S. 177.

und Reichweite eignete sich das Jagdflugzeug zur raschen Schwerpunktbildung. Damit war es in der Lage, Verteidigungsfähigkeit und Feuerkraft schnell über große Entfernungen zu projizieren. Die Flugabwehrraketensysteme bildeten das primäre Mittel, um Objektgruppen, Räume und Operationen mit besonderer Bedeutung witterungs- und sichtunabhängig gegen nahezu das gesamte Spektrum moderner Luftangriffsmittel mit hoher Feuerkraft und über einen längeren Zeitraum zu schützen. Bei geeigneter Auslegung verfügten allein Flugabwehrraketensysteme über die Fähigkeit, taktisch ballistische Flugkörper abzuwehren.[52]

Die Planungsleitlinie der Bundeswehr für 1995, die im September 1993 in Kraft gesetzt wurde, wies der Abwehr von Flugkörpern aller Reichweiten erstmals eine hohe Priorität zu. Deutschland konzentrierte sich jedoch mehr auf die Fähigkeit zum Schutz eigener und verbündeter Kräfte im Einsatz gegen potenzielle Angriffe durch ballistische Raketen kürzerer Reichweite als auf die Fähigkeit zur flächendeckenden Raketenabwehr zum Schutz des deutschen Territoriums. Weder gab es bestehende oder potenzielle Bedrohungen, die eine flächendeckende Raketenabwehr erforderlich machten, noch verlangte die NATO ein entsprechendes System mit dieser Fähigkeit. Eine flächendeckende Flugkörperabwehr für Deutschland galt zudem als problematisch, weil im Falle einer Abwehr von anfliegenden Raketen außerhalb Deutschlands die Trümmerteile auf andere europäische Staaten hätten niederfallen können. Deutschland verfügte auch nach dem Ende des Ost-West-Konflikts noch über eine Vielzahl technischer Fähigkeiten zur Luftraumüberwachung und Luftabwehr. Mit Hawk, Roland und Patriot sowie seegestützten Systemen war die Bundeswehr im Vergleich zu anderen europäischen Bündnispartnern gut mit Flugabwehrraketensystemen ausgestattet.[53]

Die Entwicklung des Waffensystems Patriot begann bereits in den 1960er Jahren in den USA unter der Bezeichnung Surface-to-Air Missile Development (SAM-D). Das ab 1976 als Patriot bezeichnete System der Firma Raytheon wurde im Rahmen des Roland-Patriot-Abkommens von 1983 zwischen 1989 und 1993 in die Luftwaffe eingeführt. Es ersetzte das in die Jahre gekommene und weniger leistungsfähige stationäre Waffensystem Nike, das trotz mehrfacher Modernisierung, Nach- und Umrüstung nicht mehr in das Konzept der NATO-Luftverteidigung passte. Patriot war zur Mehrfachzielbekämpfung fähig und hochresistent gegen elektronische Störmaßnahmen; und es bedurfte im Gegensatz zu älteren Systemen eines verminderten Aufwands an Personal und Material. Das Waffensystem war beweglich, jedoch nicht mit nationalen Mitteln im Lufttransport verlegefähig. Ein modernes Waffensystem wie Patriot konnte mit technischen Verbesserungen an Änderungen im Luftbedrohungsspektrum angepasst werden. Das amerikanische Flugabwehrraketensystem Hawk dagegen, Ende der 1950er Jahre entwickelt und von der Luftwaffe ab 1963 genutzt, verfügte über kein Potenzial mehr

52 Vgl. BArch, BL 1/61583, BMVg, InspL, FüL III 2, Az 31-01-01, Konzept für Führung und Einsatz der FlaRak-Verbände der Luftwaffe vom 18.1.1994, S. 15; Schubert, Mit dem Angreifer Schritt halten, S. 30.

53 Vgl. Scheffran, Raketenabwehr contra Proliferation; Lara, Anti-Ballistic Missile Defence, S. 30 f.; Engel, Die Entwicklung der NATO-Luftverteidigung, S. 99.

zur Kampfwertsteigerung.[54] Dieses allwetterfähige Waffensystem war zwar voll beweglich und nach Vorbereitung mit nationalen Lufttransportmitteln verlegefähig, doch der personelle und materielle Aufwand für seinen Betrieb war hoch und die Feuerkraft niedrig.[55] Hawk vermochte gegen tief bis sehr tief fliegende Ziele zu wirken und war für die Luftwaffe daher auch künftig unverzichtbar. Das Taktische Luftverteidigungssystem TLVS bzw. MEADS sollte schließlich die in die Jahre gekommenen Hawk-Systeme ablösen.[56] Das hochmobile und allwetterfähige deutsch-französische Flugabwehrsystem Roland wurde im Rahmen des Roland-Patriot-Abkommens zum Schutz militärischer Hochwertobjekte der Luftwaffe vor Luftangriffen durch gegnerische Luftfahrzeuge beschafft und zwischen 1987 und 1990 in die Luftwaffe eingeführt.[57] Das System zeichnete sich insbesondere durch seine Reaktionsfähigkeit und Feuerkraft aus. Es diente vorrangig dem Schutz von Objekten gegen tief- und tiefstfliegende Luftfahrzeuge, was einer Höhe von bis zu drei Kilometern entsprach.[58] In der Bundeswehr gab es zwei Ausführungen des Roland-Systems. Das Heer verfügte über das auf dem Schützenpanzer Marder aufgesetzte Flugabwehrsystem Roland Kette (FRK). Marine und Luftwaffe bevorzugten die auf einem geländegängigen Trägerfahrzeug basierende Ausführung des Flugabwehrsystems Roland Rad (FRR).[59] Der Personalaufwand für den Betrieb des Systems war gering und die Flexibilität im Einsatz hoch. Roland war jedoch nicht mit nationalen Mitteln lufttransportfähig. Zur Steigerung der taktischen Einsatzflexibilität leitete der Verteidigungsausschuss des Deutschen Bundestages im November 1994 die Umrüstung von zehn Roland-Systemen zu luftverladbaren Versionen ein. Diese Systeme würden so mit eigenen Luftfahrzeugen schnell verlegbar sein, um Krisenreaktionskräfte im Einsatz schützen zu können, bis schwerere Waffensysteme wie Hawk und Patriot nachgezogen werden konnten.[60]

Die einzelnen bodengebundenen Luftverteidigungssysteme der Luftwaffe konnten nicht alle Höhen- und Entfernungsbereiche sowie Zielkategorien mit gleich großer Wirksamkeit abdecken. Im gemischten Einsatz, in Form verdichteter Einsatzzonen (Cluster) sollten die Schwächen von einzelnen Systemen durch die Stärken anderer kompensiert und durch den synergetischen Effekt das Leistungspotenzial insgesamt gesteigert werden. Das Konzept ermöglichte eine hohe Flexibilität bei Einsätzen und würde den Gegner zu einem höheren Mittelansatz zwingen. Die Anordnung der Kräfte im Cluster erfolgte lageabhängig und konnte für den Schutz gegen Angriffe

54 Zu den Stärken und Schwächen des Waffensystems Hawk vgl. auch Kap. III.3.

55 Eine »niedrige Feuerkraft« bedeutet hier, dass die Fähigkeit zur Bekämpfung mehrerer Ziele gleichzeitig eingeschränkt war.

56 Vgl. BArch, BL 1/61583, BMVg, InspL, FüL III 2, Az 31-01-01, Konzept für Führung und Einsatz der FlaRak-Verbände der Luftwaffe vom 18.1.1994, S. 23.

57 Vgl. BArch, BL 1/64294, BMVg, FüL VII 4, Az 72-04-00, Jahresbericht 1991 des Bundesministers der Verteidigung zum Fortgang der Beschaffungsvorhaben Patriot und Roland-Rad vom 26.3.1992, S. 5.

58 Vgl. Streubel, ROLAND, S. 82.

59 Vgl. Dewitz, Waffensystem für drei Nationen, S. 52.

60 Vgl. BArch, BL 1/61583, BMVg, InspL, FüL III 2, Az 31-01-01, Konzept für Führung und Einsatz der FlaRak-Verbände der Luftwaffe vom 18.1.1994, S. 24; Mertes/Knappe, Die Flugabwehrraketenkräfte, S. 22 f.; Spreckelsen/Vesper, Blazing Skies, S. 319 f.

mit Luftfahrzeugen oder die Abwehr taktisch ballistischer Flugkörper optimiert werden.[61] In Übereinstimmung mit den konzeptionellen Vorstellungen der NATO hatte die Luftwaffe bereits mit der Einführung des Patriot-Systems ab 1987 entschieden, Patriot und Hawk in verdichteten Einsatzzonen einzusetzen. Damit löste das Cluster-Konzept bereits zum Ende des Ost-West-Konflikts das der beiden hintereinander angeordneten FlaRak-Gürtel ab.[62] Die Anforderungen an die Führungsfähigkeit der neuen Einsatzform waren allerdings hoch. Ein koordinierter und effektiver Einsatz der Komponenten erforderte ein gemeinsames Führungselement mit leistungsfähigen Führungsmitteln, die eine vollständige Einbindung in den Aufklärungs- und Führungsverbund des Luftverteidigungssystems ermöglichten.[63] Als Folge der neuen Anforderungen passte die Luftwaffe die Struktur der Flugabwehrraketenverbände an. Oberhalb der Staffeln und Geschwader wurde nun eine dritte Führungsebene, das Flugabwehrraketenkommando, neu geschaffen. Die Kräfte eines FlaRak-Kommandos der Luftwaffe sollten in ihrem Einsatzraum eine verdichtete Einsatzzone unter der Führung eines Gefechtsstandes bilden. Auf Grundlage der Technischen Forderung vom 31. Oktober 1986 forderte die Luftwaffe die Entwicklung und Beschaffung eines solchen gemeinsamen Gefechtsstandes, des Surface-to-Air Missile Operations Centre (SAMOC).[64] Auf die Konzeptphase folgte 1992 die gemeinsam mit den USA geplante Definitions- und Entwicklungsphase. Ursprünglich für 1996 vorgesehen, wurde das SAMOC nach Verzögerungen jedoch erst im Oktober 2005 in die Luftwaffe eingeführt.[65] Die Mobilität der neuen Systeme erhöhte die Flexibilität und gestattete eine raschere Schwerpunktbildung im Bereich der bodengebundenen Luftverteidigung. Das Cluster-Konzept hatte bis zur Außerdienststellung der Waffensysteme Hawk und Roland im Jahr 2005 Bestand.[66]

Mit dem Wegfall der klar definierten Bedrohung, dem Abzug der Alliierten und der strukturbedingten Reduzierungen war der Umfang der Luftwaffe nach der Wende um ein Drittel verringert worden. Bei gleichzeitig erweitertem Schutz- und Aufgabengebiet war das bisherige Konzept eines zusammenhängenden Raumschutzes für die Bundesrepublik Deutschland nicht mehr aufrechtzuerhalten. Der Einsatz der verbliebenen Kräfte der Integrierten Luftverteidigung musste flexibel gestaltet und modifiziert werden. Der Raumschutz war zumindest durch Überwachung des

---

61 Vgl. BArch, BL 1/61583, BMVg, InspL, FüL III 2, Az 31-01-01, Konzept für Führung und Einsatz der FlaRak-Verbände der Luftwaffe vom 18.1.1994, S. 15, 25.

62 Zum Gürtelkonzept während des Ost-West-Konflikts vgl. Kap. I.2.

63 Vgl. BArch, BL 1/61583, BMVg, InspL, FüL III 2, Az 31-01-01, Konzept für Führung und Einsatz der FlaRak-Verbände der Luftwaffe vom 18.1.1994, S. 32; Schubert, Mit dem Angreifer Schritt halten, S. 33.

64 Vgl. BArch, BW 1/240255, BMVg, Rü VII 2, Az 90-14-10-92, Wirtschaftsblatt zum Vorhaben Gefechtsstand FlaRak Patriot/Hawk (SAM Operation Center, SAMOC) vom 2.3.1990.

65 Ab 1996 sollten FlaRak-Kräfte im Einsatzfall mit einem Prototypen des SAMOC ausgerüstet werden. Die serienmäßige Auslieferung des SAMOC war ab 1998 geplant. Vgl. BArch, BL 1/61583, BMVg, InspL, FüL III 2, Az 31-01-01, Konzept für Führung und Einsatz der FlaRak-Verbände der Luftwaffe vom 18.1.1994, S. 33; Wibel, Systeme für die künftige Luftverteidigung, S. 110; Mertes/Knappe, Die Flugabwehrraketenkräfte, S. 23; Wohak, Fit für die Zukunft, S. 98; Patriot. Kampfwertanpassung (KWA) 2, S. 29.

66 Vgl. Engel, Die Entwicklung der NATO-Luftverteidigung, S. 91 f., Anm. 76; Wibel, Systeme für die künftige Luftverteidigung, S. 104; Bernsmann, Luftschutz vom Feinsten, S. 177.

Luftraumes und durch eine lagebedingte Schwerpunktbildung sicherzustellen. Die bodengebundene Luftverteidigung war dafür vorgesehen, Objekte, Objektgruppen, Räume und Operationen auch über einen langen Zeitraum konzentriert zu schützen. Aufgrund der geringen Anzahl von Flugabwehrraketenkräften mussten zu schützende Objektgruppen und Räume anhand ihrer Schutzwürdigkeit und -bedürftigkeit priorisiert werden.[67]

c) Das Roland-Patriot-Abkommen

Aufgrund der hohen Beschaffungskosten für das fliegende Waffensystem Tornado fehlten im bundesdeutschen Verteidigungshaushalt Anfang der 1980er Jahre zunächst die finanziellen Mittel für die neuen Flugabwehrraketensysteme Patriot und Roland. Am 6. Dezember 1983 unterzeichneten die Verteidigungsminister der USA und der Bundesrepublik Deutschland eine Vereinbarung über gemeinsame Maßnahmen zur Stärkung der Luftverteidigung in Mitteleuropa. Die später unter der Bezeichnung Roland-Patriot-Abkommen bekannt gewordene Vereinbarung sowie die entsprechende deutsch-amerikanische Durchführungsvereinbarung vom 12. Juli 1984 sahen eine Beschaffung der Waffensysteme Patriot und Roland durch die USA und die Bundesrepublik Deutschland vor. Das Abkommen ermöglichte die aufgrund finanzieller Engpässe verzögerte, doch dringend erforderliche Modernisierung der bodengebundenen Luftverteidigung in Mitteleuropa. Dafür stellten die USA der deutschen Luftwaffe zwölf Patriot-Feuereinheiten, zuzüglich zwei für die Ausbildung und als Reserve, zur Verfügung (US-provided). Nach Erfüllung der vertraglichen Auflagen würden diese Systeme nach zehn Jahren in deutschen Besitz übergehen. Im Gegenzug zu den 14 US-provided Patriot-Systemen erklärte sich die Bundesrepublik bereit, zwölf in der Bunderepublik für Luftverteidigungsaufgaben in Mitteleuropa stationierte Patriot-Feuereinheiten der USA mit Flugabwehrraketenkräften der Luftwaffe zu betreiben (US-owned). Die Bundesrepublik selbst beschaffte zwölf Patriot-Feuereinheiten, zuzüglich zwei für die Ausbildung und als Reserve. Alle Patriot-Feuereinheiten wurden in der deutschen Konfiguration beschafft.[68] Die USA stellten darüber hinaus 24 Roland-Feuereinheiten, zuzüglich drei zur Ausbildung und als Reserve, zum Schutz von drei US-Flugplätzen in der Bundesrepublik Deutschland zur Verfügung (US-owned). Diese Systeme sollten von deutschem Luftwaffenpersonal betrieben werden. Die Bundesrepublik schaffte für die Luftwaffe 60 Roland-Feuereinheiten zum Schutz eigener Einsatzflugplätze an, die zum Teil auch durch die U.S. Air Force als Operationsbasen für den Ernstfall mitbenutzt

[67] Vgl. BArch, BL 1/61583, BMVg, InspL, FüL III 2, Az 31-01-01, Konzept für Führung und Einsatz der FlaRak-Verbände der Luftwaffe vom 18.1.1994, S. 9; Mertes/Knappe, Die Flugabwehrraketenkräfte, S. 21.

[68] Die Bundesrepublik Deutschland forderte aus rüstungspolitischen, wirtschaftlichen und logistischen Gründen den Einsatz von bereits vorhandenem deutschem Querschnittsgerät. Dabei handelte es sich im Wesentlichen um Kraftfahrzeuge bzw. Anhänger, Stromerzeugeraggregate, Kabinen, Fernmeldegerät, Freund-Feind-Kenngerät sowie mechanische und elektronische Anpasskomponenten. Vgl. BArch, BL 1/64294, BMVg, FüL VII 4, Az 72-04-00, Jahresbericht 1991 des Bundesministers der Verteidigung zum Fortgang der Beschaffungsvorhaben Patriot und Roland-Rad vom 26.3.1992, S. 2; In Dienst gestellt, S. 567.

wurden, sowie acht weitere Feuereinheiten für die Ausbildung und als Reserve.[69] Die Roland-Patriot-Vereinbarung sah einen Betrieb der US-owned Roland- und Patriot-Systeme durch die Luftwaffe für einen Zeitraum von zehn Jahren vor. Über ihre weitere Nutzung würde spätestens zwei Jahre vor Ablauf der vertraglich festgelegten Nutzungszeit erneut verhandelt werden müssen.[70]

Die entscheidenden Faktoren für das Roland-Patriot-Abkommen waren die Stärkung der Luftverteidigungskapazität der NATO sowie die Teilung der Investitions- und Betriebskosten der Waffensysteme, des Weiteren die politischen Vorteile einer bilateralen, transatlantischen Kooperation. Das Abkommen war zwar ein Relikt des Kalten Krieges, doch für die Luftwaffe waren Roland und Patriot auch im neuen sicherheitspolitischen Umfeld sowie im Rahmen einer verantwortungsvollen militärischen Risikovorsorge unverzichtbar. Am 7. Februar 1998 unterzeichneten die Verteidigungsminister Deutschlands und der USA eine Folgevereinbarung zum Roland-Patriot-Abkommen, das Follow-On-Implementing Amendment (FOIA). Darin legten die Vertragspartner im Wesentlichen fest, dass die USA der Bundesrepublik ihre von der Luftwaffe betriebenen 21 Roland-Waffensysteme rückwirkend zum 1. Januar 1998 übereigneten; sechs Systeme verblieben zu Testzwecken im Besitz der USA. Die Übereignung der 14 US-provided Patriot-Systeme zum 1. Dezember 2001 war bereits im Basisvertrag vereinbart worden. Im Folgeabkommen wurde lediglich der genaue Zeitpunkt festgelegt. Die zwölf US-owned Patriot-Systeme wechselten zunächst in den Status US-provided, bevor sie schließlich zum 1. Dezember 2005 in deutschen Besitz übergehen würden. Im Gegenzug dafür übernahm Deutschland mit zwei Flugabwehrraketengruppen mit je sechs Feuereinheiten die Einsatzverpflichtungen der amerikanischen NATO-Hauptverteidigungskräfte vom 1. Januar 1998 bis zum 1. Dezember 2005. Darüber hinaus stellte Deutschland den USA im Bündnisrahmen Flugabwehrraketenkräfte für die Unterstützung im Einsatz zur Verfügung.[71] Einsätze außerhalb Mitteleuropas und außerhalb des NATO-Territoriums waren nicht unwahrscheinlich. Dementsprechend veränderte sich bei den betroffenen Verbänden die Qualität ihres Auftrags, der bislang auf Hauptverteidigungsaufgaben in Mitteleuropa begrenzt gewesen war, ohne ihn

69 Vgl. Spreckelsen/Vesper, Blazing Skies, S. 87; Chronik Führungsstab der Luftwaffe, S. 132 f.; Dewitz, Waffensystem für drei Nationen, S. 51; Dewitz, Bereit für die neuen Bündnisaufgaben, S. 55.

70 Die Nutzungszeit für die US-owned Patriot-Feuereinheiten sollte am 30.11.2001 enden, diejenige für die US-owned Roland-Feuereinheiten am 31.12.1997. Vgl. BArch, BL 1/64294, Agreement between USA and FRG on Cooperative Measures for Enhancing Air Defense for Central Europe (6.12.1983) einschließlich Implementing Agreement (12.7.1984) und Amendment to the Implementing Agreement (5.12.1986), Anlage zu FüL V 4, Az 76-11-30, Vortragsnotiz für InspL zur Information, Patriot- und Roland-Verbände der deutschen Luftwaffe, Eigentum, Nutzung, Betriebskosten vom 20.12.1991, Art. 2; BArch, BL 1/64294, BMVg, FüL V 4, Az 76-11-30, Vortragsnotiz für InspL zur Information, Patriot- und Roland-Verbände der deutschen Luftwaffe, Eigentum, Nutzung, Betriebskosten vom 20.12.1991, S. 2–4; BArch, BL 1/61583, BMVg, InspL, FüL III 2, Az 31-01-01, Konzept für Führung und Einsatz der FlaRak-Verbände der Luftwaffe vom 18.1.1994, S. 23; Bernsmann, Luftschutz vom Feinsten, S. 178; Mertes/Knappe, Die Flugabwehrraketenkräfte, S. 22.

71 Dabei handelte es sich um zwei Bataillonsäquivalente Patriot (bis zu je drei Feuereinheiten), zwei Bataillonsäquivalente Hawk (bis zu je zwei Feuereinheiten) und zwei Bataillonsäquivalente Roland (bis zu 14 Waffensysteme).

jedoch auf dieselbe Ebene mit dem deutschen Luftverteidigungsbeitrag zu den NATO-Krisenreaktionskräften zu stellen. Der Umfang des Beitrags der Luftwaffe zu den Krisenreaktionskräften sowie die bestehenden Krisenreaktionsverpflichtungen änderten sich durch das Roland-Patriot-Folgeabkommen nicht. Jeder Einsatz der den USA zur Verfügung gestellten Kräfte würde stets unter Führung der NATO erfolgen und stand unter Vorbehalt einer gesonderten, für den jeweiligen Einsatzfall einzuhaltenden Zustimmung des Parlaments. Auch die Struktur der Flugabwehrraketenverbände änderte sich nicht mit dem Folgeabkommen, da alle hier verhandelten Waffensysteme bereits vorher durch die Luftwaffe betrieben worden waren.[72]

d) Kampfwertsteigerungsprogramm Patriot

Das Waffensystem Patriot war zum Zeitpunkt der Einführung in die Luftwaffe technologisch bereits mehr als 20 Jahre alt. Gemäß militärischer Forderung war Patriot dafür ausgelegt, moderne Flugzeuge und taktisch aerodynamische Flugkörper zu bekämpfen. Aufgrund ihrer wachsenden Bedeutung wurden taktisch ballistische Flugkörper bald in das Zielspektrum mit einbezogen. Die technischen Anforderungen zur Abwehr von TBM unterschieden sich aufgrund ihrer spezifischen Flugbahn, der sehr kleinen Radarrückstrahlfläche und ihrer hohen Geschwindigkeit jedoch maßgeblich von den klassischen Luftbedrohungen. Mit dem Programm Patriot Advanced Capability (PAC) sollte eine schrittweise Entwicklung der Fähigkeit von Patriot vom reinen Selbstschutz des Systems bis hin zur Abwehr taktisch ballistischer Flugkörper wie der sowjetischen SS-21 erfolgen. Die erste Stufe PAC-1 beinhaltete eine Verbesserung der Software, bei der vorrangig das Radar des Systems modifiziert wurde, um ballistische Flugkörper entdecken zu können. Mit PAC-2 wurde die erste umfassende Kampfwertsteigerung des Patriot-Systems realisiert. Neben einer weiteren Anpassung der Software zielte sie insbesondere auf eine Modifizierung des Flugkörpers. Dabei wurden Näherungszünder und Gefechtskopf des Lenkflugkörpers überarbeitet, um die Bekämpfung von TBM zu verbessern. Die Fertigung des PAC-2-Flugkörpers (MM-104 C Patriot) begann Mitte 1990 und die Auslieferung an die U.S. Army sowie die Luftwaffe sollte ab Januar 1991 vonstatten gehen. Im Zuge des Zweiten Golfkrieges wurde die Produktion allerdings beschleunigt und die Auslieferung begann bereits im September 1990. Um die US-Patriot-Systeme für den Einsatz verzugslos umzurüsten, schob die Luftwaffe die geplante Anpassung der deutschen Systeme auf. Die während des Zweiten Golfkrieges eingesetzten amerikanischen Patriot-Systeme verfügten demnach über die Kampfwertanpassungen PAC-2.[73] Die Erfahrungen aus dem Einsatz machten deutlich, dass trotz der vorgenommenen Verbesserungen in der PAC-2-Phase weitere Anpassungen zur effizienteren Abwehr von TBM und Marschflugkörpern erforderlich waren.

---

72 Vgl. BArch, BL 1/62721, BMVg, Rü VI 5, Hintergrundinformation zur deutsch-amerikanischen Roland/Patriot Folgevereinbarung (Follow-On Implementing Amendment) vom 2.2.1998.

73 Vgl. dazu Kap. IV.1.a.

> »Damals bezweifelte niemand, dass sich das Patriot-System durchaus verbessern ließe, der geringe Erfolg gegen eine so primitive Rakete wie die Al Hussein warf aber die Frage auf, ob die Abwehr von Raketen mit vernünftigem Aufwand überhaupt zu realisieren sei. Das Pentagon und die amerikanische Industrie bejahten diese Frage.«[74]

Neue Überlegungen und Konzepte führten zu einem hoch priorisierten, finanziell wie technisch aufwändigen Verbesserungsprogramm in mehreren Schritten.[75] Die Auffassungsreichweite des Systems sollte gesteigert, die Schutzfläche mit einer verbesserten Aufstellung der Startgeräte[76] vergrößert, der Schutzfaktor durch Änderung des Endanflugverhaltens des Lenkflugkörpers optimiert und die Abfanghöhe zur Vermeidung von Kollateralschäden angepasst werden. Ein Teil dieser Anpassungen erfolgte aufgrund militärischer Notwendigkeiten bereits im Rahmen eines Quick Response Program (QRP). Darüber hinaus beinhaltete ein Guidance Enhancement Program die Verbesserung der bodengestützten Systemkomponenten und eine Steigerung der Leistungsfähigkeit des PAC-2 Flugkörpers. Gleichzeitig intensivierten die USA die Entwicklung eines neuen Flugkörpers mit größerer Reichweite sowie weitere Verbesserungen des Radars. Dieses PAC-3-Programm sollte bis 1999 in drei Stufen – Configuration (Config.) 1, 2 und 3 – in die PAC-2-Systeme eingerüstet werden. Der neue Flugkörper ging 1994 aus einem Auswahlprogramm der U.S. Army im Rahmen des PAC-3-Programms hervor und wurde fortan als Lenkflugkörper PAC-3 bezeichnet. Bisherige Lenkflugkörper (PAC-2) verfügten über einen Splittergefechtskopf, der mittels eines Annäherungszünders in der Nähe des Ziels gesprengt wurde. Der Flugkörper PAC-3 zeichnete sich insbesondere durch eine hohe Agilität aus, da er über einen aktiven Suchkopf mit Pulse Doppler Radar verfügte, der eine autonome Steuerung des Lenkflugkörpers in seiner Endanflugphase ermöglichte. Diese beiden Technologien befähigten den Flugkörper, anfliegende ballistische Raketen durch einen Direkttreffer im Bereich des Gefechtskopfes (*hit-to-kill*) zu zerstören und den Gefechtskopfinhalt im Idealfall gänzlich zu neutralisieren. Der Lenkflugkörper PAC-3 zerstörte sein Ziel demnach durch die kinetische Energie des Aufpralls, also mithilfe seiner Masse und einer extrem hohen Bewegungsgeschwindigkeit. Dadurch eignete er sich auch zur Bekämpfung von ballistischen Raketen, deren Gefechtsköpfe mit Massenvernichtungswaffen bestückt waren.[77]

Im deutsch-amerikanischen Abkommen über gemeinsame Maßnahmen zur Stärkung der Luftverteidigung in Mitteleuropa von 1983 hatten die Vertragspartner vereinbart, einen für Interoperabilität und Austauschbarkeit standardisierten Bauzustand des Patriot-spezifischen Geräts aufrechtzuerhalten. Logistische Aufgaben für die in der Bundesrepublik Deutschland stationierten Waffensysteme sollten

[74] Spreckelsen/Vesper, Blazing Skies, S. 292.

[75] Vgl. BArch, BL 1/53871, BMVg, FüL VII 4 an InspL, Stand der FlaRak-Rüstungsvorhaben, hier: Bilanz und Ausblick anläßlich der Übergabe der Managementverantwortung an die Abteilung Rü M vom 30.6.1992, S. 3.

[76] Vom Startgerät (Launching Station) aus werden die Patriot-Lenkflugkörper verschossen.

[77] Vgl. Bernsmann, Luftschutz vom Feinsten, S. 180 f.; Spreckelsen/Vesper, Blazing Skies, S. 290–295; Dewitz, Oft modifiziert, S. 58; Patriot. Kampfwertanpassung (KWA) 2, S. 27 f.; Ilg, Die Bedeutung der Flugkörperabwehr, S. 50.

gemeinsam durchgeführt und die deutsche Industrie an dem Patriot-Programm beteiligt werden.[78] Die Luftwaffe war demnach vertraglich verpflichtet, den gleichen Konfigurationsstand wie die U.S. Army zu halten, und musste zunächst den Rückstand nach dem Ende des Zweiten Golfkrieges aufholen. Alle bis 1993 eingeführten deutschen Patriot-Systeme besaßen den Konfigurationsstand PAC-2. Am 19. Mai 1992 billigte der Generalsinspekteur der Bundeswehr das Taktische Konzept für die Kampfwertanpassung (KWA) des Patriot-Waffensystems, um »Ausrüstungslücken bzw. Systemschwächen in den Bereichen Einsatzwirksamkeit, Überlebensfähigkeit, Einsatzflexibilität, Systemverfügbarkeit und Kompatibilität/ Interoperabilität«[79] zu beseitigen oder zu kompensieren. Die Realisierung der KWA erfolgte zweistufig in Anlehnung an das PAC-3-Programm der USA, beginnend mit der ersten Teilanpassung der deutschen Patriot-Waffensysteme (KWA 1) ab 1995. Sie umfasste die Verbesserung der Radarleistung (Zielentdeckungsfähigkeit), des Datenaustausches (Link 16), des Orientierungssystems und der Interoperabilität (Anbindung an externe Netze). Mit Abschluss der KWA 1 war der Konfigurationsstand »PAC-3/Config. 2« erreicht. Dieser war für alle Patriot-Systeme der Luftwaffe vorgesehen. Die KWA 2 umfasste weitere Verbesserungen und auch Erweiterungen der Radarleistung, des Datenaustausches, des Schutzbereichs, der Führungsfähigkeit und der Interoperabilität zu amerikanischen und niederländischen Verbänden sowie die Einführung des neuen Lenkflugkörpers PAC-3.[80] Aufgrund erheblicher Kostensteigerungen im Programmverlauf von PAC-3 entschied Staatssekretär Gunnar Simon am 6. November 1997, die Anzahl der umzurüstenden Einsatzsysteme auf zwölf zu reduzieren. Bei den anderen 24 Patriot-Systemen der Luftwaffe war jedoch zumindest eine Anpassung der Software und der Fernmeldekomponente vorgesehen, um die Interoperabilität mit den vollständig umgerüsteten Waffensystemen zu gewährleisten. Dieser Konfigurationsstand wurde als »PAC-3/Config. 2+« bezeichnet. Mit dem Abschluss der KWA 2 sollten zwölf Patriot-Systeme den Konfigurationsstand »PAC-3/Config. 3« erreichen. Am 27. Mai 1998 stimmte der Haushaltsausschuss der Beschaffung zu. Die Zustimmung beinhaltete jedoch nicht die Beschaffung der PAC-3-Flugkörper sowie der entsprechend angepassten Patriot-Startgeräte. Die Entscheidung war abhängig vom Stückpreis und der zur Verfügung stehenden Haushaltsmittel.[81]

Die transatlantische Kooperation beim Kampfwertanpassungsprogramm PAC-3 lief nicht reibungslos. Insbesondere bei der Freigabe der operationellen und techni-

[78] Vgl. BArch, BL 1/62721, BMVg, Rü VI 5, Hintergrundinformation zum Kampfwertanpassungsprogramm »Patriot Advanced Capability-3« (PAC-3) für das Gespräch mit US-Rüstungsdirektor Dr. Gansler vom 16.6.1998.

[79] BArch, BL 1/54318, BMVg, FüL VI 3, Az 72-10-30/33-53 VS-NfD, Taktisch-Technische Forderung für die Kampfwertanpassung WaSys Patriot – 1. Teilanpassung – vom 26.7.1993, S. 3.

[80] Vgl. BArch, BL 1/62721, BMVg, Rü VI 5, Az 90-14-25-32/5, Hintergrundinformation zur Kampfwertanpassung Patriot, Entwicklung und Beschaffung der 1. und der 2. Teilanpassung und Beschaffung PAC-3 Flugkörper vom 6.9.2000.

[81] Vgl. Immer im Einsatz, S. 105; Dewitz, Oft modifiziert, S. 60 f.; BArch, BL 1/62721, BMVg, Rü VI 5, Az 90-14-25-32/5, Hintergrundinformation zur Kampfwertanpassung Patriot, Entwicklung und Beschaffung der 1. und der 2. Teilanpassung und Beschaffung PAC-3 Flugkörper vom 6.9.2000.

0926-01 Hartung 06 III-Konzeptionelle Grundlagen R.indd, Dr: 13.06.21 11:25, B: Mau, S. 152

schen Daten traten Probleme auf. Die USA hielten entweder eingestufte Informationen zurück, ohne offizielle Gründe zu nennen, oder stellten diese erst nach einer zeitlichen Verzögerung von mehreren Monaten zur Verfügung. Am 27. März 1998 erließ die U.S. Army eine neue Patriot Export Policy, um den Schutz der im PAC-3-Programm verwendeten Flugkörperabwehrtechnologie zu erhöhen. Demnach sollte sich Deutschland vertraglich verpflichten, bestimmte Patriot-Systemkomponenten (*black boxes*) nicht zu öffnen und nicht zu untersuchen. Die USA forderten, spezielle Schutzvorrichtungen, die das Öffnen von Baugruppen verhindern oder anzeigen sollten, zu akzeptieren und diesbezügliche Inspektionen zuzulassen. Darüber hinaus sollten die Komponenten in den USA instandgesetzt und regelmäßig gewartet werden. Deutschland lehnte diese Sicherheitsauflagen mit der Begründung ab, dass sie die deutsche Souveränität berührten und die Urteilsfähigkeit Deutschlands hinsichtlich der Systemleistung erheblich einengten. Zudem würden die Auflagen die Beteiligung der deutschen Industrie am Patriot-Programm erschweren und zusätzliche Kosten verursachen. Sie schränkten die deutsche Fähigkeit zur Integration von Verbesserungen, zur technischen Betreuung und zur Weiterentwicklung des Systems ein. Aus deutscher Sicht widersprachen die neuen Auflagen einer vertrauensvollen und partnerschaftlichen Rüstungskooperation.[82]

Die ablehnende Haltung Deutschlands veranlasste die USA, keine Exportgenehmigungen für klassifizierte PAC-3-Komponenten zu erteilen, was wiederum die Realisierung der zweiten Kampfwertanpassung für die deutschen Patriot-Systeme verzögerte. Die Gespräche seit August 1999 über die Aufhebung oder Lockerung der US-Sicherheitsauflagen führten zunächst zu keinem für Deutschland annehmbaren Ergebnis. Erst im Mai des Jahres 2000 konnte mit den USA eine grundsätzliche Einigung über den Austausch sensitiver Technologieinformationen erzielt werden.[83]

Im Januar 2001 begann die Umrüstung aller 36 Patriot-Einsatzsysteme in den Konfigurationsstand »PAC-3/Config. 2+«. Im Anschluss daran sollten zwölf Einsatzsysteme durch den europäischen Luft- und Raumfahrtkonzern und Hauptauftragnehmer European Aeronautic Defence and Space (EADS, ehem. DASA) in den Stand »PAC-3/Config. 3« modifiziert werden.[84] Doch im Rahmen der politischen Debatte um das Waffensystem TLVS/MEADS beschloss der Haushaltsausschuss des Deutschen Bundestages am 26. Juni 2001, bis zum abschließenden Bericht über die Ergebnisse der erweiterten Definitionsphase und einer Entscheidung über die Entwicklung des neuen Luftverteidigungssystems MEADS zunächst keine weiteren Aufträge zur Kampfwertanpassung von Patriot sowie zur Beschaffung

[82] Vgl. BArch, BL 1/62721, BMVg, Rü VI 5, Hintergrundinformation zum Kampfwertanpassungsprogramm »Patriot Advanced Capability-3« (PAC-3) für das Gespräch mit US-Rüstungsdirektor Dr. Gansler vom 16.6.1998; ebd., Hintergrundinformation für Gespräche HAL Rü mit dem US-Rüstungsdirektor am Rande des Vierer-/Fünfer-Principals-Treffens vom 10.–12.4.2000 in Oxford zu Patriot PAC-3, hier: US Export Policy, vom 5.4.2000.

[83] Vgl. BArch, BL 1/62721, BMVg, Rü VI 5, Hintergrundinformation für Gespräche HAL Rü mit dem US-Rüstungsdirektor am Rande des Vierer-/Fünfer-Principals-Treffens vom 10. bis 12.4.2000 in Oxford zu Patriot PAC-3, hier: US Export Policy, vom 5.4.2000; ebd., Az 90-14-25-32/5, Hintergrundinformation zur Kampfwertanpassung Patriot, Entwicklung und Beschaffung der 1. und der 2. Teilanpassung und Beschaffung PAC-3 Flugkörper vom 6.9.2000.

[84] Vgl. Spreckelsen/Vesper, Blazing Skies, S. 297.

des Flugkörpers PAC-3 zu verteilen.[85] Damit waren erneute Verzögerungen im Kampfwertanpassungsprogramm Patriot unausweichlich. Letztendlich wurden bis 2006 13 Patriot-Radargeräte, davon eins für den Bereich der Ausbildung, in den Stand »PAC-3/Config. 3« umgerüstet. Das letzte modifizierte Startgerät für PAC-3-Flugkörper erhielt die Luftwaffe im Juli 2009. Mit der ersten Teillieferung von 24 PAC-3-Lenkflugkörpern im September 2010 erreichte die Luftwaffe schließlich eine Anfangsbefähigung zur Abwehr taktisch ballistischer Flugkörper.[86]

e) Begleitung durch den Verteidigungsausschuss

Der Führungsstab der Luftwaffe hatte sich angesichts der Verzögerungen bei den Kampfwertanpassungen bzw. -steigerungen von Patriot und Hawk sowie bei der Beschaffung des SAMOC und des Taktischen Luftverteidigungssystems aufgrund finanzieller Engpässe im Verteidigungshaushalt bereits 1992 um die Zukunftsfähigkeit der bodengebundenen Luftverteidigung in Deutschland gesorgt:

> »Seit Einführung der ersten Generation der Waffensysteme für die bodengestützte LV wurden die Luftangriffsmittel kontinuierlich verbessert, ohne daß wir dem durch entsprechende Entwicklungen bei den FlaRak-Waffensystemen folgen konnten. Die Modernisierung der FlaRak ist nur teilweise vollzogen (Patriot), sie bleibt ohne TLVS/SAMOC lückenhaft. Die Weiterführung der Modernisierung steht unter ungünstigen finanzplanerischen Prämissen.«[87]

Die Kampfleistungsfähigkeit werde angesichts der zunehmenden Relevanz der Flugkörperabwehr ohne weitere Anpassungsmaßnahmen weiter drastisch abnehmen. Dementsprechend würde die Luftwaffe in den nächsten Jahren ein erhebliches und weiter steigendes operatives Risiko hinnehmen müssen.[88]

Aufgrund der militärpolitischen und finanziellen Relevanz der geplanten Maßnahmen zur Beschaffung und Modernisierung im Bereich der Luftverteidigung beschloss der Verteidigungsausschuss des Deutschen Bundestages am 8. März 1995, eine Berichterstattergruppe »Zukünftige Luftverteidigung« einzusetzen.[89] Diese sollte unter der Leitung von Karl Lamers (CDU/CSU) die Grundsätze einer künftigen Luftverteidigung erarbeiten sowie laufende und geplante Entwicklungs- und Beschaffungsprojekte im Bereich der Luftverteidigung auf ihre Notwendigkeit hin überprüfen.[90] In einem ersten Zwischenbericht folgerte die Arbeitsgruppe:

---

[85] Zur Debatte um TLVS/MEADS vgl. Kap. III.3.b.

[86] Vgl. Patriot. Kampfwertanpassung (KWA) 2, S. 28.

[87] BArch, BL 1/53871, BMVg, FüL VII 4 an InspL, Stand der FlaRak-Rüstungsvorhaben, hier: Bilanz und Ausblick anläßlich der Übergabe der Managementverantwortung an die Abteilung Rü M vom 30.6.1992, S. 7.

[88] Vgl. ebd.

[89] Zur Berichterstattergruppe gehörten die Abgeordneten Karl A. Lamers (CDU/CSU, Vorsitzender der Berichterstattergruppe), Hans Raidel (CDU/CSU), Bernd Siebert (CDU/CSU), Manfred Opel (SPD), Gerd Höfer (SPD), Winfried Nachtwei (Bündnis 90/Die Grünen) und Günther Nolting (FDP).

[90] Die Bundeswehr unterliegt der parlamentarischen Kontrolle des Verteidigungsausschusses des Deutschen Bundestages. Der Ausschuss beschäftigt sich u.a. mit Fragen der Rüstungsgüterbeschaffung und hat die Aufgabe, die parlamentarische Entscheidungsfindung vorzubereiten. Dazu formuliert er eine rechtlich unverbindliche Empfehlung zu einem Beschaffungsvorhaben. Auf deren Grund-

»Die Kampfwertsteigerung der Patriot zur Leistungsstufe PAC 3 ist notwendig, um eine teilweise Raketenabwehrfähigkeit dieses Systems zu erreichen.«[91] Das zukünftige System TLVS/MEADS als Ersatz für die veralteten Hawk-Systeme sei unverzichtbar und sollte die Fähigkeit zur Raketenabwehr bedeutend steigern. Die Arbeitsgruppe fühlte sich durch Gespräche mit dem NATO Defense Committee zur NATO-Luftverteidigungsplanung sowie der zu dieser Zeit in der Vorbereitung befindlichen NATO-Initiativen zur Raketenabwehrfähigkeit der Integrierten Erweiterten Luftverteidigung in ihrem Ansatz bestätigt, das Spektrum der Luftverteidigung zu erweitern. Dazu zählten Patriot PAC-3, TLVS/MEADS, ein neues Luftverteidigungsflugzeug mit Luft-Luft-Bewaffnung, strategische Aufklärung und das Air Command and Control System (ACCS).[92]

In einer Sitzung am 12. Juni 1996 diskutierte der Verteidigungsausschuss kontrovers über einen in den Akten erwähnten Bericht der Bundesregierung vom 17. Mai 1996 zur Risikoanalyse für Deutschland und das NATO-Gebiet in Europa unter besonderer Berücksichtigung der Risiken aus der Luft.[93] Lamers hob hervor, dass das Bündnis bereits 1991 festgestellt habe, dass mit einer groß angelegten, strategischen Konfrontation in Europa derzeit nicht zu rechnen sei. Risiken würden jedoch in Form von regionalen Krisen und Konflikten, ethnischen Konflikten, radikalen religiösen Bewegungen und insbesondere totalitären Regimen weiterhin bestehen. Für Deutschland könnten sich Risiken aus einer Gefährdung der Stabilität in Mittel- und Osteuropa, im Mittelmeerraum oder im Rahmen von Einsätzen deutscher Soldaten im Ausland ergeben. Eine besondere Gefahr stelle dabei die Bedrohung aus der Luft dar. Es sei zu erwarten, dass Länder wie Iran, Syrien, Irak und Libyen ihre bereits in Ansätzen vorhandenen Fähigkeiten zur Herstellung von Massenvernichtungswaffen weiterhin verfolgten. Entscheidend sei hierbei die Trägertechnologie. Mit dem zu dieser Zeit existierenden technologischen Stand liege das Zentrum des Bündnisgebietes zwar nicht in Reichweite, doch sei nicht auszuschließen, dass diese Staaten in den folgenden Jahren durch Zulieferungen die eigenen Entwicklungen verbesserten und somit Treffergenauigkeit sowie Reichweite steigerten. 1995 habe die NATO festgestellt, dass die Abwehrfähigkeit des Bündnisses gegen taktisch ballistische Flugkörper große Mängel aufweise. Weitere Schwierigkeiten würden zudem bei der schnellen Verlegefähigkeit und gemeinsamen Übungsmöglichkeiten für die Luftverteidigungskräfte bestehen. Daraus habe die NATO drei Konsequenzen gezogen: die Verstärkung der Schutzmaßnahmen gegen biologische und chemische Waffen, den Aufbau des ACCS und die Verbesserung der großflächigen Verteidi-

lage entscheidet wiederum der Haushaltsausschuss des Bundestages über die Bewilligung oder Entsperrung der erforderlichen Finanzmittel. Dazu prüft der Haushaltsausschuss, ob der Haushaltsplan (in diesem Fall: Einzelplan 14) mit dem Gesamthaushalt vereinbar ist, und stellt beim Parlament einen Antrag auf Genehmigung. Vgl. Kollmer, Rüstungsinterventionismus, S. 137 f.

91 Parlamentsarchiv, Deutscher Bundestag, Bestand 3119, Ausschuss für Verteidigung, 13. WP, Zwischenbericht Berichterstattergruppe Zukünftige Luftverteidigung im VA, Anl. 1 zum Protokoll Nr. 17 vom 21.9.1995, S. 44.

92 Vgl. Parlamentsarchiv, Deutscher Bundestag, Bestand 3119, Ausschuss für Verteidigung, 13. WP, Zwischenbericht Nr. 2 des Vorsitzenden der BEGrpZLV im VA, Anl. 3 zum Protokoll Nr. 31 vom 13.3.1996, S. 70 f., 77 f.

93 Der Bericht selbst konnte nicht ermittelt werden.

gungsmöglichkeiten gegen weitreichende Raketen. Die nationale Analyse entspreche den Forderungen des Bündnisses. Um allen Risiken angemessen begegnen zu können, sei sowohl eine moderne, bewaffnete, fliegende Luftverteidigung als auch eine bodengebundene Luftverteidigung notwendig. Für letztere seien Maßnahmen zur Erhöhung der Effektivität erforderlich wie die Entwicklung von TLVS/MEADS und die stufenweise Kampfwertsteigerung des Patriot-Systems. Die Realisierung des ACCS habe nicht nur national, sondern auch im NATO-Rahmen eine hohe Priorität.[94]

Manfred Opel (SPD) stellte die Bedrohungsanalyse der Bundesregierung infrage und zweifelte daran, dass eines der genannten Länder tatsächlich eine Bedrohung für die NATO darstellen würde: »Sollte eines dieser Länder auch nur eine Rakete gegen irgendein NATO-Land abschießen, bedeute dies, dass sich dieses Land mit der gesamten NATO im Krieg befinde.«[95] Ein solches Verhalten sei fernab jeglichen rationalen Denkens jeder Militärstrategie. Druck auf die NATO in dieser Form hielt er für unmöglich. Opel betonte jedoch auch, dass das Abschreckungsprinzip der NATO nur gegen rational geleitetes Handeln wirke. Aus seiner Sicht habe die Aussage, die Bedrohung aus der Luft habe zugenommen, keine Bedeutung. Die Luftstreitkräfte seien zwar Kräfte der ersten Stunde, jedoch könne mit ihnen kein Krieg gewonnen werden. Sie müssten stets in die gesamte operative Lage eingebunden werden. Viel wichtiger sei das Thema Aufklärung. Die USA hätten mehr als die Hälfte ihrer Verluste in Einsätzen durch eigene Streitkräfte erlitten, da man kein funktionierendes System zur Identifizierung von Freund und Feind habe. Ein solches System sei essenziell, um die eigenen Verluste zu minimieren. Letztendlich bestehe der Hauptzweck der Bedrohungsanalyse darin, die Beschaffung eines Waffensystems zur Abwehr von Flugkörpern oder auch Flugzeugen zu begründen. Dahinter würden bei den USA die Programme SDI und MEADS stehen. Die Franzosen würden ihre Hawk-Systeme modernisieren. Opel hinterfragte, ob es nicht sinnvoller sei, das Angriffspotenzial des Gegners auf dessen Territorium zu zerstören, anstatt über dem NATO-Bündnisgebiet einen »Flugkörperschirm« aufzubauen, der ohnehin keinen hundertprozentigen Schutz biete.[96]

Winfried Nachtwei (Bündnis 90/Die Grünen) kritisierte, dass in der Risikoanalyse der Bundesregierung lediglich Potenziale dargestellt würden, die möglicherweise irgendwann zu einem Risiko werden könnten. Anhand dieser Potenziale werde nun der Versuch unternommen, einen militärischen Bedarf insbesondere für die Luftverteidigung zu begründen. Ähnlich betonte Dieter Heistermann (SPD), dass die Bundeswehr aufgrund dieser Bedrohungsanalyse nicht umstrukturiert werden könne. Eine entscheidende Folgerung des Papiers sei, dass es keine elementare Bedrohung mehr gebe, jedoch durchaus Randbedrohungen entstehen könnten. Man müsse von dem »Bild des großen Krieges weg«.[97]

---

94 Vgl. Parlamentsarchiv, Deutscher Bundestag, Bestand 3119, Ausschuss für Verteidigung, 13. WP, Protokoll Nr. 36 vom 12.6.1996, S. 27–29.
95 Ebd., S. 30.
96 Vgl. ebd., S. 30–32.
97 Vgl. ebd., S. 32, 34.

Zur Sitzung des Verteidigungsausschusses am 23. Juni 1998 legte die Berichterstattergruppe »Zukünftige Luftverteidigung« nach 25 ordentlichen und zwei Sondersitzungen ihren Abschlussbericht vor. Als Grundlage für die Arbeit der Berichterstattergruppe hatte die Gesamtkonzeption Luftverteidigung vom 23. Februar 1996 gedient – ein Dokument der Luftwaffe, in dem die wesentlichen Grundzüge der Luftverteidigung einschließlich der zukünftigen erweiterten Luftverteidigung der NATO zusammengefasst waren. Deutschland könne auf nationaler Ebene durch die Umsetzung zweier großer Maßnahmen künftig die Fähigkeit zur Raketenabwehr zumindest in Teilbereichen sicherstellen: zum einen mit der stufenweise Kampfwertsteigerung des Waffensystems Patriot bis hin zur Stufe PAC-3 (gemeinsam mit den USA), zum anderen durch das trilaterale Rüstungsprojekt MEADS als Nachfolgesystem für Hawk. Beide Maßnahmen seien große Vorhaben mit erheblichem Finanzmittelbedarf. Die Realisierung beider Maßnahmen werde jedoch sowohl von der Luftwaffe als auch der Berichterstattergruppe »Zukünftige Luftverteidigung« als notwendig angesehen, »um die volle Wirkung der bodengebundenen Luftverteidigung in der Zukunft sicherzustellen«.[98]

f) Erweiterte Luftverteidigung

Angesichts des erweiterten Aufgabenspektrums der Bundeswehr und des veränderten Risikobildes war die Raketenabwehr stärker in die konzeptionellen Überlegungen einzubeziehen. Die Konzeption der Bundeswehr vom 15. Januar 1996 trug diesem Ziel Rechnung und definierte die Flugkörperabwehr als streitkräftegemeinsame Aufgabe, um zumindest einen begrenzten Schutz von Territorium, Einrichtungen und Truppen – auch für Krisenreaktionseinsätze – zu gewährleisten. Mit dem Bericht des Führungsstabes der Luftwaffe zur Gesamtkonzeption der Luftverteidigung vom 23. Februar 1996 sowie der durch den Generalinspekteur der Bundeswehr gebilligten Nationalen Position zur Abwehr taktischer Flugkörper vom 13. Mai 1996 wurden die konzeptionellen Grundlagen für die künftige Luftverteidigung erstellt und parlamentarisch befürwortet.[99] Die in diesen Dokumenten enthaltenen Risikoeinschätzungen, Grundsätze und Positionen entsprachen den im Bündnis abgestimmten Grundlagendokumenten wie der »Policy on Extended Air Defense« (1999) oder dem »NATINADS Policy Paper« (1998).

Das Strategische Konzept der NATO vom 24. April 1999 sowie die daraus abgeleitete Defense Capabilities Initiative (DCI) hoben die Flugkörperabwehr als künftige Vorrangaufgabe hervor. Demnach sollte die Erweiterte Integrierte Luftverteidigung geeignete Einsatzmittel der Streitkräfte zur Bekämpfung des gesamten aerodynamischen und ballistischen Spektrums der Luftbedrohung am Boden und in der Luft in einem integrierten Aufklärungs- und Wirkungsverbund zusammenfassen. Die

98 Vgl. Parlamentsarchiv, Deutscher Bundestag, Bestand 3119, Ausschuss für Verteidigung, 13. WP, A-Drs. 13/796, Bericht über die Arbeit der Berichterstattergruppe Zukünftige Luftverteidigung in der 13. Legislaturperiode, Anl. 2 zum Protokoll Nr. 102 vom 23.6.1998, S. 63 f., Zitat S. 63.

99 Vgl. BArch, BW 1/32987, BMVg, FüL III 1 an FüS VI 5, Kommission »Gemeinsame Sicherheit und Zukunft der Bundeswehr«, hier: Beantwortung des Prüfauftrages von Sekr Kommission GSZBw vom 26.11.1999, S. 1.

Erweiterte Integrierte Luftverteidigung war Aufgabe aller Streitkräfte, wurde jedoch durch die Luftwaffe mandatorisch für die gesamte Bundeswehr wahrgenommen. Grundsätzlich waren also immer boden-, luft- und seegestützte Optionen in Betracht zu ziehen. Die Konzeption der Erweiterten Integrierten Luftverteidigung der NATO stützte sich im Wesentlichen auf vier komplementäre Funktionsbereiche: BMC^{3}I (Battle Management, Command, Control, Communication and Intelligence), Active Defense, Conventional Counter Force (CCF) und Passive Defense.[100]

Nach nationaler Auffassung, die mit den Bewertungen im Bündnis übereinstimmte, entsprachen die in der NATO vorhandenen Fähigkeiten der Luftverteidigung nicht oder nur eingeschränkt den quantitativen und qualitativen Anforderungen der Zukunft. Dem Bündnis fehle es an glaubwürdiger Abwehrfähigkeit gegen das erweiterte Risikospektrum, dabei war eine Gefährdung des NATO-Territoriums an der Peripherie bereits gegeben. Die bestehenden Ausrüstungsdefizite sollten umgehend behoben werden. Insbesondere die Fähigkeit zur Abwehr taktisch ballistischer Flugkörper erforderte dringend Kampfwertanpassungen der im Bündnis verfügbaren Waffensysteme. Stufenweise sollte nun die Integrierte Luftverteidigung an das erweiterte Aufgabenspektrum herangeführt werden. Dabei hatte zunächst die Verbesserung der Fähigkeiten verfügbarer bodengebundener Flugabwehrraketensysteme zum Einsatz gegen klassische Bedrohungen in der unteren Abfangschicht (*lower layer*) und die Herstellung bzw. Anpassung der Fähigkeit zur Abwehr taktisch ballistischer Flugkörper mit einer Reichweite bis zu 1000 Kilometern und aerodynamischer Flugkörper Priorität. Mittel- bis langfristig sollten bodengebundene Luftverteidigungssysteme mit erhöhter Mobilität, verbesserter Eignung auch zum autonomen Einsatz im Rahmen der Krisenreaktion sowie optimierter Befähigung zur Bekämpfung von taktisch ballistischen und hoch entwickelten aerodynamischen Flugkörpern eingeführt werden. Abhängig von der Entwicklung potenzieller Bedrohungen, sollte die Entscheidung für eine deutsche Beteiligung an einem NATO-Programm zur Ausweitung der Verteidigung in der oberen Abfangschicht (*upper layer*) langfristig offengehalten werden. Eine Grundvoraussetzung für alle Maßnahmen im Bereich der Erweiterten Luftverteidigung war die Realisierung

100 Als BMC^{3}I wird der übergeordnete Aufklärungs- und Führungsverbund bezeichnet, der eine bedarfs- und zeitgerechte Verwendung führungsrelevanter Informationen für die Aufgabenerfüllung der Erweiterten Luftverteidigung sicherstellt. Die Active Defense umfasst alle direkt wirkenden Verteidigungsmaßnahmen zur Abwehr oder Abschwächung gegnerischer Luftangriffe. Komplementär dazu können Bedrohungen, die sich durch taktisch ballistische Flugkörper oder moderne weitreichende aerodynamische Flugkörper ergeben, mit konventionellen offensiven Eingreifkräften (Conventional Counter Force) bereits vorbeugend ausgeschaltet werden. Das Ziel hierbei ist es, gegnerische Einrichtungen und Einsatzmittel bereits auf dem Territorium des Angreifers zu zerstören. Diese Notwendigkeit wird insbesondere angesichts des Risikos offenkundig, dass gegnerische Trägersysteme auch mit Massenvernichtungswaffen ausgerüstet sein können. Hierbei handelt es sich allerdings um den offensiven Einsatz militärischer Gewalt, der entsprechend politisch gewollt bzw. geboten sein muss. Maßnahmen der Passive Defense haben einen ergänzenden Charakter. Sie sollen die Wirkung gegnerischer Luftangriffsmittel beispielsweise durch Tarnung, Täuschung, Härtung oder Auflockerung neutralisieren bzw. abschwächen. Vgl. ebd., S. 2 f.; Parlamentsarchiv, Deutscher Bundestag, Bestand 3119, Ausschuss für Verteidigung, A15/11 – Prot. 2 BE, Überarbeitete Tonbandabschrift der 2. Sitzung der Berichterstattergruppe »Bodengebundene Luftverteidigung« des Verteidigungsausschusses vom 14.1.2004, S. 33.

des geplanten Luftkriegführungssystems (Air Command and Control System, ACCS). Die darauf aufbauende BMC³I-Architektur sollte die Zielerfassung und Zielidentifizierung gewährleisten sowie die Entscheidungen zum Waffeneinsatz und zur Bekämpfung möglichst ohne Zeitverzug an alle beteiligten Führungsgefechtsstände und Waffensysteme weiterleiten.[101]

Die nationalen Planungen zur Modernisierung der Luftverteidigung zu Beginn des neuen Jahrtausends entsprachen der NATO-Forderung, bestehende Ausrüstungsdefizite mit Priorität zu beheben. Neben der Beschaffung des modernen Jagdflugzeugs Eurofighter waren Radargeräte mit der Fähigkeit zur Erweiterten Luftverteidigung als Beitrag zum ACCS vorgesehen. Für den Bereich der bodengebundenen Luftverteidigung war geplant, den Gefechtsstand FlaRak (SAMOC) zu beschaffen und das Waffensystem Patriot einer Kampfwertanpassung zu unterziehen. Mit der Realisierung der zweiten Teilanpassung (KWA 2) und der Einführung des PAC-3-Lenkflugkörpers würde Patriot bemannte Luftfahrzeuge und unbemannte Trägersysteme mit kleinen Radarrückstrahlflächen bzw. radarstrahlabsorbierenden Oberflächen (stealth), taktisch aerodynamische Flugkörper und taktisch ballistische Flugkörper der Reichweitenklasse bis 1000 Kilometer bekämpfen können. Neben grundlegenden Verbesserungen bei der Erfassung und Bekämpfung im gesamten erweiterten Bedrohungsspektrum sollte mit dem PAC-3-Flugkörper erstmals auch die Grundbefähigung geschaffen werden, mit Massenvernichtungsmitteln bestückte Gefechtsköpfe zu zerstören.[102]

Die Kampfwertanpassung der deutschen Systeme zu PAC-3 stellte für die Bundeswehr ein unentbehrliches Vorhaben für die Modernisierung der Streitkräfteausrüstung und einen gewichtigen Beitrag zur Steigerung der Verteidigungsfähigkeit des Bündnisses dar. Eine bedrohungsgerechte bodengebundene Luftverteidigung war nur im Bündnis realisierbar. Deren Kräfte und Mittel gehörten zu den *critical ressources* der NATO. Für den Eventualfall im Rahmen des erweiterten Aufgabenspektrums setzten die Bündnispartner in hohem Maße auf die Verfügbarkeit deutscher Luftverteidigungskontingente. Das Waffensystem Patriot bildete das Rückgrat der bodengebundenen Luftverteidigung in Mitteleuropa.[103]

Das reduzierte Mengengerüst von zwölf kampfwertangepassten deutschen Patriot-Einsatzsystemen war aus Sicht der Bundeswehr »trotz der Einbußen an Flexibilität bei Einsatzplanung und -durchführung operationell noch vertretbar, weil

101 Vgl. BArch, BW 1/32987, BMVg, FüL III 1 an FüS VI 5, Kommission »Gemeinsame Sicherheit und Zukunft der Bundeswehr«, hier: Beantwortung des Prüfauftrages von Sekr Kommission GSZBw vom 26.11.1999, S. 10; Luft-Verteidigung. In: Griephan Briefe, 35 (1999), 48, S. 2 f.; Ebersbach/Naskrent, Schutz vor den Risiken von morgen, S. 163 f.

102 Vgl. BArch, BW 1/32987, BMVg, FüL III 1 an FüS VI 5, Kommission »Gemeinsame Sicherheit und Zukunft der Bundeswehr«, hier: Beantwortung des Prüfauftrages von Sekr Kommission GSZBw vom 26.11.1999, S. 9.

103 Vgl. BArch, BL 1/62721,BMVg, FüL II 6, Az 09-50-00, an StS Stützle zur Kostensteigerung KWA-2 Patriot, hier: Gesamtbeurteilung der Vorhaben der bodengebundenen Luftverteidigung (LV) vom 21.4.1999, S. 1 f.; BArch, BL 1/62721, BMVg, Rü VI 5, Az 90-14-25-32/5, Hintergrundinformation zur Kampfwertanpassung Patriot, Entwicklung und Beschaffung der 1. und der 2. Teilanpassung und Beschaffung PAC-3 Flugkörper vom 6.9.2000; BArch, BW 1/32987, BMVg, FüL III 1 an FüS VI 5, Kommission »Gemeinsame Sicherheit und Zukunft der Bundeswehr«, hier: Beantwortung des Prüfauftrages von Sekr Kommission GSZBw vom 26.11.1999, S. 11.

konzeptionell sinnvolle Einsatzoptionen verbleiben.«[104] Es deckte den operationellen Mindestbedarf für den Einsatz von zwei NATO-assignierten Krisenreaktionsclustern ab. Bei einer verschobenen Einführung TLVS/MEADS würde diese begrenzte Flugkörperabwehrfähigkeit jedoch einen besonderen Stellenwert gewinnen. Nur mit dem kampfwertangepassten Patriot-System konnte die Abwehrfähigkeit – wenn auch nur begrenzt – gegen das erweiterte Bedrohungsspektrum und damit der Schutz eigener Truppenteile oder Objekte sichergestellt werden. Schwächen in der Systemarchitektur, die Begrenzung des Wirkungsbereichs auf einen 90°-Sektor[105] und die fehlende Luftverlegbarkeit mit nationalen Mitteln schränkten die Einsatzflexibilität und Schutzwirkung des Waffensystems Patriot jedoch grundsätzlich ein. Diese Defizite konnten in Teilen bislang durch die Systeme Hawk und Roland kompensiert werden. Hawk würde Anfang der 2000er Jahre das Ende seiner wirtschaftlich vertretbaren Nutzungsdauer erreichen. Die operative Lücke, die sich mit der Außerdienststellung von Hawk weiter vergrößern würde, konnte letztendlich nur mit dem trilateral geplanten Flugabwehrraketensystem TLVS/MEADS geschlossen werden. Bis zu seiner Ablösung blieb Hawk als Ergänzung zu Patriot im Einsatz gegen die klassische Luftbedrohung allerdings unverzichtbar. Das künftige Aufgabenspektrum der Luftverteidigung erforderte präsente und mobile Kräfte, die einen flexiblen und wirksamen Beitrag zur Frühwarnung, Luftraumüberwachung und zum Schutz eigener Kräfte im Einsatzgebiet leisten konnten. Sie mussten in der Lage sein, gemeinsam mit Verbündeten gegen das gesamte Risikospektrum zu wirken. Folglich wuchsen die Anforderungen in den Bereichen Mobilität, Flexibilität, Interoperabilität, Wirksamkeit im Einsatz, Reaktions-, Überlebens- und Durchhaltefähigkeit.[106] Erst mit TLVS/MEADS würde die Luftwaffe diesen Anforderungen im Bereich der bodengebundenen Luftverteidigung vollumfänglich entsprechen.[107]

In der Konzeption der Bundeswehr vom 9. August 2004 ist der Auftrag der Luftverteidigung unmissverständlich formuliert. Im Rahmen der Erweiterten Luftverteidigung mussten »die Streitkräfte in der Lage sein, in einem streitkräftegemeinsamen Ansatz das eigene Territorium, die Bevölkerung sowie eigene und verbündete Kräfte im Einsatz gegen Bedrohungen aus der Luft zu schützen«.[108] Die Luftverteidigung hatte dabei in einem Verbund aus luft- und seegestützten sowie bodengebundenen Luftverteidigungs- und Führungssystemen aller Teilstreitkräfte zu erfolgen, die sich in ihren Fähigkeiten gegenseitig ergänzten. Luftwaffe, Heer und Marine erfüllten Teilaufgaben mit unterschiedlichen Schwerpunkten. Der Luftraum über dem deutschen Hoheitsgebiet sei unverändert als Dauereinsatzaufgabe mit

104 BArch, BL 1/62721,BMVg, Rü VI 5 an StS Stützle zum Vorhaben Kampfwertanpassung Patriot vom 16.12.1998, S. 3.

105 Mit der Umrüstung des Radars auf Config. 3 wurde der Wirkbereich auf 120° erhöht.

106 Vgl. Parlamentsarchiv, Deutscher Bundestag, Bestand 3119, Ausschuss für Verteidigung, 14. WP, Protokoll Nr. 38 vom 15.12.1999, S. 31–33; Luftverteidigung, Teil II. In: Griephan Briefe, 35 (1999), 50, S. 3; BArch, BW 1/32987, BMVg, FüL III 1 an FüS VI 5, Kommission »Gemeinsame Sicherheit und Zukunft der Bundeswehr«, hier: Beantwortung des Prüfauftrages von Sekr Kommission GSZBw vom 26.11.1999, S. 11.

107 Vgl. BArch, BL 1/62721, BMVg, Rü VI 5 an StS Stützle zum Vorhaben Kampfwertanpassung Patriot vom 16.12.1998, S. 1–4.

108 Konzeption der Bundeswehr (2004), S. 42.

präsenten und einsatzbereiten Kräften zu überwachen und die Sicherheit im Luftraum zu gewährleisten. Diese Aufgabe werde von Gefechtsständen des Einsatzführungsdienstes und durch Jagdflugzeuge wahrgenommen. Daneben stellten Einsätze zur Konfliktverhütung und Krisenbewältigung – einschließlich des Kampfes gegen den internationalen Terrorismus – die wahrscheinlicheren Aufgaben der Bundeswehr dar.[109] In allen künftigen Einsatzgebieten sei auch der Schutz vor dem gesamten Luftbedrohungsspektrum sicherzustellen. Allein die Kräfte der bodengebundenen Luftverteidigung könnten dabei die in der Konzeption der Bundeswehr geforderte Fähigkeit zur Abwehr ballistischer Flugkörper abbilden.[110]

Die Konzeption der Bundeswehr spezifizierte die bereits in den Verteidigungspolitischen Richtlinien vom 21. Mai 2003 enthaltene Forderung, die Grundfähigkeit zur Flugkörperabwehr, vor allem zum Schutz der Truppen im Einsatz gegen das gesamte Luftbedrohungsspektrum, weiter auszubauen. Die zwischen den Teilstreitkräften abgestimmte Teilkonzeption Wirkung gegen Ziele in der Luft vom 8. Januar 2007 trug dieser Aufgabe Rechnung. Sie bestätigte noch einmal die Kernpunkte des Luftverteidigungskonzepts von April 2001 und fokussierte noch stärker den Schutz von Kräften im Einsatz insbesondere durch Flugkörperabwehr und Nah- und Nächstbereichsschutz. Im Weißbuch von 2006 wird die Proliferation von Massenvernichtungswaffen und ihrer Trägersysteme als die potenziell größte Bedrohung der globalen Sicherheit dargestellt, die sich zunehmend auch zu einem Risiko für Deutschland entwickeln würde.[111] Mit dem Waffensystem TLVS/MEADS sollte insbesondere die Fähigkeit zur Abwehr ballistischer Flugkörper ausgebaut werden. Zusammen mit dem kampfwertangepassten Patriot-System könne so ein elementarer Beitrag zur nationalen Risikovorsorge geleistet werden.[112]

Das Waffensystem Patriot bildete jedoch zunächst weiter den Kern der nationalen bodengebundenen Fähigkeiten im Rahmen der Erweiterten Luftverteidigung. Die mit dem Waffensystem ausgerüsteten Flugabwehrraketenverbände der Luftwaffe leisteten einen wesentlichen Beitrag zum Schutz von Räumen, Objektgruppen und Einzelobjekten. Angesichts der Differenzierung der Streitkräfte in Eingreif-, Stabilisierungs- und Unterstützungskräfte stellten die Flugabwehrraketenverbände Kräfte für die ersten beiden Kategorien zur Verfügung. Dabei wurde von den Eingreifkräften der bodengebundenen Luftverteidigung gefordert, hoch reaktionsfähig und schnell verlegbar zu sein sowie »unter allen Wetterbedingungen und unabhängig von Tages- oder Nachtzeit präzise und abstandsfähig das gesamte Zielspektrum in der Luft zu identifizieren und zu bekämpfen«.[113] Dies schloss die Befähigung zur Flugkörperabwehr ein. Die Kräfte mussten darüber hinaus über die notwendige Mobilität verfügen, um beweglich und weiträumig geführte Operationen der eigenen Kräfte schützen zu können. Das Erringen und Erhalten der Kontrolle über den Luftraum sowie die damit verbundene Abwehr von Bedrohungen aus der Luft waren wesentliche Voraussetzungen für den Schutz der eingesetzten Kräfte und gleich-

109 Vgl. ebd., Ziff. 1, S. 5.
110 Vgl. ebd., S. 40, 42 f., 65 f., 107 (Anl. 7); Gosch, Luftverteidigung, S. 44.
111 Weißbuch 2006, Ziff. 1.1, S. 20, 25.
112 Vgl. ebd., Ziff. 6.4, S. 128.
113 Konzeption der Bundeswehr (2004), S. 40.

zeitig Garant für deren Operationsfreiheit im Einsatzgebiet.[114] Die Sicherstellung dieses Schutzes gehörte zum Aufgabenspektrum der Stabilisierungskräfte. Gemäß den operativen Vorgaben der Konzeption der Bundeswehr stellte die Luftwaffe neben drei Kräftemodulen Flugabwehrraketendienst für die Eingreifkräfte fünf für die Stabilisierungskräfte bereit. Ein Kräftemodul bestand grundsätzlich aus drei Feuereinheiten sowie den dazugehörigen Führungs- und Versorgungselementen. Sie dienten jedoch vorrangig als Basis, um Einsatzkontingente je nach Lage, Auftrag und Bedrohung zusammenzustellen (*tailored to the mission*). Mit einem solchen Einsatzkontingent beteiligten sich die Flugabwehrraketenverbände der Luftwaffe ab 2005 auch regelmäßig an den NATO Response Forces.[115]

Im Zuge der Verteidigungspolitischen Richtlinien vom 18. Mai 2011 und der erneuten Reduzierung des Personalumfangs der Luftwaffe im Rahmen der Neuausrichtung der Bundeswehr musste sich die Luftwaffe fortan auf sechs operationelle Kernfähigkeiten fokussieren. Eine davon war die Luftverteidigung einschließlich der Flugkörperabwehr. Dies spiegelte die Beschlüsse der NATO wider. Demnach stellte die Flugkörperabwehr als integraler Bestandteil der Luftverteidigung ein neues Kernelement der kollektiven Verteidigung des Bündnisses dar.[116] Im Rahmen einer Analyse künftiger Anforderungen sah die Luftwaffe in der Flugkörperabwehr zudem eine der bedeutendsten Entwicklungslinien für ihre Zukunftsfähigkeit, weswegen sie einen Schwerpunkt bei dessen Weiterentwicklung setzte.[117] Eine wesentliche Rolle spielte dabei das transatlantische Rüstungsprojekt TLVS/MEADS, dessen wechselvolle Geschichte im Folgenden beleuchtet wird.

3. TLVS/MEADS – Vom Demandeur zum Zweifler

Die Geschichte von TLVS/MEADS führt zurück zu den Anfängen der Erweiterten Luftverteidigung in den 1980er Jahren.[118] Über das traditionelle Ziel der Bekämpfung von feindlichen Flugzeugen hinaus sollten auch andere Objekte erfasst und bekämpft werden, darunter ballistische Raketen und aerodynamische Flugkörper wie Marschflugkörper (Cruise Missiles), unbemannte Flugkörper (Drohnen, UAV), Luft-Boden-Raketen oder Hubschrauber. Ein neues Taktisches Luftverteidigungssystem (TLVS) mittlerer Reichweite sollte die veralteten, 1963 in die Luftwaffe eingeführten Hawk-Waffensysteme ab dem Jahr 2003 ersetzen. Systembedingte Schwächen, der hohe Personalaufwand für den Betrieb des Systems, eine verhältnismäßig geringe Feuerkraft sowie die jahrzehntelange Einsatzzeit in überwiegend hohen Bereitschaftsstufen machten die Ablösung durch ein moderneres System erforderlich. Bei Entwicklungsvorhaben dieser Größe ging man von 15 bis 20 Jahren vom Beginn der Planung bis zur Realisierung aus. Das Verteidigungsministerium finanzierte bereits seit

114 Vgl. ebd., S. 43.
115 Vgl. Gosch, Luftverteidigung, S. 45 f.; Noeske, Wirkung gegen Ziele in der Luft, S. 28.
116 Vgl. hierzu Kap. II.3.e.
117 Vgl. Kreuzinger-Janik, Neuausrichtung der deutschen Luftwaffe, S. 72, 74; Krüger, Die Luftwaffe in der neuen Struktur, S. 5.
118 Vgl. hierzu Kap. II.3.a.

1967 nationale Untersuchungen für ein leistungsfähigeres Luftverteidigungssystem unter dem Arbeitstitel Mittleres FlaFK-Waffensystem (MIFLA).[119]

Nach mehrfacher Unterbrechung der Untersuchungen begannen die Verteidigungsministerien der Bundesrepublik Deutschland, Frankreichs und Großbritanniens 1978 mit Vorphasenstudien für ein Future Medium SAM (Surface-to-Air Missile System). Nach Abschluss der Studien 1981 verschob das BMVg die Entscheidung über ein Nachfolgesystem für Hawk, da die Entwicklung des Kampfflugzeugs Eurofighter vorerst Priorität hatte. Frankreich verfolgte die Realisierung des Konzepts zunächst allein, bevor es Mitte der 1980er Jahre gemeinsam mit Italien ein Programm zur Entwicklung einer Familie von Boden-Luft- bzw. Schiff-Luft-Flugkörpersystemen (Famille de Systèmes Sol-Air Futures, FSAF) initiierte. Dazu zählte auch das mobile Luftverteidigungssystem mittlerer Reichweite Surface/Sol Air Moyenne Portée Terrestre (SAMP-T).[120] Wie TLVS war auch SAMP-T als Nachfolger für Hawk gedacht. Doch das französisch-italienische System sollte vorrangig gegen Kampfflugzeuge, Hubschrauber, Marschflugkörper und Drohnen wirken und war nicht für die Bekämpfung von ballistischen Raketen ausgelegt.[121]

Nach Wiederaufnahme der Untersuchungen zu TLVS mündeten die Vorphasenstudien in der Bundesrepublik Deutschland schließlich am 10. Dezember 1986 in eine Taktische Forderung (TaF) für ein bodengestütztes taktisches Luftverteidigungssystem mit ATM/ATBM-Fähigkeit/TaF TLVS und im Juni 1986 in ein auf europäischer Verteidigungsebene erstelltes Forderungspapier, das European Staff Target (EST) for a Future Medium Range Surface to Air Missile System (MSAM). Diese Dokumente bildeten die Grundlage für die Durchführung einer Konzeptphase zwischen 1988 und 1991.[122]

Die Taktische Forderung beschrieb ein politisch-militärisches Umfeld, das nach wie vor durch den Ost-West-Konflikt geprägt war. Die zu erwartenden Bedrohungen waren noch einseitig auf die möglichen Absichten, Kräfte und Mittel der Luftstreitkräfte der WVO ausgerichtet. Geplant war ein allwetterkampffähiges Waffensystem mit hoher Resistenz gegen elektronische Störmaßnahmen, mit hoher Feuerkraft und Mobilität einschließlich Lufttransportfähigkeit. Gemeinsam mit Patriot, aber auch im autonomen Einsatz sollte TLVS gegen das gesamte zu erwartende Luftbedrohungsspektrum einschließlich der Abwehr konventioneller taktisch ballistischer Flugkörper einsetzbar sein. Der geplante Wirkungsbereich gegen Kampfflugzeuge lag zwischen 20 und 30 Kilometern, die Höhenabdeckung zwi-

119 Vgl. BArch, BW 1/568005, Bericht des Bundesrechnungshofs (BRH) an das Bundesministerium der Verteidigung nach § 88 Abs. 2 BHO über die Planungen für ein Taktisches Luftverteidigungssystem (TLVS/MEADS) vom 14.1.2004, S. 16; Weber, Das Taktische Luftverteidigungssystem, S. 49–52; Petereit, Das Taktische Luftverteidigungs-System, S. 54, 56.

120 Vgl. BArch, BW 1/568005, Bericht des Bundesrechnungshofs (BRH) an das Bundesministerium der Verteidigung nach § 88 Abs. 2 BHO über die Planungen für ein Taktisches Luftverteidigungssystem (TLVS/MEADS) vom 14.1.2004, S. 16–19.

121 Vgl. Grams, Das Mittlere Erweiterte Luftverteidigungssystem, S. 51 f.; Krause, MEADS in der Kritik, S. 11.

122 Vgl. BArch, BW 1/568005, Bericht des Bundesrechnungshofs (BRH) an das Bundesministerium der Verteidigung nach § 88 Abs. 2 BHO über die Planungen für ein Taktisches Luftverteidigungssystem (TLVS/MEADS) vom 14.1.2004, S. 17.

schen 30 und 10 000 Metern. Das System sollte innerhalb von zehn Minuten nach Erreichen des Einsatzraumes feuerbereit sein. Neben einer hohen Überlebensfähigkeit sollte für den Betrieb von TLVS nur ein geringer Personalbedarf erforderlich sein.[123]

In der Konzeptphase galt es, auf der Basis der Taktischen Forderung ein Konzept zu erarbeiten, das auch die neuen sicherheitspolitischen Rahmenbedingungen und neuen konzeptionellen Grundlagen für die Luftverteidigung nach dem Ende des Ost-West-Konflikts berücksichtigte. Die sich daraus ergebenden Forderungen an TLVS präzisierte das BMVg in einem weiteren Phasendokument, der Militärisch-Technischen Zielsetzung (MTZ) für das TLVS vom 9. Juni 1992.[124] Die Eignung des Systemkonzepts zur Abwehr konventioneller TBM wurde besonders eingehend geprüft. Die Taktische Forderung hatte zunächst lediglich auf einen Selbstschutz abgehoben. Nach neuen Bedrohungsanalysen war jedoch zu erwarten, dass taktisch aerodynamische Flugkörper oder taktisch ballistische Flugkörper auch mit nicht-konventioneller Bewaffnung (atomar, biologisch, chemisch) in künftigen Einsatzszenarien an den Flanken oder außerhalb des Bündnisgebietes vorrangig gegen stationäre Hochwertziele eingesetzt werden. Auch der Einsatz dieser Waffen bei Terrorangriffen gegen Bevölkerungszentren war nicht auszuschließen. TLVS musste im Verbund mit Patriot oder anderen Luftverteidigungssystemen in der Lage sein, den Schutz für solche Objekte oder Objektgruppen zu übernehmen. Eine Selbstschutzfähigkeit gegen TBM reichte nicht mehr aus. Besonderes Gewicht hatte zudem die Forderung nach einer hohen Mobilität und Transportfähigkeit mit Flugzeugen der Bundeswehr. Das System hatte die schnelle Herstellung der Feuerbereitschaft zu gewährleisten und sollte mit einem wirtschaftlichen, stark reduzierten Personalansatz betrieben werden. Der Eignung für internationale Einsätze im Rahmen von Krisenreaktionskräften kam zusammen mit der Fähigkeit zur Bekämpfung von Marschflugkörpern und taktisch ballistischen Raketen angesichts der Erfahrungen aus dem Zweiten Golfkrieg eine besondere Bedeutung zu. Der Grobentwurf für das neue Waffensystem nach dem Ende der Konzeptphase umfasste ein Multifunktionsradar, Flugkörper, Startgeräte, Gefechtsstände und Kommunikationseinrichtungen, alle Komponenten voll mobil auf Lastkraftwagen verbaut. Das Bodenradar sollte im X-Band[125] mit den Funktionen Luftraumüberwachung, Zielidentifikation, Zielverfolgung und Kommandoübertragung an den Abfangflugkörper arbeiten. Der hohe Innovationsgrad bei TLVS führte zu einem zukunftsweisenden Verhältnis zwischen Hardware und Software. Der ungewöhnlich hohe Softwareanteil sollte das Waffensystem

[123] Vgl. BArch, BW 1/240239, BMVg, FüL VII 4/SysB Taktisches LV-System, Az. 90-14-01-01/VS-NfD, Militärisch-Technische Zielsetzung (MTZ) für das Taktische LV-System (TLVS), 2. Entwurf vom 26.4.1991, S. 1, 8.

[124] Vgl. BArch, BW 1/568005, Bericht des Bundesrechnungshofs (BRH) an das Bundesministerium der Verteidigung nach § 88 Abs. 2 BHO über die Planungen für ein Taktisches Luftverteidigungssystem (TLVS/MEADS) vom 14.1.2004, S. 17. Der Bundesrechnungshof kritisierte 2004, dass die Taktische Forderung von 1986 und die MTZ von 1992 nach wie vor die maßgeblichen Grundlagen- und Begründungsunterlagen für die Durchführung der Definitionsphase sowie für die Veranschlagung der Mittel für TLVS/MEADS im Bundeshaushalt und in der mittelfristigen Finanzplanung des Bundes bildeten, obwohl sie nicht mehr dem aktuellen Stand der militärischen Forderungen entsprechen würden. Vgl. ebd., S. 17 f., 20.

[125] X-Band ist die offizielle Zuordnung des Radargeräts zu einem bestimmten Frequenzbereich.

wesentlich flexibler und intelligenter machen als bisherige Systeme dieser Größenordnung.[126]

Bereits während der Konzeptphase von TLVS zeichnete sich ab, dass sich ein solches Waffensystem in der geforderten Größenordnung und Komplexität sowie aufgrund des hohen Finanzbedarfs nur in Kooperation mit anderen Nationen verwirklichen ließ.[127] Deshalb untersuchte das BMVg, inwieweit das technische, operationelle und finanzielle Konzept von TLVS als Ganzes oder in Teilen mit den Programmen anderer Nationen gemeinsam zu realisieren war. Von den untersuchten Möglichkeiten blieben am Ende eine Kooperation mit Frankreich und Italien oder eine transatlantische Kooperation mit den USA. Anhand der deutschen Verhandlungen Ende der 1980er und Anfang der 1990er Jahre wurden bereits die komplexen Strukturen erkennbar, auf denen schließlich das MEADS-Programm Mitte der 1990er Jahre aufbauen sollte. Deutschland verfolgte zunächst das Ziel, dem französisch-italienischen Programm beizutreten und hier auf eine Verbesserung von Radar und Flugkörpern hinzuwirken, um eine Harmonisierung mit den deutschen TLVS-Forderungen zu erreichen. An den deutschen Beitritt zum französisch-italienischen Programm war allerdings die Bedingung geknüpft, dass die europäischen Partner es für eine potenzielle transatlantische Kooperation öffneten.[128] Denn auch die USA planten seit Mitte der 1980er Jahre neben der Verbesserung der Patriot-Systeme die Entwicklung eines hochmobilen, leicht verlegbaren Luftverteidigungssystems zum Schutz von Truppen auf dem Gefechtsfeld sowohl gegen klassische Luftbedrohungen als auch gegen ballistische Raketen kurzer und mittlerer Reichweite. Das US-Programm trug den Namen Corps Surface-to-Air Missile System (CorpsSAM). Die operativen und technischen Komponenten des Systems ähnelten der deutschen TLVS-Konzeption, doch freilich musste CorpsSAM im Falle einer transatlantischen Kooperation mit dem europäischen Programm vereinbar sein. Europa würde so gegenüber den USA als gleichwertiger und starker Partner auftreten und handeln können. Die zweite mögliche Vorgehensweise umfasste eine vorzeitige bilaterale Abstimmung mit den USA über ein gemeinsames Programm mit dem Ziel der Verschmelzung mit dem französisch-italienischen Programm. Diese Variante schien aus deutscher Perspektive angesichts des Konkurrenzkampfes zwischen Frankreich und den USA um den MSAM-Weltmarkt aussichtslos. Frankreich hatte zusammen mit Italien darüber hinaus einen zu deutlichen Vorsprung, um ihr abgesichertes Konzept mit zwei neuen starken Partnern auf eine neue Grundlage zu stellen. Das Gewicht des deutschen Bedarfs und die zunehmende Wahrscheinlichkeit einer rein deutsch-amerikanischen

---

126 Vgl. BArch, BW 1/240239, BMVg, FüL VII 4/SysB Taktisches LV-System, Az. 90-14-01-01/VS-NfD, Militärisch-Technische Zielsetzung (MTZ) für das Taktische LV-System (TLVS), 2. Entwurf vom 26.4.1991, S. 2, 9 f.; Weber, Das Taktische Luftverteidigungssystem; Petereit, Das Taktische Luftverteidigungs-System, S. 54, 56.

127 Vgl. BArch, BW 1/240239, BMVg, Rü P IV 1, Az. 90-14-10-42, Wirtschaftsblatt zum Projekt »TLVS« Taktisches Luftverteidigungs-System (Definitionsphase) vom 7.6.1991, S. 1.

128 Vgl. BArch, BW 1/240240, BMVg, Rü P IV 6, Hintergrundinformation für die Sitzung der deutsch-französischen Arbeitsgruppe »Rüstungszusammenarbeit« am 16.10.1991 in Paris, TOP Flugkörper – Taktisches Luftverteidigungssystem (FSAF/TLVS), vom 2.10.1991, S. 2.

Zusammenarbeit veranlassten Frankreich und Italien jedoch, die Möglichkeiten einer europäischen Kooperation zu untersuchen.[129]

Eine solche Kooperation erschien zunächst erfolgversprechend. Mithilfe einer Studie sollte die technische Vereinbarkeit des deutschen Anforderungsprofils mit dem französisch-italienischen Programm geprüft werden.[130] TLVS war allerdings »taktisch zu anspruchsvoll und technisch zu ehrgeizig«[131] für die potenziellen Kooperationspartner. Für die Luftwaffe war die Fähigkeit zur Abwehr taktisch ballistischer Flugkörper aufgrund der Erfahrungen mit dem Bedrohungspotenzial der WVO während des Ost-West-Konflikts sowie aufgrund der neuen Bedrohungsanalysen unverzichtbar. Diese Erfahrungen hatten das Konzept für TLVS schließlich entscheidend geprägt. Wegen der divergierenden militärischen Forderungen sowie der Unsicherheiten in Bezug auf die Finanzierung der Definitionsphase verzichtete die deutsche Seite letztlich auf eine Beteiligung am Programm SAMP-T.[132]

Die Verteidigungsministerien der USA und der Bundesrepublik Deutschland hatten bereits am 17. Mai 1989 eine Vereinbarung über ein gemeinsames Forschungsprogramm für Erweiterte Luftverteidigung unterzeichnet. In dessen Rahmen wurden auch Varianten von Boden-Luft-Flugkörpersystemen mittlerer Reichweite (MSAM) im Cluster mit Patriot untersucht. Im 1991 hinzugefügten Anhang stimmten die Teilnehmer überein, gemeinsam die Optionen für CorpsSAM und TLVS unter Berücksichtigung der Rollen- und Leistungsmerkmale von Patriot zu untersuchen, um die Forderungen beider Partner im Detail kennenzulernen und gegebenenfalls aufeinander abzustimmen. So sollte eine Basis für mögliche bilaterale Gemeinschaftsentwicklungen geschaffen werden.[133] Weiterführende Gespräche mit den USA über die Realisierung eines gemeinsamen Waffensystems ergaben jedoch, dass die USA ihre Forderungen an ein Nachfolgesystem für Hawk noch nicht hinreichend präzisiert hatten. Die nationalen Studien zu CorpsSAM sollten bis Ende 1993 beendet werden. Die USA würden demnach frühestens 1994 eine entsprechende operationelle Forderung erstellen. Darüber hinaus war die Finanzierung des

[129] Vgl. BArch, BW 1/240239, BMVg, Rü P IV 6, Sprechzettel für HAL Rü anläßlich des Besuches des DGA Sillard in der Bundesrepublik Deutschland vom 17.–29.9.1990, Taktisches Luftverteidigungssystem (TLVS), vom 11.9.1990, S. 2–4. Zur Bedeutung der französischen Rüstungsindustrie und der Rivalität mit den USA auf dem internationalen Rüstungsmarkt vgl. Seiller, Zwischen »Indépendance nationale« und »Europe de la défense«.

[130] Vgl. BArch, BW 1/240239, BMVg, Rü P IV 1, Az. 90-14-10-42, Wirtschaftsblatt zum Projekt »TLVS« Taktisches Luftverteidigungs-System (Definitionsphase) vom 7.6.1991, S. 2; BArch, BW 1/240240, BMVg, Rü P IV 6, Hintergrundinformation für die Sitzung der deutsch-französischen Arbeitsgruppe »Rüstungszusammenarbeit« am 16.10.1991 in Paris, TOP Flugkörper – Taktisches Luftverteidigungssystem (FSAF/TLVS), vom 2.10.1991.

[131] Grams, Das Mittlere Erweiterte Luftverteidigungssystem, S. 53.

[132] Vgl. BArch, BW 1/568005, Bericht des Bundesrechnungshofs (BRH) an das Bundesministerium der Verteidigung nach § 88 Abs. 2 BHO über die Planungen für ein Taktisches Luftverteidigungssystem (TLVS/MEADS) vom 14.1.2004, S. 18 f.; Grams, Das Mittlere Erweiterte Luftverteidigungssystem, S. 53.

[133] Vgl. BArch, BW 1/240239, BMVg, Anlage zu KuMi Rü P I 5 – 76-11-00, Arbeitsübersetzung: Annex B zur Vereinbarung zwischen dem Verteidigungsministerium der Vereinigten Staaten von Amerika und dem Bundesministerium der Verteidigung Bundesrepublik Deutschland betreffend eines gemeinsamen Programmes für erweiterte Luftverteidigung. Gemeinsame Untersuchungen über Bodengestützte Luftverteidigung, vom 7.2.1991, S. 1–3.

Programms nicht gesichert.[134] Eine Verzögerung war unausweichlich und eine neue Schwerpunktsetzung auf Kosten von CorpsSAM nicht auszuschließen. Aufgrund der unklaren Situation, insbesondere in Bezug auf die militärischen Forderungen, die Zeitplanung (Konzeptauswahl und Definitionsphase frühstens 1993 möglich) und die Kosten, »aber auch die in der Vergangenheit zahlreichen wirtschaftlich begründeten Behinderungen bei der Rüstungskooperation«[135] sprachen sich die Hauptabteilung Rüstung und der Führungsstab der Luftwaffe Anfang der 1990er Jahre gegen eine deutsch-amerikanische Kooperation zur Realisierung eines bodengebundenen Luftverteidigungssystems mittlerer Reichweite aus.[136]

a) MEADS als Modell transatlantischer Rüstungskooperation

Im Januar 1993 entschied Staatssekretär Jörg Schönbohm, erneut europäische und transatlantische Realisierungsmöglichkeiten für TLVS zu prüfen. Infolgedessen kam es zu zwei zunächst voneinander unabhängigen Verhandlungslinien. Frankreich schlug Deutschland auf der Basis einer neuen militärischen Forderung, die der deutschen ähnelte, und unter Einbeziehung möglichst vieler Systemkomponenten von SAMP-T vor, eine gemeinsame Neuentwicklung zu beginnen. Dazu erarbeiteten die beiden Nationen bereits Entwürfe für ein Memorandum of Understanding (MoU). Unter dem Druck sinkender Verteidigungshaushalte und mit Beendigung der nationalen Studien zu CorpsSAM begannen auch die USA, nach Partnern für die Realisierung eines neuen bodengebundenen Luftverteidigungssystems mittlerer Reichweite zu suchen.[137] Das deutsche TLVS entsprach in seiner technischen Konfiguration und den geplanten Fähigkeiten am ehesten den Planungen zu CorpsSAM. Das Programm war in den USA umstritten und die Befürworter hofften, durch eine Partnerschaft mit Deutschland die politische Unterstützung und Finanzierung für das Programm zu sichern. Die Clinton-Administration bot daraufhin der Bundesregierung eine Kooperation an. Politikwissenschaftler vermuteten hinter dem Verhalten der USA zwei Ziele: Zum einen sollte die Bereitschaft der Clinton-Regierung zur Erweiterung der transatlantischen Rüstungskooperation unter Beweis gestellt werden, und zum anderen wollten die USA eine exklusive deutsch-französische Kooperation auf die-

[134] Der Kongress hatte für CorpsSAM für das Haushaltsjahr 1991 keine Mittel bewilligt.

[135] BArch, BW 1/240239, BMVg, FüL VII 4/SysB Taktisches LV-System, Az. 90-14-01-01/VS-NfD, Militärisch-Technische Zielsetzung (MTZ) für das Taktische LV-System (TLVS), 2. Entwurf vom 26.4.1991, S. 29.

[136] Vgl. BArch, BW 1/240239, BMVg, Rü P IV 1, Az. 90-14-10-42, Wirtschaftsblatt zum Projekt »TLVS« Taktisches Luftverteidigungs-System (Definitionsphase) vom 7.6.1991, S. 2; BArch, BW 1/240239, BMVg, FüL VII 4/SysB Taktisches LV-System, Az. 90-14-01-01/VS-NfD, Militärisch-Technische Zielsetzung (MTZ) für das Taktische LV-System (TLVS), 2. Entwurf vom 26.4.1991, S. 28 f.; BArch, BW 1/240240, BMVg, Rü P IV 6, Hintergrundinformation für die Sitzung der deutsch-französischen Arbeitsgruppe »Rüstungszusammenarbeit« am 16.10.1991 in Paris, TOP Flugkörper – Taktisches Luftverteidigungssystem (FSAF/TLVS), vom 2.10.1991, S. 2; Grams, Das Mittlere Erweiterte Luftverteidigungssystem, S. 51, 53; Krause, MEADS in der Kritik, S. 13.

[137] Vgl. Hagena/Hagena/Witzendorff, Eine Raketenabwehr für Europa?, S. 22.

sem Gebiet verhindern. Das Department of Defense fürchtete eine Stärkung der europäischen Dimension der Verteidigungspolitik gegenüber der atlantischen.[138]

Die beiden Verhandlungslinien trafen sich 1994: Deutschland, Frankreich und die USA einigten sich auf den Entwurf einer trilateralen Absichtserklärung (Statement of Intent). Die beteiligten Regierungen legten die Prinzipien der transatlantischen Zusammenarbeit fest: Es sollten ausreichend gemeinsame operative Anforderungen an das Waffensystem vorhanden sein. Die Kooperation würde bereits mit der Definition des Systems beginnen und in einer gemeinsamen Beschaffung münden. Die Finanzierung sollte über viele Jahre hinweg gesichert sein. Die transatlantischen industriellen Strukturen sollten solide und konkurrenzfähig sein. Zwischen den Partnernationen musste es eine faire Arbeitsteilung geben und der Technologietransfer ungehindert in beide Richtungen erfolgen können. Das Programm sollte grundsätzlich für alle interessierten NATO-Partner für einen potenziellen späteren Einstieg offengehalten werden.[139]

Nachdem Anfang des Jahres 1995 Italien in die Verhandlungen mit eingetreten war und die bis dahin erreichten Verhandlungsergebnisse akzeptiert hatte, unterzeichneten Deutschland, Frankreich, Italien und die USA am 20. Februar 1995 die Absichtserklärung über eine gemeinsame Entwicklung und Beschaffung des Medium Extended Air Defense System.[140] MEADS sollte 2005 in Dienst gestellt werden, grundsätzlich komplementär zu den Flugabwehrraketensystemen Patriot und dem in der Entwicklung befindlichen THAAD zum Einsatz kommen und die veralteten Hawk-Systeme ablösen. MEADS war aus industrie- und bündnispolitischer Sicht von besonderer Bedeutung. Es war das erste Programm dieser Größe, das mit den USA von Beginn an in gleichberechtigter Partnerschaft realisiert werden sollte. Die Gleichberechtigung der Partner wurde dabei von europäischer Seite immer wieder deutlich hervorgehoben. Die vier Parteien legten die Kosten- und Arbeitsanteile auf 50:20:20:10 fest. Damit waren die USA ebenso wie die Europäer jeweils mit 50 Prozent (Frankreich 20, Deutschland 20, Italien 10) beteiligt. Die deutsche Industrie (Siemens, DASA) erhielt im Verbund mit der italienischen und französischen Industrie die Möglichkeit, als ebenbürtiger Geschäftspartner mit der amerikanischen Industrie zusammenzuarbeiten. Insofern hatte das Programm Modellcharakter.[141]

---

[138] Vgl. Krause, Ist transatlantische Rüstungskooperation noch machbar?, S. 14 f.; Grams, Das Mittlere Erweiterte Luftverteidigungssystem, S. 55; Krause, MEADS in der Kritik, S. 13; BMVg, FüL II 6, Zwischenentscheidung im Projekt Taktisches Luftverteidigungssystem/Medium Extended Air Defense System (TLVS/MEADS) vom 17.1.2005, S. 7.

[139] Vgl. Krause, Ist transatlantische Rüstungskooperation noch machbar?, S. 15; Grams, Das Mittlere Erweiterte Luftverteidigungssystem, S. 55; Krause, MEADS in der Kritik, S. 13 f.

[140] Die Beschreibungen in den Quellen und politikwissenschaftlichen Studien (bspw. Grams, Krause und Kubbig) zu den ersten europäischen und transatlantischen Annäherungsversuchen für eine Kooperation, dem Zustandekommen des ersten Entwurfs eines Statement of Intent und darüber, wann Italien in die Verhandlungen einstieg, variieren. Der hier gewählte Ansatz, der sich von den politikwissenschaftlichen Studien unterscheidet, stammt aus BMVg, FüL II 6, Zwischenentscheidung im Projekt Taktisches Luftverteidigungssystem/Medium Extended Air Defense System (TLVS/MEADS) vom 17.1.2005, S. 7.

[141] Vgl. Parlamentsarchiv, Deutscher Bundestag, Bestand 3119, Ausschuss für Verteidigung, 13. WP, Eingangsstatement durch Staatssekretär vor Verteidigungsausschuß am 28.2.1996 zu MEADS/

In den USA war das MEADS-Vorhaben jedoch bereits zum Zeitpunkt der Unterzeichnung der Absichtserklärung umstritten. Zwischen der Regierung und dem von Republikanern dominierten Kongress gab es erhebliche Meinungsverschiedenheiten in der Frage der Schwerpunktsetzung bei der Raketenabwehr.[142] Der Kongress forderte den zügigen Aufbau einer flächendeckenden Raketenabwehr (NMD), während die TMD-Komponente in der Priorität zurücktrat. Die Clinton-Administration lehnte die Realisierung einer nationalen Raketenabwehr mit Rücksicht auf internationale Verpflichtungen wie den ABM-Vertrag und angesichts mangelnder Bedrohung des US-Territoriums durch weitreichende Raketen ab. Sie sah vielmehr die Notwendigkeit in einer Verbesserung der Raketenabwehrfähigkeiten im taktischen Bereich (TMD). Dabei sollte MEADS eine wichtige Rolle spielen. Das Department of Defense musste sich letztendlich durchsetzen, um einen Ausstieg der USA aus dem Programm zu verhindern. »MEADS musste zum Exempel für die Zukunft transatlantischer Zusammenarbeit hochstilisiert werden, um die Finanzierung zu retten.«[143] Trotz des innenpolitischen Streits in den USA unterzeichneten Deutschland, Italien und die USA am 28. Mai 1996 das MEADS Memorandum of Understanding.[144] Die Unterstützung des MEADS-Programms durch die USA blieb allerdings weiterhin unsicher.

Vor der Unterzeichnung des Abkommens hatte der französische Staatspräsident Jacques Chirac den Ausstieg Frankreichs aus dem MEADS-Programm bekannt gegeben. Offiziell führte Frankreich finanzielle Gründe für den Ausstieg an, doch ist anzunehmen, dass die Franzosen, »nicht zuletzt aufgrund der Haltung des amerikanischen Kongresses gegenüber MEADS [bezweifelten,] dass eine echte transatlantische Zusammenarbeit mit dem dazugehörigen Technologietransfer überhaupt gewollt war«.[145] Darüber hinaus interpretierten die Franzosen die amerikanische Offerte zur Kooperation im MEADS-Programm als Versuch, das europäische Luftverteidigungsprojekt SAMP-T unter Federführung Frankreichs zu sabotieren. Die französische Regierung stand dem gesamten Konzept der Raketenabwehr kritisch gegenüber und sah nach wie vor weniger den Bedarf in der Fähigkeit zur Abwehr ballistischer Raketen, sondern vorrangig in der Verteidigung gegen klassische Luft-

TLVS, Anl. 1 zu Protokoll Nr. 29 vom 28.2.1996; DPA-Meldung, Bundeswehr/Rüstung: Vier Länder wollen gemeinsam neue Flugabwehrrakete entwickeln, bas533 4 pl 173 vvvvb dpa 4030, 20.2.1995; Europäer und Amerikaner planen Bau eines Raketensystems. Deutschland, Frankreich, Italien und die Vereinigten Staaten beteiligt/Volle Gleichberechtigung. In: FAZ, 22.2.1995; Schäfer, MEADS.

142 Vgl. hierzu Kap. II.1.d.

143 Schäfer, MEADS. Zur Symbolik des transatlantischen Projekts vgl. auch Mey, Strategisches Erfordernis, S. 40–42.

144 Vgl. Krause, Ist transatlantische Rüstungskooperation noch machbar?, S. 16 f.; Hagena/Hagena/Witzendorff, Eine Raketenabwehr für Europa?, S. 22 f.; Grams, Das Mittlere Erweiterte Luftverteidigungssystem, S. 58; BMVg, FüL II 6, Zwischenentscheidung im Projekt Taktisches Luftverteidigungssystem/Medium Extended Air Defense System (TLVS/MEADS) vom 17.1.2005, S. 7.

145 Hagena/Hagena/Witzendorff, Eine Raketenabwehr für Europa?, S. 23. Dieses Argument passt zur französischen Haltung gegenüber SDI in den 1980er Jahren. Vgl. dazu die Parallele zu SDI in Kap. II.4.a, Anm. 384.

bedrohungen wie Flugzeuge oder auch Marschflugkörper insbesondere auf See.[146] Der Ausstieg Frankreichs und die Unstimmigkeiten in den USA führten zu ersten Verzögerungen im Zeitplan.

Die Arbeitsgruppe »Zukünftige Luftverteidigung« des Verteidigungsausschusses des Deutschen Bundestages hatte sich intensiv mit der Vorlage des Verteidigungsministers zum Abschluss der Regierungsvereinbarung über die gemeinsame Durchführung der Definitionsphase von MEADS befasst. Sie hatte dem Verteidigungsausschuss in einem Schreiben vom 8. Februar 1996 empfohlen, dieser zuzustimmen. Die Berichterstattergruppe kam zu dem Ergebnis, dass Deutschland ein effektives Nachfolgesystem für Hawk benötige. MEADS/TLVS würde mit seiner Fähigkeit zur Abwehr von Luftzielen mittlerer und niedriger Höhe sowie kurzer und mittlerer Reichweite alle Bedingungen für ein solches System erfüllen. Mit der angestrebten Fähigkeit zur Abwehr taktisch ballistischer Flugkörper würde MEADS zudem einen Beitrag zur Erweiterten Luftverteidigung leisten.[147]

Die USA, Italien und Deutschland führten das Projekt fortan trilateral weiter, wobei die Anteile der Partner mit 60 Prozent (USA), 25 Prozent (Deutschland) und 15 Prozent (Italien) neu festgesetzt wurden.[148] Eine bei der NATO angebundene Agentur, die NATO MEADS Management Agency (NAMEADSMA) mit Sitz in Huntsville (Alabama), übernahm das Management für die Project Definition and Validation Phase. Im Herbst 1996 beauftragte die NAMEADSMA zwei Firmenkonsortien (MEADS International Inc. und MEADS Inc.)[149] mit der Vorlage konkurrierender Entwürfe zur Realisierung des Projekts. Die beiden Konsortien hatten etwa zwei Jahre Zeit, um Konzeptstudien und Entwicklungsangebote vorzulegen.[150]

Währenddessen trat im US-Kongress erneut Widerstand gegen das MEADS-Programm auf. Das Vorhaben wurde in Relation zu anderen Luftverteidigungssystemen der USA betrachtet und die finanzielle Realisierbarkeit erneut geprüft.[151] Die operationellen Anforderungen an MEADS wären durch andere bereits in der Entwicklung befindliche Luftverteidigungssysteme wie beispielsweise das Programm zur Modernisierung von Patriot (PAC-3) mit geringeren Kosten zu realisieren. Ein weiteres Programm in diesem Sektor sei daher nicht zweckmäßig. »MEADS [...] sei eigentlich nur aufgelegt worden, um den Europäern einen Gefallen zu erweisen, aber es sei überflüssig und teuer und die Europäer wüssten die amerika-

146 Vgl. Krause, Ist transatlantische Rüstungskooperation noch machbar?, S. 16; Grams, Das Mittlere Erweiterte Luftverteidigungssystem, S. 57; Krause, MEADS in der Kritik, S. 14 f.

147 Vgl. Parlamentsarchiv, Deutscher Bundestag, Bestand 3119, Ausschuss für Verteidigung, 13. WP, Protokoll Nr. 29 vom 28.2.1996, S. 24 f.

148 Vgl. Lopez/Nativi/Doyle, The need for MEADS, S. 35.

149 Das Konsortium MEADS International Inc. bestand aus der US-Firma Lockheed Martin und den europäischen Firmen DASA/LFK, Siemens und Alenia. Das zweite Konsortium MEADS Inc. bestand aus den US-Firmen Hughes und Raytheon und ebenfalls aus den drei genannten europäischen Firmen, die zwei unabhängig voneinander arbeitende Teams für die beiden Konsortien stellten. Vgl. Krause, Ist transatlantische Rüstungskooperation noch machbar?, S. 17 f.

150 Vgl. ebd.; Krause, MEADS in der Kritik, S. 15 f.; BArch, BW 1/568005, Bericht des Bundesrechnungshofs (BRH) an das Bundesministerium der Verteidigung nach § 88 Abs. 2 BHO über die Planungen für ein Taktisches Luftverteidigungssystem (TLVS/MEADS) vom 14.1.2004, S. 20.

151 Vgl. Lopez/Nativi/Doyle, The need for MEADS, S. 34 f.

nische Großzügigkeit ohnehin nicht zu schätzen.«[152] Politikwissenschaftler vermuteten hinter dieser Haltung den Einfluss von Lobbyisten, die für konkurrierende Rüstungsfirmen arbeiteten, die nicht am MEADS-Projekt beteiligt waren.[153]

Im Herbst 1998 strich der Vermittlungsausschuss des Kongresses erneut sämtliche Mittel für MEADS für das Haushaltsjahr 1999. Die europäischen Vertragspartner waren verärgert. Hinzu kam, dass man in den amerikanisch-europäischen Verhandlungen über den Technologietransfer, den die Clinton-Administration ursprünglich versprochen hatte, keine Fortschritte machte. Die USA behandelten eingestufte Informationen hochsensibel und waren nach wie vor nicht bereit, sie an die europäischen Partner weiterzugeben. Das MEADS-Projekt trat viele Monate auf der Stelle und wurde darüber hinaus noch durch einen Rechtsstreit über die Modalitäten des Auswahlverfahrens belastet. Währenddessen bemühte sich die Clinton-Administration darum, das Projekt mithilfe einer Notfinanzierung zu sichern.[154]

Der zweijährige Definitionswettbewerb für das MEADS-Programm endete im Mai 1999. Als Gewinner war MEADS International Inc. (Lockheed Martin, DASA, Alenia Marconi Systems) hervorgegangen.[155] Auf politischer Ebene spitzten sich die Probleme jedoch zu. Der Bewilligungsausschuss des Repräsentantenhauses (Appropriations Committee) warf der Clinton-Administration im August 1999 vor, rechtswidrig Gelder für das MEADS-Programm ausgegeben zu haben, und sperrte alle für MEADS vorgesehenen Finanzmittel für das Haushaltsjahr 2000. Die Regierungen in Deutschland und Italien drohten, endgültig aus dem Projekt auszusteigen.[156] Eben dieser Protest der Europäer war womöglich ausschlaggebend dafür, dass die Clinton-Administration »die argumentativen Schwachstellen und Widersprüche ihrer Politik behob und mit dem Kongress in ernsthafte Verhandlungen über das MEADS-Vorhaben eintrat«.[157]

Die Grundsatzentscheidung der USA für oder gegen MEADS würde die Fortentwicklung des Programms maßgeblich beeinflussen. Im Oktober 1999 erreichten der US-Kongress und die Clinton-Administration einen Kompromiss, der die wesentlichen Kritikpunkte des Kongresses berücksichtigte und im Gegenzug die Finanzierung des MEADS-Programms für sieben Jahre garantierte. Eine der Bedingungen war, dass die USA anstatt der vorgesehenen Neuentwicklung des Lenkflugkörpers für MEADS fortan den in der Entwicklung befindlichen PAC-3 Lenkflugkörper für MEADS verwenden würden. Darüber hinaus wünschten die USA eine Senkung ihres Kostenanteils gegenüber dem der europäischen Partner-

---

152 Krause, Ist transatlantische Rüstungskooperation noch machbar?, S. 18.

153 Vgl. ebd.; Grams, Das Mittlere Erweiterte Luftverteidigungssystem, S. 58; Krause, MEADS in der Kritik, S. 16.

154 Vgl. Krause, Ist transatlantische Rüstungskooperation noch machbar?, S. 19; Grams, Das Mittlere Erweiterte Luftverteidigungssystem, S. 58 f.; Krause, MEADS in der Kritik, S. 16.

155 Vgl. BArch, BW 1/568005, Bericht des Bundesrechnungshofs (BRH) an das Bundesministerium der Verteidigung nach § 88 Abs. 2 BHO über die Planungen für ein Taktisches Luftverteidigungssystem (TLVS/MEADS) vom 14.1.2004, S. 21.

156 Vgl. Krause, MEADS in der Kritik, S. 17.

157 Krause, Ist transatlantische Rüstungskooperation noch machbar?, S. 19. Vgl. auch Grams, Das Mittlere Erweiterte Luftverteidigungssystem, S. 59.

nationen. Teil des Kompromisses war zudem, vor der Entscheidung über einen Eintritt in die Entwicklungsphase eine ursprünglich nicht vorgesehene dreijährige Risikominimierungsphase zur Abschätzung und Verminderung technologischer und damit auch finanzieller Risiken durchzuführen.[158]

Die Berichterstattergruppe »Zukünftige Luftverteidigung« hatte in ihrem Abschlussbericht für den Verteidigungsausschuss des Deutschen Bundestages vom 18. Juni 1998 bereits betont, dass Deutschland bereit sei, einen größeren Arbeitsanteil als zuvor zu übernehmen und damit auch einen höheren finanziellen Beitrag zu leisten, falls die USA eine Verringerung ihres Anteils wünschten.[159] Darüber hinaus hatten die europäischen Partnernationen Ende 1998 ihre Bereitschaft zur Verwendung des PAC-3-Flugkörpers signalisiert, solange die militärischen Forderungen hinreichend erfüllt würden und die Rahmenbedingungen des trilateralen Projekts, wie die ausgeglichene Partnerschaft, Arbeitsteilung, Zeit- und Kostenrahmen, erhalten blieben. Die Kosten für den Flugkörper PAC-3 erhöhten sich jedoch um 100 Prozent pro Stück, sodass das BMVg die operationellen, technischen und wirtschaftlichen Fragen bis Mitte Januar 1999 prüfen sollte. Klar war allerdings auch, dass Deutschland und Italien das Programm nicht ohne die USA weiterführen konnten. Dadurch würde sich die zu erwartende Lücke in der Luftverteidigung nach der Jahrtausendwende im Zuge der Außerdienststellung von Hawk nicht zeitgerecht schließen lassen. Aufgrund des Modellcharakters des MEADS-Programms konnte ein Scheitern zudem erhebliche negative Auswirkungen auf die künftige transatlantische Rüstungskooperation haben. Die europäischen Regierungen mussten sich auf die neuen Forderungen der USA einlassen, um das Projekt am Leben zu erhalten.[160]

Verteidigungsminister Scharping vermutete weniger finanzielle, konzeptionelle oder bündnispolitische, sondern vielmehr industrie- und technologiepolitische Probleme hinter der amerikanischen Haltung zu MEADS. Die USA würden immer dann »die Schotten herunterziehen«, wenn es um Fragen des Technologietransfers gehe.[161] Dieser Aspekt war wiederholt Gegenstand der Diskussionen um das MEADS-Projekt im Verteidigungsausschuss. Man befürchtete, dass durch die Integration des amerikanischen Flugkörpers PAC-3 in das MEADS-Programm eine *black box* entstehen könnte, die wiederum die Rahmenbedingungen der Zusammenarbeit von gleichberechtigten Partnern infrage stellen würde. Staatssekretär Walther Stützle

---

[158] Vgl. Fromm, Boden-Luft-Abwehrsysteme, S. 21; Krause, Ist transatlantische Rüstungskooperation noch machbar?, S. 19 f.; Krause, MEADS in der Kritik, S. 17 f.

[159] Vgl. Parlamentsarchiv, Deutscher Bundestag, Bestand 3119, Ausschuss für Verteidigung, 13. WP, A-Drs. 13/796, Bericht über die Arbeit der Berichterstattergruppe Zukünftige Luftverteidigung in der 13. Legislaturperiode, Anl. 2 zum Protokoll Nr. 102 vom 23.6.1998, S. 63 f.; Parlamentsarchiv, Deutscher Bundestag, Bestand 3119, Ausschuss für Verteidigung, 14. WP, Protokoll Nr. 5 vom 9.12.1998, S. 17 f. Der Parlamentarische Staatssekretär Bernd Wilz (BMVg) empfahl den Mitgliedern des Verteidigungsausschusses, gegenüber amerikanischen Abgeordneten auf die große Bedeutung des MEADS-Projekts hinzuweisen, solange der Kongress die erforderlichen Gelder für dessen Fortführung noch nicht bewilligt habe. Vgl. Parlamentsarchiv, Deutscher Bundestag, Bestand 3119, Ausschuss für Verteidigung, 13. WP, Protokoll Nr. 102 vom 23.6.1998, S. 20.

[160] Vgl. Parlamentsarchiv, Deutscher Bundestag, Bestand 3119, Ausschuss für Verteidigung, 14. WP, Protokoll Nr. 5 vom 9.12.1998, S. 17 f.; Mey, Strategisches Erfordernis, S. 42.

[161] Vgl. Parlamentsarchiv, Deutscher Bundestag, Bestand 3119, Ausschuss für Verteidigung, 14. WP, Protokoll Nr. 7 vom 27.1.1999, S. 14.

(BMVg) brachte seinen Unmut darüber zum Ausdruck, dass die USA in Gesprächen Deutschland eine mangelnde Fähigkeit zur Geheimhaltung unterstellt hätten.[162]

Der innenpolitische Kompromiss in den USA zwischen der Regierung und dem Kongress stellte die europäischen Partner vor vollendete Tatsachen. Deutschland und Italien stimmten zu, auf die Entwicklung eines MEADS-eigenen Abfangflugkörpers zu verzichten, behielten sich jedoch vor, zu einem späteren Zeitpunkt gegebenenfalls einen eigenen Abfangflugkörper zu entwickeln. Das Ziel der Risikominimierungsphase war es, die Integration des PAC-3-Flugkörpers zu prüfen, die Realisierbarkeit des MEADS-Konzepts bezüglich technischer und zeitlicher Aspekte zu untersuchen sowie mit einem Prototypen und Simulationen der Leistungen die zentralen Funktionen des geforderten Luftverteidigungssystems nachzuweisen.[163] Mit den Überlegungen zur Verwendung des PAC-3-Lenkflugkörpers für MEADS galt das System in den USA nun nicht mehr allein als Nachfolgesystem für Hawk, sondern auch als Ergänzung und spätere Ablösung der Patriot-Systeme.[164] Die Anteile an den Entwicklungskosten von MEADS legten die Partner mit 55 Prozent (USA), 28 Prozent (Deutschland) und 17 Prozent (Italien) neu fest.[165] Am 11. Mai 2000 vereinbarte die US-Administration mit den europäischen Vertragspartnern einen Zeitplan für den Technologietransfer aus den USA nach Europa, wodurch auch dieser zentrale Punkt schließlich erfüllt werden konnte. Die Industrie schätzte die darin enthaltenen Bestimmungen als ausreichend ein.[166]

Ein Grund für die Schwierigkeiten der amerikanisch-europäischen Zusammenarbeit lag in den unterschiedlichen Interessen und Zielen. Einig war man sich, Waffensysteme zu standardisieren und die Interoperabilität innerhalb des transatlantischen Bündnisses zu verbessern. Für die europäischen Partner hatte das MEADS-Programm vorrangig industrie- und bündnispolitische Bedeutung. Die »Asymmetrie bei der Größe und Leistungsfähigkeit der wehrtechnischen Industrie zwischen den USA auf der einen Seite und den einzelnen europäischen Staaten auf der anderen Seite«[167] war unverkennbar. Die USA waren in technologischer Hinsicht meist weiter fortgeschritten als ihre europäischen Partner. Dementsprechend hofften letztere, durch transatlantische Rüstungskooperationen wie beim MEADS-Programm den technologischen Rückstand aufzuholen. Den USA dagegen fiel es aufgrund ihrer Überlegenheit oft schwer, bei umfangreichen Projekten den gegenseitigen Nutzen

162 Vgl. Parlamentsarchiv, Deutscher Bundestag, Bestand 3119, Ausschuss für Verteidigung, 14. WP, Protokoll Nr. 10 vom 3.3.1999, S. 50 f., und Protokoll Nr. 5 vom 9.12.1998, S. 19 f. Auch Joachim Krause kam zu dem Schluss, dass die USA ihren Verbündeten nicht immer zutrauten, sensitive Technologien in gleicher Weise geheim halten zu können wie sie. Vgl. Krause, Ist transatlantische Rüstungskooperation noch machbar?, S. 1.

163 Vgl. BArch, BW 1/568005, Bericht des Bundesrechnungshofs (BRH) an das Bundesministerium der Verteidigung nach § 88 Abs. 2 BHO über die Planungen für ein Taktisches Luftverteidigungssystem (TLVS/MEADS) vom 14.1.2004, S. 22.

164 Vgl. Medium Extended Air Defense System (MEADS). FY'99 Annual Report submitted to Congress February 2000.

165 Vgl. Fromm, Boden-Luft-Abwehrsysteme, S. 21.

166 Vgl. Krause, Ist transatlantische Rüstungskooperation noch machbar?, S. 20 f.; Grams, Das Mittlere Erweiterte Luftverteidigungssystem, S. 59 f.; Krause, MEADS in der Kritik, S. 17 f.

167 Krause, Ist transatlantische Rüstungskooperation noch machbar?, S. 1.

aufzuzeigen.[168] Die USA begründeten die Zusammenarbeit neben der erforderlichen Interoperabilität aufgrund gemeinsamer Kriegführung sowie steigender technologischer Globalisierungstendenzen insbesondere mit den national eingeschränkten Ressourcen. Um ihren wachsenden Sicherheitsbedürfnissen gerecht zu werden, waren auch die USA angesichts des gleichbleibenden Verteidigungsbudgets auf die finanzielle Beteiligung von Bündnispartnern angewiesen. Kritiker waren überzeugt, dass die USA ihre Bündnispartner dabei weniger bei der Entwicklung neuer Waffensysteme benötigten, sondern sie vielmehr als Käufer und Betreiber von amerikanischen Systemen sahen.[169]

b) MEADS in der Kritik – Die 2000er Jahre

Nachdem in den 1990er Jahren vorrangig die USA Probleme bei der Realisierung des MEADS-Programms zu verzeichnen hatten, stand das Projekt Anfang der 2000er Jahre in Deutschland zunehmend in der Kritik; es drohte gar zu scheitern. Vor dem Hintergrund der immer angespannteren Haushaltslage entwickelte sich die Bundesregierung vom Demandeur des transatlantischen Rüstungsprojekts zum Zweifler.[170]

Im Mai 1999 veröffentlichte das BMVg im Auftrag des Verteidigungsministers der rot-grünen Koalition Scharping eine Bestandsaufnahme zur Bundeswehr an der Schwelle zum 21. Jahrhundert.[171] Der Bericht enthielt Aussagen zu verzögerten Modernisierungsvorhaben, fehlenden Finanzmitteln für Ersatzteile und unbefriedigendem Klarstand der Luftfahrzeuge. Scharping forderte daher »die Umkehrung des Abwärtstrends und die Erhöhung der Mittel für Investitionen und Betrieb«.[172] Das Sparkonzept des Finanzministers Hans Eichel (SPD) von Ende Juni 1999 kam da alles andere als gelegen. Die neuen finanziellen Vorgaben machten tiefgreifende Veränderungen von Struktur, Umfang und Betrieb der Bundeswehr unausweichlich. Alle größeren Beschaffungsvorhaben, bei denen noch keine vertraglichen Bindungen vorlagen, sollten im Rahmen der Bundeswehrreform, deren wesentliche Elemente das Kabinett am 6. Juni 2000 beschlossen hatte, erneut geprüft und die Prioritäten neu gesetzt werden. Davon waren auch das MEADS-Programm und die Kampfwertsteigerung von Patriot betroffen. Infolgedessen schob die deutsche Seite

[168] Vgl. ebd.

[169] Vgl. Martin, International Co-operation; Hagena/Hagena/Witzendorff, Eine Raketenabwehr für Europa?, S. 39 f. Joachim Krause stellte 2002 fest, dass das Interesse an Einsparungen durch Kooperationsprojekte in Europa angesichts der begrenzten nationalen Verteidigungsbudgets ungleich stärker war als in den USA. Dort war der Verteidigungshaushalt vergleichsweise gut bestückt und es konnten bereits durch die amerikanischen Beschaffungsaufträge ausreichende Stückzahlen erzielt werden. Vgl. Krause, Ist transatlantische Rüstungskooperation noch machbar?, S. 3.

[170] Vgl. Krause, Ist transatlantische Rüstungskooperation noch machbar?, S. 22. Der Begriff »Demandeur« verdeutlicht, dass Deutschland sich in den 1990er Jahren als treibende Kraft bei der Umsetzung des Vorhabens TLVS/MEADS hervorgetan hat und keinerlei Zweifel an der Notwendigkeit des neuen Systems hatte.

[171] Vgl. Bestandsaufnahme. Die Bundeswehr an der Schwelle zum 21. Jahrhundert. Vgl. hierzu auch Kap. III.1.

[172] Hagena/Hagena/Witzendorff, Eine Raketenabwehr für Europa?, S. 41. Vgl. dazu Bestandsaufnahme. Die Bundeswehr an der Schwelle zum 21. Jahrhundert, S. 2.

die Unterzeichnung der Änderungsvereinbarung zur Risikominimierungsphase im MEADS-Programm auf.[173]

Im Oktober und November 2000 äußerte das Verteidigungsministerium selbst Zweifel am MEADS-Projekt. Anstelle seiner Fortführung sollte zunächst eine gemeinsame Fähigkeitsanalyse und eine technologische Evaluation durchgeführt werden, die den veränderten Rahmenbedingungen seit Beginn des Projekts Rechnung tragen würden. Staatssekretär Stützle (BMVg) stellte diesbezüglich fest, dass die Anforderungen an das System veraltet seien. Die Bedrohungslage habe sich seit Beginn des Vorhabens verändert und müsse daher analysiert werden. Er zweifelte daran, dass ein einziges System das gesamte Spektrum an Luftbedrohungen zu bekämpfen imstande sei. Es sei demzufolge sinnvoller, einen Verbund spezialisierter Waffen einzuführen. Die Luftoperationen gegen Jugoslawien im Frühjahr 1999 hätten gezeigt, dass Radarsysteme die Achillesferse von Luftverteidigungssystemen bildeten. Die Konstruktion moderner Luftverteidigungssysteme dürfte folglich nicht auf Basis von Radarsystemen erfolgen. Und schließlich seien die Kosten für den PAC-3-Lenkflugkörper zu hoch und erforderten Überlegungen zu potenziellen Alternativen.[174]

Die unsichere Position der Bundesregierung hatte Konsequenzen. Es entwickelte sich eine politische Dynamik, die es erschwerte, den im US-Kongress gefundenen Kompromiss weiter zu verfolgen. Die deutsche Seite befürchtete, dass womöglich zu aufwändige Technologien zur Realisierung von MEADS eingesetzt und kostengünstigere Alternativen nicht in Betracht gezogen würden. Das Pentagon konnte die Kritik zwar zum Teil nachvollziehen, zeigte jedoch kein Verständnis für die grundsätzliche Infragestellung des Programmes von deutscher Seite. Das Department of Defense drängte die Bundesregierung, an den vereinbarten Bedingungen festzuhalten und die Änderungsvereinbarung zur Risikominimierungsphase zu unterzeichnen. Scharping versicherte daraufhin seinem Amtskollegen Cohen im Dezember 2000, dass Deutschland an dem MEADS-Programm festhalte und alsbald die Vereinbarung unterzeichnen würde. Tatsächlich sollte bis dahin aber noch ein halbes Jahr vergehen.[175]

Schlussendlich drohte das Pentagon, das Programm auch ohne deutsche Mitwirkung fortzuführen, sodass Deutschland am 27. Juni 2001 die Änderungsvereinbarung zur Risikominimierungsphase unterzeichnete.[176] In einer Zusatzvereinbarung brachte die deutsche Seite Forderungen zur Untersuchung weiterer kritischer Technologiefelder der Erweiterten Luftverteidigung ein. Insbesondere war ihr an einer Prüfung gelegen, inwiefern zusätzlich zum PAC-3-Flugkörper ein zweiter, kostengünstigerer Flugkörper in das Konzept integriert werden konnte. PAC-3 war auf

---

173 Vgl. Hagena/Hagena/Witzendorff, Eine Raketenabwehr für Europa?, S. 42; Krause, Ist transatlantische Rüstungskooperation noch machbar?, S. 21.

174 Vgl. Krause, Ist transatlantische Rüstungskooperation noch machbar?, S. 21 f.; Grams, Das Mittlere Erweiterte Luftverteidigungssystem, S. 60; Hans-Jürgen Leersch, Amerika verärgert: Berlin steigt aus Rüstungsprojekt aus. Verteidigungsministerium signalisierte Aus für Raketenabwehrsystem. In: Die Welt, 8.12.2000.

175 Vgl. Grams, Das Mittlere Erweiterte Luftverteidigungssystem, S. 61; Krause, Ist transatlantische Rüstungskooperation noch machbar?, S. 22.

176 Vgl. Krause, Ist transatlantische Rüstungskooperation noch machbar?, S. 23.

die Bekämpfung von TBM optimiert. Die komplexe Technologie schlug sich im Stückpreis nieder. Ein kostengünstigerer Zweitflugkörper sollte zur Bekämpfung von Luftbedrohungen wie bemannten und unbemannten Luftfahrzeugen, tieffliegenden Marschflugkörpern, Anti-Radar-Flugkörpern und Hubschraubern zum Einsatz kommen. Die Untersuchungen ergaben, dass der amerikanische Flugkörper AMRAAM (Advanced Medium Range Air to Air Missile) sowie die europäischen Flugkörper IRIS-T (Infra Red Imaging System Tail/Thrust-controlled)[177] und Aster 30[178] für die Aufgabe geeignet waren. Von trilateralen tiefergreifenden Untersuchungen wurde jedoch abgesehen, da weder die USA noch Italien Interesse an der Integration eines Zweitflugkörpers hatten und angesichts dieser Sachlage keine der drei beteiligten Nationen bereit war, die erforderlichen detaillierten Daten des eigenen Flugkörpers offenzulegen. Lediglich Deutschland hielt an der Entwicklung eines kostengünstigeren Flugkörpers fest und setzte die Untersuchungen zu IRIS-T mit nationalen Mitteln fort. Bei IRIS-T handelte es sich um einen für den Luft-Luft-Einsatz vorgesehenen Lenkflugkörper. Nun sollte geprüft werden, inwiefern der Flugkörper für einen Bodenstart modifiziert werden konnte, um ihn in die Systemarchitektur von MEADS zu integrieren (als IRIS-T Surface Launched, kurz IRIS-T SL). Ein weiteres kritisches Technologiefeld bildete die offene Systemarchitektur und damit eine Plug-and-Fight-Fähigkeit des künftigen Luftverteidigungssystems. Diese sollte die Einbindung systemexterner Elemente, etwa weiterer Sensoren und Effektoren in die Feuereinheiten, und eine entsprechende Anpassung der Leistungsfähigkeit des Systems an den jeweiligen Leistungsbedarf ermöglichen. Diese Architektur würde die Integration eines kostengünstigeren Zweitflugkörpers wesentlich vereinfachen. Über alternative Lenkflugkörper ließ sich demnach auch zu einem späteren Zeitpunkt noch entscheiden.[179]

Mit der Unterzeichnung der Vereinbarung im Juni 2001 war der Streit über die Fortführung des Rüstungsprogramms vorerst beigelegt. Doch nach wie vor gab es sowohl im BMVg als auch in den Regierungsfraktionen Stimmen, die MEADS für zu teuer und überflüssig hielten und stattdessen für eine Fortführung der Kampfwertsteigerungen von Patriot plädierten.[180]

---

177 Der Luft-Luft-Lenkflugkörper IRIS-T wurde mit deutscher Leitung (Diehl BGT Defence) in Kooperation mit Griechenland, Italien, Norwegen, Spanien und Schweden entwickelt. Vgl. Parlamentsarchiv, Deutscher Bundestag, Bestand 3119, Ausschuss für Verteidigung, A15/11 – Prot. 4 BE, Überarbeitete Tonbandabschrift der 4. Sitzung der Berichterstattergruppe »Bodengebundene Luftverteidigung« des Verteidigungsausschusses vom 31.3.2004, S. 25.

178 Flugkörper des französisch-italienischen Luftverteidigungssystems SAMP-T.

179 Vgl. BArch, BW 1/568005, Bericht des Bundesrechnungshofs (BRH) an das Bundesministerium der Verteidigung nach § 88 Abs. 2 BHO über die Planungen für ein Taktisches Luftverteidigungssystem (TLVS/MEADS) vom 14.1.2004, S. 22 f.; Parlamentsarchiv, Deutscher Bundestag, Bestand 3119, Ausschuss für Verteidigung, 15. WP, A-Drs. 15(11)143, BMVg, Jahresbericht 2002 (Berichtszeitraum 1.1.–31.12.2002) über den Sachstand des Vorhabens TLVS/MEADS an den Verteidigungsausschuss und den Haushaltsausschuss des Deutschen Bundestages vom 28.4.2003, S. 2 f.; Parlamentsarchiv, Deutscher Bundestag, Bestand 3119, Ausschuss für Verteidigung, 15. WP, A-Drs. 15(11)428, Abschlußbericht der Berichterstattergruppe zum Thema »Bodengebundene Luftverteidigung« vom 19.10.2004, S. 9.

180 Vgl. Krause, Ist transatlantische Rüstungskooperation noch machbar?, S. 26.

Die Risikominimierungsphase für MEADS endete erfolgreich mit der Final System Demonstration im Mai 2004 auf der Pratica di Mare Air Base in Italien. Dabei wurde das Gesamtsystem mit den wesentlichen Funktionalitäten abschließend vorgestellt.[181] Das technische Risiko schien beherrschbar, das finanzielle Risiko eingrenzbar und die Zusammenarbeit möglich. Der Technologietransfer war zur Zufriedenheit Deutschlands erfolgt. *Black boxes* gab es lediglich bei bereits vollständig entwickelten Komponenten wie dem PAC-3 Flugkörper.[182] Der Hauptauftragnehmer MEADS International Inc. legte ein Angebot für die Planungs- und Entwicklungsphase (Design and Development Phase) vor, das anschließend von der NAMEADSMA und den Partnernationen bewertet und endverhandelt wurde. Die USA und Italien unterzeichneten am 24. und 27. September 2004 das Memorandum of Understanding für die Entwicklungsphase von MEADS und begannen nach der Vergabe eines Vertrages durch die NAMEADSMA am 28. September 2004 bilateral mit der Entwicklung des Waffensystems. Deutschland hatte nun Zeit, das Abkommen innerhalb von sechs Monaten ebenfalls zu unterzeichnen. Hierfür bedurfte es allerdings noch eines Parlamentsbeschlusses, da sich der Bundestag 2001 eine Entscheidung zum weiteren Vorgehen nach Abschluss der Risikominimierungsphase vorbehalten hatte.[183]

c) Die Berichterstattergruppe »Bodengebundene Luftverteidigung«

Zur Vorbereitung dieser Entscheidung beschloss der Verteidigungsausschuss des Deutschen Bundestages am 5. November 2003, eine Berichterstattergruppe zum Thema »Bodengebundene Luftverteidigung« einzusetzen.[184] Ihre Aufgabe bestand darin, die Diskussion um die Modernisierung der bodengebundenen Luftverteidigung in Deutschland und in der NATO sowie die substanzielle Erweiterung ihres Fähigkeitsspektrums parlamentarisch zu begleiten und die erforderlichen Entscheidungen vorzubereiten. Der Fokus lag auf der Auswertung und Erörterung des Sachstandes des trilateralen Rüstungsprojekts MEADS und der Informationsgewinnung hinsichtlich weiterer Planungen des BMVg und der Industrie. Nach neun Sitzungen, die zwischen dem 10. Dezember 2003 und dem 19. Oktober 2004 stattfanden und bei denen auch Vertreter des BMVg, des Bun-

[181] Dazu gehörte die Ansteuerung des Suchradars, die Einbindung und Nutzung des Prototypen des Multifunktionsradars, die Ansteuerung der Startgerätefunktionen sowie der Nachweis der Integration und des Zusammenwirkens der Systemkomponenten anhand von Bekämpfungsabläufen mit simulierten Flugbahnen des PAC-3-Lenkflugkörpers. Vgl. Parlamentsarchiv, Deutscher Bundestag, Bestand 3119, Ausschuss für Verteidigung, 15. WP, A-Drs. 15(11)428, Abschlußbericht der Berichterstattergruppe zum Thema »Bodengebundene Luftverteidigung« vom 19.10.2004, S. 7.

[182] Vgl. Parlamentsarchiv, Deutscher Bundestag, Bestand 3119, Ausschuss für Verteidigung, 15. WP, Protokoll Nr. 47 vom 10.11.2004, S. 47.

[183] Vgl. Parlamentsarchiv, Deutscher Bundestag, Bestand 3119, Ausschuss für Verteidigung, 15. WP, A-Drs. 15(11)428, Abschlußbericht der Berichterstattergruppe zum Thema »Bodengebundene Luftverteidigung« vom 19.10.2004, S. 7; Krause, MEADS in der Kritik, S. 20.

[184] Zur Berichterstattergruppe gehörten die Abgeordneten Hans-Peter Bartels (SPD und Vorsitzender der Berichterstattergruppe), Rolf Kramer (SPD), Gerd Höfer (SPD), Hans Raidel (CDU/CSU), Jürgen Herrmann (CDU/CSU), Marianne Tritz (Bündnis 90/Die Grünen) und Günther Nolting (FDP).

desrechnungshofes, der Wissenschaft und der Industrie zu Wort kamen, legte die Arbeitsgruppe unter dem Vorsitz des SPD-Abgeordneten Hans-Peter Bartels am 19. Oktober 2004 ihren Abschlussbericht vor.[185]

In der 4. Sitzung der Arbeitsgruppe des Verteidigungsausschusses berichteten Vertreter der deutschen Firmen EADS und Diehl sowie der Abteilung Rüstung des Verteidigungsministeriums aus industrieller Sicht über das MEADS-Programm. Vorrangig wurden die Probleme beim Technologietransfer mit den USA thematisiert. Dieser habe bislang entweder eingeschränkt oder mit Zeitverzögerungen stattgefunden. EADS hatte letztendlich rund 97 Prozent aller Daten von den USA erhalten. Es sei allerdings vergleichbar mit einem Schiff. Auch wenn es zu 97 Prozent dicht sei, würde es irgendwann sinken. Von einer echten Kooperation könne nicht gesprochen werden. Die USA würden Daten insbesondere in den Bereichen Radarsoftware, Simulation (speziell PAC-3) und Telemetrie (Daten aus Schießversuchen) zurückhalten. Eben diese Bereiche seien auch Bestandteil der Verhandlungen zum Memorandum of Understanding gewesen, bei denen es zu Problemen und Komplikationen gekommen sei. Die Verhandlungen seien von der italienischen Seite mit deutscher Unterstützung als deutliches Signal an die USA sogar zeitweise unterbrochen worden.[186]

Der Abteilungsleiter Rüstung des BMVg berichtete, dass die USA Anfang März 2004 einen Leitfaden für die Freigabe von Technologien für das MEADS-Programm herausgegeben hätten. Darin seien verschiedene wichtige Technologiebereiche für die Kooperation mit den europäischen Vertragspartnern ausgenommen. Ganz wesentliche Systemdaten würden durch die USA nicht freigegeben, sodass es von deutscher Seite unmöglich sei, die Funktionalität der Komponenten und Teilsysteme nachzuvollziehen. Daraufhin sei dem amtierenden US-Rüstungsdirektor mitgeteilt worden, dass dieser Ansatz für Deutschland inakzeptabel sei. Auf dieser Basis könne kein wirklich vertrauensvolles gemeinsames Programm zustande kommen. Das MEADS-Programm sei auch aus Sicht der Rüstungsindustrie »das zentrale und bedeutsame transatlantische Kooperationsvorhaben, auch für die Zukunftstechnologie, und ein wichtiges Vorhaben für die Zukunftsfähigkeit« der deutschen Industrie.[187]

Der Bundesrechnungshof (BRH) hatte das Rüstungsvorhaben TLVS/MEADS 2003 begleitend untersucht. Das Prüfungsergebnis sowie entsprechende Empfehlungen waren dem BMVg in Form eines Beratungsberichts nach § 88 Abs. 2 der Bundeshaushaltsordnung übermittelt worden. Dieser Bericht des BRH vom 14. Januar 2004 berücksichtigte die Vorhabenplanungen von Ende der 1960er Jahre bis Ende 2003. Demnach hatte der Bund in diesem Zeitraum bereits rund 213 Millionen Euro für Maßnahmen zur Realisierung eines bodengebundenen

185 Vgl. Parlamentsarchiv, Deutscher Bundestag, Bestand 3119, Ausschuss für Verteidigung, 15. WP, A-Drs. 15(11)428, Abschlußbericht der Berichterstattergruppe zum Thema »Bodengebundene Luftverteidigung« vom 19.10.2004; Parlamentsarchiv, Deutscher Bundestag, Bestand 3119, Ausschuss für Verteidigung, 13. WP, Protokoll Nr. 102 vom 23.6.1998, S. 19.

186 Vgl. Parlamentsarchiv, Deutscher Bundestag, Bestand 3119, Ausschuss für Verteidigung, A15/11 – Prot. 4 BE, Überarbeitete Tonbandabschrift der 4. Sitzung der Berichterstattergruppe »Bodengebundene Luftverteidigung« des Verteidigungsausschusses vom 31.3.2004, S. 18 f.

187 Vgl. ebd., S. 19 f., Zitat S. 20.

Luftverteidigungssystems mittlerer Reichweite ausgegeben, die der eigentlichen Entwicklungsphase eines solchen Systems vorausgegangen waren. In ihrer 6. Sitzung am 16. Juni 2004 gab die Berichterstattergruppe »Bodengebundene Luftverteidigung« dem Bundesrechnungshof die Gelegenheit, einige kritische Aspekte des Vorhabens TLVS/MEADS zu erläutern.[188]

Nach Auffassung des Bundesrechnungshofs fehlte es bislang an einer teilstreitkraftübergreifenden Fähigkeitsanalyse, die das Vorhaben TLVS/MEADS gegenüber dem Waffensystem Patriot und der geplanten Kampwertsteigerung zu PAC-3, zur luftgestützten Luftverteidigung, zu anderen Luftverteidigungssystemen des Heeres und der Marine, sowie den Luftverteidigungssystemen anderer europäischer NATO-Mitgliedsstaaten begründete und abgrenzte. Seit drei Jahren sollte der Entwurf einer solchen Systemfähigkeitsforderung vorliegen, doch das Ergebnis stünde nach wie vor aus. Darüber hinaus kritisierte der BRH, dass zwischen den noch immer gültigen nationalen Forderungsdokumenten, der Taktischen Forderung für TLVS von 1986 und der Militärisch-Technischen Zielsetzung für TLVS von 1992, sowie den auf internationaler Ebene vereinbarten militärischen, operationellen Forderungen, den International Common Operational Requirements (ICOR) von 1997 und dem International Technical Requirements Document (ITRD) von 1998, Divergenzen insbesondere in Bezug auf die Abwehr taktisch ballistischer Flugkörper bestehen würden.[189]

Zudem fehle es an wirtschaftlichen Bewertungen über den militärisch notwendigen Umfang von MEADS. Die Fähigkeit zur Abwehr taktisch ballistischer Raketen mit einer Reichweite von bis zu 1000 Kilometer mache die Realisierung des Waffensystems beträchtlich teurer und enthalte darüber hinaus erhebliche Risiken. Eine solche Bedrohung für das deutsche Territorium gelte gemäß der sicherheitspolitischen Einschätzung als unwahrscheinlich. Warum sollte Deutschland also in diesem Bereich die Vorreiterrolle übernehmen, um die Waffensysteme am Ende des Tages für ›Randländer‹ bereitzustellen?[190] Für den Schutz von Streitkräften im Einsatz zur internationalen Konfliktverhütung und Krisenbewältigung dagegen oder als Beitrag für eine Integrierte Luftverteidigung in Europa oder der NATO könnten gemeinschaftliche Finanzierungsalternativen in Betracht gezogen werden. Der Bundesrechnungshof empfahl aufgrund der hohen Beschaffungskosten für eine operationell angemessene Ausrüstung der Waffensysteme mit Lenkflugkörpern einen gemeinschaftlich finanzierten Missile Pool. Demnach würde es ausreichen, wenn Deutschland die Bodenkomponenten und das Personal zur Verfügung stellte. Mit dem Waffensystem Patriot sei Deutschland ohnehin in der Lage, bis zu dessen

188 Vgl. BArch, BW 1/568005, Bericht des Bundesrechnungshofs (BRH) an das Bundesministerium der Verteidigung nach § 88 Abs. 2 BHO über die Planungen für ein Taktisches Luftverteidigungssystem (TLVS/MEADS) vom 14.1.2004, S. 26; Parlamentsarchiv, Deutscher Bundestag, Bestand 3119, Ausschuss für Verteidigung, A15/11 – Prot. 6 BE, Überarbeitete Tonbandabschrift der 6. Sitzung der Berichterstattergruppe »Bodengebundene Luftverteidigung« des Verteidigungsausschusses vom 16.6.2004, S. 30–38.

189 Vgl. Parlamentsarchiv, Deutscher Bundestag, Bestand 3119, Ausschuss für Verteidigung, A15/11 – Prot. 6 BE, Überarbeitete Tonbandabschrift der 6. Sitzung der Berichterstattergruppe »Bodengebundene Luftverteidigung« des Verteidigungsausschusses vom 16.6.2004, S. 32 f.

190 Vgl. ebd., S. 13 f.

Nutzungsende in den 2020er Jahren einen wirkungsvollen Beitrag für die Integrierte Luftverteidigung zu leisten.[191]

Der Bundesrechnungshof plädierte dafür, die Kosten von Entwicklung und Beschaffung des TLVS/MEADS im Rahmen einer Wirtschaftlichkeitsuntersuchung gegenüberzustellen. Ein ungünstiges Verhältnis zwischen Entwicklungs- und Beschaffungsaufwand sei unwirtschaftlich. Aufgrund der hohen Kosten, die sich für eine Beschaffung abzeichneten, sei nur eine geringe Anzahl an Waffensystemen und entsprechenden Flugkörpern finanzierbar. »Falls eine Anpassung der Entwicklungsmittel an den wahrscheinlichen Bedarf und eine bedarfskonforme Aufstockung der Beschaffungsmittel in der Haushaltsplanung nicht darstellbar ist, sollte ein Abbruch der deutschen Beteiligung am Entwicklungsvorhaben MEADS erwogen werden.«[192] Möglicherweise sei aber auch die spätere Beschaffung eines bereits vollständig entwickelten Systems kostengünstiger.[193]

Weiterhin gab der Bundesrechnungshof zu bedenken, dass die USA auf nationaler Ebene die Programme MEADS und Patriot neu strukturierten und die Modernisierung von Patriot zunehmend in das MEADS-Konzept einbezogen. Weder Deutschland noch Italien wollten sich an dieser Neuorientierung beteiligen. Die Konsequenzen des neuen Programmansatzes sollten vor dem Abschluss der Regierungsvereinbarungen dargelegt werden. Den europäischen Vertragspartnern dürften durch die Neuorientierung der USA keine Nachteile entstehen. Es sei zudem zu vermeiden, dass die USA das Programm einseitig und vorzeitig verließen und dass das Endprodukt nicht den vereinbarten MEADS-Spezifikationen entsprach. Der BRH empfahl darüber hinaus, Vereinbarungen über den uneingeschränkten Technologietransfer bei allen gemeinsam finanzierten Programmanteilen zu treffen. Der ungehinderte Zugang zu Testdaten und Simulationseinrichtungen sei schließlich eine Voraussetzung für eine faire multinationale Kooperation.[194]

Die Berichterstattergruppe des Verteidigungsausschusses hatte sich während ihrer Arbeit auch der Kritik von Bernd W. Kubbig von der Hessischen Stiftung für Friedens- und Konfliktforschung gestellt. Mit dem letzten Absatz ihrer Bewertung betonte die Berichterstattergruppe, dass selbst die »[k]ritische[n] Einwände aus dem Bereich der Friedens- und Konfliktforschung [...] die Begründung für die fähigkeitserweiternde Erneuerung der bodengebundenen Luftverteidigung in Deutschland und im Bündnis nicht erschüttern«[195] könnten. Ebenso wie der Bundesrechnungshof war auch Kubbig als Experte zur 6. Sitzung der Arbeitsgruppe am 16. Juni 2004 eingeladen worden. Nachdem er bereits im Jahr 2000 einen kritischen Bericht zum trilateralen Rüstungsprojekt MEADS veröffentlicht hatte, gehörte er auch 2004/05 zu den entschiedensten Kritikern in der Debatte. Während der Arbeitsgruppensitzung im Juni 2004 trug Kubbig bedrohungspolitische, technische, rüstungspolitische, al-

191 Vgl. ebd., S. 4 f.

192 Ebd., S. 37 f.

193 Vgl. ebd., S. 34.

194 Vgl. ebd., S. 36 f., 38.

195 Parlamentsarchiv, Deutscher Bundestag, Bestand 3119, Ausschuss für Verteidigung, 15. WP, A-Drs. 15(11)428, Abschlußbericht der Berichterstattergruppe zum Thema »Bodengebundene Luftverteidigung« vom 19.10.2004, S. 13.

lianz- und technologiepolitische sowie finanzielle Einwände vor und empfahl den parlamentarischen Entscheidungsträgern in Bezug auf das MEADS-Programm, keine übereilte budgetäre Entscheidung zu treffen. Er forderte die Konkretisierung der Einsatzszenarien für deutsche Soldaten. Trotz des Anstiegs der deutschen bzw. multinationalen Einsätze außerhalb des NATO-Bündnisgebietes, darunter Regionen, in denen ballistische Raketen unterschiedlicher Reichweite in größter Anzahl vorhanden seien, habe sich die Bundeswehr bislang auch ohne die Fähigkeit zur Abwehr ballistischer Raketen zu einer Interventionsarmee entwickelt. Kubbig nannte in diesem Zusammenhang den Einsatz deutscher Soldaten in Afghanistan. Inwiefern sei es für die Bundesregierung tolerabel, dass die Soldaten Angriffen mit ballistischen Flugkörpern angesichts pakistanischer Raketenkapazitäten oder im Rahmen von Terrorakten schutzlos ausgeliefert seien?[196] Mit dieser vermeintlich provokanten Frage beabsichtigte Kubbig, auf die notwendige Differenzierung zwischen einer vorhandenen Fähigkeit und der Absicht eines potenziellen Aggressors zum tatsächlichen Einsatz von ballistischen Raketen hinzuweisen.[197] Die Frage nach einem konkreten Einsatzszenario für TLVS/MEADS werde von Befürwortern des Programmes immer nur ausweichend und vage beantwortet. Kubbig stellte die Notwendigkeit des Schutzes deutscher Soldaten grundsätzlich nicht in Abrede, doch ging es ihm darum, wie dieser Schutz aus technischer Sicht durch Abwehrsysteme tatsächlich gewährleistet werden könne und dass keine falsche Sicherheit vorgetäuscht würde. Gerade die Erfahrungen aus den letzten beiden Golfkriegen hätten die technischen Probleme mit dem Patriot-System zum Vorschein gebracht. Das Problem des *friendly fire* sei nach wie vor ungeklärt und die PAC-Tests von 2002 hätten eine Erfolgsquote von lediglich 42 Prozent aufgewiesen. Die Schwächen von Patriot würden die trilateral geforderte Leistungsfähigkeit von MEADS angesichts der amerikanischen Bestrebungen, MEADS auf der Basis von Patriot zu realisieren, infrage stellen. Weiterhin gab Kubbig zu bedenken, dass die MEADS-Aktivitäten, »gewollt oder nicht«, letztendlich auch ein integrativer Bestandteil der Pläne zum Aufbau einer globalen Raketenabwehr der USA sein würden. Er bezweifelte, dass eine deutsche Beteiligung am MEADS-Programm angesichts der bislang eher skeptischen Haltung der Bundesregierung zu den Plänen des Verbündeten das richtige Signal sei.[198]

Ein wesentlicher Teil der Kritik von Kubbig bezog sich auf den allianz- und technologiepolitischen Bereich. Die parlamentarischen Entscheidungsträger müssten sich ein Urteil darüber bilden, ob das MEADS-Projekt, das offiziell als transatlantisches Modell betitelt würde, tatsächlich ein kooperatives Vorhaben zwischen gleichgestellten Vertragspartnern sei. Das Grundproblem einer außerordentlich restriktiven Exportkontrollpolitik unter den Bedingungen einer ausgeprägten Hochtechnologie-Asymmetrie zugunsten der USA habe bereits die gesamte Geschichte des MEADS-

196 Die Berichterstattergruppe erwiderte hierauf, dass es in Afghanistan keine konkrete Bedrohung gebe, die den Einsatz eines weitreichenden Luftverteidigungssystems erforderlich mache. Vgl. Parlamentsarchiv, Deutscher Bundestag, Bestand 3119, Ausschuss für Verteidigung, A15/11 – Prot. 6 BE, Überarbeitete Tonbandabschrift der 6. Sitzung der Berichterstattergruppe »Bodengebundene Luftverteidigung« des Verteidigungsausschusses vom 16.6.2004, S. 17.

197 Vgl. ebd., S. 8.

198 Vgl. ebd., S. 2–8, 17–20; hierzu auch Kap. II.4.

Programmes mitbestimmt.[199] In Verhandlungen mit den USA würde es immer wieder darum gehen, wie man ein faires Verhältnis zwischen den investierten Finanzmitteln und den zu verrichtenden Arbeiten gestalten könne. Es gehe stets um das Problem des Zugangs zu amerikanischer Spitzentechnologie, nicht nur in Bezug auf Einblicke in *black boxes*, sondern auch hinsichtlich der Beteiligung an der Produktion von Hochtechnologiekomponenten. Aus deutscher, industriepolitischer Sicht sei zu entscheiden, ob sich die Relation zwischen Kosten, Nutzen und auch dem Zugang zu amerikanischer Technologie rechne. Kubbig rief in diesem Zusammenhang die schlechten Erfahrungen, die die Bundesrepublik bereits mit SDI gemacht habe, in Erinnerung und mahnte zur Vorsicht.[200] Mit dem vonseiten der USA unilateral vorgenommenen Transfer der Verantwortlichkeit für das MEADS-Programm vom eher transatlantisch denkenden Pentagon zur stärker amerikazentrierten U.S. Army sei zudem mit einer zunehmenden Amerikanisierung des Programms zu rechnen.[201] Zuletzt wies Kubbig auf die finanzielle Last von TLVS/MEADS hin: »Wenn die Geschichte von MEADS eines lehrt, dann sind es die beständig nach oben korrigierten Kosten.«[202] Angesichts der finanziellen Lage der Bundesrepublik gelte es nicht nur, unmittelbar bevorstehende Haushaltsansätze zu überdenken, sondern insbesondere finanzielle Aufwendungen, die sich langfristig ergeben würden. Vor dem Hintergrund dieser Einwände empfahl Kubbig dem Verteidigungsausschuss, hinsichtlich einer weiteren deutschen Beteiligung am MEADS-Programm keine übereilte Entscheidung zu treffen: »In Übereinstimmung mit dem gewachsenen Interesse, den europäischen Pfeiler in der NATO zu stärken«,[203] plädierte er für eine Multilateralisierung des Projekts und einen damit einhergehenden Ausbau der europäischen Komponente im Sinne einer Emanzipation.[204]

Eine Grundlage für die Arbeit der Berichterstattergruppe »Bodengebunde Luftverteidigung« des Verteidigungsausschusses waren das Luftverteidigungskonzept der Bundeswehr vom 11. April 2001 und die darin enthaltenen Sollvorstellungen zur Weiterentwicklung der Erweiterten Luftverteidigung als streitkräftegemeinsam zu erfüllende Aufgabe im Rahmen der Integrierten NATO-Luftverteidigung. Das BMVg hatte den Verteidigungsausschuss bereits während der Erarbeitung des Konzepts in der 62. und 63. Sitzung der 14. Wahlperiode über den Bearbeitungsstand und die

---

199 Die Asymmetrie ergab sich durch den auf kommerziellen Interessen der USA basierenden Buy American-Ansatz und den sicherheitspolitisch begründeten Protect America-Ansatz.

200 Vgl. Parlamentsarchiv, Deutscher Bundestag, Bestand 3119, Ausschuss für Verteidigung, A15/11 – Prot. 6 BE, Überarbeitete Tonbandabschrift der 6. Sitzung der Berichterstattergruppe »Bodengebundene Luftverteidigung« des Verteidigungsausschusses vom 16.6.2004, S. 7, 9. Vgl. dazu Kap. II.4.a.

201 Mit dem Transfer der Verantwortung ging auch eine Stärkung der Rüstungsindustrie der U.S. Army (Raytheon, Lockheed Martin) einher. Das MEADS-Programm würde demnach vermehrt an Patriot ausgerichtet werden.

202 Parlamentsarchiv, Deutscher Bundestag, Bestand 3119, Ausschuss für Verteidigung, A15/11 – Prot. 6 BE, Überarbeitete Tonbandabschrift der 6. Sitzung der Berichterstattergruppe »Bodengebundene Luftverteidigung« des Verteidigungsausschusses vom 16.6.2004, S. 22.

203 Ebd.

204 Vgl. ebd., S. 17–22.

wesentlichen, bereits zu diesem Zeitpunkt feststehenden Ergebnisse unterrichtet.[205] Demnach sei TLVS/MEADS Bestandteil des Konzepts und aus sicherheits- und verteidigungspolitischer Sicht unverzichtbar. Die Anforderungen an das neue System seien folgerichtig aus der Risikoeinschätzung für den Zeitraum 2005 bis 2020 abgeleitet worden. Eine Kampfwertsteigerung der Waffensysteme Hawk und Patriot könne nicht ausgleichen, was mit der Realisierung von TLVS/MEADS geplant sei.[206]

Die Integrierte Erweiterte NATO-Luftverteidigung war und ist noch immer ein zentraler Eckpunkt der Bündnissolidarität, auf der die Sicherheit Deutschlands beruht. Die NATO strebte ein Gesamtsystem aus Fähigkeiten gegen das gesamte Bedrohungsspektrum aus der Luft in der oberen und unteren Abfangschicht an. Dies schloss mittelfristig die Abwehr von ballistischen Flugkörpern in der unteren Abfangschicht und langfristig die Abwehr von ballistischen Flugkörpern in der oberen Abfangschicht sowie die Bekämpfung von ballistischen Raketen in der Start- und Aufstiegsphase mit ein. Patriot war zu dieser Zeit das einzige in der NATO eingesetzte Waffensystem, das neben der Fähigkeit zur Bekämpfung von bemannten und unbemannten Luftfahrzeugen eine (eingeschränkte) Fähigkeit zur Abwehr von TBM in der unteren Abfangschicht besaß. Innerhalb des Bündnisses verfügten die USA und Deutschland sowie in geringerem Umfang die Niederlande und Griechenland über das Waffensystem Patriot.[207]

Kurzfristig und mit Priorität verfolgte das Verteidigungsministerium das Ziel, die eigenen Streitkräfte im Einsatz bestmöglich vor Angriffen mit TBM zu schützen (TMD). Der multinationale und streitkräftegemeinsame Einsatz erforderte gleichzeitig eine Verbesserung der Interoperabilität eingesetzter Systeme und Komponenten. Mittel- bis langfristig galt es jedoch ebenso, »im multinationalen Rahmen geeignete Maßnahmen zum Schutz von Bevölkerung, Territorien und Truppen im Einsatz gegen Raketen im gesamten Reichweitenspektrum zu definieren sowie im bestehenden Organisationsrahmen der NATO zu entwickeln«.[208] Das Luftverteidigungskonzept, abgestimmt auf die konzeptionellen Grundlagen zur Integrierten Erweiterten NATO-Luftverteidigung, bildete die Grundlage für die Weiterentwicklung der Erweiterten Luftverteidigung auf nationaler Ebene.[209]

---

205 Vgl. Parlamentsarchiv, Deutscher Bundestag, Bestand 3119, Ausschuss für Verteidigung, 14. WP, Protokoll Nr. 62 vom 17.1.2001, TOP 8, und Protokoll Nr. 63 vom 24.1.2001, TOP 8.

206 Vgl. Parlamentsarchiv, Deutscher Bundestag, Bestand 3119, Ausschuss für Verteidigung, A15/11 – Prot. 2 BE, Überarbeitete Tonbandabschrift der 2. Sitzung der Berichterstattergruppe »Bodengeb undene Luftverteidigung« des Verteidigungsausschusses vom 14.1.2004, S. 29; Parlamentsarchiv, Deutscher Bundestag, Bestand 3119, Ausschuss für Verteidigung, 13. WP, Protokoll Nr. 29 vom 28.2.1996, S. 26 f.; Mey, Strategisches Erfordernis, S. 41.

207 Vgl. Parlamentsarchiv, Deutscher Bundestag, Bestand 3119, Ausschuss für Verteidigung, 15. WP, A-Drs. 15(11)428, Abschlußbericht der Berichterstattergruppe zum Thema »Bodengebundene Luftverteidigung« vom 19.10.2004, S. 2–4.

208 Parlamentsarchiv, Deutscher Bundestag, Bestand 3119, Ausschuss für Verteidigung, A15/11 – Prot. 2 BE, Überarbeitete Tonbandabschrift der 2. Sitzung der Berichterstattergruppe »Bodengebundene Luftverteidigung« des Verteidigungsausschusses vom 14.1.2004, S. 39, 42.

209 Vgl. Parlamentsarchiv, Deutscher Bundestag, Bestand 3119, Ausschuss für Verteidigung, 15. WP, A-Drs. 15(11)428, Abschlußbericht der Berichterstattergruppe zum Thema »Bodengebundene Luftverteidigung« vom 19.10.2004, S. 4; Konzeption der Bundeswehr (2004), S. 107 f.

Die vorhandenen bodengebundenen Luftverteidigungssysteme der Luftwaffe wiesen Defizite auf. So gab es »Einschränkungen bei der frühzeitigen, weitreichenden und hochauflösenden multidirektionalen Erfassung – auch bei kleineren Zielsignaturen – sowie in der notwendigen Distanz«.[210] Die Bekämpfung von unbemannten Luftfahrzeugen, Hubschraubern und Abstandswaffen war nur begrenzt möglich. Die Fähigkeit zum Direkttreffer (*hit-to-kill*) bei der Abwehr taktisch ballistischer Flugkörper zur sicheren Zerstörung von Gefechtsköpfen mit Massenvernichtungswaffen fehlte. Die Verlegbarkeit mit nationalen Lufttransportmitteln war aufgrund der Größe und des Gewichts der bodengebundenen Luftverteidigungssysteme eingeschränkt. Und nicht zuletzt bestanden Defizite wegen der mangelnden frühzeitigen Erfassung und (Ziel-)Voreinweisung. Aus den hier dargestellten Forderungen an die bodengebundene Luftverteidigung leitete die Luftwaffe die Notwendigkeit eines Gefechtsstandes FlaRak (SAMOC) und der Kampfwertanpassung von Patriot einschließlich der Bewaffnung mit Lenkflugkörpern mit der Fähigkeit zum Direkttreffer (PAC-3) sowie die Entwicklung und Beschaffung eines Luftverteidigungssystems Neuer Generation (LV Sys NG) ab.[211]

Mit dem Waffensystem Patriot leistete die Luftwaffe bereits einen wichtigen Beitrag zur Erweiterten Luftverteidigung der NATO. Um eine volle Grundbefähigung zur Abwehr von taktischen Flugkörpern ballistischer und aerodynamischer Art zu gewährleisten, war zunächst eine Kampfwertanpassung der Patriot-Systeme sowie die Beschaffung von PAC-3-Lenkflugkörpern erforderlich. Die Luftwaffe hatte diese Modernisierung in ihren Planungen fest verankert, doch die Umsetzung war zunächst bis zur Vorlage der Ergebnisse der Risikominimierungsphase von MEADS aufgeschoben worden, um eine bessere Beurteilung zu ermöglichen. In der Konsequenz bestand in diesem Bereich nach wie vor eine gravierende Fähigkeitslücke. Die Leistungssteigerungen des Waffensystems Patriot waren aufgrund des Alters endlich und nach Auffassung des Verteidigungsministeriums grundsätzlich nicht kostengünstiger als eine Neuentwicklung. Auch PAC-3 ermöglichte lediglich den Einstieg in die Fähigkeit zur Bekämpfung von TBM einer Reichweite von bis zu 1000 Kilometern. Eine erfolgreiche Abwehr hing von den Leistungsparametern des Radars und des Lenkflugkörpers sowie von den daraus resultierenden Synergien ab. Selbst PAC-3 würde nicht in der Lage sein, dem vollständigen Bedrohungsspektrum der TBM des nächsten Jahrzehnts zu begegnen. Manövrierfähige ballistische Flugkörper, Täuschkörper und Trümmerteile, beispielsweise die ausgebrannten, zerstörten Antriebsstufen des Flugkörpers (Debris), könnten für das Patriot-System ein äußerst schwierig zu bekämpfendes Zielspektrum darstellen.[212]

---

210 Vortrag von Brigadegeneral Schelzig (BMVg, FüL III 1): Parlamentsarchiv, Deutscher Bundestag, Bestand 3119, Ausschuss für Verteidigung, A15/11 – Prot. 2 BE, Überarbeitete Tonbandabschrift der 2. Sitzung der Berichterstattergruppe »Bodengebundene Luftverteidigung« des Verteidigungsausschusses vom 14.1.2004, S. 37.

211 Vgl. ebd. – Die Bezeichnung Luftverteidigungssystem Neuer Generation, kurz LV Sys NG, nutzte die Luftwaffe Anfang der 2000er Jahre als Synonym für TLVS.

212 Vgl. BArch, BW 1/568005, Bericht des Bundesrechnungshofs (BRH) an das Bundesministerium der Verteidigung nach § 88 Abs. 2 BHO über die Planungen für ein Taktisches Luftverteidigungssystem (TLVS/MEADS) vom 14.1.2004, S. 2, 6 f.

Wenn die Luftwaffe auch in Zukunft einen wirksamen Schutz gegen Angriffe aus der Luft gewährleisten und weiterhin zur Erweiterten Luftverteidigung der NATO sowie zu einer europäischen Luftverteidigung betragen wollte, war mittel- bis langfristig – unabhängig von der Kampfwertanpassung von Patriot – ein bodengebundenes Luftverteidigungssystem Neuer Generation unabdingbar.[213]

Gegenüber Patriot PAC-3 verfügte TLVS/MEADS über eine erweiterte Raumabdeckung bei der Erfassung und Bekämpfung von Luftbedrohungen mit einem Wirkungsbereich von 360 Grad. Die vernetzte Architektur von TLVS/MEADS ermöglichte eine höhere Systemredundanz, sodass selbst bei Verlegung oder Ausfall von Hauptgeräten die Kampffähigkeit erhalten bliebe. Im Gegensatz zu Patriot wies TLVS/MEADS eine höhere Festigkeit gegen elektronische Störmaßnahmen auf sowie eine insgesamt höhere Systemwirksamkeit in den Bereichen Zielerfassung, -verfolgung und -bekämpfung. Dies betraf insbesondere Luftziele wie TBM und tieffliegende Ziele mit sehr kleinen Radarrückstrahlflächen und extremen Flugprofilen. Ein höherer Interoperabilitätsgrad sollte einen verbesserten Wirkungsverbund von Aufklärung, Zielvoreinweisung und Bekämpfung realisieren. Die TLVS/MEADS-Komponenten sollten mit nationalen Mitteln lufttransportfähig und zur Führung modular zusammengestellter Feuereinheiten geeignet sein.[214]

In ihrem Abschlussbericht vom 19. Oktober 2004 empfahl die Berichterstattergruppe des Verteidigungsausschusses, sich auch weiterhin am MEADS-Programm zu beteiligen. Die bodengebundene Luftverteidigung in Deutschland stützte sich unverändert auf die drei Systeme Patriot, Hawk und Roland. Die letzten beiden sollten bis Ende 2005 außer Dienst gestellt werden. Damit würde nur noch Patriot in den unterschiedlichen Konfigurationen als bodengebundene Fähigkeit zur Luftverteidigung verbleiben – ein Waffensystem, das in den 1980er Jahren eingeführt worden war. Für die Berichterstattergruppe stellte sich zwangsläufig die Grundsatzfrage nach einer Modernisierung der Patriot-Systeme oder einer vollständigen Aufgabe der Fähigkeit. Deutschland habe diese aufgrund der Bedrohungslage im Ost-West-Konflikt stärker als andere NATO-Partner entwickelt, finanziert und mit Personal besetzt. Die Frage sei nicht nur, ob Deutschland die Waffensysteme für die eigenen Streitkräfte modernisieren sollte, sondern auch, ob man hier eine Fähigkeit weiterentwickeln würde, die Deutschland der NATO als eine von wenigen Nationen zur Verfügung stellen konnte, wodurch die Bundesrepublik der Vorreiterrolle im Bündnis weiterhin gerecht würde. Die Berichterstattergruppe kam zu dem Ergebnis, dass sich die Bedrohungslage zwar gewandelt habe, man auf eine bodengebundene Luftverteidigung jedoch nicht gänzlich verzichten könne. Durch die zunehmende Proliferation von technologischem Wissen zur Entwicklung von Massenvernichtungswaffen sowie die »weltweite Verbreitung einer Vielfalt an Luftkriegsmitteln mit größeren Reichweiten, verbesserter Avionik, Sensorik und

213 Vgl. Parlamentsarchiv, Deutscher Bundestag, Bestand 3119, Ausschuss für Verteidigung, A15/11 – Prot. 2 BE, Überarbeitete Tonbandabschrift der 2. Sitzung der Berichterstattergruppe »Bodengebundene Luftverteidigung« des Verteidigungsausschusses vom 14.1.2004, S. 5, 38.

214 Vgl. Deutscher Bundestag, Drucksache 14/6802 vom 15.8.2001, S. 3.

Bewaffnungsmöglichkeiten, einschließlich von Massenvernichtungswaffen«[215] entstehe ein größeres Risikopotenzial. Die Bedrohung des deutschen Territoriums durch einen großangelegten Luftangriff aus dem Osten sei nicht mehr gegeben. Das wahrscheinlichere Szenario bildeten nun Luftbedrohungen für deutsche und verbündete Streitkräfte im Auslandseinsatz. Insbesondere für diese Einsätze seien ein modernes Luftverteidigungssystem sowie moderne Flugkörper erforderlich. Auf mittlere und lange Sicht könne darüber hinaus im Zuge von vergrößerten Reichweiten oder beweglichen Plattformen auch unmittelbar für das deutsche Staatsgebiet eine Bedrohung nicht ausgeschlossen werden. Um auf das Gesamtspektrum zukünftiger Bedrohungen aus der Luft reagieren zu können, sei eine Modernisierung der bodengebundenen Luftverteidigung unabdingbar.[216]

Die ersten TLVS/MEADS-Feuereinheiten sollten ab dem Jahr 2012 in die Bundeswehr eingeführt werden und zunächst gemeinsam mit den Patriot-Systemen das Rückgrat der bodengebundenen Erweiterten Luftverteidigung bilden. In einem langfristig angelegten Beschaffungszeitraum bis ca. 2025 sollte das neue Waffensystem schließlich den bis Ende 2005 bestehenden Luftverteidigungsverbund aus Patriot, Hawk und Roland vollständig ersetzen.[217] Mit dem Ende der wirtschaftlich vertretbaren Nutzungsdauer von Patriot würde TLVS/MEADS letztendlich allein den Schutz von Kräften und Mitteln im Einsatz innerhalb und außerhalb Deutschlands gegen das gesamte künftig zu erwartende Luftbedrohungsspektrum sicherstellen. Die Luftwaffe hatte als Bedarfsträger zunächst als strukturkonforme Erstbefähigung die Beschaffung von 24 Feuereinheiten TLVS/MEADS und damit einen Ersatz der vorhandenen Patriot-Systeme im Verhältnis 1:1 sowie eine Grundbeladung von 216 PAC-3-Lenkflugkörpern (davon die Übernahme von 96 Stück aus dem Waffensystem Patriot) gefordert. Als Ausgleich zur vorher höheren Bedarfsforderung für PAC-3-Flugkörper sollten mehr Zweitflugkörper beschafft werden.[218] Aufgrund der verbesserten Leistungsfähigkeit von TLVS/MEADS war allerdings kein Ersatz der Patriot-Systeme im Verhältnis 1:1 vonnöten.[219] Die Zahl wurde im Rahmen des Rüstungsrates einvernehmlich auf zwölf Waffensysteme plus ein Ausbildungssystem revidiert.[220]

---

215 Parlamentsarchiv, Deutscher Bundestag, Bestand 3119, Ausschuss für Verteidigung, 15. WP, A-Drs. 15(11)428, Abschlußbericht der Berichterstattergruppe zum Thema »Bodengebundene Luftverteidigung« vom 19.10.2004, S. 2.

216 Vgl. Parlamentsarchiv, Deutscher Bundestag, Bestand 3119, Ausschuss für Verteidigung, 15. WP, Protokoll Nr. 47 vom 10.11.2004, S. 46–48; Parlamentsarchiv, Deutscher Bundestag, Bestand 3119, Ausschuss für Verteidigung, 15. WP, A-Drs. 15(11)428, Abschlußbericht der Berichterstattergruppe zum Thema »Bodengebundene Luftverteidigung« vom 19.10.2004, S. 2.

217 Offizielles Nutzungsende für Hawk und Roland war der 1.12.2005.

218 Vgl. BArch, BW 1/568005, Bericht des Bundesrechnungshofs (BRH) an das Bundesministerium der Verteidigung nach § 88 Abs. 2 BHO über die Planungen für ein Taktisches Luftverteidigungssystem (TLVS/MEADS) vom 14.1.2004, S. 28; Parlamentsarchiv, Deutscher Bundestag, Bestand 3119, Ausschuss für Verteidigung, 16. WP, Protokoll Nr. 28 vom 13.12.2006, S. 29.

219 Vgl. Parlamentsarchiv, Deutscher Bundestag, Bestand 3119, Ausschuss für Verteidigung, 15. WP, A-Drs. 15(11)428, Abschlußbericht der Berichterstattergruppe zum Thema »Bodengebundene Luftverteidigung« vom 19.10.2004, S. 5 f.

220 Vgl. Parlamentsarchiv, Deutscher Bundestag, Bestand 3119, Ausschuss für Verteidigung, A15/11 – Prot. 3 BE, Überarbeitete Tonbandabschrift der 3. Sitzung der Berichterstattergruppe »Bodengebundene Luftverteidigung« des Verteidigungsausschusses vom 11.2.2004, S. 15.

0926-01 Hartung 06 III-Konzeptionelle Grundlagen R.indd, Dr: 13.06.21 11:25, B: Mau, S. 186

Der Abschlussbericht der Berichterstattergruppe enthielt eine Untersuchung von alternativen Waffensystemen. Kein bereits verfügbares oder in der Entwicklung befindliches System mit der Fähigkeit zur Abwehr ballistischer Flugkörper konnte jedoch dem Aufgaben- und Fähigkeitsspektrum von TLVS/MEADS entsprechen.[221]

Die Verteidigungspolitiker des Bundestages nahmen am 10. November 2004 die Empfehlungen der Berichterstattergruppe einstimmig an und plädierten für eine deutsche Beteiligung an der Entwicklung und Beschaffung von MEADS. Im Folgenden musste sich der Haushaltsausschuss mit dem Thema befassen und im März 2005 sollte das Plenum des Bundestages entscheiden. Gleichzeitig liefen bereits die Vertragsverhandlungen auf Industrie- und auf Regierungsebene über das Memorandum of Understanding.[222]

d) Die öffentliche Debatte in Deutschland

Die anstehende Entscheidung, ob Deutschland gemeinsam mit seinen Partnern, den USA und Italien, in die Entwicklungsphase von MEADS einsteigen sollte, löste auf politischer und öffentlich wissenschaftlicher Ebene eine intensive Debatte über das trilaterale Rüstungsprojekt aus, der die Medien in den folgenden Monaten viel Raum zur Entfaltung gaben.[223] Kritiker[224] und Befürworter[225] diskutierten über die militärischen Relevanz von TLVS/MEADS vor dem Hintergrund der aktuellen Bedrohungs- und Risikoanalysen und der Entwicklungs- und Beschaffungskosten sowie über die Frage, inwiefern das neue System tatsächlich eine Verbesserung zu Patriot darstellte. Darüber hinaus wurden bündnispolitische Implikationen, industrie- und technologiepolitische Fragen sowie die Einordnung von MEADS in den Kontext der Rüstungskontrolle diskutiert.

Auf politischer Ebene wurde die Debatte um das neue Luftverteidigungssystem nicht einfach zwischen Regierung und Opposition geführt, sondern sie gestaltete sich weitaus differenzierter, als im Folgenden deutlich gemacht werden kann. Insbesondere die Fraktionen Bündnis 90/Die Grünen, FDP und Die Linke, aber auch vereinzelte SPD-Abgeordnete griffen die Kritik an MEADS auf und verlangten einen Ausstieg Deutschlands oder zumindest einen Aufschub der zu treffenden

221 Zu den potenziellen Alternativen gehörten vorrangig das französisch-italienische Luftverteidigungssystem SAMP/T, das israelisch-amerikanische Luftverteidigungssystem Arrow, das Aufwuchspotenzial von Patriot sowie die russischen Luftverteidigungssysteme S-300 und S-400. Vgl. Parlamentsarchiv, Deutscher Bundestag, Bestand 3119, Ausschuss für Verteidigung, 15. WP, A-Drs. 15(11)428, Abschlußbericht der Berichterstattergruppe zum Thema »Bodengebundene Luftverteidigung« vom 19.10.2004, S. 11 f.

222 Vgl. Kubbig, Als Entscheidungsgrundlage für das Raketenabwehrprojekt MEADS ungeeignet, S. 58.

223 Vgl. Reymar Klüver, Stellungskrieg der Gutachter. Experten streiten, ob Deutschland ein Raketenabwehrsystem braucht. In: SZ, 8.2.2005; Dissens über Raketenabwehr. In: FAZ, 28.2.2005.

224 Vgl. Lange, Teilfähigkeitsverlust durch MEADS; Hagena, Zur aktuellen Kontroverse; Kubbig, Als Entscheidungsgrundlage für das Raketenabwehrprojekt MEADS ungeeignet.

225 Vgl. Grams, Das Medium Extended Air Defense System; Krause, MEADS in der Kritik; Bauer/Agüera, MEADS ist unverzichtbar; Dehéz, Umfassender Schutz.

Entscheidung. Abgeordnete der Unionsparteien wirkten teilweise verunsichert.[226] Eine Ablehnung des Bundestags hätte den Ausstieg Deutschlands aus dem trilateralen Rüstungsprojekt zur Folge gehabt.[227] Der Diskurs wurde im Wesentlichen durch drei Faktoren bestimmt: Zum Ersten spielte der Bundesrechnungshof, der das Vorhaben aus finanzieller Perspektive begleitete, eine bedeutende Rolle in der gesamten Debatte. Seine Gutachten waren offenbar der Presse zugespielt worden.[228] Zum Zweiten nahm das Verteidigungsministerium als wesentlicher Gegenpart zum BRH nicht an der öffentlichen Debatte teil, sodass diese vorrangig durch Wissenschaftler, Journalisten, Parlamentarier und Vertreter der Industrie (EADS) geführt wurde. Drittens entwickelte sich das Bündnis 90/Die Grünen als Regierungsfraktion mit ihrer kritischen Haltung gegenüber einer deutschen Beteiligung an MEADS zum bestimmenden Faktor in der Debatte. Winfried Nachtwei etwa hatte sich bereits Mitte der 1990er Jahre wiederholt gegen das Vorhaben MEADS ausgesprochen. Er stellte dessen Notwendigkeit infrage und warnte vor sehr hohen Kosten sowie dem Risiko einer Rüstungskooperation mit den USA.[229] Im Folgenden werden die Positionen zu den Schwerpunkten in der Debatte zusammengefasst.

Die militärische Relevanz von TLVS/MEADS vor dem Hintergrund aktueller Bedrohungs- und Risikoanalysen

Eine der wesentlichen Forderungen an TLVS/MEADS war die Fähigkeit zur Abwehr ballistischer Raketen mit einer Reichweite von bis zu 1000 Kilometern. Deutschland war jedoch ausschließlich von befreundeten und verbündeten Staaten umgeben. Eine Bedrohung des deutschen Territoriums durch ballistische Kurzstreckenraketen mit Reichweiten bis 1000 Kilometer galt aufgrund der geografischen Entfernung zu potenziellen Konflikträumen als unwahrscheinlich. Falls es einem staatlichen Akteur kurz- bis mittelfristig gelingen sollte, die Reichweite seiner ballistischen Flugkörper erheblich zu steigern und er darüber hinaus über die Absicht verfügte, mit diesen Waffen Deutschland anzugreifen, wären weder MEADS noch Patriot (PAC-3) ein geeignetes Mittel zur Verteidigung Deutschlands.[230] Die Gegner hinterfragten demnach die Relevanz des neuen Waffensystems.[231]

---

226 Vgl. Bauer/Agüera, MEADS ist unverzichtbar, S. 2; Zweifel in Berlin am Raketenabwehrsystem Meads. »Deutlich geringere Reichweite als Patriot«/Zwei Studien. In: FAZ, 29.1.2005.

227 Vgl. Krause, MEADS in der Kritik, S. 21.

228 Vgl. Andreas Rinke, Rechnungshof warnt erneut vor Kosten des neuen Flugabwehrsystems. Bundesfinanzministerium befürwortet Einstieg bei Meads. In: Handelsblatt, 7.3.2005. Auch andere interne Dokumente aus politischen und militärischen Kreisen schienen vereinzelten Teilnehmern der Kontroverse zugespielt worden zu sein.

229 Vgl. Parlamentsarchiv, Deutscher Bundestag, Bestand 3119, Ausschuss für Verteidigung, 13. WP, Protokoll Nr. 29 vom 28.2.1996, S. 25. Vgl. auch Mützenich, Kein angemessener Schutz; Kubbig/Nitsche, Germany, S. 526 f.

230 Vgl. BArch, BW 1/568005, Bericht des Bundesrechnungshofs (BRH) an das Bundesministerium der Verteidigung nach § 88 Abs. 2 BHO über die Planungen für ein Taktisches Luftverteidigungssystem (TLVS/MEADS) vom 14.1.2004, S. 33; Hagena/Hagena/Witzendorff, Eine Raketenabwehr für Europa?, S. 33; Hagena, Zur aktuellen Kontroverse, S. 9.

231 Vgl. Parlamentsarchiv, Deutscher Bundestag, Bestand 3119, Ausschuss für Verteidigung, 16. WP, Protokoll Nr. 33 vom 31.2.2007, S. 55.

0926-01 Hartung 06 III-Konzeptionelle Grundlagen R.indd, Dr: 13.06.21 11:25, B: Mau, S. 188

Den Befürwortern zufolge würden die Kritiker übersehen, dass infolge der veränderten sicherheitspolitischen Lage Staaten das kleinere Risikopotenzial darstellten. Insbesondere die Anschläge vom 11. September 2001 hätten nichtstaatliche und terroristische Gruppierungen ins Blickfeld der Bedrohungsanalysen gerückt. Zudem gebe es Anzeichen für Planungen zum Umbau von Frachtschiffen, um diese zum Transport und Abschuss von ballistischen Flugkörpern zu befähigen, sodass der Gefährdungsbereich unter 1000 Kilometer durchaus bei der Bedrohungsanalyse zu berücksichtigen sei. Die Risikominimierungsphase im MEADS-Programm habe zudem ergeben, dass die technologischen Anforderungen an das System nicht nur realisierbar waren, sondern bessere Leistungsparameter als gefordert boten. Bei entsprechenden Bedingungen könne MEADS in der Lage sein, auch ballistische Flugkörper mit einer Reichweite von über 1000 Kilometern abzuwehren.[232]

Die Verteidigung des deutschen Territoriums gegen Angriffe mit ballistischen Kurzstreckenraketen war aus Gründen der reduzierten Bedrohung für diesen Entfernungsbereich allerdings keine wesentliche militärische Forderung an TLVS/MEADS. Gemäß der Konzeption der Bundeswehr von 2004 war mit einer Bedrohung durch TBM vorrangig für Einsatzkräfte und Einsatzräume außerhalb Deutschlands zu rechnen. Es war unbestritten, dass die deutschen Soldatinnen und Soldaten im Ausland geschützt werden mussten und eine Bedrohung für die Südflanke des Bündnisgebietes – insbesondere für die Türkei – durch taktisch ballistische Raketen existierte. Kritiker sprachen jedoch von einem Rückgang der Bedrohung durch ballistische Raketen für die deutschen Streitkräfte im Einsatz. Die Erfahrungen aus dem letzten Irakkrieg würden dies belegen. Die durch den Geheimdienst vor Kriegsbeginn 2003 vermuteten Waffenbestände Saddam Husseins hätten letztendlich nicht existiert.[233]

Die Gegner zweifelten an der technischen Realisierbarkeit eines Waffensystems zur Verteidigung gegen taktisch ballistische Raketen. Sie argumentierten mit der vermeintlich bescheidenen Bilanz des Patriot-Systems gegen TBM während des Zweiten Golfkriegs, dem Problem des *friendly fire* während des letzten Irakkriegs 2003 und der geringen Erfolgsquote von Testversuchen des PAC-3-Lenkflugkörpers 2002.[234] Dies sei nicht nur relevant, weil für MEADS besagter Flugkörper verwendet werden sollte, sondern auch, weil die USA ihrerseits beabsichtigten, das MEADS-Programm umzustrukturieren und die Entwicklung des neuen Waffensystems nun in die Tradition von Patriot stellten. Die Befürworter betonten, dass das Konzept zu TLVS/MEADS die Schwächen von Patriot ausgleichen sollte. Mit dem für das neue Waffensystem vorgesehenen Flugkörper PAC-3 MSE (Missile Segment Enhancement) befand sich bereits ein neuer Lenkflugkörper auf Basis der PAC-3-

232 Vgl. Grams, Über welches MEADS debattiert Berlin?, S. 116 f.; Grams, Das Medium Extended Air Defense System, S. 7 f.

233 Vgl. Hagena, Zur aktuellen Kontroverse, S. 9; Eric Chauvistré, »Es ist angebracht, die Entscheidung deutlich zu verschieben«. Winfried Nachtwei, sicherheitspolitischer Sprecher der Grünen, hält Meads aus militärischen und finanziellen Gründen für zweifelhaft: »Die Ausgaben sind nicht verantwortbar«. In: Tageszeitung, 10.3.2005.

234 Vgl. Hagena, Zur aktuellen Kontroverse, S. 10; Lange, Teilfähigkeitsverlust durch MEADS, S. 2; Kubbig, Als Entscheidungsgrundlage für das Raketenabwehrprojekt MEADS ungeeignet, S. 25; Wall, Patching Patriot.

Technologie in der Entwicklung. TLVS/MEADS war für die Bekämpfung von taktisch ballistischen Flugkörpern in der unteren Abfangschicht bis zu einer Reichweite von 1000 Kilometern auch bei variablen Flugbahnen ausgelegt. Es sollte sowohl gegen konventionelle Gefechtsköpfe als auch gegen nicht-konventionelle (biologische und chemische Waffen) sowie gegebenenfalls gehärtete oder, eingeschränkt, mit Submunition ausgerüstete (Cluster) oder manövrierfähige Gefechtsköpfe wirken können. Darüber hinaus sollte TLVS/MEADS befähigt sein, Mehrfachangriffe aus einer oder mehreren Richtungen abzuwehren. Um unnötige Bekämpfungsvorgänge, einschließlich *friendly fire*, zu vermeiden, war das Waffensystem dafür ausgelegt, zwischen Gefechtskopf, Täuschkörpern, Trümmern oder anderen Teilen des Flugkörpers zu unterscheiden.[235]

Die Luftwaffe reduzierte MEADS jedoch nicht auf seine Fähigkeit zur Abwehr taktisch ballistischer Flugkörper, sondern betrachtete es als Bestandteil des Luftverteidigungssystems gegen das gesamte Luftbedrohungsspektrum. In diesem Zusammenhang sollte ein Einsatz von MEADS auch im Rahmen der Landesverteidigung möglich sein.[236] Hawk und Roland erreichten 2005 das Ende ihrer Nutzungsdauer, und für Patriot war dieses bereits absehbar. Aus Sicht der Befürworter würde Deutschland mit TLVS/MEADS darüber hinaus und langfristig die Aufgaben der Erweiterten Luftverteidigung wahrnehmen und weiterhin einen wichtigen Beitrag sowohl für die NATO als auch die EU leisten. Das Konzept für das neue Waffensystem erfülle die drei Kernforderungen: den Schutz eigener und verbündeter Streitkräfte im Auslandseinsatz, den Schutz der Zivilbevölkerung in den Einsatzräumen und den Schutz Deutschlands im Rahmen der bodengebundenen Landes- und Bündnisverteidigung. Gemäß dem trilateralen Anforderungsdokument (ITRD) sollte MEADS in der Lage sein, gegen das gesamte Luftbedrohungsspektrum zu wirken. Das erforderte nicht nur eine Lufttransportfähigkeit mit nationalen Mitteln, sondern ebenso eine hohe Mobilität im Gelände sowie eine modulare Systemarchitektur und operative Flexibilität. Damit entsprach die Auslegung von TLVS/MEADS den deutschen Ansprüchen im Rahmen der Transformation der Streitkräfte.[237]

Bewaffnete Einsätze der Bundeswehr fanden in der Regel im Bündnisrahmen statt. Eine wesentliche Voraussetzung für die Bündnisfähigkeit bildeten die Kompatibilität und Interoperabilität der Streitkräfte. Daher gewannen multilaterale Abstimmungen über einen gemeinsamen Ausrüstungsbedarf und die Nutzung gemeinsam entwickelter und beschaffter Waffensysteme im Rahmen von europäischen und transatlantischen Rüstungskooperationen zunehmend an Bedeutung.[238] Vor diesem Hintergrund betonte der Generalinspekteur der Bundeswehr die bünd-

---

[235] Vgl. BMVg, FüL II 6, Zwischenentscheidung im Projekt Taktisches Luftverteidigungssystem/Medium Extended Air Defense System (TLVS/MEADS) vom 17.1.2005, S. 30.

[236] Vgl. BArch, BW 1/568005, Stellungnahme des BMVg zum »Bericht an das Bundesministerium der Verteidigung nach § 88 Abs. 2 BHO über die Planungen für ein Taktisches Luftverteidigungssystem (TLVS/MEADS)« vom 4.5.2004, S. 5.

[237] Vgl. Grams, Das Medium Extended Air Defense System, S. 5.

[238] Vgl. Schetilin, Material- und Ausrüstungsplanung, S. 24, 32; Martin, International Co-operation, S. 234, 238.

nis- und militärpolitische Bedeutung von TLVS/MEADS sowie den transatlantischen Modellcharakter des Rüstungsvorhabens. Planerisch würde Deutschland mit MEADS auch künftig einen substanziellen Beitrag zum NATO-Programm ALTBMD leisten.[239] Ein Ausstieg aus dem trilateralen Rüstungsprogramm würde die Rolle Deutschlands als verlässlicher Partner infrage stellen.[240]

Entwicklungs- und Beschaffungskosten

Die Gesamtkosten für das Entwicklungsprogramm von MEADS wurden mit etwa vier Milliarden Dollar angegeben. Gemäß Verteilerschlüssel würden die USA 58 Prozent, Deutschland 25 Prozent und Italien 17 Prozent der Kosten tragen. Umgerechnet ergaben sich für Deutschland Gesamtkosten in Höhe von 847 Millionen Euro. Für die Anpassung des Zweitflugkörpers an die MEADS-Architektur waren zusätzliche 140 Millionen Euro zu berücksichtigen, sodass sich der nationale Gesamtumfang auf etwa eine Milliarde Euro für die Entwicklungsphase über einen Zeitraum von acht Jahren belaufen würde.[241] Befürwortern zufolge habe die gerade abgeschlossene Risikominimierungsphase im MEADS-Programm »einiges an Sicherheit über die zu erwartenden Kosten der Beschaffung (ab 2012) erbracht«.[242] Die Behauptungen, dass das MEADS-Projekt Kosten in zweistelliger Milliardenhöhe verursache, seien folglich nicht gerechtfertigt.[243]

Die Schätzungen zum Gesamtumfang der Beschaffungskosten, die sich aus den Kosten für das Waffensystem an sich und denen für die Lenkflugkörper zusammensetzten, variierten tatsächlich erheblich. Die Kalkulation war von unterschiedlichen unsicheren Faktoren abhängig, sodass ein exakter Gesamtpreis noch nicht berechnet werden konnte. Diese Faktoren ergaben sich aus der genauen Anzahl an Feuereinheiten und Lenkflugkörpern (PAC-3 und IRIS-T SL) sowie aus deren Stückpreisen. Die Stückpreise werden wiederum über die von den Partnernationen bestellte Anzahl bestimmt. Insbesondere die Menge der zu beschaffenden Lenkflugkörperbeschaffung konnte sich gravierend auf den Gesamtpreis auswirken.[244]

Die Taktische Forderung von 1987 und die Militärisch-Technische Zeichnung von 1992 für TLVS/ MEADS basierten auf den sicherheitspolitischen Rahmenbedingungen des Ost-West-Konflikts. Der zum damaligen Zeitpunkt abgeleitete Bedarf an 40 Feuereinheiten reflektierte den Ersatz des Hawk-Systems im Rahmen der Landesverteidigung. Abgeleitet aus den Verteidigungspolitischen Richtlinien vom 21. März 2003 und der Konzeption der Bundeswehr vom 9. August 2004 identifizierte die Luftwaffe zunächst einen Bedarf von zwölf operatio-

239 Vgl. BMVg, FüL II 6, GenInsp Bw an StS Dr. Eickenboom zu Taktisches Luftverteidigungssystem/ Medium Extended Air Defense System (TLVS/MEADS), hier: Zwischenentscheidung zum Vorhaben TLVS/MEADS vom 20.10.2004.

240 Vgl. Krause, MEADS in der Kritik, S. 8 f., 47 f.

241 Vgl. Grams, Das Medium Extended Air Defense System, S. 9 f.

242 Krause, MEADS in der Kritik, S. 9.

243 Vgl. Grams, Über welches MEADS debattiert Berlin?, S. 116; Kubbig, Als Entscheidungsgrundlage für das Raketenabwehrprojekt MEADS ungeeignet, S. 54 f.

244 Vgl. Grams, Das Medium Extended Air Defense System, S. 10; Dehéz, Umfassender Schutz.

nellen Feuereinheiten TLVS/MEADS, davon drei differenzierte[245] Feuereinheiten, von drei Gruppengefechtsständen sowie 216 PAC-3-Lenkflugkörpern[246] und 504 Zweitflugkörpern (voraussichtlich IRIS-T SL). Der Bedarfsträger sprach bei dieser Anzahl, die in den gültigen Dokumenten (Zwischenentscheid und 25-Millionen-Vorlage) festgeschrieben war, jedoch von einer Erstbefähigung.[247] Eine Festlegung des tatsächlichen Umfangs sollte erst mit der für Ende 2008 vorgesehenen Realisierungsgenehmigung unter Berücksichtigung der sicherheitspolitischen Entwicklungen, dem daraus abgeleiteten Fähigkeitsprofil der Bundeswehr und vor dem Hintergrund der Finanzierungsmöglichkeiten erfolgen. Die Herleitung des nunmehr reduzierten militärischen Bedarfs von 24 auf eine Erstbefähigung von zwölf Feuereinheiten führte zu Unstimmigkeiten mit dem Bundesrechnungshof. In einem Bericht vom 3. März 2005 erneuerte der BRH seine Zweifel an den Angaben der Bundesregierung zu den Beschaffungskosten. Eine von der Luftwaffe nach wie vor geforderte ›Vollbefähigung‹ von 24 Feuereinheiten würde mindestens sechs Milliarden Euro kosten. Der BRH war der Auffassung, dass bereits vor Beginn einer derart kostenintensiven Entwicklung geklärt sein sollte, »ob und in welchem Umfang die militärische Forderung der Luftwaffe zum Beschaffungsumfang von Meads Bestand hat und wie sie finanziert werden kann.«[248] Kritiker folgerten, dass die Reduzierung des Bedarfs auf zwölf Waffensysteme im Kontrast zur Wahrnehmung einer zunehmenden Raketenbedrohung stehe. Die 24 Feuereinheiten, die anhand von aktuellen Bedrohungsanalysen ermittelt worden waren, seien schlichtweg nicht finanzierbar: »Because it was the disastrous financial situation that determined the steadily decreasing numbers of MEADS fire units, the inconsistency on the side of the supporters grew, because in their view the threat was constantly increasing.«[249]

Die Kritiker gingen bei ihren Berechnungen der Beschaffungskosten von 24 Feuereinheiten TLVS/MEADS, einer Ausstattung mit jeweils sechs Startgeräten PAC-3, einer Beladung der Startgeräte mit einem Maximalumfang von jeweils zwölf PAC-3-Lenkflugkörpern, einem Nachladeumfang an Lenkflugkörpern PAC-3 von 50 Prozent sowie geschätzten Kosten von 3 Millionen US-Dollar pro Flugkörper aus. Aus diesen Annahmen resultierten gegenüber den Angaben des BMVg vielfach höhere Kostenschätzungen.[250]

---

[245] Eine voll ausgestattete deutsche TLVS/MEADS-Feuereinheit verfügte über vier Startgeräte PAC-3 mit insgesamt 20 PAC-3-Lenkflugkörpern und vier Startgeräte IRIS-T SL mit insgesamt 48 Lenkflugkörpern IRIS-T SL. Differenziert ausgestattete Feuereinheiten verfügten über je zwei Startgeräte PAC-3 mit insgesamt zwölf Lenkflugkörpern und zwei Startgeräte IRIS-T SL mit insgesamt 24 Lenkflugkörpern.

[246] Diese Anzahl an Lenkflugkörpern bildete die Grundbeladung nach internationalen Vorgaben und schloss 72 PAC-3-Flugkörper mit ein, die im Rahmen der Kampfwertanpassung von Patriot beschafft werden sollten.

[247] Vgl. BMVg, FüL II 6, Zwischenentscheidung im Projekt Taktisches Luftverteidigungssystem/Medium Extended Air Defense System (TLVS/MEADS) vom 17.1.2005, S. 48–50.

[248] Andreas Rinke, Rechnungshof warnt erneut vor Kosten des neuen Flugabwehrsystems. Bundesfinanzministerium befürwortet Einstieg bei Meads. In: Handelsblatt, 7.3.2005.

[249] Kubbig/Nitsche, Germany, S. 534. Vgl. zu diesem Absatz auch ebd., S. 530 f., und Kubbig, Raketenabwehrsystem MEADS, S. 5, 15; Dissens über Raketenabwehr. In: FAZ, 28.2.2005.

[250] Vgl. Kubbig, Als Entscheidungsgrundlage für das Raketenabwehrprojekt MEADS ungeeignet, S. 53–55; Hagena, Zur aktuellen Kontroverse.

Rüstungs- und industriepolitische Aspekte

Das trinationale Programm galt als europäisch-amerikanische Erfolgsgeschichte. Befürworter betonten, der weitgehende Technologietransfer sei eine der Säulen des trilateralen Rüstungsprogrammes und gewährleiste eine faire und gleichberechtigte Zusammenarbeit. Erstmals hätten sich die USA vertraglich zur Offenlegung amerikanischer Technologie verpflichtet, sodass dieser zentrale Verhandlungspunkt des Memorandum of Understanding zur Zufriedenheit Deutschlands und Italiens aufgelöst worden sei. Es habe bislang noch nie einen zwischenstaatlich so offenen vertraglich fixierten Datenaustausch mit den USA gegeben wie bei MEADS. Dementsprechend stelle das Projekt einen Paradigmenwechsel für die Qualität der Zusammenarbeit dar.[251]

Der Bundesrechnungshof allerdings verdeutlichte auf der Grundlage wesentlicher Vertragsdokumente, der Regierungsvereinbarung und des Hauptentwicklungsvertrages vom 18. Februar 2005 die zahlreichen Restriktionen in der amerikanischen Politik zur Freigabe von sensitiven Hochtechnologieinformationen.[252] Kritiker resümierten, dass die europäischen Vertragspartner trotz einiger Zugeständnisse der USA immer noch »am hochtechnologischen Katzentisch der Vereinigten Staaten« säßen.[253] Sie akzeptierten zwar, dass zwischen den USA und den europäischen Partnern vereinbarte Kompromisse eine Zusammenarbeit in bestimmten Bereichen durchaus ermöglichten, doch der eingeschränkte Technologietransfer sei unverändert ein wesentliches Problem, das den Erfolg des transatlantischen Kooperationsprojekts immer wieder erschwere. Hierbei spielten primär der Rüstungsprotektionismus und Schwierigkeiten, sich auf gemeinsame Anforderungen an das Vorhaben zu einigen und sie auf nationaler Ebene gegen Widerstand durchzusetzen, eine bedeutende Rolle.[254] Aufgrund dieses vermeintlichen Ungleichgewichts in der Zusammenarbeit zwischen den Partnernationen revidierten die Kritiker die industriepolitische Relevanz des Projekts. Da sich außer Deutschland und Italien auch kein anderer europäischer Partner an dem Programm beteiligen würde, weil sie auf bereits existierende Systeme zurückgriffen oder eine andere Bedrohungswahrnehmung hätten, sei die allianzpolitische Bedeutung des Rüstungsvorhabens gering.[255]

TLVS/MEADS wurde nun zunehmend in den Kontext der amerikanischen Planungen für den Aufbau einer territorialen Flugkörperabwehr und der damit einhergehenden Debatte gestellt. Kritiker in Deutschland befürchteten, dass der deutsche Beitrag zu dem transatlantischen Rüstungsvorhaben als Einstieg in die umstrittenen Raketenabwehrpläne der USA gedeutet werden könnten. Demnach stellte die Entwicklung von TLVS/MEADS einen weiteren Aufrüstungsschritt dar. Das Projekt verstärkte aus ihrer Sicht die Tendenz in Richtung einer militäri-

[251] Vgl. Grams, Über welches MEADS debattiert Berlin?, S. 116 f.; Grams, Das Medium Extended Air Defense System, S. 9.
[252] Vgl. Martin Agüera, Grüne bringen Struck in Bedrängnis. In: Welt am Sonntag, 20.3.2005.
[253] Vgl Kubbig, Raketenabwehrsystem MEADS, S. 5 f., Zitat S. 6.
[254] Vgl. Krause, MEADS in der Kritik, S. 8 f., 47 f.
[255] Vgl. Kubbig, Als Entscheidungsgrundlage für das Raketenabwehrprojekt MEADS ungeeignet, S. III f.; Mützenich, Kein angemessener Schutz, S. 115.

schen Lösung des Proliferationsproblems und barg das Potenzial, zu einem erneuten Rüstungswettlauf beizutragen. Diesem Argument, dass aus einer defensiven Maßnahme ein Rüstungswettlauf resultiere, legten die Befürworter ein veraltetes Ost-West-Denken zugrunde. Es gebe »keinen Verhandlungspartner mehr, mit dem ›symmetrisch‹ gegenseitige Abrüstungsschritte vereinbart werden könnten«.[256] Die Bedingungen hätten sich verändert. Vielmehr müsse man nun gegen staatliche und nichtstaatliche Akteure gerüstet sein, die zur Gewalt und Terrorismus neigten oder versuchten, andere Staaten mit Raketenbedrohungen zu erpressen.[257]

Zusammenfassend betrachtet stellte TLVS/MEADS aus Sicht der Kritiker keine angemessene Antwort auf die sicherheitspolitischen Herausforderungen dar. Das neue System würde weder zusätzliche Sicherheit für Deutschland schaffen, noch den Schutz deutscher Soldatinnen und Soldaten bei Auslandseinsätzen verbessern. Das trilaterale Rüstungsvorhaben basiere nicht auf Gleichbehandlung, fördere keine europäische Zusammenarbeit und sei in seinen finanziellen Auswirkungen nur unzureichend kalkulierbar. Die Realisierung des Waffensystems berge jedoch das Potenzial, die weitere Verbreitung von ballistischen Flugkörpern zu provozieren.[258] Aus Sicht der Befürworter stellte TLVS/MEADS »durch seine Schutzmöglichkeit für deutsche Truppen im Auslandseinsatz, durch seine offene und an NetOpFü-Kriterien [Vernetzte Operationsführung] orientierte Systemarchitektur, seine unterschätzte Fähigkeit zur Landes- und Bündnisverteidigung und nicht zuletzt aufgrund seiner industriepolitischen Bedeutung ein zukunftsfähiges System«[259] dar. Die Einleitung des Projekts als transatlantisches Kooperationsvorhaben sei »folgerichtig und vernünftig« und würde dies auch weiterhin bleiben.[260]

e) Koalitionskrise

Am 20. April 2005 stimmte der Haushaltsausschuss des Deutschen Bundestages dem Abschluss einer Regierungsvereinbarung über die Entwicklung von TLVS/MEADS unter anderem mit der Maßgabe zu, dass ihm über den Fortgang des Projekts jährlich zu berichten sei. Die Berichte sollten Aussagen zu den erreichten Entwicklungsergebnissen, Entwicklungskosten, voraussichtlichen Beschaffungskosten sowie zur Organisation und Personalausstattung der NAMEADSMA enthalten.[261] Zwei Tage später lehnte der Deutsche Bundestag einen Antrag der FDP gegen eine deutsche Beteiligung am MEADS-Programm mit den Stimmen der SPD, der Grünen und der CDU/CSU ab und bestärkte damit den entscheidenden Beschluss

256 Grams, Über welches MEADS debattiert Berlin?, S. 116.
257 Vgl. Krause, MEADS in der Kritik, S. 8 f., 47 f.
258 Mützenich, Kein angemessener Schutz, S. 115.
259 Grams, Das Medium Extended Air Defense System, S. 12.
260 Krause, MEADS in der Kritik, S. 8.
261 Vgl. BArch, BW 1/584853, BMVg, Jahresbericht 2008 für das Taktische Luftverteidigungssystem/Medium Extended Air Defense System (TLVS/MEADS) einschließlich des Berichts zur Anpassungsentwicklung Zweitflugkörper IRIS-T SL für den Verteidigungsausschuss des Deutschen Bundestages und für den Haushaltsausschuss des Deutschen Bundestages vom 6.8.2009, S. 1.

des Haushaltsausschusses.[262] Die öffentliche Debatte sowie gravierende Differenzen zwischen den Koalitionspartnern SPD und Grünen hatten zu einer Aufschiebung der Entscheidung für oder gegen die deutsche Beteiligung an der Entwicklung von MEADS geführt.[263] Die sechsmonatige Frist zur Unterzeichnung des trilateralen Memorandums of Understanding, die am 26. März 2005 endete, ließ sich aufgrund der ablehnenden Haltung der Grünen nicht einhalten.[264]

Für die Grünen-Fraktion standen folgende Schlüsselfragen im Fokus:

- »Ist MEADS angesichts der wahrscheinlicheren Risiken und vorhandenen Fähigkeiten militärisch notwendig, vordringlich und geeignet?
- Sind die technischen und finanziellen Risiken von MEADS beherrschbar?
- Ist MEADS angesichts anderer schmerzhafter Finanzierungslücken im Investitions- und Personalhaushalt der Bundeswehr vorrangig?
- Ist MEADS im Hinblick auf eine umfassende und vorbeugende Sicherheits- und Friedenspolitik, die ausgewogene politisch-diplomatische, zivile, polizeiliche und militärische Fähigkeiten benötigt, zu rechtfertigen?«[265]

Die Grünen kamen zu dem Ergebnis, dass MEADS keine Priorität habe. Es berge insbesondere in Bezug auf eine spätere Beschaffung erhebliche Risiken und sei in der Öffentlichkeit kaum vermittelbar. Die Arbeitsgruppe Haushalt fasste dazu einen entsprechenden Beschluss. Die Grünen stützten sich in ihrer kritischen Haltung auf die Berichte des Bundesrechnungshofs, der Stiftung Wissenschaft und Politik und der Hessischen Stiftung Friedens- und Konfliktforschung (2005), doch konsultierten sie darüber hinaus eine Vielzahl weiterer Experten, darunter auch Vertreter der Bundeswehr.[266]

Verteidigungsminister Struck versuchte, die Bedenken der Bündnisgrünen auszuräumen. Bereits seit Sommer 2004 hatte er sich öffentlich sowie gegenüber der NATO für das neue Luftverteidigungssystem ausgesprochen. Für ihn war MEADS unverzichtbar. Angesichts der eindeutigen Position des Ministers verstummten unter dem Loyalitätsdruck schließlich die kritischen Stimmen innerhalb der SPD. Auch seitens der Oppositionsfraktionen erhielten die Grünen keine öffentliche Unterstützung ihrer Einwände und Bedenken.[267] Der Druck auf die Fraktion stieg. Spätestens bis zum

---

262 Vgl. Deutscher Bundestag, Drucksache 15/5336 vom 20.4.2005; Deutscher Bundestag, Plenarprotokoll, Stenografischer Bericht, 15. WP, 173. Sitzung, 22.4.2005, S. 16281–16291.

263 Vgl. Hans-Jürgen Leersch, Raketenabwehrprogramm MEADS stößt bei Grünen auf Ablehnung. SPD will trotz hoher Kosten an Projekt festhalten. In: Die Welt, 3.3.2005; Streit über Meads. Koalition über Raketenabwehrsystem uneinig/Fristverlängerung? In: FAZ, 9.3.2005.

264 Vgl. Hans-Jürgen Leersch, Widerstand der Grünen verzögert Rüstungsprojekt MEADS. In: Die Welt, 11.3.2005.

265 Winfried Nachtwei, Die MEADS-Entscheidung – eine kritische Bilanz, 27.4.2005, <www.nachtwei.de>.

266 Vgl. ebd.; Winfried Nachtwei, Positionspapier: Kontroverse um Raketenabwehrsystem MEADS, 28.2.2005, <www.nachtwei.de>.

267 Die Grünen werteten den Antrag der FDP vom 20.4.2005 gegen eine deutsche Beteiligung an MEADS als rein parteipolitischen Schachzug. Weder im Verteidigungssauschuss noch in der Öffentlichkeit habe die FDP zuvor Kritik an dem neuen Luftverteidigungssystem geäußert, ganz im Gegenteil. Die Verteidigungspolitiker der FDP hätten dem Minister bis kurz vor der Abstimmung sogar ihre Zustimmung signalisiert. Winfried Nachtwei folgerte: »Offenkundig geht es Ihnen nicht um die Sache, sondern einzig und allein um parteipolitischen Profit. Wir wissen: Das ist leider oft üblich. Aber bei Ihnen mischt sich in diese Parteitaktik ein Gipfel an Heuchelei und Verlogenheit.«

20. April 2005 musste der Haushaltsausschuss eine Entscheidung treffen. Ein geteiltes Abstimmungsverhalten war nicht möglich. Die Koalitionsregel forderte, dass nur gemeinsam abgestimmt werden durfte. Das schränkte den Handlungsspielraum der Grünen weiter ein.[268]

Letztendlich sah sich Struck gezwungen, die ›Koalitionskarte‹ auszuspielen, um den Dissens innerhalb der Koalition zu beenden.[269] Dies war offenbar der entscheidende Schachzug, mit dem Struck den Widerstand der Bundestagsfraktion Bündnis 90/Die Grünen brach. Am 18. April 2005 votierte der Parteirat angesichts der drohenden Koalitionskrise einstimmig dafür, das Projekt nicht weiter zu blockieren.[270] Damit stimmten die Grünen einer deutschen Beteiligung an der Entwicklung von MEADS zwar zu, sie betonten jedoch, dass sie dies lediglich aus politisch-taktischen Gründen taten, um den Frieden mit dem Koalitionspartner SPD zu erhalten. Die führenden Politiker der Grünen machten unmissverständlich deutlich, dass die Entscheidung von der SPD erzwungen worden sei und die grundsätzlichen inhaltlichen Einwände ihrer Fraktion gegen das Projekt nicht ausgeräumt seien.[271] Beispielsweise erklärte Nachtwei am 20. April 2005 in einer Sitzung des Verteidigungsausschusses:

> »Es sei unstrittig, dass dieses Projekt technisch ambitioniert, reizvoll und industriepolitisch interessant sei. Es solle für Risiken Vorsorge treffen, die in Zukunft nicht auszuschließen seien. Aber angesichts begrenzter Haushaltsmittel und vor dem Hintergrund der Anforderungen der Verteidigungspolitischen Richtlinien habe man sich vordringlich auf die wahrscheinlicheren Einsätze und Risiken vorzubereiten. Bei seiner Fraktion bleibe eine erhebliche Skepsis hinsichtlich der richtigen Prioritäten.«[272]

Mit ihren Einwänden habe sich die Fraktion weder beim Bundesministerium der Verteidigung noch beim großen Koalitionspartner durchsetzen können. Und da »man als Koalition gemeinsam agieren müsse und wolle und weil man handlungsfähig bleiben wolle, nicht zuletzt im Hinblick auf einen Minister, der zu Recht besonders angesehen sei, stimme seine Fraktion«[273] der deutschen Beteiligung an der Entwicklung von MEADS zu, so Nachtwei.

Trotz der ›Niederlage‹ waren sich die Kritiker darüber einig, dass mit der MEADS-Diskussion seit Langem wieder einmal eine umfassende Debatte in der Öffentlichkeit

---

Deutscher Bundestag, Plenarprotokoll, Stenografischer Bericht, 15. WP, 173. Sitzung, 22.4.2005, S. 16288.

268 Vgl. Martin Agüera, Grüne bringen Struck in Bedrängnis. In: Welt am Sonntag, 20.3.2005; Winfried Nachtwei, Die MEADS-Entscheidung – eine kritische Bilanz, 27.4.2005, <www.nachtwei.de>

269 Vgl. Stefan Löwenstein, »Neue Löcher in der grünen Seele«. Protest an der Basis wegen Meads. In: FAZ, 20.4.2005.

270 Vgl. Robert Roßmann, Unter massivem Druck der SPD: Grüne billigen »unsinniges« Raketen-System. Parteirat hält das Milliardenprojekt »Meads« weiterhin für falsch/Wahlkämpfer in Nordrhein-Westfalen empört. In: SZ, 19.4.2005.

271 Vgl. Kubbig, Raketenabwehrsystem MEADS, S. 1; Kubbig/Nitsche, Germany, S. 528; DPA-Meldung, Grüne geben Widerstand gegen Rüstungsprojekt »Meads« auf, bdt0579 3 pl 466 dpa 4589, 18.4.2005; Stefan Löwenstein, »Neue Löcher in der grünen Seele«. Protest an der Basis wegen Meads. In: FAZ, 20.4.2005.

272 Parlamentsarchiv, Deutscher Bundestag, Bestand 3119, Ausschuss für Verteidigung, 15. WP, Protokoll Nr. 58 vom 20.4.2005, S. 23.

273 Ebd.

über ein Rüstungsprojekt geführt worden sei, die deutlich gemacht habe, dass es in Deutschland an einer umfassenden sicherheitspolitischen Debatte fehle. Es bestehe viel zu wenig Klarheit und Einigkeit darüber, wofür die Bundeswehr eingesetzt werden solle und was sie leisten könne.[274]

Mit der Unterzeichnung des Memorandum of Unterstanding durch Deutschland am 22. April 2005 fand die Debatte um das transatlantische Rüstungsprojekt jedoch lediglich ein vorläufiges Ende.

f) Erneute Verzögerungen im Programmablauf

Für die USA war MEADS vorrangig ein Waffensystem zur Abwehr ballistischer Flugkörper. Die deutsche Seite sah in MEADS ein taktisches Luftverteidigungssystem mit der Fähigkeit, gegen das gesamte Spektrum an Luftbedrohungen zu wirken. Dementsprechend sprach sich die Berichterstattergruppe für eine Erweiterung des Waffensystems um einen kostengünstigeren Lenkflugkörper (IRIS-T) aus. Nach Aussage der Arbeitsgruppe würden auf Deutschland mit dem Einstieg in die Entwicklungsphase des MEADS-Programms Kosten in Höhe von rund 847 Millionen Euro, verteilt auf die Jahre 2005 bis 2012, zukommen. Hinzu kämen weitere 179 Millionen Euro für die Entwicklung und Umrüstung des Zweit-Lenkflugkörpers.[275]

In einer Sitzung am 31. Januar 2007 sowie in einer erneuten Beratung am 9. Mai 2007 stimmte der Haushaltsausschuss des Deutschen Bundestages dem Abschluss eines Vertrages über die Anpassungsentwicklung und Qualifikation eines Zweit-Lenkflugkörpers IRIS-T SL für TLVS/MEADS zu. Diesen Beschluss verband der Ausschuss mit der Auflage, regelmäßig über den Entwicklungsfortschritt und die voraussichtlichen Beschaffungskosten durch das BMVg unterrichtet zu werden. Am 11. Mai 2007 wurde der entsprechende Vertrag mit der Firma Diehl BGT Defence geschlossen. Die Firma hatte bereits zwischen 2003 und 2005 im Auftrag des Bundesamtes für Wehrtechnik und Beschaffung IRIS-T SL als Zweitflugkörper, ergänzend zum Basislenkflugkörper PAC-3, für TLVS/MEADS definiert. Vergleichende Studien hatten gezeigt, dass der Einsatz eines Zweitflugkörpers nicht nur operationelle, sondern auch wirtschaftliche Vorteile mit sich brachte.[276] Trotzdem war es angesichts der Entscheidung des Haushaltsausschusses über den Zweitflugkörper auf politischer Ebene erneut zu Diskussionen gekommen, ausgelöst offenbar von Finanzierungsschwierigkeiten des MEADS-Programms seitens der USA. Haushaltsexperten der Grünen, aber auch von Union und SPD hatten sich kritisch über die Entwicklung des Zweitflugkörpers geäußert, und die Entscheidung durch den Haushaltsausschuss war zunächst verschoben worden.[277] Der Parlamentarische Staatssekretär Peter Eickenboom (BMVg) zeigte sich während

[274] Vgl. Deutscher Bundestag, Plenarprotokoll, Stenografischer Bericht, 15. WP, 173. Sitzung, 22.4.2005, S. 16288; Kubbig, Raketenabwehrsystem MEADS, S. 29.

[275] Vgl. Parlamentsarchiv, Deutscher Bundestag, Bestand 3119, Ausschuss für Verteidigung, 15. WP, A-Drs. 15(11)428, Abschlußbericht der Berichterstattergruppe zum Thema »Bodengebundene Luftverteidigung« vom 19.10.2004, S. 11; Krause, MEADS in der Kritik, S. 20 f.

[276] Vgl. MEADS: Ein Brandbrief. In: Griephan Briefe, 44 (2008), 19, S. 1 f.

[277] Vgl. Hans-Jürgen Leersch, Raketenprojekt MEADS droht das Aus. In: Die Welt, 23.2.2007.

einer Sitzung des Verteidigungsausschusses am 7. März 2007 irritiert darüber, warum die Entscheidung, mit IRIS-T SL einen wesentlich preiswerteren Zweitflugkörper für TLVS/MEADS zu beschaffen, die zudem positive Auswirkungen auf die deutsche Lenkflugkörper-Industrie habe, im Parlament immer wieder auf Widerstand stoße. Der PAC-3-Flugkörper kostete mit Stand März 2007 pro Stück 3,6 Millionen Euro. Der Preis sei mit dem Hinweis auf IRIS-T SL auf drei Millionen heruntergehandelt worden. Die alleinige Ausrüstung von TLVS/MEADS mit Lenkflugkörpern PAC-3 in der vorgesehenen Anzahl sei für den Bundeswehrhaushalt nicht tragbar. Bei einem Bedarf von 600 Flugkörpern mache es einen wesentlichen Unterschied, wenn davon 400 Stück IRIS-T SL Lenkflugkörper seien, deren Entwicklung bislang problemlos verlaufen würde. »Diese Form der Luftverteidigung habe Deutschland auf dem Prager-Gipfel von 2002 zugesagt, sodass mit MEADS als dem Nachfolgemodell des Patriot-Systems nicht auf die zugesicherten Fähigkeiten verzichtet werden dürfe, da dies zu Konflikten mit den NATO-Partnern führen würde.«[278]

Die Entwicklung von MEADS war gemäß dem Memorandum of Understanding vom 22. April 2005 auf 110 Monate angelegt. Bis zum Abschluss der Definitionsphase, der Preliminary Design Review, im Dezember 2007 verlief die Entwicklung weitgehend im vorgegebenen Zeit- und Kostenrahmen. Im Februar 2008 wurde allerdings bekannt, dass Managementprobleme seitens der Industrie und ein unterschätzter Entwicklungsaufwand zu Verzögerungen bei der Durchführung des Programms führten. Ein unabhängiges Prüfungs- und Beratungsteam (Independent Review Team) analysierte daraufhin den technischen, finanziellen und terminlichen Stand des Programms. Die Rüstungsdirektoren der drei beteiligten Partnerländer machten gegenüber der Industrie deutlich, dass die Nationen nicht bereit seien, Verzögerungen, Mehrkosten oder Leistungsreduzierungen zu akzeptieren. Falls die Industrie keine geeigneten Maßnahmen finden sollte, die im Memorandum für die Entwicklungsphase von MEADS definierten Rahmenbedingungen (Kosten, Leistung, Zeit) einzuhalten, drohten die Auftraggeber, in letzter Konsequenz auch einen Programmabbruch in Erwägung zu ziehen. Das Independent Review Team stellte schließlich fest, dass die Programmziele zwar erreicht werden könnten, jedoch nicht im vorgesehenen Zeit- und Kostenrahmen. In einer Sitzung am 21. Oktober 2008 vereinbarten die Rüstungsdirektoren daraufhin eine zweistufige Restrukturierung des Projekts, um die in der Regierungsvereinbarung vom 21. Mai 2005 gemeinsam festgelegten Entwicklungsziele zu erreichen.[279]

Die Industrie gab Ende 2008 eine erste angepasste Zeit- und Kostenabschätzung ab. Diese ging von einer 18-monatigen Verlängerung der ursprünglich mit 110 Monaten geplanten Entwicklungsphase aus. Die Mehrkosten für die Restrukturierung wurden

[278] Parlamentsarchiv, Deutscher Bundestag, Bestand 3119, Ausschuss für Verteidigung, 16. WP, Protokoll Nr. 37 vom 7.3.2007, S. 23.

[279] Vgl. Parlamentsarchiv, Deutscher Bundestag, Bestand 3119, Ausschuss für Verteidigung, 16. WP, Protokoll Nr. 79 vom 7.5.2008, S. 39–43; MEADS: Ein Brandbrief. In: Griephan Briefe, 44 (2008), 19, S. 1; BArch, BW 1/584853, BMVg, Rü VI 4, Az 90-12-00/MEADS, Berichterstattergespräch zum Einzelplan 14 am 7.7.2010 (TOP 3), Hintergrundinformationen MEADS vom 5.7.2010; BArch, BW 1/584853, Schreiben von StS Rüdiger Wolf (BMVg) an diverse Mitglieder des Deutschen Bundestags zum aktuellen Sachstand des trilateralen Projekts MEADS vom 9.12.2009.

auf etwa 1,16 Milliarden EUSD[280] geschätzt. Unter Berücksichtigung der finanziellen Beteiligung an dem Programm mit 25,2 Prozent kamen auf Deutschland damit Mehrkosten von rund 246 Millionen Euro zu. Die Schätzungen wurden Mitte 2010 durch die NAMEADSMA bestätigt, doch war ein verbindliches Angebot der Industrie vonnöten, um belastbare Zahlen zu erhalten.[281]

Aufgrund der Verzögerungen im Zeit- und Kostenrahmen kam es 2010 in Deutschland zu einer Fortsetzung der Debatte um TLVS/MEADS, die sich in ihrer Argumentation für oder gegen das Programm wenig verändert hatte. Das Projekt war aufgrund des generellen Sparzwanges in Deutschland auf die Prüfliste des BMVg geraten.[282] In wiederholten Anfragen forderten Parlamentarier erneut den Ausstieg Deutschlands aus dem MEADS-Programm oder die Nutzung bzw. Entwicklung von Alternativsystemen. Mit dem Wechsel der Bundesregierung hatte die FDP im Rahmen der Verhandlungen über den Koalitionsvertrag mit der Union verlangt, das MEADS-Vorhaben aufzugeben. Es gebe keine militärische Notwendigkeit für das neue Waffensystem. Die Fraktion bezeichnete das Projekt als »Relikt des Kalten Krieges«, das den deutschen Soldatinnen und Soldaten im Auslandseinsatz nicht helfen könne.[283]

Der Haushaltsausschuss beauftragte das BMVg im März 2010 mit der Prüfung, ob der Fähigkeitsbedarf zur Luftverteidigung durch Alternativlösungen zu MEADS in akzeptablem Umfang abgedeckt werden könnte. In diesem Zusammenhang sollte auch untersucht werden, inwiefern Patriot durch Modernisierungsmaßnahmen den Forderungen der Luftwaffe Rechnung tragen könne.[284] Die Herstellerfirma von Patriot, Raytheon, hatte angesichts der Schwierigkeiten, die sich im Verlauf des MEADS-Programms immer wieder abzeichneten, nie aufgegeben, für Patriot zu werben; sie versprach dem Bund nun eine »extrem schnellere, billigere und risikoärmere« Alternative zu MEADS bei gleicher Leistung.[285] Die Untersuchungen des BMVg, die dem Haushaltsausschuss am 5. Juli 2010 vorgelegt wurden, ergaben aber, dass die langfristige Nutzung von Patriot »faktisch eine schrittweise umfassende Erneuerung

280 EUSD steht für Equivalent US-Dollar. Die Euro-Anteile im Programm wurden mit dem im MoU festgelegten Wechselkurs (1,00 Euro = 1,19 US-Dollar) umgerechnet.

281 Vgl. BArch, BW 1/584853, Schreiben von StS Rüdiger Wolf (BMVg) an diverse Mitglieder des Deutschen Bundestags zum aktuellen Sachstand des trilateralen Projekts MEADS vom 9.12.2009; BArch, BW 1/584853, BMVg, Jahresbericht 2008 für das Taktische Luftverteidigungssystem/Medium Extended Air Defense System (TLVS/MEADS) einschließlich des Berichts zur Anpassungsentwicklung Zweitflugkörper IRIS-T SL für den Verteidigungsausschuss des Deutschen Bundestages und für den Haushaltsausschuss des Deutschen Bundestages vom 6.8.2009, S. 9.

282 Vgl. Stefan Nitschke, Luftverteidigungssystem MEADS – Unerlässlich für die Sicherheit Deutschlands. In: Newsletter Verteidigung, 25.5.2010, S. 1.

283 Vgl. FDP will Flugabwehrsystem »MEADS« für Steuersenkungen stoppen – Generalsekretär Lindner schlägt auch Verschlankung von Sicherheitsbehörden vor. In: Aachener Nachrichten, 2.1.2011, <www.presseportal.de/pm/61202/1599755> (letzter Zugriff 30.6.2021); Freitag, MEADS; Rüdiger Scheidges, Raketenabwehrsystem wird teurer als erwartet. In: Handelsblatt, 4.2.2010.

284 Vgl. BArch, BW 1/584853, 13. Sitzung des Haushaltsausschusses am 4.3.2010, Beschluss des Haushaltsausschusses zu TOP 15, Bereinigungssitzung zum Bundeshaushaltsentwurf 2010, hier: Beratung zum Einzelplan 14 – Bundesministerium der Verteidigung vom 4.3.2010.

285 Vgl. Rüdiger Scheidges, Raketenabwehrsystem wird teurer als erwartet. In: Handelsblatt, 4.2.2010.

dieses Systems mit noch erheblichen Entwicklungsanteilen erfordern würde«.[286] Demnach würde eine Anpassung von Patriot zu keinen Kosteneinsparungen gegenüber MEADS führen. Vielmehr sei aufgrund eines noch nicht spezifizierten Entwicklungsaufwands mit höheren Kosten zu rechnen. Bei einem positiven Programmverlauf von MEADS stellte die weitere Nutzung von Patriot aufgrund der hohen Entwicklungsrisiken bei operationell geringerem Leistungsvermögen und einem mindestens gleich hohen Finanzierungsbedarf weder eine wirtschaftliche noch eine operationelle Alternative zu TLVS/MEADS dar.[287]

Die Luftwaffe sah TLVS/MEADS unverändert im Gesamtkontext der Luftverteidigung und des Schutzes von Streitkräften im Einsatzgebiet vor Angriffen mit ballistischen Flugkörpern (ALTBMD). Doch aufgrund der erkennbaren Leistungsfähigkeit und des absehbaren Aufwuchspotenzials des neuen Waffensystems war auch ein Einsatz im Rahmen der zukünftigen territorialen Flugkörperabwehr denkbar (EPAA). Aus Sicht des Bedarfsträgers ermöglichte TLVS/MEADS den Einstieg in eine neue Qualität zur Verteidigung gegen ballistische Flugkörper einschließlich der Abwehr von Massenvernichtungsmitteln. Unter bestimmten Rahmenbedingungen würde MEADS die für Patriot geltende Reichweitenbegrenzung zur Wirkung gegen ballistische Raketen mit einer Reichweite von 1000 Kilometern aufheben und Flugkörper mit einer höheren Reichweite bekämpfen können. Im Gegensatz zu Patriot sei TLVS/MEADS dafür ausgelegt, einen wesentlich größeren Schutzbereich mit weniger Kräften sicherzustellen. TLVS/MEADS würde das Fähigkeitsspektrum der Luftwaffe deutlich erweitern. Mit Stand 2009 war die zeitlich gestreckte Beschaffung von insgesamt 24 Feuereinheiten geplant, davon zwölf Systeme ab 2016 in einem Zeitraum von sechs Jahren und die restlichen danach. Die Realisierung von TLVS/MEADS hatte für die Luftwaffe unverändert eine hohe Relevanz. Diese basierte zum einen auf der Risikoentwicklung (Proliferation), zum anderen auf dem Ausbau von ALTBMD im Rahmen einer zukünftigen territorialen Flugkörperabwehr im Bündnisrahmen (EPAA) und darüber hinaus auf dem Wirkspektrum von MEADS. Ein potenzieller Verzicht auf MEADS bedeutete, bereits mittelfristig auf die entsprechenden militärischen Fähigkeiten zu verzichten.[288]

Im Sommer 2010 absolvierte MEADS mit der Critical Design Review erfolgreich die erste Phase der zweistufigen Restrukturierung des Projekts. Die Verteidigungsministerien von Deutschland und Italien signalisierten im Herbst 2010 ihre Bereitschaft, zusätzliche Haushaltsmittel für das MEADS-Programm zur Verfügung zu stellen, um die im Memorandum of Understanding vereinbarten

---

286 BArch, BW 1/584853, BMVg, Rü VI 4, Az 90-12-00/MEADS, Berichterstattergespräch zum Einzelplan 14 am 7.7.2010 (TOP 3), Hintergrundinformationen MEADS vom 5.7.2010.

287 Vgl. ebd. Neben TLVS/MEADS und Patriot hatte das BMVg auch weitere bodengebundene Luftverteidigungssysteme betrachtet, die als Alternativlösungen zu MEADS infrage kamen. Es hielt letztendlich aber an der Bewertung fest, welche die Berichterstattergruppe des Verteidigungsausschusses in ihrem Abschlussbericht vom Oktober 2004 vorgenommen hatte. Demnach stellten die Waffensysteme Arrow, SAMP/T und S-300 oder S-400 unverändert keine Alternativen dar.

288 Vgl. BMVg, FüL III 6, Az PO 612, KuMi an InspL zu MEADS, hier: Relevanz des Waffensystems MEADS für Missile Defence vom 9.2.2010; MBDA Deutschland GmbH, Luftverteidigung und Raketenabwehr neu denken. In: Fähigkeitsentwicklung der Bundeswehr, S. 107 f.

Entwicklungsziele zu erreichen.[289] Die USA zögerten jedoch. Während das Pentagon sich für die Fortsetzung des trilateralen Rüstungsvorhaben einsetzte, hatte der amerikanische Bedarfsträger, die U.S. Army, das MEADS-Programm insbesondere in den vergangenen drei Jahren wiederholt infrage gestellt und für zeitliche Verzögerungen gesorgt. Aus Sicht der europäischen Partner waren Entscheidungen über mehrere Monate nicht getroffen und ständig neue Studien beauftragt worden.[290] Für die U.S. Army wurde MEADS zu teuer, darüber hinaus »[it] is taking too long to produce and is difficult to manage because any changes in the program require German and Italian approval«.[291] Ohne umfangreiche und kostenintensive Anpassungen würde es darüber hinaus nicht den Bedürfnissen der US-Streitkräfte entsprechen.[292] Das Departmant of Defense hielt die Zusage, bis Ende 2010 eine Entscheidung hinsichtlich des MEADS-Programms zu treffen, nicht ein, sondern verknüpfte sie mit der Aufstellung des Haushalts für das Ministerium für 2012, die der US-Regierung Mitte Februar 2011 vorgelegt werden sollte.[293]

g) Das Ende von MEADS und die Fortsetzung von TLVS

Am 11. Februar 2011 teilten die USA ihren Partnern mit, keine zusätzlichen, über die Obergrenzen des bestehenden Memorandum of Understanding hinausgehenden Finanzmittel für MEADS bereitzustellen. Die im Memorandum verankerten Ziele waren damit nicht mehr vollumfänglich erreichbar und das trilaterale Modell kooperativer Rüstungspolitik war gescheitert.[294] Die USA begründeten ihre Entscheidung damit, dass die Entwicklung des Waffensystems in den vergangenen Jahren zwar wesentliche Fortschritte gemacht, jedoch immer wieder zu Anpassungen des Zeit- und Kostenrahmens geführt habe. Die USA sagten jedoch ihre volle Unterstützung für die verbliebene Zeit bis zum Ende des Memorandum of Understanding zu, sodass ein qualifizierter Abschluss des Vorhabens im Sinne eines Machbarkeitsnachweises bis Ende 2013 erreicht werden konnte. Eine Beschaffung des Systems schlossen die USA aus.[295]

Mit dem Ausstieg der USA aus dem MEADS-Programm stand die deutsche Politik vor einer grundlegenden Entscheidung zum weiteren Vorgehen. Eine auf dem Markt verfügbare Kauflösung, die den Anforderungen der Luftwaffe gerecht würde, zeichnete sich nicht ab. Eine Entwicklungslösung bis zur tatsächlichen Nutzung bedurfte

289 Wie im Vorfeld bereits erwähnt, handelte es sich hierbei um national zu tragende Mehrkosten von 246 Mio. Euro.

290 Vgl. auch Parlamentsarchiv, Deutscher Bundestag, Bestand 3119, Ausschuss für Verteidigung, 16. WP, Protokoll Nr. 37 vom 7.3.2007, S. 19–22.

291 Craig Whitlock, Pentagon resists Army's desire to stop development of MEADS missile system. In: The Washington Post, 9.3.2010.

292 Vgl. ebd.

293 Vgl. BMVg, FüL III 6, Az PO 612, VzI an InspL vom 31.1.2011, Medium Extended Air Defense System (MEADS), hier: Sichtweise USA zum Projekt, S. 1 f.

294 Vgl. Kubbig, Die Abwehrwaffe MEADS auf dem parlamentarischen Prüfstand, S. 7 f.

295 Vgl. FDP und Grüne fordern Ausstieg aus dem Raketenabwehrsystem Meads. Verteidigungsministerium will Entwicklung auch ohne Amerika fortsetzen. In: FAZ, 16.2.2011; Markus Becker, »Meads« vs. »Patriot«: Kampf der Raketen. In: Spiegel Online, 30.5.2014.

rund zehn Jahre. Im Zuge der Neuausrichtung der Bundeswehr gab das BMVg im Oktober 2011 schließlich bekannt, auf die Beschaffung von MEADS zu verzichten.[296] Die Entwicklungsergebnisse aus dem trilateralen Programm sollten jedoch als technische Grundlage für ein neues Luftverteidigungssystem genutzt werden. Am 21. Januar 2014 billigte der Generalinspekteur der Bundeswehr einen umfangreichen, priorisierten Forderungskatalog: die Beschaffungsvorlage Fähigkeitslücke und Funktionale Forderung für TLVS (FFF). Auf dieser Basis legte die Abteilung Planung des BMVg dem Generalinspekteur am 5. Juni 2015 eine gesamtplanerische Bewertung zur Auswahlentscheidung einschließlich einer technisch-wirtschaftlichen Bewertung der Abteilung Ausrüstung, Informationstechnik und Nutzung (AIN) vor. Gemäß einer Leitungsentscheidung vom 1. Dezember 2014 war die Auswahl bereits auf eine Patriot-basierte oder eine MEADS-basierte Lösung begrenzt worden. Bei beiden handelte es sich um produktbasierte exemplarische Ausgestaltungen. Auf der einen Seite bestand die Möglichkeit einer Weiterentwicklung des in Nutzung befindlichen Patriot-Systems, und auf der anderen Seite boten die Ergebnisse des beendeten trinationalen Rüstungsprojekts MEADS die Grundlage für eine Finalisierung der Technologie. Beide Lösungsvorschläge lagen signifikant über dem bisherigen finanzplanerischen Vorhalt der Mittelfristplanung in Höhe von 2,5 Milliarden Euro. Die Bewertung erfolgte anhand der Kriterien Leistung bzw. operationeller Wert, Kosten, Zeit, Personal, Infrastruktur und Einsatzkonzepte sowie einer Prüfung der elementaren Projektrisiken. Gemessen an den nationalen Forderungen und den im NATO-Bündnis einzubringenden Fähigkeiten lagen zwei gleichwertige Vorschläge vor, die sich nur durch schwer gegeneinander abzuwägende technische und programmatische Eigenheiten unterschieden. Sowohl die technisch-wirtschaftliche Prüfung der Abteilung AIN als auch die operationelle Bewertung der Luftwaffe gaben der Realisierung von TLVS auf MEADS-Basis den Vorzug. Dies gründete auf den operationellen Vorteilen der sich abzeichnenden Leistungsstärke der Sensorik der MEADS-Technologie in Bezug auf Reichweite, Auflösung und die Fähigkeiten zur 360°-Bekämpfung und zur Vernetzung von Systemkomponenten innerhalb einer hierarchieflachen, modularen Architektur unter nationaler Systemhoheit. Die dadurch mögliche lage- und bedrohungsangepasste Verknüpfung von Sensoren und Effektoren erhöhte den Grad an Flexibilität und Interoperabilität von Streitkräften im Einsatz (*tailored to the mission*). Die MEADS-Technologie war auf eine hohe Wirtschaftlichkeit bei den Betriebs- und Erhaltungskosten sowie den Personalansätzen ausgerichtet. Bei einer Nutzungsdauer von 30 Jahren würden sich insgesamt tendenziell geringere Kosten ergeben. Auch aus industriepolitischer Sicht bot die Realisierung von TLVS auf MEADS-Basis grundsätzlich die Möglichkeit zum Erhalt von nationalen industriellen Kernfähigkeiten auf den Gebieten Luftverteidigung, Radar- und Lenkflugkörpertechnologie.[297]

---

[296] Vgl. Forkert, Was wird aus MEADS?, S. 18.

[297] Vgl. BArch, BW 2/48021, BMVg, Plg II 4, Az 81-10-80, VzE an Herrn Generalinspekteur der Bundeswehr zu Zukünftiges Taktischen Luftverteidigungssystem (TLVS), hier Auswahlentscheidung (AWE) vom 5.6.2015, S. 1–8; Vermerk des Generalinspekteurs zur Entscheidungsbegründung TLVS, BArch, BW 2/48021, BMVg, Plg II 4, Az 81-10-80, Die Auswahlentscheidung (AWE) für

Generalinspekteur Volker Wieker folgte dem Vorschlag der Abteilung Planung und entschied am 8. Juni 2015, die trinationalen Entwicklungsergebnisse von MEADS als Basis für die nationale Entwicklung eines neuen Taktischen Luftverteidigungssystems zu nutzen. Damit wagte Deutschland erstmals einen Alleingang bei einem Rüstungsprojekt dieser Größe. Mit einer engen Begleitung und Konditionierung der Vertragsverhandlungen und der Realisierungsphase sollte den Entwicklungsrisiken begegnet werden. Falls signifikante Risiken eintraten, behielt sich der Generalinspekteur vor, über einen Abbruch des Projektes zu entscheiden und gegebenenfalls einen anderen Lösungsweg einzuschlagen.[298]

h) Die Bedeutung des Rüstungsprojekts

Die Geschichte des Waffensystems TLVS/MEADS zeigt exemplarisch den Bedeutungswandel der deutschen bodengebundenen Luftverteidigung nach dem Ende des Ost-West-Konflikts. Darüber hinaus spiegeln die Entwicklung des transatlantischen Rüstungsprojekts und die damit einhergehende nationale Debatte die Veränderungen des sicherheitspolitischen Umfeldes, den damit einhergehenden Wandel von Bedrohungen zu Risiken sowie die Differenzen in deren Wahrnehmung wider. In der Debatte kristallisierten sich unterschiedliche Auffassungen zur außen- und sicherheitspolitischen Rolle Deutschlands heraus. Während die Kritiker des Projekts keine unmittelbare Bedrohung für Deutschland sahen und davor warnten, militärische Präventivmaßnahmen lediglich aufgrund von Risiken zu ergreifen, plädierten die Befürworter für eine proaktive Sicherheitspolitik, ein selbstbewussteres außen- und sicherheitspolitisches Auftreten Deutschlands sowie eine stärkere deutsche Rolle im Bündnis.

Insbesondere bei den Diskussionen des Verteidigungsausschusses zu TLVS/MEADS kam die Grundsatzfrage auf, ob Deutschland die Fähigkeit der bodengebundenen Luftverteidigung behalten oder gänzlich aufgeben sollte. Gewachsen aus der Bedrohungssituation des Ost-West-Konflikts, nahm Deutschland im Vergleich zu anderen europäischen Nationen auf dem Gebiet der bodengebundenen Luftverteidigung nach wie vor eine Vorreiterrolle im Bündnis ein. Mit der Beschaffung eines Luftverteidigungssystems neuer Generation würde Deutschland diese Rolle auch künftig ausfüllen. Im Fokus stand dabei primär die Fähigkeit zur Abwehr ballistischer Raketen. Die klassische Luftverteidigung gegen bemannte Luftfahrzeuge rückte nach dem Ende des Ost-West-Konflikts in den Hintergrund. Für das deutsche Staatsgebiet existierte allerdings keine unmittelbare Bedrohung durch ballistische Raketen, hingegen wurden die Verteidigung des Bündnisgebietes sowie der Schutz eigener und verbündeter Streitkräfte im Einsatz außerhalb des Bündnisgebietes immer wichtiger. Anhand der Geschichte von TLVS/MEADS lässt

Taktisches Luftverteidigungssystem (TLVS) wird zur Umsetzung des Lösungsvorschlages Nr. 1 von 2 mit den Auflagen gem. Anlage getroffen, 8.6.2015.

298 Vgl. Vermerk des Generalinspekteurs zur Entscheidungsbegründung TLVS, BArch, BW 2/48021, BMVg, Plg II 4, Az 81-10-80, Die Auswahlentscheidung (AWE) für Taktisches Luftverteidigungssystem (TLVS) wird zur Umsetzung des Lösungsvorschlages Nr. 1 von 2 mit den Auflagen gem. Anlage getroffen, 8.6.2015.

sich dieser Prozess nachzeichnen. Die Notwendigkeit, dass deutsche Soldatinnen und Soldaten sich in Auslandseinsätzen gegen mögliche Angriffe mit ballistischen Raketen kurzer Reichweite schützen können mussten, war unbestritten. Es stellte sich also weniger die Frage, ob Deutschland die Fähigkeiten zur bodengebundenen Luftverteidigung für sich selbst erhalten und ausbauen sollte, vielmehr standen bei der Abwägung bündnispolitische Aspekte im Vordergrund.

Vor dem Hintergrund der begrenzten Ressourcen war die gegenseitige Ergänzung der nationalen Fähigkeitsprofile im Bündnis im Einsatz zur Normalität geworden.[299] Diese Entwicklung hatte bereits während des Ost-West-Konflikts eingesetzt und sich in den 1990er Jahre angesichts des Modernisierungsbedarfs der Streitkräfte, des strukturellen Drucks und der rückläufigen Verteidigungsbudgets noch einmal verstärkt. Nationale Lösungen verloren gegenüber multinationalen Lösungsansätzen zunehmend an Bedeutung.[300]

Gemeinsame Entwicklungs- und Beschaffungsmaßnahmen wie das trilaterale Rüstungsvorhaben MEADS ermöglichten einerseits die Finanzierung neuer, technologisch hochkomplexer Waffensysteme trotz sinkender Verteidigungsetats, sie schufen andererseits aber auch die notwendige Interoperabilität und Kompatibilität für multinationale Einsätze. Die Geschichte von TLVS/MEADS verdeutlicht gleichfalls, dass eine transatlantische Rüstungskooperation scheitern konnte, wenn der politische Wille nicht stark genug war.[301] Die Verzögerungen, die sich mit der Realisierung des MEADS-Programms auf der Zeitachse ergaben, beruhten auf Versäumnissen der deutschen und der amerikanischen Seite – sowohl im politischen als auch im industriellen Bereich. Die wechselnde Priorisierung von NMD und TMD in den USA führte zu einer ambivalenten Behandlung des MEADS-Programms und machte die USA zu einem unsicheren Vertragspartner. In der deutschen Debatte um das neue Luftverteidigungssystem spiegelte sich das Argumentationsmuster der übergeordneten Raketenabwehrdebatte wider. Wie bei SDI spielten der technologische Anschluss Europas an die USA, die Hervorhebung der transatlantischen Bündnispolitik und die damit einhergehende Betonung der Symbolik des Programms, der Kampf um eine gleichberechtigte Partnerschaft bzw. ein Mitspracherecht der Europäer sowie die Sorge um die technologische Einbahnstraße eine wesentliche Rolle. Im Schatten der Debatte um das trilaterale Rüstungsprojekt lassen sich zudem divergierende rüstungspolitische Interessen und Lobbyismus erahnen – vorrangig in den USA, aber auch in Deutschland.[302] Kritik an TLVS/MEADS gab es selbst im BMVg. Angesichts der Prüfung aller geplanten Großprojekte hinsichtlich ihrer Relevanz um die Jahrtausendwende überrascht es nicht, dass sich sowohl zwischen den

299 Vgl. Verteidigungspolitische Richtlinien (2011), S. 13.

300 Vgl. Engel, Die Entwicklung der NATO-Luftverteidigung, S. 96; Giegerich, European Cooperation and Defence Procurement, S. 289.

301 Zu den Voraussetzungen von multinationalen Rüstungskooperationen vgl. auch Giegerich, European Cooperation and Defence Procurement, S. 289–292.

302 Zu den Interessengruppen bei der Rüstungsgüterbeschaffung vgl. auch Kollmer, Rüstungsinterventionismus, S. 152.

Teilstreitkräften als auch innerhalb von Heer, Luftwaffe und Marine die Konkurrenz verstärkte.[303]

Die Befürworter von TLVS/MEADS argumentierten, dass bei einem Austritt Deutschlands aus dem Projekt eine Fähigkeitslücke beim Schutz der eigenen oder verbündeten Streitkräfte im Einsatz am Rande oder außerhalb des Bündnisgebietes entstehen würde. Tatsächlich bestand diese Lücke bereits seit Jahrzehnten. Die ersten Überlegungen zu TLVS reichen schließlich in die Zeit des Ost-West-Konflikts zurück. Das Konzept war mit der Bedrohungsentwicklung der 1990er und 2000er Jahre (Proliferation, Out-of-area-Einsätze und Terrorismus) lediglich gewachsen. Die massiven Verzögerungen im MEADS-Programm führten letztendlich dazu, dass Waffensysteme der bodengebundenen Luftverteidigung mit Blick auf die geplante Beschaffung von TLVS/MEADS bereits außer Dienst gestellt und damit eine vorübergehende Vergrößerung der Fähigkeitslücke im Bereich der klassischen Luftverteidigung in Kauf genommen wurde. Die Architektur des neuen Luftverteidigungssystems sollte einen geringeren Ansatz an Bedienungspersonal ermöglichen. Bezüglich der geplanten Anzahl der zu beschaffenden Systeme würde sich künftig Einsparpotenzial im personellen Bereich ergeben. Die Planungen zur Umrüstung auf TLVS/MEADS wirkten sich also bereits auf Entscheidungen zur strukturellen Gestaltung der bodengebundenen Luftverteidigung aus, während das neue Luftverteidigungssystem in der konzeptionellen Phase stecken blieb.

4. Strukturelle Entwicklung der Flugabwehrraketenverbände

Die Luftwaffe vollzog die Reduzierung deutscher Streitkräfte nach dem Ende des Ost-West-Konflikts im Rahmen der Luftwaffenstruktur 4, die bis zur Jahrtausendwende Bestand haben sollte. Dabei musste die Luftwaffe ihr Personal von 103 000 Luftwaffen-Uniformträgern, von denen rund 80 000 bereits vor der Wiedervereinigung der Luftwaffe angehört hatten, auf insgesamt 57 334 Dienstposten verringern.[304] Zahlreiche Verbände wurden aufgelöst und 47 Standorte aufgegeben. Die Luftangriffskapazitäten wurden reduziert, die fliegende Luftverteidigung gestärkt und die Luftwaffe auf die neuen Bundesländer ausgedehnt. Gleichzeitig wurde die Kommandostruktur der Luftwaffe den veränderten Rahmenbedingungen angepasst.[305] Bis zum vollständigen Abzug der sowjetischen Streitkräfte nahm die Luftwaffe in den neuen Bundesländern eine Übergangsgliederung ein. Dazu bildete sie den Großverband 5. Luftwaffendivision.[306] Die Luftstreitkräfte der NVA verfügten zum Zeitpunkt der Wiedervereinigung über 30 Feuereinheiten des

303 Vgl. Christian Thiele, Gefährlicher Gutachterkrieg. Das teure Luftabwehrsystem wird zum neuen Zankapfel zwischen Rot und Grün. In: Rheinischer Merkur, 31.3.2005.

304 Vgl. Möllers, Die Luftwaffe und ihre Strukturen im Wandel der Zeit, S. 36.

305 Vgl. Clement/Jöris, 50 Jahre Bundeswehr, S. 190; Immer im Einsatz, S. 127–130; Chronik Führungsstab der Luftwaffe, S. 178 f.

306 Vgl. BArch, BL 1/50322, BMVg, FüL IV 3, Az 10-50-25, Organisationsbefehl Nr. 6/1991 (Lw) für die Aufstellung Kommando 5. Luftwaffendivision und der Aufstellungsstäbe der Verbände 5. Luftwaffendivision vom 27.2.1991.

Flugabwehrraketensystems SA-2 Guideline für mittlere bis große Höhen, zehn Feuereinheiten des Flugabwehrraketensystems SA-3 Goa für niedrige bis mittlere Höhen und 4 Feuereinheiten des Flugabwehrraketensystems SA-5 Gammon für mittlere bis große Höhen. Während alle SA-2- und SA-3-Feuereinheiten außer Dienst gestellt und die Waffensysteme der Verwertung zugeführt wurden, sollten die SA-5 bei den ehemaligen Flugabwehrraketenabteilungsgruppen der NVA 411 und 431 befristet bis Ende 1992 weiterbetrieben werden. Beide Gruppen wurden dazu in die neu aufgestellte 5. Luftwaffendivision überführt und bildeten in Sanitz gemeinsam mit dem Waffensystem Hawk das Flugabwehrraketengeschwader 51 sowie in Ladeburg mit dem Waffensystem Patriot das Flugabwehrraketengeschwader 52.[307]

Mit der Wiedervereinigung Deutschlands waren die konzeptionellen Vorstellungen der Vorneverteidigung, die auch die Dislozierung der Flugabwehrraketenverbände bestimmt hatten, obsolet geworden. Das zu schützende Territorium hatte sich vergrößert und das Aufgabenspektrum im Zuge des Zweiten Golfkonflikts erweitert. Allein die neuen Einsatzbereitschaftsanforderungen führten zu einer Reduzierung des Personalumfangs der Flugabwehrraketenverbände von rund 18 700 Dienstposten auf knapp 10 200 (FlaRak STAN 91).[308] Mit den zwischenzeitlich eingetretenen neuen Rahmenbedingungen und den damit verbundenen erweiterten konzeptionellen Vorgaben für den FlaRak-Einsatz wurden Untersuchungen zu einer erneuten Anpassung der Strukturen angestoßen. Ziel war es, auf Basis der STAN 91 eine insgesamt durchhalte- und in der Krise aufwuchsfähige FlaRak-Struktur zu erarbeiten. Der Fokus lag auf der Verbesserung der Einsatzflexibilität und der Fähigkeit, auf Anforderungen einzugehen, die sich aus Einsätzen außerhalb des Bündnisgebietes ergaben.[309]

Die verbliebenen Flugabwehrraketenkräfte wurden operationell den damaligen Flugabwehrraketenkommandos unterstellt. Diese waren für die Führung der unterschiedlichen Waffensysteme im Verbund verantwortlich.[310] Im Rahmen der Luftwaffenstruktur 4 wurden am 31. Dezember 1992 drei der neun Hawk-Geschwader aufgelöst und die Kampfstaffeln den verbliebenen FlaRak-Geschwadern zugeordnet.[311] Nach Abschluss der Einführung des Waffensystems Patriot 1993 gliederte die Luftwaffe die Flugabwehrraketenkommandos in Flugabwehrraketengeschwader und die ehemaligen Flugabwehrraketengeschwader in Flugabwehrraketengruppen um. Die Luftwaffe verfügte fortan über insgesamt 86 Flugabwehrraketenstaffeln: sechs FlaRak-Gruppen Patriot mit je sechs Einsatzstaffeln, sechs FlaRak-Gruppen Hawk mit je sechs Einsatzstaffeln und drei FlaRak-Gruppen Roland mit insgesamt 14 Einsatzstaffeln. Die Verbände waren organisatorisch in sechs gemischten

---

307 Vgl. Chronik Führungsstab der Luftwaffe, S. 161–167.

308 Die Abkürzung STAN steht für Stärke- und Ausrüstungsnachweisung, welche die organisatorische Grundlage für Personal und Material von Einheiten der Bundeswehr darstellt.

309 Vgl. BArch, BL 1/53868, BMVg, FüL III 2 Az 09-10 VS-NfD an Luftflottenkommando A3, Untersuchungen zur FlaRak-Struktur vom 12.11.1991, S. 1; Spreckelsen/Vesper, Blazing Skies, S. 260, 286; Hagena, Zur aktuellen Kontroverse, S. 4.

310 Vgl. Dewitz, Flugabwehrraketentruppe im Wandel, S. 42.

311 Vgl. Spreckelsen/Vesper, Blazing Skies, S. 304 f.

FlaRak-Geschwadern zusammengefasst (siehe hierzu die Karte »Die Flugabwehrraketenverbände der Luftwaffe 1994« auf dem vorderen Vorsatzblatt).[312]

Zwei der Geschwader wurden den Krisenreaktionskräften zugeordnet. Die vier übrigen Geschwader gehörten zu den Hauptverteidigungskräften. In den beiden als Krisenreaktionskräfte vorgesehenen FlaRak-Geschwadern begann 1993 eine Bestandsaufnahme, in der die personellen und materiellen Kräfte und Mittel auf die Fähigkeit zur strategischen Verlegung und den Einsatz außerhalb der Landesgrenzen geprüft wurden. Vor dem Einsatz deutscher Hawk- und Roland-Staffeln während des Zweiten Golfkrieges waren solche Überlegungen nicht nötig gewesen. Zwischen 1993 und 1995 schuf die Luftwaffe die Grundlagen, um die FlaRak weltweit einsetzen zu können, vorausgesetzt die erkannten Defizite würden beseitigt.[313]

Im Rahmen der Überlegungen zur Anpassung der Luftwaffenstruktur 4 setzte sich der Dienstbereich FlaRak das übergeordnete Ziel, neben dem geforderten Beitrag zur erneuten Reduzierung des Personalumfangs der Luftwaffe »eine schnell und dauerhaft greifende Lösung erkannter Schwachstellen und Probleme herbeizuführen, die überwiegend aus der ›auf den Rand geschneiderten‹ STAN 91 resultierten«.[314] Die Organisationsgrundlage STAN 91 habe dazu geführt, dass die Einheiten und Verbände selbst bei geringen Störgrößen oder Abweichungen nur noch bedingt lebensfähig seien, so der Führungsstab der Luftwaffe im Frühjahr 1995. Darüber hinaus sei eine Anpassung der Organisationsgrundlagen an das erweiterte Aufgabenspektrum erforderlich, insbesondere durch mögliche Krisenreaktionseinsätze. Diese habe im Jahr 1991 noch keine Berücksichtigung gefunden. Ohne die Anpassung der Struktur der FlaRak-Verbände sei deren Beitrag zu solchen Einsätzen vor dem Hintergrund der Reduzierung der Luftwaffe ausgeschlossen. Um »die Gesundung der Verbände zur Wiederherstellung der Fähigkeit zur Auftragserfüllung (KRK bzw. HVK)«[315] zu erreichen, sollten die Verbände vorrangig personell aufgefüllt werden. Dazu deaktivierte die Luftwaffe 1995 zwölf Kampfstaffeln Hawk (zwei je FlaRakGrp Hawk). Das so gewonnene Personal wurde in Teilen als Reduzierungsbeitrag genutzt, überwiegend jedoch zur Verbesserung der personellen Einsatzbereitschaft auf die übrigen Einheiten verteilt. Die betroffenen Waffensysteme blieben als Geräteeinheiten (AFU-Konfiguration)[316] weiterhin erhalten, um im Verteidigungsfall durch Reservisten wieder in Betrieb genommen werden zu können.[317]

---

312 Vgl. BArch, BL 1/61583, BMVg, InspL, FüL III 2, Az 31-01-01, Konzept für Führung und Einsatz der FlaRak-Verbände der Luftwaffe vom 18.1.1994, S. 20; Engel, Die Entwicklung der NATO-Luftverteidigung, S. 91 f.; Spreckelsen/Vesper, Blazing Skies, S. 289; In Dienst gestellt, S. 566; Dewitz, Bereit für die neuen Bündnisaufgaben, S. 56.

313 Vgl. Spreckelsen/Vesper, Blazing Skies, S. 263. Zu den Defiziten vgl. auch Kap. IV.1.d.

314 BArch, BL 1/66564, BMVg, FüL III 2, Az 10-50-01 PO 201/03, Anpassung der Lw-Struktur 4 im Bereich FlaRak, hier: Folgemaßnahmen, 27.3.1995, S. 2.

315 BArch, BL 1/66564, BMVg, FüL III 2, Az 10-50-01, Anpassung der Lw-Struktur 4 im Bereich FlaRak vom 8.2.1995, S. 1.

316 Assault Fire Unit.

317 Vgl. BArch, BL 1/66564, BMVg, FüL III 2, Az 10-50-01 PO 201/03, Anpassung der Lw-Struktur 4 im Bereich FlaRak, hier: Folgemaßnahmen, 27.3.1995, S. 2; Spreckelsen/Vesper, Blazing Skies, S. 262, 307.

a) Konzentration auf die wahrscheinlicheren Aufgaben

Die Flugabwehrraketenverbände in der veränderten Luftwaffenstruktur 4 waren konzeptionell und planerisch auf den Hauptauftrag der Landes- und Bündnisverteidigung ausgerichtet. Die Verbände sollten jedoch grundsätzlich geeignet und vorbereitet sein, Einsätze im Rahmen der kollektiven Verteidigung und der Krisenreaktion durchzuführen. Personell waren die Einheiten dazu nicht in der Lage. In der Folge wurden Komponenten aus Staffeln unterschiedlicher Verbände zu einem Verbund zusammengesetzt. Dabei konnten die Einheiten personelle und materielle Ressourcen aus den jeweils übergeordneten Gruppen oder Geschwadern beziehen, um unmittelbar einsatzbereit und durchhaltefähig zu werden.[318] Durch die Einführung dieser sogenannten Klapplösung konnte insbesondere für die Krisenreaktionskräfte der kurzfristige personelle und materielle Aufwuchs der Einsatzkräfte auch ohne Mobilmachungsmaßnahmen gewährleistet werden. Der Führungsstab Luftwaffe folgerte im Januar 2000, dass die negativen Folgen für die Einsatz-, Durchhalte- und Aufwuchsfähigkeit der Verbände hingenommen wurden.[319] Zu diesem Zeitpunkt verfügte die FlaRak über sechs Geschwader, sechs Patriot-Gruppen mit 36 Einsatzstaffeln, sechs Hawk-Gruppen mit 24 Einsatzstaffeln (zuzüglich zwölf Geräteeinheiten), sowie drei Roland-Gruppen mit 13 Einsatzstaffeln (zuzüglich einer Geräteeinheit). Die Gesamtstärke der FlaRak-Einsatzverbände betrug etwa 10 970 Dienstposten. Von den 73 aktiven FlaRak-Staffeln der Luftwaffe waren zwölf Staffeln der NATO als Reaction Forces gemeldet. Weitere zwölf Staffeln waren infolge des oben erwähnten Roland-Patriot-Folgeabkommens bis 2005 als US-Beitrag für die NATO gebunden.[320]

Im Vorfeld der Strukturanpassungen von 2000 prüfte die Luftwaffe weitere Einsparpotenziale. Mit Ausnahme des Waffensystems Patriot, dem einzigen bis zur Einführung von TLVS/MEADS zur Erweiterten Luftverteidigung geeigneten System, kamen dabei prinzipiell alle Waffensysteme der FlaRak für Teilreduzierungen infrage. Die Luftwaffe zog auch in Betracht, das Waffensystem Hawk bereits vor der Einführung von TLVS/MEADS vollständig außer Dienst zu stellen. Aus operationeller Sicht war das jedoch keine Option. Damit hätte das für den FlaRak-Verbund komplementäre, 360°-bekämpfungsfähige Waffensystem gefehlt, das in tiefen bis großen Höhen Patriot ergänzte und dessen Schwächen, wie die Sektorbegrenzung von 90° und die fehlende Transportfähigkeit mit nationalen Luftfahrzeugen, auszugleichen vermochte. Das Waffensystem Roland konnte diese Aufgabe nur bedingt im tiefen bis mittleren Höhenbereich kompensieren. Der FlaRak-Verbund Patriot/Hawk/Roland war aus Sicht der Luftwaffe auf absehbare Zeit unabdingbare Voraussetzung, um den Schutz eigener Krisenreaktionskräfte und die Abwehr von

318 Vgl. Spreckelsen/Vesper, Blazing Skies, S. 262 f.

319 Vgl. BArch, BL 1/63417, BMVg, FüL III 3 PO 301/LV, Vorlage für Tischgespräch zum Thema Optimierung FlaRak im Rahmen der Weiterentwicklung Luftwaffe bei InspL am 12.1.2000 vom 5.1.2000, S. 1.

320 Vgl. ebd., S. 1 f.; BArch, BW 1/32987, BMVg, FüL III 1 an FüS VI 5, Kommission »Gemeinsame Sicherheit und Zukunft der Bundeswehr«, hier: Beantwortung des Prüfauftrages von Sekr Kommission GSZBw vom 26.11.1999, S. 9.

Proliferationsrisiken zu gewährleisten. Der Führungsstab der Luftwaffe folgerte 1999: »Bis zur Einführung von MEADS kann auf die komplementären Fähigkeiten von Hawk nicht verzichtet werden. Eine vorzeitige vollständige Aufgabe von Hawk führt zu substanziellen Kampfeinbußen insbesondere in der Krisenreaktion.«[321]

Am 10. Januar 2000 billigte der Inspekteur der Luftwaffe die Grundzüge zur Optimierung und Anpassung der FlaRak, die eine Reduzierung des Dienstbereichs um rund 4000 Dienstposten in zwei Schritten vorsahen. Nach der Entscheidung des Verteidigungsministers zur Anpassung der Bundeswehr sollten im ersten Schritt rund 1600 militärische Dienstposten der FlaRak wegfallen. Die Umsetzung des zweiten Schritts sollte ab 2008 im Rahmen der MEADS-Umrüstung beginnen und zielte auf einen Abbau von weiteren 2400 Dienstposten bis zum Jahr 2015. Die Zielstruktur sah eine Zusammenfassung der bislang 15 FlaRak-Gruppen mit insgesamt 73 aktiven FlaRak-Staffeln in vier FlaRak-Geschwadern mit sechs Patriot-Gruppen mit jeweils sechs Einsatzstaffeln und vier gemischten Hawk-Roland-Gruppen mit jeweils zwei FlaRak-Staffeln Hawk und Roland vor.[322] Mit der Neuausrichtung der Strukturen, die sich an den Vorgaben des Eckwertepapiers des Generalinspekteurs der Bundeswehr vom 23. Mai 2000 orientierten, sollten einsatz- und durchhaltefähige Verbände in ausreichender Qualität und Quantität für die Aufgaben im neuen Aufgabenspektrum geschaffen werden.[323] Trotz des substanziellen Abbaus der Hawk- und Roland-Systeme würde der Wirkverbund FlaRak erhalten bleiben, der wiederum eine flexible, lageangepasste Generierung von optimal auf die jeweilige Aufgabe und die erwartete Bedrohung ausgerichteten Kräften ermöglichte. Die Maßnahmen der Strukturanpassung sahen eine sukzessive Reduzierung der Hawk-Kräfte bis 2008 und den Aufbau von MEADS-Modulen ab 2008 vor. Die größer werdende operationelle Lücke bei der Bekämpfung des gesamten Zielspektrums der Erweiterten Luftverteidigung würde letztendlich erst mit dem Waffensystem TLVS/MEADS zu schließen sein. Dementsprechend war aus Sicht der Luftwaffe dessen zeitgerechte Einführung zwingend erforderlich. Die Reduzierung der Roland-Systeme ermöglichte Einsparungen bei der Materialerhaltung. Der Betrieb des Waffensystems Roland war aus logistischer Sicht und im Gegensatz zu Hawk bis 2015+ möglich.[324]

Mit dem Eckpfeilerpapier für die Neuausrichtung der Bundeswehr von Grund auf vom 29. Januar 2001 verfügte Verteidigungsminister Scharping die Reduzierung der Flugabwehrraketenverbände um ein Drittel.[325] Mit dem Tagesbefehl des Inspekteurs

---

321 Vgl. BArch, BL 1/63417, BMVg, FüL III 3, Hintergrundinformation für InspL zur Vorbereitung MFR am 18.8.1999, hier: Hintergrundinformation und In Case Statements zu Auflösung der Hawk-Komponente, 16.8.1999, S. 1 f., Zitat S. 2.

322 Vgl. Heckmann, Bodengebundene Luftverteidigung, S. 74 f.

323 Vgl. Eckwerte für die konzeptionelle und planerische Weiterentwicklung der Streitkräfte.

324 Vgl. BArch, BL 1/63417, BMVg, FüL III 3 PO 301/LV, Vorlage für Tischgespräch zum Thema Optimierung FlaRak im Rahmen der Weiterentwicklung Luftwaffe bei InspL am 12.1.2000 vom 5.1.2000, S. 5–10; BArch, BL 1/63417, BMVg, FüL III 3 PO 301LV/3, Hintergrundinformation für STAL III zur Weiterentwicklung FlaRak vom 7.4.2000, S. 1.

325 Vgl. Hagena, Zur aktuellen Kontroverse, S. 5; Regierungserklärung des Bundesministers der Verteidigung, Rudolf Scharping, vor dem Deutschen Bundestag am 9.2.2001 in Berlin: »Die Bundeswehr der Zukunft – Feinausplanung und Stationierung«. In: Bulletin der Bundesregierung, Nr. 13-2 vom 9.2.2001, <www.bundesregierung.de/breg-de/service/bulletin/regierungserklaerung-des-bundesministers-der-verteidigung-rudolf-scharping--785366> (letzter Zugriff 21.9.2020).

der Luftwaffe zur Einnahme der Luftwaffenstruktur 5 vom 29. Januar 2001 setzte die Luftwaffe die Vorgaben des Verteidigungsministers um. Demnach bestand der konzeptionell abgeleitete operationelle Bedarf für 42 Feuereinheiten. Der Schwerpunkt lag dabei auf Patriot. 16 Feuereinheiten Hawk und sechs Feuereinheiten Patriot wurden aufgelöst und die Flugabwehrraketengeschwader von sechs auf vier reduziert. Im Material- und Ausrüstungskonzept für die Streitkräfte der Zukunft vom 16. März 2001 begründete der Generalsinspekteur diese Reduzierung mit den strukturellen Vorgaben des Eckpfeilerpapiers des Verteidigungsministers.[326]

Die Reduzierung der Personalstärke bei gleichzeitiger Erweiterung des Aufgabenspektrums stieß bei den Soldaten auf Unverständnis. Eine Arbeitsgruppe zur Evaluierung des personellen Handlungsbedarfs im Zuge der Neustrukturierung der Luftwaffe stellte 2002 in ihrem Abschlussbericht an den Inspekteur der Luftwaffe fest, dass das Vertrauen der Soldaten in die politische und militärische Führung beschädigt oder gar verloren gegangen sei. Von der militärischen Führung würde erwartet, sich stärker für die Belange der Truppe einzusetzen. Den politischen Entscheidungsträgern würden die Soldaten vorwerfen, »Aufträge zu erteilen, die den aktuellen Mitteln und Möglichkeiten der Streitkräfte nicht oder nur bedingt entsprechen und daher zu Lasten der Beauftragten gehen«.[327] Die Arbeitsgruppe warnte, dass die Professionalität, mit der die Verbände der Luftwaffe ihre Aufträge wahrnähmen, nicht als Beweis für eine grundsätzliche Zufriedenheit der Soldaten mit dem Auftrag und den dafür zur Verfügung stehenden Mitteln verstanden werden dürfe. Eine solche Professionalität würde vielmehr den Anspruch der Betroffenen an sich selbst reflektieren, trotz der Divergenz zwischen Auftrag und Mitteln den an sie gestellten Erwartungen gerecht zu werden. Das Risiko, diesen Spagat zu überdehnen, sei offenkundig. Insbesondere in den ersten Jahren nach dem Ost-West-Konflikt hätten Entscheidungen das personelle Gefüge der Luftwaffe nachhaltig beeinträchtigt, »weil sie zwar auf ministerieller Ebene begründbar und notwendig gewesen sein mögen, an der Basis aber nicht verstanden oder innerlich nicht akzeptiert« worden seien.[328]

Die bodengebundene Luftverteidigung befand sich mitten im Umsetzungsprozess der Luftwaffenstruktur 5, als weitere Verlegungen, Umgliederungen und Auflösungen beschlossen wurden. Die angespannte Haushaltssituation und die umfassenden Veränderungen der internationalen Sicherheitslage nach den Anschlägen vom 11. September 2001 hatten eine Nachsteuerung unumgänglich gemacht.[329] Während die Flugabwehrraketenverbände noch am 1. Januar 2003 ihre neue Gliederung eingenommen hatten, verfügte Verteidigungsminister Struck bereits im März desselben Jahres die Auflösung der Hawk-Roland-Gruppen und die vollständige Außerdienststellung der beiden Waffensysteme. Struck begründete die

[326] Vgl. Hagena, Zur aktuellen Kontroverse, S. 5. Vgl. dazu auch Chronik Führungsstab der Luftwaffe, S. 180–182.

[327] BArch, BL 1/62859, BMVg, FüL I BA0004 (Nr. 85), Arbeitsgruppe Personeller Handlungsbedarf Lw im Zuge der Neustrukturierung der Bw an den Inspekteur der Luftwaffe, Abschlußbericht der Arbeitsgruppe vom 26.3.2002, S. 5.

[328] Vgl. ebd., S. 5 f., Zitat S. 6.

[329] Vgl. Chronik Führungsstab der Luftwaffe, S. 182.

Einschnitte in der Struktur mit der Notwendigkeit, die Betriebskosten rasch und dauerhaft zu senken, um Freiraum für Investitions- und Entwicklungsvorhaben zu gewinnen.[330] Hierbei nannte er explizit die Vorhaben zur Entwicklung von TLVS/MEADS und eines leistungsgesteigerten Flugkörpers Patriot.[331] Die Entscheidung, neben Hawk auch Roland umgehend außer Dienst zu stellen, überraschte die Flugabwehrraketenverbände und stieß auf Unverständnis, war Roland in seiner luftverladbaren Version doch ein modernes und insbesondere für die Krisenreaktionskräfte geeignetes Waffensystem.[332] Neben finanziellen und strukturellen Aspekten spielten bei dieser Entscheidung luftwaffeninterne Überlegungen für eine Balance zwischen fliegenden und bodengebundenen Waffensystemen eine Rolle. Der Stellvertreter des Inspekteurs der Luftwaffe, Generalleutnant Hans-Werner Jarosch, verteidigte am 21. Mai 2003 die strukturellen Anpassungen der bodengebundenen Luftverteidigung vor dem Verteidigungsausschuss des Deutschen Bundestages. Gemäß dem Luftverteidigungskonzept der Bundeswehr vom 11. April 2001 würde der Luftverteidigungsschutz nicht mehr in der Fläche stationiert. Es sei nicht mehr erforderlich, Deutschland mithilfe eines Luftverteidigungsgürtels zu schützen, sondern alle Waffensysteme seien mobil im In- und Ausland einsetzbar. Die Kräfte der bodengebundenen Luftverteidigung in Deutschland würden nun in drei Räumen – Schleswig-Holstein, Mecklenburg-Vorpommern und Bayern – konzentriert, um aus betriebswirtschaftlichen Gründen, zugunsten einer besseren Regeneration, aber auch der besseren Ausbildung und effizienteren Dienstaufsicht Optimierungen zu erreichen. Die Außerdienststellung von Hawk sei zunächst bis 2008 und von Roland ab 2010 vorgesehen gewesen. Die dadurch entstehende Lücke sei durch die vorzeitige Außerdienststellung der beiden Waffensysteme lediglich vorgezogen worden.[333] Auch in der Konzeption der Bundeswehr von 2004 hieß es:

> »Die Konzentration auf die wahrscheinlicheren Aufgaben bedeutet, dass die bislang in großer Stückzahl nur für die herkömmliche Landesverteidigung bereitgehaltenen Systeme nicht länger benötigt werden. Daher wird die Anzahl älterer und für die Aufgabe der Landesverteidigung optimierter Waffensysteme zurückgenommen und auch auf Investitionen zum weiteren Betrieb solcher Systeme verzichtet. Die dadurch eingesparten Betriebskosten schaffen Freiräume für Investitionen.«[334]

Die gemischten Hawk-Roland-Geschwader wurden bis Ende 2005 außer Dienst gestellt. Zur Erfüllung ihres Einsatzauftrags verfügte die bodengebundene Luftverteidigung der Luftwaffe fortan über insgesamt 24 Einsatzstaffeln Patriot (siehe die Karte »Die Flugabwehrraktenverbände der Luftwaffe 2007« auf dem hinteren Vorsatzblatt). Mit der Konzentration auf Patriot wurde auch die Raketenschule der

330 Vgl. BArch, BL 1/61714 (130), BMVg, FüL I 4, Tagesbefehl InspL zur Weiterentwicklung der Reform der Bundeswehr vom 23.5.2003.

331 Vgl. Ausführungen des Bundesministers der Verteidigung, Dr. Peter Struck, anlässlich der Pressekonferenz zum Thema »Weiterentwicklung der Reform« am 21.2.2003 in Berlin, <www.ag-friedensforschung.de/themen/Bundeswehr/struck2.html> (letzter Zufriff 14.9.2020).

332 Vgl. Spreckelsen/Vesper, Blazing Skies, S. 322.

333 Vgl. Parlamentsarchiv, Deutscher Bundestag, Bestand 3119, Ausschuss für Verteidigung, 15. WP, Protokoll Nr. 15 vom 21.5.2003, S. 25; BArch, BL 1/61714 (130), BMVg, FüL I 4, Tagesbefehl InspL zur Weiterentwicklung der Reform der Bundeswehr vom 23.5.2003.

334 Konzeption der Bundeswehr (2004), Ziff. 10.1, S. 88.

Luftwaffe als zentrale Ausbildungseinrichtung des Flugabwehrraketendienstes in Fort Bliss in Texas zum 31. März 2005 aufgelöst und am 1. April 2005 als »Taktisches Aus-und Weiterbildungszentrum Flugabwehrraketen Luftwaffe mit Weiterentwicklungsaufgaben USA« neu aufgestellt.[335] Mit der Beschaffung und Einführung des Gefechtsstandes SAMOC sollte die Führungsfähigkeit der Flugabwehrraketenkräfte verbessert und eine Grundbefähigung zur Vernetzten Operationsführung realisiert werden. Letztere hatte sich zu einer wesentlichen Voraussetzung für die Teilnahme von Streitkräften an multinationalen Operationen entwickelt. Durch die Vernetzung von Führung, Aufklärung und Wirkung konnten Entscheidungsprozesse optimiert und die Wirkung der Waffensysteme entsprechend gesteigert werden. Das SAMOC ermöglichte neben der Führung der deutschen Patriot-Feuereinheiten zugleich die Anbindung und Führung von unterschiedlichen nationalen wie multinationalen Waffensystemen der bodengebundenen Luftverteidigung.[336]

Die vorgezogene Außerdienststellung von Hawk und Roland schränkte die Fähigkeiten der Luftwaffe, die eigenen Kräfte und Mittel gegen das breite Spektrum konventioneller Luftbedrohungen zu schützen, weiter ein. Obwohl die Luftwaffe immer wieder dargelegt hatte, dass der Betrieb von Hawk aus operativer Sicht zwingend bis zur Einführung von TLVS/MEADS aufrechtzuerhalten war, um Schwächen von Patriot auszugleichen, waren die letzten deutschen Hawk-Systeme Ende 2005 außer Dienst gestellt worden. Die dadurch größer gewordene Fähigkeitslücke konnte nur kurzfristig und teilweise durch die Kampfwertanpassungen des Waffensystems Patriot kompensiert werden. Auf lange Sicht war für die Luftwaffe die Einführung von TLVS/MEADS unverzichtbar.[337]

b) ›Breite vor Tiefe‹

Anlässlich der Reformvorhaben der Luftwaffe im Rahmen der Neuausrichtung[338] der Bundeswehr von 2011 sagte der Inspekteur der Luftwaffe, Generalleutnant Aarne Kreuzinger-Janik, während des Berliner Jahresempfangs der Interessengemeinschaft Deutsche Luftwaffe (IDLw) am 8. Juni 2011: »Gewünschtes, Gewolltes, Gewohntes ohne hinreichende Einsatzrelevanz ist vor dem Hintergrund der Kürzungen beim Umfang des Personals und der Plattformen nicht mehr alimentierbar.«[339] Wie auch bei den anderen Teilstreitkräften erfolgte die Ausplanung der Grobstruktur der zukünftigen Luftwaffe im Rahmen der Neuausrichtung der Bundeswehr mit dem Ziel, Einsatzstrukturen zu optimieren. Der Auftrag der Luftstreitkräfte war

[335] Vgl. Gosch, Luftverteidigung, S. 46; Kresser, Von der Raketenschule der Luftwaffe, S. 9. Seit Ende der 1960er Jahre führte die Luftwaffe die Ausbildung der FlaRak-Staffeln in den USA durch; am Standort der größten Luftverteidigungsschule der US-Streitkräfte, Fort Bliss (Texas), hatte sie die sogenannte Raketenschule der Luftwaffe eingerichtet. Vgl. Bernsmann, Luftschutz vom Feinsten, S. 181; Dewitz, Bereit für die neuen Bündnisaufgaben, S. 56.

[336] Vgl. Gosch, Luftverteidigung, S. 46 f.; Ilg, Die Bedeutung der Flugkörperabwehr, S. 52.

[337] Vgl. Dewitz, Waffensystem für drei Nationen, S. 53.

[338] Die Bezeichnung ›Breite vor Tiefe‹ stammt aus dem Konzept zur Neuausrichtung der Bundeswehr von 2011 und meint den »Erhalt des gesamten Fähigkeitsspektrums bei Abstrichen an der Durchhaltefähigkeit«. Die Neuausrichtung der Bundeswehr (2013), S. 116.

[339] Kreuzinger-Janik, Neuausrichtung der deutschen Luftwaffe, S. 72.

bislang durch den Kampf gegen das gegnerische Luftkriegspotenzial bestimmt worden. Die Einsatzerfahrungen hatten jedoch gezeigt, dass in vergangenen und kommenden Einsätzen zur Erringung der Kontrolle über den Luftraum, um die nötige Operationsfreiheit für die eigenen Kräfte zu erreichen, keine ebenbürtigen gegnerischen Luftstreitkräfte zu erwarten waren. Dementsprechend sollte mit der Neuausrichtung der Schwerpunkt im Fähigkeitsprofil der Luftwaffe vom Kampf gegen gegnerisches Luftkriegspotenzial auf unterstützende Luftoperationen sowie auf Überwachung, Aufklärung und Luftnahunterstützung verlagert werden. Neben den Fähigkeiten, die für die Einsätze vorzuhalten waren, mussten die Dauereinsatzaufgaben der Luftwaffe, etwa die Sicherung des deutschen Luftraumes, bei der Ausplanung der Verbände berücksichtigt werden. Auch wenn die Schutzwirkung vor gegnerischen Luftfahrzeugen gegenüber neuen asymmetrischen Bedrohungen in den Hintergrund gerückt war, konnte sie nicht vollkommen ausgeschlossen werden. Die klassischen Fähigkeiten in den Bereichen Luftangriff und Luftverteidigung sollten trotz der Schwerpunktverlagerung erhalten bleiben, um sich den operativen und initiativen Handlungsspielraum für das gesamte Intensitätsspektrum offen zu halten. Mit einem Gesamtumfang von rund 22 550 Soldatinnen und Soldaten sowie rund 3970 zivilen Mitarbeiterinnen und Mitarbeitern sollte die Luftwaffe fortan die Fähigkeiten abbilden, die zur Erfüllung ihrer Aufgaben erforderlich waren.[340]

Die bodengebundene Luftverteidigung wurde im Rahmen der Neuausrichtung auf drei Flugabwehrraketengruppen reduziert. Alle drei Gruppen waren mit dem Waffensystem Patriot im Konfigurationsstand »PAC-3/Config. 3« ausgestattet und unterstanden fortan der Führung des Flugabwehrraketengeschwaders 1 »Schleswig-Holstein« (Husum). Die Flugabwehrraketengeschwader 2 in Bad Sülze und 5 in Manching wurden aufgelöst. Darüber hinaus wurden alle Kräfte der bodengebundenen Luftverteidigung in einer Teilstreitkraft, der Luftwaffe, zusammengeführt. Im Zuge dessen übernahm das Geschwader die Fähigkeiten der Heeresflugabwehr. Trotz der Reduzierung der Personalstärke des Flugabwehrraketendienstes von 4500 auf rund 2300 Dienstposten musste der Dienstbereich nun ein breiteres Fähigkeitsspektrum sicherstellen als jemals zuvor: vom Schutz gegen Angriffe durch Raketen, Artillerie- und Mörsergeschossen im Nächstbereich bis hin zur Abwehr ballistischer Flugkörper. Dies entsprach dem Ansatz ›Breite vor Tiefe‹ der Verteidigungspolitischen Richtlinien zur Bereitstellung von Fähigkeiten im Gesamtspektrum (siehe die Karte »Die Flugabwehrraketenverbände der Luftwaffe 2014« auf dem hinteren Vorsatzblatt).[341]

Fähigkeitstransfer der Heeresflugabwehr zur Luftwaffe

Am 21. August 2010 billigte Verteidigungsminister zu Guttenberg einen gemeinsamen Vorschlag der Führungsstäbe Heer und Luftwaffe vom 6. August 2010, alle Kräfte der bodengebundenen Luftverteidigung und Flugabwehr in der Luftwaffe

340 Vgl. Verteidigungspolitische Richtlinien (2011), S. 47–55; Krüger, Die Luftwaffe in der neuen Struktur, S. 4 f.; Weymann, Die Neuausrichtung der bodengebundenen Luftverteidigung, S. 13.

341 Vgl. Krüger, Die Luftwaffe in der neuen Struktur, S. 5, 8; Weymann, Die Neuausrichtung der bodengebundenen Luftverteidigung, S. 12; Möllers, Die Luftwaffe und ihre Strukturen im Wandel der Zeit, S. 45 f.; Kruse, Das Zukunftsfeld »Flugkörperabwehr«, S. 50.

zu vereinen. Das Heer verzichtete damit auf die Fähigkeit zum begleitenden Flugabwehrschutz mobiler Truppenteile. Diese Aufgabe sollte künftig die Luftwaffe übernehmen.[342]

Die Entscheidung des Ministers zur Umsetzung des Fähigkeitstransfers fiel bereits im Vorgriff auf die strukturellen Anpassungen der Neuausrichtung der Bundeswehr. Der Zeitdruck war hoch, denn das stationäre Flugabwehrsystem MANTIS (Modular, Automatic and Network capable Targeting and Interception System), das von dieser Maßnahme betroffen war, sollte noch 2011 in den Einsatz nach Afghanistan zum Schutz des Feldlagers in Kunduz gegen Raketen-, Artillerie- und Mörserbeschuss gebracht werden. Dementsprechend sollte in einem ersten Schritt die Teilaufgabe Nächstbereichsschutz C-RAM (Counter Rocket, Artillery, Mortar) mit dem noch in der Beschaffung befindlichen System MANTIS mit allen dazugehörigen Projektelementen zum 1. Januar 2011 vom Heer auf die Luftwaffe übertragen werden.[343] Für den Betrieb des neuen Waffensystems durch den Flugabwehrraketendienst stellte die Luftwaffe zum 1. April 2011 eine neue Flugabwehrraketengruppe auf. Die geplante Einführung von MANTIS verzögerte sich jedoch, sodass auch die Zeitlinien für die Verlegung in den Einsatz nach Afghanistan nicht mehr einzuhalten waren. Am 26. November 2012 übergab der deutsche Rüstungskonzern Rheinmetall der Luftwaffe das neue Waffensystem.[344] Zwischenzeitlich eingetretene Veränderungen in der Bedrohungslage, die den operativen Bedarf von MANTIS in Kunduz minderten, sowie eine neue Priorisierung der Kontingentobergrenzen führten schließlich dazu, dass das Flugabwehrsystem nicht nach Afghanistan verlegt wurde.[345] Im Rahmen der Übertragung der Gesamtaufgabe Flugabwehr übernahm die Luftwaffe neben MANTIS sieben Luftraumüberwachungsradare (LÜR) und verpflichtete sich darüber hinaus, Teile des Waffensystems leFlaSys (leichtes Flugabwehrsystem) mit dem Waffenträger Ozelot zeitlich befristet weiter zu betreiben, um die Fähigkeit zum beweglichen Nahbereichsschutz zumindest im Ansatz zu erhalten.[346]

Mit dem Auflösungsappell der Heeresflugabwehrtruppe am 12. März 2012 wurde erstmalig in der Geschichte der Bundeswehr eine ganze Truppengattung, die von Beginn an Bestandteil des Heeres gewesen war, in kürzester Zeit ersatz-

342 Vgl. BMVg, FüH III 3/FüL III 6, Az 10-20-00, Vorlage an den Bundesminister der Verteidigung zu »Künftige Zuordnung der Fähigkeiten im Bereich Luftverteidigung/Flugabwehr in Heer und Luftwaffe« vom 6.8.2010; Weymann, Die Neuausrichtung der bodengebundenen Luftverteidigung, S. 12.

343 Bereits der Beschaffungsvorgang war mit Nachdruck vorangetrieben worden, da die Fähigkeit zum Schutz deutscher Feldlager vor Angriffen durch Raketen-, Artillerie- und Mörsergeschosse auch aus politischer Sicht als dringend notwendig erachtet wurde. Vgl. Parlamentsarchiv, Deutscher Bundestag, Bestand 3119, Ausschuss für Verteidigung, 16. WP, Protokoll Nr. 41 vom 28.3.2007, S. 44–48, und Protokoll Nr. 105 vom 6.5.2009, S. 51–54.

344 Vgl. Rheinmetall übergibt Flugabwehrsystem MANTIS an die Luftwaffe – Schutz vor Bedrohungen aus der Luft, <www.hardthoehenkurier.de/index.php/alle-nachrichten/454-rheinmetall-uebergibt-flugabwehrsystem-mantis-an-die-luftwaffe-schutz-vor-bedrohungen-aus-der-luft#:~:text=In%20einer%20feierlichen%20Zeremonie%20hat,Schleswig%20Holstein%E2%80%9C%20in%20Husum%20%C3%BCbernommen> (letzter Zugriff 9.2.2022).

345 Vgl. Bundeswehr setzt Abwehrsystem Mantis in Afghanistan nicht ein. Munition zur Abwehr von Raketenbeschuss unbrauchbar. In: FAZ, 7.9.2011.

346 Vgl. Norbert Finster, Fähigkeitstransfer Luftverteidigung. Ein persönlicher Beitrag zu Hintergründen und Entwicklungen, 31.1.2018 (im Archiv der Autorin), S. 19; Dewitz, System MANTIS.

los aufgelöst.[347] Wie auch die Flugabwehrraketenverbände der Luftwaffe war die Heeresflugabwehrtruppe im Rahmen des Neu- und Umstrukturierungsprozesses seit dem Ende des Ost-West-Konflikts personell und materiell auf ein Niveau reduziert worden, dass der parallele Fortbestand in zwei Teilstreitkräften aus militärischer Sicht nicht mehr sinnvoll erschien. Darüber hinaus waren für beide Bereiche jeweils Großvorhaben geplant, deren Entwicklung und Beschaffung angesichts des eng gesetzten Finanzrahmens der Neuausrichtung der Bundeswehr parallel nicht mehr realisierbar waren. Der damalige Stellvertreter des Inspekteurs der Luftwaffe, Generalleutnant Norbert Finster, betonte darüber hinaus einen Aspekt, den »so mancher nicht wahrhaben wollte: die bodengebundene LV/Fla hatte zum damaligen Zeitpunkt angesichts mangelnder Relevanz für aktuelle Einsätze weder im Heer noch in der Lw sehr viele Fürsprecher.«[348] Das Heer konzentrierte sich zunehmend darauf, durchhaltefähige Strukturen für internationale Einsätze analog zu den Anforderungen bisheriger Einsätze wie dem in Afghanistan zu schaffen. Die bodengebundene Flugabwehr spielte dabei eine untergeordnete Rolle und der Verzicht auf den begleitenden Flugabwehrschutz mobiler Truppenteile war angesichts der restriktiven personellen Obergrenzen der Neuausrichtung für die Führung des Heeres offenkundig hinnehmbar. Demgegenüber hatte der statische Feldlagerschutz an Relevanz gewonnen.[349] Der Inspekteur der Luftwaffe verfolgte analog zu den Vorgaben der Verteidigungspolitischen Richtlinien das Ziel, alle Fähigkeiten der Luftwaffe trotz der strukturellen Einschnitte zu erhalten (Breite vor Tiefe). Die Luftwaffe verfügte über die geforderte Expertise und Verantwortung für den Einsatz im Luftraum. Die Führung der Luftverteidigung und Flugabwehr ›aus einer Hand‹ ermöglichte eine eindeutige Aufgabenabgrenzung und würde die Koordination der Kräfte im Einsatz verbessern.[350] Folgerichtig übernahm die Luftwaffe zum 1. April 2012 die Aufgabe der Luftverteidigung und Flugabwehr in Gänze, »wohl wissend, dass unter den gegebenen personellen und finanziellen Rahmenbedingungen eine vollständige Abdeckung der LV/Fla-Forderungen des Heeres nicht zu realisieren war«.[351] Mit der Hinwendung zur Landes- und Bündnisverteidigung nach dem NATO-Gipfeltreffen in Wales 2014 erlangte die Aufgabe der Flugabwehr im Nah- und Nächstbereich eine überraschend neue Bedeutung, die freilich die strukturellen Defizite insbesondere im Bereich der mobilen bodengebundenen Flugabwehr der Luftwaffe noch einmal unterstrich.[352]

347 Vgl. Flugziel auf Kurs, S. 1.

348 Norbert Finster, Fähigkeitstransfer Luftverteidigung. Ein persönlicher Beitrag zu Hintergründen und Entwicklungen, 31.1.2018 (im Archiv der Autorin), S. 27.

349 Vgl. Flugziel auf Kurs, S. 137.

350 Vgl. BMVg, FüH III 3 / FüL III 6, Az 10-20-00, Vorlage an den Bundesminister der Verteidigung zu »Künftige Zuordnung der Fähigkeiten im Bereich Luftverteidigung/Flugabwehr in Heer und Luftwaffe« vom 6.8.2010, S. 2.

351 Norbert Finster, Fähigkeitstransfer Luftverteidigung. Ein persönlicher Beitrag zu Hintergründen und Entwicklungen, 31.1.2018 (im Archiv der Autorin), S. 28.

352 Vgl. Kuhlen, Mobile Flugabwehr, S. 91; Vollmer, Schnell. Durchsetzungsfähig. Kampfstark, S. 1; Müller, Gefährliche Lücke.

Luftverteidigungsverbund 2020

Im Hinblick auf die zukünftige Ausrichtung der bodengebundenen Luftverteidigung plante die Luftwaffe mit dem Konzept Luftverteidigungsverbund 2020 (LVVbd 2020) die Einnahme der neuen Struktur. Mit dem LVVbd sollte sie in der Lage sein, »weltweit einsetzbar, flexibel und bedrohungsangepasst sowie effizient und effektiv gegen das gesamte Spektrum gegnerischer Luftkriegsmittel [zu] wirken«.[353] Das Konzept sah vor, die Luftverteidigung in Form einer offenen Systemarchitektur zu realisieren. Je nach Bedrohung konnten dazu unterschiedliche Sensoren und Waffen kombiniert und in einem System-Wirk-Verbund vernetzt werden. Dies beinhaltete zudem eine technische und konzeptionelle Aufwuchsfähigkeit in den Wirkbereich der territorialen Flugkörperabwehr.[354]

Der Neuansatz zur Ausgestaltung der bodengebundenen Luftverteidigung in der Bundeswehr (LVVbd 2020) sollte erstellt werden, um das Informationsbedürfnis von Mitgliedern des Bundestages in Bezug auf das weitere Vorgehen im MEADS-Programm zu befriedigen. Staatssekretär Walther Otremba hatte dem Verteidigungsausschuss am 15. Februar 2011 ein solches Dokument bis Ende 2011 zugesichert. Ausgangspunkt hierfür war die Ankündigung der USA 2010, aus dem trilateralen Rüstungsprojekt MEADS auszusteigen. Darüber hinaus war der Fähigkeitstransfer der Heeresflugabwehr zur Luftwaffe umzusetzen. Und nicht zuletzt hatten die Staats- und Regierungschefs der NATO auf dem Gipfel in Lissabon 2010 den Aufbau der NATO-Raketenabwehr beschlossen. Diese Entscheidung war mit deutlichen Erwartungen an Deutschland als europäischem Expertisenträger in diesem Kompetenzfeld verknüpft. Trotz der erneuten Reduzierung der Flugabwehrraketenverbände besaß Deutschland im Vergleich zu anderen Verbündeten unverändert ausgeprägte bodengebundene Luftverteidigungskräfte. Die Luftwaffe verfügte mit zwölf kampfwertangepassten Patriot-Einsatzsystemen einschließlich des Flugkörpers PAC-3 über eine Grundbefähigung zur Flugkörperabwehr und mit dem SAMOC über einen Führungsgefechtsstand zur Zusammenfassung unterschiedlicher Sensoren und Effektoren der bodengebundenen Luftverteidigung.[355] Der Neuansatz zur Ausgestaltung der bodengebundenen Luftverteidigung in der Bundeswehr wurde schließlich am 28. September 2012 durch den Inspekteur der Luftwaffe erlassen.[356]

5. Zwischen Quantität und Qualität

Nach dem Ende des Ost-West-Konflikts war Deutschland umgeben von Freunden und Verbündeten. Die wahrscheinlichste Bedrohung ergab sich auf absehbare

353 Rosenthal, Die Fähigkeit der Luftwaffe zur bodengebundenen Luftverteidigung, S. 59.

354 Vgl. Weymann, Die Neuausrichtung der bodengebundenen Luftverteidigung, S. 15; Rosenthal, Die Fähigkeit der Luftwaffe zur bodengebundenen Luftverteidigung, S. 59.

355 Vgl. Kruse, Das Zukunftsfeld »Flugkörperabwehr«, S. 49 f.

356 Vgl. BMVg, Az 10-20-00/Stab InspL III 6, Neuansatz zur Ausgestaltung der bodengebundenen Luftverteidigung in der Bundeswehr – Luftverteidigungsverbund 2020. Ausrichtung der bodengebundenen Luftverteidigung vom 28.9.2012.

Zeit über die Distanz. Dazu gehörten Abstandswaffen wie ballistische Raketen und Marschflugkörper als Trägersysteme, die Proliferation von Massenvernichtungswaffen, strategischer Terrorismus, internationale Kriminalität und strategische Informationsoperationen. Die nun verschwommenen Grenzen zwischen klassisch-militärischen und anderen Aufgaben wirkten sich zwangsläufig auf die Verfügbarkeit sowie die Verwendungsbreite der Streitkräfte aus.[357] Die Bewältigung neuer Aufgabenstellungen war nur mit einer qualitativen Anpassung von Strukturen und Waffensystemen zu erreichen. Doch vor dem Hintergrund der Wiedervereinigung und des Aufbaus der neuen Bundesländer unterlag der Verteidigungshaushalt trotz der neuen Aufgaben der Bundeswehr dem Sparzwang, sodass es bei der qualitativen Anpassung immer wieder zu Einschränkungen und Verzögerungen kam. Dies führte angesichts der wachsenden internationalen Verantwortung Deutschlands und der zunehmenden Beteiligung der Bundeswehr an internationaler Friedenssicherung zu einem Dilemma.

Die im Rahmen der NATO einerseits geforderte Fähigkeit zur Erweiterten Luftverteidigung, im Besonderen zur Flugkörperabwehr, und die stark begrenzten nationalen Finanzmittel andererseits entwickelten sich zu den bestimmenden Größen der Strukturanpassungen der Flugabwehrraketenverbände. Die nach dem Ende des Ost-West-Konflikts in Mitteleuropa im Bereich der Integrierten Luftverteidigung vorhandenen luftgestützten und bodengebundenen Luftverteidigungssysteme verfügten vorrangig über die Fähigkeit, klassische Luftbedrohungen abzuwehren. Die Kampfwertanpassung der Patriot-Systeme in den Konfigurationsstand »PAC-3/Config. 3« einschließlich der Beschaffung des PAC-3-Lenkflugkörpers war erforderlich, um Deutschland den Einstieg in die Grundbefähigung zur Flugkörperabwehr zu ermöglichen und damit sowohl den Forderungen der NATO als auch den eigenen konzeptionellen Vorgaben nachzukommen. Bei der Realisierung der einzelnen Teilanpassungen kam es jedoch immer wieder zu Verzögerungen. Die Ursachen hierfür waren vielfältig. Dass nur zwölf der 36 Patriot-Einsatzsysteme die volle Kampfwertanpassung erhielten, ist auf den begrenzten Finanzrahmen des Verteidigungshaushalts zurückzuführen. Doch darüber hinaus verzögerten Unstimmigkeiten zwischen den USA und Deutschland hinsichtlich des Austausches sensitiver Technologieinformationen sowie die politische Debatte um das trilaterale Rüstungsprojekt MEADS das Kampfwertanpassungsprogramm Patriot. Schlussendlich erreichte die Luftwaffe erst mit der ersten Teillieferung von PAC-3-Lenkflugkörpern im September 2010 die Anfangsbefähigung zur Abwehr taktisch ballistischer Flugkörper.

Für das deutsche Staatsgebiet existierte nach dem Ende des Ost-West-Konflikts keine unmittelbare Bedrohung durch ballistische Raketen mehr. Sowohl die kampfwertgesteigerten Patriot-Systeme als auch TLVS/MEADS waren dafür ausgelegt, ballistische Flugkörper bis zu einer Reichweite von 1000 Kilometern in ihrer Endphase abzufangen. Im Umkreis von 1000 Kilometern gab es allerdings keinen Feind mehr. Während die Bedrohung für das deutsche Territorium geringer wurde, gewannen die Verteidigung des Bündnisgebietes sowie der Schutz eigener und ver-

[357] Vgl. Mey, Deutsche Sicherheitspolitik 2030, S. 103.

bündeter Streitkräfte im Einsatz außerhalb des Bündnisgebietes an Bedeutung. Die Notwendigkeit, dass deutsche Soldatinnen und Soldaten sich in Auslandseinsätzen gegen mögliche Angriffe mit ballistischen Raketen kurzer Reichweite schützen können mussten, war unbestritten. Die letzten beiden Golfkriege und der Bürgerkrieg in Syrien hatten deutlich gemacht, dass eine Bedrohung durch ballistische Flugkörper für die südliche Peripherie des Bündnisgebietes existierte. Es stellte sich also weniger die Frage, ob Deutschland die Fähigkeiten zur bodengebundenen Luftverteidigung für sich selbst erhalten und ausbauen sollte, vielmehr standen bei der Abwägung bündnispolitische Aspekte im Vordergrund.

Trotz der quantitativen Einschnitte nahm Deutschland im Vergleich zu anderen europäischen Nationen auf dem Gebiet der bodengebundenen Luftverteidigung nach wie vor eine Vorreiterrolle im Bündnis ein. Sowohl die Beschaffung von TLVS/MEADS als auch die Kampfwertanpassung der Patriot-Systeme stellten für die Bundeswehr unentbehrliche Vorhaben für die Modernisierung der Streitkräfteausrüstung dar. Mit der Realisierung der Vorhaben würde Deutschland aber auch langfristig in der Lage sein, einen gewichtigen Beitrag zur Steigerung der Verteidigungsfähigkeit des Bündnisses zu leisten. Die Fähigkeit zur Flugkörperabwehr gehörte schließlich zu den *critical ressources* der NATO. Für den Eventualfall im Rahmen des Erweiterten Aufgabenspektrums setzten die Bündnispartner in hohem Maße auf die Verfügbarkeit deutscher Luftverteidigungskontingente.

Aus den in Kapitel III dargestellten Maßnahmen zur Modernisierung der bodengebundenen Luftverteidigung ergab sich ein Dilemma: Auf der einen Seite standen der aus Bedrohungs- und Risikoanalysen abgeleitete militärische Bedarf und das Bestreben Deutschlands, sicherheits- und verteidigungspolitisch mehr Verantwortung zu übernehmen; andererseits war danach zu fragen, was tatsächlich finanzierbar war. Angesichts des angespannten Verteidigungshaushalts mussten die Beschaffung von TLVS/MEADS und die Kampwertanpassung von Patriot mit einer Vielzahl anderer, ebenfalls wichtiger Rüstungsprojekte konkurrieren. Da die politischen Entscheidungen in der Regel auf Empfehlungen des Militärs basieren, überrascht es nicht, dass sich sowohl zwischen den Teilstreitkräften als auch innerhalb dieser die Konkurrenz verstärkte. Letztendlich drohten finanzielle Gesichtspunkte gegenüber den strategischen Notwendigkeiten zu überwiegen.[358]

Die vorgezogene Außerdienststellung der Waffensysteme Hawk und Roland schränkte die Fähigkeiten der Luftwaffe, die eigenen Kräfte und Mittel gegen das breite Spektrum konventioneller Luftbedrohungen zu schützen, weiter ein. Obwohl die Luftwaffe im Vorfeld immer wieder dargelegt hatte, dass der Betrieb von Hawk aus operativer Sicht zwingend bis zur Einführung von TLVS/MEADS aufrechtzuerhalten war, um Schwächen von Patriot auszugleichen, waren die letzten deutschen Hawk-Systeme Ende 2005 außer Dienst gestellt worden, um Betriebskosten schnell und dauerhaft zu senken und so Freiraum für Investitions- und Entwicklungsvorhaben wie TLVS/MEADS oder die Kampfwertanpassung von Patriot zu gewinnen. Doch die dadurch größer gewordene Fähigkeitslücke konnte kurzfristig und auch nur teilweise durch die Kampfwertanpassungen des Waffensystems Patriot kompensiert

[358] Vgl. Krause, Ist transatlantische Rüstungskooperation noch machbar?, S. 27 f.

werden. Die massiven Verzögerungen bei der Kampfwertsteigerung von Patriot und im MEADS-Programm führten letztlich dazu, dass die Quantität der bodengebundenen Luftverteidigung reduziert wurde, während die Anpassung der Qualität noch auf sich warten ließ. Selbst in seiner kampfwertgesteigerten Version wies Patriot in Bezug auf eine umfassende, wirtschaftliche, durchhaltefähige auftrags- und bedrohungsgerechte Auftragserfüllung erhebliche Defizite auf. Der Zukunftsfähigkeit waren erkennbare Grenzen gesetzt und die Einführung von TLVS/MEADS aus Sicht der Luftwaffe damit unverzichtbar.

Die Neuausrichtung der Bundeswehr 2012 und die damit einhergehende erneute Reduzierung der Personalstärke, der Fähigkeitstransfer der Heeresflugabwehr in die Luftwaffe und der Austritt der USA aus dem trilateralen Rüstungsprogramm MEADS bildeten schließlich die Rahmenbedingungen, in denen die Kräfte der bodengebundenen Luftverteidigung nun ein deutlich größeres Aufgabenspektrum mit einem stark reduzierten Personalkörper wahrnehmen mussten, »während das geplante Waffensystem der Zukunft, das aufgrund seiner Architektur eine höhere Flexibilität bei Ressourceneinsatz und Fähigkeitserbringung bieten sollte, nicht beschafft werden«[359] konnte.

Die Dysbalance zwischen Strukturen, Ausrüstung und Aufgabenspektrum der bodengebundenen Luftverteidigung wurde bei Einsatzverwendungen offensichtlich. So gelangte der Dienstbereich im Rahmen des Einsatzes zur Verstärkung der Integrierten Luftverteidigung in der Türkei 2013 bis 2015 unter den Augen der Öffentlichkeit an die Grenzen seiner personellen und materiellen Belastbarkeit.

---

359 Weymann, Die Neuausrichtung der bodengebundenen Luftverteidigung, S. 13.

IV. Auslandseinsätze der Flugabwehrraketenverbände

»Wer die modernsten Waffen besitzt,
wird am häufigsten zum Krieg eingeladen.«[1]

1. Der Zweite Golfkrieg 1990–1991

Der Zweite Golfkonflikt begann am 2. August 1990 mit dem Einmarsch irakischer Truppen in Kuwait. Der Sicherheitsrat der Vereinten Nationen verurteilte die Invasion und forderte, dass der irakische Machthaber Saddam Hussein seine Streitkräfte »unverzüglich und bedingungslos« aus Kuwait abziehe.[2] Darüber hinaus verhängte der Sicherheitsrat am 6. August ein Wirtschafts-, Finanz- und Militärembargo gegen den Irak.[3] Am 28. August 1990 verkündete Hussein offiziell die Annexion Kuwaits als 19. Provinz des irakischen Staates. Internationale Vermittlungsbemühungen und weitere Resolutionen durch den Sicherheitsrat der Vereinten Nationen blieben erfolglos. In ihrer Resolution 678 (1990) forderten die VN den Irak ultimativ auf, seine Streitkräfte bis zum 15. Januar 1991 vollständig aus Kuwait abzuziehen. Andernfalls ermächtige der Sicherheitsrat »die Mitgliedstaaten, die mit der Regierung Kuwaits kooperieren, [...] alle erforderlichen Mittel einzusetzen, um der Resolution 660 (1990) und allen danach verabschiedeten einschlägigen Resolutionen Geltung zu verschaffen und sie durchzuführen und den Weltfrieden und die internationale Sicherheit in dem Gebiet wiederherzustellen«.[4] Inzwischen hatte sich eine internationale Koalition aus regionalen und außerregionalen Staaten unter US-Führung gegen den Irak zusammengeschlossen und im Rahmen der Operation »Desert Shield« seit August Truppen nach Saudi-Arabien verlegt. Als sich der irakische Machthaber weiterhin weigerte, den Forderungen der Vereinten Nationen Folge zu leisten, griffen die verbündeten Streitkräfte den Irak an.[5]

Die alliierten Luftstreitkräfte begannen in der Nacht zum 17. Januar 1991, im Rahmen der Operation »Desert Storm« strategisch wichtige Einrichtungen des Irak

---

1 Gysi, Wie weiter?, S. 181.
2 Vgl. Sicherheitsrat der Vereinten Nationen, Resolution 660 (1990) vom 2.8.1990.
3 Vgl. Sicherheitsrat der Vereinten Nationen, Resolution 661 (1990) vom 6.8.1990.
4 Sicherheitsrat der Vereinten Nationen, Resolution 678 (1990) vom 29.11.1990, Ziff. 2.
5 Vgl. Hubel, Der zweite Golfkrieg, S. 1; Bleckmann/Dorenwendt/Tautkus, Chronologie der Kriege 1990/91, S. 130; Schöneberger, Vom Zweiten Golfkrieg, S. 108; Bundeszentrale für politische Bildung, Der Zweite Golfkrieg, <www.bpb.de/politik/hintergrund-aktuell/210410/beginn-des-2-golfkriegs> (letzter Zugriff 24.1.2022).

zu bombardieren. Ziel des Luftkrieges war neben der Luftherrschaft die Lähmung der Fähigkeit zur Kriegführung und des militärischen Potenzials des Irak.[6] Als weitere Bemühungen zur Vermittlung scheiterten und Saddam Hussein sich unverändert weigerte, auf die Bedingungen der VN-Resolutionen einzugehen, begannen die alliierten Kräfte unter Führung der USA am 24. Februar 1991 eine Bodenoffensive. Innerhalb von 100 Stunden gelang es ihnen, Kuwait zu befreien und die irakischen Truppen festzusetzen. Nachdem Hussein am 27. Februar die Bedingungen des VN-Sicherheitsrates akzeptiert hatte, verfügte US-Präsident Bush einen Tag später den Waffeneinsatz der alliierten Kräfte einzustellen. Am 11. April 1991 trat der Waffenstillstand offiziell in Kraft.[7]

Der Krieg gegen den Irak zielte zum einen auf den Rückzug irakischer Truppen aus Kuwait und die Wiederherstellung von dessen Souveränität. Zum anderen wollten die Alliierten den Irak militärisch dauerhaft schwächen. Dieser hatte in den 1970er und insbesondere den 1980er Jahren mithilfe des Auslands, nicht zuletzt auch westlicher Staaten, eine eigene Rüstungsindustrie aufgebaut. Neben der Produktion von Handfeuerwaffen, Munition und Ersatzteilen für importierte Waffensysteme hatte sich die irakische Rüstungsindustrie auf die Modifikation von ballistischen Raketen sowie auf die Herstellung atomarer, biologischer und chemischer Waffen konzentriert.[8] Die Aufrüstung des Irak konnte von den gültigen Rüstungskontroll- und Technologietransferregimen nicht wirkungsvoll verhindert werden. Letztendlich hatten Industriestaaten in Ost und West durch Rüstungs- und Technologieexporte (auch Dual-Use-Güter) dazu beigetragen, dass die Weiterverbreitung von Massenvernichtungswaffen und ihren Trägersystemen in eine neue Phase eintrat.[9] Nun gerieten insbesondere die Forschungslabore und Produktionsstätten für Massenvernichtungswaffen in den Fokus der Weltöffentlichkeit. Saddam Hussein hatte bereits im Ersten Golfkrieg ab 1984 gegen den Iran wie auch 1988 gegen die kurdische Bevölkerung im eigenen Land chemische Waffen eingesetzt und damit gezeigt, dass er willens war, von diesen Waffen tatsächlich Gebrauch zu machen.[10] Aufgrund dieser Waffenpotenziale würde der Irak aus Sicht der Allianz auch nach einem Abzug seiner Truppen aus Kuwait eine Bedrohung für Israel und für arabische Verbündete der Region bleiben. Die alliierten Luftangriffe zielten demnach auf die Zerstörung des irakischen Potenzials an Massenvernichtungswaffen sowie entsprechender Forschungseinrichtungen.[11]

---

6 Vgl. Parlamentsarchiv, Deutscher Bundestag, Bestand 3119, Ausschuss für Verteidigung, 12. WP, Protokoll Nr. 1 vom 30.1.1991, S. 10.

7 Vgl. Hubel, Der zweite Golfkrieg, S. 1, 42 f.; Schöneberger, Vom Zweiten Golfkrieg, S. 108; Rauch, Auslandseinsätze der Bundeswehr, S. 106.

8 Die nationalen Rüstungsindustrien der Staaten des Nahen Ostens waren über Jahrzehnte mithilfe westlicher (z.B. USA, Großbritannien, Frankreich und Bundesrepublik Deutschland) und östlicher Staaten (z.B. UdSSR und China) aufgebaut worden. Vgl. Kaiser/Becher, Deutschland und der Irak-Konflikt, S. 73 f.; Deutsche an die Fronten?, S. 4–6.

9 Vgl. Deutsche an die Fronten?, S. 6. Vgl. auch Kap. II.3.c.

10 Vgl. Central Intelligence Agency, Iraq's Chemical Warfare Program, 22.4.2007, <www.cia.gov/library/reports/general-reports-1/iraq_wmd_2004/chap5.html> (letzter Zugriff 31.10.2020).

11 Vgl. Hubel, Der zweite Golfkrieg, S. 40, 55; Bleckmann/Dorenwendt/Tautkus, Chronologie der Kriege 1990/91, S. 130; Schöneberger, Vom Zweiten Golfkrieg, S. 112; Inacker, Unter Ausschluß

Die Bemühungen der alliierten Kräfte um einen dauerhaften Frieden im Nahen Osten dürfen allerdings nicht darüber hinwegtäuschen, dass die westlichen Großmächte im Vorfeld des Zweiten Golfkrieges über Jahrzehnte sowohl mittelbar als auch unmittelbar auf die Regierungs- und Staatenbildung in der Region Einfluss genommen hatten. So waren gezielt einzelne Staaten bei regionalen Konflikten oder bei ihren Bemühungen um eine Vormachtstellung unterstützt worden. Der Argumentation für das Vorgehen gegen den Irak unter Verwendung von Begriffen wie Moral und Recht lag somit eine gewisse Doppelmoral zugrunde.[12]

a) Einsatzdebüt des Waffensystems Patriot

Die ballistischen Flugkörper des Irak basierten auf der sowjetischen Scud-Technologie. Bis 1987 war es irakischen Experten gelungen, die Reichweite von Raketen des Typs Scud-B von 300 auf etwa 650 Kilometer zu vergrößern. Erstmals hatte der Irak die nun als »Al Hussein« bezeichneten Flugkörper im Ersten Golfkrieg gegen den Iran eingesetzt.[13]

Am 18. Januar 1991, einen Tag nach dem Beginn der alliierten Luftoffensive, griff der Irak Israel und Saudi-Arabien mit eben diesen modifizierten ballistischen Flugkörpern an. Während des gesamten Krieges feuerten irakische Kräfte zwischen 80 und 90 modifizierte Scud-Raketen auf Ziele in Israel und Saudi-Arabien ab.[14] Aufgrund des irakischen Chemiewaffenpotenzials und der Drohung Saddam Husseins Ende Dezember 1990, dieses gegen Israel einzusetzen, war nicht auszuschließen, dass die Flugkörper chemisch bestückte Gefechtsköpfe trugen.[15] So brachten sich die Menschen nach einer Alarmierung für die Dauer des Angriffes hinter abgedichteten Fenstern und mit angelegten Atemschutzmasken in Sicherheit.[16] Am Ende machte der Irak seine Drohung nicht wahr; die modifizierten Scud-Raketen verzeichneten darüber hinaus grobe Abweichungen in der Zielgenauigkeit.[17] Der

---

der Öffentlichkeit?, S. 47; BArch, BW 2/27010, BMVg, FüS III 1, Militärpolitische Gesamtlage Golf-Konflikt (Hintergrundinformationen) vom 9.1.1991, S. 2.

12 Vgl. Ziebura, Golfkrieg, S. 134; Klaus Hartung, Grausiges Paradox. Der gerechte und der heilige Krieg. In: Die Tageszeitung (Berlin) vom 18.1.1991.

13 Vgl. Deutscher Bundestag, Drucksache 12/487 vom 8.5.1991, S. 9; Hubel, Der zweite Golfkrieg, S. 7, 17; Nickel, Flugkörperabwehr, S. 325.

14 Die Angaben über die Anzahl der eingesetzten ballistischen Raketen variieren. Gemäß U.S. Army wurden 88 ballistische Raketen aus dem Irak gestartet. In anderen Quellen ist von 86 Flugkörpern die Rede. 5 bis 8 sollen jedoch unmittelbar nach dem Start zerbrochen sein und erreichten weder Israel noch Saudi-Arabien. Der Irak gab an, 93 ballistische Raketen während des Golfkrieges gestartet zu haben. Vgl. Stocker, Britain, S. 185; Schmucker/Schiller, Raketenbedrohung 2.0, S. 22; Lewis/Fetter/Gronlund, Casualties and Damage (1993), S. 4 und S. 42 sowie Anm. 111.

15 Vgl. Central Intelligence Agency, Iraq's Chemical Warfare, 22.4.2007, <www.cia.gov/library/reports/general-reports-1/iraq_wmd_2004/chap5.html> (letzter Zugriff 31.10.2020), Annex B; Deutsche an die Fronten?, S. 15.

16 Vgl. BArch, BW 1/281070, Botschaft der Bundesrepublik Deutschland, Verteidigungsattaché an Bundesminister der Verteidigung, Einzelbericht des MilAttStabes Tel Aviv Nr. 8/91, Übersicht und vorläufige Auswertung der bisherigen Raketenangriffe auf Israel (Stand 21.2.1991), 22.2.1991, S. 2.

17 Gegenüber der ursprünglichen Scud-B verfügte die Al Hussein über eine deutlich geringere Genauigkeit. Ihr CEP wird auf etwa 7,5 Kilometer geschätzt. Vgl. Schmucker/Schiller, Raketenbedrohung 2.0, S. 112, 298.

militärische Kampfwert dieser Waffen war folglich gering, doch schöpften sie ihre Bedeutung aus der emotionalen Wirkung. Der politisch-psychologische Effekt der Raketenangriffe war nicht zu unterschätzen. Insbesondere die Angriffe auf Israel übten großen politischen Druck aus. Ohne die Möglichkeit einer Abwehr dieser Angriffe stieg die Wahrscheinlichkeit, dass Israel in den Krieg eintrat. Dies hätte wiederum den Austritt einiger arabischer Staaten aus der US-geführten Anti-Irak-Koalition und damit die vom Irak beabsichtigte Spaltung der Allianz zur Folge gehabt.[18]

Der Abwehr taktisch ballistischer Flugkörper besaß somit während des Zweiten Golfkrieges eine besondere Bedeutung. In der ersten Phase von »Desert Storm« richteten die Alliierten rund 15 Prozent ihrer strategischen Luftoperationen gegen irakische Raketenpotenziale. Nach einer Woche erhöhten sie den Anteil sogar auf etwa 40 Prozent. Zum einen war die tatsächliche Anzahl ballistischer Flugkörper des Irak deutlich höher als zunächst vermutet worden war, zum anderen gestaltete sich auch die Neutralisierung der Abschussvorrichtungen, insbesondere der mobilen, trotz Luftüberlegenheit schwieriger als zuvor angenommen. In den ersten zwei Wochen flogen die alliierten Luftstreitkräfte mehr Einsätze gegen Scud-Einrichtungen als gegen irakische Flugplätze. Der Erfolg war jedoch ernüchternd.[19]

Zur Bekämpfung bereits gestarteter ballistischer Flugkörper stationierten die USA Flugabwehrraketensysteme des Typs Patriot primär in Israel und Saudi-Arabien. Bereits Mitte August 1990 hatten sie erste Patriot-Einheiten nach Saudi-Arabien verlegt. Bis zum Beginn von »Desert Storm« brachten die USA 27 Patriot-Batterien mit insgesamt 216 Startgeräten in das Krisengebiet.[20] Ihre Hauptaufgabe war es, die alliierten Streitkräfte, Bevölkerungszentren, wichtige Industrieanlagen, Häfen und andere strategische Ziele zu schützen.[21] Das Flugabwehrraketensystem war vorrangig zur Abwehr bemannter Luftfahrzeuge konzipiert. Aufgrund der zunehmenden Bedrohung durch ballistische Raketen hatten die USA jedoch in den 1980er Jahren Systemverbesserungen vorgenommen, wodurch Patriot die Fähigkeit zum Selbstschutz und zum begrenzten Objektschutz gegen taktisch ballistische Flugkörper der vom INF-Vertrag erlaubten Kategorie bis 500 Kilometer Reichweite erhielt. Damit war das Waffensystem auf das Bedrohungsszenario des Ost-West-Konflikts in den 1980er Jahren zugeschnitten und nicht für den Raumschutz von Siedlungsgebieten gegen Flugkörper, wie er im Zweiten Golfkrieg erforderlich war.

---

[18] Vgl. Deutscher Bundestag, Plenarprotokoll, Stenographischer Bericht, 12. WP, 5. Sitzung, 30.1.1991, S. 68; Hubel, Das Ende des Kalten Kriegs im Orient, S. 112; Freedman/Karsh, The Gulf Conflict, S. 307; Inacker, Unter Ausschluß der Öffentlichkeit?, S. 48; Nickel, Flugkörperabwehr, S. 325; Hubel, Der zweite Golfkrieg, S. 73; Stocker, Britain, S. 185; Schmucker/Schiller, Raketenbedrohung 2.0, S. 136; BArch, BW 2/27010, BMVg, FüS III 1, Militärpolitische Gesamtlage Golf-Konflikt (Hintergrundinformationen) vom 9.1.1991, S. 2.

[19] Vgl. Freedman/Karsh, The Gulf Conflict, S. 309; Feigl, Erfordernisse einer Verteidigung, S. 323. Vgl. BArch, BW 1/281065, BMVg, FüS III 4, Übersetzung aus dem Französischen, Bericht des französischen Generalstabschefs der Streitkräfte an den Herrn Verteidigungsminister über die ersten Erkenntnisse aus dem Konflikt im Vorderen Orient vom 29.1.1991, S. 12.

[20] BArch, BW 1/281065, Heeresverbindungsstab 10, Az 04-04-01, Einzelbericht Nr. 02/91, Erfahrungen aus dem Golf-Krieg Desert Shield/Storm, hier: Darstellung aus Sicht der Flugabwehr, 29.5.1991, S. 3 f.

[21] Vgl. Enders/Bahnemann, Reconsidering Ballistic Missile Defence, S. 50.

Die Al Hussein wies im Gegensatz zu ihrer ursprünglichen Form (Scud-B) eine größere Reichweite auf. Diese war möglich aufgrund einer Verkleinerung des Gefechtskopfes bei gleichbleibendem Antriebwerk. Die größere Reichweite führte zu einem höheren Apogäum der Flugbahn und damit zu einer höheren Wiedereintrittsgeschwindigkeit des Flugkörpers. Da dieser nicht für die dabei entstehenden Kräfte und Temperaturen ausgelegt war, bewirkte die unzureichende Strukturfestigkeit ein Auseinanderbrechen der Rakete in ihrer finalen Flugphase. Das Flugprofil der Al Hussein lag außerhalb der Vorgaben für die Entwicklung des Flugabwehrraketensystems Patriot. Um diese Diskrepanzen kurzfristig zu kompensieren, führten Vertreter der US-Rüstungsindustrie Ad-hoc-Maßnahmen im Einsatzgebiet durch.[22]

Während des Krieges und unmittelbar danach wurde Patriot in den US-Medien und durch Präsident Bush für seine angeblich außergewöhnlich hohe Erfolgsquote bei der Abwehr ballistischer Raketen in Israel und Saudi-Arabien gelobt und als ›Kriegsheld‹ gefeiert.[23] Die Berichte bezogen sich auf Angaben der U.S. Army, wonach es den Patriot-Systemen gelungen sei, in Israel rund 50 Prozent und in Saudi-Arabien sogar 90 Prozent der anfliegenden ballistischen Raketen abzufangen, während die restlichen in siedlungsfreiem Gebiet niedergegangen seien.[24] Die verhältnismäßig niedrigen Schadens- und Verlustraten in Israel und Saudi-Arabien schienen den Erfolg der Patriot-Systeme zu bestätigen. Wie sich jedoch herausstellen sollte, entsprachen die von der U.S. Army während des Krieges gemeldeten Zahlen nicht der technischen Realität. Die Wirksamkeit von Patriot im Zweiten Golfkrieg wurde nach dessen Ende in den USA sowie zwischen den USA und Israel kontrovers diskutiert. Optimistische Stimmen, meist aus dem Bereich der Industrie, sprachen von einem ›Erfolg‹ von 40 Prozent und führten die niedrige Schadens- und Verlustrate auf den Einsatz der Patriot-Systeme zurück; kritische Fachkreise in den beiden Staaten vertraten hingegen die Auffassung von einem technischen Misserfolg gegen die Al Hussein und vermuteten eine Abfangquote zwischen null und maximal zehn Prozent.[25] Die Stationierung der Systeme hätten den Schaden in

22 Vgl. BArch, BW 1/281070, BMVg, FüL VII 4/SysB WS Patriot, Antwortschreiben StS Schönbohm an MdB Müller (SPD), Fragen zur Leistungsfähigkeit des Waffensystems Patriot im Golfkrieg, Anl. 1 zur Vorlage an PStS Wimmer zu Einzelfragen von Abgeordneten zur schriftlichen Beantwortung vom 1.4.1992, S. 1 f.; BArch, BW 1/281065, BMVg, FüL VII 4/SysB WS Patriot, Vorlage an StS Dr. Pfahls zum Einsatz Patriot zur Abwehr taktischer ballistischer Flugkörper (ATBM) vom 28.05.1991, S. 4.

23 Vgl. hierzu Kap. II.1.c.

24 Die unterschiedlichen Erfolgsquoten in Israel und Saudi-Arabien waren vorrangig auf die unterschiedliche geografische Lage, die Anzahl und Stationierung der Waffensysteme sowie den Ausbildungsstand der Kampfbesatzungen und deren Bekämpfungsverfahren zurückzuführen. Vgl. BArch, BW 1/281070, BMVg, FüL VII 4/SysB WS Patriot, Antwortschreiben StS Schönbohm an MdB Müller (SPD), Fragen zur Leistungsfähigkeit des Waffensystems Patriot im Golfkrieg, Anl. 1 zur Vorlage an PStS Wimmer zu Einzelfragen von Abgeordneten zur schriftlichen Beantwortung vom 1.4.1992, S. 1.

25 Vgl. BArch, BW 1/281070, BMVg, Rü T II 5, Vorlage an StS Schönbohm zu Flug-/Raketenabwehrsystem Patriot PAC 2 bzw. SA-10, hier: Wirksamkeit gegen Scud-Raketen (Al Hussein), 25.3.1992, S. 2; Brett Davis, T.A. Postol the Patriot's persistent gadfly. In: Huntsville Times, 12.4.1992.

keiner Weise begrenzen können, ganz im Gegenteil. Manche Kritiker waren sogar überzeugt, dass die Trümmerteile der detonierenden Patriot-Lenkflugkörper mehr Schaden angerichtet hätten, als dies ohne eine versuchte Abwehr der Fall gewesen wäre.[26] Israelische Militärs bezweifelten zudem, dass das System trotz weitreichender Kampfwertanpassungen jemals in die Rolle eines Area-Defence-Systems hineinwachsen könne. Patriot war aus ihrer Sicht nicht die endgültige Antwort auf das Problem der taktisch ballistischen Flugkörper.[27]

Aufgrund fehlender oder unzugänglicher Daten konnte jedoch keine Seite ihre Position glaubhaft untermauern. Der Abwehrerfolg von Patriot war mit den vorhandenen Informationen schlichtweg nicht belegbar. Dies bestätigten offizielle Untersuchungen des US-Kongresses, des Congressional Research Service und des General Accounting Office (GAO).[28] Im Vorfeld einer Anhörung durch den Untersuchungsausschuss des Kongresses am 8. April 1994 reduzierte die U.S. Army die zuvor angegebene Erfolgsquote der Waffensysteme in Israel auf 40 Prozent und in Saudi-Arabien auf 70 Prozent. Gleichzeitig betonte sie, dass selbst die Patriot-Systeme, die eine Systemanpassung erhalten hatten, für eine Bekämpfung von Flugkörpern mit einem extremen Flugverhalten wie dem der Al Hussein nicht ausgelegt seien. Der politische und der psychologische Effekt des Patriot-Einsatzes wurden in der Debatte kaum beachtet. Der Fokus lag primär auf der technischen Wirksamkeit.[29]

Mithin gründete der vermeintliche Erfolg der Patriot vor allem auf der Unzulänglichkeit der Al-Hussein-Raketen. Die Steigerung der Reichweite der Scud-Raketen hatte eine Verschlechterung der Zielgenauigkeit der Al Hussein zur Folge gehabt. Der Gefechtskopf war verhältnismäßig klein und einige der eingesetzten Raketen erwiesen sich als Blindgänger. In Israel explodierte in Großstadtgebieten tatsächlich nur ein Drittel der angreifenden Raketen. Aufgrund der qualitativ eher mäßigen Verarbeitung der Al Hussein zerbrachen die Flugkörper in der Regel bei Eintritt in ihre finale Flugphase. Dies geschah oberhalb der Bekämpfungshöhe des Flugabwehrraketensystems Patriot. Danach war es dem Waffensystem nicht möglich, den Gefechtskopf unter den anfliegenden Bruchteilen für eine gezielte Bekämpfung zu identifizieren.[30] Gegen eine ballistische Rakete wurden für gewöhnlich

26 Vgl. Lewis/Fetter/Gronlund, Casualties and Damage (1993), S. 2 f., Anm. 3 und 4; Postol, Lessons of the Gulf War Patriot Experience; Schwächen der Patriot-Raketen. Zielsuchsysteme leicht zu täuschen/Mehr Schaden als Nutzen. In: FAZ, 15.5.1991.

27 Vgl. BArch, BW 1/281065, BMVg, StAL FüL VI, Dienstreisebericht über Reise nach Israel vom 26.5.–2.6.1991, 11.6.1991, S. 3 f.; Stav, The Israeli Aspect of BMD, S. 210.

28 Vgl. Scheffran, Patriot gegen Scud; United States General Accounting Office (GAO), Operation Desert Storm: Data Does Not Exist to Conclusively Say How Well Patriot Performed. Report to Congressional Requesters, Washington, DC, 22.9.1992, <www.gao.gov/assets/nsiad-92-340.pdf> (letzter Zugriff 5.2.2022).

29 Vgl. BArch, BW 1/ 281070, BMVg, FüL VI 3, Vortragsnotiz für StvInspL zur Information, Wirksamkeit Patriot gegen Scud, vom 24.4.1992, S. 2; United States General Accounting Office (GAO), Operation Desert Storm: Data Does Not Exist to Conclusively Say How Well Patriot Performed. Report to Congressional Requesters, Washington, DC, 22.9.1992, <www.gao.gov/assets/nsiad-92-340.pdf> (letzter Zugriff 5.2.2022), S. 2 f.

30 Vgl. BArch, BW 1/281065, Heeresverbindungsstab 10, Az 04-04-01, Einzelbericht Nr. 02/91, Erfahrungen aus dem Golf-Krieg Desert Shield/Storm, hier: Darstellung aus Sicht der Flugabwehr,

zwei Patriot-Lenkflugkörper eingesetzt. Die durch das Zerbrechen der ballistischen Rakete verursachten Mehrfachziele führten automatisch zu einem höheren Einsatz an Abfangflugkörpern. Nach offiziellen Angaben wurden im Golfkrieg etwa 159 Patriot-Lenkflugkörper auf – je nach Quelle – 40 bis 50 ballistische Raketen verschossen; ein Verhältnis, das nicht zuletzt aufgrund der hohen Preisdifferenz zwischen der Al Hussein und einem Patriot-Lenkflugkörper als kritisch zu bewerten war.[31] Auch die dynamische Instabilität der Flugkörper – sie ›trudelten‹ – erschwerte eine erfolgreiche Bekämpfung. Teilweise war aufgrund einer Fehlfunktion des Waffensystemcomputers überhaupt keine Bekämpfung des angreifenden Flugkörpers möglich. So schlug am 25. Februar 1991 eine ballistische Rakete in Dhahran (Saudi-Arabien) in eine militärische Liegenschaft der USA ein. Dabei kamen 28 amerikanische Soldaten ums Leben. Neben den genannten technischen Faktoren ergaben Auswertungen der Angriffe, dass rechtzeitige Warnungen vor einem Angriff, die Konstruktion betroffener Gebäude oder auch schlichtweg die Uhrzeit des Angriffs sich wesentlich auf dessen Erfolg auswirkten. Die Luftangriffe der Alliierten zwangen den Irak beispielsweise, die ballistischen Raketen vorrangig in der Nacht zu starten. Darüber hinaus hatten mindestens 40 Prozent der Einwohner von Tel Aviv den Großraum der Stadt verlassen.[32]

Die tatsächliche Leistung des Waffensystems Patriot in seinem ersten scharfen Einsatz lässt sich bis heute nicht nachvollziehen. Stichhaltige technische Detailinformationen wurden durch die USA nicht freigegeben oder sind nicht vorhanden. Rückblickend muss die angebliche Leistung der Patriot im Zweiten Golfkrieg jedoch deutlich relativiert werden. Bei aller Kritik an Patriot darf allerdings nicht vergessen werden, dass das Waffensystem zu diesem Zeitpunkt nicht auf eine Abwehr ballistischer Raketen optimiert und insbesondere nicht auf das Flugprofil der Al Hussein ausgelegt war. Das Kriegsbild hätte sich wohl anders gestaltet, wenn die modifizierten Scud-Raketen leistungsfähiger und mit chemischen Kampfmitteln bestückt gewesen wären.[33] Trotz ihrer geringen Wirkung im Ziel hatte die Al Hussein ihre psychologische Wirkung, die israelische Bevölkerung zu terrorisieren, nicht verfehlt. Die USA hatten zwei Patriot-Batterien nach Haifa und vier nach Tel Aviv verlegt.[34] Ihre Stationierung trug zum einen dazu bei, dass Israel nicht in den Golfkrieg eingriff, und zum anderen erzeugten die Systeme allein durch ihre Anwesenheit Hoffnung

---

vom 29.5.1991, S. 12; Schwächen der Patriot-Raketen. Zielsuchsysteme leicht zu täuschen/Mehr Schaden als Nutzen. In: FAZ, 15.5.1991.

31 Vgl. BArch, BW 1/281065, Heeresverbindungsstab 10, Az 04-04-01, Einzelbericht Nr. 02/91, Erfahrungen aus dem Golf-Krieg Desert Shield/Storm, hier: Darstellung aus Sicht der Flugabwehr, vom 29.5.1991, S. 21.

32 Vgl. Freedman/Karsh, The Gulf Conflict, S. 310; Lewis/Fetter/Gronlund, Casualties and Damage (1993), S. 15, 19, 25, 29, 39–41; Parlamentsarchiv, Deutscher Bundestag, Bestand 3119, Ausschuss für Verteidigung, 12. WP, Protokoll Nr. 2 vom 20.2.1991, S. 17; BArch, BW 1/281070, Botschaft der Bundesrepublik Deutschland, Verteidigungsattaché an Bundesminister der Verteidigung, Einzelbericht des MilAttStabes Tel Aviv Nr. 8/91, Übersicht und vorläufige Auswertung der bisherigen Raketenangriffe auf Israel (Stand 21.2.1991), 22.2.1991, S. 2.

33 Vgl. Codevilla, Missiles, Defence and Israel, S. 95.

34 Zum Ende des Golfkrieges stationierten zudem die Niederlande eine Patriot-Batterie bei Jerusalem. Das niederländische System bekämpfte jedoch keine Scud-Rakete. Vgl. Lewis/Fetter/Gronlund, Casualties and Damage (1993), S. 16 (Anm. 44).

bei der Bevölkerung, bestand nun doch zumindest die Chance einer Verteidigung. Die Menschen in Israel waren erleichtert und dankbar, was sie gelegentlich mit dem Aufdruck »We are all Patriots« auf der Oberbekleidung zum Ausdruck brachten.[35] Mit ihrer Hoffnung gelang es ihnen, den Terrorcharakter der ballistischen Raketen in der subjektiven Wahrnehmung in gewisser Weise zu relativieren.[36]

Der Einsatz von ballistischen Flugkörpern während des Zweiten Golfkrieges führte der NATO das Problem der unkontrollierten Weiterverbreitung von Raketentechnologien drastisch vor Augen.[37] Das Bündnisgebiet befand sich bereits in Reichweite ballistischer Raketen – sei es als Waffe an sich oder als Trägermittel für Massenvernichtungswaffen. Gleichzeitig gewann die Fähigkeit zur Flugkörperabwehr auch nach dem Ende des Ost-West-Konflikts wieder an Relevanz im Bündnis. Israel machte die Raketenabwehr zu einer nationalen Priorität.[38] Der Zweite Golfkrieg hatte den Beweis erbracht, dass eine Abwehr ballistischer Raketen grundsätzlich möglich war. Erstmals war es einem Waffensystem gelungen, einen taktisch ballistischen Flugkörper in einem tatsächlichen Kriegsszenario zu bekämpfen. Zugleich hatte dieser Konflikt aber auch Schwächen des Waffensystems Patriot in dieser Rolle aufgedeckt und den Bedarf an Verbesserungen und Weiterentwicklungen sowie an leistungsstärkeren Abwehrsystemen unterstrichen.[39] Ballistische Flugkörper wie Abwehrsysteme hatten beide während dieses Krieges – trotz stark eingeschränkter militärischer Wirkung – ihre psychologische und politische Bedeutung in künftigen Konflikten demonstriert.

b) Zwischen Scheckbuchdiplomatie und Gewissensfragen

Auf die Euphorie der Wiedervereinigung folgte in Deutschland die Ernüchterung durch den Zweiten Golfkrieg.[40] Während die deutsche Politik noch intensiv mit dem Einigungsprozess befasst war und sich nach wie vor sowjetische Truppen auf deutschem Boden befanden, musste die Bundesregierung im Rahmen der Gewalteskalation am Golf ihre Verlässlichkeit als Bündnispartner unter Beweis stellen. Sie sah sich verpflichtet, auf die Befindlichkeiten der weitestgehend instabilen osteuropäischen Staaten Rücksicht zu nehmen. Aus Sorge vor einer negativen

35 Vgl. BArch, BW 1/281070, Botschaft der Bundesrepublik Deutschland, Verteidigungsattaché an Bundesminister der Verteidigung, Einzelbericht des MilAttStabes Tel Aviv Nr. 8/91, Übersicht und vorläufige Auswertung der bisherigen Raketenangriffe auf Israel (Stand 21.2.1991), 22.2.1991, S. 6.

36 Vgl. Freedman/Karsh, The Gulf Conflict, S. 311; Lewis/Fetter/Gronlund, Casualties and Damage (1993), S. 37; BArch, BW 1/281070, Botschaft der Bundesrepublik Deutschland, Verteidigungsattaché an Bundesminister der Verteidigung, Einzelbericht des MilAttStabes Tel Aviv Nr. 8/91, Übersicht und vorläufige Auswertung der bisherigen Raketenangriffe auf Israel (Stand 21.2.1991), 22.2.1991, S. 6; Ballistic Missiles. The Threat and the Response, S. 242.

37 Vgl. Stocker, Britain, S. 185; Hubel, Der zweite Golfkrieg, S. 73; Kaiser/Becher, Deutschland und der Irak-Konflikt, S. 21.

38 Vgl. Eshel, Ballistic Missile Defence, S. 71.

39 Vgl. BArch, BW 1/281065, Heeresverbindungsstab 10, Az 04-04-01, Einzelbericht Nr. 02/91, Erfahrungen aus dem Golf-Krieg Desert Shield/Storm, hier: Darstellung aus Sicht der Flugabwehr vom 29.5.1991, S. 12.

40 Vgl. Biehl, Von der Verteidigung zur Intervention, S. 42.

Reaktion der Sowjetunion bemühte sich die Bundesregierung, die deutsche Rolle im Golfkonflikt möglichst kleinzuhalten.[41] Nicht zuletzt beeinflusste die eigene Vergangenheit das Denken und Handeln der deutschen Entscheidungsträger. Die Bundesrepublik Deutschland hatte seit dem Ende des Zweiten Weltkrieges eine Kultur der militärischen Zurückhaltung gepflegt.[42] Die nun teilweise widersprüchlichen Erwartungshaltungen der Bündnispartner machten es der jungen Berliner Republik nicht leicht, außenpolitisch selbstbewusst aufzutreten. Einerseits sollte sie mit der Wiedererlangung der vollen Souveränität auch eine größere außenpolitische Verantwortung übernehmen.[43] Andererseits disqualifizierten Warnungen, dies nicht isoliert zu tun, sowie das diffamierende Schlagwort vom »Vierten Reich« im Vorfeld der Wiedervereinigung jeglichen Ansatz, mehr außenpolitische Verantwortung zu übernehmen.[44] Die Selbstwahrnehmung der wiedervereinigten Bundesrepublik schwankte zwischen neuem Selbstbewusstsein und einer Furcht vor Macht.[45] Die beständige Zurückhaltung Deutschlands, sich auch mit militärischen Mitteln am alliierten Vorgehen gegen den Irak zu beteiligen, stellte die Zuverlässigkeit der Bundesrepublik als Bündnispartner zunehmend infrage. Auch der Versuch, diese Politik neben materieller Unterstützung vorrangig mit finanziellen Mitteln zu kompensieren, stieß bei den Bündnispartnern vermehrt auf Kritik und führte schließlich zu einem Ansehensverlust Deutschlands.[46] Während des Ost-West-Konflikts hatte die Bundesrepublik von der Einbindung in die NATO und der Solidarität der Bündnispartner profitiert. Nun musste Deutschland in eine neue außenpolitische Rolle in Europa hineinwachsen, die seiner Größe entsprach, und dabei den Bündnispartnern gleichermaßen Solidarität beweisen.[47] Der Golfkonflikt wurde zur ersten Probe für die neue internationale Verantwortung der Bundesrepublik.[48]

Im Rahmen der innerdeutschen Debatte um die Unterstützung der Alliierten im Golfkonflikt wurde auch die kontroverse Diskussion über Notwendigkeit, Umfang und Grenzen des Einsatzes deutscher Streitkräfte neu belebt.[49] Grundsätzlich war die Bundesrepublik bereit, einen Beitrag für die Wiederherstellung des Friedens in der Golfregion zu leisten,[50] doch Bundeskanzler Helmut Kohl, Außenminister Hans-Dietrich Genscher und Verteidigungsminister Gerhard Stoltenberg waren sich

41 Die Bundesregierung fühlte sich in ihrer vorsichtigen Haltung womöglich bestätigt, als die Sowjetunion am 13.1.1991 eine Demonstration in Litauen gewaltsam niederschlug und damit »noch einmal in Verhaltensmuster des Kalten Krieges« zurückzufallen schien. Lemke, Die deutsche Luftwaffe, S. 54.

42 Vgl. Schöneberger, Vom Zweiten Golfkrieg, S. 15; Biehl, Von der Verteidigung zur Intervention, S. 45.

43 Vgl. Deutscher Bundestag, Plenarprotokoll, Stenographischer Bericht, 12. WP, 5. Sitzung, 30.1.1991, S. 69.

44 Vgl. Hacke, 60 Jahre Außenpolitik, S. 502.

45 Vgl. Schöllgen, Angst vor der Macht, S. 32 f., 136 f.; Meiers, Zu neuen Ufern?, S. 53; Geppert, Die Bundeswehr, S. 45; Inacker, Unter Ausschluß der Öffentlichkeit?, S. 163; Kaiser/Becher, Deutschland und der Irak-Konflikt, S. 29.

46 Vgl. »Den Ernstfall nicht gewagt«. In: Der Spiegel, 11.2.1991, S. 20, 26.

47 Vgl. Lemke, Die deutsche Luftwaffe, S. 52 f.; Luftwaffe im Wandel, S. 9; Breuer, Die künftige Rolle von Luftstreitkräften, S. 53 f.

48 Vgl. Kohl, Berichte zur Lage 1989–1998, S. 169; Schöneberger, Vom Zweiten Golfkrieg, S. 114.

49 Vgl. Deutscher Bundestag, Drucksache 12/2200 vom 12.3.1992, S. 3.

50 Vgl. Genscher, Erinnerungen, S. 905.

bereits Ende August 1990 einig, keine deutschen Soldaten zu friedenserzwingenden Maßnahmen an den Golf zu entsenden. Dabei bezog sich Genscher auf die Beschlüsse des Bundessicherheitsrates von 1982, wonach der Einsatz deutscher Streitkräfte außerhalb des NATO-Territoriums unzulässig sei. Er kündigte jedoch an, nach der vollständigen Überwindung der Teilung Deutschlands und des Ost-West-Gegensatzes die Verfassung zu ändern.[51]

Als mit der Offensive der Alliierten am 17. Januar 1991 die Kampfhandlungen im Golf offen ausbrachen, war Bundeskanzler Kohl »tief betroffen« und »zutiefst enttäuscht«, dass eine friedliche Lösung des Konflikts gescheitert war. Er versicherte den amerikanischen, britischen und französischen Verbündeten, die bei »der Verteidigung von Recht und Freiheit in diesem Konflikt die Hauptlast tragen« würden, die Solidarität der Bundesregierung. Gleichzeitig betonte Kohl aber noch einmal, dass deutsche Soldaten nicht am Golf eingesetzt würden.[52]

Für eine weitere Verschärfung des Tons in der innerdeutschen Debatte um die Rolle Deutschlands im Zweiten Golfkonflikt sorgten zum einen die irakischen Raketenangriffe auf Israel und zum anderen die Frage des Beistands für die Türkei gegen einen potenziellen Angriff durch den Irak.[53] Als der Irak begann, Israel mit ballistischen Flugkörpern zu beschießen, geriet die deutsche Regierung in eine moralische Zwangslage. Mit dem drohenden Einsatz von irakischem Giftgas gegen die israelische Bevölkerung drückte sich fast instinktiv »der Bruch mit der faschistischen Vergangenheit in zwei Reflexen aus: nie wieder Auschwitz und Verletzung der gleichen staatsbürgerlichen Rechte; nie wieder Nationalismus und Krieg«,[54] so der deutsche Philosoph und Soziologe Jürgen Habermas. Doch genau diese beiden Prinzipien traten nun miteinander in Widerstreit. Deutschland hatte eine moralische Verpflichtung gegenüber der israelischen Bevölkerung. Insbesondere jetzt, da Israel zu seiner Verteidigung auch auf militärische Unterstützung angewiesen war, musste Deutschland seiner besonderen Rolle gerecht werden.[55] Diese Zwangslage der Bundesregierung hatte sich aufgrund ernstzunehmender Hinweise verstärkt, dass Unternehmen, Wissenschaftler und Techniker aus der Bundesrepublik und der DDR in den 1980er Jahren an den irakischen Bemühungen zum Aufbau und Betrieb von Produktionsanlagen für chemische Waffen sowie zur Steigerung der Reichweite sowjetischer Scud-Raketen beteiligt gewesen sein sollen. Der Gedanke, Israels Bevölkerung hätte durch irakische Angriffe mit solcherart hergestellten Chemiewaffen Opfer zu beklagen, schien unerträglich.[56]

---

51 Vgl. Deutscher Bundestag, Plenarprotokoll, Stenographischer Bericht, 11. WP, 221. Sitzung, 23.8.1990, S. 17469; Meiers, Zu neuen Ufern?, S. 249; Hubel, Der zweite Golfkrieg, S. 63.

52 Vgl. Deutscher Bundestag, Plenarprotokoll, Stenographischer Bericht, 12. WP, 3. Sitzung, 17.1.1991, S. 46 f., Zitat S. 47; Weick, Die schwierige Balance, S. 176.

53 Vgl. Kaiser/Becher, Deutschland und der Irak-Konflikt, S. 30; Hubel, Der zweite Golfkrieg, S. 54 f.

54 Jürgen Habermas, Wider die Logik des Krieges. In: Die Zeit, 15.2.1991.

55 Vgl. ebd.

56 Vgl. Deutscher Bundestag, Drucksache 12/487 vom 8.5.1991, S. 5 f.; Deutscher Bundestag, Plenarprotokoll, Stenographischer Bericht, 12. WP, 3. Sitzung, 17.1.1991, S. 48; Central Intelligence Agency, Iraq's Chemical Warfare, 22.4.2007, <www.cia.gov/library/reports/general-reports-1/iraq_wmd_2004/chap5.html> (letzter Zugriff 31.10.2020), Annex B; Hubel, Der zweite Golfkrieg,

Ähnliche Vorwürfe waren auch gegen Unternehmen aus nahezu allen westlichen Industriestaaten erhoben worden, doch geriet die Bundesregierung aufgrund der deutschen Vergangenheit in den Fokus der internationalen Kritik.[57] So sah sich Außenminister Genscher bei seinem Besuch in Tel Aviv am 24. und 25. Januar 1991 mit anti-deutschen Demonstrationen und Parolen wie »1941: Zyklon B. 1991: Nerven- und Senfgas« konfrontiert. Israel forderte, dass Deutschland sich seiner besonderen Verantwortung nicht entziehen dürfe.[58] Der Scheck, den Genscher im Rahmen dieses Besuches als humanitäre Soforthilfe für die Opfer der Raketenangriffe überreichte, »machte aufgrund seiner unvermeidlichen Unangemessenheit das Problem und frühere Versäumnisse nur noch schmerzhafter bewusst«.[59] Die israelische Regierung bat Deutschland vorrangig um materielle Unterstützung, darunter auch Waffenlieferungen. Ende Januar 1991 versprach die Bundesregierung Israel ABC-Spürpanzer des Typs Fuchs, Schutzausrüstung gegen chemische Kampfstoffe, medizinisches Material und Geräte, die Finanzierung und Lieferung von zwei U-Booten aus deutscher Produktion, aber eben auch Flugabwehrraketensysteme Hawk und Patriot. Der finanzielle Umfang der deutschen Hilfe lag bei rund einer Milliarde Deutsche Mark.[60]

Zwischen zugesagten und tatsächlich erbrachten Leistungen gilt es allerdings zu unterscheiden. So versprach Kohl Israel eine einsatzfähige Patriot-Feuereinheit, die Israel aber nie erhielt. Im Rahmen trilateraler Verhandlungen mit den USA im April 1991 hatte man sich auf eine Beschaffung des Systems aus der US-Verteidigungshilfe und eine pauschale Abgeltung durch Deutschland von 102 Millionen US-Dollar geeinigt.[61]

Nach dem Ende der Kämpfe ergaben Untersuchungen der auf Israel abgefeuerten Scud-Raketen, dass diese – entgegen den in den Medien verbreiteten Vermutungen – keine Bauteile aus deutscher oder anderer westlicher Herstellung aufwiesen. Die Art und Qualität der durchgeführten Modifikationen deuteten vielmehr darauf hin, dass

S. 55; Kaiser/Becher, Deutschland und der Irak-Konflikt, S. 21, 73 f.; Deutsche an die Fronten?, S. 4–6.

57 »Deutsche Firmen haben nachweisbar zwei der bedeutendsten C-Waffenkomplexe und ein B-Waffenforschungszentrum im Irak ausgestattet. Doch die These, ohne die Deutschen gäbe es dort keine C-Waffen und Raketen mit größerer Reichweite, ist kaum haltbar.« Deutsche an die Fronten?, S. 5. Vgl. auch Kaiser/Becher, Deutschland und der Irak-Konflikt, S. 73 f.; Freedman/Karsh, The Gulf Conflict, S. 356.

58 Vgl. Wasmuht, Das Kriegsjahr 1991, S. 144; Kaiser/Becher, Deutschland und der Irak-Konflikt, S. 21.

59 Kaiser/Becher, Deutschland und der Irak-Konflikt, S. 34.

60 Die Angaben über den Inhalt der Leistungen variieren stark. Viele Autoren beziehen sich auf die durch die Bundesregierung zugesagten, nicht aber auf die tatsächlich erbrachten Leistungen Deutschlands. Dass hier allerdings eine Differenzierung erforderlich ist, zeigt sich am Beispiel Patriot. Vgl. DPA-Meldung, Bundeswehr hilft Israel mit Patriot-Raketen und Giftspürpanzern, bas444 3 pl 320 vvvvb dpa 457, 30.1.1991; Kaiser/Becher, Deutschland und der Irak-Konflikt, S. 36; Hubel, Der zweite Golfkrieg, S. 56; Inacker, Unter Ausschluß der Öffentlichkeit?, S. 97 f.; Rauch, Auslandseinsätze der Bundeswehr, S. 104; Deutsche an die Fronten?, S. 7, 15.

61 Vgl. BArch, BW 2/27226, BMVg, Rü T II 2, Hintergrundinformation für den Besuch StS Dr. Pfahls in den USA am 6./7.5.1991, Patriot für Israel, 15.4.1991.

die Änderungen vom Irak selbst und nicht durch westliche Wissenschaftler vorgenommen worden waren.[62]

Mit der Wahrscheinlichkeit eines bewaffneten Konflikts in der Golfregion schloss die türkische Regierung irakische Übergriffe auf die Türkei nicht aus, zumal Saddam Hussein der Türkei mit Vergeltungsschlägen gedroht hatte, falls sie eine Stationierung von US-Luftstreitkräften auf ihrem Territorium erlauben sollte.[63] Da der Irak seine Landstreitkräfte im Grenzbereich zu Kuwait konzentrierte, wäre im Falle eines Angriffs auf die Türkei vorrangig mit irakischen Luftangriffen zu rechnen gewesen. So beantragte der türkische Generalstab am 17. Dezember 1990 bei der NATO offiziell die Aktivierung und Verlegung der NATO-Luftkomponente, der Allied Command Europe Mobile Force (ACE Mobile Force, kurz: AMF Air), um den Irak mit einem sichtbaren Zeichen der Bündnissolidarität vor einer potenziellen Aggression gegen die Türkei abzuschrecken. Mit der AMF verfügte die Allianz seit 1961 über einen multinationalen und hochmobilen Spezialverband, »um im Rahmen der Abschreckung in neuralgischen Punkten an den Bündnisflanken die Solidarität und den Abwehrwillen der Allianz gegenüber dem Ostblock zu demonstrieren«.[64] Die mobile Eingreiftruppe hatte in den 30 Jahren ihres Bestehens zwar regelmäßig geübt, ein tatsächlicher Einsatz unter Bedingungen des Ernstfalls war jedoch nie erforderlich gewesen. Jetzt wurde die AMF erstmals in einem tatsächlichen Spannungsfeld aktiviert.[65]

Die Türkei hoffte, dass die Allianz ihrem Ersuchen zügig entsprechen würde, und forderte eine Verlegung der alliierten Kräfte in den Südosten der Türkei zwischen dem 6. und 10. Januar 1991. In ihrer Zuversicht gab die türkische Regierung bereits Teilinformationen an die Presse weiter, was im Defence Planning Committee (DPC), dem obersten Entscheidungsgremium der NATO, und im Militärausschuss (MC) der Allianz Diskussionen hervorrief und die Konsensfindung verzögerte. Insbesondere die deutsche NATO-Vertretung wollte vermeiden, voreilig Beschlüsse zu fassen. Sie plädierte für eine sorgfältige Prüfung des türkischen Antrags.[66] Die im Vergleich zur Mehrheit ihrer Partner eher zurückhaltende und abwägende Haltung der Bundesrepublik Deutschland führte bei den Vertretern anderer Länder im Militärausschuss, darunter primär der Türkei und den USA, zu einer »Abkühlung des Verhältnisses, gelegentlicher Gereiztheit und erkennbarer Distanzierung«.[67] Der britische Vertreter warf Deutschland eine Blockadehaltung vor. Schließlich verlegte Großbritannien zu diesem Zeitpunkt bereits gemeinsam mit den USA Streitkräfte in den Golf. Er erinnerte daran, dass gerade die Bundesrepublik jahrelang vom

[62] Vgl. Deutscher Bundestag, Drucksache 12/487 vom 8.5.1991, S. 10; Iraqui SCUDs.

[63] Vgl. Weick, Die schwierige Balance, S. 174.

[64] Lemke, Die deutsche Luftwaffe, S. 49.

[65] Vgl. BArch, BW 2/27009, BMVg, FüS III 6, Az 03-16-00, Vorlage an StS Dr. Pfahls zu Antrag Türkischer Generalstab auf Aktivierung des Luftwaffenanteils der AMF vom 19.12.1990, S. 1–4; Lemke, Die deutsche Luftwaffe, S. 53.

[66] Vgl. BArch, BW 2/27009, BMVg, FüS III 6, Az 03-16-00, Vorlage an StS Dr. Pfahls zu Antrag Türkischer Generalstab auf Aktivierung des Luftwaffenanteils der AMF vom 19.12.1990, S. 5.

[67] BArch, BW 2/27009, BMVg, FüS III 6, Az 03-16-00, Vorlage an StS Dr. Pfahls zum Türkischen Antrag auf Entsendung des Luftwaffenanteils der Allied Command Europe Mobile Force (Air) (AMF[A]) in die Türkei vom 28.12.1990, S. 2.

Schutz der NATO und insbesondere auch der Briten profitiert habe. Nicht nur das Ansehen im Bündnis, auch die bilateralen Beziehungen zu wichtigen Verbündeten und Partnern drohten beschädigt zu werden.[68]

Am 2. Januar 1991 beschloss das NATO Defence Planning Committee mit Zustimmung der Bundesregierung, dem Ersuchen der Türkei zu entsprechen und die Luftkomponente der AMF zu entsenden. Diese bestand aus jeweils einem deutschen, italienischen und belgischen Kontingent. Nach ihrer Verlegung würden die Kräfte der operativen Führung des NATO-Oberbefehlshabers in Europa (SACEUR) unterstellt.[69]

Die Bundesrepublik Deutschland war mit ihrer Billigung der seit Oktober 1969 gültigen General Directive for the ACE Mobile Force (MC 137) die Verpflichtung eingegangen, in einer krisenhaften Entwicklung mit festgelegten Truppenkontingenten Beistand zu leisten.[70] Darüber hinaus hatte sie nun im Rahmen der Verfahrensregelung zur Aktivierung der AMF zugestimmt, bei einer krisenhaften Entwicklung an der türkischen-irakischen Grenze ein deutsches Kontingent mit dem Flugzeugtyp Alpha Jet zur Verfügung zu stellen. Die Bundesregierung beabsichtigte damit, sozusagen als Zeichen der Solidarität, zur Abschreckung des Irak vor einem Angriff auf die Türkei und zur Wahrung des Friedens beizutragen.[71] Die Entsendung war »die erste konkrete Probe auf die deutsche Bereitschaft [sic], auch durch den Einsatz deutscher Streitkräfte mit der nicht ausschließbaren Konsequenz der möglichen Verwicklung in Kampfhandlungen die eingegangenen Bündnisverpflichtungen zu erfüllen«.[72] Als die Bundesregierung der Aktivierung sowie Verlegung der AMF Air – und damit der Entsendung deutscher Soldaten in die Türkei – zustimmte, erreichte die innenpolitische Debatte über die Zulässigkeit und Notwendigkeit einer Beteiligung deutscher Soldaten außerhalb der eigenen Staatsgrenzen einen neuen Höhepunkt.[73] Die Fraktionen PDS und Bündnis 90/Die Grünen lehnten den Einsatz vehement ab und forderten den sofortigen Rückzug der deutschen Soldaten aus der Türkei. Dagegen sprach sich die CDU/CSU sogar für einen möglichen Einsatz deutscher Streitkräfte außerhalb des Bündnisgebietes aus.[74] Sowohl die parlamentarische als auch die außerparlamentarische Opposition kritisierten die Türkei und ihren Staatspräsidenten Turgut Özal, was wiederum 1990/91 zu einer Belastung

68 Vgl. Lemke, Die deutsche Luftwaffe, S. 52; Hubel, Der zweite Golfkrieg, S. 57; Deutsche an die Fronten?, S. 15; BArch, BW 2/27009, BMVg, FüS III 6, Az 03-16-00, Vorlage an StS Dr. Pfahls zum Türkischen Antrag auf Entsendung des Luftwaffenanteils der Allied Command Europe Mobile Force (Air) (AMF[A]) in die Türkei vom 28.12.1990, S. 3.

69 Vgl. Lemke, Die deutsche Luftwaffe, S. 53; Weick, Die schwierige Balance, S. 175; Deutsche an die Fronten?, S. 8; BArch, BW 2/27009, BMVg, FüS III 6, Az 03-16-00, Bundesminister der Verteidigung an den Chef des Bundeskanzleramtes, Umlaufverfahren zur Aktivierung und Verlegung der AMF (Luftkomponente) vom 2.1.1991, Pressemitteilung.

70 Vgl. BArch, BW 1/345549, BMVg, FüS I 3, Az 35-20-03, Truppeninformation, hier: Einsatz der Luftwaffe im Rahmen der AMF (Air) vom 4.1.1991, S. 1.

71 Vgl. BArch, BW 2/27009, BMVg, FüS III 6, Az 03-16-00, Bundesminister der Verteidigung an den Chef des Bundeskanzleramtes, Umlaufverfahren zur Aktivierung und Verlegung der AMF (Luftkomponente) vom 2.1.1991, Pressemitteilung.

72 BArch, BW 2/27009, BMVg, FüS III 6, Az 03-16-00, Vorlage an StS Dr. Pfahls zu Antrag Türkischer Generalstab auf Aktivierung des Luftwaffenanteils der AMF vom 19.12.1990, S. 5.

73 Vgl. Deutscher Bundestag, Drucksache 12/2200 vom 12.3.1992, S. 4.

74 Vgl. Lemke, Die deutsche Luftwaffe, S. 54.

des deutsch-türkischen Verhältnisses führte.[75] Die Kritiker hoben vorrangig auf die innenpolitischen Probleme der Türkei und die wiederholten Militärputsche, aber auch auf vermeintliche oder tatsächliche Großmachtträume mancher türkischer Gruppen und Politiker ab. Deutsche Politiker auf Landes- und Bundesebene forderten Wehrpflichtige offen dazu auf, ihren Dienst an der Waffe zu verweigern.[76] Die Grünen drohten mit einer Klage vor dem Bundesverfassungsgericht, um die Entsendung der deutschen Soldaten in die Türkei zu verhindern.[77]

Die Türkei nahm nicht aktiv am Golfkrieg teil. Ihre Regierung hatte wiederholt erklärt und bekräftigt, den Irak nicht angreifen zu wollen und sich ebenso wenig in Kampfhandlungen hineinziehen zu lassen. Dennoch hatte die Türkei für den Fall eines irakischen Angriffs defensive Vorkehrungen zum Schutz ihrer Grenze getroffen. Am 18. Januar 1991 genehmigte die türkische Regierung den Alliierten, türkische Luftstützpunkte auch für Angriffe gegen den Irak zu nutzen, um sie bei der Umsetzung der Resolution 678 des Sicherheitsrates der Vereinten Nationen zu unterstützen. US-Luftstreitkräfte flogen fortan Einsätze von der Luftwaffenbasis Inçirlik, nahe Adana, gegen den Irak.[78] Daher war ein Gegenangriff durch den Irak nicht auszuschließen. Die zentrale Frage, die sich daraus ableiteten ließ und über die nun in Deutschland heftig debattiert wurde, war, inwiefern es sich überhaupt um einen Bündnisfall handelte, wenn ein Luftangriff amerikanischer Kampfflugzeuge von türkischem Territorium irakische Gegenangriffe auslöste.[79] Die unterschiedlichen Auffassungen bei der Beantwortung dieser Frage evozierten heftige Diskussionen sowohl zwischen als auch innerhalb der einzelnen politischen Parteien.[80] Die Bundesregierung hatte bereits Anfang Januar 1991 betont, dass ein Einsatz deutscher Soldaten im Falle eines irakischen Angriffs auf die Türkei nur mit ausdrücklicher Zustimmung der Bundesregierung erfolgen könne.[81] Falls der Irak wider Erwarten die Türkei angreife, würden damit keine festgelegten Gegenmaßnahmen ausgelöst. Der Bündnisfall setze ein einstimmiges Votum der NATO-Gremien voraus und sei folglich an die Zustimmung der Bundesregierung gebunden. Für diese Entscheidung werde sich die Bundesregierung der Unterstützung durch das Parlament versichern.[82] Zudem würden die Bündnismitglieder eine Untersuchung der Umstände einleiten,

75 Vgl. Lemke, Die Allied Mobile Force, S. 293; Genscher, Erinnerungen, S. 909 f.

76 Vgl. »Einsatz verfassungswidrig«. Im Wortlaut: Brief für Wehrpflichtige. In: FR, 30.1.1991.

77 Vgl. Lemke, Die Allied Mobile Force, S. 293.

78 Vgl. BArch, BL 1/66219, BMVg, FüS III 6 an Stabsabteilungsleiter FüL III, Zweck des Einsatzes Deutscher Luftverteidigungskräfte in der Türkei, Anlage zu Rational/Sprachregelung für Einsatz deutscher Luftverteidigungskräfte in der Türkei vom 31.1.1991, S. 1; Weick, Die schwierige Balance, S. 174.

79 Vgl. Inacker, Unter Ausschluß der Öffentlichkeit?, S. 112.

80 Vgl. Miguel Sanches, Beim Bündnisfall scheiden sich in Bonn die Geister. Golf: Die Parteien auf der Suche nach ihren Positionen. In: Neue Ruhr Zeitung, 29.1.1991; BPA, Nachrichtenabt. Ref. II A 5, Rundf.-Ausw. Inland, Journalisten fragen – Politiker antworten. Deutschland und der Golf, 25.1.1991.

81 Vgl. BArch, BW 2/27009, BMVg, FüS III 6, Az 03-16-00, Bundesminister der Verteidigung an den Chef des Bundeskanzleramtes, Umlaufverfahren zur Aktivierung und Verlegung der AMF (Luftkomponente) vom 2.1.1991.

82 Vgl. Anlage zu ACDP, 0/54/24, CDU/CSU-Fraktion des Deutschen Bundestages, Schreiben des Vorsitzenden der Arbeitsgruppe Verteidigungspolitik an die Mitglieder der CDU/CSU-Bundestagsfraktion vom 14.2.1991, S. 2. Vgl. auch Weick, Die schwierige Balance, S. 177; Deutscher

die zu einem möglichen irakischen Angriff auf die Türkei geführt hätten.[83] Entgegen der in der deutschen Öffentlichkeit verbreiteten Auffassung wäre der Bündnisfall bei einem irakischen Angriff auf die Türkei durchaus gegeben gewesen. An diesem Ergebnis hätte auch der Umstand nichts geändert, wenn der Angriff als Reaktion auf amerikanische Luftangriffe von türkischem Boden aus erfolgt wäre. Diese Einsätze waren schließlich durch die VN-Resolution legitimiert.[84] Die innerdeutsche Debatte um den vermeintlich provozierten Bündnisfall stieß bei den Bündnispartnern, insbesondere bei den USA und der Türkei, auf wenig Verständnis.[85] Erneut sah sich die Bundesregierung mit Zweifeln an ihrer Bündnissolidarität konfrontiert. Kohl machte in seiner Regierungserklärung vom 30. Januar 1991 deutlich, dass die Bundesrepublik ihre Verpflichtungen im Rahmen der Vereinten Nationen und der NATO erfüllen werde. Die Allianz könne sich auf die Deutschen verlassen. Dies gelte, wie für alle Partner, auch für die Türkei.[86] Der Bundeskanzler war zudem überzeugt, dass sich Deutschland nicht der internationalen Solidarität enthalten und sich – beschränkt auf finanzielle Unterstützungsleistungen – aus dem Konflikt heraushalten könne. Deutschland müsse international handlungsfähig sein. Freiheit gebe es nicht zum »Nulltarif«.[87] Die Kritik der Bündnispartner gab den politischen Kräften in Deutschland Aufwind, die sich für einen größeren Beitrag und mehr Verantwortung bei den multilateralen Bemühungen zur Sicherung von Frieden und Stabilität in der Welt einsetzten. Der Zweite Golfkrieg wirkte als Katalysator in der Debatte über künftige Einsätze der Bundeswehr außerhalb des Bündnisgebietes.[88]

c) Operation ACE Guard

Zwischen dem 6. und 9. Januar 1991 verlegten im Rahmen der Operation ACE Guard die zweite Staffel des Jagdbombergeschwaders 43 mit 18 Kampfflugzeugen Alpha Jet aus Oldenburg, zwei SAR-Hubschrauber UH-1D aus dem Such- und Rettungsdienst der Bundeswehr sowie zwei ABC-Spürpanzer Fuchs nach Erhaç, der rund 400 Kilometer von der Grenze zum Irak entfernten Luftwaffenbasis der NATO. Neben der deutschen Fliegerstaffel war in Erhaç eine italienische Staffel mit Lockheed F-104 »Starfighter« stationiert. Eine belgische Staffel mit Mirage-Flugzeugen hatte auf die Luftwaffenbasis nach Diyarbakır verlegt. Letztere befand sich in rund 200 Kilometern Entfernung zur türkisch-irakischen Grenze.[89] Die

Bundestag, Plenarprotokoll, Stenographischer Bericht, 12. WP, 3. Sitzung, 17.1.1991, S. 49; Deutsche an die Fronten?, S. 15.

83 Vgl. Weick, Die schwierige Balance, S. 177; Parlamentsarchiv, Deutscher Bundestag, Bestand 3119, Ausschuss für Verteidigung, 12. WP, Protokoll Nr. 1 vom 30.1.1991, S. 20, 29.

84 Vgl. Anlage zu BArch, BW 1/345549, Abteilungsleiter VR an den Bundesminister der Verteidigung zur Unterrichtung, Völkerrechtliche und verfassungsrechtliche Rahmenbedingungen für den Einsatz der Bw, hier: Interview von Prof. Dr. Steinberger mit ARD/ZDF vom 30.1.1991, 1.2.1991.

85 Vgl. Freedman/Karsh, The Gulf Conflict, S. 355; Weick, Die schwierige Balance, S. 178.

86 Vgl. Deutscher Bundestag, Plenarprotokoll, Stenographischer Bericht, 12. WP, 5. Sitzung, 30.1.1991, S. 68.

87 Kohl, Berichte zur Lage 1989–1998, S. 242, 250.

88 Vgl. Meiers, Zu neuen Ufern?, S. 256; Schöneberger, Vom Zweiten Golfkrieg, S. 124.

89 Vgl. Walsch, Die FlaRak-Waffe, S. 183, 190.

Luftwaffe wertete den Einsatz als erfolgreich. Der fliegende Verband habe seine Kräfte innerhalb der zeitlichen NATO-Vorgaben in das Einsatzgebiet verlegt und zeitgerecht Einsatzbereitschaft hergestellt. Insgesamt 63 Tage lang waren im Durchschnitt 210 Soldaten in der Türkei stationiert.[90] Die Luftwaffe flog von rund 1000 Einsätzen 813 taktisch (*sorties*); bei den übrigen handelte es sich um Flüge im Rahmen der Hin- und Rückverlegung, technischer Nachprüfung oder personellen Austausches.[91]

Zusätzlich zu den fliegenden Kontingenten sollten Flugabwehrraketenkräfte der NATO die türkische Luftverteidigung im Bereich der AMF-Stationierungsorte verstärken. Auf Anforderung des SACEUR vom 18. Januar 1991 prüfte die Luftwaffe einen nationalen Beitrag.[92] Bereits im Vorfeld hatte die Luftwaffenführung Überlegungen zu einem Einsatz bodengebundener Luftverteidigungskräfte der Luftwaffe im Krisen- oder Kriegsfall an den Flanken des Bündnisses angestellt. Demnach sei ein Einsatz von Luftverteidigungskräften mit den Waffensystemen Hawk und Roland grundsätzlich möglich. Ein Einsatz von deutschen Patriot-Einheiten sei wegen erheblicher Einschränkungen im personellen und materiellen Bereich nicht vertretbar.[93]

Schließlich entschied die Bundesregierung am 29. Januar 1991, Einheiten der Flugabwehrraketentruppe mit Hawk und Roland in die Türkei zu entsenden, um den Schutz der in Erhaç und Diyarbakır stationierten deutschen, belgischen und italienischen Fliegerstaffeln gegen Angriffe aus der Luft zu verstärken.[94] Dazu verlegten Teile der Flugabwehrraketengruppe 42 aus Schöneck mit 193 Soldaten und acht Waffensystemen Roland einschließlich Führungseinrichtungen und logistischen Komponenten nach Erhaç. Die deutschen Luftverteidigungskräfte erhielten den Auftrag, den Flugabwehrobjektschutz für die AMF am Flugplatz Erhaç im Zusammenwirken mit türkischen Flugabwehrkräften zu verstärken.[95] Die Roland-

---

90 Die Angaben über die Anzahl der im Januar 1991 in die Türkei entsandten Soldaten variieren stark in der vorhandenen Literatur. Der hier gewählte Wert stammt aus einem Bericht des Inspekteurs der Luftwaffe vor dem Verteidigungsausschuss des Deutschen Bundestages vom 8.4.1992.

91 Vgl. Deutscher Bundestag, Bestand 3119, Ausschuss für Verteidigung, 12. WP, Darstellung und Bewertung der Luftwaffeneinsätze durch den Inspekteur der Luftwaffe, Anl. 1 zu Protokoll Nr. 32 vom 29.4.1992, S. 2 f.; Meiers, Zu neuen Ufern?, S. 253; Rauch, Auslandseinsätze der Bundeswehr, S. 100; Chronik Führungsstab der Luftwaffe, S. 195–197.

92 Vgl. BArch, BL 1/66219, BMVg, FüL III 2, Az 31-06-15 PO 250/21, Vorlage an den Bundesminister der Verteidigung zur Verstärkung des Flugabwehrobjektschutzes am Flugplatz Erhaç vom 23.1.1991; BArch, BL 1/66219, BMVg, FüS III 6, Az 04-05-00-14, Vorlage an den Bundesminister der Verteidigung zur Anforderung SACEURs auf Verstärkung der TUR Luftverteidigung von Januar 1991.

93 Die Einführung der Waffensysteme Roland und Patriot in die Luftwaffe war noch nicht abgeschlossen. Während das Umrüstungsprogramm Roland bereits eine Verlegung von bis zu acht Systemen in ein potenzielles Einsatzgebiet zuließ, waren die personellen und materiellen Einschränkungen bei den Patriot-Einheiten noch zu groß. Vgl. BArch, BL 1/66219, Luftflottenkommando A3 an FüL III 2, Einsatz von FlaRak-Kräften der Luftwaffe im Krisen-/Kriegsfall an den Flanken des Bündnisses, hier: Datensammlung und Bewertung aus operativer Sicht vom 16.1.1991; BArch, BL 1/66219, Luftflottenkommando A3 an FüL III 2, Zusammenfassende Bewertung, Anl. 1 zu Einsatz von FlaRak-Kräften der Luftwaffe im Krisen-/Kriegsfall an den Flanken des Bündnisses vom 16.1.1991, S. 1 f. Vgl. hierzu auch Kap. III.

94 Vgl. Deutscher Bundestag, Plenarprotokoll, Stenographischer Bericht, 12. WP, 5. Sitzung, 30.1.1991, S. 68.

95 Vgl. BArch, BL 1/66219, BMVg, FüL III 2, PO 265/22, Verlegeplanung FlaRak Roland nach Erhaç vom 7.2.1991, S. 1.

Systeme sollten insbesondere im Bereich der Allwetterfähigkeit und Tieffliegerbekämpfungsfähigkeit eine deutliche Verbesserung bewirken. Gleichzeitig verlegten zwei verstärkte[96] Halbstaffeln des Flugabwehrraketengeschwaders 36 aus Bremervörde mit 178 Soldaten und Flugabwehrraketensystemen Hawk nach Diyarbakır. Im Rahmen der Integrierten Luftverteidigung und im Verbund mit den ebenfalls vor Ort stationierten Flugabwehrraketenkräften der Niederlande sollten die deutschen und niederländischen Hawk-Systeme die Lücke der ebenfalls von den Niederländern gestellten Patriot-Systeme im Bereich der niedrigen Höhen schließen. Neben den niederländischen Patriots zur Abwehr taktisch ballistischer Raketen befand sich ein US-Patriot-Kontingent auf dem türkischen Luftwaffenstützpunkt Inçirlik.[97]

Die Erkundungsteams der betroffenen Verbände trafen bereits am 31. Januar 1991 in der Türkei ein.[98] Die Verlegung der Waffensysteme war für Anfang Februar mithilfe von aus dem Ausland angemieteten Großraumflugzeugen vorgesehen. Bei einem planmäßigen Verlauf war eine Einsatzbereitschaft der entsandten Truppenteile bis zum 10. Februar 1991 zu erwarten.[99] Bei der Verlegung von Personal und Material kam es jedoch zu erheblichen Verzögerungen. Während die ersten Angehörigen des Hauptkommandos der Flugabwehrraketengruppe 42 bereits am 6. Februar in der Türkei eintrafen, war der Abflug des ersten Teils des Hauptkommandos des Flugabwehrraketengeschwaders 36 für den 7. Februar vorgesehen.[100] Da Demonstranten das Kasernentor blockierten, mussten die Soldaten mit Hubschraubern aus der Kaserne Bremervörde zum Militärflugplatz Delmenhorst geflogen werden. Dort verzögerte sich der Abflug der Tupolev 154M, weil sich die Tür des Flugzeugs nicht schließen ließ. So mussten die Soldaten das Flugzeug wieder ver-

---

96 »Verstärkt« bedeutete hier, dass die Halbstaffeln mit zusätzlichen Geräten ausgerüstet wurden, um die Radarabdeckung zu verbessern. Ursprünglich war eine Verlegung von bis zu drei Halbstaffeln vorgesehen. Eine Reduzierung des Hawk-Kontingentes war durch die örtlichen Gegebenheiten bedingt. Neben den niederländischen Kräften bot der Flugplatz nur noch Raum für die Stationierung von zwei deutschen Halbstaffeln Hawk. Vgl. BArch, BL 1/66219, BMVg, FüL III 2, Az 10-55-00 PO 215/21-2, Sprechunterlagen für InspL zur Ministerlage am 4.2.1991, Verstärkung des Flugabwehrschutzes in der Türkei, vom 4.2.1991.

97 Die Angaben über die Anzahl der im Februar 1991 in die Türkei entsandten Soldaten des Flugabwehrraketendienstes variieren stark in der vorhandenen Literatur. Die hier gewählten Werte stammen aus einem Bericht des Inspekteurs der Luftwaffe vor dem Verteidigungsausschuss des Deutschen Bundestages vom 8.4.1992. Vgl. Deutscher Bundestag, Bestand 3119, Ausschuss für Verteidigung, 12. WP, Darstellung und Bewertung der Luftwaffeneinsätze durch den Inspekteur der Luftwaffe, Anl. 1 zu Protokoll Nr. 32 vom 29.4.1992, S. 3; ebd., Protokoll Nr. 1 vom 30.1.1991, S. 9, und Protokoll Nr. 2 vom 20.2.1991, S. 17; BArch, BL 1/66219, Luftflottenkommando A 3, Befehl für den Einsatz FlaRakG 36 und FlaRakGrp 42 zur Verstärkung des LV-Schutzes der AMF »A« in der Türkei, vom 1.2.1991; BArch, BL 1/66219, BMVg, FüL III 2, Az 31-06-15 PO 250/21, Vorlage an StS Wimmer zur Verstärkung des LV-Schutzes in der Türkei, hier: Hintergrundinformation für AGV Sitzung am 30.1.1991, vom 29.1.1991; Meiers, Zu neuen Ufern?, S. 253.

98 Vgl. BArch, BL 1/66219, BMVg, FüL III 2, Az 10-55-00 PO 215/21-2, Sprechunterlagen für InspL zur Ministerlage am 1.2.1991, Verstärkung des Flugabwehrschutzes in der Türkei, vom 1.2.1991, S. 1.

99 Vgl. BArch, BL 1/66219, BMVg, FüL III 2, Az 10-55 PO 215/21, Verfügung zur geplanten Verstärkung LV-Schutz Türkei durch FlaRak-Kräfte der Luftwaffe vom 5.2.1991.

100 Vgl. DPA-Meldung, Erste Roland-Einheit in Erhaç, bas468 3 pl 285 vvvvb dpa 463, 6.2.1991.

ACE Guard, Türkei 1991
SCHWARZES MEER
SOWJETUNION
Zonguldak
Samsun
Batumi
Tiflis
Trabzon
ANKARA
TÜRKEI
Erzurum
Kayseri
Erhaç
Malatya
Elaziğ
Van
Konya
Diyarbakır
Tarsus
Incirlik
Mersin
Adana
Urfa
Qamischli
Antakya
Aleppo
Mossul
Erbil
Raqqa
Latakia
Kirkuk
NICOSIA
ZYPERN
Hama
Deir ez-Zor
Euphrat
SYRIEN
Homs
Tripoli
Tigris
LIBANON
BEIRUT
MITTELMEER
Jordan
DAMASKUS
BAGDAD
IRAK
Haifa
ISRAEL
Irbid
Karbala
Tel Aviv
AMMAN
JERUSALEM
Nadschaf
Al Arisch
JORDANIEN
ÄGYPTEN
Elat
Akaba
SAUDI-ARABIEN
(1) 1 Staffel Jagdbomber, Alpha Jet
2 SAR-Hubschrauber, UH-1D
2 ABC-Spürpanzer, Fuchs
8 FlaRak-Waffensysteme, Roland
(2) 1 Staffel Jagdflugzeuge, F-104 »Starfighter«
(3) 2 verstärkte Halbstaffeln FlaRak-Waffensysteme, Hawk
(4) 1 Staffel Jagdbomber, Mirage 5
(5) 4 Halbstaffeln FlaRak-Waffensysteme, Hawk
2 Staffeln FlaRak-Waffensysteme, Patriot
(6) FlaRak-Waffensysteme, Patriot
©ZMSBw
09278-07

lassen und auf dem Gelände warten, bis der technische Defekt behoben war.[101] Als die Maschine am Morgen des 8. Februar schließlich Richtung Türkei abhob, kam es zu Komplikationen bei der Verlegung der Waffensysteme. Der für diesen Tag geplante Lufttransport der ersten Roland-Systeme war nicht möglich, da die sowjetische Besatzung des über eine niederländische Zivilfirma gecharterten Großraumflugzeugs Antonov (AN 124) den Start verweigerte. Dem Verteidigungsministerium wurde offiziell aus Moskau mitgeteilt, dass sowjetische Flugzeuge seit dem 1. Februar keine Waffen mehr in ein Krisengebiet transportieren würden.[102] Daraufhin bat das Verteidigungsministerium die US-Verbündeten um Unterstützung, die eine erste Anfrage Ende Januar aufgrund des eigenen hohen Transportbedarfs im Zusammenhang mit den Golfoperationen abgelehnt hatten. Nun erklärte sich die U.S. Air Force bereit, trotz Überlastung Großraumflugzeuge des Typs Lockheed CA-5 A Galaxy für die Verlegung eines Teils der deutschen Waffensystemgroßgeräte zur Verfügung zu stellen. Doch auch hier konnten die geplanten Zeitlinien nicht eingehalten werden. So musste der Abflug der ersten Galaxy wegen schlechten Wetters auf den nächsten Tag verschoben werden.[103] Am 15. Februar 1991 konnte der Transport deutscher Waffensystemgroßgeräte endlich beginnen. Die Luftwaffe selbst flog mit Transportflugzeugen C-160 Transall weitere Geräte und Materialien der Luftverteidigungskräfte in das Einsatzgebiet. Die letzten beiden Waffenanlagen Roland sowie ein weiterer Führungsgefechtsstand Roland sollten mit der USS American Falcon über den Seeweg von Bremerhaven in die Türkei gebracht werden.[104]

Der Staffelchef der dritten Staffel des Flugabwehrraketengeschwader 36, Major Bernd Walsch, fasste das Debakel um den Transport der Flugabwehrraketensysteme in die Türkei wie folgt zusammen:

> »In Deutschland wurden [...] die Waffensystemgeräte des Kontingents [...] zuerst von Ahlhorn Richtung Köln-Wahn in Marsch gesetzt, dann aber wieder nach Bremervörde zurückverlegt, um von dort dann nach Schöneck bei Frankfurt geschickt zu werden. Dort wurden diese Teile für den Transport mit Lockheed C-5A Galaxy der US Air Force zur Rhein-Main-Airbase geschickt, während der Rest über Bremervörde nach Bremerhaven fuhr, um von dort im Seetransport in die Türkei gebracht zu werden.«[105]

Aufgrund der Schwierigkeiten und Verzögerungen beim Transport von Personal und Waffensystemen gelang es den Luftverteidigungskräften in der Türkei bis zum 18. Februar lediglich, die Einsatzbereitschaft für eine Halbstaffel Hawk und drei

---

101 Vgl. Rainer Klöfkorn, Odyssee von Mensch und Material. In: Bremervörder Zeitung, BZ-Serie, Teil 3, 5.3.2016.

102 Vgl. DPA-Meldung, Bonn stoppt Gespräche über Raketentransport mit Sowjetflugzeugen. Verteidigungsministerium: Transport »durcheinandergeraten«, bas138 3 pl 329 vvvvb dpa 132, 10.2.1991.

103 Vgl. DPA-Meldung, Deutsche Waffentransporte in die Türkei sind angelaufen, bas317 4 pl 306 vvvvb dpa 301, 15.2.1991; DPA-Meldung, Bonn bittet USA um Galaxy-Maschine für Transporte in die Türkei, bas274 3 pl 285 vvvvb dpa 264, 11.2.1991.

104 Vgl. BArch, BL 1/66219, BMVg, FüL III 2, Az 10-55-00 PO 215/21-2, Sprechunterlagen für InspL zur Ministerlage am 21.2.1991, Verstärkung des Flugabwehrschutzes in der Türkei, vom 21.2.1991, S. 1.

105 Walsch, Die FlaRak-Waffe, S. 188.

Waffenanlagen Roland herzustellen.[106] Nach und nach trafen in den folgenden Tagen weitere Waffensysteme mithilfe des Lufttransports im Einsatzgebiet ein, deren Einsatzbereitschaft die deutschen Flugabwehrraketenkräfte umgehend herstellten. Doch bis zum Waffenstillstand zwischen den alliierten Kräften und dem Irak am 28. Februar 1991 sollte es aufgrund des noch andauernden Seetransports nicht gelingen, alle geplanten Waffensysteme einschließlich des zugehörigen Materials in das Einsatzgebiet zu verlegen. Das amerikanische Schiff erreichte erst am 2. März 1991 den türkischen Hafen Iskenderun.[107]

Mit dem Waffenstillstand zwischen den alliierten Kräften und dem Irak vom 28. Februar 1991 reduzierten die Flugabwehrraketenkräfte in der Türkei bereits nach kurzer Einsatzdauer ihren Bereitschaftsstatus. Am 6. März beschloss das Defence Planning Committee der NATO, die in die Türkei verlegten Kräfte aus ihrem Einsatzauftrag zu entlassen. Die Beendigung des Einsatzes wurde mit Wirkung zum 8. März 1991 angeordnet. Die Rückverlegung der Alpha Jets erfolgte am 11. März und die Flugabwehrraketenkräfte begannen einen Tag später mit der Rückverlegung. Die Rückführung des Materials erfolgte vorrangig im Seetransport.[108]

d) Von der Landesverteidigung zum Auslandseinsatz

Materielle Einsatzbereitschaft

Angesichts der organisatorischen Schwierigkeiten bei der Verlegung der Flugabwehrraketenkräfte in die Türkei vermittelten die Medien den Eindruck, dass die deutschen Streitkräfte für einen Einsatz außerhalb der eigenen Landesgrenzen nicht vorbereitet waren.[109] Die BILD-Zeitung kommentierte das Debakel wie folgt: »Die Welt lacht – und zeigt mit dem Finger auf uns.«[110]

---

106 Vgl. BArch, BL 1/66219, BMVg, FüL III 2, Az 10-55-00 PO 215/21-2, Sprechunterlagen für InspL zur Ministerlage am 6.2.1991, Verstärkung des Flugabwehrschutzes in der Türkei, vom 6.2.1991, S. 1; BArch, BL 1/66219, BMVg, FüL III 2, PO 265/22, Verlegeplanung FlaRak Roland nach Erhaç vom 7.2.1991; BArch, BL 1/66219, BMVg, FüL III 2, PO 265/22, Verlegeplanung FlaRak Hawk nach Diyarbakir vom 7.2.1991; BArch, BL 1/66219, BMVg, FüL III 2, Az 10-55-00 PO 215/21-2, Sprechunterlagen für InspL zur Ministerlage am 19.2.1991, Verstärkung des Flugabwehrschutzes in der Türkei, vom 19.2.1991.

107 Vgl. BArch, BL 1/66219, BMVg, FüL III 2, Az 10-55-00 PO 215/21-2, Sprechunterlagen für InspL zur Ministerlage am 21.2.1991, Verstärkung des Flugabwehrschutzes in der Türkei, vom 21.2.1991; BArch, BW 1/345549, BMVg, FüS I 3, Az 35-20-03, Truppeninformation Nr. 11 im Zusammenhang mit der Lage am Golf vom 21.2.1991, S. 1 f.; BArch, BL 1/66220, BMVg, FüL III 2, Az 10-55-00 PO 215/21-2, Hintergrundmappe Golfkonflikt für Kabinettslage am 6.3.1991, hier: Verstärkung des Flugabwehrschutzes in der Türkei, vom 5.3.1991.

108 Vgl. BArch, BW 2/27009, BMVg, FüL V 2, Az 43-15-60, Bundesminister der Verteidigung zu Planung für die Rückverlegung deutscher Kräfte aus der Türkei vom 7.3.1991; BArch, BW 2/27009, BMVg, FüL V 2, Az 43-15-60, Bundesminister der Verteidigung zu Rückverlegung deutscher Kräfte aus der Türkei vom 12.3.1991; Lemke, Die deutsche Luftwaffe, S. 56; Walsch, Die FlaRak-Waffe, S. 189.

109 Vgl. Parlamentsarchiv, Deutscher Bundestag, Bestand 3119, Ausschuss für Verteidigung, 12. WP, Protokoll Nr. 2 vom 20.2.1991, S. 11 f.; Hubel, Der zweite Golfkrieg, S. 57; Kaiser/Becher, Deutschland und der Irak-Konflikt, S. 93.

110 Zitiert nach Inacker, Unter Ausschluß der Öffentlichkeit?, S. 115.

In der Tat bestätigten sowohl der Generalinspekteur der Bundeswehr als auch der Inspekteur der Luftwaffe, dass die deutschen Streitkräfte mit der Verlegung der Flugabwehrraketensysteme Roland und Hawk Neuland betreten hätten.[111] Bei allen Planungen im Vorfeld sei man davon ausgegangen, dass sich ein Einsatz der deutschen Streitkräfte auf Mitteleuropa beschränken würde. Die Vorbereitungen für einen Einsatz an den Flanken des Bündnisgebietes hätten durchaus zu wünschen übrig gelassen. Dies gelte primär für die Lufttransportfähigkeit von Einrichtungen und Waffensystemen mit nationalen Mitteln. Es habe bis zum Herbst 1990 schlichtweg keine Überlegungen zur Beschaffung von Großraumluftfahrzeugen gegeben. Der Generalinspekteur betonte, dass die veränderte sicherheitspolitische Lage es erfordere, mit europäischen Partnern entsprechende Beschaffungsprogramme zu erörtern.[112]

Auch Untersuchungen der Luftwaffenführung im Vorfeld der Entsendung der Flugabwehrraketenkräfte in die Türkei hatten ergeben, dass ein Einsatz an den Flanken des Bündnisgebietes schwierig sein würde. Die Verbände seien weder personell noch materiell ausreichend vorbereitet. Ein solcher Einsatz sei bisher nicht vorgesehen gewesen und – im Gegensatz zu den fliegenden Verbänden – nicht geübt worden. Den Verbänden fehle es an Erfahrung mit externen Führungsstrukturen und einer Verlegung über große Entfernungen sowie an Plänen zur Vorbereitung und Durchführung derartiger Einsätze. Es gebe keine Kenntnisse über Einsatzkonzepte in diesen Regionen. Die Luftwaffe wies zudem darauf hin, dass erhebliche Anteile der Waffensystemgroßgeräte aufgrund der Übermaße und des hohen Gewichts nicht mit eigenen Lufttransportflugzeugen verlegbar seien. Hierfür sei eine umfangreiche externe Unterstützung vonnöten.[113]

Die Vorbereitung des Einsatzes erfolgte unter großem Zeitdruck. Bei Vertragsabschluss zur Anmietung des sowjetischen Großraumflugzeugs hatten keine Hinweise vorgelegen, dass sich der Vertragspartner womöglich seinen Verpflichtungen entziehen könnte, indem sich der Pilot weigerte, den Flug durchzuführen, ganz im Gegenteil. Zuvor hatte bereits das niederländische Kontingent mit Großraumflugzeugen des Typs AN 124 ins Einsatzgebiet verlegt.[114] Die Vorwürfe, die Bundeswehr sei für Einsätze und die zügige Verlegung von Verbänden außerhalb der Landesgrenzen weder ausgebildet noch materiell hinreichend ausgestattet, konnten nicht den Soldaten zur Last gelegt werden.[115] Die Komplikationen und Verzögerungen bei der Verlegung in die Türkei waren nicht vorhersehbar gewesen. Die Soldaten waren dafür verantwortlich, die Waffensysteme zu den vorgegebenen Abflugorten zu verlegen sowie

[111] Die Flugabwehrraketenverbände der Luftwaffe waren nicht Teil der AMF und hatten dementsprechend nicht an Übungen des multinationalen Verbandes teilgenommen. Die AMF bestand aus »2 x 3 Bataillonen an Kampftruppen, meist Eliteverbände, und 2 x 3 Staffeln an Jagdbombern und entsprechenden Brigadetruppen (Hauptquartier, Kommunikation, Helikoptereinheit, Logistik.« Lemke, Die deutsche Luftwaffe, S. 49.

[112] Vgl. Parlamentsarchiv, Deutscher Bundestag, Bestand 3119, Ausschuss für Verteidigung, 12. WP, Protokoll Nr. 2 vom 20.2.1991, S. 16.

[113] Vgl. BArch, BL 1/66219, Luftflottenkommando A3 an FüL III 2, Zusammenfassende Bewertung, Anl. 1 zu Einsatz von FlaRak-Kräften der Luftwaffe im Krisen-/Kriegsfall an den Flanken des Bündnisses vom 16.1.1991, S. 1 f.

[114] Vgl. Walsch, Die FlaRak-Waffe, S. 185.

[115] Vgl. auch Inacker, Unter Ausschluß der Öffentlichkeit?, S. 115.

unmittelbar nach deren Eintreffen am Stationierungsort die Einsatzbereitschaft der Flugabwehrraketensysteme herzustellen und diese über die – letztendlich kurze – Dauer des Einsatzes aufrechtzuerhalten. Diesen Auftrag hatten die Soldaten erfüllt. Der Inspekteur der Luftwaffe lobte ihre Leistungsfähigkeit und ihren Leistungswillen, insbesondere weil der Einsatz nicht ›vorgeplant‹ gewesen, sondern kurzfristig entschieden worden sei und sich die Verbände auf keine entsprechenden Erfahrungen stützen konnten. Er folgerte aber auch, dass gerade die Verlegung der Flugabwehrraketenkräfte wertvolle Impulse und Erfahrungen für neue Aufgaben und deren Bewältigung mit sich gebracht hätten, die bei den weiteren Planungen berücksichtigt werden müssten.[116]

Die Moral der Truppe

Die Soldaten der Flugabwehrraketenverbände erfuhren am 29. Januar 1991 über den Rundfunk, dass ihr Verband in den folgenden drei Tagen in die Türkei verlegen sollte. Einige hatten durch Anrufe besorgter Ehefrauen in der Dienststelle davon Kenntnis erhalten.[117] Vor den Kasernen erwarteten sie bereits Demonstranten und Kamerateams verschiedener Sender. Der Medienansturm vor dem Einsatz entwickelte sich zur zusätzlichen Belastung für die Soldaten, insbesondere weil er vor den Familien der Soldaten keinen Halt machte. »Hier wurden Ehefrauen aufgefordert, teilweise in ›Live-Telefoninterviews‹ ihre Betroffenheit darüber zu äußern, dass ihr Mann jetzt ›in den Krieg ziehen‹ sollte.«[118] Die Ungewissheit über Art, Dauer und Umfeld des Einsatzes, die Bedrohungslage, den Personalumfang sowie die verwaltungsmäßigen und rechtlichen Rahmenbedingungen verunsicherten die Soldaten und ihre Angehörigen. Auf dem Dienstweg waren nur wenige Informationen an die Soldaten in den Einheiten weitergegeben worden. Die Medien hatten sich in ihrer Berichterstattung überwiegend auf die Gefahren und die Dramatik des Golfkrieges konzentriert und diese oft überzeichnet. Viele deutsche Politiker bezweifelten öffentlich die Rechtmäßigkeit des Einsatzes deutscher Soldaten in der Türkei und drohten der Bundesregierung mit Verfassungsklagen. So war beispielsweise der saarländische Ministerpräsident und stellvertretende SPD-Parteivorsitzende Oskar Lafontaine überzeugt, der Bündnisfall sei nicht gegeben, solange die USA von türkischem

[116] Vgl. Deutscher Bundestag, Bestand 3119, Ausschuss für Verteidigung, 12. WP, Darstellung und Bewertung der Luftwaffeneinsätze durch den Inspekteur der Luftwaffe, Anl. 1 zu Protokoll Nr. 32 vom 29.4.1992, S. 3–5.

[117] Vgl. Deutscher Bundestag, Drucksache 12/2200 vom 12.3.1992, S. 6; Rainer Klöfkorn, Ein Einsatzbefehl und seine Folgen. In: Bremervörder Zeitung, BZ-Serie, Teil 1, 20.2.2016.

[118] Vgl. Walsch, Die FlaRak-Waffe, S. 198, 200, Zitat S. 198. Der Abgeordnete Thomas Kossendey (CDU/CSU) berichtete am 30.1.1991 vor dem Verteidigungsausschuss über die Situation für die Familien der Soldaten des Jagdbombergeschwaders in seinem Wahlkreis Oldenburg: »Öffentlich-rechtliche Rundfunk- und Fernsehanstalten riefen bei den Familien an, mit der Bitte, betroffen wirkende Frauen für eine Talk-Show zu schicken, am besten solche, die ein bisschen weinten (wörtlich so gefragt).« Darüber hinaus berichtete Kossendey von einem Brief, in dem eine Frau Norgau den Frauen wünschte, dass »ihre Männer nicht zurückkehren mögen, damit sie erkennten, wie verbrecherisch die Regierung sei, die sie dorthin geschickt habe«. Parlamentsarchiv, Deutscher Bundestag, Bestand 3119, Ausschuss für Verteidigung, 12. WP, Protokoll Nr. 1 vom 30.1.1991, S. 25 f.

Territorium aus Angriffe gegen den Irak fliegen würden.[119] In einer Vorlage an den Verteidigungsminister schrieb der Führungsstab der Streitkräfte am 7. Februar 1991:

> »Der Streit namhafter Politiker über den Bündnisfall, [eine] undifferenzierte Betrachtungsweise der Unterstützung für die Türkei, der Hilfe für Israel und des Golfkrieges sowie Äußerungen über die Möglichkeit der Kriegsdienstverweigerung, bis hin zum Aufruf zu einer ›konditionierten‹ Kriegsdienstverweigerung, lassen bei vielen Soldaten Zweifel an der Rechtmäßigkeit ihres Auftrages aufkommen.«[120]

Dass die Entscheidung, deutsche Truppen in die Türkei zu entsenden, nicht von einem breiten parlamentarischen Konsens getragen wurde, hatte unweigerlich Folgen für das Selbstverständnis und die Motivation der Soldaten. Vergeblich warteten sie auf eine unmissverständliche und parteiübergreifende Rückendeckung. »Die Soldaten fühlten sich in den ersten kritischen Tagen im Stich gelassen,« was zum Verlust des Vertrauens in die politischen Entscheidungsträger führte.[121]

Mit Beginn des Einsatzes der AMF in der Türkei stiegen die Anträge auf Kriegsdienstverweigerung (KDV) beträchtlich an. Im Januar 1991 hatten bei einem Personalbestand der Bundeswehr von 426 231 Soldaten 994 aktive Soldaten einen KDV-Antrag gestellt.[122] Dies wirkte sich zwar nicht tiefgreifend auf die innere Lage der Streitkräfte aus, doch hatte sich die Zahl der Anträge im Vergleich zum Januar 1990 mehr als verdreifacht. Auch die Einsatzverbände zur Verstärkung der türkischen Luftverteidigung waren davon betroffen. Von den insgesamt 1056 Soldaten des Flugabwehrraketengeschwaders 36 Bremervörde (Hawk) stellten 56 einen KDV-Antrag. Unter den Antragstellern befanden sich 53 Grundwehrdienstleistende und zwei Zeitsoldaten. Obwohl das Kommando für die Türkei noch nicht namentlich festgelegt war, gingen bei einer Staffel (3./36) gleich 28 Anträge ein. Bei der Flugabwehrraketengruppe 42 Schöneck (Roland) stellten bei einer Gesamtstärke von 618 Soldaten zehn Grundwehrdienstleistende und ein Zeitsoldat einen KDV-Antrag. Unter den Antragstellern befand sich lediglich ein Soldat, der für das Einsatzkontingent Türkei vorgesehen war. Da das Ende des Golfkrieges nicht absehbar war, gingen die Soldaten angesichts eines regelmäßigen Wechsels des Einsatzpersonals davon aus, zu gegebener Zeit selbst an der Reihe zu sein.[123]

---

119 Vgl. BPA, Nachrichtenabt. Ref. II A 5, Rundf.-Ausw. Inland, Journalisten fragen – Politiker antworten, 25.1.1991, S. 6. »Teile der Grünen riefen offen dazu auf, den Wehrdienst zu verweigern und drohten mit Verfassungsklage, was umgekehrt zu Strafverfahren führte.« Lemke, Die Allied Mobile Force, S. 293. Vgl. auch Walsch, Die FlaRak-Waffe, S. 184, 197 f., 200.

120 BArch, BW 1/345549, BMVg, FüS I 4, Az 54-55-24, Vorlage an den Bundesminister der Verteidigung, Anträge auf Anerkennung als Kriegsdienstverweigerer (KDV-Anträge), vom 7.2.1991, S. 3.

121 Vgl. Deutscher Bundestag, Drucksache 12/2200 vom 12.3.1992, S. 4, Zitat ebd.

122 »Aktiv« meint die Soldaten, die in einem Wehrdienstverhältnis standen, also Wehrpflichtige, Zeit- und Berufssoldaten.

123 Vgl. BArch, BW 1/345549, BMVg, FüS I 4, Az 54-55-24, Darstellung der Lage der KDV-Anträge in den für einen Einsatz in der Türkei und im Mittelmeer vorgesehenen Verbänden der Lw und der Marine, Anl. 1 zur Vorlage an den Bundesminister der Verteidigung, Anträge auf Anerkennung als Kriegsdienstverweigerer (KDV-Anträge), vom 7.2.1991; ebd., Vorlage an den Bundesminister der Verteidigung, Anträge auf Anerkennung als Kriegsdienstverweigerer (KDV-Anträge), vom 7.2.1991.

Wehrpflichtige verfassten Briefe an den Petitionsausschuss des Deutschen Bundestages und an das Verteidigungsministerium, in denen sie ihre Ablehnung gegenüber einem Einsatz in der Nähe des Golfkrieges zum Ausdruck brachten. Gleichwohl äußerten Soldaten ihre Bereitschaft zur Landesverteidigung, etwa im Fall einer Bedrohung aus dem Osten. Einen Dienst in der Bundeswehr, der darüber hinausging, lehnten sie allerdings ab.[124] Tägliche Berichte in den Medien über Kriegsdienstverweigerer unter aktiven Soldaten und Soldaten der Reserve vermittelten in der Öffentlichkeit schließlich das Bild einer Bundeswehr, »der in einer Krise die Soldaten zu Tausenden den Dienst verweigern«.[125] Viele Journalisten zeigten mehr Interesse an den Soldaten, die einen KDV-Antrag gestellt, als an denen, die sich freiwillig gemeldet hatten.[126] Der Generalinspekteur der Bundeswehr betonte in einem Interview, dass das Recht, den Kriegsdienst zu verweigern, zu den Grundrechten der freiheitlichen Ordnung der Bundesrepublik gehöre. Gleichzeitig warnte er jedoch davor, dieses Recht zu instrumentalisieren, um gegen eine politische Entscheidung der demokratisch legitimierten Regierung zu protestieren. Dadurch drohe die persönliche Gewissenentscheidung ausgehöhlt zu werden.[127]

Als sich das Lagebild aufgrund der Informationen verdichtete, die die Erkundungsteams im Einsatzgebiet gewannen, sich die Befehlslage konkretisierte und die ersten Vorbereitungsmaßnahmen eingeleitet wurden, veränderte sich auch die Stimmung in den Einsatzverbänden. Mit der Akzeptanz des Auftrags nahmen die Soldaten die Vorbereitungen »mit hohem Engagement und viel Improvisationstalent« auf. Der anfängliche Ärger und die Verunsicherung wichen bald der Überzeugung, endlich das zeigen zu können, wofür man jahrelang geübt hatte. Manche Soldaten beklagten sich sogar darüber, wenn sie ihren Namen nicht auf den Personallisten des Einsatzkontingentes fanden. Zudem zogen einige der Antragsteller auf Kriegsdienstverweigerung ihren Antrag zurück, um ihre Kameraden nicht ›im Stich‹ zu lassen.[128]

Die sich bessernde Stimmung sowie die insgesamt hohe Motivation der Soldaten im Einsatz bestätigten auch die Mitglieder des Verteidigungsausschusses des Deutschen Bundestages. Nach den Besuchen des Verteidigungsministers und des Wehrbeauftragten unternahmen diese am 23. und 24. Februar 1991 ebenfalls eine Besuchsreise zu den deutschen Truppen in die Türkei, um sich von deren Einsatzfähigkeit ein Bild zu machen. Nach Überwindung der Anfangsschwierigkeiten werde der Auftrag in der Krisensituation und unter widrigen Umständen »gut und zuverlässig« erfüllt. Die Soldaten seien sich ihres Auftrags bewusst und auch bereit, im Bündnisfall die Türkei zu verteidigen. Aus Sicht der Soldaten gebe es

124 Vgl. Lemke, Die Allied Mobile Force, S. 294.

125 BArch, BW 1/345549, BMVg, FüS I 4, Az 54-55-24, Vorlage an den Bundesminister der Verteidigung, Anträge auf Anerkennung als Kriegsdienstverweigerer (KDV-Anträge), vom 7.2.1991, S. 2.

126 Vgl. Rainer Klöfkorn, Ein Einsatzbefehl und seine Folgen. In: Bremervörder Zeitung, BZ-Serie, Teil 1, 20.2.2016.

127 Vgl. Interview mit dem Generalinspekteur der Bundeswehr, Admiral Dieter Wellershoff, Wir dienen einer guten Sache. In: bundeswehr aktuell, 7.2.1991, S. 3.

128 Vgl. Walsch, Die FlaRak-Waffe, S. 198, Zitat ebd.; Klaus Brill, Im Ernstfall gedanklich bei Null anfangen. Bundeswehr und Golf-Konflikt: Wenn die Ziele keine Pappkameraden sind. In: SZ, 7.2.1991.

vorrangig administrative Probleme. Die Aufenthaltsdauer der einzelnen Soldaten sei unbekannt.[129] Auch die Regelungen für finanzielle Vergütungen, Versorgung und Versicherungen sowie für Fürsorge und Betreuung seien ungeklärt. Die Wehrdienstleistenden beklagten die vermeintliche Einteilung der Soldaten in zwei ›Klassen‹. Ein in der Türkei eingesetzter Grundwehrdienstleistender im Dienstgrad Gefreiter erhielt mit 720 Mark pro Monat den doppelten Wehrsold wie in der Heimat. Seinem gleichwertig eingesetzten Kameraden im Dienstgrad Obergefreiter wurden dagegen als Soldat auf Zeit monatlich 3637 Mark zugewiesen. Der Unmut der Wehrpflichtigen wurde zudem dadurch verstärkt, dass von den in Erhaç und Diyarbakır stationierten Soldaten lediglich die Berufs- und Zeitsoldaten eine monatliche Gefährdungszulage von 450 Mark erhielten. So berichtete der Kommandeur des Flugabwehrraketengeschwaders 36 in Diyarbakır, dass er angesichts des Missverhältnisses und des offenkundigen Unmutes der Grundwehrdienstleistenden durchaus in Erwägung ziehen müsse, diese umgehend zurück in ihre Einheiten nach Deutschland zu kommandieren. Neben diesen administrativen Problemen beklagten die Soldaten im Einsatz die fehlende oder mangelhafte Information durch die vorgesetzten Dienststellen. So seien Presse und Öffentlichkeit offenbar vor den Betroffenen informiert gewesen. Gerade ältere Soldaten vermuteten ein mangelndes Vertrauen des Dienstherrn in seine Soldaten. »Geheimhaltung und mediales Echo schien[en] wichtiger als eine saubere Vorbereitung des Einsatzes.«[130] Die Verzögerungen bei der Verlegung der Flugabwehrraketensysteme hatten tatsächlich dazu geführt, dass sich der Kommandierungszeitpunkt der Soldaten des Flugabwehrraketendienstes mehrfach verschob. Die Soldaten mussten sich so gleich mehrere Male von ihren Angehörigen verabschieden, sodass sich die belastenden Szenen der Trennung für beide Seiten wiederholten.[131] Die Soldaten ärgerten sich auch über das Verhalten von Journalisten und die zum Teil verzerrte Berichterstattung der Medien über die Lage in der Türkei sowie die politisch-gesellschaftliche Diskussion in der Heimat. In kostenintensiven Telefonaten mussten sie ihre verunsicherten Angehörigen, Ehefrauen und Freundinnen aus dem Ausland über die Lage vor Ort und die Lebensumstände in der Truppe informieren. 50 Journalisten und zehn Fernsehreporter hatten Verteidigungsminister Stoltenberg im Februar 1991 bei seiner Reise in die Türkei begleitet. Dabei seien Medienvertreter in Zimmer der Soldaten eingedrungen, hätten Gespräche belauscht und Aufnahmen ohne deren Erlaubnis gemacht.[132] Auch die

[129] Vgl. auch BArch, BL 1, BMVg, FüL I 3, Bericht des Wehrbeauftragten des Deutschen Bundestages an den Bundesminister der Verteidigung über seinen Truppenbesuch beim Jagdbombergeschwader 43 in Oldenburg am 23.1.1991 vom 25.1.1991, Anl. 1 zum Schreiben des Wehrbeauftragten des Deutschen Bundestages an den Vorsitzenden des Verteidigungsausschusses des Deutschen Bundestages vom 15.3.1991, Az WB 2-221/91, S. 2.

[130] Vgl. Walsch, Die FlaRak-Waffe, S. 184, 197 f., 200, Zitat S. 197 f.

[131] Vgl. Parlamentsarchiv, Deutscher Bundestag, Bestand 3119, Ausschuss für Verteidigung, 12. WP, Protokoll Nr. 3 vom 27.2.1991, S. 11; ebd., Bericht des Verteidigungsausschußes über eine Reise zu den Bundeswehreinheiten im östlichen Mittelmeer und in der Türkei vom 26.2.1991, Anl. 1 zu Protokoll Nr. 3 vom 27.2.1991, S. 5 f., sowie Anl. 2 zu Protokoll Nr. 3 vom 27.2.1991, S. 1 f., 6 f.

[132] Vgl. Parlamentsarchiv, Deutscher Bundestag, Bestand 3119, Ausschuss für Verteidigung, 12. WP, Protokoll Nr. 3 vom 27.2.1991, S. 7; ebd., Bericht des Wehrbeauftragten über den Truppenbesuch bei Soldaten der Luftwaffe in der Türkei und auf Kreta, Anl. 2 zu Protokoll Nr. 3 vom 27.2.1991, S. 2, sowie Bericht des Verteidigungsausschußes über eine Reise zu den Bundeswehreinheiten im

vermeintliche Unsicherheit der politischen Führung hinsichtlich eines möglichen irakischen Angriffs auf die Türkei, von den Medien völlig überzogen dargestellt, verunsicherte die Soldaten im Einsatzland, vor allem aber die Familien in Deutschland. Soldaten und Politiker forderten eine Positionierung der Bundesregierung.[133]

Lessons Learned

Die Berichterstattung der Presse über den Einsatz deutscher Luftwaffensoldaten in der Türkei konzentrierte sich auf die Motivation, Ausbildung und Ausrüstung der Soldaten. Die Haltung der Medien wurde vorrangig durch die Auseinandersetzung der Parteien über die Bedingungen eines Bündnisfalles, den Einsatz von Wehrpflichtigen und die zunehmende Zahl der Anträge auf Kriegsdienstverweigerung geprägt. Darüber hinaus reflektierte die Presse »die tief emotionale Bewertung des deutschen Kriegsbeitrages«[134] aus Sicht der Verbündeten.[135] Die parallele Präsenz dieser Themen in den Medien belastete den Gesamteindruck der Luftwaffe in der Öffentlichkeit.[136]

Im Rahmen einer Auswertung des Einsatzes analysierte die Führung der Luftwaffe auch die Berichterstattung in den Medien: Die Soldaten seien – unabhängig vom Dienstgrad – von der Entscheidung der Bundesregierung überrascht worden, deutsche Truppenteile in die Türkei zu entsenden, und hätten öffentlich zu erkennen gegeben, sich für einen Einsatz außerhalb Deutschlands nicht ausreichend vorbereitet zu fühlen. Ein Teil der Soldaten im Dienstgrad Mannschaften oder Unteroffizier habe »niemals mit einer solchen Situation gerechnet«. Sie seien betroffen gewesen und hätten zugegeben, Angst zu haben – insbesondere vor einem Einsatz chemischer Waffen und ballistischer Raketen.[137] Auch aus KDV-Anträgen war hervorgegangen, dass die Antragsteller bei Eintritt in die Bundeswehr nicht damit gerechnet hatten, »jemals wirklich kämpfen und töten zu müssen. Erst durch den Golfkrieg sei ihnen klar geworden, was es heiße, Soldat zu sein.«[138] Ein Gefreiter des Flugabwehrraketengeschwaders 36 Bremervörde sagte, seine Tätigkeit in der

östlichen Mittelmeer und in der Türkei vom 26.2.1991, Anl. 1 zu Protokoll Nr. 3 vom 27.2.1991, S. 6.

[133] Vgl. Parlamentsarchiv, Deutscher Bundestag, Bestand 3119, Ausschuss für Verteidigung, 12. WP, Protokoll Nr. 1 vom 30.1.1991, S. 17, 27; BArch, BL 1, BMVg, FüL I 3, Bericht des Wehrbeauftragten des Deutschen Bundestages an den Bundesminister der Verteidigung über seinen Truppenbesuch beim Jagdbombergeschwader 43 in Oldenburg am 23.1.1991 vom 25.1.1991, Anl. 1 zum Schreiben des Wehrbeauftragten des Deutschen Bundestages an den Vorsitzenden des Verteidigungsausschusses des Deutschen Bundestages vom 15.3.1991, Az WB 2-221/91, S. 1.

[134] BArch, BL 1, BMVg, FüL I 3, Az 35-04-00, Vortragsnotiz für InspL zur Kenntnisnahme a.d.D., Motivationslage von Luftwaffensoldaten im Zusammenhang mit AMF-Einsätzen aus Anlaß des Golfkrieges vom 5.3.1991, S. 3.

[135] Vgl. Jürgen Krönig, Verachtung für die »Krauts«. Keine Angst mehr vor einer deutschen Supermacht. In: Die Zeit, 1.2.1991.

[136] BArch, BL 1, BMVg, FüL I 3, Az 35-04-00, Vortragsnotiz für InspL zur Kenntnisnahme a.d.D., Motivationslage von Luftwaffensoldaten im Zusammenhang mit AMF-Einsätzen aus Anlaß des Golfkrieges vom 5.3.1991, S. 3.

[137] Vgl. ebd., S. 1, Zitat ebd.

[138] Unter dem Eindruck des Golfkriegs: Drastischer Anstieg der Kriegsdienstverweigerung. In: SZ, 6.2.1991.

Einheit sei für gewöhnlich vergleichbar mit der in einer zivilen Firma: »Man hat den Radarschirm, [...] man drückt auf den Knopf, und dann sind zwei Leute im Flugzeug tot. Man hat bisher an das *target*, das Flugzeug als Zielobjekt, gedacht und nicht an die Menschen, die darin sitzen. Jetzt aber denkt man an die Menschen und an das Töten.«[139]

Die Führung der Luftwaffe konstatierte weiterhin, dass die Diskussionen auf politischer Ebene sowie der vermeintlich oder tatsächlich fehlende Rückhalt in der Bevölkerung einen Teil der Soldaten verunsichert und vorrangig bei jüngeren Offizieren Fragen nach den rechtlichen Bedingungen des Einsatzes ausgelöst hätten. Erst als sich erfahrenere Vorgesetzte offenkundig zur Pflichterfüllung bekannten und sich auch die Ungewissheit über die Situation nach und nach legte, sei Gelassenheit in die Truppenteile eingekehrt. Die Luftwaffe stellte zudem Defizite im Führungsverhalten einzelner Vorgesetzter fest. Es sei ihnen schwergefallen, angemessen auf das Verhalten von Soldaten unter Stressbedingungen zu reagieren. Unteroffiziere hätten gegenüber dem Verteidigungsminister bei dessen Besuch in der Türkei wenig Respekt und mangelnde Disziplin bei der Formulierung von finanziellen Ansprüchen sowie bei Forderungen von Freizeitausgleich gezeigt.[140] Piloten würden sich nicht hinreichend abgesichert fühlen. Die Lebensversicherungsverträge würden nicht den Kriegsfall abdecken. Darüber hinaus kritisierte der Führungsstab der Luftwaffe, dass die Piloten sich ihrer Vorbildfunktion nicht bewusst gewesen seien und öffentlich ihre Angst eingestanden hätten. Der hohe Druck des Einsatzes und die Rahmenbedingungen vor Ort festigten schließlich den Zusammenhalt der Soldaten und das Kameradschaftsgefühl. Die Soldaten würden sich gemeinsam den Sinn des militärischen Dienstes und der Pflichterfüllung bewusst machen.[141]

Der Führungsstab der Luftwaffe betonte, dass viele dieser Erkenntnisse nicht neu seien. Untersuchungen zur inneren Lage der Luftwaffe in den Jahren 1989 und 1990 hätten bereits Mängel im Führungsverhalten von Vorgesetzten aufgedeckt. Dazu zählte auch die Fähigkeit, »überzeugend Sinn zu vermitteln«. Die Erkenntnisse seien vor dem Einsatz der Luftwaffe in der Türkei in der Bewertung der personellen Einsatzbereitschaft der Verbände berücksichtigt worden. So sei im Einzelnen darauf hingewiesen worden, dass die Soldaten nicht »hinreichend auf den Bündnisfall – außerhalb Mitteleuropas! – vorbereitet« sowie »Schwächen und Einbrüche bei Führungspersonal möglich« seien. Zudem habe sich gezeigt, dass der

---

139 Klaus Brill, Im Ernstfall gedanklich bei Null anfangen. Bundeswehr und Golf-Konflikt: Wenn die Ziele keine Pappkameraden sind. In: SZ, 7.2.1991.

140 Hierbei waren insbesondere zwei Soldaten durch »disziplinloses und unsoldatisches« Auftreten auffällig geworden. Der Stabsunteroffizier und der Obergefreite baten Verteidigungsminister Stoltenberg im Anschluss an seinen Besuch in Form eines Briefes auf dem Dienstweg um Entschuldigung. Vgl. BArch, BL 1, BMVg, FüL I 3, Schreiben von Soldaten des AMF-Kdo in Erhaç an den Bundesminister der Verteidigung zu dessen Besuch in Erhaç am 14.2.1991 vom 16.2.1991.

141 Vgl. BArch, BL 1, BMVg, FüL I 3, Az 35-04-00, Vortragsnotiz für InspL zur Kenntnisnahme a.d.D., Motivationslage von Luftwaffensoldaten im Zusammenhang mit AMF-Einsätzen aus Anlaß des Golfkrieges vom 5.3.1991, S. 2. Zu den Besonderheiten des Zusammenhalts von Soldaten im Einsatz (*tribal cultures* und Primärgruppenbindung) vgl. Neitzel, Der Westen und die Neuen Kriege, S. 74 f.; Neitzel, Deutsche Krieger, S. 41 f., 534 f.

»Rückhalt in gemeinsamen Überzeugungen mit der Bevölkerung gebraucht« würde und »Gehorsams- und Kriegsdienstverweigerungen nicht auszuschließen« seien.[142]

Eine Vorlage vom März 1991 für eine Tagung der Luftwaffe hielt die personellen Aspekte der Verlegung von Luftwaffenkräften in die Türkei fest. Darin analysierte der Führungsstab der Luftwaffe zunächst die innere Lage der Luftwaffe bzw. der gesamten Bundeswehr im Kontext der Entwicklung von Politik und Gesellschaft nach dem Ende des Zweiten Weltkrieges. Nur so sei auch die Bewusstseinslage von Soldaten als Staatsbürger in Uniform zu verstehen. Die pazifistische, ja fast traumatische Grundhaltung der Gesellschaft sei die Antwort auf zwei Weltkriege und der Verzicht auf Gewalt ein Mittel bundesdeutscher Außen- und Sicherheitspolitik. Das Ziel der Aufstellung der Bundeswehr habe angesichts der Zerstörungskraft atomarer Waffen vorrangig in der Kriegsverhinderung durch Abschreckung gelegen. Das militärische Paradoxon »Kämpfen können, um nicht kämpfen zu müssen« habe folglich das Berufs- und Selbstverständnis der Soldaten bestimmt. Der Krieg als reale Option schien ausgeschlossen.[143] Der Bündnisfall sei – wenn überhaupt – nur als Verteidigung zur Selbstverteidigung vorstellbar gewesen. So seien Konflikte außerhalb Mitteleuropas weder politisch noch für die Streitkräfte von Bedeutung gewesen.[144]

Die deutsche Gesellschaft sehe sich in ihrer Wahrnehmung durch das Ende des Ost-West-Konflikts, die Auflösung der Warschauer Vertragsorganisation, die Wiedervereinigung Deutschlands, die Abrüstungsvereinbarungen, den Abzug sowjetischer Truppen aus Deutschland und eine drastische Reduzierung der deutschen Streitkräfte bestätigt. Die Attraktivität der ›starken Truppe‹ werde zunehmend vom Vergleich mit zivilen Berufsbildern bestimmt. Die Anpassung des militärischen Dienstes an die gesellschaftliche Normalität entspreche dem Werbeslogan »Ein Bild des Friedens – erst mit der Bundeswehr komplett« sowie dem Versprechen des Generalsinspekteurs der Bundeswehr, in Zukunft mit neuen Aufgaben auch einen Beitrag zum Umweltschutz zu leisten (»Luftwaffe – pro Umwelt«) – und dies weltweit.[145]

Diese Leitbilder im Berufs- und Selbstverständnis der Soldaten kollidierten nun mit der Realität des Golfkrieges und dem möglichen Kriegseinsatz einer Wehrpflichtarmee, so der Führungsstab der Luftwaffe. Verstärkt durch innenpolitische Irritationen über den Einsatz deutscher Streitkräfte, über den Bündnisfall und

[142] BArch, BL 1, BMVg, FüL I 3, Az 35-04-00, Vortragsnotiz für InspL zur Kenntnisnahme a.d.D., Motivationslage von Luftwaffensoldaten im Zusammenhang mit AMF-Einsätzen aus Anlaß des Golfkrieges vom 5.3.1991, S. 3.

[143] So sagte ein Gefreiter des Flugabwehrraketengeschwaders 36, der einen KDV-Antrag gestellt hatte: »›Ich kann den Einsatz nicht akzeptieren, weil dabei unter Umständen, eventuell auch in Notwehr, Menschen getötet werden.‹ Über einen möglichen ernsthaften Einsatz habe er bei Eintritt in die Bundeswehr nicht nachgedacht.« Rainer Klöfkorn, Unruhe vor und in der Kaserne. In: Bremervörder Zeitung, BZ-Serie, Teil 2, 27.2.2016. Vgl. auch Uwe Slemon-Netto, Golfkrieg, 19. Tag: Was kann vom deutschen Soldaten verlangt werden? In: BILD, 4.2.1991; Neitzel, Der Westen und die Neuen Kriege, S. 63.

[144] Vgl. BArch, BL 1, BMVg, FüL I 3, Sprechunterlage für StAL FüL I zur Gen-Tagung Lw I/91, Personelle Aspekte der Verlegung von Lw-Kräften in die Türkei, Entwurf von März 1991, S. 1 f.

[145] Vgl. ebd., S. 2. Vgl. auch »Den Ernstfall nicht gewagt«. In: Der Spiegel, 11.2.1991, S. 22.

über Kriegsdienstverweigerung habe der Golfkrieg zu einer Identitätskrise in den deutschen Streitkräften geführt. Viele Soldaten hielten die Anwendung von militärischer Gewalt für falsch. Auf keinen Fall wollten sie sich in einen Krieg hineinziehen lassen. Schließlich hätten sie sich nur für den Dienst im Frieden verpflichtet. Andere würden versuchen, zwischen Berufs- und Zeitsoldaten auf der einen und Wehrpflichtigen auf der anderen Seite zu differenzieren, und fürchteten, nicht hinreichend für einen solchen Einsatz ausgebildet zu sein. Dabei würden Gewissenskonflikte und -entscheidungen insbesondere bei Soldaten der Reserve von Angst bestimmt, die von militärischen Vorgesetzten bis in die Ebene der Stabsoffiziere auch öffentlich geäußert worden sei. Der fehlende Rückhalt in der Bevölkerung habe die Unsicherheiten verstärkt. Primär jüngere Offiziere und Wehrpflichtige hätten sich die Frage nach den rechtlichen Bedingungen eines Einsatzes außerhalb Deutschlands gestellt. In der Folge hätten aktive Soldaten und vor allem Reservisten den Kriegsdienst verweigert. Die Verbündeten hätten nur wenig Verständnis für die deutsche Haltung und kritisierten deswegen die deutschen Soldaten.[146] Vor diesem Hintergrund folgerte der Führungsstab der Luftwaffe:

> »Unsere Einsatzkommandos in Erhac und in Diyarbakir haben die eben getroffene Lagefeststellung zum Berufs- und Selbstverständnis unserer Soldaten – wenn auch in unterschiedlicher Deutlichkeit – durch ihr Verhalten, durch Auftreten und Äußerungen in der Öffentlichkeit und Vorgesetzten gegenüber bis hin zum Bundesminister Dr. Stoltenberg bestätigt.«[147]

Bezeichnenderweise findet sich in der finalen Version der Vorlage des Führungsstabes der Luftwaffe diese reflektierte und durchaus notwendige Einordnung des Soldaten in den gesamtgesellschaftlichen Kontext überhaupt nicht oder aber nur in deutlich abgeschwächter Form.[148] Dies mag daran liegen, dass der Referent hier eher ein negatives Bild des Soldaten gezeichnet hatte und damit bei Vorgesetzten auf Widerstand gestoßen war. In der finalen Fassung kritisierte der Referent primär die Konzentration der Presseberichterstattung auf Einzelfälle und auf individuelle ›Angstbekenntnisse‹. Dadurch sei ein unzutreffendes Bild der Bundeswehr gezeichnet worden. Die

---

[146] Vgl. Jürgen Krönig, Verachtung für die »Krauts«. Keine Angst mehr vor einer deutschen Supermacht. In: Die Zeit, 1.2.1991.

[147] Vgl. BArch, BL 1, BMVg, FüL I 3, Sprechunterlage für StAL FüL I zur Gen-Tagung Lw I/91, Personelle Aspekte der Verlegung von Lw-Kräften in die Türkei, Entwurf von März 1991, S. 2 f., Zitat S. 3.

[148] So wies auch der ehemalige Leiter des Amtes für Studien und Übungen der Bundeswehr, Flottillenadmiral a.D. Elmar Schmähling, darauf hin, dass es erforderlich sei, das Verhalten der Soldaten in den gesamtgesellschaftlichen Kontext einzuordnen, um deren Bewusstseinslage zu verstehen: »Zum erstenmal in der deutschen Geschichte und wohl einmalig unter den Armeen der Welt begreifen deutschen Soldaten ihren Auftrag nicht militärtechnisch, sondern politisch [...] Was nun mit den vermehrten Anträgen auf Anerkennung als Kriegsdienstverweigerer – auch von Berufssoldaten – zum Ausdruck kommt, ist das Ergebnis einer 35-jährigen Erziehung und Ausbildung zum ›Friedensdienst‹.« Die friedfertige Armee. Flottillenadmiral Elmar Schmähling über den Auftrag der Bundeswehr. In: Der Spiegel, 11.2.1991, S. 24. Auch der Wehrbeauftragte des Deutschen Bundestages hob hervor, dass die unter dem Eindruck des Golfkrieges angestiegene Zahl an Soldaten, die einen Antrag auf Kriegsdienstverweigerung gestellt hatten, im Grunde genommen kaum überraschen dürfte. Vgl. Deutscher Bundestag, Drucksache 12/2200 vom 12.3.1992, S. 5. Zur Beziehung zwischen Soldaten und Zivilgesellschaft vgl. auch Neitzel, Der Westen und die Neuen Kriege, S. 74.

Verlegung der Luftwaffenkontingente in die Türkei habe personell keine Probleme bereitet. Die Motivationslage der Einsatzkräfte sei nach anfänglicher Unsicherheit insgesamt stabil. Der durch die Medien vermittelte Eindruck, die Luftwaffe sei nicht einsatzbereit und die Soldaten würden ihr davonlaufen, würde nicht der Wahrheit entsprechen.[149] Der Referent, und am Ende auch der Führungsstab der Luftwaffe, kamen zu dem Schluss, dass es insbesondere bei militärischen Vorgesetzten Defizite hinsichtlich des staatsbürgerlichen und soldatischen Selbst- und Berufsverständnisses gebe. Es bestehe Handlungsbedarf bei der Menschenführung in der Luftwaffe. Vorgesetzte seien sich nicht immer ihrer Vorbildverpflichtung bewusst und das Vertrauensverhältnis zwischen Vorgesetzten und Untergebenen müsse verbessert werden. Fragen zum eigenen Berufsverständnis, zur Pflichterfüllung bis hin zur ›Kampfmoral‹ müssten durch Vorgesetzte wie Untergebene sicher und überzeugend beantwortet werden können.[150]

Eine auf dieser Grundlage nach dem Ende des Zweiten Golfkrieges herausgegebene »Besondere Anweisung für die Erziehung in der Luftwaffe« mit dem Ziel, die im Rahmen des Türkeieinsatzes aufgetretenen Mängel im soldatischen Selbstverständnis »quasi per se von oben« abzustellen, stieß bei den Soldaten der Luftwaffe allerdings auf »völliges Unverständnis«.[151]

Letztendlich bestätigte der Generalinspekteur der Bundeswehr, dass die deutschen Streitkräfte mental nicht auf einen Einsatz außerhalb der Landesgrenzen, bei dem es also nicht um die unmittelbare Verteidigung des Vaterlandes ging, vorbereitet waren. Seit ihrer Gründung hatte die Bundeswehr ihre Rechtfertigung darin gesehen, im Rahmen der NATO an der Seite ihrer Bündnispartner die territoriale Integrität der Bundesrepublik zu sichern. Den Bündnispartnern im Gegenzug für einen anderen Zweck als den der Landesverteidigung beizustehen, schien hingegen abwegig.[152]

Auch der Wehrbeauftragte des Deutschen Bundestages bestätigte die Schwierigkeiten der Soldaten, sich mental mit den Herausforderungen eines gefechtsnahen Einsatzes auseinanderzusetzen. Seien sie tatsächlich »in den vergangenen Jahren immer entsprechend ihres unvergleichlichen und keinem zivilen Job entsprechenden Berufs gemäß gefordert und ausgebildet« worden? In künftigen Konflikten würde es nicht nur auf die technischen Fähigkeiten der Streitkräfte ankommen, sondern auch auf die Bereitschaft ihrer Angehörigen, »unter Beachtung des Primats der Politik und der grundsätzlichen Festlegung der Bundesrepublik auf die friedliche Konfliktschlichtung internationaler Friedensstörungen, den demokratisch legitimierten Willen von Regierung und Parlament, bedrohte Partner des Bündnisses zu

---

149 Vgl. BArch, BL 1, BMVg, FüL I 3, Sprechunterlage für StAL FüL I zur Gen-Tagung Lw I/91, Personelle Aspekte der Verlegung von Lw-Kräften in die Türkei vom 7.3.1991, S. 1.

150 Vgl. ebd., S. 2 f.

151 Vgl. Walsch, Die FlaRak-Waffe, S. 199.

152 Vgl. Parlamentsarchiv, Deutscher Bundestag, Bestand 3119, Ausschuss für Verteidigung, 12. WP, Protokoll Nr. 2 vom 20.2.1991, S. 16; Joachim Sabotta, Die Bundeswehr ist jetzt auf der Suche nach dem neuen Profil und Selbstverständnis. Ruf der Türkei traf Bonn unvorbereitet. In: Rheinische Post, 12.2.1991; Die friedfertige Armee. Flottillenadmiral Elmar Schmähling über den Auftrag der Bundeswehr. In: Der Spiegel, 11.2.1991, S. 24. Vgl. auch Deutscher Bundestag, Drucksache 12/2200 vom 12.3.1992, S. 5.

schützen, gehorsam und wirksam, wenn auch nicht unkritisch zu unterstützen«.[153] Dabei müsse allerdings auch das bislang vom Ost-West-Konflikt geprägte Verständnis der Landesverteidigung auf die neue außenpolitische Verantwortung des wiedervereinigten Deutschlands übersetzt und die begrenzte mitteleuropäische Ausrichtung erweitert werden.[154]

Eine wesentliche Konsequenz, welche die Luftwaffe aus den Erfahrungen des Golfkrieges zog, war neben der Anpassung der Ausbildung ein grundlegender Ausbau der Übungslandschaft. So nahmen die deutschen Flugabwehrraketenkräfte beispielsweise regelmäßig an Übungen zur Erweiterten Luftverteidigung teil, etwa an »Roving Sands« in Texas und New Mexico oder an der niederländischen Serie Joint Project Optic Windmill (JPOW). Abgesehen vom Ausbildungszweck eigneten sich die Vorhaben zur Erprobung neuer Technologien und Verfahren. Im Rahmen von Krisenreaktionsübungen im Ausland und multinationalen sowie teilstreikraftübergreifenden Übungen wurden nun auch die Vorbereitung auf Fernverlegungen, die Integrationsfähigkeit in ungewohnte Kommandostrukturen und die Fähigkeit zur Bildung von lageangepassten – zum Teil multinationalen – Kontingenten gefordert.[155]

e) Ein neuer Platz im Bündnis

Die militärische Verteidigung des eigenen Territoriums gegen einen Angriff von außen ist alternativlos für das eigene nationale Fortbestehen und lässt keine Beliebigkeit der politischen Entscheidung zu. Der Einsatz von Streitkräften außerhalb der eigenen Landesgrenzen dagegen weist immer auch ein Moment der Freiwilligkeit auf. Als die Bundesregierung am 2. Januar 1991 dem Einsatz der Allied Mobile Force im Südosten der Türkei zustimmte, ging es weniger um den militärischen Beitrag an sich, den die Bundeswehrsoldaten dort leisteten, als um die Symbolik der politischen Entscheidung, deutsche Streitkräfte zu entsenden.[156] Die Bundesregierung wollte »keinen Zweifel daran lassen, dass sie ohne jede Einschränkung zum NATO-Vertrag stehe«.[157] Mit der zusätzlichen Entsendung deutscher Flugabwehrraketensysteme zur Verstärkung des Schutzes der türkischen Luftverteidigung beabsichtigte die Bundesregierung, die deutsche Solidarität mit dem Bündnis noch einmal zu bekräftigen. Der Einsatz der deutschen, amerikanischen und niederländischen Luftverteidigungssysteme im Verbund sollte einerseits irakische Luftangriffe abschrecken und im Ernstfall abwehren, andererseits aber auch die defensive Haltung der NATO unmissverständlich zum Ausdruck bringen.[158]

---

153 Parlamentsarchiv, Deutscher Bundestag, Bestand 3119, Ausschuss für Verteidigung, 12. WP, Bericht des Wehrbeauftragten über den Truppenbesuch bei Soldaten der Luftwaffe in der Türkei und auf Kreta, Anl. 2 zu Protokoll Nr. 3 vom 27.2.1991, S. 11.

154 Vgl. ebd., S. 11 f.

155 Vgl. Immer im Einsatz, S. 159 f.; Bölker, Der Krieg findet künftig im Saal statt.

156 Vgl. Biehl, Von der Verteidigungs- zur Interventionsarmee, S. 13.

157 Parlamentsarchiv, Deutscher Bundestag, Bestand 3119, Ausschuss für Verteidigung, 12. WP, Protokoll Nr. 1 vom 30.1.1991, S. 10.

158 Vgl. BArch, BL 1/66219, BMVg, FüS III 6 an Stabsabteilungsleiter FüL III, Zweck des Einsatzes Deutscher Luftverteidigungskräfte in der Türkei, Anlage zu Rational/Sprachregelung für Einsatz deutscher Luftverteidigungskräfte in der Türkei vom 31.1.1991, S. 2.

Im Rahmen der innerdeutschen Debatte um einen ›provozierten‹ Bündnisfall bemühte sich die Bundesregierung, Öffentlichkeit und Opposition zu beruhigen. Um den defensiven Charakter des Einsatzes zu unterstreichen, wies sie immer wieder auf die Entfernung des Stationierungsortes der deutschen Kräfte zur türkisch-irakischen Grenze hin.[159] Die in Erhaç stationierten Alpha Jets verfügten mit Waffenbeladung über eine maximale Kampfentfernung von 350 Kilometern. Die Luftwaffenbasis war etwa 400 Kilometer von der türkisch-irakischen Grenze entfernt, was eine Wirkung der Waffensysteme in den irakischen Luftraum praktisch ausschloss. Die deutschen Kräfte hätten die türkischen Truppen im Falle eines irakischen Angriffes lediglich bei dessen Abwehr auf dem zu verteidigenden Territorium unterstützen können.[160] Die in die Türkei entsandten deutschen Kampfflugzeuge waren allerdings nur bedingt für die Abwehr eines potenziellen irakischen Luftangriffs geeignet. Die in den 1970er Jahren in die Luftwaffe eingeführten Alpha Jets waren keine Luftverteidigungsjäger, sondern in erster Linie Jagdbomber zur Unterstützung von Bodentruppen (Close Air Support) und für den Einsatz gegen stationäre Bodenziele und Hubschrauber gedacht.[161] So mancher Wissenschaftler unterstellte der Bundesregierung, dass sie mit dieser Umsetzung bewusst ein politisches Signal habe setzen wollen, was bei den Bündnispartnern wiederum zu Zweifeln an der militärischen Glaubwürdigkeit des deutschen Beitrags geführt habe.[162] Doch das politische Signal war kein spezifisch deutsches. Die NATO selbst betonte mit der Zusammensetzung der AMF den defensiven Charakter dieses Einsatzes. Das Bündnis war nicht Teilnehmer des Golfkrieges und darauf bedacht, durch verantwortungsbewusstes defensives Verhalten dessen Übergreifen auf NATO-Territorium zu verhindern. Diesem Zweck diente der Einsatz von NATO-Seestreitkräften im Mittelmeer wie auch derjenige der AMF im Südosten der Türkei.[163] Auch ohne die eingebrachten deutschen Vorbehalte gab es mehrere Faktoren, die eine unbeabsichtigte offensive Verwendung der AMF in der Regel nicht zuließen. Dazu zählten die militärische Lage, die Abhängigkeit des Einsatzes der AMF von den Beschlüssen des Defence Planning Committee, die Zweckbestimmung der AMF sowie ihre Nichteignung für offensive Operationen im irakischen Luftraum.[164]

Ein irakischer Angriff auf die Türkei nach dem Beginn der Kampfhandlungen am 17. Januar 1991 galt als unwahrscheinlich. Der Irak konzentrierte seine Landstreitkräfte lagebezogen im Raum Kuwait. Die im Norden dislozierten und de-

---

159 Vgl. Weick, Die schwierige Balance, S. 175 f.

160 Vgl. BArch, BW 2/27009, BMVg, FüS III 6, Az 03-16-00, Vorlage an StS Dr. Pfahls zu Antrag Türkischer Generalstab auf Aktivierung des Luftwaffenanteils der AMF vom 19.12.1990, S. 2.

161 Vgl. Chronik Führungsstab der Luftwaffe, S. 117.

162 Vgl. Inacker, Unter Ausschluß der Öffentlichkeit?, S. 110; Freedman/Karsh, The Gulf Conflict, S. 355; Lemke, Die Allied Mobile Force, S. 290.

163 Vgl. BArch, BL 1/66219, BMVg, FüS III 6 an Stabsabteilungsleiter FüL III, Zweck des Einsatzes Deutscher Luftverteidigungskräfte in der Türkei, Anlage zu Rational/Sprachregelung für Einsatz deutscher Luftverteidigungskräfte in der Türkei, vom 31.1.1991, S. 1.

164 So war beispielsweise auch der von den Belgiern eingesetzte Flugzeugtyp Mirage 5B vorrangig als Erdkampfflugzeug konzipiert. Vgl. BArch, BW 2/27009, BMVg, FüS III 6, Az 03-16-00, Vorlage an StS Dr. Pfahls zum Türkischen Antrag auf Entsendung des Luftwaffenanteils der Allied Command Europe Mobile Force (Air) (AMF[A]) in die Türkei vom 28.12.1990, S. 3.

fensiv aufgestellten irakischen Bodentruppen reichten für Angriffsoperationen im türkisch-irakischen Grenzgebiet nicht aus. Die Luftangriffe der Alliierten zwangen die irakischen Luftstreitkräfte, am Boden zu bleiben. Ihre Flugplätze waren größtenteils gelähmt. Die Hauptbedrohung für das türkische Territorium ging bis zum Waffenstillstand von möglichen Angriffen mit taktisch ballistischen Flugkörpern aus, denn den alliierten Luftstreitkräften war es nicht gelungen, die irakischen Abschussgeräte zu neutralisieren. Auch nach dem Einsatz der modifizierten Scud-Raketen gegen Israel und Saudi-Arabien war davon auszugehen, dass der Irak noch immer über einen großen Flugkörpervorrat verfügte. So lösten US-Warnsysteme im Februar noch eine »hohe Anzahl von Scud-Alarmen« auch für die in der Türkei stationierten NATO-Truppen aus.[165] Weiterhin vermutete der SACEUR, dass der Irak zwar in der Lage sein könnte, konventionelle Gefechtsköpfe mit chemischen Kampfmitteln zu befüllen. Doch womöglich würde er nicht fähig sein, sie auch zur Explosion zu bringen und damit die maximale Wirkung zu erzielen. Aus operativer Sicht erschien ein irakischer Angriff auf die Türkei nahezu ausgeschlossen. Luftangriffe sowohl mit bemannten Luftfahrzeugen als auch mit Flugkörpern gegen Ziele in der Türkei hätten dem Irak keine unmittelbaren operativen Vorteile gebracht. Dennoch waren solche Angriffe nicht grundsätzlich auszuschließen, »weil dem Irak mehr an ihrem Propagandaeffekt in der arabischen und islamischen Welt gelegen sein könnte, als ihn ihre militärische Unsinnigkeit stört«, so der Führungsstab der Streitkräfte.[166]

Unter dem zunehmenden internationalen Druck bemühte sich die Bundesregierung im Januar 1991, ihr zunächst zurückhaltend und unklar erscheinendes Engagement im Golfkonflikt durch weitere Unterstützungsmaßnahmen für die Alliierten sowie die regional betroffenen Staaten wie Israel zu korrigieren. Neben der politischen Unterstützung aller einschlägigen VN-Resolutionen hatte die Bundesrepublik von Beginn des Konfliktes an in wachsendem Maße finanzielle, ökologische und logistische Unterstützung sowie Ausbildungs-, Rüstungs- und flankierende Militärhilfe geleistet.[167]

Deutschland beteiligte sich zwar nicht direkt an den Kampfhandlungen gegen den Irak, war jedoch im Krisengebiet im Rahmen der NATO durchaus militärisch präsent. Neben dem Einsatz der deutschen Luftwaffe als Teil der AMF in der Türkei waren deutsche Marineeinheiten bereits seit Herbst 1990 im Mittelmeer im Einsatz.[168] Auch die deutsche Luftwaffe hatte den Aufbau und die Verlegung der Koalitionskräfte bereits zu einem frühen Zeitpunkt des Konflikts durch Transport- und Materialleistungen unterstützt. Zwischen dem 31. Oktober 1990 und dem 12. April 1991 beförderte die Luftwaffe in rund 200 Einsätzen und über 4000 Flugstunden mehr als 10 000 Passagiere und 4000 Tonnen Fracht, um die

165 Vgl. Walsch, Die FlaRak-Waffe, S. 191, Zitat ebd.; Rainer Klöfkorn, Alle kehren wieder gesund zurück. In: Bremervörder Zeitung, BZ-Serie, Teil 4, 12.3.2016.

166 BArch, BL 1/66219, BMVg, FüS III 6 an Stabsabteilungsleiter FüL III, Zweck des Einsatzes Deutscher Luftverteidigungskräfte in der Türkei, Anlage zu Rational/Sprachregelung für Einsatz deutscher Luftverteidigungskräfte in der Türkei, vom 31.1.1991, S. 1.

167 Für eine detaillierte Übersicht zum deutschen Beitrag vgl. Deutsche an die Fronten?, S. 6 f.

168 Vgl. Parlamentsarchiv, Deutscher Bundestag, Bestand 3119, Ausschuss für Verteidigung, 12. WP, Protokoll Nr. 1 vom 30.1.1991, S. 11 f.

amerikanischen und britischen Luftstreitkräfte zu entlasten. Darüber hinaus stellte sie den wichtigsten Verbündeten Material in erheblichem Umfang zur Verfügung.[169] Nach dem Ende des Golfkrieges entsandte die Bundesregierung einen Minenräumverband in den Golf und leitete Hilfsmaßnahmen für die bedrohten Kurden ein.[170] Auch wenn die Bundesregierung stets darum bemüht war, den ausschließlich defensiven Charakter des Einsatzes deutscher Streitkräfte zu unterstreichen, darf dies nicht darüber hinwegtäuschen, dass insbesondere die in der Türkei stationierten Bundeswehrsoldaten mit Beginn der US-Luftangriffe von türkischen Luftwaffenstützpunkten aus gegen den Irak, »mit einem Bein im Kriegsgebiet« standen. So überraschte es nicht, dass aufgrund der Möglichkeit eines »deutschen Hineinschlitterns in den Golfkrieg« sich unweigerlich auch Fragen nach der Verwendung deutscher Streitkräfte, ihrer Rolle im Bündnis sowie der Rolle des Bündnisses *out-of-area* aufdrängten.[171]

Trotz substanzieller Beiträge der Bundesrepublik über finanzielle Hilfen hinaus dominierte in den Hauptstädten der westlichen Verbündeten zunächst der Eindruck, Deutschland wolle sich nicht an den Bemühungen der internationalen Staatengemeinschaft beteiligen, Kuwait aus irakischer Hand zu befreien. Bei den Alliierten zählte offensichtlich allein der Einsatz von Soldaten. Durch Slogans wie »Ohne uns« und »Kein Blut für Öl« auf deutschen Demonstrationen und Protestmärschen erschien die Bundesrepublik in den Augen der Verbündeten als »illoyaler, opportunistischer Drückeberger und Trittbrettfahrer, der sich mit seiner Scheckbuchdiplomatie von seiner Verantwortung für Frieden und Sicherheit in der Welt freikaufte«.[172]

Die Bundesrepublik war weder politisch noch militärisch auf einen Einsatz außerhalb der Landesgrenzen vorbereitet. Das war letztendlich »eindeutig zu Lasten der Soldaten gegangen«, die in den Einsatz geschickt wurden.[173] Die Wahrnehmung der jahrelangen Blockkonfrontation hatte das Denken in der Bundeswehr und auch das über sie geprägt.[174] Die Soldaten waren mental auf die Verteidigung des eigenen Landes und der eigenen Bevölkerung eingestellt. Strukturen und Waffensysteme waren ebenfalls primär für eine Landesverteidigung ausgelegt und beschafft worden. Auch die NATO war als reines Verteidigungsbündnis zum Schutz des Westens gegen die WVO gegründet worden. Dass nun das Bündnis in einen scharfen Konflikt fernab der Blockkonfrontation geraten könnte und Deutschland Soldaten entsenden sollte, um anderen beizustehen, war für die deutsche Öffentlichkeit sowie die Soldaten schwer zu akzeptieren. Darüber hinaus kam der Golfkonflikt zum denkbar ungünstigsten Zeitpunkt. Die Wiedervereinigung war noch nicht abgeschlos-

---

169 Vgl. Deutscher Bundestag, Bestand 3119, Ausschuss für Verteidigung, 12. WP, Darstellung und Bewertung der Luftwaffeneinsätze durch den Inspekteur der Luftwaffe, Anl. 1 zu Protokoll Nr. 32 vom 29.4.1992, S. 1.

170 Vgl. Parlamentsarchiv, Deutscher Bundestag, Bestand 3119, Ausschuss für Verteidigung, 12. WP, Protokoll Nr. 7 vom 24.4.1991, S. 9.

171 Deutsche an die Fronten?, S. 7, Zitate ebd.

172 Meiers, Zu neuen Ufern?, S. 254. Vgl. auch Hubel, Der zweite Golfkrieg, S. 59.

173 Vgl. Rainer Klöfkorn, Alle kehren wieder gesund zurück. In: Bremervörder Zeitung, BZ-Serie, Teil 4, 12.3.2016; »Den Ernstfall nicht gewagt«. In: Der Spiegel, 11.2.1991, S. 21.

174 Vgl. Rink, Die Bundeswehr, S. 25 f.; Daase/Junk, Strategische Kultur, 2012, S. 153.

sen. Sowjetische Truppen befanden sich nach wie vor auf deutschem Boden. Bei aller Kritik: Eigentlich war es nicht verwunderlich, dass sich das eben wiedervereinigte Deutschland zunächst schwertat, seiner neuen Größe entsprechend außenpolitische Verantwortung zu übernehmen. Und schon gar nicht sollte es überraschen, dass sich die Bundesregierung mit einem Seitenblick auf die Geschichte des eigenen Landes darum bemühte, in militärischer Hinsicht nicht offensiv aufzutreten. Die alte Bundesrepublik hatte aus der »Machthysterie« zwischen 1914 und 1945 »durchaus vernünftige, rationale Konsequenzen gezogen«. Im Zuge eines ›schmerzhaften‹ Lernprozesses, in dem sich die deutsche Bevölkerung der eigenen Vergangenheit stellen musste, hatte sich eine »tiefe Skepsis gegen den leichtfertigen Umgang mit politischer, insbesondere mit militärischer Macht« entwickelt.[175] Wenn die Bundeswehr als Armee des Kalten Krieges sowohl in materieller als auch mentaler Hinsicht nur Schwierigkeiten hatte, im Rahmen eines scharfen Einsatzes Truppen außerhalb der eigenen Landesgrenzen zu verlegen, war das also nur nachvollziehbar. Der Zweite Golfkonflikt zwang die Bundesregierung und die deutschen Soldaten, alldem unter dem Druck der Bündnispartner und den wachsamen Augen der Weltöffentlichkeit gerecht zu werden. Es wurde deutlich, dass die Bundesrepublik umdenken musste. Sie musste ihre neue internationale Rolle zügig begreifen und sich der neuen Verantwortung stellen, »die die ganze Welt vom wiedervereinigten Deutschland erwartet«.[176]Dazu gehörte insbesondere die Bereitschaft, im Rahmen kollektiver Sicherheitssysteme militärische Beiträge zur internationalen Friedenssicherung zu leisten.

2. Deutsche Patriot-Systeme für den Irakkrieg?

Die internationale Debatte im Vorfeld des Irakkrieges 2003 brachte wesentliche Unterschiede zwischen der kontinentaleuropäischen und der US-amerikanischen Einschätzung von weltpolitischen Konfliktlagen und dem Umgang damit zum Vorschein. Insbesondere die deutsche Haltung geriet dabei aufgrund eines »auffälligen und ungeschickten Agierens« der Bundesregierung in den Fokus.[177] In Deutschland vermengte sich zu der Zeit die Debatte zum Dritten Golfkrieg mit dem parteipolitischen Gebaren angesichts der anstehenden Wahlen. Die Außenpolitik der Regierung wirkte sich demnach in höherem Maße auf das Wahlverhalten der Bevölkerung aus, als dies sonst der Fall war.[178] Wie bereits das Kapitel zum Zweiten Golfkrieg verdeutlicht hat, schränkte die historisch bedingte Zurückhaltung Deutschlands im Hinblick auf militärische Maßnahmen die außenpolitische Handlungsfreiheit der deutschen Regierungen deutlich stärker ein, als es bei allen anderen westlichen Ländern der

[175] Wehler, Die Gegenwart als Geschichte, S. 256 f.

[176] Rupert Scholz, Warnung vor einem deutschen Sonderweg. In: Christ und Welt. Rheinischer Merkur, 8.3.1991.

[177] Münkler, Der neue Golfkrieg, 2003, S. 139. Auch Bernhard Stahl folgerte: »Dass Deutschland sich selbst in eine außenpolitische Isolation begab, die NATO blockierte, dabei seine Nachbarn irritierte und nicht zuletzt das Verhältnis zu den USA dauerhaft belastete, ist bemerkenswert.« Stahl, Vergleichende Außenpolitikanalyse, S. 159.

[178] Vgl. dazu Wolfrum, Rot-Grün an der Macht, S. 410–417.

Fall war. Diese Grundeinstellung kam auch in Wahlkämpfen deutlich zum Tragen. Bundeskanzler Gerhard Schröder betonte bereits zum Auftakt des Wahlkampfes im August 2002, dass Deutschland sich keinesfalls militärisch an einem Irakkrieg beteiligen werde. Die frühe und extreme Positionierung ließ in der Folge nur wenig politischen Handlungsspielraum zu.[179]

Die Bundesregierung reagierte schließlich sehr unterschiedlich auf die Anfragen von Freunden und Verbündeten wie den USA, Israel und der Türkei, sie im Falle eines Krieges zu unterstützen. Vorsichtig schien sie eine selbstbewusstere außen- und sicherheitspolitische Rolle einzunehmen.[180] Schröder entschied persönlich, Israel die angefragten Patriot-Systeme zur Stärkung der Luftverteidigungsfähigkeit zu überlassen. Da keine deutschen Soldaten beteiligt werden sollten, musste er den Bundestag nicht konsultieren. Israel und Deutschland hatten bereits im Vorfeld über die Überlassung und Unterstützung mit militärischer Ausrüstung – darunter auch Patriot-Systeme – gesprochen.[181] Die Abgabe von Patriot-Systemen bedurfte jedoch eines Beschlusses des Bundessicherheitsrats. Die Bundesregierung beabsichtigte, Israel in krisenhaften Zeiten zur Seite zu stehen und dessen defensive Fähigkeiten gegen eine Bedrohung durch ballistische Flugkörper zu stärken. Nur rund acht Wochen nach der politischen Zusage des Bundeskanzlers, zwei Patriot-Systeme an Israel auszuleihen, war der Vorgang Ende Januar 2003 abgeschlossen.[182] Der Export galt als unproblematisch, da es sich um rein defensive Systeme handelte. Das Auswärtige Amt begründete diese Entscheidung mit den besonderen Beziehungen zu Israel: »Die Existenz und die Sicherheit des Staates Israel ist neben den transatlantischen Beziehungen und der Einigung Europas einer der unverrückbaren Eckpfeiler der deutschen Außenpolitik.«[183] Die Waffensysteme würden vor dem Hintergrund des geostrategischen Umfelds die Sicherheit Israels stärken. Schröder betonte: »Wenn die israelische Regierung diesen Zuwachs an Sicherheit braucht, werden wir helfen – und zwar rechtzeitig. Das gebietet unsere historische und moralische Pflicht.«[184] Der dominierende Faktor bei der Entscheidung, Israels Bitte nachzukommen und Tel Aviv beizustehen, war die moralische Dimension.[185]

---

179 Im Sommer 2002 hatten sich 80 % der deutschen Bevölkerung gegen eine deutsche Beteiligung an einem Militäreinsatz ausgesprochen. Vgl. Münkler, Der neue Golfkrieg, 2003, S. 139 f.; Stahl, Vergleichende Außenpolitikanalyse, S. 153, 162–164; Wolfrum, Rot-Grün an der Macht, S. 411.

180 Vgl. Kubbig/Nitsche, Germany, S. 521; Wolfrum, Rot-Grün an der Macht, S. 412 f.

181 Vgl. BArch, BL 1/64325 (163), BMVg, FüL III 6 zu Abgabe WaSys an ISR, 2001–2003.

182 Im Zuge der Bundeswehrreform wurden insgesamt sechs Patriot-Systeme nicht mehr benötigt. Drei davon waren für den Verkauf an die Niederlande vorgesehen. Vgl. Parlamentsarchiv, Deutscher Bundestag, Bestand 3119, Ausschuss für Verteidigung, 15. WP, Protokoll Nr. 4 vom 4.12.2002, S. 19–21; BArch, BL 1/64325 (163), LwMatKdo SysAbt II an FüL II 6, Abschlussbericht über die Abgabe von 2 Feuereinheiten des Waffensystems Patriot an Israel vom 7.2.2003.

183 BArch, BL 1/64325 (163), BMVg, Rü III 3 an StS Dr. Eickenboom, Abgabe von Wehrmaterial, hier: Abgabe von Patriot Systemen an ISR vom 6.1.2003. Die Auffassung des Auswärtigen Amtes stammt hier aus einer Quelle des BMVg.

184 Überflugrechte, Raketenabwehr, Minensucher. Schröder informiert über die Anfrage Washingtons zu einem Irak-Einsatz/»Patriot« für Israel. In: FAZ, 27.11.2002. Vgl. auch Parlamentsarchiv, Deutscher Bundestag, Bestand 3119, Ausschuss für Verteidigung, 15. WP, Protokoll Nr. 4 vom 4.12.2002, S. 23.

185 Vgl. Kubbig/Nitsche, Germany, S. 524 f.; BArch, BL 1/64325 (163), BMVg, FüL III 6 zu Abgabe WaSys an ISR, 2001–2003.

Zu kontroversen Diskussionen – nicht nur in der NATO, sondern auch in Deutschland – führte dagegen die Anfrage zur Unterstützung des NATO-Partners Türkei. Einige Studien behaupten, dass sich Ankara offiziell an Deutschland und die Niederlande gewandt habe, die Türkei im Falle eines Krieges mit Patriot-Systemen zu unterstützen.[186] Eine reine Materiallieferung wie an Israel hätte in diesem Fall nicht ausgereicht, da die Türkei über kein ausgebildetes Personal zur Bedienung des Systems verfügte. In den Dokumenten des Deutschen Bundestages wird zwar eine Anfrage der Türkei an die Niederlande erwähnt, jedoch nicht eine an Deutschland.[187] Der Schutz des Bündnispartners Türkei mit Luftverteidigungssystemen im Falle eines Krieges wurde allerdings umfassend in der NATO diskutiert. Die Allianz hatte bereits seit Anfang Dezember 2002 Pläne für den Fall eines Krieges gegen den Irak entwickelt. Diese umfassten unter anderem den Einsatz von AWACS[188]-Luftfahrzeugen zur Aufklärung und die Stationierung von Patriot-Systemen in der Türkei zum Schutz vor irakischen Angriffen mit Kurzstreckenraketen. Gemeinsam mit Frankreich und Belgien blockierte Deutschland am 22. Januar 2003 im NATO-Rat formal alle Planungen, um erneut ihre ablehnende Haltung gegenüber einem Krieg zum Ausdruck zu bringen.[189] Nachdem primär die USA die Bereitstellung von Patriot-Systemen für die Türkei in die Debatte eingebracht hatten, bat Ende Januar die Türkei die NATO schließlich noch einmal selbst darum, sie mit Patriot-Systemen und AWACS-Luftfahrzeugen zu unterstützen. Die Niederlande sagten der Türkei daraufhin drei Patriot-Systeme mit jeweils acht Startgeräten zu. Da die Niederländer nicht über die leistungsgesteigerte Variante von Patriot verfügten, wandten sie sich an Deutschland mit der Bitte um leistungsgesteigerte Lenkflugkörper. Die Bundesregierung hatte eine Unterstützung der Türkei mit Waffensystemen und Soldaten abgelehnt, entschied jedoch Mitte Februar 2003, den Niederlanden 46 Patriot-Lenkflugkörper für einen Einsatz in der Türkei zur Verfügung zu stellen.[190] Durch diese Regelung, die keine deutschen Soldaten zur Bedienung des Geräts erforderlich machte, war die Bundesregierung in der Lage, Ankara zur Seite zu stehen, ohne den Bundestag wegen eines Mandats zu konsultieren. Dieser Umweg wurde im Bundestag kontrovers diskutiert.[191] Schröder konnte so einerseits sein Versprechen

[186] Vgl. Kubbig/Nitsche, Germany, S. 525.

[187] Bundesminister Peter Struck sagte auf einer Sitzung des Deutschen Bundestages am 13.2.2003: »Es gibt – da haben Sie nicht zugehört – keine Bitte der Türkei an Deutschland, Patriot-Raketen zu liefern [...] Es gibt eine Bitte der Türkei an die Niederlande, Patriot-Batterien und -Raketen zu liefern.« Deutscher Bundestag, Plenarprotokoll, Stenografischer Bericht, 15. WP, 25. Sitzung, 13.2.2003, S. 1896.

[188] Airborne Early Warning and Control System.

[189] Vgl. Bierling, Geschichte des Irakkriegs, S. 74 f.

[190] Vgl. Parlamentsarchiv, Deutscher Bundestag, Bestand 3119, Ausschuss für Verteidigung, 15. WP, Protokoll Nr. 8 vom 12.2.2003, S. 23.

[191] Guido Westerwelle (FDP) bezeichnete die Lieferung der Patriot-Lenkflugkörper auf einer Sitzung des Deutschen Bundestages als »Realsatire« und »Windung in der Außenpolitik«. Wolfgang Schäuble (CDU/CSU) warf der Regierung vor, dass sie durch Absprachen mit der Türkei diesen Umweg eingeleitet hätte, um im Bundestag nicht die dafür notwendige Zustimmung einholen zu müssen. Michael Glos (CDU/CSU) stellte in derselben Sitzung fest: »Herr Bundeskanzler, [...] Sie scheuen Abstimmungen im Bundestag für eine notwendige Unterstützung offensichtlich wie der Teufel das Weihwasser.« Deutscher Bundestag, Plenarprotokoll, Stenografischer Bericht, 15. WP, 25. Sitzung, 13.2.2003, S. 1889, 1903, Zitat S. 1894.

einhalten, dass Deutschland sich nicht militärisch an einem Irak-Krieg beteiligen werde, und andererseits sein Gesicht gegenüber der NATO wahren. Die Regierung hatte allerdings Bedingungen an die indirekte Unterstützung geknüpft: Die defensiven Patriot-Lenkflugkörper sowie das NATO-Aufklärungsluftfahrzeug AWACS sollten nicht zu offensiven Zwecken eingesetzt werden. Berlin machte deutlich, dass Deutschland seine Unterstützungsleistungen zurückziehen werde, falls die Türkei sie in eine offensive Strategie einbinden und unmittelbar in den Konflikt eingreifen würde. Diese szenarioabhängige Begründung wurde verkompliziert durch die Tatsache, dass bereits rund 4000 türkische Soldaten im Nordirak stationiert waren.[192]

Bereits am 15. November 2002 war im BMVg eine Anfrage eingegangen, in der die US-Regierung mit Blick auf ein mögliches Vorgehen gegen den Irak um Unterstützung bzw. Beiträge in unterschiedlichen Bereichen bat. Diese reichten von Überflugrechten für US- und Koalitionskräfte über Fähigkeiten zur Bewältigung von Folgen eines Einsatzes mit ABC-Kampfstoffen bis hin zu verstärktem Schutz von US-Basen in Deutschland. Darüber hinaus baten die USA um eine deutsche Unterstützung bei der Abwehr taktisch ballistischer Raketen.[193] Die Bundesregierung erklärte sich bereit, den USA und NATO-Mitgliedsstaaten Überflugrechte zu gewähren sowie Transporthilfe bei Truppenverlegungen zu leisten. Sie stimmte der uneingeschränkten Nutzung der US-Militärbasen in Deutschland durch die USA und die NATO-Mitgliedsstaaten sowie einer Erhöhung des Schutzes der US-Militäreinrichtungen in Deutschland zu.[194] Die Bitte um eine Unterstützung bei der Theatre Missile Defense lehnte Deutschland jedoch ab. Diese vermeintlich ambivalente Reaktion der Regierung auf die unterschiedlichen Unterstützungsgesuche im Vorfeld des Irakkrieges hatte zu einer intensiven Debatte in Deutschland und zu heftiger Kritik der Opposition geführt.[195] »The delivery of Patriot systems meant a ›Yes‹ for Israel, a ›Yes, but‹ for Turkey, and a ›No‹ for the American request.«[196] Angesichts des bislang vorbildlichen Verhaltens Deutschlands als loyaler Bündnispartner der USA war Berlins symbolisches Nein zu einer Unterstützung mit Patriot-Systemen, das wiederum das schwerwiegendere Nein zum US-geführten Krieg gegen Saddam

---

[192] Vgl. Kubbig/Nitsche, Germany, S. 524 f.; Stahl, Vergleichende Außenpolitikanalyse, S. 156.

[193] Verteidigungsminister Struck hatte am 24.11.2002 im ZDF zunächst die Frage, ob die USA Deutschland um Unterstützung in Form von Patriot-Systemen gebeten haben, dementiert. Als er später damit im Bundestag konfrontiert wurde, sagte er, die USA hätten nicht direkt nach Patriot gefragt. Vor dem Verteidigungsausschuss am 4.12.2002 sagte Struck, die USA hätten nach »Fähigkeiten zur regionalen Flugabwehr (die Originalfrage laute nach theater missile defense)« gefragt. Er fügte hinzu: »Darunter könne man verstehen, Patriot, Hawk aber auch andere Systeme. Es sei nicht ausdrücklich Patriot angefragt worden.« Schäuble warf dem Minister eine »ziemlich plumpe Täuschung« vor. Dass die Amerikaner damit nicht die veralteten Hawk-Systeme meinten, sondern die Patriot-Systeme, wisse »jedes Kind«. Siehe dazu: Parlamentsarchiv, Deutscher Bundestag, Bestand 3119, Ausschuss für Verteidigung, 15. WP, Protokoll Nr. 4 vom 4.12.2002, S. 15; Deutscher Bundestag, Plenarprotokoll, Stenografischer Bericht, 15. WP, 13. Sitzung, 4.12.2002, S. 923 f.

[194] Vgl. Parlamentsarchiv, Deutscher Bundestag, Bestand 3119, Ausschuss für Verteidigung, 15. WP, Protokoll Nr. 4 vom 4.12.2002, S. 10–12.

[195] Petra Pau (zu dieser Zeit fraktionslos) sprach in einer Sitzung des Deutschen Bundestages am 4.12.2002 in besagtem Zusammenhang von einer »Jein-Politik« der Regierung. Vgl. Deutscher Bundestag, Plenarprotokoll, Stenografischer Bericht, 15. WP, 13. Sitzung, 4.12.2002, S. 915.

[196] Kubbig/Nitsche, Germany, S. 526.

Hussein widerspiegelte, ein selbstbewusster Versuch, die gewachsene Souveränität gegenüber den USA in einem wesentlichen Bereich zu demonstrieren.[197]

3. Auftragsfremde Einsatzverwendungen

Abgesehen vom Einsatz während des Zweiten Golfkrieges waren die Kräfte der bodengebundenen Luftverteidigung der Luftwaffe in den Einsätzen der Bundeswehr nach dem Ende des Ost-West-Konflikts zunächst nicht mehr gefordert. Die Flugabwehrraketenverbände stellten jedoch regelmäßig Soldatinnen und Soldaten als Sicherungskräfte zur Unterstützung anderer Teilstreitkräfte bzw. Dienstbereiche für Auslandseinsätze ab. Im Rahmen von Enduring Freedom waren beispielsweise 30 Soldaten des Flugabwehrraketengeschwaders 1 und der Flugabwehrraketengruppe 26 von Ende April bis Ende Juli 2002 als Sicherungskräfte zum Schutz der Marinekräfte in Djibouti eingesetzt. Darüber hinaus stellten die Flugabwehrraketenverbände zwischen 2008 und 2013 in insgesamt 15 Kontingenten Sicherungszüge zur Feldlagerbewachung für die Kosovo Force (KFOR) ab. Einen wesentlichen Beitrag leisteten die Soldatinnen und Soldaten des Dienstbereichs zudem zur International Security Assistance Force (ISAF) in Afghanistan. Zwischen November 2009 und Juli 2012 unterstützte die Flugabwehrraketentruppe mit fünf Operational Mentoring and Liaison Teams (OMLT) den Aufbau und die Ausbildung der afghanischen Sicherheitskräfte in Kunduz.[198]

Die Teams hatten keinen Auftrag zur offensiven Kampfführung und zunächst hatte sich die Luftwaffe nur mit Fachpersonal an den OMLT beteiligt. Die infanteristischen Anforderungen waren niedrig. Um die Objektschutzkräfte der Luftwaffe zu entlasten, entschied der Inspekteur der Luftwaffe 2009, die OMLT für das Garrison Kandak Kunduz federführend durch die Flugabwehrraketenverbände sicherzustellen. Die Vermutung liegt nahe, dass die Wahl ausgerechnet auf diesen Dienstbereich fiel, weil diese Verbände der Luftwaffe bislang nicht von den Auslandseinsätzen der Bundeswehr betroffen waren. Doch die Soldatinnen und Soldaten verfügten über die notwendigen Grundbefähigungen: Sie waren ausgebildet, »sich und andere zu schützen und zu verteidigen und sind aufgrund ihrer Verankerung im multinationalen Umfeld erfahren in der engen Zusammenarbeit mit Kameraden anderer Nationen«.[199] Vor dem eigentlichen Einsatz durchliefen die OMLT der Luftwaffe zusätzlich zur Einsatzvorbereitenden Ausbildung für die Konfliktverhütung und Krisenbewältigung (EAKK) weitere Ausbildungsabschnitte beim Heer und bei der NATO, um sich in militärischer, interkultureller und psychologischer Hinsicht für Afghanistan bestmöglich vorzubereiten. Im halbjährlichen Wechsel betreuten die rund 30 Soldatinnen und Soldaten der jeweiligen Teams ein Stabs- und Versorgungselement der afghanischen Sicherheitskräfte in Kunduz, eine sogenannte

[197] Vgl. Wolfrum, Rot-Grün an der Macht, S. 412 f.; Kubbig/Nitsche, Germany, S. 525 f.

[198] Vgl. Taktisches Aus- und Weiterbildungszentrum El Paso, TX, Chronik, 2015, S. 90; Das »Operational Mentor and Liaison Team Garrison Kandak«, S. 15; Klenz/Forkert, PATRIOT schützt die Türkei, S. 60.

[199] Das »Operational Mentor and Liaison Team Garrison Kandak«, S. 15.

Garrison Support Unit. Es war ihr Auftrag, »die afghanischen Soldaten zu trainieren, zu unterrichten und anzuleiten, um die Grundbefähigung in allen funktionalen und operationellen Bereichen auf- bzw. auszubauen.« Dazu zählte vorrangig der Betrieb, die Absicherung und Bewirtschaftung einer militärischen Liegenschaft, aber auch von Checkpoints und Außenposten außerhalb der Liegenschaft. Ein OMLT fungierte darüber hinaus als Verbindungs- und Koordinierungselement zwischen der afghanischen Einheit und den unterschiedlichen Kräften und Dienststellen von ISAF. Ziel war es, die Garrison Support Unit zunehmend eigenständig operieren zu lassen, bis diese in der Lage sein würde, ihren Auftrag dauerhaft und unabhängig durchzuführen.[200]

4. Active Fence Turkey 2012–2015

a) Türkisch-syrische Spannungen

Als Flugabwehrraketentruppe waren die Verbände erst Ende 2012 wieder gefordert, also rund zwei Jahrzehnte nach ihrem Einsatz im Rahmen der Operation ACE Guard während des Zweiten Golfkrieges. Diesmal sollten sie vor dem Hintergrund des seit 2011 andauernden Bürgerkrieges in Syrien die Integrierte Luftverteidigung der NATO in der Türkei stärken.

Das syrische Regime unter Präsident Baschar al-Assad wurde für schwere Menschenrechtsverletzungen gegen die eigene Bevölkerung, den Tod von Zehntausenden und die humanitäre Notlage von Millionen von Syrern verantwortlich gemacht.[201] Der NATO-Partner Türkei war unmittelbar betroffen. Die beiden Länder haben eine gemeinsame Grenze von etwa 900 Kilometern Länge und bis Ende 2012 hatten bereits mehr als 150 000 Einwohner Syriens Schutz beim türkischen Nachbarn gesucht.[202] Die Lufthoheit und -herrschaft in Syrien oblag dem Assad-Regime, das durch Russland und den Iran unterstützt wurde. Das Regime bombardierte Städte wie Aleppo und Homs, die sich unter Kontrolle der Rebellen befanden. Dabei handelte es sich unter anderem um Fassbomben – mit Sprengstoff und Schrapnellen gefüllte Ölfässer –, die aus Flugzeugen oder Helikoptern über bewohntem Gebiet abgeworfen wurden. Das Regime setzte darüber hinaus ballistische Raketen gegen

---

[200] Vgl. ebd., S. 15–17, Zitat S. 15; Chronik Führungsstab der Luftwaffe, S. 158, 208.

[201] Vgl. Deutscher Bundestag, Drucksache 17/13515 vom 15.5.2013, Frage 34. Diese Anklagepunkte gelten nach wie vor.

[202] Die Angaben über die Anzahl der syrischen Flüchtlinge, die im Zuge des Bürgerkrieges in der Türkei Schutz suchten, variieren stark. Die hier gewählte Angabe stammt aus der Rede von Verteidigungsminister de Maizière vor dem Deutschen Bundestag am 12.12.2012. Vgl. Deutscher Bundestag, Plenarprotokoll, Stenografischer Bericht, 17. WP, 213. Sitzung, 12.12.2012, S. 26107. Außenminister Frank-Walter Steinmeier und Verteidigungsministerin Ursula von der Leyen sprachen am 16.1.2014 von 770 000 syrischen Flüchtlingen, die inzwischen die Grenze zur Türkei überquert hätten. Ein Jahr später waren es bereits mehr als 1,5 Millionen Flüchtlinge. Vgl. Deutscher Bundestag, Plenarprotokoll, Stenografischer Bericht, 18. WP, 8. Sitzung, 16.1.2014, S. 461 f., und 82. Sitzung, 29.1.2015, S. 7836.

die eigene Zivilbevölkerung ein und war verantwortlich für den Tod von rund 1400 Menschen durch den Einsatz des chemischen Kampfstoffes Sarin im Gebiet von Ghuta am 21. August 2013.[203]

Die Krise in Syrien drohte zu einem Grenzkonflikt mit der Türkei zu eskalieren. Im April 2012 bekämpften sich syrische Regierungstruppen und Teile der oppositionellen Freien Syrischen Armee in der Nähe der Grenze zur Türkei. Als Bewohner des in der türkischen Provinz Kilis gelegenen Flüchtlingslagers den Rebellen zu Hilfe eilen wollten, gerieten sie unter Beschuss.[204] Am 22. Juni desselben Jahres schossen Kräfte der syrischen Regierung ein unbewaffnetes türkisches Kampfflugzeug F-4 Phantom in der Nähe der Küstenstadt Latakia ab. Die Angaben darüber, in welcher Höhe sich das Luftfahrzeug zum Zeitpunkt des Abschusses befunden hatte und ob er in syrischem Luftraum oder über internationalen Gewässern erfolgt war, widersprachen sich zunächst. Tatsächlich war das türkische Aufklärungsflugzeug »kurzzeitig und versehentlich« in den syrischen Luftraum eingedrungen. Die Bundesregierung bewertete den Abschuss als unverhältnismäßig.[205] In der zweiten Jahreshälfte kam es zu einer Reihe von Vorfällen, in denen syrische Granaten auf türkischem Territorium einschlugen. Bei einem Beschuss des türkischen Grenzortes Akçakale am 3. Oktober 2012 kamen fünf Menschen ums Leben. Der Ursprung des Granatbeschusses – ob von Regierungstruppen oder Rebellen – ist nach wie vor nicht geklärt.[206] Im Zuge dieser Ereignisse kam es zu Erwägungen, eine Sicherheitszone für die Aufständischen sowie eine Flugverbotszone innerhalb Syriens einzurichten, um den Wirkungsbereich des Assad-Regimes einzugrenzen.[207] Abgesehen vom politischen Engagement hätte die Aufrechterhaltung einer solchen Flugverbotszone enorme Anstrengungen der türkischen Luftwaffe erfordert. Schließlich bat die türkische Regierung die NATO am 21. November 2012, sie im verbundenen Einsatz an der türkischen Grenze zu unterstützen. Der Türkei ging es dabei jedoch nicht um Unterstützung beim Schutz der Grenzgebiete gegen Mörserangriffe oder bei der Einrichtung und Aufrechterhaltung einer Flugverbotszone, sondern um den Schutz von Bevölkerungszentren gegen mögliche Angriffe mit ballistischen Flugkörpern aus Syrien.[208] Die Türkei fragte konkret das Flugabwehrraketensystem Patriot zur Verstärkung der Integrierten Luftverteidigung der NATO an. Mit dem Ratsbeschluss

---

203 Vgl. Black, Air power, S. 279 f.; Ilg, Die FlaRak-Waffe, S. 165; Deutscher Bundestag, Plenarprotokoll, Stenografischer Bericht, 17. WP, 213. Sitzung, 12.12.2012, S. 26107.

204 Vgl. Sonja Zekri, Ultimatum für Waffenruhe abgelaufen: Türkei droht Syrien mit Nato-Bündnisfall. In: SZ, 13.4.2012.

205 Vgl. Deutscher Bundestag, Drucksache 17/13515 vom 15.5.2013, Frage 7; Türkei befasst Nato mit Syrien-Krise. Ankara: Flugzeug im internationalen Luftraum abgeschossen/Damaskus: Nicht feindlich. In: FAZ, 25.6.2012.

206 Vgl. Deutscher Bundestag, Drucksache 17/13515 vom 15.5.2013, S. 1 f., Frage 12 und 14; Türkei verstärkt Militärpräsenz. Lage an der Grenze zu Syrien weiter gespannt/Nato fordert politische Lösung. In: FAZ, 10.10.2012; Bundeswehr soll die Türkei beschützen. Raketenabwehr an Grenze zu Syrien geplant. In: Die Welt, 19.11.2012.

207 Vgl. Nikolas Busse, Aktiver Zaun gegen Scud-Raketen. Die Nato wird kommende Woche die Verlegung von Patriot-Abwehrbatterien in die Türkei beschließen. Abschüsse über syrischem Territorium seien unmöglich. In: FAZ, 1.12.2012.

208 Vgl. Klenz/Forkert, PATRIOT schützt die Türkei, S. 60.

vom 4. Dezember 2012 kam das Bündnis dem Antrag der Türkei nach.[209] Durch die Stationierung von Patriot-Waffensystemen sollten drei grenznahe türkische Städte geschützt werden. Dadurch schuf die NATO die Voraussetzung, im Falle eines Angriffs auf die Türkei (Nordatlantikvertrag, Artikel 5) vom Recht zur individuellen oder kollektiven Selbstverteidigung (Charta der Vereinten Nationen, Artikel 51) Gebrauch zu machen.[210] Im Sinne der militärischen Abschreckung sollte mit dieser ausschließlich defensiven Maßnahme verhindert werden, dass sich der innersyrische Konflikt auf die Türkei ausweitete.[211]

Zum Zeitpunkt der Entscheidung, die Integrierte Luftverteidigung der NATO in der Türkei zu verstärken, verfügte das syrische Regime sowohl über ein erhebliches Chemiewaffenarsenal als auch über eine große Anzahl an ballistischen Trägersystemen. Mit einer Reichweite von bis zu 700 Kilometern waren diese rein technisch in der Lage, große Teile des türkischen Territoriums zu erreichen. Damit besaß das Assad-Regime zwar die Fähigkeiten, doch gab es bislang keine Anzeichen, dass es auch willens war, diese Waffen gegen die Türkei einzusetzen.[212] Grundsätzlich konnte ein Einsatz jedoch nicht ausgeschlossen werden, da der syrische Bürgerkrieg in die Schlussphase überzugehen schien. Syrien war ein ›zerfallender‹ Staat. Die wesentliche Bedrohung und damit auch die Begründung für den Einsatz der NATO-Kräfte bestand darin, dass das Assad-Regime in seiner Irrationalität ballistische Flugkörper als Trägersysteme für chemische Waffen einsetzen und eine weitere Eskalation des Konflikts auch über die eigenen Landesgrenzen hinaus provozieren könnte. Die Türkei selbst besaß keine militärischen Fähigkeiten zur Abwehr ballistischer Flugkörper. Sie war – wie schon in der Vergangenheit – auf die Hilfe der NATO-Partner angewiesen, wollte sie sich gegen diese Art der Bedrohung schützen.[213]

Die Türkei hatte in der Vergangenheit schon mehrfach Interesse an der Beschaffung eigener Abwehrsysteme bekundet. Im Zuge des Zweiten Golfkrieges hatte der türkische Verteidigungsminister seinen deutschen Amtskollegen im Dezember 1990 sowie im Januar und März 1991 um die Überlassung von zwei deutschen Patriot-Feuereinheiten als Einstieg für ein türkisches Beschaffungsprogramm von insgesamt zehn solcher Einheiten in deutscher Konfiguration gebeten. Dabei erwartete die Türkei eine Rüstungssonderhilfe. Der deutsche Verteidigungsminister hatte die Ersuchen zunächst mit der Begründung zurückgewiesen, dass der Beschaffungsprozess für das Abwehrsystem sowie die Entwicklung und Erprobung der deutschen Patriot-Systemanteile noch nicht abgeschlossen seien. Auch die USA hatten der Türkei ein Angebot über die US-Version des Systems gemacht. Ein Vertrag war jedoch nicht zustande gekommen. Nun zeigte die Türkei erneut an, eigene

---

209 Vgl. Black, Air power, S. 280 f.; Deutscher Bundestag, Plenarprotokoll, Stenografischer Bericht, 17. WP, 213. Sitzung, 12.12.2012, S. 26107; Ilg, Die FlaRak-Waffe, S. 165; Deutscher Bundestag, Drucksache 17/11783 vom 6.12.2012.

210 Vgl. Der Nordatlantikvertrag, Washington, DC, 4.4.1949, Art. 5; Charta der Vereinten Nationen, 24.10.1945, Art. 51.

211 Vgl. Deutscher Bundestag, Plenarprotokoll, Stenografischer Bericht, 17. WP, 213. Sitzung, 12.12.2012, S. 26107; Deutscher Bundestag, Drucksache 17/11892 vom 12.12.2012, S. 1.

212 Vgl. Bockstette, Active Fence Turkey, S. 42; Ilg, Die FlaRak-Waffe, S. 169.

213 Vgl. Deutscher Bundestag, Drucksache 17/11892 vom 12.12.2012, S. 1; Deutscher Bundestag, Plenarprotokoll, Stenografischer Bericht, 17. WP, 213. Sitzung, 12.12.2012, S. 26107.

Flugabwehrraketensysteme beschaffen zu wollen. Um den Auftrag bewarben sich u.a. Firmen aus den USA, Frankreich und Russland. Im Herbst 2013 erwog die Türkei den Kauf chinesischer Flugabwehrraketensysteme und sorgte damit innerhalb der NATO für Unruhe. Grundsätzlich war der Erwerb eines Waffensystems eine rein nationale Entscheidung, doch war aus Sicht der NATO eine Kompatibilität und Interoperabilität mit den Systemen anderer Verbündeter essenziell für die Durchführung gemeinsamer Operationen. Insbesondere die USA äußerten Bedenken, da China für sie ein geopolitischer Rivale und möglicher militärischer Gegner war. Sie befürchteten, dass China im Rahmen einer engen Zusammenarbeit mit einem NATO-Mitglied an taktische und technische Informationen des Bündnisses gelangen könnte. Sicherlich spielten auch wirtschaftspolitische Interessen eine Rolle, da die USA der Türkei Patriot-Systeme verkaufen wollten. Ein Vertrag mit China wurde nicht geschlossen und auch Verhandlungen mit anderen Ländern scheiterten, da keine Einigung über den Technologietransfer erzielt werden konnte. Letztendlich entschied sich die Türkei für das russische Flugabwehrraketensystem S-400. Die Auslieferung der ersten S-400 an die Türkei erfolgte im Juli 2019.[214]

Im Jahr 2012 verfügten in der NATO allein Deutschland, die USA und die Niederlande über Patriot-Waffensysteme im entsprechenden Konfigurationsstand, um ballistische Raketen sowie Marschflugkörper abzuwehren.[215] Die Verlegung der Patriot-Waffensysteme in die Türkei zielte vorrangig auf eine glaubwürdige Abschreckung des Bündnisses »gegen ein syrisches Regime, das in seinem Untergang auch zu Verzweiflungstaten in der Lage sein könnte«.[216]

Der Sicherheitsrat der Vereinten Nationen bewertete den Einsatz von Chemiewaffen durch das Assad-Regime am 21. August 2013 im Umland von Damaskus in seiner Resolution 2118 (2013) vom 27. September 2013 als Völkerrechtsverstoß. Nach der Verabschiedung der Resolution trat die syrische Regierung am 14. Oktober 2013 dem Übereinkommen über das Verbot der Entwicklung, Herstellung, Lagerung und des Einsatzes chemischer Waffen und über die Vernichtung solcher Waffen bei. Unter Aufsicht der Organisation für das Verbot chemischer Waffen (OVCW) sollte die syrische Regierung seine Produktions-, Misch- und Abfüllanlagen für chemische Waffen unbrauchbar machen sowie die Gebäude dieser Anlagen zerstören. Bis Ende 2013 sollten die chemischen Kampfstoffe des syrischen Chemiewaffenprogramms aus Syrien abtransportiert werden. Die Beseitigung des gesamten Materials sowie der

214 Vgl. BArch, BW 2/27226, BMVg, FüL VII 4/SysB Patriot, Grünkreuz 129046/1, Abgabe von Patriot an die Türkei, 15.4.1991 sowie Memorandum Patriot für die Türkei, Anl. 3 zu Grünkreuz 129046/1, Abgabe von Patriot an die Türkei, 15.4.1991; Nato besorgt über geplantes Rüstungsgeschäft. Türkei will chinesisches Raketenabwehrsystem kaufen/Technologiestranfer befürchtet. In: FAZ, 24.10.2013; Gerhard Hegmann, Waffen aus China für die Nato. Mit einem Milliarden-Einkauf in Peking schreckt die Türkei ihre Partner auf – und die Rüstungsindustrie des Westens. In: Die Welt, 22.10.2013; Ozan Demircan, S-400. Die Türkei und ihr umstrittenes Raketenabwehrsystem: Eine Chronik der Ereignisse. In: Handelsblatt, 17.7.2019, <www.handelsblatt.com/politik/international/s-400-die-tuerkei-und-ihr-umstrittenes-raketenabwehrsystem-eine-chronik-der-ereignisse/24671610.html?ticket=ST-2582934-9NDYUs79EOElc4PHFWfT-ap3> (letzter Zugriff 25.1.2022); Renn, Bodengebundene Luftverteidigung, S. 68.

215 Vgl. Bundeswehr soll die Türkei beschützen. In: Die Welt, 19.11.2012.

216 Deutscher Bundestag, Plenarprotokoll, Stenografischer Bericht, 17. WP, 213. Sitzung, 12.12.2012, S. 26114.

gesamten Ausrüstung für chemische Waffen hatte bis Mitte 2014 abgeschlossen zu sein.[217]

Mit dem Erstarken des sogenannten Islamischen Staates (IS) in Irak und Syrien 2014 verschärfte sich die ohnehin schon komplexe bewaffnete Auseinandersetzung jenseits der türkisch-syrischen Grenze weiter. Die türkische Regierung verhielt sich zunächst zurückhaltend bis wohlwollend neutral gegenüber den IS-Kämpfern.[218] Doch nach einem Selbstmordattentat am 20. Juli 2015 in Suruç in Südostanatolien, einer ca. zehn Kilometer von der Grenze zu Syrien entfernten Stadt, das dem IS zugeschrieben wurde, kündigte die türkische Regierung an, ihr Engagement im Kampf gegen den IS zu verstärken und die internationale Koalition in ihrem Vorgehen gegen die Terrormiliz zu unterstützen. Der Anschlag von Suruç galt zudem als Wendepunkt in den türkisch-kurdischen Beziehungen. Die kurdische Untergrundorganisation Partiya Karkerên Kurdistanê (PKK, Arbeiterpartei Kurdistans) gab der türkischen Regierung die Schuld für den Anschlag. Sie warf dem türkischen Staat vor, den IS unterstützt oder zumindest geduldet zu haben, um so das Assad-Regime zu stürzen. Als Vergeltung für den Anschlag von Suruç töteten Kämpfer der PKK mehrere türkische Polizisten. Daraufhin beendete die türkische Regierung offiziell den 2013 begonnenen Friedensprozess zwischen Kurden und Türken.[219]

b) Einsatz der deutschen Patriot-Kräfte

Nachdem ein Einsatz von Patriot-Kräften bereits Wochen vor der eigentlichen Anfrage der Türkei sowohl auf Ebene der NATO als auch in der deutschen Öffentlichkeit intensiv diskutiert worden war, beschloss der Deutsche Bundestag am 14. Dezember 2012 mit breiter Mehrheit die Entsendung bewaffneter deutscher Streitkräfte zur Verstärkung der Integrierten Luftverteidigung der NATO.[220] Die Bundesregierung berücksichtigte die kritischen Einwände der Opposition und knüpfte den Einsatz deutscher Soldatinnen und Soldaten an drei Bedingungen: Erstens hatte der Einsatz der Waffensysteme zu rein defensiven Zwecken zu erfolgen, nämlich zum Schutz der Bevölkerung und des Staatsgebietes der Türkei. Damit war, zweitens, die Einrichtung oder Überwachung einer Flugverbotszone über syrischem Territorium ausgeschlossen. Dies ging bereits aus dem Antrag der Türkei hervor, wurde durch den NATO-Beschluss noch einmal bekräftigt und auch im Bundestagsmandat fest-

[217] Vgl. Sicherheitsrat der Vereinten Nationen, Resolution 2118 (2013), verabschiedet auf der 7038. Sitzung des Sicherheitsrats am 27.9.2013, Anl. 1; Deutscher Bundestag, Drucksache 18/262 vom 8.1.2014, S. 4.

[218] Vgl. Alfred Hackensberger, Angst vor der totalen Abriegelung. Drama an der syrischen Grenze spitzt sich zu, Türkei lässt Übergänge schließen. IS steht nur noch wenige Kilometer vom NATO-Land entfernt. In: Die Welt, 23.9.2014.

[219] Vgl. Ilg, Die FlaRak-Waffe, S. 170; Deniz Aykanat, Der Terror begann in Suruç. In: SZ, 29.6.2016, <www.sueddeutsche.de/politik/tuerkei-der-terror-begann-in-suruc-1.3055623> (letzter Zugriff 26.1.2022); Deutscher Bundestag, Drucksache 18/3698 vom 7.1.2015, S. 3; Deutscher Bundestag, Drucksache 18/5896 vom 31.8.2015, Frage 1 und 2.

[220] Von 555 abgegebenen Stimmen waren bei 8 Enthaltungen 461 für und 86 gegen eine Entsendung bewaffneter deutscher Streitkräfte zur Verstärkung der Integrierten NATO-Luftverteidigung in der Türkei. Vgl. Deutscher Bundestag, Plenarprotokoll, Stenografischer Bericht, 17. WP, 215. Sitzung, 14.12.2012, S. 26565.

gehalten. Drittens übernahm die NATO die Führung des Einsatzes. Dazu wurden die deutschen Soldatinnen und Soldaten dem SACEUR unterstellt.[221] Die Dauer des Mandats des Deutschen Bundestages war zunächst bis zum 31. Januar 2014 befristet und beinhaltete eine personelle Obergrenze von bis zu 400 Soldatinnen und Soldaten. Den Kern bildeten die rund 170 Soldatinnen und Soldaten des Flugabwehrraketendienstes der Luftwaffe, die für die Bedienung und Instandhaltung des Waffensystems Patriot erforderlich waren. Kräfte des Heeres, der Streitkräftebasis und des Zentralen Sanitätsdienstes unterstützten vorrangig in den Bereichen ABC-Abwehr, Logistik und Sanitätswesen. Das Mandat umfasste zudem Soldatinnen und Soldaten, die unter dem Kommando der NATO in AWACS-Flugzeugen im Bereich der Aufklärung und Überwachung eingesetzt wurden.[222]

Die Stationierungsorte der NATO-Kräfte wurden in enger Abstimmung mit den türkischen und niederländischen Verbündeten ausgewählt.[223] Verteidigungsminister de Maizière betonte allerdings, dass sich der Stationierungsort der deutschen Streitkräfte nicht in unmittelbarer Nähe zur türkisch-syrischen Grenze befinden würde.[224] Die Patriot-Systeme durften ausdrücklich nicht auf syrischem Staatsgebiet wirken. Das war eine wesentliche Bedingung der Opposition, dem Antrag der Bundesregierung zur Entsendung deutscher Streitkräfte in die Türkei zuzustimmen.[225] Doch letztendlich musste der Ort so gewählt werden, dass der Auftrag erfüllt werden konnte. Die deutschen Luftverteidigungskräfte erhielten schließlich den Auftrag, die rund 100 Kilometer nördlich der Grenze zu Syrien liegende türkische Stadt Kahramanmaraş mit seinen mehr als 500 000 Einwohnern gegen ballistische Flugkörper aus Syrien zu schützen.[226] Die Größe des Schutzobjekts umfasste mehr als 150 Quadratkilometer. Die Durchsetzung der Lufthoheit blieb weiterhin Aufgabe der Türkei. Die Flugabwehrraketensysteme der NATO durften ausschließ-

---

221 Vgl. Deutscher Bundestag, Plenarprotokoll, Stenografischer Bericht, 17. WP, 213. Sitzung, 12.12.2012, S. 26107 f., 26113.

222 Vgl. ebd., S. 26108; Deutscher Bundestag, Drucksache 17/11892 vom 12.12.2012, S. 1 f.; Klenz/Forkert, PATRIOT schützt die Türkei, S. 60.

223 Die USA hatten sich bereits auf den Stationierungsort Gaziantep festgelegt. Sowohl die Deutschen als auch die Niederländer hatten diesen aufgrund seiner unmittelbaren Nähe zur türkisch-syrischen Grenze von vorneherein ausgeschlossen.

224 Omid Nouripour (Bündnis 90/Die Grünen) wies während der Beratung des Antrags der Bundesregierung darauf hin, »dass unsere Soldatinnen und Soldaten nicht dort stehen sollen, wo sie einfach beschossen werden können, und zwar deswegen, weil das ein Politikum wäre und weil es auf der anderen Seite der Grenze einen Haufen von Provokateuren gibt [...] Es sind in erster Linie nicht die Anhänger von Assad, die einen Nutzen davon hätten, die NATO in einen Konflikt hineinzuziehen, der mittlerweile dschihadistisch, der mittlerweile regional, konfessionell und ethnisiert ist. Deshalb ist die Frage des Standortes so unglaublich wichtig [...] Deshalb ist es so wichtig, dass die Systeme nicht direkt an der Grenze stehen.« Deutscher Bundestag, Plenarprotokoll, Stenografischer Bericht, 17. WP, 213. Sitzung, 12.12.2012, S. 26115.

225 Vgl. Deutscher Bundestag, Plenarprotokoll, Stenografischer Bericht, 17. WP, 215. Sitzung, 14.12.2012, S. 26555.

226 Das niederländische sowie später das spanische Kontingent waren in Inçirlik/Adana und das US-Kontingent in Gaziantep stationiert. Sowohl die Amerikaner als auch die Niederländer setzten jeweils zwei PAC-3-fähige Patriot-Feuereinheiten ein, um ihren Einsatzauftrag zu erfüllen. Vgl. Ilg, Die FlaRak-Waffe, S. 168. Zu den Waffensystemvoraussetzungen von Patriot für eine Bekämpfung von ballistischen Flugkörpern vgl. Kap. III.2.d.

lich auftragsgebunden zur Abwehr ballistischer Flugkörper eingesetzt werden.[227] Von Kahramanmaraş aus konnten die Patriot-Lenkflugkörper aufgrund ihrer begrenzten Reichweite nicht in den syrischen Luftraum hineinwirken. Der Charakter des Einsatzes sowie die Stationierung der Waffensysteme und ihre Wirkmöglichkeit ausschließlich auf türkischem Territorium sollten zum einen den defensiven Charakter des Einsatzes unterstreichen und zum anderen verdeutlichen, dass weder die NATO noch die Bundesrepublik Deutschland ein Interesse daran hatten, zur unmittelbaren Konfliktpartei in Syrien zu werden.[228]

Die Marschbereitschaft für zwei deutsche Patriot-Feuereinheiten sowie zusätzliche Führungs-, Wartungs- und Fernmeldekabinen wurde bis Ende 2012 hergestellt. Die Einsatzgrundsätze, die Führungsstruktur sowie Umfang und Ausrüstung der Kampfstaffeln richteten sich nach den besonderen Anforderungen des stationären Einsatzes.[229] Die Hauptkräfte des ersten deutschen Einsatzkontingentes verlegten am 20. Januar 2013 in die Türkei. Einen Tag später traf das über den Seeweg transportierte Material im türkischen Hafen von Iskenderun ein, das anschließend auf dem Landweg nach Kahramanmaraş gebracht wurde. Am 28. Januar 2013 meldete das deutsche Einsatzkontingent die volle Einsatzbereitschaft der Waffensysteme. Gleichzeitig erfolgte die taktische Anbindung an das Ballistic Missile Defense Operations Centre (BMDOC) der NATO in Ramstein. Das NATO Allied Air Command in Ramstein übernahm die operationelle Führung[230] für die Patriot-Feuereinheiten aller Partnernationen im Rahmen der Mission Active Fence Turkey.[231]

Am 17. Januar 2013 war die Bundesrepublik Deutschland dem zwischen der NATO und der Türkei geschlossenen Implementing Agreement zur Regelung des Host Nation Support beigetreten. Demnach stützte sich AF TUR insbesondere bei infrastrukturellen und organisatorischen Maßnahmen auf die Zuarbeit und die Bereitstellung durch die Gastnation.[232] Das deutsche Einsatzkontingent war in einer türkischen Liegenschaft, der Gazi-Kaserne, am nördlichen Rand von Kahramanmaraş stationiert. Für deren Bewachung und Schutz waren türkische Sicherheitskräfte

227 Vgl. Ilg, Die FlaRak-Waffe, S. 167; Hemicker, Der Raketenkiller, S. 28.

228 Vgl. Deutscher Bundestag, Plenarprotokoll, Stenografischer Bericht, 17. WP, 213. Sitzung, 12.12.2012, S. 26113, und 215. Sitzung, 14.12.2012, S. 26554; Bockstette, Active Fence Turkey, S. 40; Hemicker, Der Raketenkiller, S. 29.

229 Vgl. Klenz/Forkert, PATRIOT schützt die Türkei, S. 60 f. ›Stationär‹ meint, dass die Waffensysteme – im Gegensatz zum Auftrag, bewegliche Kräfte zu schützen – in Kahramanmaraş an Ort und Stelle verblieben. Aufgrund der Stationierung innerhalb einer türkischen Liegenschaft war zudem die Nutzung der vorhandenen Infrastruktur für den Betrieb der Waffensysteme und die Unterbringung des Personals möglich.

230 Das Einsatzführungskommando der Bundeswehr führte die deutschen Soldatinnen und Soldaten während des Einsatzes in der Türkei in truppendienstlicher Hinsicht. Gleichzeitig wurde das Kontingent der operativen Führungsebene der NATO unterstellt, um zum einen auf Frühwarninformationen und Luftlagedaten der Führungs- und Informationssysteme der NATO zugreifen zu können und zum anderen – im Falle eines Angriffes – einen zentral gesteuerten Einsatz der NATO-Luftverteidigungskräfte zu garantieren. Vgl. dazu auch Ilg, Die FlaRak-Waffe, S. 171.

231 Vgl. Bockstette, Active Fence Turkey, S. 40, 42; Ilg, Die FlaRak-Waffe, S. 171; BMVg, Strategie und Einsatz III 1, Unterrichtung des Parlamentes 04/13 über die Auslandseinsätze der Bundeswehr vom 23.1.2013, S. 12, und 05/13 vom 30.1.2013, S. 11.

232 Vgl. BMVg, Strategie und Einsatz III 1, Unterrichtung des Parlamentes 04/13 über die Auslandseinsätze der Bundeswehr vom 23.1.2013, S. 12.

zuständig. Ein deutsches Einsatzkontingent umfasste rund 300 Soldatinnen und Soldaten und verblieb jeweils für vier Monate im Einsatz.[233]

Der Einsatz dauerte länger als zunächst erwartet. Am 29. Januar 2015 beschloss der Bundestag, das Mandat zum dritten Mal zu verlängern. Es beinhaltete unverändert eine Mandatsobergrenze von bis zu 400 deutschen Soldatinnen und Soldaten und war bis zum 31. Januar 2016 befristet.[234] Bereits im Sommer 2014 hatte sich aus politischen Gründen das Ende des Einsatzes abgezeichnet.[235] Der offizielle Abschluss des international kontrollierten Abtransports des deklarierten Chemiewaffenpotenzials aus Syrien hätte durchaus Anlass gegeben, den Einsatz zu beenden, ebenso wie der einseitige Ausstieg der niederländischen Kräfte im Januar 2015. Die Niederländer hatten die Bundesregierung im Sommer 2014 über den Rückzug ihrer Feuereinheiten aufgrund mangelnder militärischer Durchhaltefähigkeit informiert. Ende Januar 2015 übernahm ein spanisches Einsatzkontingent den Luftverteidigungsauftrag in Adana. Die Patriot-Systeme der Spanier verfügten jedoch nicht über den neuesten Konfigurationsstand »PAC-3/Config. 3« und waren für eine Bekämpfung von ballistischen Flugkörpern nur eingeschränkt geeignet.[236]

Die Bundesregierung begründete 2015 die Verlängerung des Mandats um ein weiteres Jahr damit, dass das von Syrien ausgehende Angriffsrisiko nach der zertifizierten Vernichtung der syrischen Chemiewaffen zwar gesunken, doch weiterhin von einem Restrisiko auszugehen sei. Es sei unklar, ob Syrien seine Chemiewaffen tatsächlich vollständig offengelegt habe. Darüber hinaus könne das Assad-Regime auch weiterhin ballistische Raketen einsetzen und es sei unverändert in der Lage, damit Ziele auf türkischem Staatsgebiet zu erreichen.[237] Der Oberbefehlshaber der NATO habe in seinem letzten Bericht »die Bedrohung der Türkei als niedrig aber glaubhaft [eingestuft], insbesondere durch fehlgeleiteten Beschuss sowie möglicherweise durch vom Assad-Regime nicht deklarierte Chemiewaffen«.[238]

Die Zweifel an der Sinnhaftigkeit des Einsatzes, die mit der zunehmend als gering eingeschätzten Bedrohungslage einhergingen, wurden in Deutschland durch den neuen Kurs der Türkei gegen den IS und die PKK noch einmal verstärkt. Nach dem Anschlag von Suruç am 20. Juli 2015 hatte die Türkei einen »doppelten Antiterrorkampf« gegen den IS und die PKK in Syrien und im Nordirak begonnen.[239] Insbesondere das Vorgehen gegen die Kurden war umstritten, denn diese

233 Vgl. Bockstette, Active Fence Turkey, S. 42; Klenz/Forkert, PATRIOT schützt die Türkei, S. 60, 62; Ilg, Die FlaRak-Waffe, S. 169.

234 Vgl. Deutscher Bundestag, Plenarprotokoll, Stenografischer Bericht, 18. WP, 82. Sitzung, 29.1.2015, S. 7842; Deutscher Bundestag, Drucksache 18/3698 vom 7.1.2015.

235 Vgl. Christoph Hickmann, Wunsch und Wirklichkeit. In: SZ, 23.6.2014.

236 Vgl. Deutscher Bundestag, Drucksache 18/3698 vom 7.1.2015, S. 4, und Drucksache 18/4647 vom 17.4.2015, Frage 6 und 7; Ilg, Die FlaRak-Waffe, S. 166, 169.

237 In ihrer Antwort auf eine Anfrage der Fraktion Die Linke vom 17.4.2015 gab die Bundesregierung an, dass das syrische Regime schätzungsweise über ballistische Kurzstreckenraketen folgender Typen verfügte: ca. sieben Scud-B, ca. 95 Scud-C, ca. 56 Scud-D, ca. 186 SS-21 und ca. 96 M-600. Vgl. Deutscher Bundestag, Drucksache 18/4647 vom 17.4.2015, S. 14.

238 Vgl. Deutscher Bundestag, Drucksache 18/3698 vom 7.1.2015, S. 4, Zitat ebd.

239 Vgl. Erdogan erklärt Friedensprozess mit PKK für beendet. Nato sichert Türkei Solidarität zu/Von der Leyen: Patriot-Stationierung lageabhängig. In: FAZ, 29.7.2015.

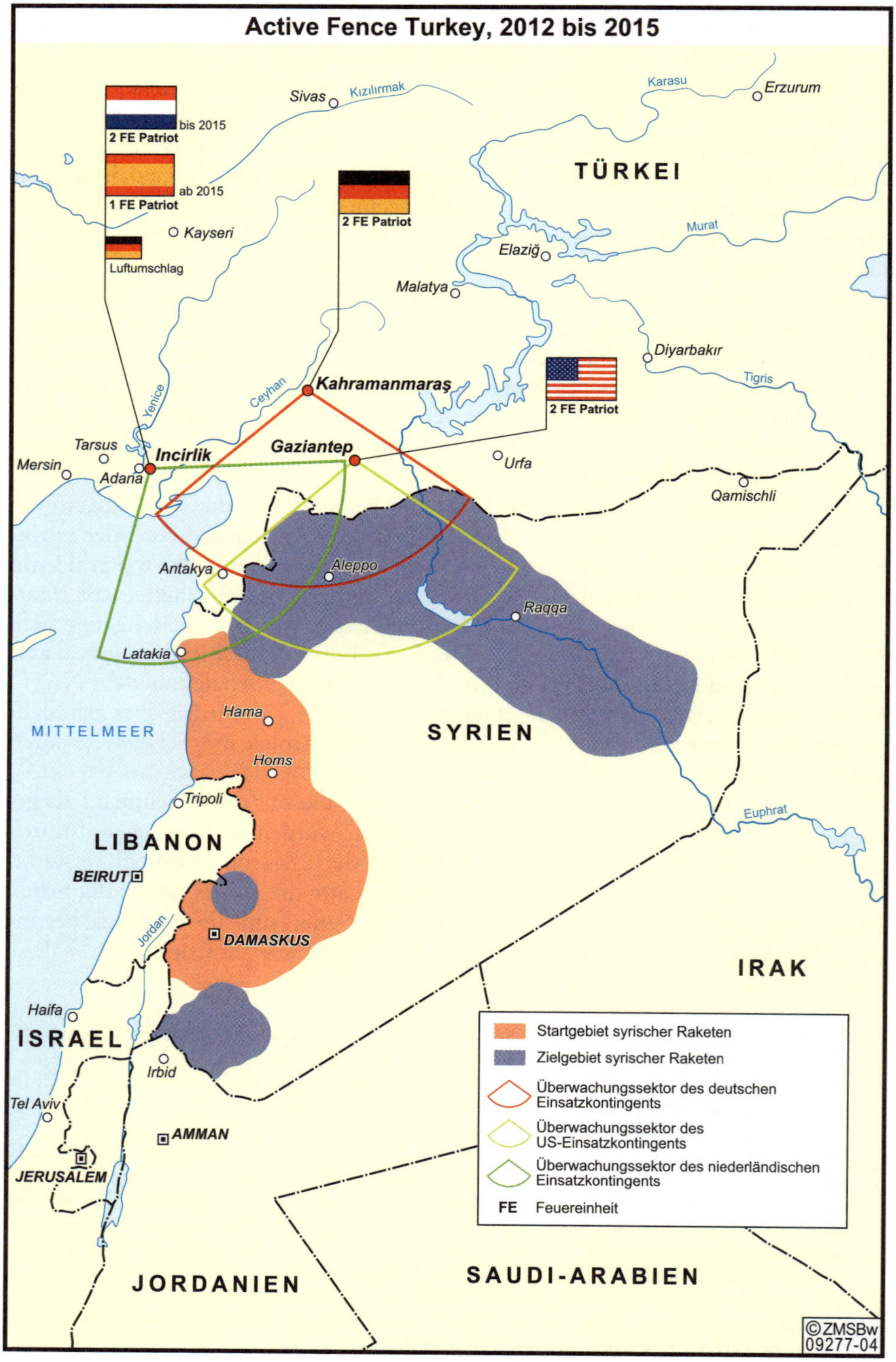
Active Fence Turkey, 2012 bis 2015
bis 2015
2 FE Patriot
ab 2015
1 FE Patriot
Luftumschlag
2 FE Patriot
2 FE Patriot
Sivas
Kızılırmak
Karasu
Erzurum
TÜRKEI
Kayseri
Murat
Elaziğ
Malatya
Diyarbakır
Tigris
Kahramanmaraş
Ceyhan
Yenice
Tarsus
Mersin
Adana
Incirlik
Gaziantep
Urfa
Qamischli
Antakya
Aleppo
Raqqa
Latakia
Hama
MITTELMEER
SYRIEN
Homs
Tripoli
Euphrat
LIBANON
BEIRUT
Jordan
DAMASKUS
IRAK
Haifa
ISRAEL
Irbid
Tel Aviv
AMMAN
JERUSALEM
JORDANIEN
SAUDI-ARABIEN
Startgebiet syrischer Raketen
Zielgebiet syrischer Raketen
Überwachungssektor des deutschen Einsatzkontingents
Überwachungssektor des US-Einsatzkontingents
Überwachungssektor des niederländischen Einsatzkontingents
FE Feuereinheit
©ZMSBw 09277-04

wurden seit August 2014 im Kampf gegen die Terrormiliz IS in Syrien von der Bundesregierung in Form von Waffenlieferungen und Ausbildungshilfe unterstützt. Der aggressive Kurs der türkischen Regierung gegen die Kurden widersprach den deutschen Interessen und veränderte aus Sicht der Kritiker die bündnissolidarischen Bedingungen für den Einsatz AF TUR. Die Opposition, vermehrt aber auch Politiker der Koalitionsfraktionen forderten den Abzug der Deutschen. Angesichts der neuen Bedrohungslage, die sich nun im Innern der Türkei entwickelte, verstärkte die Bundeswehr gemeinsam mit den türkischen Streitkräften die Schutzmaßnahmen für das deutsche Einsatzkontingent im Süden der Türkei.[240]

Am Freitag, dem 14. August 2015 entschied die Bundesregierung schließlich, das Engagement der Bundeswehr im Rahmen von AF TUR aufgrund der nunmehr geringen Bedrohung für das türkische Territorium in den folgenden Monaten zu beenden und nicht über das geltende Bundestagsmandat hinaus fortzuführen. Die Soldatinnen und Soldaten sollten bis spätestens Ende Januar 2016 aus der Türkei abgezogen werden. Am selben Wochenende kündigten auch die USA an, den Einsatz ihres Kontingentes in Gaziantep im Oktober 2015 zu beenden. Offiziell begründete die Bundesregierung ihre Entscheidung damit, dass die Bedrohung durch ballistische Flugkörper im Laufe des Einsatzes kontinuierlich abgenommen habe und mittlerweile gering sei. Verteidigungsministerin Ursula von der Leyen erklärte: »Die Bedrohung in dieser krisengeschüttelten Region hat jetzt einen anderen Fokus erhalten. Sie geht heute von der Terrororganisation Islamischer Staat aus.«[241] Neben der offiziellen Begründung wurde das Ende des deutschen Engagements jedoch auch mit dem Vorgehen der türkischen Regierung gegen die Kurden und ihrem undurchsichtigen Verhalten gegen den IS in Verbindung gebracht.[242]

Mit dem Abschalten der Waffensysteme am 15. Oktober 2015 wurde der operationelle Auftrag des deutschen Einsatzkontingentes in der Türkei beendet. Die Rückverlegung des Materials erfolgte per Seetransport zwischen dem 6. und 23. De-

---

240 Vgl. SPD warnt Erdogan vor Angriff auf Assad. Verteidigungsexperte Arnold: Dann hätte das Patriot-Mandat der Bundeswehr seine Grundlage verloren. In: Saarbrücker Zeitung, 1.8.2015; Bundesregierung verschärft Reisehinweise für die Türkei. Auch die Sicherheitsmaßnahmen für die im Süden stationierten Bundeswehrsoldaten werden verstärkt. In: Die Welt, 30.7.2015; Ausgang nur noch in zivil. Die Sorge um die Sicherheit der Bundeswehr-Soldaten in der Türkei nimmt zu. In: SZ, 31.7.2015; Gordon Repinski, Zittern am Bosporus. Verteidigung: Die Eskalation im Nahen Osten stellt den Bundeswehreinsatz in der Türkei infrage. In: Der Spiegel, 1.8.2015; Matthias Gebauer, »Patriot«-Raketenabwehr: Bundeswehr beendet Einsatz in der Türkei. In: Spiegel Online, 15.8.2015; deutschlandfunk.de, Türkei-Einsatz: »Das Risiko ist sehr klein geworden«. Interview mit Rainer Arnold, 17.8.2015.

241 Der gestresste Rest der Truppe. Der Wehrbeauftragte Bartels sieht die Bundeswehr im Zuge des Türkei-Einsatzes überlastet. Die Soldaten sollen bis Anfang 2016 aus dem Land abziehen. In: SZ, 17.8.2015. Vgl. auch Bundesregierung zieht »Patriot«-Batterien aus der Türkei ab. Abzug schon in den kommenden Wochen/Lob der Opposition/Steinmeier äußert Verständnis für türkische Offensive gegen PKK. In: FAZ, 17.8.2015.

242 Vgl. Deutscher Bundestag, Drucksache 18/5896 vom 31.8.2015, Frage 5; Matthias Gebauer, »Patriot«-Raketenabwehr: Bundeswehr beendet Einsatz in der Türkei. In: Spiegel Online, 15.8.2015; Raketenabwehr: Auch USA beenden »Patriot«-Einsatz in der Türkei. In: Spiegel Online, 16.8.2015; Der gestresste Rest der Truppe. In: SZ, 17.8.2015.

zember 2015 über Iskenderun. Für die letzten deutschen Soldatinnen und Soldaten endete der Einsatz schließlich am 30. Dezember 2015.[243]

c) Zwischen Grundbetrieb, Ausbildung und Einsatz

Trotz fehlender Einsatzerfahrungen meldete das deutsche Einsatzkontingent AF TUR nur 45 Tage nach dem Beschluss des Deutschen Bundestages zur Entsendung eines Kontingents in die Türkei die volle Einsatzbereitschaft. Diese zügige Umsetzung des parlamentarischen Beschlusses durch die Flugabwehrraketenkräfte ist auf die zahlreichen internationalen wie nationalen Übungen und das jährliche Taktische Schießen auf Kreta zurückzuführen, in denen die Kräfte der bodengebundenen Luftverteidigung regelmäßig ihre Einsatzbereitschaft nachwiesen. So hatte der Flugabwehrraketenverband auf die für die Taktischen Schießen entwickelten Personal- und Materialmengengerüste zurückgegriffen, um die Waffensystemkomponenten für den Einsatz in der Türkei zusammenzustellen. Auch bei der Vorbereitung des Materials für den Seetransport und die anschließende Verschiffung konnte der Verband auf entsprechende Erfahrungen zurückgreifen.[244]

Der Einsatz in der Türkei unterschied sich in Teilen jedoch erheblich vom Ausbildungs- und Übungsbetrieb für das Waffensystem Patriot. Dieser beruhte auf Szenarien, die für eine Kriegführung im Rahmen der Landesverteidigung entwickelt worden waren, und erforderte die Bekämpfung einer hohen Anzahl an Zielen in kurzer Zeit. Dabei erlernten die Soldatinnen und Soldaten ein breites Repertoire an Handlungsmöglichkeiten, wodurch sie in den Stand gesetzt wurden, auf unterschiedlichste Bedrohungsszenarien zu reagieren. Die Herausforderung von AF TUR dagegen bestand vorrangig in den langen Bereitschaftsphasen, in denen Angriffe ausblieben, doch die Aufmerksamkeit unentwegt aufrechtzuerhalten war, um im Ernstfall umgehend handeln zu können. Die neuen operativen Erkenntnisse aus dem Einsatz wurden regelmäßig in den Ausbildungs- und Übungsbetrieb eingebunden, um die nachfolgenden Kontingente bestmöglich für ihren Einsatz in der Türkei vorzubereiten.[245]

Der Dauerbetrieb und die klimatischen Bedingungen stellten eine Herausforderung für die bereits in die Jahre gekommenen Waffensystemanteile dar. Für die Hochwertersatzteile, die aus den USA stammten, waren weder im Inland noch im Einsatzland Lagerbestände vorhanden. Die Verlegung eines weiteren Patriot-Radars als Ersatzgerät und gleichzeitig als ›Ersatzteilspender‹ in das Einsatzland entlaste-

[243] Vgl. BArch, BW 107, Active Fence Turkey (AF TUR), Kdr DEU EinsKtgt AF TUR, Kontingentbefehl 85/2015, Antreten DEU EinsKtgt AF TUR aus Anlass des Abschaltens der LV-Systeme am 15.10.2015, vom 13.10.2015, und Kontingentbefehl 97/2015, Befehl für die Rückverlegung des Materials des DEU EinsKtgt AF TUR über den SPOE Iskenderun, vom 2.12.2015.

[244] Vgl. Scharschmidt/Wolff, Train as you fight.

[245] Vgl. Klenz/Forkert, PATRIOT schützt die Türkei, S. 61; Scharschmid/Wolff, Train as you fight, S. 56; InfoSys EEBw, Einsatzführungskommando der Bundeswehr, J3/5/7 EinsSpezAufg Dez EinsErf, Erfahrungen aus dem Einsatz, 1. DEU EinsKtgt AF TUR, Berichtszeitraum 20.2.2013 bis 26.3.2013, S. 14, sowie DEU EinsKtgt AF TUR, Erfahrungsbericht Kontingentwechsel 2. auf 3. DEU EinsKtgt AF TUR vom 20.9.2013, S. 19; Gespräch mit Oberst i.G. Jörg Sievers am 16.4.2021.

te zumindest teilweise bei den Hochwertersatzteilen sowie bei den Artikeln für die Instandsetzung des Radars.[246] Über die gesamte Dauer des Einsatzes konnte schwerwiegenden Systemausfällen »weitestgehend vorgebeugt und der Einsatzauftrag nahezu ohne Ausfallzeiten erfüllt werden«.[247]

Trotz des Einsatzes in der Türkei blieb die Auftrags- und Vorhabendichte in den Heimatverbänden bei begrenzt verfügbarer Anzahl an Waffensystemen unverändert hoch. Neben dem Grundbetrieb und der Sicherstellung der waffensystemspezifischen Einsatzvorbereitung mussten die Flugabwehrraketenkräfte mit drei Feuereinheiten sowie Führungs- und Unterstützungskomponenten auch den Auftrag der NATO Response Forces wahrnehmen. Angesichts der Reduzierung der Verbände um rund 50 Prozent im Zuge der Strukturreform von 2012 bedeutete die parallele Gestellung von Personal und Material eine enorme Belastung für die verbliebenen Kräfte der bodengebundenen Luftverteidigung. Die Herausforderungen und Probleme im Heimatverband beeinträchtigen die Auftragserfüllung im Einsatz, und andersherum wirkte sich der Einsatz auf die Aufgabenwahrnehmung im Grundbetrieb aus.[248]

Die personelle und materielle Belastung und in Teilen auch Überlastung der Flugabwehrraketentruppe war wiederholt Gegenstand politischer Diskussionen. Im Dezember 2012 kritisierte der verteidigungspolitische Sprecher der SPD, Rainer Arnold, den Ansatz ›Breite vor Tiefe‹ der letzten Strukturreform der Bundeswehr:

> »Wir verlegen ein System von Patriot-Raketen inklusive knapp 400 Soldaten in die Türkei, und gleichzeitig müssen diese Soldaten umziehen, weil Sie die Fähigkeit der Patriot-Raketen sozusagen halbieren, eine Fähigkeit, die innerhalb der NATO in nur drei Ländern vorhanden ist. Sie halbieren die Fähigkeit, statt zu sagen: Deutschland ist an dieser Stelle stark, hier können wir dem Bündnis etwas Präventives anbieten.«[249]

Bereits 2013 erkannte der Flugabwehrraketenverband, dass für einzelne Dienstposten die vorgesehene Karenzzeit zwischen zwei Einsätzen nicht mehr einzuhalten war.[250] Um die Durchhaltefähigkeit des eigenen Personals sicherzustellten, führte das deutsche Einsatzkontingent das »Splitting« ein. Das bedeutete, dass die Einsatzverwendung von ausgewählten Dienstposten auf zwei Monate reduziert wurde.[251]

---

246 Das deutsche Einsatzkontingent verfügte somit über insgesamt vier Radargeräte, davon zwei im Dauereinsatz, eines als Reserve und schließlich das vierte als »Materiallager«. Vgl. InfoSys EEBw, Einsatzführungskommando der Bundeswehr, DEU EinsKtgt AF TUR, Erfahrungsbericht Kontingentwechsel 2. auf 3. DEU EinsKtgt AF TUR vom 20.9.2013, S. 34, 38.

247 Bockstette, Active Fence Turkey, S. 42. Bei 989 Einsatztagen erfüllte das deutsche Einsatzkontingent den befohlenen Status mit 99,89 %. Vgl. Ilg, Die FlaRak-Waffe, S. 171 f.

248 Vgl. Klenz/Forkert, PATRIOT schützt die Türkei, S. 60; Ilg, Die FlaRak-Waffe, S. 179; Deutscher Bundestag, Plenarprotokoll, Stenografischer Bericht, 18. WP, 82. Sitzung, 29.1.2015, S. 7838.

249 Deutscher Bundestag, Plenarprotokoll, Stenografischer Bericht, 17. WP, 215. Sitzung, 14.12.2012, S. 26556.

250 Im Rahmen der Neuausrichtung der Bundeswehr hatte das BMVg auf Forderung des Deutschen Bundestages die Einsatzsystematik »4/20« eingeführt. Demnach sollten Soldatinnen und Soldaten nach einem viermonatigen Einsatz möglichst 20 Monate im Heimatdienst in Deutschland verbringen, bevor sie wieder in den Auslandseinsatz verlegten. Vgl. Deutscher Bundestag, Drucksache 18/3750 vom 27.1.2015, S. 11.

251 Vgl. InfoSys EEBw, Einsatzführungskommando der Bundeswehr, DEU EinsKtgt AF TUR, Erfahrungsbericht Kontingentwechsel 2. auf 3. DEU EinsKtgt AF TUR vom 20.9.2013, S. 26 f.

Auf der Grundlage inoffizieller Informationen aus dem Verteidigungsministerium berichtete die deutsche Presse im Sommer 2014, dass die NATO daran denke, den Einsatz bis zum Ende des Jahres abzuschließen. Auch die Luftwaffe wolle gerne ihre Kräfte aus der Türkei abziehen. Eine Beendigung des Engagements werde damit begründet, dass die Bedrohung im Zuge des Abtransports des syrischen Chemiewaffenpotenzials mittlerweile als gering angesehen werde. Intern sei ein baldiges Ende jedoch bei den deutschen und niederländischen Kräften erforderlich geworden, da nicht ausreichend Personal vorhanden sei, um den Einsatz noch länger durchzuhalten.[252] Verteidigungsministerin von der Leyen dementierte sowohl die vermeintliche Absicht der NATO, den Einsatz zeitnah zu beenden, als auch die Aussage, der Einsatz würde infrage stehen, weil die deutschen Luftverteidigungskräfte nicht durchhaltefähig seien: »Ich will nur noch einmal festhalten: Wir sind bei diesem Einsatz durchhaltefähig.«[253]

Allerdings wiesen Ende September 2014 der Inspekteur der Luftwaffe, Generalleutnant Karl Müllner, sowie Staatssekretär Ralf Brauksiepe auf die personellen und materiellen Schwierigkeiten der Luftwaffe hin, den Einsatz in der Türkei auf Dauer fortzusetzen. Bei 28 Prozent der Soldatinnen und Soldaten sei es nicht möglich, die Karenzzeit zwischen zwei Einsätzen einzuhalten. Darüber hinaus führten Engpässe bei Hochwertersatzteilen dazu, dass »in Deutschland stationiertes Gerät ausgeschlachtet [wird], um die ›Patriots‹ in der Türkei einsatzfähig zu halten«.[254] Dies schränke wiederum die Einsatzbereitschaft der Waffensysteme ein, die für die Einsatzvorbereitung sowie den Ausbildungs- und Übungsbetrieb im Heimatverband unerlässlich waren.[255]

Der Wehrbeauftragte des Deutschen Bundestages, Hellmut Königshaus, kritisierte in seinem Jahresbericht 2014, dass während der ersten beiden Jahre von AF TUR bei 181 Soldatinnen und Soldaten die vorgegebene Karenzzeit nicht eingehalten werden konnte. Angesichts der geringen Tiefe des Personalkörpers der Flugabwehrraketentruppe räume auch das Verteidigungsministerium Probleme bei der strukturellen Durchhaltefähigkeit ein. Dies sei aus Sicht des Wehrbeauftragten eine Konsequenz der Neuausrichtung der Streitkräfte gemäß des Prinzips »Breite vor Tiefe« sowie der einseitigen konzeptionellen Orientierung an der Einsatzrealität

---

[252] Vgl. Christoph Hickmann, Wunsch und Wirklichkeit. In: SZ, 23.6.2014; Michael Thumann, Fünf vor acht/NATO-Beistand: Die Patriots sollen in der Türkei bleiben, <www.zeit.de/politik/ausland/2014-06/irak-tuerkei-isis-bundeswehr-patriot> (letzter Zugriff 19.10.2020); Dewitz, PATRIOT-Raketen der NATO bleiben in der Türkei.

[253] Vgl. Deutscher Bundestag, Plenarprotokoll, Stenografischer Bericht, 18. WP, 42. Sitzung, 25.6.2014, S. 3797.

[254] Nikolaus Blome [u.a.], Zu wem die Ampel spricht. In: Der Spiegel, 28.9.2014.

[255] Vgl. Thorsten Jungholt, Pannen und Peinlichkeiten. In: Welt am Sonntag, 28.9.2014; Christoph Hickmann, Alles im grünen Bereich. In: SZ, 27.9.2014; Bundeswehr in der Türkei: Deutsche Soldaten zu lange und zu oft im Einsatz. In: Stern, 30.9.2014; An der Grenze der Belastbarkeit. Die Bundeswehr kann Schonzeiten für die Soldaten nicht einhalten. In: Welt Kompakt, 1.10.2014; Joachim Riecker, Soldaten am Rande der Belastungsgrenze. »Patriot«-Mission in der Türkei: Nächster Problem-Fall bei der Bundeswehr. In: Neue Presse, 1.10.2014; Kerstin Schröder, Türkei: Einsatzpausen für Soldaten zu kurz. Die »Patriot«-Mission bringt die deutschen Soldaten an ihre Belastungsgrenzen. Für viele Spezialisten aus MV ist es der zweite Einsatz. In: Ostsee Zeitung, 1.10.2014.

in Afghanistan.[256] Auch sein Nachfolger im Amt, Hans-Peter Bartels, forderte als Lehre aus dem Einsatz AF TUR, die Struktur der Bundeswehr zu überdenken. Dieser Einsatz habe Probleme bei der Truppe hinsichtlich der Durchhaltefähigkeit zum Vorschein gebracht. Insbesondere Soldatinnen und Soldaten, die über eine Mangelbefähigung verfügten, seien dabei überlastet worden. Von den ursprünglich sechs Flugabwehrraketengeschwadern sei lediglich noch eines übrig. Da es sich hierbei um eine gefragte Fähigkeit innerhalb der NATO handele, sei zu prüfen, »ob hier eine Spezialfähigkeit innerhalb der Bundeswehr zu klein geworden« sei.[257] Reinhard Brandl (CSU) betonte Ende Januar 2015, dass die CDU/CSU-Fraktion mit Blick auf die offenbar nicht einzuhaltende Karenzzeit der Soldatinnen und Soldaten mit Mangelbefähigung mit sich gerungen habe, dem Mandat ein drittes Mal zuzustimmen.[258]

d) Politische Symbolik versus militärische Relevanz

Der Einsatz der NATO-Kräfte zur Verstärkung der integrierten Luftverteidigung in der Türkei diente vorrangig einem politischen Zweck.[259] Der Auftrag der Waffensysteme Patriot lag in der Abwehr eines möglichen Angriffes auf die Türkei durch ballistische Raketen aus Syrien. Die Zwischenfälle, die sich im Vorfeld des Einsatzes AF TUR an der syrisch-türkischen Grenze ereignet hatten, machten keinen Einsatz von Flugabwehrraketensystemen erforderlich. Patriot war nicht das geeignete Waffensystem zur Abwehr von Artilleriegeschossen. Das Assad-Regime verfügte zwar über eine Vielzahl ballistischer Raketen, doch weder hatte der syrische Machthaber diese bislang gegen die Türkei eingesetzt, noch war eine Absicht erkennbar, dies zu tun. Ein Angriff auf die Türkei hätte einen NATO-Bündnisfall ausgelöst und das Assad-Regime damit jede Chance verloren, den Bürgerkrieg in Syrien für sich zu entscheiden.[260]

Die Bedrohung bildete lediglich eine Variable bei der Begründung des Einsatzes. Das wird auch deutlich, wenn man die Argumentation auf der Zeitachse betrachtet. Mit der Stationierung der Patriot-Systeme sollte eine Ausweitung des Bürgerkrieges auf die Türkei verhindert werden. Ein Machthaber, dessen Staat zerfiel und der angesichts eines sich abzeichnenden Endes des Bürgerkrieges mit dem Rücken an der Wand stand, könnte die Türkei mit ballistischen Raketen angreifen lassen – ganz im Sinne einer Verzweiflungstat. Angesichts des Abtransports der Chemiewaffen aus Syrien sowie des deutlich reduzierten Bestandes an ballistischen Raketen des Assad-Regimes stufte die NATO die Bedrohung zwar nur noch als gering ein, doch bleibe ein gewisses Restrisiko. Das Regime habe möglicherweise nicht sämtliche

256 Vgl. Deutscher Bundestag, Drucksache 18/3750 vom 27.1.2015, S. 10 f.

257 Der gestresste Rest der Truppe. In: SZ, 17.8.2015. Vgl. auch deutschlandfunk.de, Türkei-Einsatz: »Das Risiko ist sehr klein geworden«. Interview mit Rainer Arnold, 17.8.2015.

258 Vgl. Deutscher Bundestag, Plenarprotokoll, Stenografischer Bericht, 18. WP, 82. Sitzung, 29.1.2015, S. 7839. Ist beim Militär von Mangelbefähigung die Rede, sind damit Soldatinnen und Soldaten mit Spezialisierung in einem bestimmten Bereich gemeint.

259 Vgl. Black, Air power, S. 280 f.; Ilg, Die FlaRak-Waffe, S. 165.

260 Zur kritischen Betrachtung des Einsatzes vgl. auch Markus Kaim, Leere Drohgebärde der Nato. Warum die Stationierung der Patriot-Raketen falsch ist. In: Der Tagesspiegel, 6.12.2012.

Chemiewaffenpotenziale offengelegt und noch immer könnten ballistische Raketen aufgrund eines fehlerhaften Einsatzes durch die syrischen Truppen in der Türkei einschlagen. Von der Möglichkeit, dass Assad die Türkei aus Verzweiflung angreifen könnte, rückten die NATO-Partner im Laufe des Jahres 2015 zunehmend ab. Der Abzug der NATO-Soldatinnen und -Soldaten wurde nun damit begründet, dass eine Bedrohung, wie sie zu Beginn des Einsatzes bestanden habe, nicht mehr gegeben sei. Der verteidigungspolitische Sprecher der SPD Rainer Arnold brachte die Ambivalenz der Bedrohungsargumentation auf den Punkt, als er anlässlich der Beendigung der deutschen Beteiligung im August 2015 sagte, dass man von Anfang an nicht damit gerechnet habe, dass Syrien die Türkei angreifen werde.[261] Er bezweifelte, dass die Stationierung der Patriot-Systeme einen syrischen Luftangriff auf die Türkei verhindert habe. Es habe keinerlei Anzeichen gegeben, dass Assad Interesse an der Eröffnung einer weiteren Front gehabt hätte. »Warum sollte er also bewusst den Konflikt mit der militärisch übermächtigen Türkei suchen?«,[262] so Arnold. Solch klare Worte hatten die Politiker zu Anfang des Einsatzes, als es darum ging, über die Entsendung der deutschen Soldatinnen und Soldaten abzustimmen, vermieden. Gleichwohl unterstrich das Urteil des Abgeordneten, dass die deutsche Beteiligung an der NATO-Mission AF TUR vorrangig einem demonstrativ politischen Zweck folgte. Dies hatte Verteidigungsminister de Maizière bereits vor der offiziellen Anfrage der Türkei bei der NATO 2012 betont: Die Entsendung deutscher Streitkräfte sei ein klares Zeichen an die Türkei und an die internationale Völkergemeinschaft. Die Sicherheit der Türkei betreffe alle Bündnispartner. Die Deutschen hätten Jahrzehnte vom Bündnis profitiert. Nun sei es an Deutschland zu zeigen, dass es selbstverständlich sei, seinen Bündnispartnern verlässlich beizustehen und »dass es uns ernst ist mit unserer internationalen Verantwortung und unserer Bündnissolidarität«.[263]

Dass der Einsatz rein militärisch wenig Sinn machte, bestätigte der ehemalige Vorsitzende des NATO-Militärausschusses und General a.D. der Luftwaffe Harald Kujat in einem Interview am 14. Dezember 2012. Ein Angriff des Assad-Regimes auf die Türkei mit ballistischen Flugkörpern sei sehr unwahrscheinlich. Im Wesentlichen überwiege bei diesem Einsatz das sicherheitspolitische Signal. Die bodengebundenen Luftverteidigungssysteme seien ein Instrument der Deeskalation und ihre Stationierung darüber hinaus ein Signal an das Assad-Regime, um ihm die Konsequenzen eines möglichen ›Fehltrittes‹ zu verdeutlichen. Doch vorrangig symbolisiere die Entsendung der NATO-Kräfte die Solidarität der Bündnispartner ge-

[261] Vgl. deutschlandfunk.de, Türkei-Einsatz: »Das Risiko ist sehr klein geworden«. Interview mit Rainer Arnold, 17.8.2015.

[262] Ebd.

[263] Deutscher Bundestag, Plenarprotokoll, Stenografischer Bericht, 17. WP, 213. Sitzung, 12.12.2012, S. 26108. Vgl. auch Deutscher Bundestag, Drucksache 17/11892 vom 12.12.2012, S. 1 f. Aufgrund der deutschen Rolle im Libyen-Konflikt waren im Bündnis Zweifel an der Verlässlichkeit Deutschlands als Bündnispartner aufgekommen. Die Bundesrepublik hatte im Frühjahr 2011 eine Beteiligung an einem offensiven Vorgehen der NATO in Libyen abgelehnt und sich bei der Abstimmung im UN-Sicherheitsrat schließlich enthalten. Umso wichtiger mag es der Bundesregierung nun erschienen sein, der Türkei Bündnissolidarität zu demonstrieren. Vgl. dazu Deutscher Bundestag, Plenarprotokoll, Stenografischer Bericht, 17. WP, 213. Sitzung, 12.12.2012, S. 26109, 26116; Bundeswehr soll die Türkei beschützen. In: Die Welt, 19.11.2012.

genüber einem Verbündeten.[264] Deutlich wurde dies auch, als Spanien im Januar 2015 die niederländischen Kräfte mit einem Einsatzkontingent ablöste. Der Konfigurationsstand der spanischen Patriot-Systeme entsprach dem der US-Kräfte während des Zweiten Golfkonflikts. Ihre Eignung zur Erfüllung des Auftrags im Rahmen von AF TUR war demnach stark eingeschränkt. Für die NATO ermöglichte AF TUR die Einbindung des »schwierigen, aber strategisch wichtigen Verbündeten«[265] Türkei. Insbesondere im Kampf gegen den IS war sie zu einem bedeutenden Bündnispartner geworden. Womöglich hielt die NATO deswegen an der Stationierung der Patriot-Systeme fest, obwohl sie die Bedrohung des türkischen Territoriums durch ballistische Raketen mittlerweile als gering erachtete.[266] Der SACEUR, US-General Philip Mark Breedlove, bezeichnete die Türkei am 31. Juli 2014 im Hinblick auf die immer instabileren Staaten Syrien und Irak im Süden des Landes und der instabilen Schwarzmeerregion um die Halbinsel Krim und die Ukraine im Norden als Schlüsselnation. Sie zu schützen sei derzeit eine der wichtigsten Aufgaben der Allianz.[267] Die Gründe der Türkei, die NATO um Hilfe bei der Abwehr ballistischer Flugkörper zu bitten, sind dagegen schwer einzuschätzen. Möglicherweise beabsichtigte die türkische Regierung, den Konflikt mit Syrien zu internationalisieren. Vielleicht wünschte sie ein sichtbares Zeichen, dass das Bündnis sie nicht mit ihrem schwierigen Nachbarn allein ließ.[268]

In ihrer offiziellen Begründung für die Beendigung des deutschen Engagements bei AF TUR bezog sich die Bundesregierung wieder auf die Bedrohung, die im Laufe des Einsatzes konsequent abgenommen habe und nunmehr als gering gelte. Von dem früher angeführten Restrisiko war nun keine Rede mehr, ebenso wenig von der Gefahr eines Beschusses der Türkei aufgrund eines technischen Defekts, einer Fehlkalkulation oder einer irrationalen Entscheidung des syrischen Machthabers. Es scheint, als habe der veränderte Kurs der türkischen Regierung eine wesentliche Rolle für den Abzug der deutschen Soldatinnen und Soldaten aus der Türkei gespielt. Die neue Kurdenpolitik der türkischen Regierung sowie ihre ambivalente Haltung im Kampf gegen den IS waren durch die Bundesregierung im Vorfeld stark kritisiert worden und wurden mit Sorge verfolgt. In diesem Zusammenhang geriet auch der Einsatz des deutschen Einsatzkontingentes AF TUR zunehmend in den Fokus der politischen Debatte sowie der Medien. Die Bedingungen für die Bündnissolidarität hatten sich offenbar verändert. Ein weiterer inoffizieller Beweggrund mag zudem die sich immer deutlicher abzeichnende Überlastung der Flugabwehrraketentruppe

---

264 Vgl. deutschlandfunkkultur.de, Patriot-Raketen sind »Instrument der Deeskalation«. Harald Kujat im Gespräch mit Nana Brink, 14.12.2021.

265 Ausgang nur noch in zivil. Die Sorge um die Sicherheit der Bundeswehr-Soldaten in der Türkei nimmt zu. In: SZ, 31.7.2015. Vgl. auch Markus Kaim, Leere Drohgebärde der Nato. Warum die Stationierung der Patriot-Raketen falsch ist. In: Der Tagesspiegel, 6.12.2012.

266 Vgl. Gordon Repinski, Zittern am Bosporus. Verteidigung: Die Eskalation im Nahen Osten stellt den Bundeswehreinsatz in der Türkei infrage. In: Der Spiegel, 1.8.2015.

267 Dewitz, PATRIOT-Raketen der NATO bleiben in der Türkei.

268 Vgl. deutschlandfunk.de, Türkei-Einsatz: »Das Risiko ist sehr klein geworden«. Interview mit Rainer Arnold, 17.8.2015.

gewesen sein. Angestoßen durch den Wehrbeauftragten der Bundeswehr, war auch diese im Vorfeld öffentlich diskutiert worden.[269]

Der Einsatz an sich machte zwar *militärisch* wenig Sinn, sinnlos war er jedoch keineswegs. Wie in den Debatten um die Raketenabwehr handelte es bei der Stationierung der Patriot-Systeme vorrangig um eine militärische Vorsorge angesichts einer potenziellen Bedrohung. Auch wenn bis zuletzt kein politischer Wille des Assad-Regimes zu erkennen war, ballistische Raketen gegen die Türkei zu richten, so war es zumindest zu einem solchen Angriff fähig. Das bewies das Regime abseits der öffentlichen Wahrnehmung, indem es während der gesamten Dauer des Einsatzes AF TUR ballistische Raketen sowohl gegen feindliche Kräfte als auch gegen die eigene Bevölkerung einsetzte.[270]

Die Entfernung der zur syrischen Grenze stationierten deutschen Patriot-Systeme hatte im Rahmen der Abstimmung über das Mandat eine wesentliche Rolle gespielt. Weder sollten die deutschen Soldatinnen und Soldaten der Gefahr ausgesetzt werden, unter Beschuss zu geraten, noch sollten die Patriot-Systeme in den syrischen Luftraum wirken können. Der Stationierungsort Kahramanmaraş war trotz seiner Entfernung zur syrischen Grenze zur Erfüllung des Auftrags geeignet. Die deutschen Patriot-Systeme verfügten über den Konfigurationsstand »PAC-3/Config. 3« und damit über eine begrenzte Fähigkeit zur Flugkörperabwehr. Die deutschen Soldatinnen und Soldaten waren aufgrund ihrer Ausbildung in der Lage, einen Angriff mit ballistischen Raketen abzuwehren. Der begrenzte Bestand an Lenkflugkörpern beim deutschen Einsatzkontingent, darunter 24 Stück des Typs PAC-3, optimal für die Bekämpfung von taktisch ballistischen Raketen, reichte für den Zweck dieses Einsatzes aus.[271] Für einen hochintensiven Einsatz im Rahmen der Landesverteidigung hätten die mitgeführten Lenkflugkörper jedoch nicht ausgereicht.[272]

Die deutsche Beteiligung an AF TUR war in vielerlei Hinsicht wichtig. Deutschland leistete einen sichtbaren und zuverlässigen Beitrag für das Bündnis und präsentierte sich gleichzeitig als eine von drei Nationen in der NATO, die über die Fähigkeit zur Flugkörperabwehr verfügte, welche seit dem NATO-Gipfel in Lissabon 2010 an Bedeutung gewonnen hatte. Da der Einsatz der deutschen Soldatinnen und Soldaten rein defensiver Natur war und die Wahrscheinlichkeit, dass der Syrienkonflikt auf die Türkei übergriff, sehr gering, hielten sich die Diskussionen um die Akzeptanz

[269] Vgl. beispielsweise Majid Sattar, Ein schwieriger Bündnispartner. Warum beendet Berlin den Bundeswehr-Einsatz in der Türkei? In: FAZ, 18.8.2015.

[270] Im Gegensatz zu den Lenkflugkörpern des Patriot-Systems, deren Wirkung auf das türkische Territorium begrenzt blieb, reichte die Sicht des Radarsystems bis zur syrischen Hauptstadt Aleppo. Demnach waren die deutschen Soldatinnen und Soldaten in der Lage, den Einsatz ballistischer Raketen innerhalb Syriens an den Bildschirmen des Patriot-Systems zu verfolgen. »Schauen ja, schießen nein«, fasste der Kommandeur des ersten deutschen Einsatzkontingentes AF TUR, Oberst Marcus Ellermann, zusammen. Vgl. Christoph Hickmann und Nico Fried, Vom Wert der Truppe. In: SZ, 25.2.2013. Vgl. auch Ilg, Die FlaRak-Waffe, S. 169; Deutscher Bundestag, Plenarprotokoll, Stenografischer Bericht, 18. WP, 82. Sitzung, 29.1.2015, S. 7839.

[271] Zur Bekämpfung einer ballistischen Rakete war der Einsatz von zwei Patriot Lenkflugkörpern erforderlich.

[272] Vgl. Ilg, Die FlaRak-Waffe, S. 172; Gespräch mit Oberst i.G. Jörg Sievers am 16.4.2021.

des Einsatzes in den unterschiedlichen politischen Lagern und in der deutschen Öffentlichkeit in Grenzen.

Aus Sicht der Streitkräfte war dieser Einsatz ein Erfolg. Patriot konnte seine Einsatzrelevanz beweisen.[273] Doch für die Flugabwehrraketentruppe kam die Aufmerksamkeit, die mit dem Einsatz einherging, zu spät. Aufgrund der erheblichen materiellen und personellen Einschnitte der letzten Strukturreform brachte der stationäre Dauereinsatz bei AF TUR den Dienstbereich an die Grenzen seiner Belastbarkeit, denn die Anzahl an Soldatinnen und Soldaten mit Mangelbefähigung war begrenzt. Patriot war und ist bis heute ein in die Jahre gekommenes Waffensystem mit einer limitierten Fähigkeit zur Abwehr taktisch ballistischer Flugkörper. Engpässe bei der Nachlieferung von Hochwertersatzteilen führten dazu, dass zusätzliche Systeme als ›Ersatzteilspender‹ für den Einsatz dienen mussten. Dies wirkte sich wiederum auf die Einsatzbereitschaft der ohnehin nur wenigen Waffensysteme im Heimatverband aus und schränkte den Grundbetrieb sowie die Einsatzvorbereitung noch weiter ein. Der Flugabwehrraketenverband hat sich im Einsatz bewiesen, doch darf der Erfolg der Truppe nicht darüber hinwegtäuschen, dass der Preis, den sie dafür zahlte, hoch war. Während die personelle Regeneration des Dienstbereichs nach dem Ende des Einsatzes rund zwei Jahre dauerte, blieb die materielle Einsatzbereitschaft bis zum Jahr 2020 eingeschränkt. Darüber hinaus verkürzte sich durch den Dauerbetrieb im Einsatz die ursprünglich prognostizierte Nutzungsdauer für das Waffensystem Patriot um rund zehn Jahre.[274]

Die unter Beweis gestellte Einsatzrelevanz der Fähigkeit zur Flugkörperabwehr sowie der zeitweise öffentliche Fokus auf den Flugabwehrraketenverband bestärkten möglicherweise den politischen Willen, diese Fähigkeit langfristig zu sichern. Der Einsatz AF TUR machte deutlich, dass die Kräfte der bodengebundenen Luftverteidigung künftig vielfältige Einsatzprofile bedienen müssen. Dazu gehörten zum einen stationäre Einsätze über einen langen Zeitraum wie AF TUR, zum anderen aber auch Einsätze zum Schutz von hochmobilen Kräften am Boden. Aus Gründen der Durchhaltefähigkeit und Wirksamkeit müssen Luftverteidigungssysteme künftig mehr denn je den Anforderungen der Flexibilität, Mobilität, Modularität, der Fähigkeit zum autonomen Einsatz sowie der Interoperabilität mit multinationalen Partnern entsprechen.[275] Während die Kräfte der bodengebundenen Luftverteidigung bei AF TUR gefordert waren, traf Verteidigungsministerin von der Leyen 2015 die Auswahlentscheidung für das Taktische Luftverteidigungssystem, um in Zukunft und nach dem Ende der wirtschaftlich vertretbaren Nutzungsdauer für Patriot diesen Anforderungen der Erweiterten Luftverteidigung gerecht zu werden.[276]

---

273 Vgl. Czichowsky, Das Waffensystem PATRIOT, S. 12.
274 Gespräch mit Oberst i.G. Jörg Sievers am 5.1.2021.
275 Vgl. Ilg, Die FlaRak-Waffe, S. 179 f.; Graf, Das Projekt Taktisches Luftverteidigungssystem (2015), S. 40.
276 Vgl. dazu Kap. III.3.g.

V. Schlussbetrachtung und Ausblick

Ausgangspunkt war die Frage, ob die bodengebundene Luftverteidigung der deutschen Luftwaffe im Rahmen der globalen und bündnisbezogenen sicherheitspolitischen Entwicklung nach dem Ende des Ost-West-Konflikts ihre Bedeutung verloren hat. Diese Frage lässt sich weder mit »Ja« noch mit »Nein« beantworten. Das Ende des Kalten Krieges stellte für diesen Dienstbereich nicht die Zäsur dar, die sie auf den ersten Blick zu sein scheint. Die neuen sicherheitspolitischen Rahmenbedingungen erforderten eine stärkere Differenzierung der Fähigkeiten der bodengebundenen Luftverteidigung sowie eine Verlagerung des Aufgabenschwerpunktes. Während die Abwehr klassischer Luftbedrohungen in Form bemannter Luftfahrzeuge an Relevanz verlor, rückte der Zweite Golfkrieg die Fähigkeit zur Abwehr ballistischer Raketen in den Fokus der NATO. Mit der Erweiterung des Aufgabenspektrums um die Flugkörperabwehr wurde der Flugabwehrraketendienst der Luftwaffe als Fähigkeitsträger zum Gegenstand des internationalen sicherheitspolitischen Diskurses.

Die in der Einleitung arbeitshypothetisch formulierten Leitfragen und Ebenen werden im Folgenden nicht mehr getrennt voneinander betrachtet. Die Beantwortung erfolgt aufgrund der Interdependenzen auf zwei verschiedenen Ebenen: der internationalen politischen und der nationalen militärischen Dimension. Die folgende Grafik soll die Wechselwirkungen der in der Studie betrachteten Ebenen und Bereiche noch einmal veranschaulichen.

1. Von der Bedrohung zum Risiko: Die internationale politische Dimension

Die Abwehr ballistischer Flugkörper in der NATO-Luftverteidigung hatte während des Ost-West-Konflikts lange Zeit eine eher untergeordnete Rolle eingenommen. Die Bekämpfung ballistischer Flugkörper war aufgrund des technologischen Rückstands bei der Entwicklung von Abwehrsystemen (im Vergleich zu Angriffssystemen) schlicht nicht möglich. Das Fehlen einer aktiven Abwehr wurde kompensiert durch das Prinzip der Abschreckung bzw. die Befähigung zum Zweitschlag. Schließlich führten wesentliche Verbesserungen der technischen Leistungsparameter ballistischer Raketen ab Ende der 1970er Jahre sowie der Waffensysteme zu ihrer Abwehr zu einer zunehmenden Relevanz des Themas Raketenabwehr im sicherheitspolitischen Diskurs. Nach jahrelanger Zurückhaltung der europäischen NATO-Partner in der US-dominierten Raketenabwehrdebatte entwickelte sich Europa angesichts der signifikant steigenden Bedrohung durch sowjetische Kurz- und Mittelstreckenraketen in den 1980er

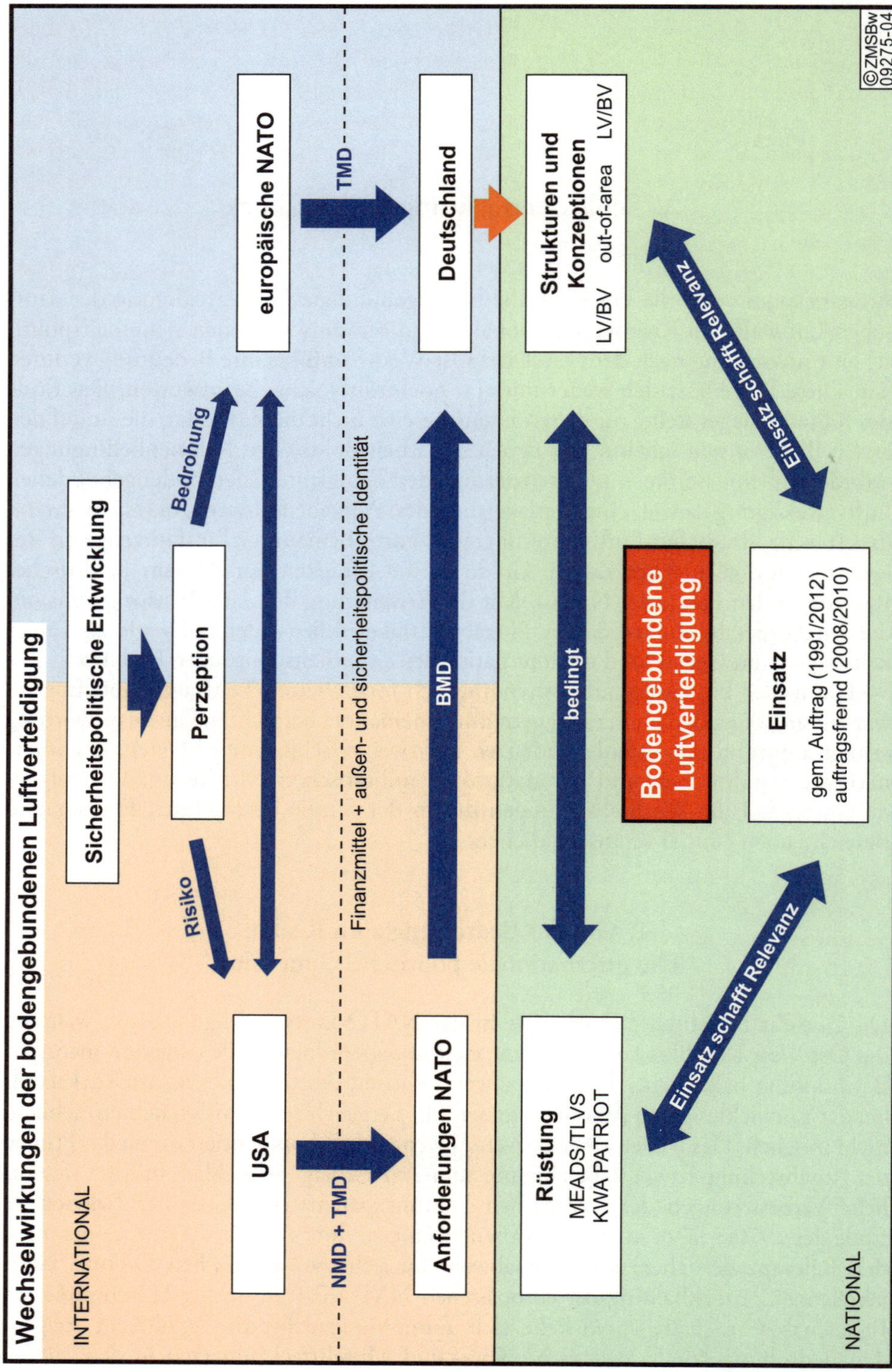
Wechselwirkungen der bodengebundenen Luftverteidigung
INTERNATIONAL
Sicherheitspolitische Entwicklung
Perzeption
Risiko
Bedrohung
USA
europäische NATO
NMD + TMD
TMD
Finanzmittel + außen- und sicherheitspolitische Identität
Anforderungen NATO
BMD
Deutschland
Strukturen und Konzeptionen
LV/BV out-of-area LV/BV
bedingt
Bodengebundene Luftverteidigung
Einsatz schafft Relevanz
Einsatz schafft Relevanz
Rüstung
MEADS/TLVS
KWA PATRIOT
Einsatz
gem. Auftrag (1991/2012)
auftragsfremd (2008/2010)
NATIONAL
©ZMSBw
09275-04

Jahren von einem ›interessierten Publikum‹ zum Gestalter. Die Abwehr ballistischer Flugkörper war nun keine Exklusivangelegenheit der Supermächte mehr und die Erweiterte Luftverteidigung war das Ergebnis der europäischen Überlegungen zu SDI.

Aus mitteleuropäischer Perspektive ist der Zweite Golfkrieg also nicht der Ursprung der Debatte zur Abwehr taktisch ballistischer Flugkörper. Diese Debatte erfuhr in Verbindung mit der Neubewertung der Proliferationsgefahr lediglich eine neue Relevanz und sie erhielt eine neue Bezeichnung: Theatre Missile Defense (TMD). Die europäischen NATO-Staaten hatten sich bereits in den 1980er Jahren darum bemüht, die Fähigkeitslücke zur Abwehr ballistischer Flugkörper kurzer und mittlerer Reichweite zu schließen. Das betraf auch deutsche Überlegungen und Konzepte zur Kampfwertsteigerung oder Neuentwicklung entsprechender Waffensysteme.

Mit dem Wandel der NATO-Streitkräfte von Verteidigungs- zu Interventionsarmeen in den 1990er Jahren herrschte im Bündnis angesichts der Erfahrungen aus dem Zweiten Golfkrieg Konsens über die Notwendigkeit, die Integrierte Luftverteidigung zu erweitern und zu stärken. Das NATO-Territorium befand sich bereits jetzt in Reichweite ballistischer Raketen. Die Bedrohung von Streitkräften im Einsatz an der Peripherie oder außerhalb des NATO-Territoriums durch Kurz- und Mittelstreckenraketen war real. Die technologische Machbarkeit von Abwehrsystemen stand nun ebenfalls außer Zweifel. Der Zweite Golfkrieg hatte gezeigt, dass eine Abwehr ballistischer Raketen grundsätzlich möglich war. Trotz begrenzter militärischer Wirksamkeit unterstrich der Krieg die psychologische und politische Bedeutung sowohl ballistischer Flugkörper als auch von Systemen zu deren Abwehr in bewaffneten Konflikten. Darüber hinaus wurde deutlich, dass vermeintlich irrational handelnde oder asymmetrisch auftretende Gegner allenfalls eingeschränkt abzuschrecken waren,[1] wodurch der Anspruch an die technische Wirksamkeit der Abwehrsysteme als letztes Glied im Bekämpfungsablauf (*kill chain*) stieg.

Die Kontinuitäten und Diskontinuitäten der amerikanischen Politik zum Aufbau eines flächendeckenden Abwehrsystems gegen weitreichende Raketen bestimmten den Verlauf der internationalen Raketenabwehrdebatte. Die USA setzten auf »Multilateralismus à la Carte«[2]. Ihre Bereitschaft, Kompromisse einzugehen, schien begrenzt.[3] Sie waren nicht unbedingt auf die Zusammenarbeit mit der NATO als Ganzes angewiesen, jedoch auf die Zustimmung einiger europäischer Staaten, die Stationierung von US-Systemen oder -Systemkomponenten auf deren Territorium zuzulassen. Die USA vermieden es, ihre Pläne im Rahmen der NATO zu diskutieren; mit ausgewählten europäischen Staaten verhandelten sie bilateral. Der Aufbau eines Raketenabwehrsystems für das gesamte Bündnisgebiet gegen begrenzte ballistische Raketenangriffe stellte jedoch eine erhebliche konzeptionelle, technologische und finanzielle Herausforderung dar. Die Realisierung war nur im transatlantischen Rahmen möglich.

Die Debatte darüber in der NATO war von gravierenden Differenzen geprägt. Ein wesentlicher Grund lag in ihrem theoretischen Charakter. Die technische

1 Die Bewertung, ob ein Akteur rational oder irrational handelte, basierte auf der subjektiven Wahrnehmung des Bündnisses und setzte die Abschreckungslogik des Ost-West-Konflikts voraus. Vgl. dazu weiterführend Pleyer, Redefining Rationality.

2 Vgl. Hacke, Die Zukunft der NATO.

3 Vgl. Staack, NATO out of business?, S. 45.

Realisierbarkeit spielte trotz ihrer Signifikanz eine untergeordnete Rolle. Im Gegensatz zur bereits existenten Bedrohung durch ballistische Flugkörper kurzer Reichweite orientierten sich die US-dominierten Bedrohungsanalysen in Bezug auf weitreichende Raketen vorrangig an Potenzialen und Risiken. Die unterschiedlichen Bedrohungsperzeptionen der Bündnispartner hinsichtlich dieser Potenziale und Risiken führten wiederum zu unterschiedlichen Auffassungen über die Notwendigkeit einer territorialen Flugkörperabwehr. Deutschland und andere europäische NATO-Partner taten sich schwer, Risiken, die auf technischen Potenzialen und nicht auf konkreten gegnerischen Absichten basierten, zum Anlass zu nehmen, präventiv militärische Vorkehrungen zur Verteidigung zu treffen. Das Spannungsfeld aus divergierenden nationalen Interessen und wirtschaftlichen Zwängen bildete den Nährboden für unterschiedliche Wahrnehmungen und Anforderungen im Bündnis. Dies behinderte eine gemeinsame Verteidigungspolitik der Allianz. Mit ihrem Angebot, einen wesentlichen Teil Europas in ihren Abwehrschirm zu integrieren, erhöhten die USA nicht nur die Legitimation ihrer Politik, sondern auch den Druck auf die NATO, sich an der Architektur zu beteiligen.

Der maßgebliche Faktor, der die europäischen NATO-Partner zwang, sich mit dem Thema Raketenabwehr zu beschäftigen, war die Rolle Russlands. Die Beziehungen zwischen Russland und den USA sowie den europäischen NATO-Staaten im Bereich der Raketenabwehr waren ambivalent. Der Wechsel zwischen Spannung und Entspannung bestimmte den Fortschritt oder Rückschritt der Zusammenarbeit. Für Russland entwerteten die Pläne zum Aufbau eines Raketenabwehrschirms über Europa das eigene Drohpotenzial und sie gefährdeten das strategische Gleichgewicht. Russland fürchtete, durch den Aufbau der Raketenabwehrarchitektur seine nukleare Zweitschlagfähigkeit und damit seine ›Position auf Augenhöhe‹ zu verlieren. Die europäischen Bündnispartner wie Deutschland und Frankreich, aber auch Spanien oder Italien fürchteten eine Destabilisierung des Friedens in Europa. Es war nicht in ihrem Sinne, die Konfrontation mit Russland zu provozieren.

Für Deutschland war es aufgrund seiner geostrategischen Lage und seiner Funktion als zentraleuropäische Mittelmacht der NATO stets sehr wichtig, dass die Politik zur flächendeckenden Raketenabwehr nicht zu Spannungen mit Russland führte. Die politische Debatte und die Argumentation für oder gegen eine deutsche Beteiligung an der Raketenabwehr bewegte sich primär zwischen der Sorge vor russischer Kritik auf der einen Seite und dem US-amerikanischen Druck auf der anderen. Um eine Destabilisierung des strategischen Gleichgewichts zu vermeiden, schienen sich die Gegner der Raketenabwehr in Deutschland geradezu an alte Denkmuster und Abrüstungsverträge aus der Zeit des Ost-West-Konflikts zu klammern. Deutschland übernahm zwangsläufig die Rolle eines Vermittlers zwischen den USA bzw. der NATO und Russland. Dies führte dazu, dass die Bundesregierung keine klare Position zur Raketenabwehr einnahm und das Thema in der NATO mehr oder weniger aussaß. Die deutsche Haltung war in der Regel rein reaktiv und defensiv.[4]

[4] Vgl. dazu auch Naumann, Eine Rechnung mit vielen Unbekannten, S. 136.

Die Raketenabwehrpolitik von US-Präsident Obama brachte die Wende. Die USA bezogen das Bündnis nun umfassend mit in die Planungen ein, stimmten einer politischen Kontrolle des Einsatzes der Architekturanteile der USA durch den NATO-Rat zu und eröffneten auch Russland Möglichkeiten, mit der NATO im Bereich der Raketenabwehr zusammenzuarbeiten. So überzeugte Obama in Europa schließlich selbst skeptische Partner wie Deutschland und Frankreich.

Nach jahrelanger Debatte stimmten die Alliierten auf dem NATO-Gipfel in Lissabon 2010 dem Aufbau einer territorialen Flugkörperabwehr für das gesamte Bündnisgebiet zu und die Diskussion im Bündnis über den Sinn der Raketenabwehr wurde offiziell beendet. Dabei spielte auch der Druck, den die USA durch bilaterale Konsultationen der europäischen NATO-Staaten auf die Allianz ausübte, eine wesentliche Rolle. Die Sorge der Bündnispartner vor einer Spaltung der NATO war größer als die vor russischen Einwänden. Das Bündnis passte sich mit dem Beschluss von Lissabon nicht nur an die sicherheitspolitischen Entwicklungen an, sondern änderte auch die Erfordernisse der Abschreckung. Abschreckung und Flugkörperabwehr durften in den strategischen Überlegungen nun nicht mehr getrennt voneinander betrachtet werden. Die konventionellen bzw. nuklearen Offensivpotenziale und defensiven Optionen mussten aufeinander abgestimmt werden, um auch künftig im Rahmen der Sicherheitsvorsorge handlungsfähig zu bleiben. Das Mehrschichtprinzip der angestrebten Architektur, dem zufolge verschiedene Abwehrsysteme in unterschiedlichen Abfangschichten gegen ballistische Flugkörper aller Reichweiten wirken sollten, führte zu fließenden Übergängen zwischen der strategischen und taktischen Ebene – im Angriff wie in der Abwehr. Die Überlegungen zur taktischen Flugkörperabwehr wurden in das Gesamtkonzept zur territorialen Flugkörperabwehr integriert.

2. Zwischen politischer Symbolik und militärischer Relevanz: Die nationale militärische Dimension

Während die Fähigkeit zur Flugkörperabwehr im internationalen militärpolitischen Diskurs nach dem Ende des Ost-West-Konflikts an Bedeutung gewann, verlief die strukturelle Entwicklung der bodengebundenen Luftverteidigung auf nationaler Ebene konträr. Die Wahrnehmung von Bedrohungen und Risiken sowie die im Rahmen der NATO geforderte Fähigkeit zur Erweiterten Luftverteidigung bestimmten fortan die Strukturanpassungen der Flugabwehrraketenverbände. Zugleich bildeten die Einsatzrelevanz von Dienstbereichen und Fähigkeiten im neuen Aufgabenspektrum der Bundeswehr, die begrenzten Finanzmittel sowie die damit einhergehende steigende Konkurrenz zwischen Teilstreitkräften und Dienstbereichen wesentliche Variablen.

Offensichtlich untrennbar verknüpft mit der Landesverteidigung und dem Bedrohungsszenario des Ost-West-Konflikts, verlor die bodengebundene Luftverteidigung zunehmend ihren Stellenwert im deutschen sicherheitspolitischen Denken. Die Fähigkeit zur Flugkörperabwehr entwickelte sich letztendlich zur *raison d'être* des Flugabwehrraketendienstes. Die schrittweise Kampfwertanpassung der Patriot-

Systeme in den Konfigurationsstand »PAC-3/Config. 3« einschließlich der Beschaffung des PAC-3-Lenkflugkörpers sollte für Deutschland der Einstieg in die Grundbefähigung zur Flugkörperabwehr sein. Bei der Umsetzung der einzelnen Teilanpassungen kam es jedoch immer wieder zu Verzögerungen und Einschränkungen. Die Ursachen waren vielfältig. Dass nur zwölf der 36 Patriot-Einsatzsysteme die volle Kampfwertanpassung erhielten, lag am begrenzten Finanzrahmen des Verteidigungshaushalts. Darüber hinaus führten Unstimmigkeiten zwischen den USA und Deutschland hinsichtlich des Austausches sensitiver Technologieinformationen sowie die politische Debatte um das trilaterale Rüstungsprojekt MEADS zu Verzögerungen im Kampfwertanpassungsprogramm Patriot. Erst mit der ersten Teillieferung von PAC-3-Lenkflugkörpern im September 2010 erreichte die Luftwaffe die Anfangsbefähigung zur Abwehr taktisch ballistischer Flugkörper.

Das rückläufige Verteidigungsbudget als zentraler Hemmschuh der Modernisierung der Integrierten Luftverteidigung war kein rein deutsches Phänomen. Nationale Lösungen gerieten gegenüber multinationalen Lösungsansätzen immer mehr ins Hintertreffen. Gemeinsame Entwicklungs- und Beschaffungsmaßnahmen wie das trilaterale Rüstungsvorhaben MEADS, aber auch die gegenseitige Ergänzung von Fähigkeitsprofilen im Bündnis ermöglichten einerseits die Finanzierung neuer technologisch hochkomplexer Waffensysteme. Sie schufen andererseits die notwendige Interoperabilität und Kompatibilität für multinationale Einsätze. Die Geschichte von TLVS/MEADS verdeutlicht, dass eine transatlantische Rüstungskooperation scheiterte, wenn der politische Wille fehlte. Die Verzögerungen des MEADS-Programms resultierten vorrangig aus politischen Versäumnissen sowohl der deutschen als auch der amerikanischen Seite. Die wechselnde Priorisierung von National Missile Defense und Theater Missile Defense führte zu einer ambivalenten Behandlung des MEADS-Programms in den USA. Die deutsche Debatte um das neue Luftverteidigungssystem spiegelte wiederum das Argumentationsmuster der übergeordneten Raketenabwehrdebatte wider.

Obwohl die Abwehr klassischer Luftbedrohungen mit dem Ende des Ost-West-Konflikts an Bedeutung einbüßte, wurde sie in den konzeptionellen Grundlagen der bodengebundenen Luftverteidigung nicht grundsätzlich vernachlässigt. Auch das Waffensystem TLVS/MEADS sollte sowohl gegen ballistische und aerodynamische Flugkörper als auch gegen bemannte Luftfahrzeuge wirken können. Die Luftwaffe hatte stets dargelegt, dass der Betrieb von Hawk aus operativer Sicht zwingend bis zur Einführung von TLVS/MEADS aufrechtzuerhalten sei, um Schwächen von Patriot zu kompensieren. Dennoch waren die letzten deutschen Hawk-Systeme Ende 2005 außer Dienst gestellt worden, um Betriebskosten schnell und dauerhaft zu senken. Folglich schränkte die vorgezogene Außerdienststellung der Waffensysteme Hawk und Roland die Fähigkeiten der Luftwaffe noch weiter ein, die eigenen Kräfte und Mittel gegen das breite Spektrum konventioneller Luftbedrohungen zu schützen. Die Kampfwertanpassungen des Waffensystems Patriot konnten diese Fähigkeitslücke kurzfristig und auch nur teilweise kompensieren. Denn selbst in seiner kampfwertgesteigerten Version wies das Waffensystem in Bezug auf eine umfassende, wirtschaftliche, durchhaltefähige auftrags- und bedrohungsgerechte Auftragserfüllung erhebliche Defizite auf. Die Zukunftsfähigkeit hing daher aus Sicht der Luftwaffe von der Einführung des Luftverteidigungssystems TLVS/MEADS ab.

Die Debatte um die Modernisierung der bodengebundenen Luftverteidigung verdeutlicht ein Dilemma: Auf der einen Seite standen der militärische Bedarf, der sich aus Bedrohungs- und Risikoanalysen ableitete, sowie das zunehmende Bestreben Deutschlands, sicherheits- und verteidigungspolitisch mehr Verantwortung zu übernehmen. Auf der anderen Seite war abzuwägen, was in welcher Höhe tatsächlich finanzierbar war. Das Waffensystem TLVS/MEADS konkurrierte mit anderen wichtigen Rüstungsvorhaben. Dabei drohten immer wieder finanzielle Gesichtspunkte strategische Notwendigkeiten zu verdrängen. Die erheblichen Verzögerungen bei der Kampfwertsteigerung von Patriot und im MEADS-Programm führten dazu, dass die Quantität der bodengebundenen Luftverteidigung reduziert wurde, während die Anpassung der Qualität noch auf sich warten ließ. Insgesamt fehlte es der strukturellen Entwicklung der bodengebundenen Luftverteidigung an Konsequenz und strategischer Ausrichtung. Die Entscheidungen zu den neuen Strukturen sowie zur Modernisierung und Beschaffung von Waffensystemen wurden letztendlich weniger auf der Grundlage einer umfassenden und in die Zukunft gerichteten sicherheitspolitischen Analyse getroffen, sondern vielmehr kurzfristig und reaktiv durch innenpolitische sowie finanzielle Kriterien bestimmt. Der Auftrag und die Aufgaben des Dienstbereichs und die dafür zur Verfügung stehenden Kräfte und Mittel gerieten aus dem Gleichgewicht.

Das Personal und die Waffensysteme der bodengebundenen Luftverteidigung gehörten zu den *critical ressources* der NATO. Für den Verteidigungs- oder Krisenfall im Rahmen des erweiterten Aufgabenspektrums setzten die Bündnispartner in hohem Maße auf die Verfügbarkeit deutscher Luftverteidigungskontingente. Selbst nach der Strukturreform von 2012 nahm Deutschland unverändert eine Vorreiterrolle im Bündnis hinsichtlich der Fähigkeit zur Abwehr ballistischer Flugkörper ein. Patriot bildete das Rückgrat der bodengebundenen Luftverteidigung in Mitteleuropa. Für das deutsche Staatsgebiet existierte allerdings keine unmittelbare Bedrohung durch ballistische Raketen. Sowohl die kampwertgesteigerten Patriot-Systeme als auch TLVS/MEADS waren dafür ausgelegt, ballistische Flugkörper bis zu einer Reichweite von 1000 Kilometern in ihrer Endphase abzufangen. Im Umkreis von 1000 Kilometern um Deutschland gab es keinen Feind mehr. Insbesondere Kritiker der Modernisierung der deutschen bodengebundenen Luftverteidigung bezogen sich immer wieder auf diese Tatsache, verkannten dabei jedoch die bündnispolitische Relevanz. Während die Bedrohung für das deutsche Territorium geringer wurde, gewannen die Verteidigung des Bündnisgebietes sowie der Schutz eigener und verbündeter Streitkräfte im Einsatz außerhalb des Bündnisgebietes an Relevanz. Unbestritten war: Deutsche Soldatinnen und Soldaten mussten sich in Auslandseinsätzen gegen Angriffe mit ballistischen Raketen kurzer Reichweite schützen können. Zwar war der Einsatz deutscher Patriot-Systeme außerhalb des Bündnisgebietes bislang noch kein einziges Mal erforderlich gewesen. Doch der Zweite Golfkrieg, der Irakkrieg oder der Bürgerkrieg in Syrien hatten die Bedrohung durch ballistische Flugkörper für die südliche Peripherie des Bündnisgebietes demonstriert. Bei den existenzbestimmenden Faktoren für die bodengebundene Luftverteidigung der Luftwaffe stand demnach weniger der Schutz Deutschlands an sich, sondern vielmehr die Fähigkeit im Vordergrund, zum Schutz von Bündnispartnern an der Peripherie des NATO-

Territoriums sowie von eigenen und verbündeten Streitkräften in Einsätzen außerhalb des Bündnisgebietes beizutragen.

Mit der potenziell wachsenden Bedrohung durch ballistische Flugkörper und ihrer nun technisch möglichen Abwehr stieg die militärische, politische und psychologische Bedeutung von Abwehrsystemen. Die Anfragen der Türkei sowie der USA im Zuge des Zweiten und Dritten Golfkonflikts sowie des Bürgerkrieges in Syrien machten das unmissverständlich klar. Auch wenn damit auf den ersten Blick die militärische Relevanz von Flugabwehrraketensystemen wie Patriot bestätigt scheint, so überwiegt bei genauerem Hinsehen eindeutig die politische Symbolik. Bei beiden Einsätzen deutscher Luftverteidigungskräfte in der Türkei handelte es sich um Schutzmaßnahmen zur Abschreckung. Die Bundesregierung war stets darauf bedacht, den deutschen militärischen Beitrag so zu gestalten, dass die Gefahr des ›Hineinrutschens‹ in einen Krieg möglichst vermieden wurde. Die Stationierungsorte und die Art der Waffensysteme wurden so gewählt, dass eine Wirkung über die türkische Grenze hinaus in den feindlichen Luftraum von vorneherein ausgeschlossen war. In beiden Einsätzen unterstrich die Bundesregierung immer wieder den rein defensiven Charakter der deutschen Beteiligung. Die Bedrohung für die in der Türkei stationierten deutschen Soldaten war jeweils gering. Im Vordergrund stand, sich als verlässlicher Bündnispartner zu erweisen, ohne tatsächlich in Kämpfe verwickelt zu werden.

Wie in den Debatten um die territoriale Raketenabwehr handelte es sich bei der Stationierung der Patriot-Systeme während des syrischen Bürgerkrieges in der Türkei vorrangig um eine militärische Vorsorge. Dass die deutschen Patriot-Systeme selbst im aktuellen Konfigurationsstand nur eingeschränkt geeignet waren, den Einsatzauftrag im Rahmen von AF TUR zu erfüllen, davon war sowohl in der politischen Debatte um die deutsche Beteiligung als auch in der öffentlichen Berichterstattung nie die Rede. So wirkt es fast surreal, wenn man die ›politische Euphorie‹, einen öffentlichkeitswirksamen Beitrag im Bündnis leisten zu können, mit der Argumentation für die Beschaffung von TLVS/MEADS vergleicht. Befürworter des neuen Luftverteidigungssystems aus den Bereichen Politik und Militär hatten hier immer wieder auf die Schwächen und das Alter des Waffensystems Patriot hingewiesen. Ferner wurde betont, dass selbst mit den kampfwertangepassten Patriot-Systemen und dem PAC-3-Flugkörper lediglich ein Einstieg in die Grundbefähigung zur Flugkörperabwehr erreicht werden könne.

Der Einsatz AF TUR machte deutlich, dass die Kräfte der bodengebundenen Luftverteidigung künftig vielfältige Einsatzprofile würden bedienen müssen. Dazu gehörten zum einen stationäre Einsätze über einen langen Zeitraum wie eben AF TUR, zum anderen aber auch Einsätze zum Schutz von hochmobilen Kräften am Boden. Aus Gründen der Durchhaltefähigkeit und Wirksamkeit mussten Luftverteidigungssysteme künftig mehr denn je den Anforderungen der Flexibilität, Mobilität, Modularität, der Fähigkeit zum autonomen Einsatz sowie der Interoperabilität mit multinationalen Partnern entsprechen. Die Neuausrichtung der Bundeswehr und die damit einhergehende erneute Reduzierung der Personalstärke, der Fähigkeitstransfer der Heeresflugabwehr in die Luftwaffe und der Austritt der USA aus dem trilateralen Rüstungsprogramm MEADS bildeten schließlich die

Rahmenbedingungen, in denen die Kräfte der bodengebundenen Luftverteidigung künftig ein deutlich größeres Aufgabenspektrum mit einem stark reduzierten Personalkörper wahrzunehmen hatten. Während die Strukturen der bodengebundenen Luftverteidigung bereits mit einem Seitenblick auf die Einführung des Waffensystems TLVS/MEADS ausgerichtet wurden, das einen weitaus flexibleren Einsatz von Ressourcen zur Erfüllung des Auftrags ermöglichen sollte, blieb dieses in seiner konzeptionellen Phase stecken. Der stationäre Dauereinsatz bei AF TUR brachte den Dienstbereich schließlich an die Grenzen seiner Belastbarkeit. Vor dem Hintergrund des Ansatzes ›Breite vor Tiefe‹ war die Bundeswehr nun kaum mehr in der Lage, eine von der NATO benötigte militärische Fähigkeit in ausreichendem Maße zur Verfügung zu stellen.

Die technische Wirksamkeit von Raketenabwehrsystemen unter scharfen Einsatzbedingungen ist eher theoretischer Natur. Patriot musste sich erstmals während des Zweiten Golfkrieges im Einsatz gegen eine reale Bedrohung beweisen. Noch vorrangig auf die Abwehr bemannter Luftfahrzeuge ausgelegt, konnte das System in der Funktion Flugkörperabwehr nicht reüssieren. Im Gegensatz zu den Patriot-Systemen der USA haben die deutschen Systeme ihre militärische Leistungsfähigkeit unter realen Einsatzbedingungen bis heute nicht beweisen müssen. Während der Einsatz der deutschen Systeme aufgrund des laufenden Umrüstungsprozesses im Zweiten Golfkrieg noch nicht möglich war und ein weiterer möglicher Einsatz während des Dritten Golfkrieges durch die Bundesregierung abgelehnt wurde, war ein Angriff auf die Türkei zwischen 2013 und 2015, als dort deutsche Patriot-Systeme stationiert waren, im Grunde genommen ausgeschlossen. Unabhängig von der Reichweite der ballistischen Flugkörper kann die Raketenabwehr den Schaden nur begrenzen, aber kaum ganz vermeiden. Ihre politische und psychologische Bedeutung überwiegt ihre militärische Relevanz

3. Ausblick

Zur Beantwortung der Fragestellung sollte in dieser Arbeit der Bogen von der strategischen über die operative bis hin zur taktischen Ebene gespannt und die politischen wie militärischen Aspekte in ihrem Zusammenhang verdeutlicht werden. Die Komplexität des Themas und der lange Zeitraum erlaubten – militärisch gesprochen – nicht mehr, aber auch nicht weniger als einen ›Richtungsschuss‹. Künftige Studien werden das Thema vertiefen, den Kenntnisstand erweitern und gegebenenfalls revidieren. Im Zuge der Bearbeitung stellte sich heraus, dass der konzeptionelle Ansatz zur Erweiterten Luftverteidigung nicht wie zunächst angenommen das Ergebnis der Erfahrungen aus dem Zweiten Golfkrieg war, sondern vielmehr auf europäische Überlegungen in den 1980er Jahren zurückzuführen ist. Diesbezüglich mag aufgrund des zugänglichen Quellenmaterials eine weiterführende wissenschaftliche Betrachtung der Zusammenhänge von politischen und militärischen Aspekten der Raketenabwehr lohnen. Wie bereits in der Einleitung formuliert, bestand die größte Schwierigkeit darin, mit den zahlreichen Splittern aus Quellen, Chroniken, militärischen Fachbeiträgen von Zeitzeugen, Zeitungsartikeln, politikwissenschaftlichen Aufsätzen und Sekundärliteratur ein möglichst lückenloses Mosaik zusammenzusetzen. Mit der Freigabe bislang unzugänglichen Quellenmaterials aus den Archiven der NATO und des Auswärtigen Amtes werden weitere Erkenntnisse und neue Bewertungen zur deutschen Rolle im Bündnis, den Erwartungen der Bündnispartner an Deutschland und zu Differenzen zwischen den einzelnen Mitgliedern möglich sein.

Die Geschichte der deutschen bodengebundenen Luftverteidigung ist kein abgeschlossenes Thema. Die Aktualität spiegelt sich in Ereignissen wie der russischen Annexion der Krim, dem Ende des INF-Vertrags oder auch in neuen Überlegungen für oder gegen eine Realisierung von TLVS wider. Im Zuge der völkerrechtwidrigen Annexion der Krim durch Russland und der folgenden militärischen Auseinandersetzungen in der Ukraine rückte die Landes- und Bündnisverteidigung erstmals nach dem Ende des Ost-West-Konflikts wieder in den Fokus. Nach dem langen und mühsamen Prozess der Ausrichtung der Bundeswehr auf die internationale Konfliktverhütung und Krisenbewältigung wurden erneute konzeptionelle und strukturelle Anpassungen der deutschen Streitkräfte unumgänglich.[5]

Auf das Ende des INF-Vertrages und die russische Stationierung von Mittelstreckenraketen reagierte die NATO mit einem defensiv ausgerichteten Maßnahmenpaket, um die Abschreckungs- und Verteidigungsfähigkeit des Bündnisses zu stärken. Explizit schloss es die gemeinsame Fähigkeit zur Luftverteidigung inklusive der Abwehr ballistischer Flugkörper mittlerer Reichweite ein.[6] Russland verfügt über ein großes Arsenal an nuklearfähigen Kurz- und Mittelstreckensystemen, mit denen der Großteil des NATO-Bündnisgebietes zu erreichen ist.[7] Nach eigenen Angaben aktivierte Russland bereits 2017 zwei Batterien mit Marschflugkörpern des Typs Novator 9M729 (SSC-8 Screwdriver) mit einer geschätzten Reichweite von 2000 bis 2500 Kilometern. Mit in Kaliningrad stationierten ballistischen Kurzstreckenflugkörpern Iskander-M (SS-26 Stone) ist Russland in der Lage, die deutsch-polnische Grenze zu erreichen.[8] Die Nähe des deutschen Territoriums zu einem möglichen militärischen Gegner und die damit einhergehende Unmittelbarkeit einer Bedrohung scheinen sich – ähnlich wie in den 1980er Jahren – nunmehr auf die deutsche Bereitschaft auszuwirken, eine aktivere Rolle im Bündnis bei der Etablierung militärischer Vorsorgemaßnahmen zu übernehmen.[9] Da sich die Kommandozentrale für die NATO-Raketenabwehr in Ramstein befindet und die Luftwaffe im Vergleich zu anderen europäischen NATO-Mitgliedern über ausgebaute Fähigkeiten zur Flugkörperabwehr verfügt, ist von Deutschland durchaus eine zentrale Rolle bei der NATO-Raketenabwehr zu erwarten.

Die Flugkörperabwehr ist eine Fähigkeit, die zum außen- und sicherheitspolitischen Profil Deutschlands passt. Ihr rein defensiver und deeskalierender Charakter unterstreicht die historisch bedingte militärische Zurückhaltung der Bundesrepublik

---

[5] Vgl. Müllner, Luftstreitkräfte in einem starken Bündnis, S. 24; Sievers, Flugabwehr, S. 91.

[6] Vgl. Press Point by NATO Secretary General Jens Stoltenberg on the INF Treaty, 2.8.2019, <nato.int>.

[7] Vgl. Deutscher Bundestag, Drucksache 19/20985 vom 13.7.2020, S. 1 f.

[8] Vgl. Dean, Nachholbedarf, S. 55.

[9] Vgl. auch Biehl, Von der Verteidigung zur Intervention, S. 45.

Deutschland. Gleichzeitig bietet sie aufgrund ihrer Exklusivität innerhalb der NATO die Möglichkeit für Deutschland, im Sinne der Sicherheitsvorsorge einen bedeutenden Beitrag im Bündnis zu leisten – sowohl beim Schutz von Streitkräften im Einsatz als auch bei der territorialen Flugkörperabwehr.

Dem entgegen steht die neueste Entwicklung bei der Realisierung des Waffensystems TLVS. Im Positionspapier zur Bundeswehr der Zukunft vom 9. Februar 2021 kündigten die damalige Verteidigungsministerin Annegret Kramp-Karrenbauer und der Generalinspekteur der Bundeswehr Eberhard Zorn eine umfassende Bewertung des Bereichs bodengebundene Luftverteidigung an. Die Planungen sowie Prioritäten im Dienstbereich und damit auch die Beschaffung bzw. Modernisierung entsprechender Waffensysteme seien zu überprüfen.[10] Am 23. März 2021 unterbreitete das Bundesministerium der Verteidigung dem Parlament einen fachlichen Vorschlag zur künftigen Ausrichtung der bodengebundenen Luftverteidigung, der »kurzfristig« den »Einstieg in die Abwehr von Drohnen unterschiedlicher Größe und langfristig die Modernisierung der gesamten bodengebundenen LV«[11] vorsah. Es sei beabsichtigt, das Waffensystem Patriot ab 2023 weiter zu modernisieren, um die Fähigkeit zur Abwehr ballistischer Flugkörper zumindest bis 2030 sicherzustellen. Eine akute Fähigkeitslücke bestehe allerdings bei der mobilen Flug- und Drohnenabwehr. Eine Erstbefähigung des Luftverteidigungssystems für den Nah- und Nächstbereichsschutz (LVS NNbS) werde bis spätestens 2026 angestrebt, um das leichte Flugabwehrsystem Ozelot zu ersetzen. Dieses Vorhaben habe höchste Priorität.[12] Darüber hinaus heißt es:

> »Das Taktische Luftverteidigungssystem (TLVS) ist planerisch nachrangig gegenüber dem LVS NNbS und derzeit nicht im Fokus. TLVS wird – eine erfolgreiche Entwicklung vorausgesetzt – frühestens ab dem Jahr 2031 als Nachfolgesystem für Patriot verfügbar sein. Eine Realisierung von TLVS unter den aktuellen Ansätzen des Einzelplans 14 ist insbesondere aufgrund des hohen Finanzbedarfs von rund 13 Mrd € derzeit fraglich. Die für die Fähigkeiten ab 2030 erforderlichen Schritte sind daher in dieser Legislaturperiode wahrscheinlich nicht entscheidungsreif.«[13]

Das einstige Leuchtturmprojekt transatlantischer Rüstungskooperation droht damit auch national zu scheitern. Zwangsläufig stellt sich die Frage: Bedeutet eine negative Entscheidung, auf nationaler Ebene langfristig die Fähigkeiten der bodengebundenen Luftverteidigung einzubüßen? Oder vermag die nun steigende Relevanz der Fähigkeit zum Nah- und Nächstbereichsschutz, sollte sie in der Luftwaffe verbleiben, künftig die Existenz des Dienstbereichs zu sichern? Die Antwort darauf hält die Zukunft bereit.

---

10 Positionspapier: Gedanken zur Bundeswehr der Zukunft, 9.2.2021.

11 Grundsätzliches zur bodengebundenen Luftverteidigung. In: Griephan Briefe, Fachinformationen zum Geschäftsfeld, 57 (2021), 13, S. 1.

12 Vgl. BMVg, Pressemitteilung 16/2021: Verteidigungsministerium legt fachlichen Vorschlag zur »bodengebundenen Luftverteidigung« vor, Berlin, 23.3.2021, <www.bmvg.de/de/presse/vorschlag-bodengebundenen-luftverteidigung-5044188> (letzter Zugriff 9.2.2022).

13 Grundsätzliches zur bodengebundenen Luftverteidigung. In: Griephan Briefe, Fachinformationen zum Geschäftsfeld, 57 (2021), 13, S. 1 f.

Dank

Die vorliegende Studie wurde im Jahr 2021 von der Philosophischen Fakultät der Universität Potsdam als Dissertation angenommen. Ich danke meinem Doktorvater apl. Prof. Dr. Dieter Krüger, Potsdam, der dieses Forschungsvorhaben stets mit einem kritischen Blick, doch mit viel Herzblut und immer einem Wort der Ermutigung begleitet hat, und Prof. Dr. Carlo Masala von der Universität der Bundeswehr München, der die Zweitbetreuung übernommen hat.

Für die Möglichkeit der Promotion, für fachliche und moralische Unterstützung auf diesem Weg sowie für die vielfältigen Hinweise, für Kritik und Inspiration danke ich Oberst Jörg Sievers, Oberstleutnant Thomas Schmitz, Oberst Dr. Frank Hagemann, Generalleutnant a.D. Dieter Naskrent, Generalmajor Lutz Kohlhaus, Generalleutnant a.D. Norbert Finster, Generalmajor a.D. Robert Löwenstein, Oberst i.G. Thorsten Ilg, Oberstleutnant i.G. Markus Müller, Prof. Dr. Sönke Neitzel, Oberstleutnant Dr. Jochen Maurer, Dr. Anja Seiffert, Oberstleutnant PD Dr. John Zimmermann, Oberstleutnant Dr. habil. Rudolf Schlaffer, Oberstleutnant Dr. Heiner Möllers, Hauptmann Helene Heldt, Hauptmann Severin Pleyer, Dr. Henning de Vries, Henry Häntzschel und meinem Vater Richard Hartung.

Den Mitarbeiterinnen und Mitarbeitern in den Archiven, der Bibliothek des Zentrums für Militärgeschichte und Sozialwissenschaften der Bundeswehr (ZMSBw) und des Fachinformationszentrums der Bundeswehr sowie dem Kommando Luftwaffe 2 IIb und 4 IIb danke ich für die Unterstützung bei der Recherche und die Nutzung von (Archiv-)Quellen. Danken möchte ich darüber hinaus dem Fachbereich Publikationen des ZMSBw, namentlich Michael Thomae, Christine Mauersberger und Frank Schemmerling für Lektorat, Satz und die Anfertigung von Karten und Grafiken.

Mein ganz besonderer Dank gilt Generalmajor a.D. Servatius Maeßen für seine fachliche Begleitung, aber insbesondere für seine unermüdliche Unterstützung in moralischer Hinsicht einschließlich der regelmäßigen Versorgung mit Schokolade vom ersten Tag an und über alle Phasen der Arbeit hinweg.

Friederike Hartung

Abkürzungen

AAS	Aerospace Application Study
ABC	Atomar Biologisch Chemisch
ABM	Anti Ballistic Missile
AC	Allied Air Command
ACCS	Air Control & Command System
ACDP	Archiv für Christlich Demokratische Politik
ACE	Allied Command Europe
a.d.D.	auf dem Dienstweg
AF TUR	Active Fence Turkey
AFU	Assault Fire Unit
AGARD	Advisory Group for Aerospace Research and Development
AGV	Arbeitsgruppe Verteidigungspolitik
AIN	Ausrüstung, Informationstechnik und Nutzung
ALTBMD	Active Layered Theatre Ballistic Missile Defence
AMD	Allied Missile Defense
AMDC	Air and Missile Defence Committee
AMF	Allied (Command Europe) Mobile Force
AMRAAM	Advanced Medium Range Air-to-Air Missile
APuZ	Aus Politik und Zeitgeschichte
ASMZ	Allgemeine Schweizerische Militärzeitschrift
ATAF	Allied Tactical Air Force
ATBM	Anti Tactical Ballistic Missile
ATM	Anti Tactical Missile
AWACS	Airborne Early Warning and Control System
AWE	Auswahlentscheidung
Az	Aktenzeichen
BEGrpZLV	Berichterstattergruppe Zukünftige Luftverteidigung
BMC3I	Battlefield Management and Command, Control, Communications and Intelligence
BMD	Ballistic Missile Defense
BMDO	Ballistic Missile Defense Organization
BMDOC	Ballistic Missile Defense Operations Centre
BMVg	Bundesministerium der Verteidigung
BND	Bundesnachrichtendienst
BRH	Bundesrechnungshof
BV	Bündnisverteidigung

BWC	Biological and Toxin Weapons Convention
CAOC	Combined Air Operations Centre
CCF	Conventional Counter Force
CC SBAMD	Competence Centre for Surface Based Air and Missile Defence
CEP	Circular Error Probable
CIA	Central Intelligence Agency
CJSOR	Combined Joint Statement of Requirement
CM	Cruise Missile
Config.	Configuration
C-RAM	Counter-Rocket, Artillery and Mortar
ČSSR	Čechoslovenska Socialistická Republika (Tschechoslowakische Sozialistische Republik)
CWC	Chemical Weapons Convention
C2BMC	Command and Control, Battle Management, Communications
DCI	Defensive Counterproliferation Initiative
DDR	Deutsche Demokratische Republik
DGAP	Deutsche Gesellschaft für Auswärtige Politik
DIP	Dokumentations- und Informationssystem für Parlamentarische Vorgänge
DPC	Defence Planning Committee
DST	Defense and Space Talks
EAD	Extended Air Defence
EADS	European Aeronautic Defence and Space
EADTF	Extended Air Defence Task Force
EAKK	Einsatzvorbereitende Ausbildung für die Konfliktverhütung und Krisenbewältigung
EDI	European Defense Initiative
EKV	Exoatmospheric Kill Vehicle
ELV	Erweiterte Luftverteidigung
EMD	European Midcourse Defense
EPAA	European Phased Adaptive Approach
ESuT	Europäische Sicherheit und Technik
EU	Europäische Union
EUREKA	Europäische Forschungskoordinationsagentur
EW/BM/C 3 I	Early Warning/Battle Management/Command, Control, Communication & Information
FE	Feuereinheit
FFF	Fähigkeitslücke und Funktionale Forderung
FIZBw	Fachinformationszentrum der Bundeswehr
FlaRak	Flugabwehrraketen
FOIA	Follow On Implementing Amendment
FRK	Flugabwehrsystem Roland Kette
FRR	Flugabwehrsystem Roland Rad
FSAF	Famille de Systèmes Sol-Air Futures
FüL	Führungsstab der Luftwaffe

FüS	Führungsstab Streitkräfte
GBI	Ground Based Interceptor
GMD	Ground-based Midcourse Defense System
GPALS	Global Protection Against Limited Strikes
GPS	Global Protection System
GSZBw	Gemeinsame Sicherheit und Zukunft der Bundeswehr
GUS	Gemeinschaft unabhängiger Staaten
HCOC	Hague Code of Conduct against the Proliferation of Ballistic Missiles
HQ	Headquarters
HSFK	Hessische Stiftung Friedens- und Konfliktforschung
HVK	Hauptverteidigungskräfte
ICBM	Intercontinental Ballistic Missile
ICC	Information and Coordination Central
IFF	Identification Friend Foe
IFSH	Institut für Friedensforschung und Sicherheitspolitik
INF	Intermediate Range Nuclear Forces
IR	Infrared
IRBM	Intermediate Range Ballistic Missile
IRIS-T (SL)	Infra Red Imaging System Tail/Thrust-controlled (Surface Launched)
IS	Islamischer Staat
ISA	Institut für Strategische Analysen
ISAF	International Security Assistance Force
KDV	Kriegsdienstverweigerung
KFOR	Kosovo Force
KRK	Krisenreaktionskräfte
KSE	Konventionelle Streitkräfte Europa
KWA	Kampfwertanpassung
leFlaSys	Leichtes Flugabwehrsystem
LFK	Lenkflugkörper
LÜR	Luftraumüberwachungsradar
LV	Landesverteidigung
LV Sys NG	Luftverteidigungssystem Neuer Generation
LVVbd	Luftverteidigungsverbund
MANTIS	Modular, Automatic and Network capable Targeting and Interception System
MC	Military Committee
MDA	Missile Defense Agency
MEADS	Medium Extended Air Defense System
MGFA	Militärgeschichtliches Forschungsamt der Bundeswehr
MoU	Memorandum of Understanding
MRBM	Medium Range Ballistic Missile
MSAM	Medium Range Surface to Air Missile
MSE	Missile Segment Enhancement

MTCR	Missile Technology Control Regime
MTZ	Militärisch Technische Zielsetzung
MVW	Massenvernichtungswaffe
NADC	NATO Air Defence Committee
NADGE	NATO Air Defence Ground Environment
NAMEADSMA	NATO MEADS Management Agency
NATINADS	NATO Integrated Air Defence System
NATINEADS	NATO Integrated Extended Air Defence System
NATINAMDS	NATO Integrated Air and Missile Defence System
NATO	North Atlantic Treaty Organization
NEMP	Nuclear Electromagnetic Pulse
NIE	National Intelligence Estimate
NMD	National Missile Defense
NRF	NATO Response Force
NVA	Nationale Volksarmee
OCA	Offensive Counter Air
OMLT	Operational Mentoring and Liaison Team
OSZE	Organisation für Sicherheit und Zusammenarbeit in Europa
OVCW	Organisation für das Verbot chemischer Waffen
PAC	Patriot Advanced Capability
PKK	Partiya Karkerên Kurdistanê (Arbeiterpartei Kurdistans)
PSI	Proliferation Security Initiative
QRP	Quick Response Program
RCS	Radar Cross Section
SACEUR	Supreme Allied Commander Europe
SALT	Strategic Arms Limitation Talks
SAM	Surface to Air Missile
SAM-D	Surface to Air Missile Development
SAMOC	Surface to Air Missile Operation Centre
SAMP-T	Surface/Sol Air Moyenne Portée Terrestre
SAR	Search and Rescue
SBIRS	Space Based Infrared System
SDI	Strategic Defense Initiative
SDIO	Strategic Defense Initiative Organization
SHAPE	Supreme Headquarters Allied Powers Europe
SLBM	Submarine Launched Ballistic Missile
SM	Standard Missile
SRBM	Short Range Ballistic Missile
STAN	Stärke- und Ausrüstungsnachweisung
START	Strategic Arms Reduction Treaty
STSS	Space Tracking and Surveillance System
SWP	Stiftung Wissenschaft und Politik
TaF	Taktische Forderung
TBM	Tactical Ballistic Missile
THAAD	Theater High Altitude Area Defense

TLVS	Taktisches Luftverteidigungssystem
TMD	Theater Missile Defense
TNF	Theater Nuclear Forces
UAV	Unmanned Aerial Vehicle
UdSSR	Union der Sozialistischen Sowjetrepubliken
VA	Verteidigungsausschuss
VHF	Very High Frequency
VN	Vereinte Nationen
VPR	Verteidigungspolitische Richtlinien
WEU	Westeuropäische Union

Quellen und Literatur

1. Unveröffentlichte Quellen

a) Archiv für Christlich Demokratische Politik, Sankt Augustin (ACDP)

Abteilung Medienanalyse und -archiv

b) Bundesarchiv, Abteilung Militärarchiv, Freiburg i.Br. (BArch)

BH 9–43	Heerestruppenbrigade
BH 18	Formationen der Heeresflugabwehrtruppe
BL 1	Bundesministerium der Verteidigung – Führungsstab der Luftwaffe
BL 10	Formationen der Flugabwehrraketentruppe
BL 28	Luftwaffenunterstützungskommando
BW 1	Bundesministerium der Verteidigung – Leitung, zentrale Stäbe, zivile Abteilungen
BW 2	Bundesministerium der Verteidigung – Generalinspekteur und Führungsstab der Streitkräfte
BW 107	Active Fence Turkey (AF TUR) – Deutsche Einsatzkontingente

c) Parlamentsarchiv des Deutschen Bundestages, Berlin

Bestand 3119	Ausschuss für Verteidigung, 12. bis 16. Wahlperiode

2. Digitale Archive

a) Dokumentations- und Informationssystem für Parlamentsmaterialien (Bundestag und Bundesrat)

<http://dip21.bundestag.de/>
(letzter Zugriff auf die Links der folgenden Dokumente am 9.2.2022)

Drucksache 12/487 vom 8.5.1991, Bericht der Bundesregierung über legale und illegale Waffenexporte in den Irak und die Aufrüstung des Irak durch Firmen der Bundesrepublik Deutschland
Drucksache 12/2200 vom 12.3.1992, Unterrichtung durch den Wehrbeauftragten. Jahresbericht 1991
Drucksache 14/3378 vom 16.5.2000, Für eine gemeinsame europäische Position in der Frage der Raketenabwehr (National Missile Defense)
Drucksache 14/3572 vom 8.6.2000, Haltung der Bundesregierung zu den US-Plänen einer nationalen Raketenabwehr
Drucksache 14/6802 vom 15.8.2001, Planungen zu einem Taktischen Luftverteidigungssystem (TLVS/MEADS)
Drucksache 15/5336 vom 20.4.2005, Keine deutsche Beteiligung an MEADS
Drucksache 16/4710 vom 19.3.2007, Konsequenzen der Raketenabwehrsysteme der NATO und der USA für die nukleare Abrüstung und die europäische Sicherheit
Drucksache 17/9044 vom 21.3.2012, Zur Ausgestaltung des Raketenabwehrsystems der NATO
Drucksache 17/11783 vom 6.12.2012, Antrag der Bundesregierung zur Entsendung bewaffneter deutscher Streitkräfte zur Verstärkung der integrierten Luftverteidigung der NATO auf Ersuchen der Türkei und auf Grundlage des Rechts auf kollektive Selbstverteidigung (Artikel 51 der Charta der Vereinten Nationen) sowie des Beschlusses des Nordatlantikrates vom 4. Dezember 2012
Drucksache 17/11892 vom 12.12.2012, Beschlussempfehlung und Bericht des Auswärtigen Ausschusses (3. Ausschuss) zu dem Antrag der Bundesregierung – Drucksache 17/11783 – Entsendung bewaffneter deutscher Streitkräfte zur Verstärkung der integrierten Luftverteidigung der NATO auf Ersuchen der Türkei und auf Grundlage des Rechts auf kollektive Selbstverteidigung (Artikel 51 der Charta der Vereinten Nationen) sowie des Beschlusses des Nordatlantikrates vom 4. Dezember 2012
Drucksache 17/11956 vom 20.12.2012, Abrüstungs- und Rüstungskontrollpolitik
Drucksache 17/13515 vom 15.5.2013, Kenntnisstand der Bundesregierung zu Grenzzwischenfällen im Syrien-Konflikt
Drucksache 18/262 vom 8.1.2014, Antrag der Bundesregierung zur Fortsetzung der Entsendung bewaffneter deutscher Streitkräfte zur Verstärkung der integrierten Luftverteidigung der NATO auf Ersuchen der Türkei und auf Grundlage des Rechts auf kollektive Selbstverteidigung (Artikel 51 der Charta der Vereinten Nationen) sowie des Beschlusses des Nordatlantikrates vom 4. Dezember 2012

Drucksache 18/3698 vom 7.1.2015, Antrag der Bundesregierung zur Fortsetzung der Entsendung bewaffneter deutscher Streitkräfte zur Verstärkung der integrierten Luftverteidigung der NATO auf Ersuchen der Türkei und auf Grundlage des Rechts auf kollektive Selbstverteidigung (Artikel 51 der Charta der Vereinten Nationen) sowie des Beschlusses des Nordatlantikrates vom 4. Dezember 2012

Drucksache 18/3750 vom 27.1.2015, Unterrichtung durch den Wehrbeauftragten, Jahresbericht 2014 (56. Bericht)

Drucksache 18/4647 vom 17.4.2015, Rolle der Türkei im Bürgerkrieg in Syrien und Auswirkungen auf die NATO-Operation Active Fence

Drucksache 18/5896 vom 31.8.2015, Luftangriffe der Türkei

Drucksache 18/8904 vom 5.7.2016, NATO-Gipfel in Warschau am 8. und 9. Juli 2016

Drucksache 19/20985 vom 13.7.2020, Das Ende des INF-Vertrages und die Zukunft der NATO-Luftverteidigung

b) Einsatzdatenbank der Bundeswehr im Intranet

InfoSys EEBw (Zugriff nur für Angehörige der Bundeswehr)

c) North Atlantic Treaty Organization (NATO)

<www.nato.int/>, <www.nato-pa.int/>
(letzter Zugriff auf die folgenden Links am 9.2.2022, wenn nicht anders angegeben)

Active Engagement – Modern Defence. Strategic Concept for the Defence and Security of the Members of the North Atlantic Treaty Organization. Adopted by Heads of State and Government at the NATO Summit in Lisbon, 19.11.2010, <www.nato.int/cps/en/natohq/topics_82705.htm?>

The Alliance's New Strategic Concept. Agreed by the Heads of State and Government participating in the Meeting of the North Atlantic Council, 7./8.11.1991, <www.nato.int/cps/en/natohq/official_texts_23847.htm>

The Alliance's Strategic Concept. Approved by the Heads of State and Government participating in the meeting of the North Atlantic Council in Washington, DC, 24.4.1999, <www.nato.int/docu/pr/1999/p99-065e.htm>

The Brussels Summit Declaration. Declaration of the Heads of State and Government participating in the meeting of the North Atlantic Council, 11.1.1994, <www.nato.int/cps/en/natohq/official_texts_24470.htm?mode=pressrelease>

Bucharest Summit Declaration. Issued by the Heads of State and Government participating in the meeting of the North Atlantic Council in Bucharest, 3.4.2008, <www.nato.int/cps/en/natolive/official_texts_8443.htm?selectedLocale=en>

Building a Euro-Atlantic Security Architecture. Speech by NATO Secretary General Anders Fogh Rasmussen at the Brussels Forum 2010, organised by the German Marshall Fund, Brussels, Belgium, 27.3.2010, <www.nato.int/cps/en/natolive/opinions_62395.htm#top>

Chicago Summit Declaration. Issued by the Heads of State and Government participating in the meeting of the North Atlantic Council in, 20.5.2012, <www.nato.int/cps/en/natohq/official_texts_87593.htm?selectedLocale=en>

Closing press conference by NATO Secretary General Anders Fogh Rasmussen at the Summit meetings of Heads of State and Government, Lisbon, Portugal, 20.11.2010, <www.nato.int/cps/en/natolive/opinions_68887.htm>

Missile Defence Fact Sheet, 19.4.2007, <www.nato.int/docu/pr/2007/p070418e.pdf>

NATO in the 21st Century, 2.10.1998, <www.nato-pa.int/download-file?filename=/sites/default/files/2018-11/1998%20-%20NATO%20IN%20THE%2021ST%20CENTURY%20-%20PRESIDENTIAL%20REPORT.pdf>

NATO Review Magazine, NATO Review topical page about: Missile defence, <www.nato.int/docu/review/Topics/EN/Missile-defence.htm> (letzter Zugriff 24.5.2020)

Prague Summit Declaration. Issued by the Heads of State and Government participating in the meeting of the North Atlantic Council in Prague, Czech Republic, 21.11.2002, <www.nato.int/cps/en/natohq/official_texts_19552.htm?>

Press Point by NATO Secretary General Jens Stoltenberg on the INF Treaty, 2.8.2019, <www.nato.int/cps/en/natohq/opinions_168183.htm>

Rome Declaration on Peace and Cooperation. Issued by the Heads of State and Government participating in the meeting of the North Atlantic Council in Rome, 8.11.1991, <www.nato.int/docu/comm/49-95/c911108a.htm>

Statement by NATO Foreign Ministers, 1.4.2014, <www.nato.int/cps/en/natohq/news_108501.htm>

Strasbourg/Kehl Summit Declaration. Issued by the Heads of State and Government participating in the meeting of the North Atlantic Council in Strasbourg/Kehl, 4.4.2009, <www.nato.int/cps/en/natolive/news_52837.htm?selectedLocale=en>

Warsaw Summit Communiqué. Issued by the Heads of State and Government participating in the meeting of the North Atlantic Council in Warsaw, 9.7.2016, <www.nato.int/cps/en/natohq/official_texts_133169.htm>

d) Persönliches Archiv von Winfried Nachtwei, MdB 1994–2009 (Bündnis 90/Die Grünen)

<www.nachtwei.de/>

e) United Nations (UN)

<www.un.org/>

3. Zeitzeugeninterviews

Finster, Norbert, Generalleutnant a.D., ehemaliger Angehöriger der Flugabwehrraketentruppe der Luftwaffe und zuletzt Stellvertreter des Inspekteurs der Luftwaffe, 31.1.2018 (»Fähigkeitstransfer Luftverteidigung. Ein persönlicher Beitrag zu Hintergründen und Entwicklungen«)

Löwenstein, Robert, Generalmajor a.D., ehemaliger Angehöriger der Flugabwehrraketentruppe der Luftwaffe und zuletzt Stellvertreter des Kommandierenden Generals und Chef des Stabes Luftwaffentruppenkommando, 4.5.2016 und 1.8.2017

Maeßen, Servatius, Generalmajor a.D., ehemaliger Angehöriger der Flugabwehrraketentruppe der Luftwaffe und zuletzt Amtschef Luftwaffenamt, Begleitung des Projekts von 2017 bis 2021

Sievers, Jörg, Oberst i.G., Angehöriger der Flugabwehrraketentruppe der Luftwaffe, 2015 bis 2018 Referent für Militärpolitik bei der Ständigen Vertretung der Bundesrepublik Deutschland zur NATO und deutscher Vertreter im Air und Missile Defence Committee (AMDC) sowie im Defence Policy and Planning Committee (DPPC), seit 2021 Kommodore des Flugabwehrraketengeschwaders 1 in Husum, Begleitung des Projekts von 2017 bis 2021

4. Gedruckte und online gestellte Quellen und Literatur

(letzter Zugriff auf die im Folgenden angeführten Links am 9.2.2022, wenn nicht anders angegeben)

AAPD *siehe* Akten zur Auswärtigen Politik der Bundesrepublik Deutschland

Abrüstung und Rüstungskontrolle. Hrsg. vom Auswärtigen Amt, Bonn 1990

Adomeit, Hannes, und Alexander Bitter, Russland und die Raketenabwehr. Wer spaltet wen? Berlin 2007 (= SWP-Studie)

Agüera, Martin, Die Zukunft der NATO liegt in Europas Händen. In: Die Zukunft der NATO, S. 107–110

Ahrens, Hans-Werner, Die Transportflieger der Luftwaffe 1956 bis 1971. Konzeption – Aufbau – Einsatz, Berlin 2019 (= Schriften zur Geschichte der Deutschen Luftwaffe, 18)

Air Defense System to Repulse Air Attack. Ed. by Military Parade's analytical group. In: Military Parade, 34 (1999), 4, S. 36–40

Air Power History. Turning Points from Kitty Hawk to Kosovo. Ed. by Sebastian Cox and Peter Gray, London [u.a.] 2002

Akten zur Auswärtigen Politik der Bundesrepublik Deutschland 1985, Bd 1: 1. Januar bis 30. Juni 1985. Hrsg. im Auftrag des Auswärtigen Amts vom Institut für Zeitgeschichte, Berlin, Boston 2016

Akten zur Auswärtigen Politik der Bundesrepublik Deutschland 1985, Bd 2: 1. Juli bis 31. Dezember 1985. Hrsg. im Auftrag des Auswärtigen Amts vom Institut für Zeitgeschichte, Berlin, Boston 2016

Akten zur Auswärtigen Politik der Bundesrepublik Deutschland 1986, Bd 1: 1. Januar bis 30. Juni 1986. Hrsg. im Auftrag des Auswärtigen Amts vom Institut für Zeitgeschichte, Berlin, Boston 2017

Akten zur Auswärtigen Politik der Bundesrepublik Deutschland 1986, Bd 2: 1. Juli bis 31. Dezember 1986. Hrsg. im Auftrag des Auswärtigen Amts vom Institut für Zeitgeschichte, Berlin, Boston, 2017

Akten zur Auswärtigen Politik der Bundesrepublik Deutschland 1987, Bd 1: 1. Januar bis 30. Juni 1987. Hrsg. im Auftrag des Auswärtigen Amts vom Institut für Zeitgeschichte, Berlin, Boston 2018

Akten zur Auswärtigen Politik der Bundesrepublik Deutschland 1987, Bd 2: 1. Juli bis 31. Dezember 1987. Hrsg. im Auftrag des Auswärtigen Amts vom Institut für Zeitgeschichte, Berlin, Boston 2018

Aktive Luftverteidigung. Hrsg. von Hans H. Gustke, Bonn 1959

Altmann, Jürgen, SDI für Westeuropa? Abwehrsysteme gegen Kurz- und Mittelstreckenraketen und ihre Auswirkungen. In: Die militärische Eroberung des Weltraums, S. 481–513

Am Rande Europas? Der Balkan – Raum und Bevölkerung als Wirkungsfelder militärischer Gewalt. Im Auftrag des Militärgeschichtlichen Forschungsamtes hrsg. von Bernhard Chiari und Gerhard P. Groß, München 2009 (= Beiträge zur Militärgeschichte, 68)

Amerikanische Raketenabwehr in Europa. Notwendigkeit, Bedingungen, Akzeptanz. Hrsg. von Stefan Raabe, Warschau 2008 (= Rapporte der Konrad-Adenauer-Stiftung)

Andresen, Knud, Linde Apel und Kirsten Heinsohn, Es gilt das gesprochene Wort. Oral History und Zeitgeschichte heute, Göttingen 2015

Arms Control and Missile Proliferation in the Middle East. Ed. by Bernd W. Kubbig and Sven-Eric Fikenscher, New York 2012

Auftrag Auslandseinsatz. Neueste Militärgeschichte an der Schnittstelle von Geschichtswissenschaft, Politik, Öffentlichkeit und Streitkräften. Im Auftrag des Militärgeschichtlichen Forschungsamtes hrsg. von Bernhard Chiari, Freiburg i.Br., Berlin, Wien 2012 (= Neueste Militärgeschichte. Analyse und Studien, 1)

Die Außenbeziehungen der DDR. Hrsg. von G. Gutmann und M. Haendcke-Hoppe, Heidelberg 1981 (= Jahrbuch der Gesellschaft für Deutschlandforschung 1980)

Die Außenpolitik der USA. Präsident Obamas neuer Kurs und die Zukunft der transatlantischen Beziehungen. Hrsg. von Reinhard C. Meier-Walser, München 2009 (= Berichte & Studien der Hanns-Seidel-Stiftung, 89)

Baacke, Michael, Raketenabwehr. Analyse und Bewertung. In: ES&T, 1/2015, S. 53–54

Bahnemann, Jörg, Luftverteidigung 2000. Probleme und politische Rahmenbedingungen. In: Europäische Sicherheit, 42 (1993), 8, S. 407–412

Bailey, Ronald H., Der Luftkrieg in Europa, Amsterdam 1981

Ballistic and Cruise Missile Threat. Ed. by Defense Intelligence Ballistic Missile Analysis Committee, Wright-Patterson Air Force Base, OH 2017

Ballistic Missile Defense Review Report. Ed.: Department of Defense of the United States of America, Washington, DC 2010
Ballistic Missile Defense Technologies. Ed.: U.S. Congress, Office of Technology Assessment, Washington, DC 1985
Ballistic Missiles. The Threat and the Response. Ed. by Arieh Stav, London, Washington, DC 1999
Bange, Oliver, SS-20 und Pershing II. Waffensysteme und Dynamisierung der Ost-West-Beziehungen. In: »Entrüstet Euch!«, S. 71–87
Barnaby, Frank, Restrained Reply. Defying a limited ballistic missile attack: Resurgent interest prompts a rethink on ballistic missile defense. In: Jane's International Defence Review, 31 (1998), 6, S. 69–73
Bauer, Thomas, und Martin Agüera, MEADS ist unverzichtbar. Kritische Auseinandersetzung mit der Debatte um das Luftabwehrraketensystem, München 2005
Beal, Clifford, Racing to meet the ballistic missile threat. In: International Defense Review, 26 (1993), 3, S. 209–215
Behrendt, Hans-Günter, Flugabwehr in Deutschland, 2021
Beitzel, Udo, Ein Beitrag zur Geschichte der Heeresflugabwehr. In: Luftwaffe und Luftverteidigung, S. 145–152
Bell, Robert G., Addressing NATO's missile defence challenges. In: NATO's Nations and Partners for Peace, 49 (2004), 4, S. 80–84
Berndt, Helmut, Wo die Mikrosekunde zählt. NADGE und die Luftverteidigung der westlichen Welt. In: Zivilverteidigung – Forschung, Technik, Organisation, Strategie, 2 (1971), 4, S. 9–11
Bernsmann, Hans-Peter, Luftschutz vom Feinsten. In: Truppenpraxis, 38 (1994), 2, S. 177–181
Bestandsaufnahme. Die Bundeswehr an der Schwelle zum 21. Jahrhundert. Hrsg. vom Bundesministerium der Verteidigung, Bonn 1999
Biehl, Heiko, Von der Verteidigung zur Intervention – und zurück? In: ADLAS. Magazin für Außen- und Sicherheitspolitik, 9 (2015), 3, S. 40–45
Biehl, Heiko, Von der Verteidigungs- zur Interventionsarmee. Konturen eines gehemmten Wandels. In: Streitkräfte im Einsatz, S. 9–20
Bierling, Stephan, Geschichte des Irakkriegs. Der Sturz Saddams und Amerikas Albtraum im Mittleren Osten, München 2010
Das Bild der deutschen Marine in den Medien von der Jahrhundertwende bis heute. 33. Historisch-Taktische Tagung der Flotte 1993, Wilhelmshaven 1993
Birk, Eberhard, Giulio Douhet und seine Architektur von »Luftherrschaft«. In: Luftwaffe und Luftkrieg, S. 86–114
Bitter, Alexander, Die Nato und die Raketenabwehr. Implikationen für Deutschland vor dem Gipfel in Bukarest 2008, Berlin 2007 (= SWP-Studie, S 2007/29)
Black, Jeremy, Air power. A global history, London [u.a.] 2016
Bleckmann, Marianne, Thomas Dorenwendt und Peter Tautkus, Chronologie der Kriege 1990/91. In: Das Kriegsjahr 1991, S. 123–137
Bockstette, Carsten, Active Fence Turkey. Erfahrungen und Perspektiven für die bodengebundene Luftverteidigung. In: ES&T, 4/2015, S. 40–42

Böckenförde, Stephan, Grundzüge der Sicherheitspolitik der Bundesrepublik Deutschland. In: Deutsche Verteidigungspolitik, S. 25–53

Böing, André, Die außenpolitische Debatte in Deutschland um die US-amerikanischen Pläne für eine Raketenabwehr, Magisterarbeit, Münster 2002

Böing, André, Die außenpolitischen Debatten in Deutschland um die Raketenabwehrpläne der USA und der NATO während der Amtszeiten der Regierungen Merkel (2005–2017). Eine Analyse im Lichte der Spannungsverhältnisse »Westintegration« und »Ostpolitik«, Münster 2018 (= Wissenschaftliche Schriften der WWU Münster. Reihe VII, 27)

Bölker, Andreas, Der Krieg findet künftig im Saal statt. Übungsmöglichkeiten für die Abwehr taktisch-ballistischer Flugkörper in Europa. In: Europäische Sicherheit, 48 (1999), 1, S. 17–21

Boog, Horst, Die deutsche Luftwaffenführung 1935–1945. Führungsprobleme, Spitzengliederung, Generalstabsausbildung, Stuttgart 1982 (= Beiträge zur Militär- und Kriegsgeschichte, 21)

Boog, Horst, Gerhard Krebs und Detlef Vogel, Das Deutsche Reich in der Defensive. Strategischer Luftkrieg in Europa, Krieg im Westen und in Ostasien 1943–1944/45, Stuttgart, München 2001 (= Das Deutsche Reich und der Zweite Weltkrieg, 7)

Boog, Horst, Führungsdenken in der Luftwaffe im Zweiten Weltkrieg. In: Operatives Denken und Handeln, S. 183–206

Boog, Horst, Strategischer Luftkrieg in Europa und Reichsluftverteidigung 1943–1944. In: Das Deutsche Reich in der Defensive, S. 3–415

Both, Jochen, German Ground Based Air Defence. In: Military Technology, 31 (2007), 4, S. 13–15

Brandherd Irak. US-Hegemonieanspruch, die UNO und die Rolle Europas. Hrsg. von Bernd W. Kubbig, Frankfurt a.M., New York 2003

Brauch, Hans Günter, Oliver Thränert und Harald Müller, Das Militärpotential des Irak. In: Krieg und Frieden am Golf, S. 66–75

Brauch, Hans Günter, From SDI to EDI – Elements of a European Defence Architecture. In: Star Wars and European Defence, S. 436–499

Brauch, Hans Günter, SDI – The Political Debate in the Federal Republic of Germany. In: Star Wars and European Defence, S. 66–233

Breitwieser, Thomas, Von der Landesverteidigung zum weltweiten Einsatz. Änderungen im Verständnis des Grundgesetzes. In: Auftrag Auslandseinsatz, S. 43–53

Breuer, Paul, Die künftige Rolle von Luftstreitkräften im Rahmen deutscher Sicherheitspolitik. In: Luftwaffe im Wandel, S. 51–67

Bright, Christopher J., Continental defense in the Eisenhower era. Nuclear antiaircraft arms and the Cold War, New York 2010

Broszat, Martin, Voreilige Geschichtsschreibung? Zu Arnulf Barings »Machtwechsel«. In: Nach Hitler, S. 245–248

Brown, Gates, Eisenhower's Nuclear Calculus in Europe. The Politics of IRBM Deployment in NATO Nations, Jefferson, NC 2018

Brückner, Ekkehart, European Viewpoints: A German Perspective on Missile Defence. In: International Missile Defence?, S. 58–64

Buchan, Alastair, Der Krieg in unserer Zeit. Wandlungen und Perspektiven, Politik, Strategie und Technik, Gefahren und Kontrolle, München 1968

Buchner, Peter, Andere Einsätze – neue Legitimation? Legitimitätsfragen in der Einsatzarmee der Bundeswehr. In: Auftrag Auslandseinsatz, S. 187–198

Bundesminister des Auswärtigen, Dr. Frank-Walter Steinmeier, im Interview mit dem »ZDF-heute-journal« zu den Reaktionen Russlands in der Frage der Raketenabwehr, 26.4.2007. In: Stichworte zur Sicherheitspolitik, März/April 2007, S. 40 f.

Bundesminister des Auswärtigen, Dr. Frank-Walter Steinmeier, im Interview mit »Bild« zur angedrohten Kündigung des KSE-Vertrags durch Russland, 30.4.2007. In: Stichworte zur Sicherheitspolitik, März/April 2007, S. 41

Bundesminister des Auswärtigen, Dr. Frank-Walter Steinmeier, im Interview mit dem »Handelsblatt« zu Fragen der Sicherheitspolitik - »Tür für Verhandlungen bleibt offen«, 19.2.2007. In: Stichworte zur Sicherheitspolitik, Januar/Februar 2007, S. 55–57

Bundesminister des Auswärtigen, Dr. Frank-Walter Steinmeier, warnt in der »Frankfurter Allgemeinen Sonntagszeitung« vor neuem Wettrüsten, 18.3.2007. In: Stichworte zur Sicherheitspolitik, März/April 2007, S. 27 f.

Bundesminister des Auswärtigen, Dr. Frank-Walter Steinmeier, zum Thema »Haltung der Bundesregierung zur Raketenstationierung in den Ländern Osteuropas« in der Aktuellen Stunde des Deutschen Bundestages, 21.3.2007. In: Stichworte zur Sicherheitspolitik, März/April 2007, S. 30 f.

Die Bundesrepublik Deutschland. Eine Bilanz nach 60 Jahren. Hrsg. von Hans-Peter Schwarz, Köln, Weimar, Wien 2008

Die Bundeswehr in der neuen Weltordnung. Hrsg. von Ulrich Cremer und Dieter S. Lutz, Hamburg 2000

Bush, George W., Remarks on National Missile Defense, The Rose Garden, 13.12.2001, <https://2001-2009.state.gov/t/ac/rls/rm/2001/6847.htm> (letzter Zugriff 18.11.2021)

Bush, George W., Remarks by the President to Students and Faculty at National Defense University, 1.5.2001, <https://georgewbush-whitehouse.archives.gov/news/releases/2001/05/20010501-10.html> (letzter Zugriff 18.11.2021)

Canavan, Gregory H., Missile Defense in Modern War. In: Physics and Society, 28 (1999), 3, S. 270–282

Canavan, Gregory H., Missile Defense for the 21st century, Washington, DC 2003 (= Ballistic Missile Defense Technical Studies Series)

Cate, Arthur ten, Writing Contemporary Military History in the Netherlands. Experiences and Best Practices, 1945–2010. In: Auftrag Auslandseinsatz, S. 323–328

Chauvistré, Eric, Das atomare Dilemma. Die Raketenabwehrpläne der USA, Berlin 2001

Chiari, Bernhard, Krieg als Reise? Neueste Militärgeschichte seit 1990 am Beispiel des militärischen und sicherheitspolitischen Wandels in Deutschland. In: Auftrag Auslandseinsatz, S. 13–40

Chiari, Bernhard, Wissenschaft, Orientierung, Identität: Die Einsatzarmee Bundeswehr als Gegenstand und Kunde der neuesten Militärgeschichte. In: »Vom Einsatz her denken!«, S. 37–50

Chronik der Verbände und Dienststellen der Flugabwehr- und Flugabwehrraketentruppe der Luftwaffe. Hrsg. vom Taktischen Aus- und Weiterbildungszentrum El Paso, TX, El Paso, Husum 2015, <https://www.gff-ev.de/wp-content/uploads/2016/09/Chronik_FlaRak.pdf>

Chronik Führungsstab der Luftwaffe von 1955 Abteilung VI (Luftwaffe) des Bundesministeriums für Verteidigung bis 2012 Auflösung des Führungsstabs der Luftwaffe im Bundesministerium der Verteidigung, Berlin-Gatow, Köln-Wahn 2013

Clausewitz, Carl von, Vom Kriege. Vollständige Ausgabe, Hamburg 2017

Clement, Rolf, und Paul Elmar Jöris, 50 Jahre Bundeswehr 1955–2005, Hamburg, Berlin, Bonn 2005

Clinton, Bill, Remarks by the President on National Missile Defense. Ed. by The White House, Office of the Press Secretary, 1.9.2000, <https://www.armscontrol.org/act/2001-03/remarks-president-bill-clinton-national-missile-defense>

Codevilla, Angelo M., Missiles, Defence and Israel. In: Ballistic Missiles. The Threat and the Response, S. 80–123

Cohen, Stephen F., War with Russia? From Putin and Ukraine to Trump and Russiagate, New York 2019

Cohen, Stephen F., Why Cold War again? How America lost post-Soviet Russia, London 2018

Conduct of the Persian Gulf Conflict. An Interim Report to Congress. Ed. by Department of Defense of the United States of America, <https://apps.dtic.mil/dtic/tr/fulltext/u2/a249445.pdf>, (letzter Zugriff 3.11.2019)

Conze, Eckhart, Geschichte der Sicherheit. Entwicklung – Themen – Perspektiven, Göttingen 2018

Conze, Eckhart, Sicherheit ohne Ende. Bundesrepublik und Bundeswehr in den Dynamiken von Versicherheitlichung und Sicherheitsexport seit 1990. In: Einsatz ohne Krieg?, S. 59–71

Conze, Eckhart, Die Suche nach Sicherheit. Eine Geschichte der Bundesrepublik Deutschland von 1949 bis in die Gegenwart, München 2009

Costello, John, Space and Missile Defense: Success 1999, Focus 2000. In: Army, 49 (1999), 12, S. 13–16

Croft, Stuart, The Impact of Strategic Defences on European – American Relations in the 1990s. In: Adelphi Paper, 29 (1989), 238, S. 1–66

Czichowsky, Matthias, Das Waffensystem PATRIOT – Sachstand aus Sicht Bevollmächtigter Luftwaffe. In: Wehrtechnik, 48 (2016), 5, S. 12 f.

Daase, Christopher, Der erweiterte Sicherheitsbegriff. In: Internationale Politik als Überlebensstrategie, S. 137–153

Daase, Christopher, Der erweiterte Sicherheitsbegriff und die Diversifizierung amerikanischer Sicherheitsinteressen. Anmerkungen zu aktuellen Tendenzen in der sicherheitspolitischen Forschung. In: Politische Vierteljahresschrift, 32 (1991), 3, S. 425–451

Daase, Christopher, und Julian Junk, Strategische Kultur und Sicherheitsstrategien in Deutschland. In: Sicherheit und Frieden, 30 (2012), 3, S. 152–157

Dahl, Alexander, Bumerang. Ein Beitrag zum Hochfrequenzkrieg, München 1973 (= Wehrwissenschaftliche Berichte, 13)

Dannreuther, Roland, The Gulf Conflict: A Political and Strategic Analysis, London 1992 (= Adelphi Papers, 264)

Davis, Ian, NATO and missile defence: »stay tuned – this could get interesting«. In: Military Technology, 29 (2005), 2, S. 54–61

Dean, Sidney E., Nachholbedarf. Taktische Flug- und Raketenabwehr in NATO-Europa. In: Wehrtechnischer Report: Taktisches Luftverteidigungssystem, (April 2020), S. 54–58

Dehéz, Dustin, Umfassender Schutz für Truppe und Heimat? Düsseldorf 2005 (= Düsseldorfer Institut für Außen- und Sicherheitspolitik, DIAS-Kommentar, 38)

Deutsche an die Fronten? Lehren aus dem Golfkrieg. Stellungnahme des IFSH. Erarb. von Egon Bahr, Hamburg 1991 (= Hamburger Informationen zur Friedensforschung und Sicherheitspolitik, 11)

Deutsche Außenpolitik nach der Einheit 1990–1993. Eine Dokumentation. Hrsg. vom Auswärtigen Amt, Bonn 1993

Deutsche Außenpolitik 1992. Hrsg. vom Auswärtigen Amt, Bonn 1992

Deutsche Luftwaffe. Im Auftr. des Presse- und Informationsamtes der Bundesregierung hrsg. und bearb. von Kurt Neher und Karl Heinz Mende, Bonn 1968

Deutsche Verteidigungspolitik. Hrsg. von Ina Wiesner, Baden-Baden 2013 (= Schriften der Akademie der Bundeswehr für Information und Kommunikation, 29)

Dewitz, Christian, Bereit für die neuen Bündnisaufgaben. In: bundeswehr-journal, (2009), Schwerpunktthema: 50 Jahre FlaRak, Sonderausg., S. 54–57

Dewitz, Christian, Flugabwehrraketentruppe im Wandel: Kalter Krieg und Krisenreaktion. In: bundeswehr-journal, (2009), Schwerpunktthema: 50 Jahre FlaRak, Sonderausg., S. 40–42

Dewitz, Christian, Neue Aufgaben, große Herausforderungen. In: bundeswehr-journal, (2009), Schwerpunktthema: 50 Jahre FlaRak, Sonderausg., S. 62 f.

Dewitz, Christian, Oft modifiziert und ständig modernisiert. In: bundeswehr-journal, (2009), Schwerpunktthema: 50 Jahre FlaRak, Sonderausg., S. 58–61

Dewitz, Christian, PATRIOT-Raketen der NATO bleiben in der Türkei. In: bundeswehr-journal, 12.8.2014, <www.bundeswehr-journal.de/2014/patriot-raketen-der-nato-bleiben-der-tuerkei/#more-3721>

Dewitz, Christian, Raketenabwehr im Zeitalter der Proliferation. In: bundeswehr-journal, 18.12.2012, <www.bundeswehr-journal.de/2012/raketenabwehr-im-zeitalter-der-proliferation/#more-1220>

Dewitz, Christian, Rückgrat der NATO-Luftverteidigung. In: bundeswehr-journal, (2009), Schwerpunktthema: 50 Jahre FlaRak, Sonderausg., S. 46–48

Dewitz, Christian, System MANTIS mit Startschwierigkeiten. In: bundeswehr-journal, 7 (2011) 2/3: Schwerpunktthema Reform, Wehrpflicht, Luftwaffe im Wandel, S. 76 f.

Dewitz, Christian, Waffensystem für drei Nationen. In: bundeswehr-journal, (2009), Schwerpunktthema: 50 Jahre FlaRak, Sonderausg., S. 50–53

Dickow, Marcel, Katarzyna Kubiak, Oliver Meier and Michael Paul, Germany and NATO Missile Defence. Between Adaption and Persistence, Berlin 2016 (= SWP Comments)

Dohse, Stefan, DEU-NLD Competence Centre for Surface Based Air and Missile Defence (CC SBAMD), Kompetenz in Air and Missile Defence im Bereich der bodengebundenen Luftverteidigung (LV). In: Hardthöhenkurier. Das Magazin für Soldaten und Wehrtechnik, 33 (2017), 2, S. 78–80

Dokumentation zur Abrüstung und Sicherheit. Hrsg. von Doris Breuer, Bonn 1984 (= Dokumentation zur Abrüstung und Sicherheit, 22)

Dokumente zur deutschen Militärgeschichte 1945–1990. Bundesrepublik und DDR im Ost-West-Konflikt. Hrsg. von Christoph Nübel, Berlin 2019 (= Deutsch-Deutsche Militärgeschichte, 1)

The Domestic Politics of Missile Defence. Ed. by Bernd W. Kubbig and Axel Nitsche, 2005 (= Contemporary Security Policy, 26 [2005], 3)

Domisiewicz, Rafał, and Sławomir Kamiński, Poland: Waiting for Washington. In: The Domestic Politics of Missile Defence, S. 571–587

Douhet, Giulio, Luftherrschaft, Berlin 1935

Eberlein, Christmuth, Künftige Anforderungen an die Luftwaffe zur Landes- und zur NATO-Verteidigung. In: Luftwaffe im Wandel, S. 273–289

Ebersbach, Joachim, und Dieter Naskrent, Schutz vor den Risiken von morgen. Die Entwicklung der Erweiterten Luftverteidigung. In: Truppenpraxis/Wehrausbildung, 43 (1999), 3, S. 162–166

Echternkamp, Jörg, Dieter H. Kollmer, Thorsten Loch, Ralf Vollmuth und Rüdiger Wenzke, Deutsche Militärgeschichte von 1945 bis 1990 im internationalen Kontext. Bilanz und Perspektiven der Forschung. In: MGZ, 76 (2017), 1, S. 132–170

Eckwerte für die konzeptionelle und planerische Weiterentwicklung der Streitkräfte. Hrsg. vom Bundesministerium der Verteidigung, FüS VI 2, Az 09-02-04, Generalinspekteur der Bundeswehr, Bonn, 23.5.2000; u.a. auf <http://nachtwei.de/sicherheitspolitik/eckwertebericht%20generalinspekteur.pdf> (letzter Zugriff 10.2.2022)

Ehlert, Hans, Christian Greiner, Georg Meyer und Bruno Thoß, Die NATO-Option, München 1993 (= Anfänge westdeutscher Sicherheitspolitik, 3)

Ehlke, Tobias, Die politische Tragweite eines Waffensystems – TLVS. In: cpm FORUM, 5/2015, 5, S. 80–83

Ehlke, Tobias, Quo vadis, Flugabwehr? In: cpm FORUM, 2/2014, S. 72–75

Einführung in die internationale Politik. Studienbuch. Hrsg. von Manfred Knapp und Gert Krell, 4. Aufl., München 2004

Einsatz in der Südtürkei: Bundeswehrsoldaten stoßen an ihre Grenzen. In: n-tv.de, 30.9.2014, <www.n-tv.de/politik/Bundeswehrsoldaten-stossen-an-ihre-Grenzen-article13702421.html>

Einsatz ohne Krieg? Die Bundeswehr nach 1990 zwischen politischem Auftrag und militärischer Wirklichkeit. Hrsg. von Jochen Maurer und Martin Rink, Göttingen 2021 (= Bundeswehr im Einsatz, 1)

Einsatzaufgaben und strukturelle Konsequenzen für die Luftwaffe unter zukünftigen sicherheitspolitischen Rahmenbedingungen. Hrsg. von Stiftung Wissenschaft und Politik, Forschungsinstitut für Internationale Politik und Sicherheit, SWP, Ebenhausen 1993 (= Sonderforschungsvorhaben »Luftwaffe«, 1–3)

Enders, Thomas, Raketenabwehr als Teil einer erweiterten NATO-Luftverteidigung, Sankt Augustin 1986 (= Interne Studien des Sozialwissenschaftliche Forschungsinstituts der Konrad-Adenauer-Stiftung)

Enders, Thomas, and Jörg Bahnemann, Reconsidering Ballistic Missile Defence. In: Military Technology, 4/1991, S. 46–52

Enders, Thomas, und Jörg Bahnemann, Konsequenzen aus dem Golf-Konflikt. Das Duell der Raketen ein Zeichen für Europa. In: Europäische Sicherheit, 40 (1991), 3, S. 154–158

Engel, Klaus, Die Entwicklung der NATO-Luftverteidigung in Zentral-Europa. Hintergründe, Sachstände, Perspektiven für die Zukunft. In: FüAk Jahresschrift (1997), S. 77–123

»Entrüstet Euch!« Nuklearkrise, NATO-Doppelbeschluss und Friedensbewegung. Hrsg. von Christoph Becker-Schaum [u.a.], Paderborn [u.a.] 2012

Epkenhans, Michael, Das Ende der Geschichte? Der Wandel deutscher Politik und Gesellschaft im Hinblick auf die Anwendung militärischer Gewalt. In: Auftrag Auslandseinsatz, S. 55–62

Erken, Thomas, Projekt Apollo: Deutsch-Niederländische Kooperation zur Luftverteidigung. In: Hardthöhenkurier. Das Magazin für Soldaten und Wehrtechnik, 32 (2016), 6, S. 81–84

Eshel, David, Ballistic Missile Defence. In search of an effective defence. In: Jane's defence weekly (März 1998), S. 71 f.

Everts, Philip, The Netherlands: Procurement without Debate. In: The Domestic Politics of Missile Defence, S. 558–570

Facey, David A., Integrierte Luftverteidigung. Erweiterung nach Osten. In: Wehrtechnik, 24 (1992), 11, S. 44, 46–50

Fact Sheet on U.S. Missile Defense Policy. A Phased, Adaptive Approach for Missile Defense in Europe. Ed by The White House, Office of the Press Secretary, <https://obamawhitehouse.archives.gov/the-press-office/fact-sheet-us-missile-defense-policy-a-phased-adaptive-approach-missile-defense-eur>

Fähigkeitsentwicklung der Bundeswehr: Perspektiven und Potentiale. Hrsg.: Deutsche Gesellschaft für Wehrtechnik, o.O. 2013, S. 107 f.

FDP will Flugabwehrsystem »MEADS« für Steuersenkungen stoppen – Generalsekretär Lindner schlägt auch Verschlankung von Sicherheitsbehörden vor. In: Aachener Nachrichten, 22.4.2010, <www.presseportal.de/pm/61202/1599755>

Fedorov, Yuri, European Viewpoints: Russian Policy Regarding National Missile Defense. In: International Missile Defence?, S. 45–51

Feigl, Hubert, Erfordernisse einer Verteidigung gegen Lang- und Mittelstreckenflugkörper. In: Luftwaffe im Wandel, S. 319–366

Feldhoff, Hans-Heinz, Künftige Anforderungen zur Luftraumüberwachung, -sicherung und Luftverteidigung. In: Luftwaffe im Wandel, S. 304–318

Felsen, Hillrich von der, und Axel B. Kleppin, Die Entwicklung des Selbstverständnisses der Flugabwehrraketentruppe. In: Die Luftwaffe, S. 695–711

Fergusson, James, Ballistic Missile Defence: Implications for the Alliance, University of Manitoba 2000 (= NATO Fellowship Report)

Fichtmüller, Carl Peter, Technologische und rüstungswirtschaftliche Basis – Folgen für die Ausrüstungsplanung der Luftwaffe. In: Luftwaffe im Wandel, S. 68–94

Finke, Julian-André, Hüter des Luftraumes? Die Luftstreitkräfte der DDR im diensthabenden System des Warschauer Paktes, Berlin 2010 (= Militärgeschichte der DDR, 18)

Fischer, Peter, und Heinz Walter Krohne, Angst und Furcht, Göttingen 2017 (= Philosophie und Psychologie im Dialog, 16)

Fizzled Tests, Technical Hurdles Nag U.S. Anti-Missile Programs. In: National Defense, (July/August 1998), S. 26–28

Fleckenstein, Bernhard, Bedingt einsatzfähig: Der lange Weg zur Neugestaltung der Bundeswehr, 26.5.2002, <www.bpb.de/apuz/25381/bedingt-einsatzfaehig-der-lange-weg-zur-neugestaltung-der-bundeswehr?p=all>

Flugziel auf Kurs – Die Geschichte der Heeresflugabwehrtruppe 1950–2012. Hrsg. von der Gemeinschaft der Heeresflugabwehrtruppe e.V., Stuttgart 2013

Flume, Wolfgang, Die Luftwaffe in der neuen Struktur. In: cpm FORUM, 2/2014, S. 46–49

Forkert, André, Was wird aus MEADS? Ab 2014 stehen die Entwicklungsergebnisse bereit. In: Wehrtechnik, 46 (2014), 1, S. 18–21

Forstenreichner, Günter F.C., Die Allianz zu Beginn des 21. Jahrhunderts. In: Die NATO auf dem Weg ins 21. Jahrhundert, S. 15–77

Frank, Dorothee, Sinnvolle Phasen der Raketenabwehr. In: ES&T, 1/2018, S. 64

Freedman, Lawrence, and Efraim Karsh, The Gulf Conflict 1990–1991. Diplomacy and War in the New World Order, Princeton, NJ 1993

Freiheit oder Sicherheit? Ein Spannungsverhältnis aus Sicht der Bürgerinnen und Bürger. Hrsg. von Markus Steinbrecher, Heiko Biehl, Evelyn Bytzek und Ulrich Rosar, Wiesbaden 2018 (= Schriftenreihe des Zentrums für Militärgeschichte und Sozialwissenschaften der Bundeswehr, 17)

Freitag, Jürgen, MEADS – Gedanken zur Zukunft der bodengebundenen Luftverteidigung. In: Europäische Sicherheit, 59 (2010), 1, S. 58 f.

Friedberger, Regine, Überlegungen zur deutschen Luftverteidigungsarchitektur. In: ES&T, 10/2012, S. 70–73

Friedensgutachten 1988. Hrsg. von Klaus von Schubert, Egon Bahr und Gert Krell, Heidelberg 1988

Friedensgutachten 1999. Hrsg. von Bruno Schoch, Ulrich Ratsch und Reinhard Mutz, Münster 1999

Friedensgutachten 2000. Hrsg. von Ulrich Ratsch, Reinhard Mutz und Bruno Schoch, Münster 2000

Friedensgutachten 2001. Hrsg. von Reinhard Mutz, Bruno Schoch und Ulrich Ratsch, Münster 2001

Friedensgutachten 2014. Hrsg. von Ines-Jacqueline Werkner, Janet Kursawe, Margret Johannsen, Bruno Schoch und Marc von Boemcken, Münster 2014

Friedrich, Jörg, Der Brand. Deutschland im Bombenkrieg 1940–1945, München 2002

Fröhler, Walter, Weiterer Meilenstein erreicht. Kampfwertsteigerung Fernmelde- und DV-System beim Flugabwehrraketensystem »Patriot« verbessert. In: Aktuell: Zeitung für die Bundeswehr, 43 (2008), 31, S. 12

Fröhlich, Stefan, Die nukleare Frage ist zurück. In: Wehrtechnischer Report, Taktisches Luftverteidigungssystem, (April 2020), S. 8–15

Fromm, Karsten W., Boden-Luft-Abwehrsysteme gewinnen an Bedeutung. In: Europäische Sicherheit, 49 (2000), 7, S. 20 f.

Frühling, Stephan, und Svenja Sinjen, NATO missile defence: the political and operational case for a two-base structure. In: The RUSI journal, 151 (2006), 6, S. 58–61

Frühling, Stephan, und Svenja Sinjen, Raketenabwehr, NATO und die Verteidigung Europas, Berlin 2007 (= Analysen und Argumente, 40)

50 Jahre Luftwaffe der Bundeswehr 1956–2006 [Text-Bild-Tafeln der Sonderausstellung im Luftwaffenmuseum der Bundeswehr, 15.9.2006–31.8.2007], Berlin 2006

50 Jahre 1. Luftwaffendivision – Eine Division im Wandel der Zeit 1957–2007. Hrsg. von Thomas J. Gericke, Fürstenfeldbruck 2007

Futter, Andrew James, The Evolution of the US Ballistic Missile Defence Debate 1989–2010. Institutional Rivalry, Party Politics, and the Progression Towards Political and Strategic Acceptance, Birmingham 2011

Gaddis, John Lewis, Der Kalte Krieg. Eine neue Geschichte, München 2007

Galbraith, Evan, United States Policy for Missile Defense. In: International Missile Defence?, S. 16–19

Garrett, Joseph G., Air Defence – Industrial Focus. In: Military Technology, 29 (2005), 12, S. 99-102

Gates, David, European Perspectives on Missile Defence. In: Ballistic Missiles. The Threat and the Response, S. 304–330

Gates, Robert, DoD New Briefing With Secretary Gates From The Pentagon 6.4.2009, <https://archive.defense.gov/transcripts/transcript.aspx?transcriptid=4268> (letzter Zugriff 23.8.2019)

Gehrling, Will H., Das neue Strategische Konzept der NATO und seine Entwicklung. In: Die NATO auf dem Weg ins 21. Jahrhundert, S. 93–101

Geiger, Tim, Der NATO-Doppelbeschluss. Vorgeschichte und Implementierung. In: »Entrüstet Euch!«, S. 54–70

Gemeinsame Sicherheit und Zukunft der Bundeswehr. Bericht der Kommission an die Bundesregierung vom 23. Mai 2000. Hrsg. vom Bundesministerium der Verteidigung, Berlin, Bonn 2000

Genscher, Hans-Dietrich, Erinnerungen, Berlin 1995

The George W. Bush Foreign Policy Reader. Presidential Speeches with Commentary. Ed. by John W. Dietrich, London 2015

Geppert, Dominik, Die Bundeswehr in der Geschichtsschreibung der Bundesrepublik. In: Sonderfall Bundeswehr?, S. 35–50

Giegerich, Bastian, European Cooperation and Defence Procurement. Current Trends. In: Militärisch-Industrieller Komplex?, S. 285–302

Giesa, Günter, Krisenreaktionskräfte der Luftwaffe. Krisenreaktionskräfte der Luftverteidigung auf dem Weg zur Einsatzbereitschaft. In: Soldat und Technik, 37 (1994), 2, S. 94–99

Glebocki, Martina, Mirko Jacubowski, Bernd W. Kubbig und Alexander Wicker, Raketenabwehrpläne in historischer Perspektive – Variationen über ein Thema amerikanischer Politik. In: Die Friedens-Warte, 76 (2001), 4, S. 361–389

Global nuclear disarmament. Strategic, political, and regional perspectives. Ed. by Nik Hynek and Michal Smetana, London 2016 (= Routledge global security studies)

Görtemaker, Manfred, Geschichte der Bundesrepublik Deutschland. Von der Gründung bis zur Gegenwart, Frankfurt a.M. 2004

Gosch, Ralf, Luftverteidigung. Veränderungen in der neuen Struktur. In: Europäische Sicherheit, 54 (2005), 3, S. 44–50

Graf, Alexander, Das Projekt Taktisches Luftverteidigungssystem. Das neue bodengebundene Flugabwehrsystem. In: Wehrtechnischer Report, Taktisches Luftverteidigungssystem, (April 2020), S. 16–19

Graf, Alexander, Das Projekt Taktisches Luftverteidigungssystem. Das neue bodengebundene Flugabwehrsystem. In: ES&T, 5/2015, S. 39 f.

Graf, Rüdiger, und Kim Christian Priemel, Zeitgeschichte in der Welt der Sozialwissenschaften. Legitimität und Originalität einer Disziplin. In: VfZ, 59 (2011), 4, S. 479–508

Grams, Christoph, Das Medium Extended Air Defense System (MEADS) – Ein Prüfstein für Deutschlands Streitkräftetransformation?, Berlin 2005 (= DGAP analyse, 2)

Grams, Christoph, Das Mittlere Erweiterte Luftverteidigungssystem MEADS. Geschichte, Ideen, Realisierung, Frankfurt a.M. [u.a.] 2003 (= Schriftenreihe »Strategische Analysen« des Instituts für Strategische Analysen e.V., 8)

Grams, Christoph, Über welches MEADS debattiert Berlin? Die Kritik an dem Waffensystem basiert auf einem veralteten Sachstand. In: Internationale Potikit, 3.3.2005, S. 116 f.

Gray, Colin S., Airpower for strategic effect, Alabama 2012

Gray, Colin S., European Perspectives on U.S. Ballistic Missile Defense. In: Comparative Strategy, 21 (2002), 4, S. 279–310

Gray, Colin S., War, Peace and International Relations – An Introduction to Strategic History, New York 2007

Griechisch-deutsches Schul- und Handwörterbuch. Hrsg. von Willhelm Gemoll und Karl Vretska, München 2006

Groß, Gerhard P., Mythos und Wirklichkeit. Geschichte des operativen Denkens im deutschen Heer von Moltke d.Ä. bis Heusinger, Paderborn [u.a.] 2012 (= Zeitalter der Weltkriege, 9)

Guelman, Moshe, Boost Phase Interception of Ballistic Missiles. In: Ballistic Missiles. The Threat and the Response, S. 240–249

Guttman, Jon, Zeppelin vs British home defence 1915–18, Oxford, New York 2018

Gysi, Gregor, Wie weiter? Nachdenken über Deutschland, Berlin 2013

Habersetzer, Klaus, und Axel Schmidt, Kampf im Cluster. Die Flugabwehrraketeneinsatzzone: Eine neue Qualität in der Einsatzführung. In: Truppenpraxis/Wehrausbildung (1996), 9, S. 602–606

Hacke, Christian, Die Zukunft der NATO – Verteidigungsbündnis oder System kollektiver Sicherheit à la OSZE? In: Die Zukunft der NATO, S. 15–24

Hacke, Christian, 60 Jahre Außenpolitik der Bundesrepublik Deutschland. In: Die Bundesrepublik Deutschland, S. 487–510

Hacke, Christian, Die Außenpolitik der Bundesrepublik Deutschland. Von Konrad Adenauer bis Gerhard Schröder, Berlin 2004

Hacker, Jens, Die Stellung der DDR im Warschauer Pakt. In: Die Außenbeziehungen der DDR, S. 187–220

Hacker, Jens, Die Vertragsorganisation des Warschauer Paktes und die Rolle der DDR. In: Die Nationale Volksarmee der DDR; S. 9–49

Häckel, Erwin, Proliferation von Massenvernichtungswaffen. In: Weltpolitik im neuen Jahrhundert, S. 212–221

Haftendorn, Helga, Deutsche Außenpolitik zwischen Selbstbeschränkung und Selbstbehauptung 1945–2000, Stuttgart 2001

Hagen, Regina, Gestern Iran, heute Russland und morgen fünf Mrd. Euro? In: Wissenschaft und Frieden, 2/2015, <www.wissenschaft-und-frieden.de/seite.php?artikelID=2034>

Hagen, Regina, Raketenabwehr – Ein Spielstein für das US Space Command. In: Wissenschaft und Frieden, 1/2001, <www.wissenschaft-und-frieden.de/seite.php?artikelID=0084>

Hagen, Regina, Stärker, schlauer, schneller. In: Wissenschaft und Frieden, 2/2010, <www.wissenschaft-und-frieden.de/seite.php?artikelID=1618>

Hagen, Regina, und Jürgen Scheffran, Zwischen Raketenabwehr und Weltraumrüstung. Was macht Europa? In: Wissenschaft und Frieden, 2/2001, <www.wissenschaft-und-frieden.de/seite.php?artikelID=0105>

Hagena, Hermann, Hartwig Hagena und Niklas von Witzendorff, Eine Raketenabwehr für Europa? Probleme und Erfahrungen mit den Systemen MEADS und PAC-3, Ebenhausen 2000

Hagena, Hermann, Zur aktuellen Kontroverse über die Kosten der Modernisierung der bodengebundenen Luftverteidigung, Bonn 2005

Hammerich, Helmut R., Halten am VRV oder Verteidigung in der Tiefe? Die unterschiedliche Umsetzung der NATO-Operationsplanungen durch die Bündnispartner. In: Sonderfall Bundeswehr?, S. 81–112

Handbuch Internationale Beziehungen. Hrsg. von Frank Sauer und Carlo Masala, Wiesbaden 2017

Hanning, August, Proliferation. In: Sicherheitspolitik in neuen Dimensionen, S. 435–452

Hartung, Friederike, Die deutsche Außen- und Sicherheitspolitik nach dem Ende des Kalten Krieges. Von der Landesverteidigung zur Interventionsarmee? In: MGZ, 77 (2018), 2, S. 464–469

Hartung, Friederike, Flugabwehr im Wandel der Zeit. »Vom Kalten Krieg bis heute«. In: Luftwaffe und Luftverteidigung, S. 94–107

Heckmann, Erhard, Bodengebundene Luftverteidigung Strukturelle Neugliederung und Stand der Waffensysteme. In: Wehrtechnik, 32 (2001), 3, S. 74–79

Heiming, Gerhard, Integrierte Luftverteidigung wächst auf. In: ES&T, 11/2018, S. 70 f.

Hemicker, Lorenz, Der Raketenkiller. In: Loyal. Das Magazin für Sicherheitspolitik, 1/2013, S. 26–29

Henschen, Sjut, Flugabwehrraketenbataillon 26. 20 Jahre Einsatzverband in der NATO-Luftverteidigung, Koblenz [u.a.] 1981

Heuser, Beatrice, Den Krieg denken. Die Entwicklung der Strategie seit der Antike, Paderborn [u.a.] 2010

Hickethier, Knut, Zeitgeschichte in der Mediengesellschaft. Dimensionen und Forschungsperspektiven. In: Zeithistorische Forschungen, 6 (2009), 3, S. 347–366

Hoffmann, Lars, Bodengebundene Luftverteidigung, 2018 stehen wesentliche Richtungsentscheidung an. In: ES&T Spezial, Die 3. Dimension, ILA 2018, 4/2018, S. 22–24

Hoffmann, Lars, Qualifizierte Fliegerabwehr soll Drohnen im Nächstbereich ausschalten. In: ES&T, 1/2018, S. 63 f.

Hoffmann, Lars, Das TLVS-Programm nähert sich der Zielgeraden, Luftverteidigung. In: ES&T, 1/2019, S. 59–61

Hoffmann, Manfred, Die Rolle von Jagdflugzeugen und bodengestützten Flugabwehrsystemen im veränderten operativen und technischen Umfeld. Lehrgangsarbeit im Rahmen des Lehrgangs »Generalstabs-/Admiralstabsdienst 95 Luftwaffe« an der Führungsakademie der Bundeswehr, 30.1.1997

Holdanowicz, Grzegorz, US set to deploy Patriot launchers in Poland. In: Jane's defence weekly, 47 (2010), 21, S. 6

Hoop Scheffer, Jaap de, NATO united on missile defence approach. In: NATO's nations and partners for peace, 52 (2007), 2, S. 8–14

Hoyer-Boot, Bernd Baron von, Erweiterte Luftverteidigung. In: Europäische Sicherheit, 41 (1992), 9, S. 506–511

Hoyer-Boot, Bernd Baron von, In der Defensive. In: Truppenpraxis, 37 (1993), 5, S. 516–522

Hubel, Helmut, Die Mächte im Nahen Osten und der zweite Golfkrieg. In: APuZ, 41 (1991), 30/31, S. 3–11

Hubel, Helmut, Der zweite Golfkrieg in der internationalen Politik. Mit ausgewählten Dokumenten, Bonn 1991 (= Arbeitspapiere zur internationalen Politik, 62)

Hubel, Helmut, Das Ende des Kalten Kriegs im Orient. Die USA, die Sowjetunion und die Konflikte in Afghanistan, am Golf und im Nahen Osten, 1979–1991. Auswirkungen für Deutschland und Europa, München 1995 (= Schriften des Forschungsinstituts der Deutschen Gesellschaft für Auswärtige Politik e.V. Reihe: Internationale Politik und Wirtschaft, 60)

Hühnert, Dorte, Bernd W. Kubbig und Christian Weidlich, Das Chemiewaffenmassaker in Syrien und seine Folgen. Katalysator für Rüstungskontrolle im Nahen Osten. In: Friedensgutachten 2014, S. 283–296

Hutzler [Hptm.], und [Major] Schädel, Schneller, höher, weiter!, Berlin (Ost) 1962
Ilg, Thorsten, Die Bedeutung der Flugkörperabwehr für die Luftwaffe. In: Europäische Sicherheit, 56 (2007), 9, S. 45–53
Ilg, Thorsten, Die FlaRak-Waffe im Einsatz – Zwei Einsätze in der Türkei. 1. Der Einsatz im Rahmen ACTIVE FENCE TURKEY (Anteil AF TUR). In: Luftwaffe und Luftverteidigung, S. 164–181
Ilg, Thorsten, MEADS. Taktische Luftverteidigungssystem (Medium Extended Air Defense System). In: Strategie und Technik, 49 (2006), 9, S. 51–59
Ilg, Thorsten, Das Taktische Luftverteidigungssystem MEADS – das System der Zukunft für die untere Abfangschicht. Medium Extended Air Defence System. In: Wehrtechnik, 38 (2006), 4, S. 78–82
Immer im Einsatz. 50 Jahre Luftwaffe. Hrsg. von Hans-Werner Jarosch, Hamburg, Berlin, Bonn 2005
In Dienst gestellt: Flugabwehrraketensystem PATRIOT. In: Soldat und Technik, 32 (1989), 8, S. 566–576
Inacker, Michael J., Unter Ausschluß der Öffentlichkeit? Die Deutschen in der Golfallianz, Berlin, Bonn 1991
Industrienachrichten. In: cpm FORUM, 2/2014, S. 83
Ingen, Dick C. van, NATO Defence Shield. Developing a Missile Defence Capability. In: The Journal of the JAPCC, 11 (2010), S. 39–42
International Missile Defence? Opportunities, Challenges and Implications for Europe. Ed. by Robin Ranger, David Wiencek and Jeremy Stocker, London 2002 (= The Royal United Services Institute for Defence Studies, Whitehall Paper, 55)
Internationale Politik als Überlebensstrategie. Hrsg. von Mir A. Ferdowsi, München 2009
Internationale Sicherheit. Eine Einführung. Hrsg. von Sebastian Enskat und Carlo Masala, Wiesbaden 2014
Interview mit dem Inspekteur der Luftwaffe, Generalleutnant Karl Müllner. In: cpm FORUM, 3/2016, S. 4–10
Interview mit dem Kommandierenden General Luftwaffentruppenkommando (Commander, Air Force Forces Command) Generalleutnant Dipl-Ing. (univ.) Helmut Schütz. In: cpm FORUM, 3/2016, S. 12–18
Interview mit Generalmajor Reinhard Wolski, Amtschef des Amtes für Heeresentwicklung vom 28.9.2017. In: cpm FORUM, 5/2017, S. 4–10
Iraq's Chemical Warfare Program. Ed. by Central Intelligence Agency, (www.cia.gov/library/reports/general-reports-1/iraq_wmd_2004/chap5.html, 31.10.2020)
Iraqui SCUDs: The Truth at Last? In: Military Technology, 4/1991, S. 87
Ischinger, Wolfgang, Welt in Gefahr. Deutschland und Europa in unsicheren Zeiten, Berlin 2020
Jahrbuch für internationale Sicherheitspolitik 2000. Hrsg. von Erich Reiter, Hamburg, Berlin, Bonn 2000
Jertz, Walter, Die Luftwaffe im 21. Jahrhundert. Aufgaben und Anforderungen. In: Wehrtechnik, 37 (2005), 5, S. 49–57
Jervis, Robert, Perceiving and Coping with Threat. In: Psychology and Deterrence, S. 13–33

Josten, Berthold, Die Entwicklung der deutschen Luftstreitkräfte im ersten Weltkrieg, Leipzig 1963

Kaiser, Karl, und Klaus Becher, Deutschland und der Irak-Konflikt. Internationale Sicherheitsverantwortung Deutschlands und Europas nach der deutschen Vereinigung, Bonn 1992 (= Arbeitspapiere zur internationalen Politik, 68)

Kaplan, Fred, The Bomb. Presidents, Generals, and the Secret History of Nuclear War, New York [u.a.] 2020

Kassianova, Alla, Russia: In search of strategy. In: The Domestic Politics of Missile Defence, S. 663–685

Kazan, Isil, Turkey: Where geopolitics still matters. In: The Domestic Politics of Missile Defence, S. 588–604

Kempin, Ronja, and Jocelyn Mawdsley, France: Missile defence à la francaise. In: The Domestic Politics of Missile Defence, S. 505–519

Keßelring, Agilolf, Die historische Analyse paramilitärischer Verbände als Herausforderung für die Neueste Militärgeschichte am Beispiel der Kommandoverantwortung im zerfallenden Jugoslawien. In: MGZ, 77 (2018), 2, S. 415–457

Khol, Radek, Czech Republic: Prague's pragmatism. In: The Domestic Politics of Missile Defence, S. 470–485

Klenz, Stefan, und André Forkert, PATRIOT schützt die Türkei. In: Wehrtechnik, 45 (2013), 2, S. 60–62

Klos, Dietmar, Heiner Möllers und Dieter Stockfisch, Die Teilstreitkräfte. In: Deutsche Verteidigungspolitik, S. 133–173

Klüfers, Philipp, Internationale Sicherheit. Neuere Ansätze. In: Internationale Sicherheit, S. 159–210

Knapp, Manfred, Die Außenpolitik der Bundesrepublik Deutschland. In: Einführung in die internationale Politik, S. 135–200

Knobloch, Heinz von, Bundesluftwaffe intern. Aufbau – Wandel – Einsätze, Stuttgart 2008

Knöbl, Wolfgang, Die Produktion von Paradoxien. Theorie und Praxis von Friedensmissionen oder »Wir wollten nur das Beste, aber dann kam es wie immer«. In: Einsatz ohne Krieg?, S. 91–105

Koch, Horst-Adalbert, Flak. Die Geschichte der Deutschen Flakartillerie und der Einsatz der Luftwaffenhelfer, 2., völlig neu bearb. und erw. Aufl., Bad Nauheim 1965

Köpke, Jörg Peter, For Some must watch that Most can sleep. Zum Selbstverständnis der Flugabwehrraketentruppe. In: Immer im Einsatz, S. 217–220

Köpke, Jörg Peter, Luftverteidigung. Grundlagen unserer Sicherheit. In: Europäische Sicherheit, 52 (2003), 3, S. 38–41

Köpke, Jörg Peter, und Jörg Dronia, Die Luftverteidigung im Wandel zur Erweiterten Luftverteidigung. In: Wehrtechnik, 30 (1998), 2, S. 17–20

Kohl, Helmut, Berichte zur Lage 1989–1998. Der Kanzler und Parteivorsitzende im Bundesvorstand der CDU Deutschlands, Düsseldorf 2012 (= Forschungen und Quellen zur Zeitgeschichte, 64)

Kohlhaus, Lutz, Das neue Bild der Luftverteidigung in den Streitkräften. In: Europäische Sicherheit, 48 (1999), 10, S. 9–14

Kollmer, Dieter H., Rüstungsinterventionismus – Rüstungsgüterbeschaffung der Bundesrepublik Deutschland nach 1945. In: Militärisch-Industrieller Komplex?, S. 131–154

Konzeption der Bundeswehr (KdB). Hrsg. vom Bundesministerium der Verteidigung, FüS VI 2, Az 09-02-04, Berlin, 9.8.2004; <www.geopowers.com/Machte/Deutschland/doc_ger/KdB.pdf>

Kramer, Mark, U.S.-Russian Relations and the »New Cold War« Metaphor, Washington, DC 2018 (= PONARS Eurasia Policy Memo, 547)

Krause, Joachim, Deutschlands Sicherheit und der INF-Vertrag, Kiel 2018 (= ISPK Policy Brief, 6)

Krause, Joachim, Ist transatlantische Rüstungskooperation noch machbar? Das Beispiel MEADS, Berlin 2002 (= Forschungsinstitut der Deutschen Gesellschaft für Auswärtige Politik/Berliner Forum Zukunft)

Krause, Joachim, MEADS in der Kritik. Braucht die Bundesrepublik Deutschland ein Bodengebundenes taktisches Luftverteidigungssystem, Kiel 2005 (= Kieler Analysen zur Sicherheitspolitik, 13)

Krause, Joachim, Rüstung und Rüstungskontrolle in der heutigen Weltpolitik. In: Weltpolitik im neuen Jahrhundert, S. 193–211

Krause, Joachim, Strategische Studien in den Internationalen Beziehungen. In: Handbuch Internationale Beziehungen, S. 523–549

Krause, Ulf von, Die Afghanistaneinsätze der Bundeswehr. Politischer Entscheidungsprozess mit Eskalationsdynamik, Wiesbaden 2011 (= Globale Gesellschaft und internationale Beziehungen)

Kreienbaum, Bernd, Missile defence feasibility study: NATO's baseline for the political and military debate on protecting alliance cities and population against Ballistic Missiles. In: Military Technology, 30 (2006), 9, S. 50–55

Kresser, Ingo, Von der Raketenschule der Luftwaffe (RakSLw) zum Taktischen Aus- und Weiterbildungszentrum Flugabwehrraketen mit Weiterentwicklungsaufgaben USA (TaktAusbWbZ FlaRakLw USA). Ein geschichtlicher Überblick über die FlaRak-Ausbildung in Fort Bliss, TX 2016, <https://docplayer.org/79034695-60-jahre-flugabwehrausbildung-fort-bliss-50-jahre-rakslw-usa-und-tawz.html>

Kreuzinger-Janik, Aarne, Neuausrichtung der deutschen Luftwaffe. In: bundeswehrjournal, 7 (2011), 2/3: Schwerpunktthema Reform, Wehrpflicht, Luftwaffe im Wandel, S. 71–74

Krieg und Frieden am Golf. Ursachen und Perspektiven. Hrsg. von Gert Krell und Bernd W. Kubbig, Frankfurt a.M. 1991

Das Kriegsjahr 1991: Unsere Zukunft? Friedensbericht 1992 – Friedensforscher zur Lage. Ergebnisse der internationalen »State of Peace«-Konferenz 1991. Hrsg. vom Österreichischen Studienzentrum für Frieden und Konfliktlösung und der Schweizerischen Friedensstiftung, bearb. von Reiner Steinweg, Wien 1992 (= DIALOG, Beiträge zur Friedensforschung, 21 [1992], 3/4)

Kriemann, Hans-Peter, Germany's participation in the NATO intervention in the Kosovo conflict in 1998 and 1999: Germany on its way to becoming an European formative power? In: Periphery or Contact Zone?, S. 141–159

Kriemann, Hans-Peter, Hineingerutscht? Deutschland und der Kosovo-Krieg, Göttingen 2021 (= Bundeswehr im Einsatz, 2)
Kriemann, Hans-Peter, Der Kosovokrieg 1999, Stuttgart 2019 (= Kriege der Moderne)
Kriemann, Hans-Peter, Nie wieder Krieg – Wie die Bundeswehr in den Kosovo-Konflikt geriet. In: Einsatz ohne Krieg?, S. 73–90
Krohne, Heinz Walter, Psychologie der Angst. Ein Lehrbuch, Stuttgart 2010
Krüger, Dennis, Die Luftwaffe in der neuen Struktur – »Vom Einsatz her Denken«. In: cpm FORUM: Luftwaffe 2012, 9/2012, S. 4–8
Krüger, Dieter, Nordatlantische Allianz und Warschauer Pakt: Eine vergleichende Betrachtung. In: Sonderfall Bundeswehr?, S. 53–79
Krüger, Dieter, Am Abgrund? Das Zeitalter der Bündnisse: Nordatlantische Allianz und Warschauer Pakt 1947 bis 1991, Fulda 2013 (= Schriftenreihe Point Alpha, 1)
Krüger, Dieter, Das Amt Blank. Die schwierige Gründung des Bundesministeriums für Verteidigung, Freiburg i.Br. 1993 (= Einzelschriften zur Militärgeschichte 38)
Krüger, Dieter, Die Entstehung der NATO-Luftverteidigung und die Integration der Deutschen Luftwaffe 1956 bis 1969. In: Die Luftwaffe, S. 485–556
Krüger, Dieter, Nationaler Egoismus und gemeinsamer Bündniszweck. Das »NATO Air Defence Ground Environment Programme« (NADGE) 1959 bis 1968. In: MGZ, 64 (2005), 2, S. 333–358
Krüger, Dieter, Das unverzichtbare Bündnis. Die Nordatlantische Allianz von 1949 bis heute. In: Militärgeschichte. Zeitschrift für historische Bildung, 1/2019, S. 18–21
Kruse, Justus S., Das Zukunftsfeld »Flugkörperabwehr«. In: ES&T, 3/2013, S. 46–50
Kubbig, Bernd W., Die Abwehrwaffe MEADS auf dem parlamentarischen Prüfstand, Frankfurt a.M. 2014 (= HSFK-Report, 8/2014)
Kubbig, Bernd W., Als Entscheidungsgrundlage für das Raketenabwehrprojekt MEADS ungeeignet. Eine Analyse der Dokumente von BMVg und Berichterstattergruppe, Frankfurt a.M. 2005 (= HSFK-Report, 2/2005)
Kubbig, Bernd W., America: Escaping the Legacy of the ABM Treaty. In: The Domestic Politics of Missile Defence, S. 410–430
Kubbig, Bernd W., Aufrüstung vor Rüstungskontrolle. Die Raketenabwehrpolitik in Clintons erster Amtszeit, Frankfurt a.M. 1996 (= HSFK-Report, 1/1996)
Kubbig, Bernd W., German and American Export Control Policies in an Era of Proliferation: From Divergence to Convergence?, Kingston, ON 1993 (= Martello Papers, 4)
Kubbig, Bernd W., and Axel Nitsche, Germany: Selective Security Provider in the Schröder/Fischer Era. In: The Domestic Politics of Missile Defence, S. 520–543
Kubbig, Bernd W., Introduction: The Domestic Politics of Missile Defense. In: The Domestic Politics of Missile Defence, S. 385–409
Kubbig, Bernd W., Missile Defence in the Post-ABM Treaty Era: The International State of the Art, 2007 (= Deutsche Stiftung Friedensforschung, Forschung, 10)
Kubbig, Bernd W., Nach dem Moskauer Gipfel zwischen Clinton und Putin: Unstimmigkeiten und Handlungsoptionen bei der Raketenabwehr, Frankfurt a.M. 2000 (= HSFK-Report, 9/2000)

Kubbig, Bernd W., und Harald Müller, Nuklearexport und Aufrüstung. Neue Bedrohungen und Friedensperspektiven, Frankfurt a.M. 1993
Kubbig, Bernd W., Positioning Europe as a Credible Actor in the »Ballistic Missile Defense Game«. Concepts and Recommendations, Frankfurt a.M. 2000 (= PRIF Report, 56)
Kubbig, Bernd W., und Tobias Kahler, Problematische Kooperation im Dreieck: Das trilaterale Raketenabwehrprogramm MEADS, 2000 (= HSFK Bulletin, 18)
Kubbig, Bernd W., Raketenabwehr als angemessene technologische Antwort auf das politische Proliferationsproblem?, Frankfurt a.M. 1992 (= HSFK-Report, 9/1992)
Kubbig, Bernd W., und Götz Neuneck, Raketenabwehrpläne in Zeiten des amerikanischen Wahlkampfs. In: Friedensgutachten 2000, S. 253–258
Kubbig, Bernd W., Raketenabwehrsystem MEADS: Entscheidung getroffen, viele Fragen offen, Frankfurt a.M. 2005 (= HSFK-Report, 10/2005)
Kubbig, Bernd W., Rüstungskontrolle und Abrüstung. In: Friedensgutachten 1999, S. 219–228
Kubbig, Bernd W., SDI: neue Begründungen, neue Gelder. In: Wissenschaft und Frieden, 3/1991, <www.wissenschaft-und-frieden.de/seite.php?artikelID=0901>
Kubbig, Bernd W., START und SDI. In: Friedensgutachten 1988, S. 137–152
Kubbig, Bernd W., Matthias Dembinski und Alexander Kelle, Unilateralismus als alleinige außenpolitische Strategie? Die amerikanische Politik gegenüber UNO, NATO und der Chemiewaffen-Organisation in der Ära Clinton, Frankfurt a.M. 2000 (= HSFK-Report, 3/2000)
Kubbig, Bernd W., US-Raketenabwehr – Deutsche Optionen und Handlungsspielräume. Eine Zwei-Pfeiler-Strategie. In: Blätter für deutsche und internationale Politik, 5/2001, S. 554–564
Kubbig, Bernd W. [u.a.], Wie gefährlich ist der Irak? Erkenntnisse über die Verfügbarkeit von Massenvernichtungsmitteln. In: Brandherd Irak, S. 32–62
Kubbig, Bernd W., Wissen als Machtfaktor im Kalten Krieg. Naturwissenschaftler und die Raketenabwehr der USA, Frankfurt a.M. [u.a.] 2004
Kubbig, Bernd W., and Christian Weidlich, A WMD/DVs Free Zone for The Middle East. Taking Stock, Moving Forward Towards Regional Security. Compact Study of the Academic Peace Orchestra Middle East, Frankfurt a.M. 2015
Kubiak, Katarzyna, Raketenabwehr: Potentiale einer Kooperation mit Russland, Berlin 2017 (= SWP-Studie, 13)
Kuebart, Arndt, und Rüdiger Baumgart, Medium Extended Air Defense System (MEADS). In: Strategie und Technik, 52 (2009), 3, S. 42–48
Kuhlen, Klaus, Mobile Flugabwehr. Eine nicht nur für die Streitkräfte gefährliche Fähigkeitslücke – Wo bleibt die Antwort? In: cpm FORUM, 3/2016, S. 84–91
Kunz, Andreas, Transformation, Network Centric Warfare und Facebook. Quellenüberlieferung zur jüngsten deutschen Militärgeschichte. In: Auftrag Auslandseinsatz, S. 389–397
Landwehr, Achim, Historische Diskursanalyse, Frankfurt a.M. 2008 (= Historische Einführungen, 4)

Lang, Stefan, Der Golf-Konflikt von 1990/91 aus der Sicht des Informations- und Pressestabes. In: Das Bild der deutschen Marine, S. 125–135

Lange, Manfred, NATO air defence – in an identity crisis? In: NATO's nations and partners for peace, 49 (2004), 4, S. 158–161

Lange, Sascha, Teilfähigkeitsverlust durch MEADS. Entspricht das Abwehrsystem den Verteidigungspolitischen Richtlinien?, Berlin 2005 (= SWP-Aktuell 2005/A4)

Lara, Belen, Anti-Ballistic Missile Defence for Europe, Brussels 1995 (= NATO Fellowship Report)

Leeuwen, William van, Air Defence Reviewed. The Missile Belt in Transition. In: NATO's Sixteen Nations, 36 (1991), 7, S. 33–39

Leitsätze für eine aktive Außen- und Sicherheitspolitik. Beschluss des 14. Parteitages in Dresden. Hrsg. von der CDU-Bundesgeschäftsstelle, Berlin 2001, <www.kas.de/c/document_library/get_file?uuid=1cf3af4d-123c-0629-9a09-6a1b1e9f573d&groupId=252038>

Lemke, Bernd, Die Allied Mobile Force 1961 bis 2002, Berlin [u.a.] 2015 (= Entstehung und Probleme des Atlantischen Bündnisses, 10)

Lemke, Bernd, Die deutsche Luftwaffe und die Allied Mobile Force 1961–1991. In: Sicherheitspolitik und Luftwaffe, S. 49–56

Lemke, Bernd, The development of Alliance strategy, 1949–2014: A short overview. In: Periphery or Contact Zone?, S. 17–24

Lemke, Bernd, Dieter Krüger, Heinz Rebhan und Wolfgang Schmidt, Die Luftwaffe 1950 bis 1970. Konzeption, Aufbau, Integration, München 2006 (= Sicherheitspolitik und Streitkräfte der Bundesrepublik Deutschland, 2)

Lennox, Robert P., Air and Missile Defence – Relevant and Ready. In: RUSI Defense Systems, Defence and Security Studies, 8 (2005), 2, S. 73–75

Lewis, George N., Steve Fetter and Lisbeth Gronlund, Casualties and Damage from SCUD Attacks in the 1991 Gulf War, Camebridge, MA 1993 (= Defense and Arms Control Studies Program, Working Paper, 2)

Lewis, George N., Steve Fetter and Lisbeth Gronlund, Casualties and Damage from SCUD Attacks in the 1991 Gulf War (Update), Camebridge, MA 1994 (= Defense and Arms Control Studies Program, Working Paper, 2)

Lok, Joris Janssen, NATO exercises prop up TMD pillars. In: Jane's International Defence Review, 31 (1998), 7, S. 58 f.

Lok, Joris Janssen, Re-evaluating radar, Tactical air defense for a multiple menace. In: Jane's International Defence Review, 31 (1998), 11, S. 46–51

Lopez, Ramon, Andy Nativi and Andrew Doyle, The need for MEADS. Scepticism and budget cuts threaten an international missile project. In: Flight International, 17 (1999), S. 34 f.

Lübbert, Daniel, Christian Behme und Felix Faltin, Raketenabwehr – technische Aspekte und naturwissenschaftlicher Hintergrund, Berlin 2007 (= Deutscher Bundestag, Wissenschaftliche Dienste, INFO-Brief, WD 8)

Lübkemeier, Eckhard, Raketenabwehr und europäische Sicherheit. In: Die militärische Eroberung des Weltraums, S. 451–480

Luftkriegführung im Zweiten Weltkrieg. Ein internationaler Vergleich. Hrsg. von Horst Boog, Herford, Bonn 1993 (= Vorträge zur Militärgeschichte, 12)

Luftverteidigung im Nah- und Nächstbereich – eine perspektivische Betrachtung der Luftwaffe. In: Wehrtechnik, 49 (2017), 3, S. 25 f.
Luftverteidigung im Nah- und Nächstbereich. Eine perspektivische Betrachtung der Luftwaffe. In: ES&T, 5/2018, S. 27–29
Luftwaffe im Wandel. Aufgaben der deutschen Luftwaffe unter neuen politischen Rahmenbedingungen. Hrsg. von Wolfgang Heydrich, Joachim Rohde und Frank Tschudowsky, Baden-Baden 1995 (= Internationale Politik und Sicherheit, 41)
Die Luftwaffe in der Moderne. Hrsg. von Heiner Möllers, Eberhard Birk und Wolfgang Schmidt, Berlin 2011 (= Schriften zur Geschichte der Deutschen Luftwaffe, 1)
Luftwaffe und Luftkrieg. Hrsg. von Heiner Möllers und Eberhard Birk, Berlin 2015 (= Schriften zur Geschichte der Deutschen Luftwaffe, 3)
Luftwaffe und Luftverteidigung. Hrsg. von Heiner Möllers und Eberhard Birk, Berlin 2017 (= Schriften zur Geschichte der Deutschen Luftwaffe, 6)
Die Luftwaffe zwischen Politik und Technik. Hrsg. von Heiner Möllers und Eberhard Birk, Berlin 2012 (= Schriften zur Geschichte der Deutschen Luftwaffe, 2)
Luftwaffenstruktur 5. Hrsg. vom Luftwaffenamt, Abteilung POCARLw, März 2001 (= [Newsletter] Neue Horizonte, 2001/2)
Lutsch, Andreas, Westbindung oder Gleichgewicht? Die nukleare Sicherheitspolitik der Bundesrepublik Deutschland zwischen Atomwaffensperrvertrag und NATO-Doppelbeschluss, Berlin [u.a.] 2020 (= Sicherheitspolitik und Streitkräfte der Bundesrepublik Deutschland, 14)
Manderfeld, Marco, Flugkörperabwehr als Beitrag zur Luftverteidigung. In: Europäische Sicherheit, 60 (2011), 9, S. 48–52
Mantovani, Mauro, und Amos Dossi, Bodengestützte Luftabwehr, Zeitlos relevant. In: ASMZ, 184 (2018), 4, S. 36 f.
MARS – Jahrbuch für Wehrpolitik und Militärwesen, 2/1996. Hrsg. von Dermot Bradley, Heinz-Ludger Borgert und Wolfram Zeller, Osnabrück 1996
Martin, David, International Co-operation: A »Smart Weapon« in the Revolution in Strategic Affairs. In: Comparative Strategy, 18 (1999), 3, S. 233–238
Martin, David, The NATO Missile Defence Study. In: International Missile Defence?, S. 82–88
Martin, David, Towards an Alliance Framework for Extended Air Defence/Theatre Missile Defence. In: NATO Review, 44 (1996), 3, S. 32–35
Masala, Carlo, Den Blick nach Süden? Die NATO im Mittelmeerraum (1990–2003). Fallstudie zur Anpassung militärischer Allianzen an neue sicherheitspolitische Rahmenbedingungen, Baden-Baden 2003 (= Schriften des Zentrums für Europäische Integrationsforschung, 57)
Masala, Carlo, Weltunordnung. Die globalen Krisen und das Versagen des Westens, München 2016
Matzken, Heino, Wunderwaffe IRON DOME? Das mobile israelische Raketenabwehrsystem C-RAM – IRON DOME. In: Hardthöhenkurier. Das Magazin für Soldaten und Wehrtechnik, 30 (2014), 5, S. 98–100
Maurer, Jochen, und Martin Rink, Einsatz ohne Krieg? Militär, Gesellschaft und Semantiken zur Geschichte der Bundeswehr nach 1990. In: Einsatz ohne Krieg?, S. 9–30

Medium Extended Air Defense System (MEADS). FY'99 Annual Report submitted to Congress February 2000. Ed. by Director, Operational Test & Evaluation (DOT&E), <www.fas.org/spp/starwars/program/dote99/99meads.htm> (letzter Zugriff 10.2.2018)

Meier, Oliver, Rüstungskontrolle jenseits des INF-Vertrags. Ansätze zur Kontrolle von Mittelstreckenraketen nach dem Ende des Abkommens, Berlin 2019 (= SWP-Aktuell 2019/A20)

Meiers, Franz-Josef, Zu neuen Ufern? Die deutsche Sicherheits- und Verteidigungspolitik in einer Welt des Wandels 1990–2000, Paderborn [u.a.] 2006

Meier-Walser, Reinhard C., Zur Einführung: Perspektiven für die Zukunft der NATO nach dem 11. September 2001. In: Die Zukunft der NATO, S. 5–8

Mertes, Ferdinand, und Rüdiger Knappe, Die Flugabwehrraketenkräfte der Luftwaffe heute und morgen. In: Wehrtechnik, 30 (1998), 2, S. 21–23

Methoden der sicherheitspolitischen Analyse. Eine Einführung. Hrsg. von Alexander Siedschlag, 2., erw. Aufl., Wiesbaden 2014

Meulman, Freek, Challenges for NATO missile defence. In: The Journal of the JAPCC, 12 (2010), S. 22–26

Meuter, Thomas, Moderne Luftverteidigung mit MEADS. Kontroverse um Beschaffungsvorhaben hält an. In: Behörden-Spiegel, 21 (2005), 4, S. 43

Mey, Holger H., Deutsche Sicherheitspolitik 2030, Frankfurt a.M., Bonn 2001

Mey, Holger H., Das Erfordernis einer europäischen Raketenabwehr. In: Jahrbuch für internationale Sicherheitspolitik 2000, S. 283–299

Mey, Holger H., Strategisches Erfordernis oder politischer Symbolismus. In: Europäische Sicherheit (1998), 6, S. 40–42

Mey, Holger H., Zwei Szenarien: 2030 Europa in zwei Jahrzehnten. In: Loyal. Das Magazin für Sicherheitspolitik, 2/2011, S. 6–11

Die militärische Eroberung des Weltraums. Hrsg. von Bernd W. Kubbig, Frankfurt a.M. 1990

Der militärische Heimatluftschutz im Weltkriege 1914 bis 1918. Hrsg. von Reichsluftfahrtministerium, Kriegswissenschaftliche Abteilung der Luftwaffe, Berlin 1943 (= Die deutschen Luftstreitkräfte von ichrer Entstehung bis zum Ende des Weltkrieges 1918, 7)

Militärisch-Industrieller Komplex? Rüstung in Europa und Nordamerika nach dem Zweiten Weltkrieg. Im Auftrag des Zentrums für Militärgeschichte und Sozialwissenschaften der Bundeswehr hrsg. von Dieter H. Kollmer, Freiburg i.Br. [u.a.] 2015

»Missile Away« – Auftrag ausgeführt. 50 Jahre Geschichte Flugabwehrraketengeschwader 1 »Schleswig-Holstein« [Hrsg. von Gerald Grimmer und Hans-Thomas Petersen], Köln 2009

Missile Defence in a New Strategic Environment. Policy, Architecture and International Industrial Co-operation After the ABM Treaty. Ed. by David Wiencek and Jeremy Stocker, London 2003 (= Whitehall Paper, 60)

Missile Defense Announcement As Delivered by Secretary of Defense Chuck Hagel. Ed. by U.S. Department of Defense. The Pentagon, Friday, March 15, 2013, <https://archive.defense.gov/Speeches/Speech.aspx?SpeechID=1759> (letzter Zugriff 24.5.2020)

Missile Defense Review. Ed.: Department of Defense of the United States of America, Washington, DC 2019 <https://media.defense.gov/2019/Jan/17/2002080666/-1/-1/1/2019-MISSILE-DEFENSE-REVIEW.PDF>

Missile Defense. The First Seventy Years. Ed.: United States Missile Defense Agency, Huntsville, AL 2013, <https://mda.mil/global/documents/pdf/first70.pdf>

Mit Sicherheit unsicher? Debatten zu Krieg und Frieden in den internationalen Beziehungen. Hrsg. von Carlo Masala, Stephan Stetter und Marina Karbowski, Baden-Baden 2014 (= ZIB-Reader, 2)

Möckli, Daniel, US-Raketenabwehr. Eine strategische Herausforderung für Europa, Zürich 2007 (= CSS Analysen zur Sicherheitspolitik, 12)

Moedebeck, H.W.L., Die Luftschiffahrt, ihre Vergangenheit und ihre Zukunft im Verkehr und im Kriege, Straßburg 1906

Möllers, Heiner, Eberhard Birk und Wolfgang Schmidt, Einleitung der Herausgeber. In: Die Luftwaffe in der Moderne, S. 13–18

Möllers, Heiner, Die Luftwaffe und ihre Strukturen im Wandel der Zeit und ihrer ganz eigenen Politik. In: Luftwaffe und Luftverteidigung, S. 18–48

Möllers, Heiner, und Eberhard Birk, Luftwaffe und Luftkrieg. Eine Einführung. In: Luftwaffe und Luftkrieg, S. 10–20

Monroe, James E., und Jürgen K. G. Rosenthal, Zum Stand der Fähigkeit der deutschen Luftwaffe zur bodengebundenen Luftverteidigung. In: Hardthöhenkurier. Das Magazin für Soldaten und Wehrtechnik, 31 (2015), 2, S. 112 f.

Morrocco, John D., Costs, Politics Impede European Efforts. In: Aviation Week and Space Technology, 146 (1997), 3, S. 55–57

Motivation und Emotion. Hrsg. von Veronika Brandstätter, Julia Schüler, Rosa Maria Puca und Ljubica Lozo, Berlin [u.a.] 2013 (= Allgemeine Psychologie für Bachelor)

Müller, Björn, Gefährliche Lücke. In: Loyal. Das Magazin für Sicherheitspolitik, 12/2020, S. 9–15

Müller, Johannes, Luftverteidigung. Wesen, Auftrag, Mittel, Bad Honnef 1973

Müllner, Karl, Herausforderung Flugkörperabwehr. In: Sicherheitspolitik und Luftwaffe, S. 67–71

Müllner, Karl, Luftstreitkräfte in einem starken Bündnis. Der Beitrag der Luftwaffe zu »Rea-diness« und »Reassurance«. In: ES&T, 10/2015, S. 24–27

Münch, Philipp, Die Bundeswehr in Afghanistan. Militärische Handlungslogik in internationalen Interventionen, Freiburg i.Br. [u.a.] 2015 (= Neueste Militärgeschichte. Analyse und Studien, 5)

Münkler, Herfried, Kriegssplitter. Die Evolution der Gewalt im 20. und 21. Jahrhundert, Berlin 2015

Münkler, Herfried, Der neue Golfkrieg, Reinbek bei Hamburg 2003

Münkler, Herfried, Die neuen Kriege, Reinbek bei Hamburg 2002

Mützenich, Rolf, Kein angemessener Schutz. Deutschland will ein Raketenabwehrsystem beschaffen. Einer gründlichen Prüfung hält das Milliardenprojekt nicht stand. In: Internationale Politik, 60 (2005), 3, S. 114 f.

Nach Hitler. Der schwierige Umgang mit unserer Geschichte. Beiträge von Martin Broszat. Hrsg. von Hermann Graml und Klaus-Dietmar Henke, München 1986

»Nachgefragt« bei Generalleutnant Dieter Naskrent, Stellvertreter des Inspekteurs der Luftwaffe (bis 30.9.2017). In: cpm FORUM, 5/2017, Mittelseiten

»Nachgefragt« bei Thomas Homberg, Geschäftsführer MBDA Deutschland GmbH, und Rick H. Edwards, Executive Vice President, Missiles and Fire Control, Lockheed Martin. In: cpm FORUM, 2/2014, S. 40–43

Nachrichten aus der Bundeswehr: Apollo – Gemeinsame Zukunft in der bodengebundenen Luftverteidigung. In: cpm FORUM, 5/2017, S. 103

National Missile Defense, <www.globalsecurity.org/space/systems/nmd.htm>

Die Nationale Volksarmee der DDR im Rahmen des Warschauer Paktes. Hrsg. vom Arbeitskreis für Wehrforschung, München 1980

Die Nationale Volksarmee der DDR im Rahmen des Warschauer Paktes. Hrsg. von Arbeitskreis für Wehrforschung, München 1980

Die NATO auf dem Weg ins 21. Jahrhundert. Hrsg. von Heiner Timmermann und August Pradetto, Münster 2002 (= Dokumente und Schriften der Europäischen Akademie Otzenhausen e.V., 104)

NATO debates BMD ahead of April Bucharest Summit. In: WMD Insights – Issues and Viewpoints in the International Media, April 2008

NATO Handbook. Ed. by NATO Public Diplomacy Division, Brüssel 2006

NATO-Handbuch. Hrsg. vom NATO Presse- und Informationsdienst, Brüssel 1995

NATO-Handbuch. Hrsg. vom NATO Presse- und Informationsdienst, Brüssel 2001

Naumann, Klaus, Der blinde Spiegel. Deutschland im afghanischen Transformationskrieg, Hamburg 2013

Naumann, Klaus, Einsatz ohne Ziel? Die Politikbedürftigkeit des Militärischen, Hamburg 2008

Naumann, Klaus, Eine Rechnung mit vielen Unbekannten. Determinanten des Wandels in der deutschen Sicherheitspolitik seit 1990. In: Einsatz ohne Krieg?, S. 129–150

Neitzel, Sönke, Deutsche Krieger. Vom Kaiserreich zur Berliner Republik – eine Militärgeschichte, Berlin 2020

Neitzel, Sönke, Republik und Armee: ein gespaltenes Verhältnis. In: Die Bundesrepublik Deutschland, S. 353–376

Neitzel, Sönke, Der Westen und die Neuen Kriege. In: Mittelweg 36, 22 (2013), 5, S. 63–78

Die Neuausrichtung der Bundeswehr. Hrsg. vom Bundesministerium der Verteidigung, Berlin 2012

Die Neuausrichtung der Bundeswehr. Nationale Interessen wahren – Internationale Verantwortung übernehmen – Sicherheit gemeinsam gestalten. Hrsg. vom Bundesministerium der Verteidigung, 2. Aufl., Berlin, März 2013

Das neue strategische Konzept der Allianz. Eine Auswertung. Aufgaben der Bundeswehr – Auszug aus der Bestandsaufnahme des Bundesministers der Verteidigung. Hrsg.: Führungsakademie der Bundeswehr, Hamburg 1999

Neuneck, Götz, und Jürgen Scheffran, Die neuen Raketenabwehrpläne der USA – Stand, Probleme und Alternativen. In: Die Bundeswehr in der neuen Weltordnung, S. 57–71

Neuneck, Götz, Christian Alwardt und Hans Christian Gils, Raketenabwehr in Europa, Baden-Baden 2015 (= Schriften der Akademie der Wissenschaften in Hamburg, 1)

Neuneck, Götz, »SDI-light« oder die Aushöhlung des ABM-Vertrages. In: Wissenschaft und Frieden, 2/1999, <www.wissenschaft-und-frieden.de/seite.php?artikelID=1348>

Neuneck, Götz, Der Streit um die Raketenabwehr. Alle unter einen Schirm? In: Friedensgutachten 2001, S. 278–282

Neuneck, Götz, und Jürgen Altmann, US-Raketenabwehr. Ein Danaer-Geschenk für Europa und die Welt? In: Wissenschaft und Frieden, 1/2008, <www.wissenschaft-und-frieden.de/seite.php?artikelID=1444>

Neuneck, Götz, Von Patrioten, Raketenabwehr und Bündnissolidarität. In: Wissenschaft und Frieden, 1/2013, <https://wissenschaft-und-frieden.de/seite.php?artikelID=1834>

New Directions in Strategic Thinking. Ed. by Robert O'Neill and David M. Horner, London [u.a.] 1981 (= Cold War Security Studies, 32)

Nickel, Ulrich, Flugkörperabwehr – Eine Herausforderung für die moderne Luftverteidigung. In: MARS, 2/1996, S. 325–46

Nitschke, Stefan, Luftverteidigung. Wo stehen wir heute? In: Wehrtechnik, 39 (2007), 2, S. 32–37

Nitschke, Stefan, Thesen zur boden- und seegestützten Luftverteidigung in Europa. In: ES&T, 1/2018, S. 59–62

Noeske, Andreas, Wirkung gegen Ziele in der Luft. Beschreibung der Teilfähigkeit. In: cpm FORUM, (2008), S. 28–32

Nuclear Threats, Nuclear Fear and the Cold War of the 1980s. Ed. by Eckhart Conze, Martin Klimke and Jeremy Varon, New York 2017 (= Publications of the German Historical Institute)

Open Door. NATO and Euro-Atlantic Security after the Cold War. Ed. by Daniel S. Hamilton und Kristina Spohr, Washington, DC 2019

Operation Desert Storm: Data Does Not Exist to Conclusively Say How Well Patriot Performed. Report to Congressional Requesters. Ed. by United States General Accounting Office (GAO), Washington, DC 1992

Das »Operational Mentor and Liaison Team Garrison Kandak« der Luftwaffe in Afghanistan. In: cpm FORUM: Bundeswehr im Einsatz, (2012), S. 14–18

Operatives Denken und Handeln in deutschen Streitkräften im 19. und 20. Jahrhundert. Hrsg. von Militärgeschichtlichen Forschungsamt, Herford, Bonn 1988 (= Vorträge zur Militärgeschichte, 9)

Oppers, Peer, European Viewpoints: Politics before Hardware – NMD from the Dutch Perspective. In: International Missile Defence?, S. 52–57

Options for Deploying Missile Defenses in Europe. Ed.: Congress of the United States – Congressional Budget Office, Washington, DC, February 2009 (= A CBO Study), <https://www.cbo.gov/sites/default/files/111th-congress-2009-2010/reports/02-27-missiledefense.pdf>

Overhaus, Marco, Die deutsche NATO-Politik. Vom Ende des Kalten Krieges bis zum Kampf gegen den Terrorismus, Baden-Baden 2009 (= Außenpolitik und internationale Ordnung)

Patriot. Kampfwertanpassung (KWA) 2. In: Strategie und Technik, 54 (2011), 3, S. 26–30

Patriot-Raketen sind »Instrument der Deeskalation«. Militärexperte Kujat lobt Zeichen der Bündnissolidarität gegenüber der Türkei. Interview von dradio.de mit Harald Kujat, <https://www.deutschlandfunkkultur.de/patriot-raketen-sind-instrument-der-deeskalation-100.html>

Periphery or Contact Zone? The NATO Flanks 1961 to 2013. On behalf of Bundeswehr Centre of Military History and Social Sciences ed. by Bernd Lemke, Freiburg i.Br., Berlin, Wien 2015 (= Neueste Militärgeschichte. Analyse und Studien, 4)

Petereit, Wolf-Rüdiger, Das Taktische Luftverteidigungs-System (TLVS). Forderungen und Lösungsansätze. In: Wehrtechnik, 26 (1994), 2, S. 54–56

Pfab, Diethard, The Genesis of MEADS. An Air Defense System for the next Decades. In: NATO's Sixteen Nations, 3/1997, S. 41–44

Pfeifer, Douglas C., The Luftwaffe's Role in Expeditionary Bundeswehr Missions since Unification. In: Auftrag Auslandseinsatz, S. 139–149

Pflügler, Tobias, Bundeswehr 2005 – bereit für die nächsten Kriege in aller Welt. In: Die Bundeswehr in der neuen Weltordnung, S. 72–88

Phillips, Alan, 20 Mishaps that might have started accidental Nuclear War, <www.wagingpeace.org/20-mishaps-that-might-have-started-accidental-nuclear-war/>

Pillath, Sandra, Die Luftwaffe in der Sicherheitsarchitektur des 21. Jahrhunderts. Fortschritte und Entwicklungen. In: Die Luftwaffe in der Moderne, S. 239–248

Pimlott, John, Die Luftwaffe. Die Geschichte der deutschen Luftwaffe im Zweiten Weltkrieg, Neuaufl., Klagenfurt 2005

Pleyer, Severin, Redefining Rationality within Nuclear Deterrence Theory. In: The Defence Horizon Journal, 2/2021, S. 22–27

Pöppelmann, Jürgen, Die deutsche Luftverteidigung. Mit SAMOC und MEADS auf neuen Wegen. In: Wehrtechnik, 36 (2004), 2, S. 64–69

Pöppelmann, Jürgen, Kampf gegen Raketen. Die Flugkörperabwehr in der Bundeswehr. In: Wehrtechnik, 37 (2005), 1, S. 23–29

Polis, Robert, und Johann Weckl, Aspekte der Luftverteidigung im Wandel des Umfeldes. In: Soldat und Technik, 36 (1993), 10, S. 595–601

Pommerin, Reiner, Von der »Massive Retaliation« zur »Flexible Response«. In: Vom Kalten Krieg zur deutschen Einheit, S. 525–542

Positionspapier: Gedanken zur Bundeswehr der Zukunft. Hrsg. vom Bundesministerium der Verteidigung, Berlin, 9.2.2021, <https://augengeradeaus.net/wp-content/uploads/2021/02/20210209_AKK_GI_Bundeswehr_der_Zukunft.pdf>

Postol, Theodore A., Lessons of the Gulf War Patriot Experience. In: International Security, 16 (1991/92), 3, S. 119–171

Press Conference of the President after NATO Summit. Ed by The White House, Office of the Press Secretary, <https://obamawhitehouse.archives.gov/the-press-office/2010/11/20/press-conference-president-after-nato-summit>

Proliferation von Massenvernichtungsmitteln und Trägerraketen. Hrsg. vom Bundesnachrichtendienst, Pullach 1999

Psychology and Deterrence. Ed. by Robert Jervis, Richard Ned Lebow and Janice Gross Stein, Baltimore, MD [u.a.] 1985

Putin, Vladimir, President of Russia; George W. Bush, President of the USA, Press Statement Following the Meeting with American President George W. Bush, Heiligendamm 7.6.2007, <http://en.kremlin.ru/events/president/transcripts/40372> (letzter Zugriff 29.3.2020)

Putin, Vladimir, President of Russia, Joint Press Conference with President of the United States George Bush, 2.7.2007, <http://en.kremlin.ru/events/president/transcripts/24393>

Putin, Vladimir, President of Russia, Transcript of Press Conference with the Russian and Foreign Media, 1.2.2007, <http://en.kremlin.ru/events/president/transcripts/24026>

Rácz, András, Hungary: A most reluctant ally. In: The Domestic Politics of Missile Defence, S. 544–557

Raketenrüstung und internationale Sicherheit von 1942 bis heute. Hrsg. von Thomas Stamm-Kuhlmann und Reinhard Wolf, Stuttgart 2004 (= Historische Mitteilungen. Beiheft, 56)

Rance, Michael, US Missile Defence. Interview with General Obering, Director of the MDA. In: The RUSI journal, 5 (2008), S. 60-65

Ranger, Robin, Implications of Missile Defence for Europe, Academic. Past and Present Imperatives for Defences in Depth. In: International Missile Defence?, S. 34–44

Rapreger, Ulrich, Modernisierung der Luftverteidigung. In: ES&T, 7/2015, S. 59

Rasmussen, Anders Fogh, NATO Needs a Missile Defense. In: New York Times, 12.10.2010, <www.nytimes.com/2010/10/13/opinion/13iht-edrasmussen.html> (letzter Zugriff 11.3.2020)

Rauch, Andreas M., Auslandseinsätze der Bundeswehr, Baden-Baden 2006

Reader Sicherheitspolitik. Die Bundeswehr vor neuen Herausforderungen. Hrsg. vom Streitkräfteamt, Informations- und Medienzentrale der Bundeswehr, Köln 1998

Reagan, Ronald, SDI Speech: Address to the Nation on Defense and National Security, <www.atomicarchive.com/Docs/Missile/Starwars.shtml>

Rede des Bundesministers der Verteidigung, Dr. Franz Josef Jung, bei der Hessischen Landesvertretung am 10. April 2007 in Brüssel zum Thema »Die europäische Sicherheits- und Verteidigungspolitik - Aktuelle Herausforderungen und Entwicklungen«. In: Stichworte zur Sicherheitspolitik, März/April 2007, S. 32–36

Reisch, Herbert, High Barrier – NATO's Air Defence. In: NATO's Sixteen Nations, 35 (1990), 6, S. 33 f., 37–40

Renn, Ulrich, Bodengebundene Luftverteidigung. Das Taktische Luftverteidigungssystem im Kontext zukünftiger Luftverteidigung. In: ES&T, 1/2018, S. 65–68

Renn, Ulrich, Integrierte Luftverteidigung. Das Taktische Luftverteidigungssystem im Rahmen der Flug- und Flugkörperabwehrfähigkeiten der NATO. In: Wehrtechnischer Report, Taktisches Luftverteidigungssystem, (April 2020), S. 50–53

Renn, Ulrich, Taktische Luftverteidigung, Sachstand und Planung. In: ES&T, 6/2017, S. 84–88

Renn, Ulrich, Zum Stand des Vorhabens Taktisches Luftverteidigungssystem. Erkenntnisse aus einer kleinen Anfrage von Angehörigen der Bundestagsfraktion FDP. In: Wehrtechnischer Report, Taktisches Luftverteidigungssystem, (April 2020), S. 22

Report of the Commission to Assess the Ballistic Missile Threat to the United States, 15.7.1998, Pursuant to Public Law 201, 104th Congress, <www.fas.org/irp/threat/bm-threat.htm>

Rheinbaben, Georg-Wilhelm Frhr. v., Probleme der Luftverteidigung heute. In: Wehrkunde, 10 (1961), S. 224–228

Rheinmetall übergibt Flugabwehrsystem MANTIS an die Luftwaffe – Schutz vor Bedrohungen aus der Luft, Rheinmetall AG, <www.hardthoehenkurier.de/index.php/alle-nachrichten/454-rheinmetall-uebergibt-flugabwehrsystem-mantis-an-die-luftwaffe-schutz-vor-bedrohungen-aus-der-luft#:~:text=In%20einer%20feierlichen%20Zeremonie%20hat,Schleswig%20Holstein%E2%80%9C%20in%20Husum%20%C3%BCbernommen>

Richardson, Doug, NATO plans Europe-wide missile-defence system. In: Jane's missiles & rockets: incorporating precision guided munitions, 15 (2011), 1, S. 6 f.

Rink, Martin, Die Bundeswehr 1950/55–1989, Berlin 2015 (= Beiträge zur Militärgeschichte – Militärgeschichte kompakt, 6)

Rink, Martin, Was ist »Krieg«? Was nennen wir »Krieg«? In: Einsatz ohne Krieg?, S. 31–58

Rogoway, Tyler, Ramstein Air Base in Germany Experiences Potential Incoming Missile Scare, <www.thedrive.com/the-war-zone/38131/ramstein-air-base-in-germany-experiences-potential-incoming-missile-scare>

Rosenthal, Jürgen K.G., Die Fähigkeit der Luftwaffe zur bodengebundenen Luftverteidigung. Der Luftverteidigungsverbund 2020 sieht mit einer offenen Systemarchitektur verschiedene Wirkmittel vor. In: Hardthöhenkurier. Das Magazin für Soldaten und Wehrtechnik, 29 (2013), 1, S. 59 f.

Rothfels, Hans, Zeitgeschichte als Aufgabe. In: VfZ, 1 (1953), 1, S. 1–8

Rühe, Volker, Deutschlands Verantwortung. Perspektiven für das neue Europa, Frankfurt a.M., Berlin 1994

Rühle, Michael, Raketen, Russland, Rücksichtnahmen. Russland-Apologetik als Leitlinie deutscher Sicherheitspolitik? Berlin 2007, <www.ssoar.info/ssoar/handle/document/13040>

RUSI 2016 BMD Conference, Roberto Zadra, Head Integrated Air and Missile Defence Section, NATO, 12.4.2016, <https://rusi.org/sites/default/files/2016_04_rusi_roberto_zadra_nato.pdf> (letzter Zugriff 29.3.2020)

Russian General Warns Poland Against Participation in U.S. Missile Defense Program, Global Security Newswire, 6.12.2005, <www.nti.org/gsn/article/russian-general-warns-poland-against-participation-in-us-missile-defense-program/> (letzter Zugriff 30.3.2020)

Russland nennt den ABM-Vertrag erstmals veraltet. Pressekonferenz mit Donald Rumsfeld und Sergej Iwanow am 3.11.2001 in Moskau, <www.tagesspiegel.de/politik/russland-nennt-den-abm-vertrag-erstmals-veraltet/268130.html>

Sakaki, Alexandra, Japan and Germany as Regional Actors. Evaluating change and continuity after the Cold War, London, New York 2013

Sasse, Karl, Erfordernisse internationaler Zusammenarbeit im Bereich der Luftstreitkräfte. In: Luftwaffe im Wandel, S. 133–171

Schäfer, Paul, MEADS oder: Schutz für unsere Expeditions-Truppen. In: Wissenschaft und Frieden, 2/1996, <www.wissenschaft-und-frieden.de/seite.php?artikelID=1150>

Scharping, Rudolf, Grundlinien deutscher Sicherheitspolitik, Rede an der Führungsakademie der Bundeswehr am 8. September 1999 in Hamburg (= Bulletin der Bundesregierung, 56/1999), <www.bundesregierung.de/resource/blob/975954/772862/9326d2cc64a715fa62c67873712d01c2/56-99-scharping-data.pdf?download=1>

Scharping, Rudolf, Regierungserklärung des Bundesministers der Verteidigung Rudolf Scharping vor dem Deutschen Bundestag am 9. Februar 2001 in Berlin: »Die Bundeswehr der Zukunft – Feinausplanung und Stationierung«. In: Bulletin der Bundesregierung, 13-2/2001), <www.bundesregierung.de/breg-de/service/bulletin/regierungserklaerung-des-bundesministers-der-verteidigung-rudolf-scharping--785366>

Scharschmidt, Ingo, und Sebastian Wolff, »Let's do it together!« Bodengebundene Luftverteidigung im europäischen Kontext. In: ES&T, 10/2015, S. 45–47

Scharschmidt, Ingo, und Sebastian Wolff, Train as you fight. Aktuelle Realität für die Flugabwehr. In: ES&T, 6/2014, S. 53–56

Scheffran, Jürgen, Patriot gegen Scud – Scheingefechte im Lichte der Medien. In: Wissenschaft und Frieden, 3/1994, <www.wissenschaft-und-frieden.de/seite.php?artikelID=1059>

Scheffran, Jürgen, Raketenabwehr contra Proliferation. Der Norden tut sich zusammen. In: Wissenschaft und Frieden, 1/1994, <www.wissenschaft-und-frieden.de/seite.php?artikelID=1035>

Scheffran, Jürgen, Raketenabwehr, Stabilität und präventive Rüstungskontrolle. Von SDI zu NMD. In: Wissenschaft und Frieden, 1/2001, <www.wissenschaft-und-frieden.de/seite.php?artikelID=0087>

Schelzig, Peter, Der künftige Beitrag von Luftkriegsmitteln zu streitkräftegemeinsamen multinationalen Operationen. In: Luftwaffe und Luftkrieg, S. 258–261

Schetilin, Markus, Material- und Ausrüstungsplanung der Luftwaffe. In: Europäische Sicherheit, 54 (2005), 10, S. 23–34

Schlaffer, Rudolf J., Die Bedeutung des Balkans als strategisch-operativer Raum der Bundeswehr. In: Am Rande Europas?, S. 347–363

Schlaffer, Rudolf J., und Marina Sandig, Die Bundeswehr 1955 bis 2015: Sicherheitspolitik und Streitkräfte in der Demokratie. Hrsg. vom Zentrum für Militärgeschichte und Sozialwissenschaften der Bundeswehr, Freiburg i.Br., Berlin, Wien 2015

Schmid, Michael, Transatlantic and Middle East crisis arcs: US strategic rebalancing to the Persian Gulf from October War 1973 to the Gulf War 1990–91 and the consequences for the NATO. In: Periphery or Contact Zone?, S. 161–184

Schmitz, Thomas, 60 Jahre Luftwaffe. Einbindung in das westliche Bündnis. In: cpm FORUM, 3/2016, S. 42–54

Schmucker, Robert H., und Markus Schiller, Raketenbedrohung 2.0. Technische und Politische Grundlagen, Hamburg 2015

Schöllgen, Gregor, Angst vor der Macht. Die Deutschen und ihre Außenpolitik, Berlin [u.a.] 1993

Schöllgen, Gregor, Die Außenpolitik der Bundesrepublik Deutschland. Von den Anfängen bis zur Gegenwart, München 1999

Schöneberger, Timm, Vom Zweiten Golfkrieg zum Kampfeinsatz im Kosovo. Eine Zwei-Ebenen-Analyse der Bundeswehreinsätze in den 90er Jahren, Wiesbaden 2014 (= Globale Gesellschaft und internationale Beziehungen)

Schörnig, Niklas, Rüstung, Rüstungskontrolle und internationale Politik. In: Handbuch Internationale Beziehungen, S. 959–990

Schreer, Benjamin, Heiße Kartoffel Raketenabwehr. Warum der NATO-Gipfel in Bukarest die Entscheidung für den Aufbau eines strategischen Raketenabwehrsystems nicht vertagen sollte. In: Internationale Politik, 3 (2008), S. 44–49

Schreer, Benjamin, Zwischen den Stühlen? Deutschland und die Raketenabwehr, Warschau 2007, <www.kas.de/c/document_library/get_file?uuid=700cbfdc-f3f8-72fb-aa76-4fc24b8b818f&groupId=252038>

Schreiber, Dirk, Die Luftwaffe und ihre Doktrin, Einsatzkonzeptionen bis 1971, Berlin 2018 (= Schriften zur Geschichte der Deutschen Luftwaffe, 7)

Schubert, Hans-Joachim, Mit dem Angreifer Schritt halten. Überlegungen zur künftigen Luftverteidigung. In: Truppenpraxis/Wehrausbildung, 41 (1997), 1, S. 28–33

Schubert, Volker, Deutsche Luftmacht: »Königswaffe« der ersten Stunde. In: cpm FORUM, 2/2014, S. 70

Schuler, Emil, Die Landesverteidigung in der Bundesrepublik, Neckargemünd 1962

Schwarz, Hans-Peter, Die neueste Zeitgeschichte. »Geschichte schreiben, während sie noch qualmt«. In: VfZ, 51 (2003), 1, S. 5–28

Schwarz, Klaus-Dieter, Die NATO ist tot – es lebe die NATO. In: Die Zukunft der NATO, S. 63–65

Schweitzer, Heinz-Ulrich, Bodengebundene Luftverteidigung vor einer neuen Herausforderung. In: Soldat und Technik, 42 (1999), 4, S. 227–230

Seiffert, Anja, Soldat der Zukunft. Wirkungen von Auslandseinsätzen auf das soldatische Selbstverständnis, Berlin 2005 (= Beiträge zur Friedensforschung und Sicherheitspolitik, 17)

Seiller, Florian, Zwischen »Indépendance nationale« und »Europe de la défense«. Die Rüstungspolitik Frankreichs nach 1945. In: Militärisch-Industrieller Komplex?, S. 93–127

Seliger, Marco, Hit to Kill. In: Loyal. Das Magazin für Sicherheitspolitik, 9/2012, S. 16–19

Serr, Marcel, Das israelische Iron Dome-System, Leistungsfähigkeit, Schwächen und Herausforderungen. In: ES&T, 2/2014, S. 66 f.

Sheppard, Ben, Ballistic missile proliferation: a flight of fantasy or fear? In: Jane's International Defence Review, 10 (1999), S. 50–54

Sicherheits- und verteidigungspolitisches Meinungsklima in der Bundesrepublik Deutschland. Ergebnisse der Bevölkerungsbefragung 2007 des Sozialwissenschaftlichen Instituts der Bundeswehr, Strausberg 2008 (= Forschungsbericht, 86)

Sicherheitspolitik in neuen Dimensionen. Kompendium zum erweiterten Sicherheitsbegriff. Hrsg. von Bundesakademie für Sicherheitspolitik, Hamburg, Berlin, Bonn 2001

Sicherheitspolitik und Luftwaffe seit 1956. Hrsg. im Auftr. der Gneisenau-Gesellschaft der OSLw e.V. von Eberhard Birk, Fürstenfeldbruck 2012 (= Gneisenau Blätter, 11)

Sievers, Jörg, Flugabwehr in den strategischen Planungen der NATO. In: Luftwaffe und Luftverteidigung, S. 82–93

Sinjen, Svenja, Raketenabwehr für die NATO – Warum die Europäer Obama ermuntern sollten, Bushs Weg zu Ende zu gehen. In: Die Außenpolitik der USA, S. 174–185

Smith, Mark, Britain: Balancing »instinctive atlanticism«. In: The Domestic Politics of Missile Defence, S. 447–469

Sokolsky, Richard D., European Missile Defense: Issues and Options. In: Joint Force Quarterly, 29 (2001), 2, S. 46–51

Solidarität. Politikwissenschaftliche Zugänge zu einem vielschichtigen Begriff. Hrsg. von Marianne Kneuer und Carlo Masala, Baden-Baden 2015 (= Zeitschrift für Politikwissenschaft, Sonderbd 2014)

Sommerfeld, H., Die moderne Luftverteidigung und die Perspektiven ihrer Entwicklung. In: Militärwesen (VS), 11 (1967), 3, S. 12–17

Sonderfall Bundeswehr? Streitkräfte in nationalen Perspektiven und im internationalen Vergleich. Hrsg. von Heiner Möllers und Rudolf J. Schlaffer, München 2014 (= Sicherheitspolitik und Streitkräfte der Bundesrepublik Deutschland, 12)

The Soviet air and rocket forces. Ed. by Asher Lee, New York 1959

Spanik, Stefan W., Moderne Luftverteidigung. Die USA nach dem Golfkrieg. In: ASMZ, 5 (1991), S. 243–246

Spreckelsen, Wilhelm von, und Wolf-Jochen Vesper, Blazing Skies. Die Geschichte der Flugabwehrraketentruppe der Luftwaffe, Oldenburg 2004

Staack, Michael, Handelsstaat Deutschland. Deutsche Außenpolitik in einem neuen internationalen System, Paderborn [u.a.] 2000

Staack, Michael, NATO out of business? In: Die Zukunft der NATO, S. 43–45

Stahel, Albert Alexander, Luftverteidigung – Strategie und Wirklichkeit, Zürich 1993 (= Strategische Studien, 4)

Stahl, Bernhard, Vergleichende Außenpolitikanalyse: Das Verhalten ausgewählter EU-Staaten in der Irak-Krise. In: Methoden der sicherheitspolitischen Analyse, S. 139–171

Star Wars and European Defence. Implications for Europe: Perceptions and Assessments. Ed. by Hans Günter Brauch, New York 1987

Stav, Arieh, The Israeli Aspect of BMD – Strategy by Default. In: Ballistic Missiles. The Threat and the Response, S. 201–228

Steff, Reuben, Strategic Thinking, Deterrence and the US Ballistic Missile Project. From Truman to Obama, London, New York 2013

Stein, Robert M., Patriot ATBM Experience in the Gulf War, Brookline, MA 1992

Steiner, Michael, Die deutschen sicherheitspolitischen Interessen. In: Sicherheitspolitik in neuen Dimensionen, S. 31–44

Steinhoff, Johannes, Wir planen die Luftwaffe der 80er Jahre. In: Jahrbuch der Luftwaffe, 7 (1970), S. 8–11

Steinmeier, Frank-Walter, Rede von Außenminister Frank-Walter Steinmeier bei der 45. Münchener Sicherheitskonferenz, <www.auswaertiges-amt.de/de/newsroom/090206-bm-sicherheitskonferenz/218116>

Steinweg, Reiner, Wilfried Graf und Günther Bächler, »Es gibt keinen Ersatz für kreative Konfliktlösung«: Lehren aus dem Kriegsjahr 1991. In: Das Kriegsjahr 1991, S. 11–37

Stocker, Jeremy, Britain and ballistic missile defence, 1942–2002, London [u.a.] 2004

Stöver, Bernd, Der Kalte Krieg 1947–1991. Geschichte eines radikalen Zeitalters, München 2007

Strategic Cultures in Europe. Security and Defence Policies Across the Continent. Ed. by Heiko Biehl, Bastian Giegerich and Alexandra Jonas, Wiesbaden 2013 (= Schriftenreihe des Zentrums für Militärgeschichte und Sozialwissenschaften der Bundeswehr, 13)

Streitkräfte im Einsatz: Zur Soziologie militärischer Interventionen. Hrsg. von Gerhard Kümmel, Baden-Baden 2008 (= Militär und Sozialwissenschaften, 42)

Streubel, Peter, ROLAND - Ein europäisches Waffensystem mit Zukunft. In: Wehrtechnik, 32 (2001), 3, S. 82–84

Struck, Peter, Ausführungen des Bundesministers der Verteidigung, Dr. Peter Struck, anlässlich der Pressekonferenz zum Thema »Weiterentwicklung der Reform« am 21. Februar 2003 in Berlin, <www.ag-friedensforschung.de/themen/Bundeswehr/struck2.html>

Süß, Dietmar, Tod aus der Luft. Kriegsgesellschaft und Luftkrieg in Deutschland und England, München 2011

Sura, Robert, Die Realisierung der neuen Luftwaffenstruktur. In: cpm FOWeRUM: Luftwaffe 2012, September 2012, S. 84 f.

Sweetman, Bill, and Nick Cook, Getting to grips with missile defence. In: Interavia, April 1999, S. 32–35

Das Taktische Luftverteidigungssystem (TLVS). In: cpm FORUM, 5/2017, Mittelseiten

Talbott, Strobe, Raketenschach. Ein Bericht, der offenlegt, wie persönlichke Konflikte und Machtkämpfe im Weißen Haus die amerikanische Politik beeinflussen und so die gefährliche Krise in der amerikanisch-sowjetischen Beziehungen ausgelöst haben, München 1984

Teutmeyer, Benjamin, Deutschland und die neue NATO. Eine politikwissenschaftliche Analyse und Bewertung der deutschen NATO-Politik seit 1990, Hamburg 2012 (= Schriften zur internationalen Politik, 33)

Thießen, Malte, Zeitgeschichte als Zumutung und Zugabe. Praxis, Probleme und Potenziale einer besonderen Epoche, Oldenburg 2011 (= Oldenburger Universitätsreden, 199)

Thomas, Graham A., Terror from the sky. The battle against the flying bombs, Barnsley 2008

Thränert, Oliver, NATO, Missile Defence and Extended Deterrence. In: Survival, 51 (2009), 6, S. 63–76

Thränert, Oliver, Das Raketenabwehrprojekt der Nato. Europäische Interessen und die Umsetzung eines ambitionierten Vorhabens, Berlin 2011 (= SWP-Studie, 25)

Thränert, Oliver, Die Verbreitung von Raketen und Marschflugkörpern. Stand - Tendenzen - Gegenmaßnahmen, Berlin 2005 (= SWP-Studie, 15)

TLVS nicht ausreichend im Haushalt berücksichtigt: MBDA Deutschland steht vor Restrukturierung. Pressemitteilung MBDA Deutschland, <www.mbda-deutschland.de/pressemitteilung/tlvs-nicht-ausreichend-im-haushalt-beruecksichtigt-mbda-deutschland-steht-vor-restrukturierung/>

Tradition und Traditionsverständnis in der Deutschen Luftwaffe. Geschichte, Gegenwart, Perspektiven. Im Auftrag des Militärgeschichtlichen Forschungsamtes hrsg. von Heiner Möllers, Potsdam 2012 (= Potsdamer Schriften zur Militärgeschichte, 16)

Treaty between the United States of America and the Russian Federation on Measures for the further Reduction and Limitation of Strategic Offensive Arms vom 8.4.2010, <www.atomwaffena-z.info/fileadmin/user_upload/pdf/wortlaut_start2010.pdf>

Treaty between the United States of America and the Union of Soviet Socialist Republics on the Limitation of Strategic Offensive Arms, together with agreed Statements and Common Understandings regarding the Treaty (SALT II) vom 18.6.1979, <https://2009-2017.state.gov/t/isn/5195.htm>

Treaty between the United States of America and the Union of Soviet Socialist Republics on the Limitation of Anti-Ballistic Missile Systems, 26.5.1972, <https://2009-2017.state.gov/t/avc/trty/101888.htm>

Uhl, Andreas, Ballistic Missile Defence. Die deutsche Führungsrolle in der europäischen Fähigkeitsentwicklung zur Abwehr von Flugkörpern in der oberen Abfangschicht. In: MarineForum, 90 (2015), 11, S. 8–10

Uhl, Andreas, 100 Jahre Flugabwehr im Wandel. Vom koordinierten Gewehrfeuer bis zur Energiewaffe. In: MarineForum, 89 (2014), 9, S. 9–13

Uhl, Andreas, Raketenabwehr. Zunehmend Schwerpunktthema für USA und NATO. In: MarineForum, 88 (2013), 7/8, S. 8–12

Varwick, Johannes, NATO in (Un-)Ordnung. Wie transatlantische Sicherheit neu verhandelt wird, Schwalbach am Taunus 2017

Varwick, Johannes, Die NATO. Vom Verteidigungsbündnis zur Weltpolizei?, München 2008

Varwick, Johannes, und Wichard Woyke, Die Zukunft der NATO. Transatlantische Sicherheit im Wandel, 2., völlig neu bearb. Aufl., Opladen 2000 (= Analysen. Politik - Gesellschaft - Wirtschaft, 68)

Vershbow, Alexander, Present at the Transformation: An Insider's Reflection on NATO Enlargement, NATO-Russia Relations, and Where We Go from Here. In: Open Door, S. 425–447

Verteidigungspolitische Richtlinien für den Geschäftsbereich des Bundesministers der Verteidigung. Hrsg. vom Bundesministerium der Verteidigung, Bonn 1992

Verteidigungspolitische Richtlinien für den Geschäftsbereich des Bundesministers der Verteidigung. Hrsg. vom Bundesministerium der Verteidigung, Berlin 2003

Verteidigungspolitische Richtlinien. Nationale Interessen wahren – Internationale Verantwortung übernehmen – Sicherheit gemeinsam gestalten. Hrsg. vom Bundesministerium der Verteidigung, Berlin 2011

Vertrag über die abschließende Regelung in Bezug auf Deutschland (»Zwei-plus-Vier-Vertrag«) vom 12. September 1990, <www.documentarchiv.de/brd/2p4.html>

Vetter, Bernd, und Frank Vetter, Luftwaffe im 21. Jahrhundert, Stuttgart 2005

Völker, Karl-Heinz, Die deutsche Heimatluftverteidigung im Zweiten Weltkrieg. In: Sonderdruck aus Wehrwissenschaftliche Rundschau, 16 (1966), S. 87–111, 158–171

Volker Rühe – in der Mitte Europas. Hrsg. vom Militärgeschichtlichen Forschungsamt, Potsdam 2012

Vollmer, Jörg, Schnell, Durchsetzungsfähig, Kampfstark. Elemente der Ausrichtung des Deutschen Heeres. In: InfoBrief Heer, 21 (2016), 1, S. 1–5

Vom Einsatz her denken: Konzentration, Flexibilität, Effizienz. Bericht der Strukturkommission der Bundeswehr, Berlin 2010

»Vom Einsatz her denken!« Bedeutung und Nutzen von Militärgeschichte zu Beginn des 21. Jahrhunderts. Im Auftrag des Zentrums für Militärgeschichte und Sozialwissenschaften der Bundeswehr hrsg. von Dieter H. Kollmer, Potsdam 2013 (= Potsdamer Schriften zur Militärgeschichte, 22)

Vom Kalten Krieg zur deutschen Einheit. Analysen und Zeitzeugenberichte zur deutschen Militärgeschichte 1945 bis 1995. Im Auftrag des Militärgeschichtlichen Forschungsamtes hrsg. von Bruno Thoß und Mitarb. von Wolfgang Schmidt, München 1995

Walker, Paul F., Die USA: Krieg, Sieg und die Politik nach dem Kalten Krieg. In: Das Kriegsjahr 1991, S. 69–83

Wall, Robert, Cruise Missile Threat Grows. In: Aviation Week and Space Technology, 149 (1998), 4, S. 24 f

Wall, Robert, Future Missile Defenses Lies in Advanced Technology. In: Aviation Week and Space Technology, 151 (1999), 7, S. 71–73

Wall, Robert, Patching Patriot. Missile defense problems in Iraq are expected to influence the Meads program. In: Aviation Week and Space Technology, 159 (2003), 25, S. 34

Walsch, Bernd, Die FlaRak-Waffe im Einsatz – Zwei Einsätze in der Türkei. 2. Task Force 91. Der Einsatz des Flugabwehrraketengeschwaders 36 im Rahmen der NATO Operation ACE GUARD. In: Luftwaffe und Luftverteidigung, S. 182–202

Warden, John A., The Air Campaign. Planning for Combat, New York 1992 (= Future Warfare, 3)

Wasmuht, Ulrike C., Das Kriegsjahr 1991: Massenprotest, aber (noch) keine Wiederbelebung der Friedensbewegung. In: Das Kriegsjahr 1991, S. 138–158

Weaponry after the Gulf War-new equipment requirements for restructures armed forces, Document 1272, 14th May 1991. Ed. by Technological and Aerospace

Committee of the Assembly of Western European Union, S. 18, <http://aei.pitt.edu/53851/1/B0979.pdf>
Weber, Helmar, Das Taktische Luftverteidigungssystem. Konzept eines modernen FlaRak-Systems. In: Wehrtechnischer Report, 1/1992, S. 49–52
Wehler, Hans-Ulrich, Angst vor der Macht? Die Machtlust der Neuen Rechten, Bonn 1995 (= Gesprächskreis Geschichte, 8)
Wehler, Hans-Ulrich, Die Gegenwart als Geschichte, München 1995
Weick, Curd-Torsten, Die schwierige Balance. Kontinuitäten und Brüche deutscher Türkeipolitik, Münster [u.a.] 2001 (= Konfrontation und Kooperation im Vorderen Orient, 5)
Weißbuch 1983. Zur Sicherheit der Bundesrepublik Deutschland. Hrsg. vom Bundesminister der Verteidigung im Auftr. der Bundesregierung, Bonn 1983
Weißbuch 1985. Zur Sicherheit der Bundesrepublik Deutschland. Hrsg. vom Bundesminister der Verteidigung im Auftr. der Bundesregierung, Bonn 1985
Weißbuch 1994 zur Sicherheit der Bundesrepublik Deutschland und zur Lage und Zukunft der Bundeswehr. Hrsg. vom Bundesministerium der Verteidigung, Berlin, Bonn 1994
Weißbuch 2006 zur Sicherheitspolitik Deutschlands und zur Zukunft der Bundeswehr. Hrsg. vom Bundesministerium der Verteidigung, Berlin 2006
Weißbuch 2016 zur Sicherheitspolitik und zur Zukunft der Bundeswehr. Hrsg. vom Bundesministerium der Verteidigung, Berlin 2016
Weitz, Richard, Illusive Visions and Practical Realities: Russia, NATO and Missile Defence. In: Survival, 52 (2010), 4, S. 99–120
Weldon, Curt, Why We Must Act at Once. In: Orbis, 40 (1996), 1, S. 63-69
Weltpolitik im neuen Jahrhundert. Hrsg. von Karl Kaiser, Hans-Peter Schwarz, Sven Olaf Berggötz und Petra Holtrup, Bonn 2000 (= Bundeszentrale für Politische Bildung, 364)
Wergin, Clemens, Putin testet die NATO. In: Schweizer Soldat, 89 (2014), 12, S. 33
Weymann, Helge, Entsteht für Europa eine neue Bedrohungssituation? Sachstand zur operationellen Umsetzung von Missile Defence. In: Hardthöhenkurier. Das Magazin für Soldaten und Wehrtechnik, 26 (2010), 4, S. 60-63
Weymann, Helge, Die Neuausrichtung der bodengebundenen Luftverteidigung. Beitrag zur NATO-Flugkörperabwehr. In: cpm FORUM: Luftwaffe 2012, September 2012, S. 12–16
Wibel, Detlef, Systeme für die künftige Luftverteidigung – Stellung der Luftverteidigung in einer sich wandelnden Umwelt. In: Jahrbuch der Wehrtechnik, 21 (1992), S. 98–110
Wieck, Hans-Georg, Künftige sicherheitspolitische Risiken und Stabilisierungserfordernisse. In: Luftwaffe im Wandel, S. 11–30
Wilson, J.R., TMD's delicate balance. In: Aerospace America, 3 (1999), S. 30–35
Winkelmann, Jürgen, Die Luftwaffe von Morgen. Weniger Soldaten, weniger Flugzeuge, weniger Geld, aber mehr Pflichten. In: Loyal. Das Magazin für Sicherheitspolitik, (1991), 8, S. 4–8
Winkler, Heinrich August, Geschichte des Westens, Bd 4: Die Zeit der Gegenwart, München 2016

Wittmann, Klaus, Gewandeltes Selbstverständnis und erweitertes Aufgabenspektrum. Der Weg zum neuen Strategischen Konzept der NATO. In: Die NATO auf dem Weg ins 21. Jahrhundert, S. 103–121

Witzel, Rudolf, Von ABM zu SDI. Die Raketenabwehrdebatte in den USA ab 1955. In: Die militärische Eroberung des Weltraums, S. 23–55

Wörner, Manfred, A Missile Defense for NATO Europe. In: Strategic Review, 14 (1986), 1, S. 13–20

Wohak, Heinz, Fit für die Zukunft. Die Rüstungsplanungen für die Flugabwehrraketenverbände der Luftwaffe. In: Soldat und Technik, 43 (2000), 2, S. 93–99

Wolf, Stephan, Ein »planerisches Dilemma« – Die Ausrüstungsentwicklung der Bundeswehr 1989–1994. Unveröffentl. Masterarbeit, Potsdam 2017

Wolfrum, Edgar, Die geglückte Demokratie. Geschichte der Bundesrepublik Deutschland von ihren Anfängen bis zur Gegenwart, Stuttgart 2006

Wolfrum, Edgar, Rot-Grün an der Macht. Deutschland 1998–2005, München 2013

Wurstner, Tobias, Die Entstehung des Air and Missile Defence Committee (AMDC) bzw. seines Vorgängers, des NATO Air Defence Committee (NADC). In: Luftwaffe und Luftverteidigung, S. 153–163

Wykeham, Peter, Fighter command. A study of air defence 1914–1960, London 1960

Zadra, Roberto, European integration and nuclear deterrence after the Cold War, Paris 1992 (= Chaillot paper, 5)

Zadra, Roberto, NATO, Russia and Missile Defence. In: Survival, 56 (2014), 4, S. 51–61

Zadra, Roberto, NATO, Russia and Missile Defence. Towards the Lisbon Summit. In: The RUSI journal, 155 (2010), 5, S. 12–16

Zaloga, Steven J., Missile Markets Stabilizing. In: Aviation Week and Space Technology, 152 (01/2000), 3, S. 167–187

Ziebura, Gilbert, Golfkrieg, »Neue Weltordnung« und die Folgen für Deutschland. In: Gewerkschaftliche Monatshefte, 42 (1991), 3, S. 129–139

Zimmermann, Karsten, Reagans »Star Wars'«-Rede. In: Die militärische Eroberung des Weltraums, S. 56–93

Die Zukunft der NATO. Hrsg. von Reinhard C. Meier-Walser, München 2002 (= Argumente und Materialien zum Zeitgeschehen, 34)

Der Zweite Golfkrieg. Hrsg. von der Bundeszentrale für politische Bildung, 31.7.2020, <www.bpb.de/politik/hintergrund-aktuell/210410/beginn-des-2-golfkriegs>

Personenregister

Die Flugabwehrraketenverbände der Luftwaffe 2007